◉ 電気・電子工学テキストライブラリ ◉
USE-ex.2

演習で学ぶ 電気磁気学

詳細な解説と解答による

吉門進三

数理工学社

編者のことば

20 世紀後半以後の工学領域の進展は，人々に利便性をもたらし，従来の生活を大きく変化させてきました．しかし工学には，新たなパラダイムとして［社会生活の知恵］としての面を併せもつことも要請されています．したがって，工学技術の高度な進展に伴い，益々その論理性・社会との共生が強く求められてきています．

たとえば，建築物・土木構造物においては，自然と調和した環境づくりや景観美が重視され，機械・電気・電子機器等においても「人間にやさしく使い易い機能と美しさ」が追求されています．さらに教育方法論の面からは工学の未来を切り拓くための「創造性工学（engineering design）教育」をどのように実施していくか，大きな課題といえます．また，現在の工学教育（特に基礎的科目）を考えたとき，先端の工学技術との関わりを強く意識するなど今後の電気・電子工学教育のニーズに合った使い易くわかり易い書籍の出版が望まれています．

このような観点から本「電気・電子工学テキストライブラリ」は，「電気電子基礎・専門」「電気工学」「電子工学」分野における従来の伝統的工学の枠組みを尊重しつつも，再生可能エネルギー，自動運転，電気自動車，スマートフォン，AI，Big Data，IoT など最新の知見の流れを取り入れ，創造性教育などにも配慮した電気・電子工学基礎領域全般に亘る新鮮な書を目指し，時代の要請に応える電気・電子基礎書目の体系的構築を図ったものです．それゆえ，電気・電子工学について通暁された著者の周到な配慮のもとに，使い易くわかり易く構成されたテキストとなっています．ライブラリ全般に亘って理解を助ける有効な手段として，できるだけ具体的な問題から例題や演習問題を作り，その解答についても少し詳しく説明することに加え，CG 等も随所にとりいれています．本ライブラリは基礎的知識習得のための十分な内容を網羅しており，電気・電子工学科の学生だけでなく，工学系全般の学生諸君にも役に立ち得るものと考えています．最先端の技術も基礎学問を土台に年月をかけて積み上げがってきたことを鑑みると，大学で基礎をしっかりと身につけて土台を確固たるものにしておけば，あとの応用，開発，研究など必要な専門知識は社会に出てからでも各自で学ぶことに躊躇しないで済むと確信しています．その意味でも本ライブラリが基礎を身につけるには最適なテキストであり，学生諸君が熟読し理解を深められ，将来に向けての研究，技術開発の手助けとなれば幸いです．

2022 年 1 月

編者　辻　幹男
出口博之

「電気・電子工学テキストライブラリ」書目一覧

電気電子基礎・専門

1　電気電子工学入門
2　電気回路
3　電気磁気学
4　振動と波動
5　電気電子数学基礎
6　電気電子計測
7　電気電子材料
8　アナログ電子回路

電気工学

1　過渡現象論
2　電気エネルギー工学
3　電気機器学
4　制御工学
5　パワーエレクトロニクス
6　電力システム工学
7　高電圧工学

電子工学

1　通信工学のための信号処理
2　電子デバイス
3　伝送線路論
4　電磁波工学
5　光エレクトロニクス

別巻 1　電気回路演習
別巻 2　演習で学ぶ 電気磁気学
別巻 3　制御工学演習

はじめに

電気磁気学は理学系，工学系の高専，大学の生徒，学生にとって極めてハードルが高い学問であろう．これまでに多数の教科書や演習書が上梓されてきた．したがって，いまさら新しい演習書を上梓する必要があるのかと問われるであろう．大学までで学ぶ電気磁気学はいわゆる古典電気磁気学であり，相対性理論も量子力学も出てこない．いわば，極めて単純な3つの法則（クーロンの法則，ビオ–サバールの法則，電磁誘導の法則）をもとにした理路整然とした学問である．筆者も電気系の学生であったころ必修科目として電気磁気学を学んだ．静電界，静磁気学，電磁誘導と大体3つの法則を式を用いて表現するのであるが，そのころは電気磁気学の本質を見抜く力もなく，問題を解くといっても法則を理解して解くのではなく，公式に題意を当てはめていただけであった．教科書として用いたものは非常に詳しく記述されており，長い年月を掛けて電気磁気学を学ぶためには好適なものであったが，大学の1年足らずの時間では十分すぎるもの，言葉を変えていえば内容が多すぎるものであった．筆者は現在大学で電気磁気学を講義しているが，今感じることは，基本法則に根ざした演習問題とその詳細な解答がある演習書が必要ということである．あまりにも独創的な演習問題では大学生にとって理解することに苦労するであろう．また近似解法が必要なものも入門段階では不要であろう．またある問題についての解答部分が他の問題の解答の解説を参考にするのではなく，その問題の解答の解説だけで完結するようにしたい．以上のような演習書は今までに見かけなかったと思う．略解答ではなく，解答の方針，解答に関係する考え方などをくどいほど説明し，繰り返し問題を解くことに慣れて来るようになれば，自然と力がつくと考えた．

生徒や学生が電気磁気学を苦手なものとして感じるもう一つの原因は微分，積分，ベクトルなどの数学的道具の使い方がよく分からなかったり計算が苦手であったり面倒であると感じることである．特に積分は苦手と感じる人が多いようである．そのために電気磁気学そのものに親しみを感じることができなくなる．電気磁気学は物理現象であるので，なぜそのよう現象が生じるのかは誰も分からない．しかし，現象を法則化することによりわれわれがそれを誤解することなく正しく応用することが重要である．そのためには多種の問題を解くのではなく，同じような積分が現れる問題を繰り返し解くことが必要である．本書では，以上のことを念頭において，基本的な問題，近似解法が必要でない問題，最終の答えが単純で美しい式で表されるような問題・解答を多く紹介した．また章末の演習問題については，巻末に問題毎に解答を付与する形式とした．

古典電気磁気学は，19 世紀の終わりに電子が発見される前にほぼ確立された．静電気学では 1773 年イギリスの物理学者・化学者であったキャヴェンディシュ（H. Cavendish）と 1785 年にフランスの物理学者・土木技師であったクーロン（C. O. De. Coulomb）が独立にクーロンの法則を発見した．静磁気学では，1820 年のデンマークの物理学者エルステッド（H. C. Oersted）による電流が磁界を形成するという歴史的な実験の直後，ビオ（J.-B. Biot）とサバール（F. Savart）によるビオ-サバールの法則の発見とフランスの物理学者・数学者であったアンペール（A. M. Ampère）による電流と電流の間に力が働くことの発見のように，電子がほとんど主役であることは興味深い．電気磁気学で現れる導体は現実の物質としては金属が対応し，その導体としての性質は電子によるものである．電子が発見される前に電子が示す性質について研究されていたことは注目に値するであろう．電子が持つ電荷は素電荷であり，それ以上小さい大きさの電荷はないと考えてよい．またそれ以上大きな電荷は一つの粒子としては存在しない．イオンは微視的にみれば一つの粒子ではなく，原子の中に存在する電子，正の素電荷を持つ陽子，電荷を持たない中性子などからなり，陽子や中性子もさらに小さい素粒子からなる．したがって静電気学に現れる点電荷というのは現実には電子や陽子の電荷のことであり，イオンが持つ正の電荷は陽子の正の電荷に起因している．しかし，電子と異なり陽子が発見されるまでは古典電気磁気学の対象ではなかったであろう．おそらくクーロンの法則が発見されたときの正の電荷は電子のように動くことが可能な粒子ではなかったであろう．そのような時代に，古典電気磁気学において正の電荷と負の電荷を対等に扱ったことは注目に値する．

生徒，学生が電気磁気学を学ぶとき点電荷の大きさは電子の素電荷の整数倍ではなく，より任意性を持つものである．また導体に電荷 q を与えたとき，それらが導体表面に分布するという場合には，それらは素電荷の集合体であり，離散的なものである．それを古典電気磁気学では無限小の大きさの電荷量を持つ，いわゆる連続的なものとして取り扱っている．しかしもちろん電子のような離散的な電荷を持つものにも適用可能である極めて汎用性の高い学問である．これらを自由に使いこなせるようになるのが本書の目標とするところである．

2022 年 3 月　　　　吉門進三

目　次

第3章

誘電体のある静電界　47

第4章

静　磁　界　88

第 5 章

1　電気磁気学の問題を解くための数学

1.1　スカラーとベクトル

電気磁気学の問題を解くためには数学が必要である．特によく用いられるのは，**ベクトル**（vector）である．なぜなら，静電界，静磁界は重力場と同様に**場**（field）の概念であり，それらにはベクトルの性質である**大きさ**，**方向**，**向き**があるからである．詳細は成書に譲るとして，ここでは，電気磁気学の問題を解くために必要なスカラーとベクトルの数学について簡潔に説明を行う．

スカラー（scalar）は正負の符号を持つ実数である．大きさは正の実数であり，負のスカラーの場合には負符号を付与したものになる．例としては，2, 3 章に現れる**電荷**（electric charge）や**電位**（voltage）であり，正の電荷，電位，負の電荷，電位が存在する．他に，正の量である長さ，面積，体積がある．ベクトルは空間において方向，向きを持つ線分であり，1.3 節で述べるベクトル関数などを除いて，線分の長さがベクトルの大きさを表す．例として 2, 3 章に現れる電界，電束密度，分極，4, 5 章に現れる磁束密度，磁界，磁化，位置を表すベクトル，速度，加速度などがある．本書ではベクトルの記号としてアルファベットの頭部に矢印をつけた，例えば電界であれば $\vec{E}$ のように表す．電気磁気学で用いられるベクトルは，ある点からみた空間の点の位置を表す位置ベクトル，また電界のように空間の場所に依存する，いわゆる空間の位置の関数となるベクトル関数，回転の方向・向き・回転速度を表す角速度ベクトルがある．スカラーも同様にスカラー関数がある．本書ではスカラーの大きさやベクトルの大きさは絶対値記号，例えば $|\vec{E}|$ のように表す．

ベクトルを記号だけで表すと，その詳細が不明である．そこで成分表示が用いられる．例えば 3 次元の場合にはベクトルは最低 3 個の量で一意的に表現可能である．その一つの方法として，空間座標を設定して，その線分の各座標軸へ投影したときの，それぞれの線分をスカラーとして表現する方法である．例えば，xyz 直交座標系（デカルト座標と呼ばれる．以後 xyz 座標という）では $\vec{E}$ を x 軸に投影したスカラー成分を E_x，y 軸に投影した成分を E_y，z 軸に投影した成分を E_z として，$\vec{E} = (E_x, E_y, E_z)$ と表現する．このようにすると次節に述べるベクトル間の演算を行う場合に極めて有効となる．場合によっては，xyz 座標の場合，各座標軸方向の正の向きの長さ 1 の 3 つのベクトル（単位ベクトルという）$\vec{i}$, $\vec{j}$, $\vec{k}$ を使用して，$\vec{E} = E_x\vec{i} + E_y\vec{j} + E_z\vec{k}$ と表すと演算が便利になる場合がある．ただし，$\vec{i} = (1, 0, 0)$, $\vec{j} = (0, 1, 0)$, $\vec{k} = (0, 0, 1)$ である．他の直交座標系である，円柱座標，球座標でも同様に表すことができる．

1.2　ベクトルの演算

1.2.1　ベクトルの和

2つのベクトル $\vec{A}$ および $\vec{B}$ に対して**和**（sum）$\vec{A}+\vec{B}$ を以下のように定義する．xyz 座標での $\vec{A}$ の成分表示を $\vec{A}=(A_x,A_y,A_z)$ および $\vec{B}$ の成分表示を $\vec{B}=(B_x,B_y,B_z)$ として $\vec{A}+\vec{B}$ を，

$$
\begin{aligned}
\vec{A}+\vec{B} &= (A_x,A_y,A_z)+(B_x,B_y,B_z)\\
&= (A_x+B_x,A_y+B_y,A_z+B_z)\equiv(C_x,C_y,C_z)\equiv\vec{C}
\end{aligned}
$$

とする．このとき和もベクトルである．幾何学的には**図1.1** に示すように，$\vec{A}+\vec{B}$ は $\vec{A}$ および $\vec{B}$ の始点を一致させて O とし，$\vec{A}$ および $\vec{B}$ を2辺とする平行四辺形を作成したときの始点と対角の位置が終点となるベクトル $\vec{C}$ である．もちろん始点を一致させていなくても和の定義は同じであり，結果も同じである．

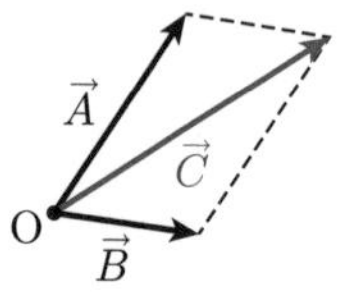

図1.1

2つのベクトル $\vec{A}$ および $\vec{B}$ に対して差（difference）$\vec{A}-\vec{B}$ は和の定義を用いると，**図1.2** に示すように，

$$
\begin{aligned}
\vec{A}-\vec{B} &= \vec{A}+(-\vec{B})=(A_x,A_y,A_z)+(-B_x,-B_y,-B_z)\\
&= (A_x-B_x,A_y-B_y,A_z-B_z)\equiv\vec{D}
\end{aligned}
$$

となる．

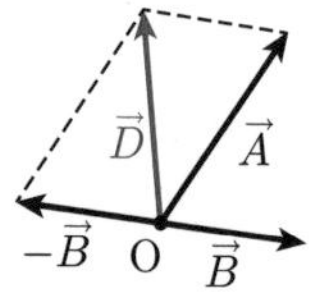

図1.2

電気磁気学の基本原理として**重ね合わせの原理**が成立するが，重ね合わせるのはベクトルであるので，ベクトルの和は極めて重要である．

1.2.2　ベクトルの内積

2つのベクトル $\vec{A}$ および $\vec{B}$ に対して**内積**（inner product）$\vec{A}\cdot\vec{B}$ を

$$
\begin{aligned}
\vec{A}\cdot\vec{B} &= (A_x,A_y,A_z)\cdot(B_x,B_y,B_z)\\
&= A_xB_x+A_yB_y+A_zB_z \qquad (1.2.1)
\end{aligned}
$$

と定義する．このとき内積はスカラーであり，正あるいは負である．もう一つの表し方として，

$$
\vec{A}\cdot\vec{B}=|\vec{A}||\vec{B}|\cos\theta \qquad (1.2.2)
$$

がある．θ は $\vec{A}$ と $\vec{B}$ のなす角度であり，なす角度は2通りあるが**図1.3** に示すように $0\leq\theta\leq\pi$ の方である．xyz 座標では $\vec{A}=A_x\vec{i}+A_y\vec{j}+A_z\vec{k}$，$\vec{B}=B_x\vec{i}+B_y\vec{j}+B_z\vec{k}$ と表せるので，

$$
\vec{A}\cdot\vec{B}=(A_x\vec{i}+A_y\vec{j}+A_z\vec{k})\cdot(B_x\vec{i}+B_y\vec{j}+B_z\vec{k})
$$

に分配則が適用できるとすれば，

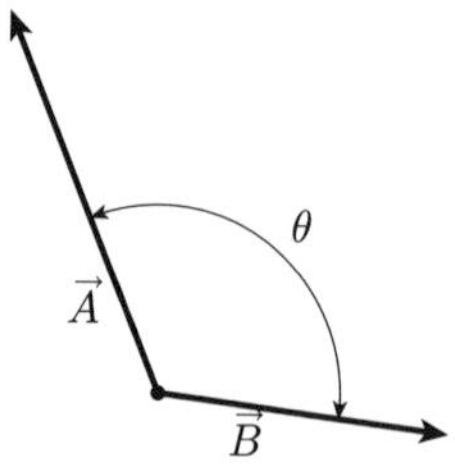

図1.3

$$
\begin{aligned}
&(A_x\vec{i}+A_y\vec{j}+A_z\vec{k})\cdot(B_x\vec{i}+B_y\vec{j}+B_z\vec{k})\\
&=A_x\vec{i}\cdot(B_x\vec{i}+B_y\vec{j}+B_z\vec{k})+A_y\vec{j}\cdot(B_x\vec{i}+B_y\vec{j}+B_z\vec{k})\\
&\quad+A_z\vec{k}\cdot(B_x\vec{i}+B_y\vec{j}+B_z\vec{k})\\
&=A_xB_x\vec{i}\cdot\vec{i}+A_xB_y\vec{i}\cdot\vec{j}+A_xB_z\vec{i}\cdot\vec{k}\\
&\quad+A_yB_x\vec{j}\cdot\vec{i}+A_yB_y\vec{j}\cdot\vec{j}+A_yB_z\vec{j}\cdot\vec{k}\\
&\quad+A_zB_x\vec{k}\cdot\vec{i}+A_zB_y\vec{k}\cdot\vec{j}+A_zB_z\vec{k}\cdot\vec{k} \qquad (1.2.3)
\end{aligned}
$$

となるが，(1.2.2) 式より，

$$\vec{i}\cdot\vec{i}=\vec{j}\cdot\vec{j}=\vec{k}\cdot\vec{k}=1$$

$$\vec{i}\cdot\vec{j}=\vec{j}\cdot\vec{i}=\vec{i}\cdot\vec{k}=\vec{k}\cdot\vec{i}=\vec{j}\cdot\vec{k}=\vec{k}\cdot\vec{j}=0$$

より $\vec{A}\cdot\vec{B}=A_xB_x+A_yB_y+A_zB_z$ となる．

1.2.3　ベクトルの外積

ベクトル積ともいう．2 つのベクトル $\vec{A}$ および $\vec{B}$ に対して**外積**（outer product）$\vec{A}\times\vec{B}$ を

$$
\begin{aligned}
\vec{A}\times\vec{B}&=(A_x,A_y,A_z)\times(B_x,B_y,B_z)\\
&=(A_yB_z-A_yB_z,A_zB_x-A_xB_z,A_xB_y-A_yB_x) \qquad (1.2.4)
\end{aligned}
$$

と定義する．外積はベクトルである．もう一つの表し方として，ベクトルの定義より，大きさが $|\vec{A}\times\vec{B}|=|\vec{A}||\vec{B}|\sin\theta$ であり内積と同様に $0\le\theta\le\pi$ である．$|\vec{A}||\vec{B}|\sin\theta$ は**図1.4** に示すように $\vec{A}$ および $\vec{B}$ を 2 辺とする平行四辺形の面積となる．方向は $\vec{A}$ かつ $\vec{B}$ に垂直な方向であり，したがって向きは 2 通りあり，積の順序に依存する．**図1.4** に示すように $0\le\theta\le\pi$ であるので，$\vec{A}$ かつ $\vec{B}$ に垂直な軸を回転軸として $\vec{A}$ を $\vec{B}$ の方向・向きに一致するように右ネジを回転させたときの右ネジの進む向きがその向きとなる．内積の場合と同様にして $\vec{A}\times\vec{B}=(A_x\vec{i}+A_y\vec{j}+A_z\vec{k})\times(B_x\vec{i}+B_y\vec{j}+B_z\vec{k})$ に分配則が適用できるとすれば，

$$
\begin{aligned}
&(A_x\vec{i}+A_y\vec{j}+A_z\vec{k})\times(B_x\vec{i}+B_y\vec{j}+B_z\vec{k})\\
&=A_xB_x\vec{i}\times\vec{i}+A_xB_y\vec{i}\times\vec{j}+A_xB_z\vec{i}\times\vec{k}\\
&\quad+A_yB_x\vec{j}\times\vec{i}+A_yB_y\vec{j}\times\vec{j}+A_yB_z\vec{j}\times\vec{k}\\
&\quad+A_zB_x\vec{k}\times\vec{i}+A_zB_y\vec{k}\times\vec{j}+A_zB_z\vec{k}\times\vec{k}
\end{aligned}
$$

となるが，外積の定義より，

$$\vec{i}\times\vec{i}=\vec{j}\times\vec{j}=\vec{k}\times\vec{k}=\vec{0}$$

$$\vec{i}\times\vec{j}=\vec{k},\quad \vec{j}\times\vec{i}=-\vec{k},\quad \vec{j}\times\vec{k}=\vec{i}$$

$$\vec{k}\times\vec{j}=-\vec{i},\quad \vec{k}\times\vec{i}=\vec{j},\quad \vec{i}\times\vec{k}=-\vec{j}$$

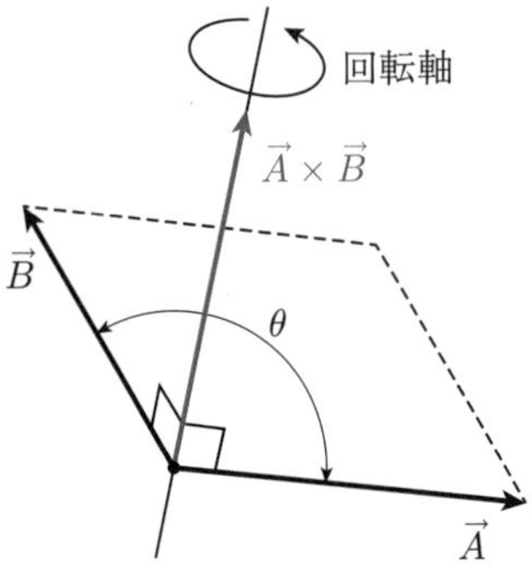

図1.4

であるので，$\vec{A}\times\vec{B}$ は (1.2.4) 式で表される．

1.2.4　スカラー3重積

3つのベクトル $\vec{A}$, $\vec{B}$, $\vec{C}$ に対して $(\vec{A}\times\vec{B})\cdot\vec{C}$ を**スカラー3重積**という．$\vec{A}\times\vec{B}$ がベクトルであり，ベクトル $\vec{C}$ との内積であるので結果はスカラーである．(1.2.1), (1.2.4) 式を用いてそのまま計算すると，

$$\begin{aligned}
&(\vec{A}\times\vec{B})\cdot\vec{C}\\
&= (A_yB_z - A_zB_y)C_x + (A_zB_x - A_xB_z)C_y\\
&\quad + (A_xB_y - A_yB_x)C_z \qquad (1.2.5)
\end{aligned}$$

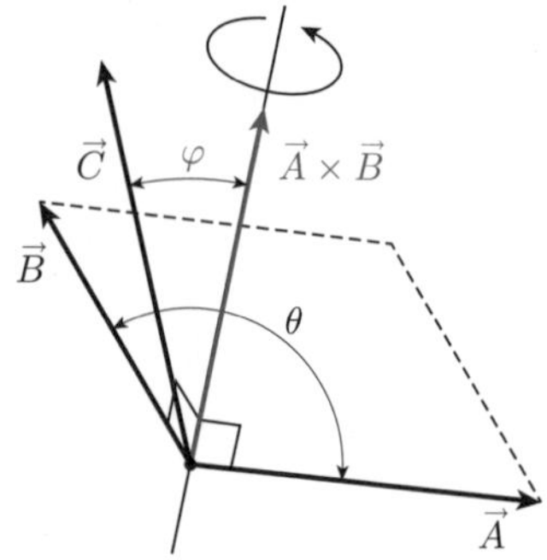

図1.5

となり，よく分からない結果が得られる．しかし，外積と内積の幾何学的性質を用いると，その性質が明らかとなる．**図1.5** に示すように $\vec{A}\times\vec{B}$ は大きさが $|\vec{A}\times\vec{B}| = |\vec{A}||\vec{B}|\sin\theta$ であり $\vec{A}$ および $\vec{B}$ を2辺とする平行四辺形の面積であり，方向は $\vec{A}$ かつ $\vec{B}$ に垂直な方向である．したがって，$\vec{A}\times\vec{B}$ と $\vec{C}$ との内積をとると，$|\vec{A}\times\vec{B}||\vec{C}|\cos\varphi$ となり平行四辺形の面積 $|\vec{A}\times\vec{B}|$ に $|\vec{C}|\cos\varphi$ を掛けたものになるので，$(\vec{A}\times\vec{B})\cdot\vec{C}$ の大きさは底面積 $|\vec{A}\times\vec{B}|$，高さ $|\vec{C}|\cos\varphi$ の平行6面体の体積を表すことになる．その符号は φ で決まる．また，(1.2.5) 式より，

$$(\vec{A}\times\vec{B})\cdot\vec{C} = (\vec{C}\times\vec{A})\cdot\vec{B} = (\vec{B}\times\vec{C})\cdot\vec{A}$$

である．ただしベクトル積の順序に注意が必要である．すなわち

$$(\vec{A}\times\vec{B})\cdot\vec{C} = -(\vec{B}\times\vec{A})\cdot\vec{C}$$

である．

1.2.5　ベクトル3重積，ベクトル4重積

3つのベクトル $\vec{A}$, $\vec{B}$, $\vec{C}$ に対して $(\vec{A}\times\vec{B})\times\vec{C}$ を**ベクトル3重積**という．$\vec{A}\times\vec{B}$ がベクトルであり，ベクトル $\vec{C}$ との外積であるので結果はベクトルである．(1.2.4) 式を用いてそのまま計算すると，

$$\begin{aligned}
(\vec{A}\times\vec{B})\times\vec{C} = \big(&(A_zB_x - A_xB_z)C_z - (A_xB_y - A_yB_x)C_y,\\
&(A_xB_y - A_yB_x)C_x - (A_yB_z - A_zB_y)C_z,\\
&(A_yB_z - A_zB_y)C_y - (A_zB_x - A_xB_z)C_x\big)
\end{aligned}$$

となる．x 成分を整理すると，

$$\begin{aligned}
&A_zB_xC_z - A_xB_zC_z - A_xB_yC_y + A_yB_xC_y\\
&= (A_zC_z + A_yC_y)B_x - A_x(B_zC_z + B_yC_y)\\
&= (A_xC_x + A_yC_y + A_zC_z)B_x - A_xB_xC_x\\
&\quad - A_x(B_xC_x + B_yC_y + B_zC_z) + A_xB_xC_x\\
&= B_x\vec{A}\cdot\vec{C} - A_x\vec{B}\cdot\vec{C}
\end{aligned}$$

となる．他の成分についても同様の計算を行って整理すると，

$$\begin{aligned}(\vec{A}\times\vec{B})\times\vec{C} &= \left(B_x\vec{A}\cdot\vec{C}-A_x\vec{B}\cdot\vec{C}, B_y\vec{A}\cdot\vec{C}-A_y\vec{B}\cdot\vec{C}, B_z\vec{A}\cdot\vec{C}-A_z\vec{B}\cdot\vec{C}\right)\\ &= \vec{B}(\vec{A}\cdot\vec{C})-\vec{A}(\vec{B}\cdot\vec{C}) \qquad (1.2.6)\end{aligned}$$

となる．

4 つのベクトル $\vec{A}, \vec{B}, \vec{C}, \vec{D}$ に対して $(\vec{A}\times\vec{B})\times(\vec{C}\times\vec{D})$ を**ベクトル 4 重積**という．ベクトル 3 重積と同様に結果はベクトルである．(1.2.6) 式を用いると，

$$(\vec{A}\times\vec{B})\times(\vec{C}\times\vec{D}) = \vec{B}\left\{\vec{A}\cdot(\vec{C}\times\vec{D})\right\}-\vec{A}\left\{\vec{B}\cdot(\vec{C}\times\vec{D})\right\} \qquad (1.2.7)$$

となる．

1.3　位置ベクトル

電気磁気学では，位置ベクトルは**図 1.6** に示すように，空間のある点 P の位置を決める際に必ず基準点（O とする）が必要であり，これがベクトルの始点として，終点がある点 P に一致する．記号として $\vec{r}_\mathrm{P}$ と書くことにする．しかし電界のようなベクトル関数は，空間のある点 P でベクトルがどのような大きさ・方向・向きを持つかを表すものであり，始点は点 P であるが，終点は空間のある位置を表すものではない．すなわち，位置ベクトルとベクトル関数は同じベクトルであってもコンセプトは異なることに注意が必要である．$\vec{r}_\mathrm{P}$ の成分は**図 1.6** に示すように，各座標軸への正射影であり，$\vec{r}_\mathrm{P}$ を成分表示すると $\vec{r}_\mathrm{P} = (x_\mathrm{P}, y_\mathrm{P}, z_\mathrm{P})$（あるいは (x, y, z)）である．もちろん各成分はスカラーであり，正負の符号を取り得る．原点 O は扱う問題に合わせて設定すればよいが，点 P は座標系の設定の仕方に関係なく空間のある定まった位置であることに注意が必要である．

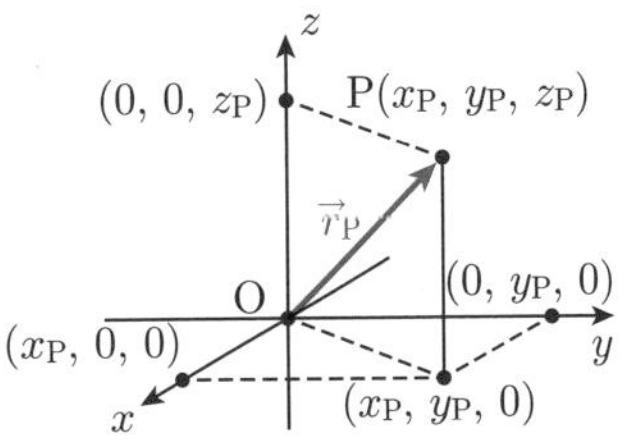

図 1.6

1.4　スカラー関数およびベクトル関数の微分と積分

電気磁気学では様々な積分が登場する．元々，積分は，微分と対になって案出されたものである．積分・微分学は英国の**ニュートン**（I. Newton）やドイツの**ライプニッツ**（G. F. Leibniz）に始まるとされている．万有引力の法則は大きさがなく質量のみが存在する 2 つのいわゆる質点の間に引力が働くが，その大きさはそれぞれの質点の質量の積に比例し，質点間の距離の 2 乗に反比例するというものである．距離は質点に大きさがない場合には正確に定まるが，大きさがある場合正確に定まらない．そこでニュートンは万有引力の法則を，大きさの大きい 2 つの対象に対して適用するために，両方を仮想的に細かく分

ける，いわゆる微分割を行ってすべての微分割体について万有引力の法則を適用して引力を求め，それを重ね合わせの原理が成立するとして，引力の総和を求めることにより，大きな対象の間に引力を求めたのである．結果としては，それぞれの物質の質量中心（重心）間の距離の 2 乗に反比例することが分かったのである．電気磁気学は，扱う対象が電荷や電流である．電荷は大きさが小さいので微分割の必要がないと思われるが，実際は電荷の集合体を扱うことが多いので，微分が必要となる．電流は電荷と異なり，単体であったとしても空間的に拡がりがあるために，距離の決定の問題があり，電流を微分割する必要が生じる．微分割後，**重ね合わせの原理**（superposition principle）が成立するとして，電荷の集合体や，電流に働く力などを求めることができる．

まず，スカラー関数とベクトル関数について説明をし，続いてそれらの微分・積分について説明を行う．

1.4.1　スカラー関数の微分と勾配

例えば 2 章で初めて取り扱う電位は空間のある点 P におけるその大きさ，符号を知ることにより表されるので，スカラーである．点 P の位置が空間内で変化すると，一般的には，電位は変化する．すなわち電位は位置を変数とする関数であり**スカラー関数**という．本書では変数 x の関数 $f(x)$ になぞらえて 3 次元空間の場合には空間の任意の点 P（$\vec{r}_{\mathrm{P}} = (x_{\mathrm{P}}, y_{\mathrm{P}}, z_{\mathrm{P}})$）における電位を例として，$V(\mathrm{P})$ あるいは $V(x_{\mathrm{P}}, y_{\mathrm{P}}, z_{\mathrm{P}})$ と書くことにする．

3 変数のスカラー関数の $f(\vec{r}) = f(x, y, z)$ の微分 $df(x, y, z)$（以後 $df(x, y, z)$ あるいは $df(\vec{r})$ と書くことにする）は，

$$
\begin{aligned}
df(x,y,z) = &\lim_{\substack{\Delta x=0\\ \Delta y=0\\ \Delta z=0}} \left(\frac{f(x+\Delta x, y+\Delta y, z+\Delta z) - f(x, y+\Delta y, z+\Delta z)}{\Delta x} \Delta x \right. \\
&\left. + \frac{f(x, y+\Delta y, z+\Delta z) - f(x, y, z+\Delta z)}{\Delta y} \Delta y + \frac{f(x, y, z+\Delta z) - f(x, y, z)}{\Delta z} \Delta z \right) \\
= &\frac{\partial f(x,y,z)}{\partial x} dx + \frac{\partial f(x,y,z)}{\partial y} dy + \frac{\partial f(x,y,z)}{\partial z} dz \\
= &\left(\frac{\partial f(x,y,z)}{\partial x}, \frac{\partial f(x,y,z)}{\partial y}, \frac{\partial f(x,y,z)}{\partial z} \right) \cdot (dx, dy, dz) \\
= &\left(\frac{\partial}{\partial x}, \frac{\partial}{\partial y}, \frac{\partial}{\partial z} \right) f(x,y,z) \cdot (dx, dy, dz) \equiv \left(\vec{\nabla} f(x,y,z) \right) \cdot (dx, dy, dz) \\
= &\left(\vec{\nabla} f(\vec{r}) \right) \cdot d\vec{r} = \left(\mathrm{grad}\, f(x,y,z) \right) \cdot d\vec{r} \qquad (1.4.1)
\end{aligned}
$$

と書くことができる．ここで，例えば $\frac{\partial f(x,y,z)}{\partial x}$ は 3 変数の内，x のみを変数とみなし，y，z は x と無関係な，いわゆる定数として扱い，x のみで微分することを意味している．このような微分を**偏微分**（partial derivative）という．$\vec{\nabla} f(\vec{r})$ あるいは $\mathrm{grad}\, f(\vec{r})$ は $d\vec{r}$ だけの位置の無限小の変化に対してスカラー関数 $f(\vec{r})$ の微分 $df(\vec{r})$ の大きさを表す係数のようなものであり，$f(x, y, z)$ の**勾配**を表すものである．$\vec{\nabla}$ は $\left(\frac{\partial}{\partial x}, \frac{\partial}{\partial y}, \frac{\partial}{\partial y} \right)$ であり，

ナブラあるいは**デル演算子**と呼ばれ，古代の竪琴に形が似ていることからつけられた名前である．$\vec{\nabla}$ は grad と書かれることも多く，まさに勾配の英語 gradient による．

1.4.2　スカラー関数の和および積の微分則

2 つのスカラー関数 f_1 および f_2 に対してそれらの和の微分 $d(f_1 + f_2)$ は 1 変数の関数と同様に $d(f_1 + f_2) = df_1 + df_2$ であり，積 $f_1 f_2$ の微分 $d(f_1 f_2)$ は $d(f_1 f_2) = (df_1)f_2 + f_1(df_2)$ である．また $f_1 + f_2$ の勾配 $\vec{\nabla}(f_1 + f_2)$ は $\vec{\nabla} f_1 + \vec{\nabla} f_2$ であり，$f_1 f_2$ の勾配 $\vec{\nabla}(f_1 f_2)$ は

$$\begin{aligned}
\vec{\nabla}(f_1 f_2) &= \left(\frac{\partial(f_1 f_2)}{\partial x}, \frac{\partial(f_1 f_2)}{\partial y}, \frac{\partial(f_1 f_2)}{\partial z}\right) \\
&= \left(\frac{\partial f_1}{\partial x} f_2 + f_1 \frac{\partial f_2}{\partial x}, \frac{\partial f_1}{\partial y} f_2 + f_1 \frac{\partial f_2}{\partial y}, \frac{\partial f_1}{\partial z} f_2 + f_1 \frac{\partial f_2}{\partial z}\right) \\
&= \left(\frac{\partial f_1}{\partial x} f_2, \frac{\partial f_1}{\partial y} f_2, \frac{\partial f_1}{\partial z} f_2\right) + \left(f_1 \frac{\partial f_2}{\partial x}, f_1 \frac{\partial f_2}{\partial y}, f_1 \frac{\partial f_2}{\partial z}\right) \\
&= (\vec{\nabla} f_1) f_2 + f_1 (\vec{\nabla} f_2)
\end{aligned}$$

である．

1.4.3　ベクトル関数の微分

例えば 2 章で初めて取り扱う電界は空間のある点 P におけるその大きさ，方向，向きの 3 つを知ることにより表されるので，まさにベクトルである．点 P の位置が空間内で変化すると，一般的に，電界は変化する．すなわち電界は位置を変数とする関数であり，**ベクトル関数**あるいは関数ベクトルという．本書では変数 x の関数 $f(x)$ になぞらえて 3 次元空間の場合には，必要に応じて $\vec{E}(\mathrm{P})$, $\vec{E}(\vec{r}_{\mathrm{P}})$, $\vec{E}(x_{\mathrm{P}}, y_{\mathrm{P}}, z_{\mathrm{P}})$, $\vec{E}(x, y, z)$ と書くことにする．ベクトル $\vec{E}(\mathrm{P})$ の始点は点 P であるが終点には意味はない．なぜなら空間の場所を表す位置ベクトルの単位は長さの単位であるメートル（m）であるが $\vec{E}(\mathrm{P})$ の単位は V/m であり m ではないからである．

ベクトル関数はスカラー関数を成分とするので，スカラー関数と同様に微分を定義することができる．ベクトル関数の $\vec{f}(\vec{r}) = \vec{f}(x, y, z)$ の微分 $d\vec{f}(x, y, z)$ は，

$$d\vec{f}(x, y, z) = d\vec{f}(\vec{r}) = \big(df_x(\vec{r}), df_y(\vec{r}), df_z(\vec{r})\big)$$

であるが，各成分はスカラー関数の微分であるので，例えば $df_x(x, y, z)$ は，

$$df_x(\vec{r}) = \left(\frac{\partial}{\partial x}, \frac{\partial}{\partial y}, \frac{\partial}{\partial z}\right) f_x(\vec{r}) \cdot d\vec{r} = \big(\vec{\nabla} f_x(x, y, z)\big) \cdot d\vec{r}$$

である．したがって，

$$d\vec{f}(\vec{r}) = \Big(\big(\vec{\nabla} f_x(d\vec{r})\big) \cdot d\vec{r}, \big(\vec{\nabla} f_y(d\vec{r})\big) \cdot d\vec{r}, \big(\vec{\nabla} f_z(d\vec{r})\big) \cdot d\vec{r}\Big)$$

となる．

1.4.4　ベクトル関数の発散

電気磁気学で使用されるベクトル関数へのナブラ演算子の演算として，$\vec{\nabla} \cdot \vec{f}(x, y, z)$ があり，これをベクトル関数の**発散**（divergence）という．発散という意味は 2.4 節で説

明される．$\vec{\nabla} \cdot \vec{f}(x,y,z)$ は xyz 座標では，

$$\vec{\nabla} \cdot \vec{f}(x,y,z) = \vec{\nabla} \cdot \vec{f}(\vec{r}) = \left(\frac{\partial}{\partial x}, \frac{\partial}{\partial y}, \frac{\partial}{\partial z}\right) \cdot \left(f_x(\vec{r}), f_y(\vec{r}), f_z(\vec{r})\right)$$
$$= \frac{\partial}{\partial x} f_x(\vec{r}) + \frac{\partial}{\partial y} f_y(\vec{r}) + \frac{\partial}{\partial z} f_z(\vec{r}) \qquad (1.4.2)$$

である．発散はスカラーである．

1.4.5　ベクトル関数の回転

前項で述べたベクトル関数の発散の他に電気磁気学でよく用いられるベクトル関数へのナブラ演算子の演算として，$\vec{\nabla} \times \vec{f}(x,y,z)$ があり，これをベクトル関数の**回転**（rotation）という．$\vec{\nabla} \times \vec{f}(x,y,z)$ は xyz 座標系では，

$$\vec{\nabla} \times \vec{f}(x,y,z) = \vec{\nabla} \times \vec{f}(\vec{r}) = \left(\frac{\partial}{\partial x}, \frac{\partial}{\partial y}, \frac{\partial}{\partial z}\right) \times (f_x(\vec{r}), f_y(\vec{r}), f_z(\vec{r}))$$
$$= \left(\frac{\partial}{\partial y} f_z(\vec{r}) - \frac{\partial}{\partial z} f_y(\vec{r}), \frac{\partial}{\partial z} f_x(\vec{r}) - \frac{\partial}{\partial x} f_z(\vec{r}), \frac{\partial}{\partial x} f_y(\vec{r}) - \frac{\partial}{\partial y} f_x(\vec{r})\right) \qquad (1.4.3)$$

である．回転はベクトルである．

1.4.6　ラプラスの演算子

スカラー関数の勾配とベクトル関数の発散を組み合わせると以下の関係が得られる．xyz 座標においてスカラー関数 $f(x,y,z)$ の勾配 $\vec{\nabla} f(x,y,z)$ は，

$$\vec{\nabla} f(x,y,z) = \left(\frac{\partial}{\partial x}, \frac{\partial}{\partial y}, \frac{\partial}{\partial z}\right) f(x,y,z)$$
$$= \left(\frac{\partial f(x,y,z)}{\partial x}, \frac{\partial f(x,y,z)}{\partial y}, \frac{\partial f(x,y,z)}{\partial z}\right)$$

であり，$\vec{\nabla} f(x,y,z)$ の発散 $\vec{\nabla} \cdot (\vec{\nabla} f(x,y,z))$ は，

$$\vec{\nabla} \cdot \left(\vec{\nabla} f(x,y,z)\right) = \frac{\partial}{\partial x}\frac{\partial f(x,y,z)}{\partial x} + \frac{\partial}{\partial y}\frac{\partial f(x,y,z)}{\partial y} + \frac{\partial}{\partial z}\frac{\partial f(x,y,z)}{\partial z}$$
$$= \frac{\partial^2}{\partial x^2} f(x,y,z) + \frac{\partial^2}{\partial y^2} f(x,y,z) + \frac{\partial^2}{\partial z^2} f(x,y,z) \equiv \Delta f(x,y,z)$$
$$= \left(\frac{\partial^2}{\partial x^2} + \frac{\partial^2}{\partial y^2} + \frac{\partial^2}{\partial z^2}\right) f(x,y,z) \equiv \Delta f(x,y,z) \qquad (1.4.4)$$

となる．ただし，Δ は**ラプラスの演算子**（Laplacian）と呼ばれる 2 階の偏微分演算子である．ラプラスの演算子は物理学，工学によく現れる．電気磁気学においては必ず用いなければ問題を解くことができないというわけではないが，数学の偏微分方程式の解法の成果を用いることができるのと，電子計算機で数値解析をするのに便利であるために，実際には多く用いられている．

1.4.7　ベクトル関数の微分則

2 つのベクトル関数 $\vec{f}_1$ および $\vec{f}_2$ に対してそれらの和の微分 $d(\vec{f}_1 + \vec{f}_2)$ はスカラーの関数と同様に $d(\vec{f}_1 + \vec{f}_2) = d\vec{f}_1 + d\vec{f}_2$ であり，発散 $\vec{\nabla} \cdot (\vec{f}_1 + \vec{f}_2)$ は $\vec{\nabla} \cdot (\vec{f}_1 + \vec{f}_2) = \vec{\nabla} \cdot \vec{f}_1 + \vec{\nabla} \cdot \vec{f}_2$ であり，回転 $\vec{\nabla} \times (\vec{f}_1 + \vec{f}_2)$ は $\vec{\nabla} \times (\vec{f}_1 + \vec{f}_2) = \vec{\nabla} \times \vec{f}_1 + \vec{\nabla} \times \vec{f}_2$ である．

スカラー関数 f およびベクトル関数 $\vec{g}$ の積 $f\vec{g}$ はベクトルでありその微分 $d(f\vec{g})$ は

$$
\begin{aligned}
d(f\vec{g}) &= \bigl(d(fg_x), d(fg_y), d(fg_z)\bigr) \\
&= \bigl((df)g_x + fd(g_x), (df)g_y + fd(g_y), (df)g_z + fd(g_z)\bigr) \\
&= \bigl((df)g_x, (df)g_y, (df)g_z\bigr) + \bigl(fd(g_x), fd(g_y), fd(g_z)\bigr) \\
&= (df)\vec{g} + f(d\vec{g})
\end{aligned}
$$

である．$f\vec{g}$ の発散 $\vec{\nabla}\cdot(f\vec{g})$ は，

$$
\begin{aligned}
\vec{\nabla}\cdot(f\vec{g}) &= \frac{\partial}{\partial x}(fg_x) + \frac{\partial}{\partial y}(fg_y) + \frac{\partial}{\partial z}(fg_z) \\
&= \frac{\partial f}{\partial x}g_x + f\frac{\partial g_x}{\partial x} + \frac{\partial f}{\partial y}g_y + f\frac{\partial g_y}{\partial y} + \frac{\partial f}{\partial z}g_z + f\frac{\partial g_z}{\partial z} \\
&= (\vec{\nabla}f)\cdot\vec{g} + f(\vec{\nabla}\cdot\vec{g})
\end{aligned}
\tag{1.4.5}
$$

である．$f\vec{g}$ の回転 $\vec{\nabla}\times(f\vec{g})$ は，

$$
\begin{aligned}
&\vec{\nabla}\times(f\vec{g}) \\
&= \left(\frac{\partial}{\partial y}(fg_z) - \frac{\partial}{\partial z}(fg_y), \frac{\partial}{\partial z}(fg_x) - \frac{\partial}{\partial x}(fg_z), \frac{\partial}{\partial x}(fg_y) - \frac{\partial}{\partial y}(fg_x)\right) \\
&= \left(\frac{\partial f}{\partial y}g_z + f\frac{\partial g_z}{\partial y} - \frac{\partial f}{\partial z}g_y - f\frac{\partial g_y}{\partial z}, \frac{\partial f}{\partial z}g_x + f\frac{\partial g_x}{\partial z} - \frac{\partial f}{\partial x}g_z - f\frac{\partial g_z}{\partial x},\right. \\
&\qquad \left.\frac{\partial f}{\partial x}g_y + f\frac{\partial g_y}{\partial x} - \frac{\partial f}{\partial y}g_x - f\frac{\partial g_x}{\partial y}\right) \\
&= \left(\frac{\partial f}{\partial y}g_z - \frac{\partial f}{\partial z}g_y, \frac{\partial f}{\partial z}g_x - \frac{\partial f}{\partial x}g_z, \frac{\partial f}{\partial x}g_y - \frac{\partial f}{\partial y}g_x\right) \\
&\quad + f\left(\frac{\partial g_z}{\partial y} - \frac{\partial g_y}{\partial z}, \frac{\partial g_x}{\partial z} - \frac{\partial g_z}{\partial x}, \frac{\partial g_y}{\partial x} - \frac{\partial g_x}{\partial y}\right) \\
&= (\vec{\nabla}f)\times\vec{g} + f(\vec{\nabla}\times\vec{g})
\end{aligned}
\tag{1.4.6}
$$

である．

2 つのベクトル関数 $\vec{f}(\vec{r})$ および $\vec{g}(\vec{r})$ の外積の発散および回転は，

$$
\vec{\nabla}\cdot(\vec{f}\times\vec{g}) = \vec{g}\cdot(\vec{\nabla}\times\vec{f}) - \vec{f}\cdot(\vec{\nabla}\times\vec{g}) \tag{1.4.7}
$$

$$
\vec{\nabla}\times(\vec{f}\times\vec{g}) = (\vec{g}\cdot\vec{\nabla})\vec{f} - (\vec{f}\cdot\vec{\nabla})\vec{g} + \vec{f}(\vec{\nabla}\cdot\vec{g}) - \vec{g}(\vec{\nabla}\cdot\vec{f}) \tag{1.4.8}
$$

である．

1.4.8　曲線上の微小線素ベクトルと線積分

図 1.7 に示すように 3 次元空間内の曲線 C 上の任意の点 P を出発点とし，点 P から無限小の距離だけ離れた点 P′ を結ぶ直線（線素）の長さを大きさとし，方向・向きは点 P と点 P′ を結ぶ直線の方向，向きは点 P から点 P′ に向かう向きを持つベクトルを，**微小線素ベクトル**と呼ぶことにする．このベクトルの方向が点 P における C の接線方向に一致するぐらいまでその大きさを無限小とする．本書では記号として $d\vec{s}(\mathrm{P})$ を用

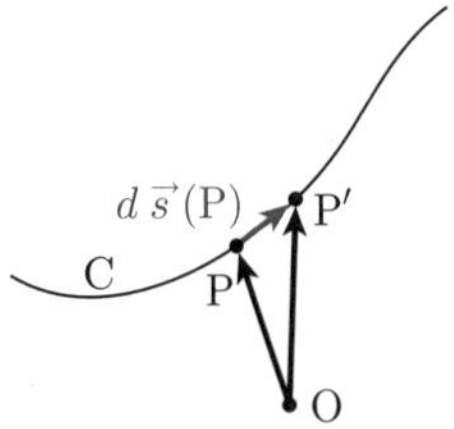

図 1.7

いる．曲線Cを無限小の長さを持つ線素に分割して，それぞれに微小線素ベクトルを対応させるとき，すべての微小線素ベクトルを繋げていけば曲線Cに一致する．原点Oに対して点P, P′の位置ベクトルをそれぞれ $\vec{r}_{\mathrm{P}}$, $\vec{r}_{\mathrm{P}'}$ とすると，$d\vec{s}(\mathrm{P}) = \vec{r}_{\mathrm{P}'} - \vec{r}_{\mathrm{P}}$ である．曲線C上の点Aから点Bに至る長さ s_{AB} は，

$$s_{\mathrm{AB}} = \int_{\mathrm{A}}^{\mathrm{B}} ds = \int_{\mathrm{A}}^{\mathrm{B}} (dx^2 + dy^2 + dz^2)^{\frac{1}{2}} \tag{1.4.9}$$

である．(1.4.9) 式は次のようにも考えられる．一つ目は，1というスカラー関数を積分したもの，すなわち $\int_{\mathrm{A}}^{\mathrm{B}} 1\, ds$ として，2つ目は曲線C上の点Aと点Bの間の点をPとするとき，曲線Cの点Pにおける接線方向の $d\vec{s}(\mathrm{P})$ と同じ向きの単位ベクトルを $\vec{\hat{s}}(\mathrm{P})$ とすると，

$$s_{\mathrm{AB}} = \int_{\mathrm{A}}^{\mathrm{B}} \vec{\hat{s}}(\mathrm{P}) \cdot d\vec{s}(\mathrm{P}) = \int_{\mathrm{A}}^{\mathrm{B}} ds$$

と考えることができる．この場合ベクトル関数 $\vec{\hat{s}}(\mathrm{P})$ と $d\vec{s}(\mathrm{P})$ との内積を曲線Cに沿って点Aから点Bまでの区間で足し合わせた（積分した）ものになっている．今の場合 $\vec{\hat{s}}(\mathrm{P})$ と $d\vec{s}(\mathrm{P})$ は同じ方向・向きを持つが，$d\vec{s}(\mathrm{P})$ と同じ向きを持たないベクトル関数 $\vec{f}(\mathrm{P})$ と $d\vec{s}(\mathrm{P})$ との内積を積分したもの，すなわち $\int_{\mathrm{A}}^{\mathrm{B}} \vec{f}(\mathrm{P}) \cdot d\vec{s}(\mathrm{P})$ も考えることができよう．このような積分はベクトル関数の線積分と呼ばれ，電気磁気学で一般的に現れる．またスカラー関数 $g(\mathrm{P})$ の線積分 $\int_{\mathrm{A}}^{\mathrm{B}} g(\mathrm{P})\, ds(\mathrm{P})$ も現れる．特殊な場合として，$\vec{f}(\mathrm{P})$ があるスカラー関数 $g(\mathrm{P})$ の勾配 $\vec{f}(\mathrm{P}) = \vec{\nabla} g(\mathrm{P})$ に等しい場合には，線積分は (1.4.1) 式より，

$$\int_{\mathrm{A}}^{\mathrm{B}} \vec{f}(\mathrm{P}) \cdot d\vec{s}(\mathrm{P}) = \int_{\mathrm{A}}^{\mathrm{B}} \vec{\nabla} g(\mathrm{P}) \cdot d\vec{s}(\mathrm{P}) = \int_{\mathrm{A}}^{\mathrm{B}} dg(\mathrm{P}) = g(\mathrm{B}) - g(\mathrm{A})$$

となり，積分の値は点A, Bにおける $g(\mathrm{P})$ の値のみにより決まり，点A, B間の曲線の形には依存しないことが分かる．$\vec{f}(\mathrm{P}) = \vec{\nabla} g(\mathrm{P})$ となるのは $g(\mathrm{P})$ がポテンシャル関数になる場合である．もちろん，スカラー関数 $g(\mathrm{P})$ の線積分 $\int_{\mathrm{A}}^{\mathrm{B}} g(\mathrm{P})\, ds(\mathrm{P})$ も定義できる．この場合も，

$$\int_{\mathrm{A}}^{\mathrm{B}} g(\mathrm{P})\, ds(\mathrm{P}) = \int_{\mathrm{A}}^{\mathrm{B}} g(\mathrm{P})\, \vec{\hat{s}}(\mathrm{P}) \cdot d\vec{s}(\mathrm{P}) = \int_{\mathrm{A}}^{\mathrm{B}} \left(g(\mathrm{P})\, \vec{\hat{s}}(\mathrm{P})\right) \cdot d\vec{s}(\mathrm{P})$$

としてスカラー関数 $g(\mathrm{P})$ に曲線Cの点Pにおける単位接線ベクトルをかけてベクトル関数 $g(\mathrm{P})\vec{\hat{s}}(\mathrm{P})$ として線積分すると考えることもできる．

ところで，電気磁気学では**力線**（line of force）という概念が現れる．概念ということは実際に存在しているかは不明である．定義として，例えば電界の場合，ある1つの電界の力線（曲線）上の各点Pでの接線がその点での $\vec{E}(\mathrm{P})$ の方向に必ず一致する．しかし力線は無数にある（曲線群）ので，この定義では「各点」が1つの力線上にあるという条件が含まれていない．今，一つの力線上の点をPとし，点Pに限りなく近い同じ力線上の点をP′とすると，点Pの位置ベクトル $\vec{r}_{\mathrm{P}}$ と点P′の位置ベクトル $\vec{r}_{\mathrm{P}'}$ の差である $\vec{r}_{\mathrm{P}'} - \vec{r}_{\mathrm{P}} = d\vec{r}_{\mathrm{P}}$ は力線の定義により $\vec{E}(\mathrm{P})$ の方向と一致し，

$$d\vec{r}_{\mathrm{P}} = \frac{\vec{E}(\mathrm{P})}{|\vec{E}(\mathrm{P})|}|d\vec{r}_{\mathrm{P}}| \equiv d\vec{s}(\mathrm{P}) \qquad (1.4.10)$$

である．ここで，$d\vec{s}(\mathrm{P})$ は点 P における力線の微小線素ベクトルであり

$$d\vec{s}(\mathrm{P}) = (dx_{\mathrm{P}}, dy_{\mathrm{P}}, dz_{\mathrm{P}})$$

と表される．

$$\vec{r}_{\mathrm{P}} + d\vec{s}(\mathrm{P}) = (x_{\mathrm{P}} + dx_{\mathrm{P}}, y_{\mathrm{P}} + dy_{\mathrm{P}}, z_{\mathrm{P}} + dz_{\mathrm{P}})$$

はこの力線上の点である．したがって，力線を表す方程式は (1.4.10) 式より，

$$\frac{E_x(\mathrm{P})}{dx_{\mathrm{P}}} = \frac{E_y(\mathrm{P})}{dy_{\mathrm{P}}} = \frac{E_z(\mathrm{P})}{dz_{\mathrm{P}}} = \frac{|\vec{E}(\mathrm{P})|}{|d\vec{s}(\mathrm{P})|} \qquad (1.4.11)$$

となる．この方程式では $\vec{E}(\mathrm{P})$ を与えて，これより力線の方程式を求めることになる．ベクトル関数 $\vec{E}(\mathrm{P})$ の線積分は 2 点 A, B が同じ流線にあってもなくても構わない．

1.4.9　面積ベクトルと曲面上の微小面積ベクトル

面積ベクトルとは **図1.8 (a)** に示す平面状の閉曲線で囲まれた領域の面積を 3 次元空間のベクトルとして表現するものであり，本書では記号として $\vec{S}$ を用いる．ベクトルの定義により，その大きさは領域の面積，方向は領域に垂直であり，向きは以下のように定義される．向きは平面を視覚的にとらえたときの見える側に向かう向きであり，これを表側とする．閉曲面の場合にはまさに外方向の向きになる．この概念を曲面に対して適用する場合，**図1.8 (b)**，**(c)** に示すように曲面を無限小の領域（微小面積要素）に分割すると，それぞれの微小領域は平面とみなすことができ，個々の領域に対して面積ベクトルを指定する．本書では記号として $d\vec{S}$ を用いる．$d\vec{S}$ は曲面上の場所により異なるので，曲面上の任意の点 P について $d\vec{S}(\mathrm{P})$ と表す．ただし，実際に曲面に対して適用するときは各 $d\vec{S}(\mathrm{P})$ により曲面を隙間なく埋め尽くすことが必要であるので，曲面を分割する方法の一つとして，一つの微小面積要素が平行四辺形に似た四角形になるように格子状に分割する．このとき **図1.8 (d)** に示すように，四角形のある頂点を点 P として点 P を含む隣り合う 2 つの辺にそれぞれ微小線素ベクトル $d\vec{s}_1(\mathrm{P})$ および $d\vec{s}_2(\mathrm{P})$ を対応させると，この微小面積要素の面積ベクトル $d\vec{S}(\mathrm{P})$ は，$d\vec{S}(\mathrm{P}) = d\vec{s}_1(\mathrm{P}) \times d\vec{s}_2(\mathrm{P})$ あるいは $d\vec{S}(\mathrm{P}) = d\vec{s}_2(\mathrm{P}) \times d\vec{s}_1(\mathrm{P})$ と表すことができる．各式の 2 つのベクトルのベクトル積の順番であるが，$d\vec{S}(\mathrm{P})$ の向きが曲面の表側を向くようにする．

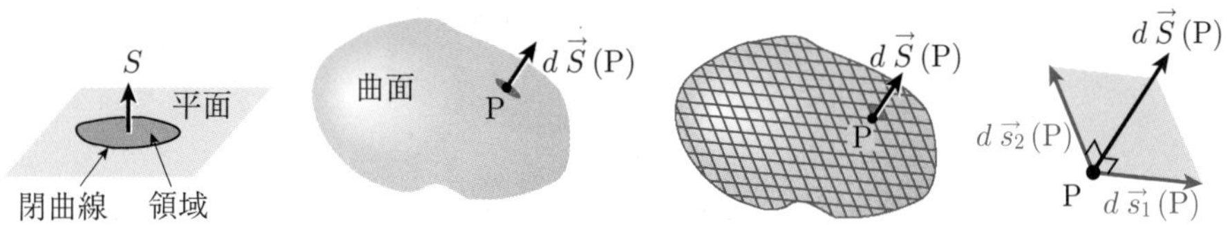

(a)　(b)　(c)　(d)

図1.8

1.4.10 スカラー関数およびベクトル関数の面積分

曲線上のある閉曲線で囲まれた領域Sの面積 S_{S} は,

$$S_{\mathrm{S}} = \iint_{\mathrm{S}} dS(\mathrm{P}) \tag{1.4.12}$$

である．(1.4.12) 式は次のようにも考えられる．曲面領域S上の微小面積要素ベクトル $d\vec{S}(\mathrm{P})$ に平行な単位ベクトル（単位法線ベクトル）を $\vec{n}(\mathrm{P})$ とすると (1.4.12) 式は,

$$S_{\mathrm{S}} = \iint_{\mathrm{S}} dS(\mathrm{P}) = \int_{\mathrm{A}}^{\mathrm{B}} \vec{n}(\mathrm{P}) \cdot d\vec{S}(\mathrm{P})$$

とも考えられる．今の場合 $\vec{n}(\mathrm{P})$ と $d\vec{S}(\mathrm{P})$ は同じ方向･向きを持つが, $d\vec{S}(\mathrm{P})$ と同じ方向･向きを持たないベクトル関数 $\vec{f}(\mathrm{P})$ と $d\vec{S}(\mathrm{P})$ との内積を積分した $\int_{\mathrm{A}}^{\mathrm{B}} \vec{f}(\mathrm{P}) \cdot d\vec{S}(\mathrm{P})$ も考えることができる．このような積分はベクトル関数の面積分と呼ばれ，電気磁気学で一般的に現れる．またスカラー関数 $g(\mathrm{P})$ の面積分 $\int_{\mathrm{A}}^{\mathrm{B}} g(\mathrm{P})\, dS(\mathrm{P})$ も現れる．この場合も,

$$\int_{\mathrm{A}}^{\mathrm{B}} g(\mathrm{P})\, dS(\mathrm{P}) = \int_{\mathrm{A}}^{\mathrm{B}} g(\mathrm{P}) \vec{n}(\mathrm{P}) \cdot d\vec{S}(\mathrm{P}) = \int_{\mathrm{A}}^{\mathrm{B}} \big(g(\mathrm{P}) \vec{n}(\mathrm{P})\big) \cdot d\vec{S}(\mathrm{P}) \tag{1.4.13}$$

としてスカラー関数 $g(\mathrm{P})$ に曲面S上の点Pにおける単位法線ベクトルをかけてベクトル関数 $g(\mathrm{P})\vec{n}(\mathrm{P})$ として面積分すると考えることもできる．

1.4.11 立　体　角

2本の異なる直線が交わるとき，その交点において2つの直線は，ある角度（交差角）をなす．これがよく知られている角度である．この他に，空間中の開曲面あるいは閉曲面などの対象物をある視点から眺めるとき，視野に広がりがある．視野の広がりは対象物と視点との距離により変化する．通常の角度は弧度法や度数法によって数値で表現されるのと同様に，視野の広がりを数値で表現したのが**立体角**（solid angle）である．視点は対象物が閉曲面の場合，曲面内部および外部の両方が考えられる．視点が内部にある場合には，閉曲面の裏側をみることになる．

視点Oから対象物をみたとき**図1.9**に示すように視点と対象物の輪郭までを直線で結ぶ場合，直線群は錐を形成する．この錐が視点を中心とする半径1mの球面から切り取る領域の面積を立体角の大きさと定義する．対象物を視点から眺めると対象物の大きさ

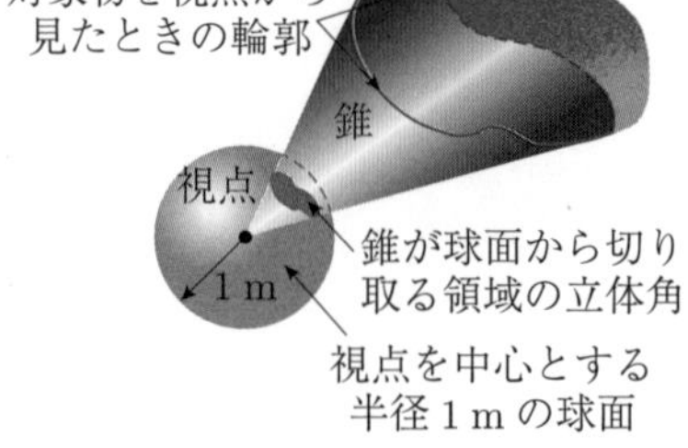

図1.9

は**図 1.9** に示すように，輪郭で囲まれる領域の面積に等しい．視点と対象物の距離が変化すると輪郭は変化し，球面から切り取られる面積も変化する．立体角には正負の符号がある．立体角を求める場合には微分・積分を用いる．**図 1.8 (c)** に示すように対象物の面を微分割し，微小面積要素上の点を P としたときその面積ベクトルを $d\vec{S}(\mathrm{P})$ とすると，$d\vec{S}(\mathrm{P})$ の立体角 $d\Omega(\mathrm{P})$ は，

$$d\Omega(\mathrm{P}) = \frac{1}{|\vec{r}_{\mathrm{P}}|^2}\frac{\vec{r}_{\mathrm{P}}}{|\vec{r}_{\mathrm{P}}|}\cdot d\vec{S}(\mathrm{P}) = \frac{\vec{r}_{\mathrm{P}}}{|\vec{r}_{\mathrm{P}}|^3}\cdot d\vec{S}(\mathrm{P}) \tag{1.4.14}$$

となる．ただし，$\vec{r}_{\mathrm{P}}$ は視点からみた点 P の位置ベクトルである．(1.4.14) 式によると，$\vec{r}_{\mathrm{P}}\cdot d\vec{S}(\mathrm{P})$ の符号により $d\Omega(\mathrm{P})$ の符号が決定される．立体角の単位は 2 通りあるが，本書ではステラジアン（sr）を採用する．

1.4.12 ガウスの定理

ガウスの定理（Gauss's theory）は数学の定理であり，電気磁気学の問題を解くときに有効な方法である．ただし，ガウスの定理を用いずとも，電気磁気学の基本法則から直接問題を解くことは可能である．数学の定理としてのガウスの定理は以下の通りである．証明は省略する．

3 次元空間内の点 P（位置ベクトル $\vec{r}_{\mathrm{P}}$）でベクトル関数 $\vec{f}(\mathrm{P})$ が定義されているとき，閉曲面 S で囲まれた領域 V 中で $\vec{f}(\mathrm{P})$ に対して行われた演算である $\vec{\nabla}\cdot\vec{f}(\mathrm{P})$ の V 中での積分 $\iiint_{\mathrm{V}}\vec{\nabla}\cdot\vec{f}(\mathrm{P})\,dv(\mathrm{P})$ と閉曲面 S 上での $\vec{f}(\mathrm{P})$ の積分 $\oiint_{\mathrm{S}}\vec{f}(\mathrm{P})\cdot d\vec{S}(\mathrm{P})$ は等しい．すなわち，

$$\iiint_{\mathrm{V}}\vec{\nabla}\cdot\vec{f}(\mathrm{P})\,dv(\mathrm{P}) = \oiint_{\mathrm{S}}\vec{f}(\mathrm{P})\cdot d\vec{S}(\mathrm{P}) \tag{1.4.15}$$

である．ただし，$dv(\mathrm{P})$ は点 P における微小体積要素であり，1.5.1, 1.5.2 項で説明される．この定理の驚くべき点は，閉曲面の形状に関係なく (1.4.15) 式が成立することである．したがって汎用性が極めて高い．

1.4.13 ストークスの定理

ストークスの定理（Stokes's theory）もガウスの定理と同様に数学の定理であり，電気磁気学の問題を解くときに有効な方法である．ただし，この定理を用いずとも，電気磁気学の基本法則から直接問題を解くことは可能である．ストークスの定理は以下の通りである．証明は省略する．

3 次元空間内の点 P（$\vec{r}_{\mathrm{P}}$）でベクトル関数 $\vec{f}(\mathrm{P})$ が定義されているとき，閉曲線 C で囲まれた領域 S 中で $\vec{f}(\mathrm{P})$ に対して行われた演算である $\vec{\nabla}\times\vec{f}(\mathrm{P})$ の S 上での積分 $\iint_{\mathrm{S}}\vec{\nabla}\times\vec{f}(\mathrm{P})\cdot d\vec{S}(\mathrm{P})$ と閉曲線 C 上での $\vec{f}(\mathrm{P})$ の積分 $\oint_{\mathrm{C}}\vec{f}(\mathrm{P})\cdot d\vec{s}(\mathrm{P})$ は等しい．すなわち，

$$\iint_{\mathrm{S}}\vec{\nabla}\times\vec{f}(\mathrm{P})\cdot d\vec{S}(\mathrm{P}) = \oint_{\mathrm{C}}\vec{f}(\mathrm{P})\cdot d\vec{s}(\mathrm{P}) \tag{1.4.16}$$

である．

1.5　空間直交座標系

電気磁気学で主に使用される空間直交座標系としては，

1. xyz 直交座標系（Cartesian coordinate system，xyz 座標）
2. 円柱直交座標系（cylindrical coordinate system，円筒座標，$\rho\theta z$ 円筒座標）
3. 球直交座標系（spherical coordinate system，球座標，$r\theta\varphi$ 球座標）

がある．1. は直線座標系，2., 3. は曲線座標系である．いずれの場合にも右手系であり，各座標軸が互いに直交していることが必要である．右手系とは例えば xyz 座標では x 軸が右手の親指，y 軸が人差し指，z 軸が中指に対応するものである．曲線であるのに直交しているとは考えにくいが，3 つの座標軸がすべて交わる点における接線が直交しているという意味である．xyz 座標は座標軸が直線であるので最もなじみがあるものである．しかし円柱直交座標系（以後，円柱座標という），球直交座標系（以後，球座標という）の場合は座標軸が曲線であることで，情報が局所化され理解が困難となる．しかし，問題を解く際には場合によっては xyz 座標よりも，より容易に解答を引き出すことが可能である．3 次元空間の場合には，空間内の点の座標を表すためには 3 つの独立変数があればよい．例えば，xyz 座標の場合には (x, y, z) である．

1.5.1　円柱座標

図 1.10 (a), **(b)** にそれぞれ円柱座標と微小体積要素の取り方が示されている．xyz 座標との関係は，$x = \rho\cos\theta$, $y = \rho\sin\theta$, $z = z$ である．**図 1.11** に示す円柱座標の座標軸 ρ, θ, z の単位ベクトル $\overrightarrow{\hat{\rho}}$, $\overrightarrow{\hat{\theta}}$, $\overrightarrow{\hat{z}}$ は，$\overrightarrow{\hat{\rho}} = \vec{i}\cos\theta + \vec{j}\sin\theta$, $\overrightarrow{\hat{\theta}} = -\vec{i}\sin\theta + \vec{j}\cos\theta$, $\overrightarrow{\hat{z}} = \vec{k}$ である．ただし，**図 1.10 (a)** に示すように $\overrightarrow{\hat{\rho}}$ は原点 O と点 Q′ を結ぶ直線の方

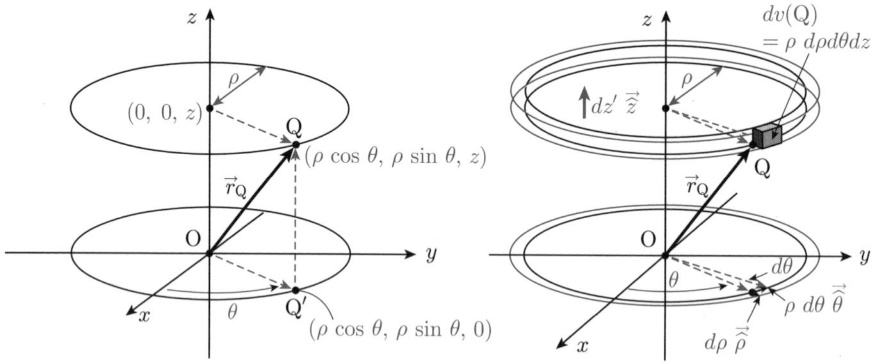

(a)　円柱座標　　　(b)　円柱座標の微小体積ベクトル

図 1.10

向の単位ベクトル，$\vec{\vec{\theta}}$ は半径 ρ の xy 平面に平行な円上の点 Q における円の接線の方向の単位ベクトル，$\vec{\vec{z}}$ は z 軸方向の単位ベクトルである．**図 1.11** に示すように点 Q における各座標軸方向への微小変位ベクトルは $d\rho\,\vec{\vec{\rho}}$, $\rho\,d\theta\,\vec{\vec{\theta}}$, $dz\,\vec{\vec{z}}$ である．微小体積要素 $v(\mathrm{Q})$ は，xyz 座標では $dv(\mathrm{Q}) = dxdydz$ であるが，円筒座標では $dv(\mathrm{Q}) = d\rho\,\rho\,d\theta dz$ である．

スカラー関数 $f(\rho,\theta,z)$ の微分 $df(\rho,\theta,z)$ は，

$$
\begin{aligned}
&df(\rho,\theta,z)\\
&= \frac{\partial f(\rho,\theta,z)}{\partial\rho}d\rho + \frac{\partial f(\rho,\theta,z)}{\rho\partial\theta}\rho d\theta + \frac{\partial f(\rho,\theta,z)}{\partial z}dz\\
&= \left(\frac{\partial f(\rho,\theta,z)}{\partial\rho}, \frac{\partial f(\rho,\theta,z)}{\rho\partial\theta}, \frac{\partial f(\rho,\theta,z)}{\partial z}\right)\cdot(d\rho, \rho\,d\theta, dz)\\
&= \left(\frac{\partial}{\partial\rho}, \frac{\partial}{\rho\partial\theta}, \frac{\partial}{\partial z}\right) f(\rho,\theta,z)\cdot(d\rho, \rho\,d\theta, dz)\\
&= \left(\vec{\nabla} f(\rho,\theta,z)\right)\cdot d\vec{r} \qquad (1.5.1)
\end{aligned}
$$

となる．ナブラ演算子 $\vec{\nabla}$ や微小変位ベクトル $(d\rho,\ \rho\,d\theta,\ dz)$ の各成分は x, y, z ではなく円筒座標 $(\rho,\ \theta,\ z)$ の各成分であることに注意が必要である．

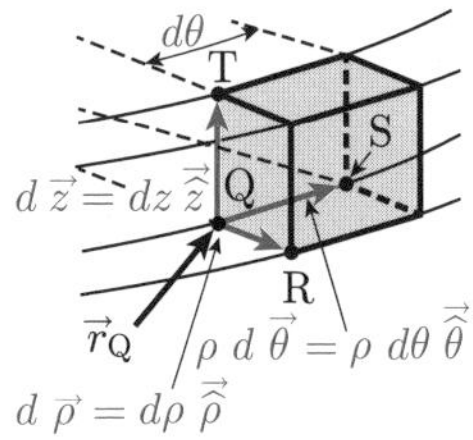

図 1.11

1.5.2　球　座　標

図 1.12 に球座標と微小体積要素の取り方が示されている．xyz 座標との関係は，$x = r\sin\theta\cos\varphi$, $y = r\sin\theta\sin\varphi$, $z = r\cos\theta$ である．**図 1.13** に示す球座標の座標軸 r, θ, φ の単位ベクトル $\vec{\vec{r}}$, $\vec{\vec{\theta}}$, $\vec{\vec{\varphi}}$ は，$\vec{\vec{r}} = \vec{i}\cos\varphi\sin\theta + \vec{j}\sin\varphi\sin\theta + \vec{k}\cos\theta$, $\vec{\vec{\varphi}} = -\vec{i}\sin\varphi + \vec{j}\cos\varphi$, $\vec{\vec{\theta}} = \vec{i}\cos\varphi\cos\theta + \vec{j}\sin\varphi\cos\theta - \vec{k}\sin\theta$ である．また

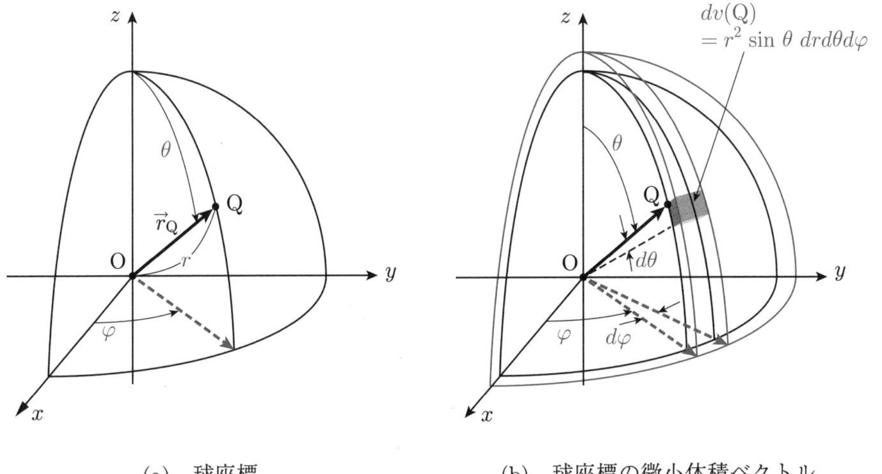

(a)　球座標　　(b)　球座標の微小体積ベクトル

図 1.12

$\frac{\partial \vec{\theta}}{\partial \theta} = -\vec{r}$ である．ただし図**1.12**，**1.13** から分かるように，$\vec{r}$ は原点 O と点 Q を結ぶ直線の方向，$\vec{\theta}$ は z 軸を含み，xz 平面と角度 φ の円上の点 Q における円の接線の方向の単位ベクトル，$\vec{\varphi}$ は半径 $r\sin\theta$ の xy 平面に平行な円上の点 Q における円の接線の方向の単位ベクトルである．図**1.13** に示すように点 Q における各座標軸方向への微小変位ベクトルは $dr\,\vec{r}$, $r\,d\theta\,\vec{\theta}$, $r\sin\theta\,d\varphi\,\vec{\varphi}$ である．微小体積要素 $dv(\mathrm{Q})$ は $dv(\mathrm{Q}) = r^2 \sin\theta\,d\theta d\varphi dr$ である．

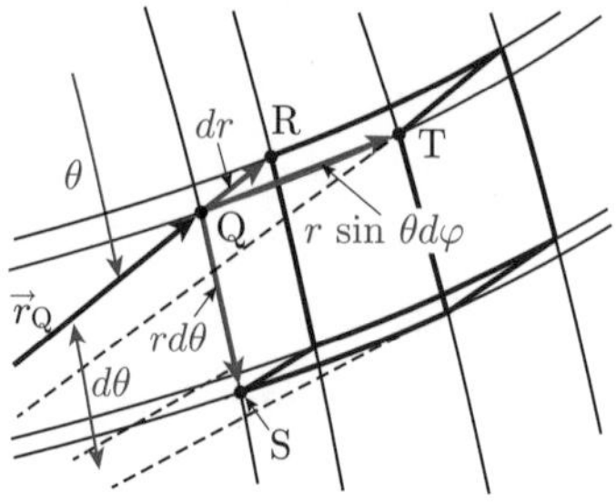

図**1.13**

スカラー関数 $f(r,\theta,\varphi)$ の微分 $df(r,\theta,\varphi)$ は，

$$
\begin{aligned}
df(r,\theta,\varphi) &= \frac{\partial f(r,\theta,\varphi)}{\partial r} dr + \frac{\partial f(r,\theta,\varphi)}{r\partial\theta} r\,d\theta + \frac{\partial f(r,\theta,\varphi)}{r\sin\theta\,\partial\varphi} r\sin\theta\,d\varphi \\
&= \left(\frac{\partial f(r,\theta,\varphi)}{\partial r}, \frac{\partial f(r,\theta,\varphi)}{r\partial\theta}, \frac{\partial f(r,\theta,\varphi)}{r\sin\theta\,\partial\varphi}\right) \cdot (dr, r\,d\theta, r\sin\theta\,d\varphi) \\
&= \left(\frac{\partial}{\partial r}, \frac{\partial}{r\partial\theta}, \frac{\partial}{r\sin\theta\,\partial\varphi}\right) f(r,\theta,\varphi) \cdot (dr, r\,d\theta, r\sin\theta\,d\varphi) \\
&\equiv \left(\vec{\nabla} f(r,\theta,\varphi)\right) \cdot d\vec{r} \qquad (1.5.2)
\end{aligned}
$$

となる．

1.5.3　曲線座標におけるスカラーおよびベクトル関数の発散と回転

曲線座標におけるスカラー関数あるいはベクトル関数の発散と回転は公式化されている．ここでは証明なしに公式を示すのにとどめるが，公式を単に覚えるだけではその本質を理解することができないので，座標系ごとにその導出法が示されている成書を参照のこと．

xyz 座標を含む uvw 曲線座標の点 $\vec{r}$ におけるスカラー関数 $f(\vec{r})$ の勾配 $f(\vec{r})$ は，

$$\vec{\nabla} f(u,v,w) = \left(\frac{\partial}{h_1\partial u}, \frac{\partial}{h_2\partial v}, \frac{\partial}{h_3\partial w}\right) f(u,v,w)$$

である．ただし，h_1, h_2, h_3 は，xyz 座標で，$h_1 = 1, h_2 = 1, h_3 = 1$，$\rho\theta z$ 円柱座標で，$h_1 = 1, h_2 = \rho, h_3 = 1$，$r\theta\varphi$ 球座標で，$h_1 = 1, h_2 = r, h_3 = r\sin\theta$ である．ベクトル関数 $\vec{f}(\vec{r})$ の発散 $\vec{\nabla}\cdot f(\vec{r})$ は，

$$\vec{\nabla}\cdot f(u,v,w) = \frac{1}{h_1h_2h_3}\left(\frac{\partial(h_2h_3f_1)}{\partial u} + \frac{\partial(h_3h_1f_2)}{\partial v} + \frac{\partial(h_1h_2f_3)}{\partial w}\right)$$

であり，回転 $\vec{\nabla}\times f(\vec{r})$ は，

$$
\begin{aligned}
&\vec{\nabla}\times f(u,v,w) \\
&= \left(\frac{1}{h_2h_3}\left(\frac{\partial(h_3f_3)}{\partial v} - \frac{\partial(h_2f_2)}{\partial w}\right), \frac{1}{h_3h_1}\left(\frac{\partial(h_1f_1)}{\partial w} - \frac{\partial(h_3f_3)}{\partial u}\right), \frac{1}{h_1h_2}\left(\frac{\partial(h_2f_2)}{\partial v} - \frac{\partial(h_1f_1)}{\partial u}\right)\right)
\end{aligned}
$$

であり，ラプラスの演算子は，

$$\Delta f(u,v,w) = \frac{1}{h_1h_2h_3}\left\{\frac{\partial}{\partial u}\left(\frac{h_2h_3}{h_1}\frac{\partial f}{\partial u}\right) + \frac{\partial}{\partial v}\left(\frac{h_3h_1}{h_2}\frac{\partial f}{\partial v}\right) + \frac{\partial}{\partial w}\left(\frac{h_1h_2}{h_3}\frac{\partial f}{\partial w}\right)\right\}$$

である．

2 静電界

2.1 クーロンの法則

真空中において，**図2.1** に示すように，点 Q_1 に大きさがない電荷，すなわち点電荷 q_1[C]，点 Q_2 に点電荷 q_2[C] が固定されているとき，2 つの点電荷の間に力が働く．この力を，**クーロン力**（Coulomb force）という．クーロン力について，以下の性質がある．

(1)　力の大きさは電荷の積 q_1q_2 に比例する．
(2)　力の大きさは点電荷の距離の 2 乗に反比例する．
(3)　力の方向は点 Q_1 と点 Q_2 を通る直線の方向である．
(4)　力の向きは q_1q_2 に依存し，$q_1q_2 > 0$ ならば反発力，$q_1q_2 < 0$ ならば引力である．

以上の性質すべてが**クーロンの法則**（Coulomb's law）と呼ばれている．クーロンの法則を定式化すると，次のようになる．

$$\vec{F}_2(Q_1) = \frac{1}{4\pi\varepsilon_0} q_1 q_2 \frac{1}{|\vec{r}_{Q_1} - \vec{r}_{Q_2}|^2} \frac{\vec{r}_{Q_1} - \vec{r}_{Q_2}}{|\vec{r}_{Q_1} - \vec{r}_{Q_2}|} = \frac{1}{4\pi\varepsilon_0} q_1 q_2 \frac{\vec{r}_{Q_1} - \vec{r}_{Q_2}}{|\vec{r}_{Q_1} - \vec{r}_{Q_2}|^3}[\mathrm{N}] \quad (2.1.1)$$

$$\vec{F}_1(Q_2) = \frac{1}{4\pi\varepsilon_0} q_1 q_2 \frac{\vec{r}_{Q_2} - \vec{r}_{Q_1}}{|\vec{r}_{Q_2} - \vec{r}_{Q_1}|^3} = -\vec{F}_1[\mathrm{N}] \quad (2.1.2)$$

ただし，$\vec{F}_2(Q_1)$, $\vec{F}_1(Q_2)$ はそれぞれ点 Q_2 および Q_1 に存在する電荷 q_2 および q_1 によって，電荷 q_1 および q_2 にそれぞれ働く力である．本書では **図2.1** に示すように空間に設定された点 O を基準点（原点）としたとき，$\vec{r}_{Q_1}$ は点 Q_1 の位置ベクトル，$\vec{r}_{Q_2}$ は点 Q_2 の位置ベクトルと表すことにしている．$\vec{F}_2(Q_1)$ と $\vec{F}_1(Q_2)$ は互いに逆向きであり，大きさが等しいので $\vec{F}_2(Q_1) + \vec{F}_1(Q_2) = 0$ となり，2 つの電荷の重心は運動しない（並進運動をしない）．

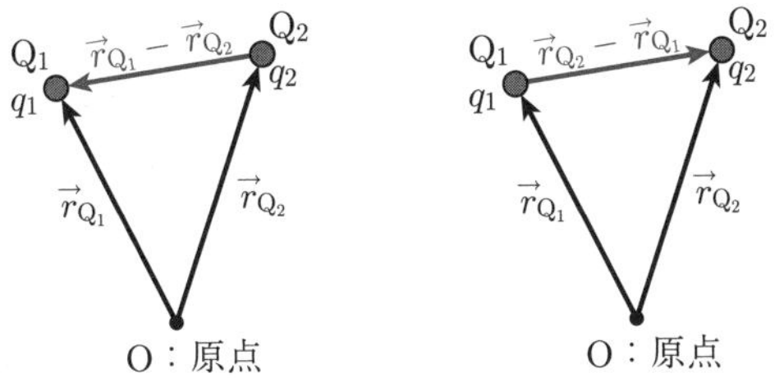

図2.1

例題2.1

ボーア（デンマークの物理学者，N. H. D. Bohr）の原子模型によると，水素原子基底状態における電子は陽子の周りを円運動しており，その半径は**ボーア半径** $r_{\rm B}$ [m] と呼ばれる．電子と陽子の間に働くクーロン力 $\vec{F}$ を求めよ．またクーロン力と万有引力の大きさの比を求めよ．ただし，ボーア半径 $r_{\rm B}$ を約 10^{-10} m，陽子の電荷を 1.6×10^{-19} C，電子の電荷を -1.6×10^{-19} C，電子と陽子の質量をそれぞれ 9.1×10^{-31} kg と 1.7×10^{-27} kg，また万有引力定数 G を 6.7×10^{-11} N·m^2/kg^2 とする．

【解答】 陽子と電子の間には引力としてクーロン力と重力の両方が同時に働く．これに対して，古典的な描象として遠心力が斥力として働き，これらがつり合って電子が安定な軌道をとる（実際には，電子の軌道は量子力学的描象でとらえねばならない）．原子核からみた電子の位置を $\vec{r}_{\rm B}$ とすると，電子と陽子の間に働くクーロン力（引力）で，電子に働く力は (2.1.1) 式より，

$$\begin{aligned}\vec{F} &= -\frac{1}{4\pi\varepsilon_0}\frac{q_1q_2}{r^2}\frac{\vec{r}_{\rm B}}{r_{\rm B}}\\ &= -2.3\times10^{-8}\frac{\vec{r}_{\rm B}}{r_{\rm B}}\ [\mathrm{N}] \qquad (2.1.3)\end{aligned}$$

となる．ただし $\vec{r}_{\rm B}$ は陽子の位置を基準とした電子の位置を表すベクトルである．電子と陽子の間に働く万有引力（引力）で，電子に働く力は

$$\begin{aligned}\vec{F}_{\rm G} &= -G\frac{m_1m_2}{r_{\rm B}^2}\frac{\vec{r}_{\rm B}}{r_{\rm B}}\\ &= -1.04\times10^{-47}\frac{\vec{r}_{\rm B}}{r_{\rm B}}\ [\mathrm{N}] \qquad (2.1.4)\end{aligned}$$

となる．したがってクーロン力と万有引力の大きさの比 $\frac{|\vec{F}_{\rm G}|}{|\vec{F}|}$ は (2.1.3), (2.1.4) 式より約 4.5×10^{-40} となる． ■

例題2.2

図2.2 に示すように，真空中において，太さが無視できる半径 R [m] の円上に電荷が λ [C/m] の線電荷密度で一様に分布しており，全電荷量が q [C] であるとする．円の中心軸上の点 P に置かれた試験電荷 q' [C] に働くクーロン力 $\vec{F}$ を求めよ．

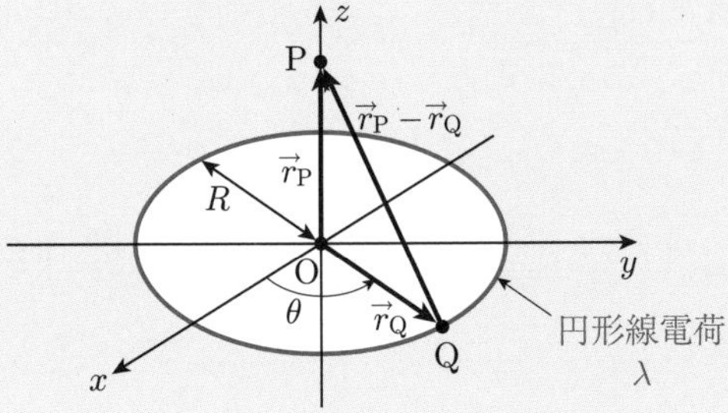

図2.2

【解答】　図2.2 に示すように空間座標を設定する．円周上の点 Q $(R\cos\theta, R\sin\theta, 0)$ にある微小電荷 $\lambda R\, d\theta$ [C] と点 P $(0, 0, z)$ にある電荷に働くクーロン力 $d\vec{F}(\mathrm{P})$ [N] は

$$d\vec{F}(\mathrm{P}) = \frac{1}{4\pi\varepsilon_0}\frac{q'(\lambda R\, d\theta)}{z^2+R^2}\frac{(-R\cos\theta, -R\sin\theta, z)}{(z^2+R^2)^{\frac{1}{2}}} \tag{2.1.5}$$

である．したがって，円周上の全電荷により点 P にある点電荷 q' に働くクーロン力 $\vec{F}(\mathrm{P})$ は (2.1.5) 式に示す $d\vec{F}(\mathrm{P})$ を重ね合わせて，

$$\vec{F}(\mathrm{P}) = \frac{1}{4\pi\varepsilon_0}\frac{q'\lambda R}{z^2+R^2}\int_0^{2\pi}\frac{(-R\cos\theta, -R\sin\theta, z)}{(z^2+R^2)^{\frac{1}{2}}}\, d\theta \tag{2.1.6}$$

となる．ただし $\lambda = \frac{q}{2\pi R}$ であるので，(2.1.6) 式より，

$$\begin{aligned}\vec{F}(\mathrm{P}) &= \frac{q'\lambda R}{4\pi\varepsilon_0}\frac{1}{(z^2+R^2)^{\frac{3}{2}}}\left(-R\int_0^{2\pi}\cos\theta\, d\theta, -R\int_0^{2\pi}\sin\theta\, d\theta, z\int_0^{2\pi} d\theta\right) \\ &= \frac{q'\lambda R}{2\varepsilon_0}\frac{z}{(z^2+R^2)^{\frac{3}{2}}}(0, 0, 1) \\ &= \frac{q'q}{4\pi\varepsilon_0}\frac{z}{(z^2+R^2)^{\frac{3}{2}}}(0, 0, 1)\ [\mathrm{N}] \end{aligned} \tag{2.1.7}$$

となる．もし $R = 0$ ならば (2.1.7) 式より，

$$\vec{F}(\mathrm{P}) = \frac{q'q}{4\pi\varepsilon_0}\frac{z}{|z|^3}(0, 0, 1)\ [\mathrm{N}]$$

となり両者が点電荷の場合と一致する．■

2.2 電位と電界

真空中において，**図2.1** に示すように，点 Q_1 に点電荷 q_1 [C]，点 Q_2 に点電荷 q_2 [C] が置かれているとき，点電荷 q_1 には力 $\vec{F}_2(\mathrm{Q}_1)$ [N] が働いているので，q_1 のみを $d\vec{r}_{\mathrm{Q}_1}$ だけ変位させるためには仕事をする必要があり，その仕事量 $dW_2(\mathrm{Q}_1)$ [J] は，

$$dW_2(\mathrm{Q}_1) = -q_1\vec{F}_2(\mathrm{Q}_1)\cdot d\vec{r}_{\mathrm{Q}_1} = -\frac{1}{4\pi\varepsilon_0}q_1q_2\frac{\vec{r}_{\mathrm{Q}_1}-\vec{r}_{\mathrm{Q}_2}}{|\vec{r}_{\mathrm{Q}_1}-\vec{r}_{\mathrm{Q}_2}|^3}\cdot d\vec{r}_{\mathrm{Q}_1} \qquad (2.2.1)$$

である．$\vec{r}_{\mathrm{Q}_1}=(x_{\mathrm{Q}_1},y_{\mathrm{Q}_1},z_{\mathrm{Q}_1})$，$\vec{r}_{\mathrm{Q}_2}=(x_{\mathrm{Q}_2},y_{\mathrm{Q}_2},z_{\mathrm{Q}_2})$ とすると，

$$|\vec{r}_{\mathrm{Q}_1}-\vec{r}_{\mathrm{Q}_2}| = \left\{(x_{\mathrm{Q}_1}-x_{\mathrm{Q}_2})^2+(y_{\mathrm{Q}_1}-y_{\mathrm{Q}_2})^2+(z_{\mathrm{Q}_1}-z_{\mathrm{Q}_2})^2\right\}^{\frac{1}{2}} \qquad (2.2.2)$$

であるので，

$$\begin{aligned}\frac{\vec{r}_{\mathrm{Q}_1}-\vec{r}_{\mathrm{Q}_2}}{|\vec{r}_{\mathrm{Q}_1}-\vec{r}_{\mathrm{Q}_2}|^3} &= -\left(\frac{\partial}{\partial x_{\mathrm{Q}_1}}\frac{1}{|\vec{r}_{\mathrm{Q}_1}-\vec{r}_{\mathrm{Q}_2}|},\frac{\partial}{\partial y_{\mathrm{Q}_1}}\frac{1}{|\vec{r}_{\mathrm{Q}_1}-\vec{r}_{\mathrm{Q}_2}|},\frac{\partial}{\partial z_{\mathrm{Q}_1}}\frac{1}{|\vec{r}_{\mathrm{Q}_1}-\vec{r}_{\mathrm{Q}_2}|}\right)\\ &= -\left(\frac{\partial}{\partial x_{\mathrm{Q}_1}},\frac{\partial}{\partial y_{\mathrm{Q}_1}},\frac{\partial}{\partial z_{\mathrm{Q}_1}}\right)\frac{1}{|\vec{r}_{\mathrm{Q}_2}-\vec{r}_{\mathrm{Q}_1}|}\\ &= -\vec{\nabla}_{\mathrm{Q}_1}\frac{1}{|\vec{r}_{\mathrm{Q}_2}-\vec{r}_{\mathrm{Q}_1}|} \qquad (2.2.3)\end{aligned}$$

である．したがって，(2.2.1), (2.2.3) 式より，

$$\begin{aligned}dW_2(\mathrm{Q}_1) &= \frac{1}{4\pi\varepsilon_0}q_1q_2\vec{\nabla}_{\mathrm{Q}_1}\frac{1}{|\vec{r}_{\mathrm{Q}_1}-\vec{r}_{\mathrm{Q}_2}|}\cdot d\vec{r}_{\mathrm{Q}_1} = q_1\,d\left(\frac{1}{4\pi\varepsilon_0}q_2\frac{1}{|\vec{r}_{\mathrm{Q}_1}-\vec{r}_{\mathrm{Q}_2}|}\right)\\ &= q_1\,dV_2(\mathrm{Q}_1) \qquad (2.2.4)\end{aligned}$$

となる．ただし，記号 d は関数の微分を表す．(2.2.4) 式により定義された $V_2(\mathrm{Q}_1)$ [V] を点 Q_2 に存在する点電荷 q_2 による点 Q_1 の位置の**電位**（voltage）あるいは**静電ポテンシャル**（electrostatic potential）と呼ぶ．$V_2(\mathrm{Q}_1)$ について詳しく理解するために，まず物理学でよく使用される概念である**無限遠点**（point at infinity）を導入する．

無限遠点とは，ある点から無限大の距離離れた点を意味する仮想的な点である．数学ではより厳密な定義が必要であるが，電気磁気学においては無限遠点とは，空間内のある点に存在する点電荷あるいは有限な領域にある点電荷の集合体の影響が及ばない点であると解釈するだけで十分であると考えられる．したがって，無限遠点というのは一つの点ではなく，例えば我々が居る場所を中心として半径が無限大の球面上のすべての点を無限遠点と考えることができる．ただし，後に出てくる無限長導体，無限大の広さを持つ導体等は，それらも一部は無限遠点に存在することになるが，その場合には方位によって無限遠点の概念が異なってくる場合もある．

今，点 Q_2 に点電荷 q_2 が存在するとき，無限遠点（∞）から空間内のある点 Q_1 まで点電荷 q_1 を運ぶのに必要な仕事量 $W_2(\mathrm{Q}_1)$ は (2.2.1)–(2.2.4) 式より，

$$\begin{aligned}W_2(\mathrm{Q}_1) &= \int_{\infty}^{\mathrm{Q}_1} -\vec{F}_2(\mathrm{Q})\cdot d\vec{r}_{\mathrm{Q}} = q_1\int_{\infty}^{\mathrm{Q}_1} d\left(\frac{1}{4\pi\varepsilon_0}q_2\frac{1}{|\vec{r}_{\mathrm{Q}}-\vec{r}_{\mathrm{Q}_2}|}\right)\\ &= q_1\left(\frac{1}{4\pi\varepsilon_0}q_2\frac{1}{|\vec{r}_{\mathrm{Q}_1}-\vec{r}_{\mathrm{Q}_2}|}-\frac{1}{4\pi\varepsilon_0}q_2\frac{1}{|\vec{r}_{\infty}-\vec{r}_{\mathrm{Q}_2}|}\right)\\ &= q_1\bigl(V_2(\mathrm{Q}_1)-V_2(\infty)\bigr) \qquad (2.2.5)\end{aligned}$$

となる．ただし Q は積分経路上の任意の点である．ただし $|\vec{r}_{\infty} - \vec{r}_{Q_2}| \to \infty$ であるので，$V_2(\infty) = 0$ [V] であり，q_2 の影響を受けていないことを示す．したがって，(2.2.5) 式は

$$W_2(Q_1) = q_1 V_2(Q_1) \tag{2.2.6}$$

となる．ところで，(2.2.5) 式に現れる積分は無限遠点 ∞ と点 Q_1 を結ぶ曲線が積分経路となるがクーロン力の性質により経路の主発点と終点すなわち ∞ と点 Q_1 のみで決まる．このような性質を持つ $W_2(Q)$ あるいは $V_2(Q)$ のような関数を 1 章で述べたように**ポテンシャル関数**という．ところで，

$$\begin{aligned} -\vec{\nabla}_{Q_1} V_2(Q_1) &= -\vec{\nabla}_{Q_1}\left(\frac{1}{4\pi\varepsilon_0} q_2 \frac{1}{|\vec{r}_{Q_2} - \vec{r}_{Q_1}|}\right) = \frac{1}{4\pi\varepsilon_0} q_2 \frac{\vec{r}_{Q_1} - \vec{r}_{Q_2}}{|\vec{r}_{Q_1} - \vec{r}_{Q_2}|^3} \\ &= \vec{E}_2(Q_1)\,[\mathrm{V/m}] \end{aligned} \tag{2.2.7}$$

で $\vec{E}_2(Q_1)$ を定義するとき，$\vec{E}_2(Q_1)$ を点 Q_2 に存在する点電荷 q_2 による点 Q_1 における**電界の強さ**あるいは**電界**（electric field strength）（以後，電界という）と呼ぶ．これはベクトル量であり，SI 単位は V/m である．クーロンの法則からの流れで N/C と書いても間違いではないが V/m と書く方が望ましいであろう．同様に考えると $\vec{E}_1(Q_2)$ は点 Q_1 に存在する点電荷 q_1 による点 Q_2 における電界である．注意が必要なのは，(2.2.7) 式で定義された $\vec{E}_2(Q_1)$ は点電荷 q_2 と $\vec{r}_{Q_1} - \vec{r}_{Q_2}$ からなり，q_2 の存在が必要である．また q_2 が存在する位置が変化すると $\vec{E}_2(Q_1)$ の大きさも方向も変化するのである．また $\vec{E}_2(Q_1)$ はクーロン力 $\vec{F}_2(Q_1)$ から $\frac{\vec{F}_2(Q_1)}{q_1} \equiv \vec{E}_2(Q_1)$ として定義される．したがって $\vec{E}_2(Q_1)$ を重力と同様に $\vec{r}_{Q_2}$ の位置に存在する q_2 が位置 $\vec{r}_{Q_1}$ に形成する力の**場**（**界**）(field) と解釈することができる．これが**電界**という名前の由来である．これをもとにして**流線**である**電気力線**（electric flux）の概念が生まれる．すなわち点電荷 q_2 からクーロン力の元になる力線がどの方向にも一様に発生し，位置 $\vec{r}_{Q_1}$ に点電荷 q_1 を置くと 2 つの点電荷 q_1, q_2 を結ぶ直線の方向を持つクーロン力 $q_1\vec{E}_2(Q_1)$ [N] が働くのである．$\vec{E}_2(Q_1)$ には q_1 は関与しないので力線には q_1 の影響は全くない．

1 個の点電荷が形成する電界を考える場合には，**図2.3** に示すように点 Q に点電荷があり，その電界を観測する点を P とすると，そこに試験電荷（例えば 1 C）をおいて試験電荷に働く力の大きさ，方向，向きを測定し (2.2.7) 式により $\vec{E}(P)$ を知ることができる．

点電荷が 3 個以上存在する場合には，そのうちの一つの点電荷に働く力は，重ね合わせの原理により，他の点電荷のそれぞれから働くクーロン力を足し合わせたものとなる．今，点電荷が N 個存在すると，このうち位置 $\vec{r}_{Q_k}$ に存在する k 番目の点電荷に働くクーロン力 $\vec{F}_k(Q_k)$ は，

$$\vec{F}_k(Q_k) = q_k \sum_{\substack{i=1 \\ i\neq k}}^{N} \frac{1}{4\pi\varepsilon_0} q_i \frac{\vec{r}_{Q_k} - \vec{r}_{Q_i}}{|\vec{r}_{Q_k} - \vec{r}_{Q_i}|^3} = q_k \sum_{\substack{i=1 \\ i\neq k}}^{N} \vec{E}_i(Q_k) \tag{2.2.8}$$

となる．

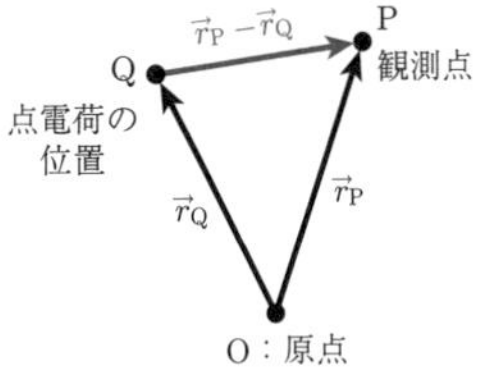

図2.3

例題2.3

図2.2 に示すように，真空中において，半径 R [m] の円上に電荷が λ [C/m] の線電荷密度で一様に分布しており，全電荷量が q [C] であるとする．円の中心軸上で，中心 O から a [m] 離れた点 P における電位 $V(\mathrm{P})$ を求めよ．

【解答】 図2.2 に示すように，空間座標を設定する．電荷に分布があるので，微分・積分を行う．まず円形線電荷が存在する領域を微分割し，電荷分布は一様であるので点 Q における無限小の線要素 $d\vec{s}(\mathrm{Q})$ 内の電荷 $\lambda\, ds(\mathrm{Q})$ [C] が点 P に形成する電位 $dV(\mathrm{P})$ [V] を求める．次に円形線電荷のすべての電荷の $V(\mathrm{P})$ への寄与を，すべての電荷に関して重ね合わせる（積分する）ことによって求める．

まず $dV(\mathrm{P})$ は点 P を図に示す空間座標の点

$$\vec{r}_{\mathrm{P}} = (0, 0, z)$$

とし，円周上の点の座標を

$$\vec{r}_{\mathrm{Q}} = (R\cos\theta, R\sin\theta, 0)$$

とすると，点 Q にある微小線電荷 $\lambda R\, d\theta$ が点 P に形成する電位 $dV(\mathrm{P})$ は，

$$\begin{aligned} dV(\mathrm{P}) &= \tfrac{1}{4\pi\varepsilon_0}\lambda\, ds(\mathrm{Q})\tfrac{1}{|\vec{r}_{\mathrm{P}}-\vec{r}_{\mathrm{Q}}|} \\ &= \tfrac{1}{4\pi\varepsilon_0}\lambda R\tfrac{1}{(R^2+z^2)^{\frac{1}{2}}}\, d\theta \end{aligned} \tag{2.2.9}$$

である．したがって，電位 $V(\mathrm{P})$ は (2.2.9) 式に示す $dV(\mathrm{P})$ を重ね合わせることにより，

$$\begin{aligned} V(\mathrm{P}) &= \tfrac{1}{4\pi\varepsilon_0}\lambda R\tfrac{1}{(R^2+z^2)^{\frac{1}{2}}}\int_{\theta=0}^{2\pi} d\theta \\ &= \tfrac{1}{4\pi\varepsilon_0}\lambda R\tfrac{1}{(R^2+z^2)^{\frac{1}{2}}}2\pi \\ &= \tfrac{1}{4\pi\varepsilon_0}q\tfrac{1}{(R^2+z^2)^{\frac{1}{2}}}\ [\mathrm{V}] \end{aligned}$$

となる．もし $R=0$ ならば

$$V(\mathrm{P}) = \tfrac{1}{4\pi\varepsilon_0}q\tfrac{1}{|z|}\ [\mathrm{V}]$$

となり円形線電荷を点電荷に置き換えた場合と一致する． ■

■ 例題2.4 ■

図2.4 に示すように真空中において，半径 a [m] の球面上に電荷が一様に分布しており，全電荷量が q [C] であるとする．

(1)　空間の任意の点 P における電位 $V(\mathrm{P})$ を求めよ．

(2)　空間の任意の点 P における電界 $\vec{E}(\mathrm{P})$ を求めよ．

(3)　球の内外の任意の点 P に置かれた試験電荷 q_T [C] に働くクーロン力 $\vec{F}$ を求めよ．

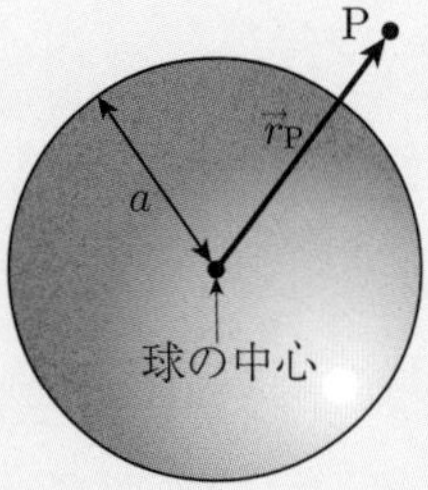

図2.4

【解答】　(1)　図2.5 (a)，(b) に示すように，空間座標を設定する．電荷に分布があるので，微分・積分を行う．球面上の点 Q における無限小の面積要素 $dS(\mathrm{Q})$ 内の電荷 $\sigma(\mathrm{Q})\,dS(\mathrm{Q})$ が点 P に形成する $dV(\mathrm{P})$ を求める．次に球面上のすべての電荷の $V(\mathrm{P})$ への寄与を，球面上のすべての電荷に関して $dV(\mathrm{P})$ を重ね合わせることによって求める．表面電荷密度は一様であるので，$\sigma = \frac{q}{4\pi a^2}$ [C/m^2] である．電荷分布は球対称であるので，点 P を，図2.5 (b) に示すように，空間座標の z 軸上の点 $\vec{r}_\mathrm{P} = (0, 0, z)$（$z \geq 0$）としても一般性は失われない．また $a\theta\varphi$ 球座標を用いて $dV(\mathrm{P})$ を表すのが便利である．点 Q の座標を $\vec{r}_\mathrm{Q} = (a\sin\theta\cos\varphi, a\sin\theta\sin\varphi, a\cos\theta)$ とすると，$dS(\mathrm{Q}) = a\sin\theta\,d\varphi \times a\,d\theta = a^2\sin\theta\,d\theta d\varphi$ であり，$dV(\mathrm{P})$ は，

$$
\begin{aligned}
dV(\mathrm{P}) &= \frac{1}{4\pi\varepsilon_0}\frac{\sigma\,dS(\mathrm{Q})}{|\vec{r}_\mathrm{P} - \vec{r}_\mathrm{Q}|} \\
&= \frac{1}{4\pi\varepsilon_0}\sigma\frac{1}{(a^2+z^2-2az\cos\theta)^{\frac{1}{2}}}a^2\sin\theta\,d\varphi d\theta \qquad (2.2.10)
\end{aligned}
$$

となる．したがって，電位 $V(\mathrm{P})$ は (2.2.10) 式の $dV(\mathrm{P})$ を重ね合わせて，

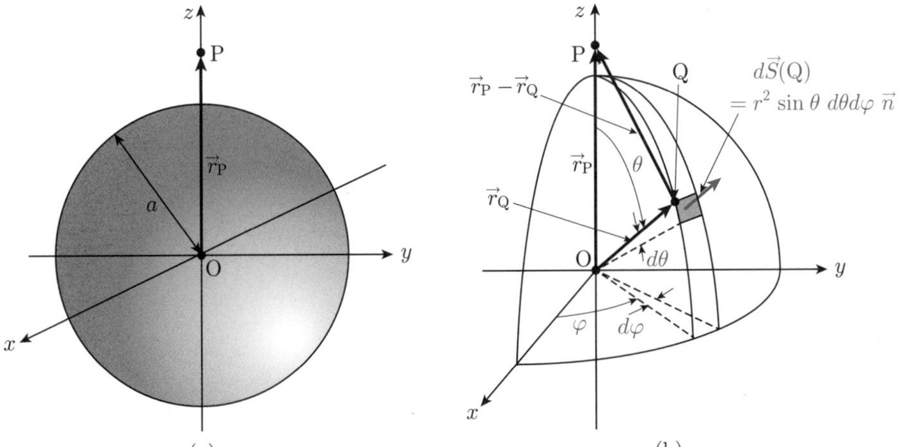

(a)　　(b)

図2.5

$$
\begin{aligned}
V(\mathrm{P}) &= \tfrac{1}{4\pi\varepsilon_0}\sigma a^2 \int_{\varphi=0}^{2\pi}\int_{\theta=0}^{\pi} \frac{\sin\theta}{(a^2+z^2-2az\cos\theta)^{\frac{1}{2}}}\, d\varphi d\theta \\
&= \tfrac{1}{4\pi\varepsilon_0}\sigma a^2 2\pi \int_0^{\pi} \frac{\sin\theta}{(a^2+z^2-2az\cos\theta)^{\frac{1}{2}}}\, d\theta \\
&= \tfrac{1}{4\pi\varepsilon_0}\sigma a^2 2\pi \tfrac{1}{az}\left[(a^2+z^2-2az\cos\theta)^{\frac{1}{2}}\right]_{\theta=0}^{\pi} \\
&= \tfrac{1}{4\pi\varepsilon_0}\sigma a^2 2\pi \tfrac{1}{az}\big(|a+z|-|a-z|\big)
\end{aligned}
\tag{2.2.11}
$$

となる．(2.2.11) 式の右辺は a と z の間の大小関係で，場合分けが必要である．

1. $z > a$ のとき $|a+z| = a+z$, $|a-z| = z-a$ であるので，

$$V(\mathrm{P}) = \tfrac{1}{4\pi\varepsilon_0}\sigma a^2 2\pi \tfrac{2}{z} = \tfrac{1}{4\pi\varepsilon_0}\tfrac{q}{z} \tag{2.2.12}$$

となる．

2. $0 < z \leq a$ のとき $|a+z| = a+z$, $|a-z| = a-z$ であるので，

$$V(\mathrm{P}) = \tfrac{1}{4\pi\varepsilon_0}\sigma a^2 2\pi \tfrac{2}{a} = \tfrac{1}{4\pi\varepsilon_0}\tfrac{q}{a} \tag{2.2.13}$$

となる．$\vec{r}_{\mathrm{P}} = (x, y, z)$ として一般化すると，(2.2.12), (2.2.13) 式より，

$$
\begin{aligned}
V(\mathrm{P}) &= \tfrac{1}{4\pi\varepsilon_0} q \tfrac{1}{|\vec{r}_{\mathrm{P}}|}\,[\mathrm{V}] \quad (|\vec{r}_{\mathrm{P}}| > a) \\
V(\mathrm{P}) &= \tfrac{1}{4\pi\varepsilon_0} q \tfrac{1}{a}\,[\mathrm{V}] \quad (0 < |\vec{r}_{\mathrm{P}}| \leq a)
\end{aligned}
\tag{2.2.14}
$$

となる．

(2) 微小面積要素 $dS(\mathrm{Q})$ 内の電荷 $\sigma(\mathrm{Q})\,dS(\mathrm{Q})$ [C] が点 P に形成する電界 $d\vec{E}(\mathrm{P})$ は，

$$
\begin{aligned}
d\vec{E}(\mathrm{P}) &= \tfrac{1}{4\pi\varepsilon_0}\frac{\sigma\, dS(\mathrm{Q})}{|\vec{r}_{\mathrm{P}}-\vec{r}_{\mathrm{Q}}|^2}\frac{\vec{r}_{\mathrm{P}}-\vec{r}_{\mathrm{Q}}}{|\vec{r}_{\mathrm{P}}-\vec{r}_{\mathrm{Q}}|} \\
&= \tfrac{1}{4\pi\varepsilon_0}\sigma \frac{(-a\sin\theta\cos\varphi, -a\sin\theta\sin\varphi, z-a\cos\theta)}{(a^2+z^2-2az\cos\theta)^{\frac{3}{2}}} a^2 \sin\theta\, d\varphi d\theta
\end{aligned}
\tag{2.2.15}
$$

である．したがって $\vec{E}(\mathrm{P})$ は (2.2.15) 式の $d\vec{E}(\mathrm{P})$ を重ねることにより，

$$\vec{E}(\mathrm{P}) = \tfrac{1}{4\pi\varepsilon_0}\sigma a^2 \int_{\varphi=0}^{2\pi}\int_{\theta=0}^{\pi} \frac{(-a\sin\theta\cos\varphi, -a\sin\theta\sin\varphi, z-a\cos\theta)\sin\theta}{(a^2+z^2-2az\cos\theta)^{\frac{3}{2}}}\, d\varphi d\theta \tag{2.2.16}$$

となる．$\vec{E}(\mathrm{P})$ の x 成分は (2.2.16) 式より，

$$
\begin{aligned}
E_x(\mathrm{P}) &= -\tfrac{1}{4\pi\varepsilon_0}\sigma a^3 \int_0^{\pi} \frac{\sin^2\theta}{(a^2+z^2-2az\cos\theta)^{\frac{3}{2}}}\, d\theta \int_0^{2\pi} \cos\varphi\, d\varphi \\
&= 0
\end{aligned}
\tag{2.2.17}
$$

である．同様の理由で y 成分も 0 となる．z 成分 $E_z(\mathrm{P})$ は (2.2.16) 式より，

$$E_z(\mathrm{P}) = \tfrac{1}{4\pi\varepsilon_0}\sigma a^2 2\pi \int_0^{\pi} \frac{(z-a\cos\theta)\sin\theta}{(a^2+z^2-2az\cos\theta)^{\frac{3}{2}}}\, d\theta \tag{2.2.18}$$

となる．ここで，付録公式 5, 6 より，

$$
\begin{aligned}
&\int_0^{\pi} \frac{(z-a\cos\theta)\sin\theta}{(a^2+z^2-2az\cos\theta)^{\frac{3}{2}}}\, d\theta \\
&= z\int_0^{\pi} \frac{\sin\theta}{(a^2+z^2-2az\cos\theta)^{\frac{3}{2}}}\, d\theta - a\int_0^{\pi} \frac{\cos\theta\sin\theta}{(a^2+z^2-2az\cos\theta)^{\frac{3}{2}}}\, d\theta \\
&= z\left\{\tfrac{1}{az}\left(\tfrac{1}{|a-z|} - \tfrac{1}{|a+z|}\right)\right\} - a\left\{\tfrac{1}{az}\left(\tfrac{1}{|a+z|} + \tfrac{1}{|a-z|}\right) - \left(\tfrac{1}{az}\right)^2 (|a+z| - |a-z|)\right\}
\end{aligned}
\tag{2.2.19}
$$

となる．(2.2.19) 式の右辺は (2.2.11) 式と同様に場合分けが必要であり，

1.　$z > a$ のとき，(2.2.19) 式より，

$$\int_0^{\pi} \frac{(z-r\cos\theta)\sin\theta}{(z^2+r^2-2zr\cos\theta)^{\frac{3}{2}}}\,d\theta$$
$$= z\left\{\frac{1}{az}\left(\frac{1}{z-a}-\frac{1}{a+z}\right)\right\} - a\left[\frac{1}{az}\left(\frac{1}{a+z}+\frac{1}{z-a}\right)-\left(\frac{1}{az}\right)^2\left\{a+z-(z-a)\right\}\right]$$
$$= z\left(\frac{1}{z}\frac{2}{z^2-a^2}\right) - a\left\{\frac{1}{a}\frac{2}{z^2-a^2} - 2a\left(\frac{1}{az}\right)^2\right\}$$
$$= 2\left(\frac{1}{z^2-a^2}-\frac{1}{z^2-a^2}+\frac{1}{z^2}\right) = \frac{2}{z^2} \tag{2.2.20}$$

2.　$0 < z \leq a$ のとき，

$$\int_0^{\pi} \frac{(z-r\cos\theta)\sin\theta}{(z^2+r^2-2zr\cos\theta)^{\frac{3}{2}}}\,d\theta$$
$$= z\left\{\frac{1}{az}\left(\frac{1}{a-z}-\frac{1}{a+z}\right)\right\} - a\left[\frac{1}{az}\left(\frac{1}{a+z}+\frac{1}{a-z}\right)-\left(\frac{1}{az}\right)^2\left\{a+z-(a-z)\right\}\right]$$
$$= z\left(\frac{1}{a}\frac{2}{a^2-z^2}\right) - a\left\{\frac{1}{z}\frac{2}{a^2-z^2} - 2a\left(\frac{1}{az}\right)^2\right\}$$
$$= 2\left(\frac{z}{a}\frac{1}{a^2-z^2}-\frac{a}{z}\frac{1}{a^2-z^2}+\frac{1}{az}\right) = 0 \tag{2.2.21}$$

となるので (2.2.20), (2.2.21) 式より，

$$\begin{aligned} E_z(\mathrm{P}) &= \frac{1}{4\pi\varepsilon_0}\sigma a^2 2\pi\frac{2}{z^2} = \frac{1}{4\pi\varepsilon_0}q\frac{1}{z^2}\,[\mathrm{V/m}] \quad (z > a) \\ E_z(\mathrm{P}) &= 0\,[\mathrm{V/m}] \quad (0 < z \leq a) \end{aligned} \tag{2.2.22}$$

となる．$\vec{r}_{\mathrm{P}} = (x, y, z)$ として一般化すると (2.2.22) 式より，

$$\begin{aligned} \vec{E}(\mathrm{P}) &= \frac{1}{4\pi\varepsilon_0}q\frac{\vec{r}_{\mathrm{P}}}{|\vec{r}_{\mathrm{P}}|^3}\,[\mathrm{V/m}] \quad (|\vec{r}_{\mathrm{P}}| > a) \\ \vec{E}(\mathrm{P}) &= \vec{0}\,[\mathrm{V/m}] \quad (0 < |\vec{r}_{\mathrm{P}}| \leq a) \end{aligned} \tag{2.2.23}$$

となる．

【別解】　$\vec{E}(\mathrm{P})$ は $V(\mathrm{P})$ からも求められる．すなわち (2.2.14) 式より，

1.　$|\vec{r}_{\mathrm{P}}| > a$ のとき，

$$\begin{aligned} \vec{E}(\mathrm{P}) &= -\vec{\nabla}V(\mathrm{P}) = -\vec{\nabla}\frac{1}{4\pi\varepsilon_0}q\frac{1}{|\vec{r}_{\mathrm{P}}|} \\ &= -\frac{1}{4\pi\varepsilon_0}q\vec{\nabla}\frac{1}{(x^2+y^2+z^2)^{\frac{1}{2}}} \\ &= \frac{1}{4\pi\varepsilon_0}q\frac{(x,y,z)}{(x^2+y^2+z^2)^{\frac{3}{2}}} \\ &= \frac{1}{4\pi\varepsilon_0}q\frac{\vec{r}_{\mathrm{P}}}{|\vec{r}_{\mathrm{P}}|^3}\,[\mathrm{V/m}] \end{aligned}$$

2.　$0 < |\vec{r}_{\mathrm{P}}| \leq a$ のとき，

$$\vec{E}(\mathrm{P}) = -\frac{1}{4\pi\varepsilon_0}q\vec{\nabla}\frac{1}{a} = \vec{0}\,[\mathrm{V/m}]$$

となり，(2.2.23) 式と一致する．

(3)　任意の点 P の位置を球面の中心からの位置ベクトル $\vec{r}_{\mathrm{P}}$ で表し，点 P に試験電荷 q_{T} [C] を置くと，これに働くクーロン力 $\vec{F}(\mathrm{P})$ は，

$$\vec{F}(\mathrm{P}) = \frac{1}{4\pi\varepsilon_0}qq_{\mathrm{T}}\frac{\vec{r}_{\mathrm{P}}}{|\vec{r}_{\mathrm{P}}|^3}\,[\mathrm{N}]\ (|\vec{r}_{\mathrm{P}}| > a), \quad \vec{0}\,[\mathrm{N}]\ (0 < |\vec{r}_{\mathrm{P}}| \leq a) \tag{2.2.24}$$

となる．■

2.3 静電エネルギー

一般的に，点電荷の静電エネルギーを考える場合には，点電荷自身が持つ**自己静電エネルギー**（self-electrostatic energy）ではなく，2 個以上の点電荷が存在する場合の静電エネルギーを考えている．2 個の点電荷の場合には，静電エネルギー W [J] は，

$$W = \frac{1}{4\pi\varepsilon_0} q_1 q_2 \frac{1}{|\vec{r}_{Q_1} - \vec{r}_{Q_2}|} \tag{2.3.1}$$

となる．ただし W には自己静電エネルギーは含まれていない．点電荷が 2 個以上存在する場合には記述に注意が必要である．例えば，3 個の場合には，

$$\begin{aligned}
W &= \frac{q_1 q_2}{4\pi\varepsilon_0|\vec{r}_1 - \vec{r}_2|} + \frac{q_2 q_3}{4\pi\varepsilon_0|\vec{r}_2 - \vec{r}_3|} + \frac{q_3 q_1}{4\pi\varepsilon_0|\vec{r}_3 - \vec{r}_1|} \\
&= \left(\frac{1}{2}\frac{q_1 q_2}{4\pi\varepsilon_0|\vec{r}_1 - \vec{r}_2|} + \frac{1}{2}\frac{q_3 q_1}{4\pi\varepsilon_0|\vec{r}_3 - \vec{r}_1|}\right) + \frac{1}{2}\frac{q_2 q_3}{4\pi\varepsilon_0|\vec{r}_2 - \vec{r}_3|} + \frac{1}{2}\frac{q_1 q_2}{4\pi\varepsilon_0|\vec{r}_1 - \vec{r}_2|} \\
&\quad + \left(\frac{1}{2}\frac{q_3 q_1}{4\pi\varepsilon_0|\vec{r}_3 - \vec{r}_1|} + \frac{1}{2}\frac{q_2 q_3}{4\pi\varepsilon_0|\vec{r}_2 - \vec{r}_3|}\right) \\
&= \frac{1}{2}q_1\left(\frac{q_2}{4\pi\varepsilon_0|\vec{r}_1 - \vec{r}_2|} + \frac{q_3}{4\pi\varepsilon_0|\vec{r}_3 - \vec{r}_1|}\right) + \frac{1}{2}q_2\left(\frac{q_3}{4\pi\varepsilon_0|\vec{r}_2 - \vec{r}_3|} + \frac{q_1}{4\pi\varepsilon_0|\vec{r}_1 - \vec{r}_2|}\right) \\
&\quad + \frac{1}{2}q_3\left(\frac{q_1}{4\pi\varepsilon_0|\vec{r}_3 - \vec{r}_1|} + \frac{q_2}{4\pi\varepsilon_0|\vec{r}_2 - \vec{r}_3|}\right) \\
&= \frac{1}{2}q_1 V_1 + \frac{1}{2}q_2 V_2 + \frac{1}{2}q_3 V_3 = \frac{1}{2}\sum_{k=1}^{3} q_k V_k
\end{aligned}$$

と記述すると分かりやすい．ただし $\vec{r}_k$, V_k はそれぞれ q_k 以外の電荷による q_k が存在する位置とその位置での電位である．したがって，点電荷が N 個存在する場合には点電荷の W は，

$$W = \frac{1}{2}\sum_{k=1}^{N} q_k V_k \tag{2.3.2}$$

となる．

電荷が連続的に分布している場合には全電荷の静電エネルギー W は，点電荷の場合と同様にして，空間の点 Q における電荷密度 $\rho(\mathrm{Q})$，微小体積要素を $dv(\mathrm{Q})$ とすると，$dv(\mathrm{Q})$ 内の電荷は $\rho(\mathrm{Q})\,dv(\mathrm{Q})$ [C] である．したがってこの電荷の静電エネルギーを $dW(\mathrm{Q})$ とすると，(2.3.2) 式を参考にして，

$$dW(\mathrm{Q}) = \frac{1}{2}\rho(\mathrm{Q})\,dv(\mathrm{Q})V(\mathrm{Q}) \tag{2.3.3}$$

である．ただし $V(\mathrm{Q})$ は $\rho(\mathrm{Q})\,dv(\mathrm{Q})$ 以外の全電荷による点 Q における電位である．したがって全電荷の静電エネルギー W は (2.3.3) 式の $dW(\mathrm{Q})$ を重ね合わせることにより，

$$\begin{aligned}
W &= \iiint_{\text{全空間}} dW(\mathrm{Q}) = \frac{1}{2}\iiint_{\text{全空間}} \rho(\mathrm{Q})\,dv(\mathrm{Q})V(\mathrm{Q}) \\
&= \frac{1}{2}\iiint_{\text{全空間}} V(\mathrm{Q})\rho(\mathrm{Q})\,dv(\mathrm{Q})
\end{aligned} \tag{2.3.4}$$

となる．後の (2.4.8) 式に示すように，

$$\vec{\nabla}\cdot\vec{E}(\mathrm{Q}) = \frac{\rho(\mathrm{Q})}{\varepsilon_0}$$

であるので，

$$\iiint_{\text{全空間}} V(\mathrm{Q})\rho(\mathrm{Q})\,dv(\mathrm{Q}) = \varepsilon_0 \iiint_{\text{全空間}} V(\mathrm{Q})\bigl(\vec{\nabla}\cdot\vec{E}(\mathrm{Q})\bigr)\,dv(\mathrm{Q})$$

となる．ところで，

$$\begin{aligned}
&\vec{\nabla}_{\mathrm{Q}}\cdot\bigl(V(\mathrm{Q})\vec{E}(\mathrm{Q})\bigr)\\
&= \frac{\partial}{\partial x_{\mathrm{Q}}}\left(V(\mathrm{Q})E_x(\mathrm{Q})\right) + \frac{\partial}{\partial y_{\mathrm{Q}}}\left(V(\mathrm{Q})E_y(\mathrm{Q})\right) + \frac{\partial}{\partial z_{\mathrm{Q}}}\left(V(\mathrm{Q})E_z(\mathrm{Q})\right)\\
&= \frac{\partial V(\mathrm{Q})}{\partial x_{\mathrm{Q}}}E_x(\mathrm{Q}) + V(\mathrm{Q})\frac{\partial E_x(\mathrm{Q})}{\partial x_{\mathrm{Q}}} + \frac{\partial V(\mathrm{Q})}{\partial y_{\mathrm{Q}}}E_y(\mathrm{Q}) + V(\mathrm{Q})\frac{\partial E_y(\mathrm{Q})}{\partial y_{\mathrm{Q}}}\\
&\quad + \frac{\partial V(\mathrm{Q})}{\partial z_{\mathrm{Q}}}E_z(\mathrm{Q}) + V(\mathrm{Q})\frac{\partial E_z(\mathrm{Q})}{\partial z_{\mathrm{Q}}}\\
&= \bigl(\vec{\nabla}_{\mathrm{Q}}V(\mathrm{Q})\bigr)\cdot\vec{E}(\mathrm{Q}) + V(\mathrm{Q})\bigl(\vec{\nabla}_{\mathrm{Q}}\cdot\vec{E}(\mathrm{Q})\bigr)
\end{aligned}$$

であるので，

$$V(\mathrm{Q})\bigl(\vec{\nabla}_{\mathrm{Q}}\cdot\vec{E}(\mathrm{Q})\bigr) = \vec{\nabla}_{\mathrm{Q}}\cdot\bigl(V(\mathrm{Q})\vec{E}(\mathrm{Q})\bigr) - \bigl(\vec{\nabla}_{\mathrm{Q}}V(\mathrm{Q})\bigr)\cdot\vec{E}(\mathrm{Q})$$

となり，

$$\begin{aligned}
&\iiint_{\text{全空間}} V(\mathrm{Q})\bigl(\vec{\nabla}_{\mathrm{Q}}\cdot\vec{E}(\mathrm{Q})\bigr)\,dv(\mathrm{Q})\\
&= \iiint_{\text{全空間}} \left\{\vec{\nabla}_{\mathrm{Q}}\cdot\bigl(V(\mathrm{Q})\vec{E}(\mathrm{Q})\bigr) - \bigl(\vec{\nabla}_{\mathrm{Q}}V(\mathrm{Q})\bigr)\cdot\vec{E}(\mathrm{Q})\right\}dv(\mathrm{Q})\\
&= \iiint_{\text{全空間}} \vec{\nabla}_{\mathrm{Q}}\cdot\bigl(V(\mathrm{Q})\vec{E}(\mathrm{Q})\bigr)\,dv(\mathrm{Q}) - \iiint_{\text{全空間}} \bigl(\vec{\nabla}_{\mathrm{Q}}V(\mathrm{Q})\bigr)\cdot\vec{E}(\mathrm{Q})\,dv(\mathrm{Q})\\
&= \oiint_{\text{無現遠面}} V(\mathrm{Q})\vec{E}(\mathrm{Q})\cdot d\vec{S}(\mathrm{Q}) + \iiint_{\text{全空間}} \vec{E}(\mathrm{Q})\cdot\vec{E}(\mathrm{Q})\,dv(\mathrm{Q})
\end{aligned}$$

となる．最右辺 1 項目の面積分は，もし電荷が有限な範囲で存在している場合には，無限遠点において電位 $V(\mathrm{Q})$ は電荷の重心からの距離に反比例し，電界 $\vec{E}(\mathrm{Q})$ は 2 乗に反比例し，微小面積要素 $d\vec{S}(\mathrm{Q})$ の大きさは距離の 2 乗に比例するので，$V(\mathrm{Q})\vec{E}(\mathrm{Q})\cdot d\vec{S}(\mathrm{Q})$ は距離に反比例するので，0 となる．したがって，(2.3.4) 式より，

$$W = \frac{1}{2}\varepsilon_0 \iiint_{\text{全空間}} \vec{E}(\mathrm{Q})\cdot\vec{E}(\mathrm{Q})\,dv(\mathrm{Q}) \qquad (2.3.5)$$

となる．(2.3.5) 式を用いる場合，注意しなければならないのは点 Q_0 に存在する 1 個の点電荷の場合に，同じ静電エネルギーの定義を用いると自己静電エネルギーは，

$$\begin{aligned}
W &= \frac{1}{2}\iiint_{\text{全空間}} V(\mathrm{Q})\rho(\mathrm{Q})\,dv(\mathrm{Q})\\
&= \frac{1}{2}\iiint_{\text{全空間}} V(\mathrm{Q})q\delta(Q-Q_0)\,dv(\mathrm{Q})\\
&= \frac{1}{2}V(Q_0)q
\end{aligned}$$

となる．ここで $V(Q_0)$ はこの点電荷以外の電荷によるものであるので，今の場合他の電荷は存在しないので 0 V である．したがって自己静電エネルギーは 0 J となるので，1 個の点電荷の場合 (2.3.5) 式を用いて静電エネルギーを算出することは正しくない．点電荷は電界を形成しているので 1 個の点電荷は静電エネルギーを空間に蓄えているようにみえるが，実はそうではない．

例題2.5

図2.4 に示すように真空中において，半径 a [m] の球面上に電荷が一様に分布しており，全電荷量が q [C] であるとする．この球面電荷による自己静電エネルギーを除く静電エネルギー W を求めよ．

【解答】 静電エネルギー W [J] を (2.3.4) 式および (2.3.5) 式をそれぞれ用いて求めてみよう．

(A) 球の中心からの位置 $\vec{r}$ の電位は (2.2.14) 式より，$|\vec{r}| \equiv r$ として，

$$V(\vec{r}) = \frac{q}{4\pi\varepsilon_0 a} \quad (r \leq a)$$

$$V(\vec{r}) = \frac{q}{4\pi\varepsilon_0 r} \quad (r > a)$$

である．したがって，W は (2.3.4) 式を用いると，

$$\begin{aligned} W &= \frac{1}{2}\iiint_{\text{全空間}} V(\vec{r})\rho(\vec{r})\,dv(\vec{r}) \\ &= \frac{1}{2}\oiint_{\text{球面}} V(\vec{r})\sigma(\vec{r})\,dS(\vec{r}) \\ &= \frac{1}{2}\int_{\theta=0}^{\pi}\int_{\varphi=0}^{2\pi} \frac{q}{4\pi\varepsilon_0 a}\sigma a^2 \sin\theta\,d\varphi d\theta \\ &= \frac{1}{2}\frac{q}{4\pi\varepsilon_0 a}\frac{q}{4\pi a^2}a^2 4\pi \\ &= \frac{q^2}{8\pi\varepsilon_0 a}\ [\mathrm{J}] \end{aligned}$$

となる．すなわち球面の電位 $\frac{q}{4\pi\varepsilon_0 a}$ と全電荷 q の積を 2 で除したものになる．

(B) 球の中心からの位置 $\vec{r}$ の電界 $\vec{E}(\vec{r})$ は $r \leq a$ の位置で

$$\vec{E}(\vec{r}) = \vec{0}$$

であり，$r > a$ の位置で，

$$\vec{E}(\vec{r}) = \frac{1}{4\pi\varepsilon_0} q \frac{\vec{r}}{r^3}$$

であるので，W は (2.3.5) 式を用いると，

$$\begin{aligned} W &= \frac{1}{2}\varepsilon_0 \iiint_{\text{全空間}} \vec{E}(\vec{r})\cdot\vec{E}(\vec{r})\,dv(\vec{r}) \\ &= \frac{1}{2}\varepsilon_0 \int_{r=a}^{\infty}\int_{\theta=0}^{\pi}\int_{\varphi=0}^{2\pi} \frac{q\vec{r}}{4\pi\varepsilon_0 r^3}\cdot\frac{q\vec{r}}{4\pi\varepsilon_0 r^3} r^2 \sin\theta\,dr d\varphi d\theta \\ &= \frac{1}{2}\frac{q^2}{16\pi^2\varepsilon_0}4\pi\int_{r=a}^{\infty}\frac{1}{r^2}\,dr \\ &= \frac{1}{2}\frac{q^2}{4\pi\varepsilon_0 a} \\ &= \frac{q^2}{8\pi\varepsilon_0 a}\ [\mathrm{J}] \end{aligned}$$

となり，(2.3.4) 式を用いた結果と一致する． ■

2.4　ガウスの定理を用いた解法

1.4.12 項で述べたガウスの定理のベクトル関数を電界 $\vec{E}(\mathrm{P})$ とした場合を考える．$\vec{E}(\mathrm{P})$ が点 $\mathrm{Q}(\vec{r}_{\mathrm{Q}})$ に存在する 1 個の点電荷 q [C] によるものとする．このとき，空間の任意の点 P における $\vec{E}(\mathrm{P})$ は，

$$\vec{E}(\mathrm{P}) = \frac{1}{4\pi\varepsilon_0} q \frac{\vec{r}_{\mathrm{P}} - \vec{r}_{\mathrm{Q}}}{|\vec{r}_{\mathrm{P}} - \vec{r}_{\mathrm{Q}}|^3} \tag{2.4.1}$$

である．このとき，点 Q を内部に含む領域 V およびその閉曲面 S についてガウスの定理 (1.4.15) 式より，

$$\begin{aligned}\iiint_{\mathrm{V}} \vec{\nabla} \cdot \vec{E}(\mathrm{P})\, dv(\mathrm{P}) &= \oiint_{\mathrm{S}} \vec{E}(\mathrm{P}) \cdot d\vec{S}(\mathrm{P}) \\ &= \oiint_{\mathrm{S}} \frac{1}{4\pi\varepsilon_0} q \frac{\vec{r}_{\mathrm{P}} - \vec{r}_{\mathrm{Q}}}{|\vec{r}_{\mathrm{P}} - \vec{r}_{\mathrm{Q}}|^3} \cdot d\vec{S}(\mathrm{P}) \\ &= \frac{1}{4\pi\varepsilon_0} q \oiint_{\mathrm{S}} \frac{\vec{r}_{\mathrm{P}} - \vec{r}_{\mathrm{Q}}}{|\vec{r}_{\mathrm{P}} - \vec{r}_{\mathrm{Q}}|^3} \cdot d\vec{S}(\mathrm{P})\end{aligned} \tag{2.4.2}$$

となる．(2.4.2) 式の右辺の積分は点 Q から閉曲面 S を内部からみた全立体角 (1.4 節参照) であり，S の形状にかかわらず $+4\pi$ sr（ステラジアン）である．したがって，

$$\iiint_{\mathrm{V}} \vec{\nabla} \cdot \vec{E}(\mathrm{P})\, dv(\mathrm{P}) = \frac{q}{\varepsilon_0} \tag{2.4.3}$$

となる．また，

$$\frac{q}{\varepsilon_0} = \iiint_{\mathrm{V}} \frac{q}{\varepsilon_0} \delta(\vec{r}_{\mathrm{P}} - \vec{r}_{\mathrm{Q}})\, dv(\mathrm{P}) \tag{2.4.4}$$

である．ただし，$\delta(\vec{r}_{\mathrm{P}} - \vec{r}_{\mathrm{Q}})$ はデルタ関数であり，$\vec{r}_{\mathrm{P}} = \vec{r}_{\mathrm{Q}}$ のときのみ 0 ではなく，$\iiint_{\mathrm{V}} \delta(\vec{r}_{\mathrm{P}} - \vec{r}_{\mathrm{Q}})\, dv(\mathrm{P}) = 1$ である．(2.4.3), (2.4.4) 式より，

$$\iiint_{\mathrm{V}} \vec{\nabla} \cdot \vec{E}(\mathrm{P})\, dv(\mathrm{P}) = \iiint_{\mathrm{V}} \frac{q}{\varepsilon_0} \delta(\vec{r}_{\mathrm{P}} - \vec{r}_{\mathrm{Q}})\, dv(\mathrm{P})$$

となり，

$$\iiint_{\mathrm{V}} \left(\vec{\nabla} \cdot \vec{E}(\mathrm{P}) - \frac{q}{\varepsilon_0} \delta(\vec{r}_{\mathrm{P}} - \vec{r}_{\mathrm{Q}})\right) dv(\mathrm{P}) = 0 \tag{2.4.5}$$

となる．(2.4.5) 式は領域 V の形状に無関係に成立するので，

$$\vec{\nabla} \cdot \vec{E}(\mathrm{P}) = \frac{q}{\varepsilon_0} \delta(\vec{r}_{\mathrm{P}} - \vec{r}_{\mathrm{Q}}) \tag{2.4.6}$$

となる．V 中に N 個の点電荷 q_i が点 Q_i（$i = 1, \ldots, N$）に存在する場合には (2.4.6) 式は，

$$\vec{\nabla} \cdot \vec{E}(\mathrm{P}) = \sum_{i=1}^{N} \frac{q_i}{\varepsilon_0} \delta(\vec{r}_{\mathrm{P}} - \vec{r}_{\mathrm{Q}_i}) \tag{2.4.7}$$

となる．電荷が連続的に分布している場合には，(2.4.7) 式は，

$$\vec{\nabla} \cdot \vec{E}(\mathrm{P}) = \frac{\rho(\mathrm{P})}{\varepsilon_0} \tag{2.4.8}$$

となる．ただし，$\rho(\mathrm{P})$ [C/m^3] は点 P における電荷密度である．(2.4.8) 式がもっとも一般的な電界に対するガウスの定理である．

点Pにおいて電荷が存在しない場合には，(2.4.8) 式より

$$\vec{\nabla}\cdot\vec{E}(\mathrm{P}) = 0$$

となる．すなわち，$\vec{\nabla}\cdot\vec{E}(\mathrm{P})$ が0であるか否かは，その点において電気力線が出発あるいは終端していること，すなわち電気力線が発散していることを意味している．点Pを電気力線がただ通過する場合は，点Pに電気力線が入って出るだけなので，発散は0である．

(2.2.7), (2.4.8) 式より，

$$\begin{aligned}\vec{\nabla}\cdot\vec{E}(\mathrm{P}) &= \vec{\nabla}\cdot\left(-\vec{\nabla}V(\mathrm{P})\right)\\ &= -\vec{\nabla}\cdot\vec{\nabla}V(\mathrm{P}) = -\Delta V(\mathrm{P})\\ &= \frac{\rho(\mathrm{P})}{\varepsilon_0}\end{aligned}$$

となり，

$$\Delta V(\mathrm{P}) = -\frac{\rho(\mathrm{P})}{\varepsilon_0} \tag{2.4.9}$$

となる．この式は，$V(\mathrm{P})$ についての2階の偏微分方程式であり，**ポアソンの微分方程式**あるいは**ポアソンの式**（Poisson's equation）と呼ばれている．空間の電荷分布が与えられたとき，(2.4.9) 式の微分方程式を解くことにより電位を求めることができる．しかし，この式は (2.2.7), (2.4.8) 式が元になっているので，この式を用いなくとも電位を求めることはもちろん可能である．ただし，(2.4.9) 式は解析的に解くことは困難な場合でも，2階の偏微分方程式の数値計算法を任意の電荷分布に対して用いることができるので実用上は便利である．

例題2.6

真空中において，半径 a [m] の球面上に電荷が一様に分布しており，全電荷量が q [C] であるとする．この電荷球による空間の任意の点Pにおける電界 $\vec{E}(\mathrm{P})$ をガウスの定理を用いて求めよ．

【解答】 **図2.5** に示すように球座標を設定する．球面上に一様に分布した電荷が点Pに形成する電界 $\vec{E}(\mathrm{P})$ [V/m] を求めるとき，電荷の分布は球対称であるので，**図2.5** のように点Pを z 軸上にとっても一般性は失われない．まず，電荷を小さな要素に分けて考え，それが点Pに形成する電界 $d\vec{E}(\mathrm{P})$ を求める．次に，すべての電荷の $\vec{E}(\mathrm{P})$ への寄与を球面上のすべての電荷に関して積分することによって求める．まず $d\vec{E}(\mathrm{P})$ は，表面電荷密度を σ [C/m^2] とすると，

$$d\vec{E}(\mathrm{P}) = \frac{1}{4\pi\varepsilon_0}\frac{\sigma a^2\sin\theta\, d\theta d\phi}{|\vec{r}_\mathrm{P}-\vec{r}_\mathrm{Q}|^2}\frac{\vec{r}_\mathrm{P}-\vec{r}_\mathrm{Q}}{|\vec{r}_\mathrm{P}-\vec{r}_\mathrm{Q}|} \tag{2.4.10}$$

である．ただし，

$$\sigma = \frac{q}{4\pi a^2},\quad \vec{r}_\mathrm{P} = (0, 0, z)$$

$$\vec{r}_\mathrm{Q} = (a\sin\theta\cos\varphi, a\sin\theta\sin\varphi, a\cos\theta)$$

であるので，(2.4.9) 式は，

$$d\vec{E}(\mathrm{P}) = \tfrac{1}{4\pi\varepsilon_0}\tfrac{\sigma a^2 \sin\theta\, d\theta d\varphi(-a\sin\theta\cos\varphi, -a\sin\theta\sin\varphi, z-a\cos\theta)}{(a^2+z^2-2az\cos\theta)^{\frac{3}{2}}} \tag{2.4.11}$$

となり，電界 $\vec{E}(\mathrm{P})$ は (2.4.10) 式より，

$$\vec{E}(\mathrm{P}) = \tfrac{\sigma a^2}{4\pi\varepsilon_0}\int_{\theta=0}^{\pi}\int_{\varphi=0}^{2\pi}\tfrac{\sin\theta(-a\sin\theta\cos\varphi, -a\sin\theta\sin\varphi, z-a\cos\theta)}{(a^2+z^2-2az\cos\theta)^{\frac{3}{2}}}\, d\theta d\varphi \tag{2.4.12}$$

となる．ただし，

$$\int_0^{2\pi}\cos\varphi\, d\varphi = \int_0^{2\pi}\sin\varphi\, d\varphi = 0$$

であるので，x, y 成分は 0 となり，z 成分 $E_z(\mathrm{P})$ は z のみに依存する．したがって，空間の球の内外の点 P における電界は球の中心 O と点 P を含む直線の方向の成分のみを持つ．すなわち，$\vec{E}(\mathrm{P})$ は球面に対して垂直なベクトルである．中心を O とする半径 r [m] の球面 S についてガウスの定理を用いると，

$$\oiint_{\mathrm{S}}\vec{E}(\vec{r})\cdot d\vec{S}(\vec{r}) = \tfrac{q}{\varepsilon_0} \quad (r > a)$$

$$\oiint_{\mathrm{S}}\vec{E}(\vec{r})\cdot d\vec{S}(\vec{r}) = 0 \quad (r \le a)$$

となる．S 上の任意の点 $\mathrm{P}(\vec{r}_{\mathrm{P}})$ において $\vec{E}(\mathrm{P})$ と微小面積ベクトル $d\vec{S}(\mathrm{P})$ は互いに平行であるので，

$$\vec{E}(\mathrm{P}) = E(\mathrm{P})\tfrac{\vec{r}_{\mathrm{P}}}{|\vec{r}_{\mathrm{P}}|}$$

とおくと，$E(\mathrm{P})$ は球面 S 上で一定であるので，これを $E(\text{球面})$ とすると，

$$\oiint_{\mathrm{S}}\vec{E}(\mathrm{P})\cdot d\vec{S}(\mathrm{P}) = \oiint_{\mathrm{S}}E(\mathrm{P})\, dS(\mathrm{P})$$
$$= E(\text{球面})\oiint_{\mathrm{S}}dS(\mathrm{P}) = \tfrac{q}{\varepsilon_0}\ (\text{球面 S 外}),\quad E(\text{球面})\oiint_{\mathrm{S}}dS(\vec{r}_{\mathrm{P}}) = 0\ (\text{球面 S 内}) \tag{2.4.13}$$

となる．ただし $\oiint_{\mathrm{S}}dS(\mathrm{P}) = 4\pi|\vec{r}_{\mathrm{P}}|^2$ であるので，(2.4.12) 式より

$$4\pi|\vec{r}_{\mathrm{P}}|^2E(\text{球面}) = \tfrac{q}{\varepsilon_0}\ (|\vec{r}_{\mathrm{P}}| > a),\quad 0\ (0 < |\vec{r}_{\mathrm{P}}| \le a) \tag{2.4.14}$$

となる．したがって，空間の任意の点 P における $E(\mathrm{P})$ は，(2.4.13) 式より

$$\vec{E}(\mathrm{P}) = \tfrac{q}{4\pi|\vec{r}_{\mathrm{P}}|^2\varepsilon_0}\tfrac{\vec{r}_{\mathrm{P}}}{|\vec{r}_{\mathrm{P}}|}$$
$$= \tfrac{\sigma}{\varepsilon_0}\tfrac{\vec{r}_{\mathrm{P}}}{|\vec{r}_{\mathrm{P}}|}\ [\mathrm{V/m}]\ (|\vec{r}_{\mathrm{P}}| > a),\quad \vec{0}\ [\mathrm{V/m}]\ (0 < |\vec{r}_{\mathrm{P}}| \le a)$$

となる．点 P が球外にあるときは，中心 O に存在する点電荷 q による点 P における電界と同一の結果を与える．また，球の内部に点 P が存在するときは電界は $\vec{0}$ V/m である．■

2.5 導体がある場合の静電界

電気磁気学における導体（金属ではなく）は抵抗率が 0 Ω·m であるので，導体内部に電荷が存在することができないため，すべての電荷は導体表面上に存在する．しかし，金属の場合，正電荷である正イオンと電子が存在するが，電荷が存在することができないとは金属が本来持っている正イオンや電子以外に存在できないという意味である．また金属の抵抗率は非常に小さいが，0 Ω·m ではないので，金属中の電界は非常に小さいが 0 V/m ではない．一方，電気磁気学における導体は抵抗率が 0 Ω·m であるので，電界は完全に 0 V/m となり電位差が発生せず，そのすべての場所において電位が等しい（等電位である）．また，導体表面上では電界 $\vec{E}$ は導体表面に対して必ず垂直である．より一般的に言えば $\vec{E}$ [V/m] は，$\vec{E} = -\vec{\nabla} V$ なる関係で与えられる電位 V [V] について，V が等しいいわゆる等電位面に対して必ず垂直である．なぜなら dV の電位差を持つ等電位面 S(V) と S$'(V+dV)$ を考えると，S の点 P を始点とし S$'$ 上の点 P$'$ を終点とするベクトルを $d\vec{r}'$ すると，$\vec{E} \cdot d\vec{r}' = dV$ である．したがって，点 P を始点とし P と同じ S 上の無限小の距離にある点を P$''$ を終点とするベクトルを $d\vec{r}''$ すると 2 点の電位差は 0 V であるので，$\vec{E} \cdot d\vec{r}'' = 0$ である．すなわち $\vec{E} \perp d\vec{r}''$ であるので $\vec{E}$ は点 P において S に垂直である．したがって $\vec{E}$ は必ず等電位面に対して垂直である．

真空中に 1 個の有限な大きさの導体があり，その電位を V，全電荷量を q [C] とする．導体と無限遠点の電位差は V であり，それが 0 V でなければ導体と無限遠点の間の空間には電界 $\vec{E} \neq \vec{0}$ が存在する．この導体の静電エネルギー W [J] は (2.3.4) 式を参考にすると，

$$W = \frac{1}{2}\oiint_{導体表面} \sigma V \, dS = \frac{1}{2} V \oiint_{導体表面} \sigma \, dS = \frac{1}{2} V q \qquad (2.5.1)$$

となる．ここで，導体と無限遠点の間の**静電容量**（electrostatic capacitance）を $C = \frac{q}{V}$ [F] と定義すると，(2.5.1) 式の W を，

$$W = \frac{1}{2} C V^2 \qquad (2.5.2)$$

と書くこともできる．

次に，**図 2.6** に示すように，真空中に 2 個の有限な大きさの導体があり，導体 1 の電位を V_1，電荷を q_1，導体 2 の電位を V_2，電荷を q_2 とする．電荷は各導体表面上に存在する．導体 1 のみに電荷 q_1 を与えると，導体を除く空間に電界 $\vec{E}_1$ が発生する．そのとき導体 2 が存在すると $\vec{E}_1$ は導体表面で必ず垂直に入射し，入射部には電荷が発生している．導体 2 には電荷が与えられていないが，もし導体 2 が接地されていれば，導体 2 にその電位が 0 V になるように大地から電荷が供給される．導体 2 が接地されていない場合には電荷が地面から供給されず，また新たに生成されることはない．そのときは

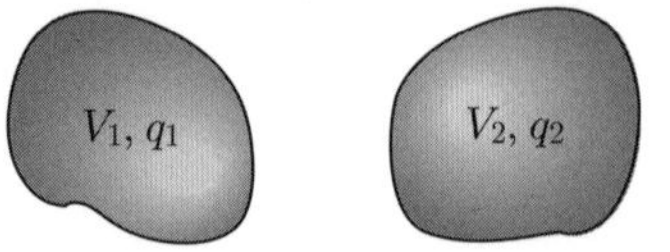

図2.6

導体 2 の表面に正の電荷と負の電荷が等量存在するように電界が決定される．その場合，導体 1 と 2 の間には電位差が生じる．重要なのは接地の有無で状態が変化することである．各電位と各電荷との関係は重ね合わせの原理より，

$$V_1 = P_{11}q_1 + P_{12}q_2, \quad V_2 = P_{21}q_1 + P_{22}q_2 \tag{2.5.3}$$

となる．ただし P_{ij} [1/F] は**電位係数**（voltage coefficient）と呼ばれる．$P_{12} = P_{21}$ である．また各導体の電荷を各電位で表すと次式のようになる．

$$q_1 = Q_{11}V_1 + Q_{12}V_2, \quad q_2 = Q_{21}V_1 + Q_{22}V_2 \tag{2.5.4}$$

ただし Q_{ii} [F] は**容量係数**，Q_{ij}（$i \neq j$）は**誘導係数**と呼ばれる．$Q_{12} = Q_{21}$ である．P_{ij} と Q_{ij} の間の関係は，

$$Q_{11} = \frac{P_{22}}{P_{11}P_{22} - P_{12}P_{21}}, \quad Q_{22} = \frac{P_{11}}{P_{11}P_{22} - P_{12}P_{21}}, \quad Q_{12} = Q_{21} = \frac{-P_{12}}{P_{11}P_{22} - P_{12}P_{21}}$$
$$P_{11} = \frac{Q_{22}}{Q_{11}Q_{22} - Q_{12}Q_{21}}, \quad P_{22} = \frac{Q_{11}}{Q_{11}Q_{22} - Q_{12}Q_{21}}, \quad P_{12} = P_{21} = \frac{-Q_{12}}{Q_{11}Q_{22} - Q_{12}Q_{21}}$$

となる．電位係数等は導体の空間的配置で決まる．接地により大地から導体に電荷が供給される場合，その電荷がその導体の電荷となる．

2 つの導体の静電エネルギーの和 W [J] は (2.3.4) 式を参考にすると，

$$\begin{aligned} W &= \frac{1}{2}\oiint_{\text{導体 1 表面}} \sigma_1 V_1\, dS + \frac{1}{2}\oiint_{\text{導体 2 表面}} \sigma_2 V_2\, dS \\ &= \frac{1}{2}V_1 \oiint_{\text{導体 1 表面}} \sigma_1\, dS + \frac{1}{2}V_2 \oiint_{\text{導体 2 表面}} \sigma_2\, dS \\ &= \frac{1}{2}V_1 q_1 + \frac{1}{2}V_2 q_2 \end{aligned} \tag{2.5.5}$$

となる．(2.5.3), (2.5.5) 式より，

$$\begin{aligned} W &= \frac{1}{2}(P_{11}q_1 + P_{12}q_2)q_1 + \frac{1}{2}(P_{21}q_1 + P_{22}q_2)q_2 \\ &= \frac{1}{2}P_{11}q_1^2 + \frac{1}{2}P_{22}q_2^2 + P_{12}q_1q_2 \end{aligned} \tag{2.5.6}$$

あるいは，(2.5.4), (2.5.5) 式より，

$$W = \frac{1}{2}Q_{11}V_1^2 + \frac{1}{2}Q_{22}V_2^2 + Q_{12}V_1V_2 \tag{2.5.7}$$

となる．

$$Q_{11} + Q_{12} = C_1$$

$$Q_{21} + Q_{22} = C_2, \quad -Q_{12} = C_{12} = C_{21}$$

として C_1, C_2, C_{12} を定義すると W は (2.5.7) 式より，

$$\begin{aligned} W &= \frac{1}{2}Q_{11}V_1^2 + \frac{1}{2}Q_{22}V_2^2 + Q_{12}V_1V_2 \\ &= \frac{1}{2}(C_1 + C_{12})V_1^2 + \frac{1}{2}(C_2 + C_{21})V_2^2 - C_{12}V_1V_2 \\ &= \frac{1}{2}C_1V_1^2 + \frac{1}{2}C_2V_2^2 + \frac{1}{2}C_{12}(V_1 - V_2)^2 \end{aligned}$$

となる．導体が一つの場合を参考にすると，C_1 [F], C_2, C_{12} は図**2.7** に示すように，導体 1 と無限遠点，導体 2 と無限遠点，導体 1 と 2 の間の静電容量を表す．C_1, C_2, C_{12} は**等価静電容量**と呼ばれる．

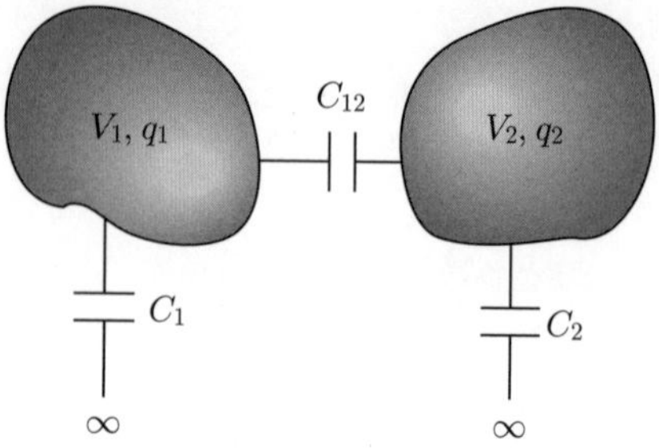

図2.7

N（$N \geq 2$）個の導体系に対して各導体の電位と電荷との関係は，

$$V_i = \sum_{j=1}^{N} P_{ij} q_j$$

$$q_i = \sum_{j=1}^{N} Q_{ij} V_j$$

となる．ただし，

$$P_{ij} = P_{ji} (i \neq j), \quad Q_{ij} = Q_{ji} (i \neq j)$$

である．W は (2.3.4) 式を参考にすると，

$$\begin{aligned} W &= \frac{1}{2} \sum_{i=1}^{N} \oiint_{\text{導体 } i \text{ 表面}} \sigma_i V_i \, dS \\ &= \frac{1}{2} \sum_{i=1}^{N} V_i \oiint_{\text{導体 } i \text{ 表面}} \sigma_i \, dS \\ &= \frac{1}{2} \sum_{i=1}^{N} V_i q_i \\ &= \frac{1}{2} \sum_{i=1}^{N} \sum_{j=1}^{N} P_{ij} q_i q_j \\ &= \frac{1}{2} \sum_{i=1}^{N} \sum_{j=1}^{N} Q_{ij} V_i V_j \end{aligned} \tag{2.5.8}$$

となる．また W を等価静電容量で表すと，

$$\begin{aligned} C_i &\equiv Q_{i1} + Q_{i2} + \cdots + Q_{iN} = \sum_{j=1}^{N} Q_{ij} \\ C_{ij} &\equiv -Q_{ij} \quad (i \neq j) \end{aligned} \tag{2.5.9}$$

として，(2.5.8), (2.5.9) 式より，

$$W = \frac{1}{2} \sum_{i=1}^{N} C_i V_i^2 + \frac{1}{2} \sum_{\substack{i=1 \\ i \neq j}}^{N} \sum_{j=1}^{N} C_{ij} (V_i - V_j)^2 \, [\mathrm{J}] \tag{2.5.10}$$

となる．

例題2.7

図2.8 (a) に示すように，真空中にある半無限平面導体上に表面密度 σ [C/m^2] で電荷が一様に分布している．平面から a [m] 離れた真空中の点 P における電界 $\vec{E}(\mathrm{P})$ を求めよ．

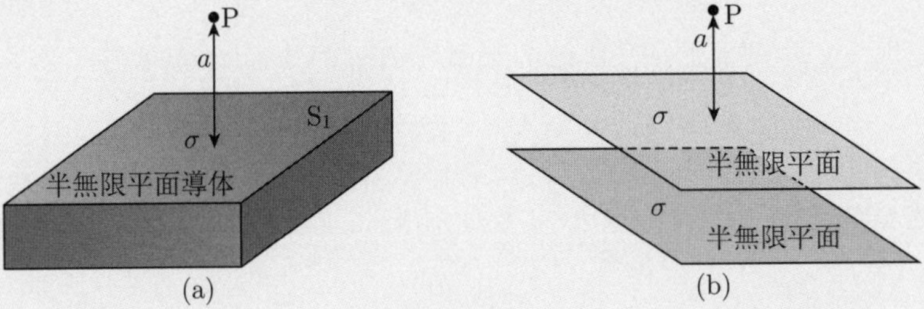

図2.8

【解答】　導体が無く，電荷のみが真空中に存在する場合には，平面上の電荷を小さな要素に分けて考え，それが点 P に形成する電界 $d\vec{E}(\mathrm{P})$ [V/m] を求め，次にすべての電荷の $\vec{E}(\mathrm{P})$ への寄与を，球内のすべての電荷に関して $d\vec{E}(\mathrm{P})$ を積分することによって求める．しかし，この方法では導体側にも電界が存在することになり，導体内には電界が存在しないことと矛盾する．そこで導体内の電界が 0 V/m になるように工夫しなければならない．それには，**図2.8 (b)** に示すように導体を取り去って，その代わりに導体表面に相当する場所（面 S_1 とする）に面電荷密度 σ [C/m^2] で電荷を一様に分布させ，これと平行に導体があった適当な場所（面 S_2 とする）に面電荷密度 σ で電荷を一様に分布させると，面 S_1 と面 S_2 間の領域では電界が 0 V/m になる．この方法の正しさはガウスの定理を用いて検証できる．

以上のことを考慮して，まず面 S_1 の面電荷密度 σ で一様に分布した電荷による電界 $\vec{E}_1(\mathrm{P})$ を求めてみよう．**図2.9** に示すように，空間座標を設定する．面 S_1 の点 Q における微小面積要素 $dS(\mathrm{Q})$ の微小電荷 $\sigma\, dS(\mathrm{Q})$ [C] による電界 $d\vec{E}_1(\mathrm{P})$ は，真空側の点 P では，

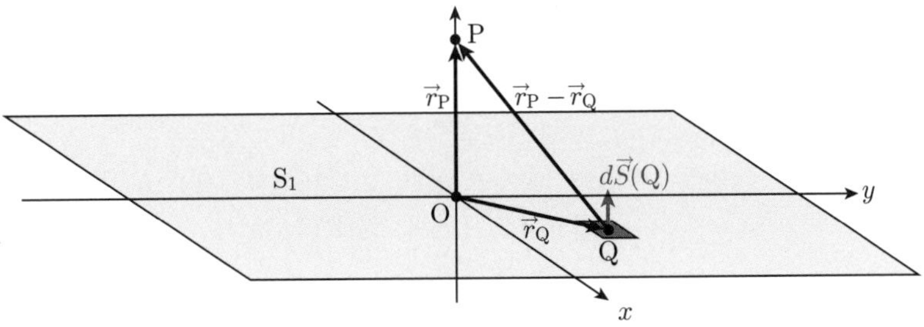

図2.9

$$d\vec{E}_1(\mathrm{P}) = \frac{1}{4\pi\varepsilon_0}\sigma\, dS(\mathrm{Q}) \frac{\vec{r}_\mathrm{P} - \vec{r}_\mathrm{Q}}{|\vec{r}_\mathrm{P} - \vec{r}_\mathrm{Q}|^3} \tag{2.5.11}$$

である．電荷は無限大の平面上に一様に分布しているので，点 P を z 軸上の点 $\vec{r}_\mathrm{P} = (0,0,z)$ （$z \geq 0$）としても一般性は失われない．また $\vec{r}_\mathrm{Q} = (x', y', 0)$ とする．$dS(\mathrm{Q})$ 上の電荷による電界 $d\vec{E}_1(\mathrm{P})$ は，(2.5.11) 式より，

$$d\vec{E}_1(\mathrm{P}) = \frac{1}{4\pi\varepsilon_0}\sigma\, dx'dy' \frac{(-x', -y', z)}{(x'^2+y'^2+z^2)^{\frac{3}{2}}} \tag{2.5.12}$$

となる．したがって電界 $\vec{E}_1(\mathrm{P})$ は (2.5.12) 式の $d\vec{E}_1(\mathrm{P})$ を重ね合わせて，

$$\vec{E}_1(\mathrm{P}) = \frac{1}{4\pi\varepsilon_0}\sigma \int_{x'=-\infty}^{+\infty}\int_{y'=-\infty}^{+\infty} \frac{(-x', -y', z)}{(x'^2+y'^2+z^2)^{\frac{3}{2}}}\, dx'dy' \tag{2.5.13}$$

となる．(2.5.13) 式の $\vec{E}_1(\mathrm{P})$ の x, y 成分は被積分関数が積分変数 x', y' の奇関数であり，積分範囲が無限大の広さの領域であるので $0\,\mathrm{V/m}$ となり，z 成分 $E_z(\mathrm{P})$ は (2.5.13) 式より，

$$E_{1z}(\mathrm{P}) = \frac{1}{4\pi\varepsilon_0}\sigma z \int_{x'=-\infty}^{+\infty}\int_{y'=-\infty}^{+\infty} \frac{1}{(x'^2+y'^2+z^2)^{\frac{3}{2}}}\, dx'dy' \tag{2.5.14}$$

となる．積分領域が無限平面であるので，被積分関数の関数形から面 S_1 内について極座標に，

$$x'^2 + y'^2 = r^2, \quad dx'\,dy' = r\,d\theta dr, \quad 0 \leq r < \infty, \quad 0 \leq \theta < 2\pi$$

と変換すると，(2.5.14) 式は，

$$\begin{aligned} E_{1z}(\mathrm{P}) &= \frac{1}{4\pi\varepsilon_0}\sigma z \int_{r=0}^{+\infty}\int_{\theta=0}^{2\pi} \frac{1}{(r^2+z^2)^{\frac{3}{2}}} r\, d\theta dr \\ &= \frac{1}{4\pi\varepsilon_0}\sigma z 2\pi \int_{r=0}^{+\infty} \frac{r}{(r^2+z^2)^{\frac{3}{2}}}\, dr \\ &= \frac{1}{4\pi\varepsilon_0}\sigma z 2\pi \left[-\frac{1}{(r^2+z^2)^{\frac{1}{2}}} \right]_{r=0}^{\infty} = \frac{1}{4\pi\varepsilon_0} z 2\pi \frac{1}{|z|} \\ &= \frac{\sigma}{2\varepsilon_0} \quad (z \geq 0) \end{aligned}$$

となるので，

$$\begin{aligned} \vec{E}_1(\mathrm{P}) &= \frac{1}{2}\frac{\sigma}{\varepsilon_0}(0,0,1) \\ &= \frac{1}{2}\frac{\sigma}{\varepsilon_0}\vec{k} \end{aligned}$$

となる．ただし，$\vec{k} = (0,0,1)$ である．$\vec{E}_1(\mathrm{P})$ は z に依存しないので面 S_2 上の面電荷による電界 $\vec{E}_2(\mathrm{P})$ も，

$$\begin{aligned} \vec{E}_2(\mathrm{P}) &= \frac{1}{2}\frac{\sigma}{\varepsilon_0}(0,0,1) \\ &= \frac{1}{2}\frac{\sigma}{\varepsilon_0}\vec{k} \end{aligned}$$

となる．したがって導体表面の電荷による真空側の点 P における電界 $\vec{E}(\mathrm{P})$ は，

$$\begin{aligned} \vec{E}(\mathrm{P}) &= \vec{E}_1(\mathrm{P}) + \vec{E}_2(\mathrm{P}) \\ &= \frac{\sigma}{\varepsilon_0}\vec{k}\,[\mathrm{V/m}] \end{aligned}$$

となる． ■

例題2.8

真空中において，半径 a [m] の導体球の表面全電荷量が q [C] であるとき，空間の任意の点 P における電界 $\vec{E}(\mathrm{P})$ を求めよ．

【解答】　導体球内には導体の定義により電荷は存在しないので，電荷は導体球面上に分布する．導体球面上の点 Q の表面電荷密度を $\sigma(\mathrm{Q})$ とする．導体球内では導体の定義により電界は $\vec{0}$ V/m であるが，導体球以外の真空中では一般的に $\vec{0}$ V/m ではない．導体球が一つの場合には球面上の電荷による電界は等方的であるので電荷は導体球面上に一様に分布する．したがって結果的には例題 2.4, 2.6 に示した結果と一致することになり，点 $\mathrm{P}(\vec{r}_{\mathrm{P}})$ における電界 $\vec{E}(\mathrm{P})$ は，

$$\vec{E}(\mathrm{P}) = \frac{q}{4\pi r^2 \varepsilon_0}\frac{\vec{r}_{\mathrm{P}}}{|\vec{r}_{\mathrm{P}}|} = \frac{\sigma}{\varepsilon_0}\frac{\vec{r}_{\mathrm{P}}}{|\vec{r}_{\mathrm{P}}|}\ [\mathrm{V/m}] \quad (|\vec{r}_{\mathrm{P}}| \geq a)$$

$$\vec{E}(\mathrm{P}) = \vec{0}\ [\mathrm{V/m}] \quad (0 < |\vec{r}_{\mathrm{P}}| < a)$$

となる．■

例題2.9

図2.10 に示すように，真空中において，半径 a [m] の導体球（内球，導体 1）が，半径 b [m], c [m]（$a < b < c$）の球面からなる同心導体球殻（外球，導体 2）に囲まれている．ただし，いずれの導体も非接地であるとする．

(1)　導体 1 のみに q_1 [C] の電荷を与えるとき，各位置における電界 $\vec{E}$ および電位 V を求めよ．

(2)　導体 2 のみに q_2 [C] の電荷を与えるとき，各位置における電界 $\vec{E}$ および電位 V を求めよ．

(3)　この導体系の電位係数を求めよ．

(4)　この導体系の誘導係数と容量係数を求めよ．

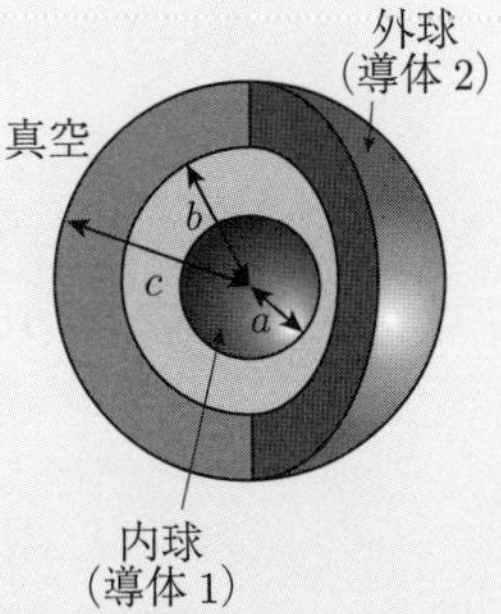

図2.10

【解答】　(1)　導体 1 のみに電荷 q_1 [C] を与えたとき，電荷は一様に導体 1 の球面上に分布する．$q_1 > 0$ とすれば電気力線は導体 1 から 2 に向かって出て行き導体 2 の内面で終端する．すなわち負の電荷（全電荷量 $-q_1$）が導体 2 の内面に一様に現れる．しかし導体 2 には最初から電荷を与えていないので（すなわち $q_2 = 0$ [C]），導体 2 の外側に全電荷量 q_1 の電荷が一様に分布して発生する．このとき，各点 $\vec{r}$ の電界 $\vec{E}(\vec{r})$ [V/m] は例題 2.8 より，$r > c$ で，

$$\vec{E}(\vec{r}) = \frac{q_1}{4\pi\varepsilon_0 r^2}\frac{\vec{r}}{r} \tag{2.5.15}$$

となり，$c \geq r > b$ は導体内であるので電界は存在しないため，

$$\vec{E}(\vec{r}) = \vec{0}\ [\mathrm{V/m}] \tag{2.5.16}$$

となり，$b \geq r > a$ で，

$$\vec{E}(\vec{r}) = \frac{q_1}{4\pi\varepsilon_0 r^2}\frac{\vec{r}}{r}\ [\mathrm{V/m}] \tag{2.5.17}$$

となり，$a \geq r \geq 0$ は導体内であるので電界は存在しないため，

$$\vec{E}(\vec{r}) = \vec{0}\,[\mathrm{V/m}] \tag{2.5.18}$$

となる．

各点の電位 $V(\vec{r})$ [V] は，原点からの距離が一定の位置では等しいので $|\vec{r}| = r$ のみの関数となる．$r > c$ では電位の定義および (2.5.15) 式より，

$$\begin{aligned} V(\vec{r}) &= -\int_{\rho=\infty}^{r} \vec{E}(\vec{\rho}) \cdot d\vec{s}(\vec{\rho}) \\ &= -\tfrac{q_1}{4\pi\varepsilon_0}\int_{\infty}^{r} \tfrac{\vec{\rho}}{\rho^3} \cdot d\vec{\rho} \end{aligned}$$

であるが，電位は積分経路に依存しないので，$\vec{\rho} \,/\!/\, \vec{r}$ なる経路を選ぶと，

$$\begin{aligned} V(\vec{r}) &= -\tfrac{q_1}{4\pi\varepsilon_0}\int_{\infty}^{r} \tfrac{1}{\rho^2}\,d\rho \\ &= \tfrac{q_1}{4\pi\varepsilon_0 r}\,[\mathrm{V}] \end{aligned}$$

となる．同様にして $c \geq r > b$ では導体 2 中では等電位であるので，(2.5.16) 式より，

$$V(\vec{r}) = \tfrac{q_1}{4\pi\varepsilon_0 c} = V_2\,[\mathrm{V}]$$

となる．$b \geq r > a$ では (2.5.17) 式より，

$$\begin{aligned} V(\vec{r}) &= -\int_{\rho=\infty}^{c} \vec{E}(\vec{\rho}) \cdot d\vec{s}(\vec{\rho}) - \int_{b}^{r} \vec{E}(\vec{\rho}) \cdot d\vec{s}(\vec{\rho}) \\ &= \tfrac{q_1}{4\pi\varepsilon_0 c} + \tfrac{q_1}{4\pi\varepsilon_0 r} - \tfrac{q_1}{4\pi\varepsilon_0 b} \\ &= \tfrac{q_1}{4\pi\varepsilon_0}\left(\tfrac{1}{r} - \tfrac{1}{b} + \tfrac{1}{c}\right)\,[\mathrm{V}] \end{aligned} \tag{2.5.19}$$

となり，$a \geq r \geq 0$ は (2.5.18) 式より導体 1 中では等電位であるので，

$$\begin{aligned} V(\vec{r}) &= \tfrac{q_1}{4\pi\varepsilon_0}\left(\tfrac{1}{a} - \tfrac{1}{b} + \tfrac{1}{c}\right) \\ &= V_1 = \tfrac{q_1}{4\pi\varepsilon_0}\left(\tfrac{1}{a} - \tfrac{1}{b}\right) + V_2\,[\mathrm{V}] \end{aligned} \tag{2.5.20}$$

となる．

(2)　導体 2 のみに電荷を与えたとき電荷は導体 2 の外側の球面上に一様に分布する．$q_2 > 0$ とすれば電気力線は導体 2 から無限遠点に向かって出て行き導体 2 の内面には現れない．同様にして $q_2 < 0$ とすれば電気力線は無限遠から導体 2 に向かって出て行き導体 2 の内面には現れない．このとき，各点の電界は，

$$\vec{E}(\vec{r}) = \tfrac{q_2}{4\pi\varepsilon_0 r^2}\tfrac{\vec{r}}{r}\,[\mathrm{V/m}] \quad (r > c)$$

$$\vec{E}(\vec{r}) = \vec{0}\,[\mathrm{V/m}] \quad (c \geq r \geq 0)$$

となり，電位は，

$$V(\vec{r}) = \tfrac{q_2}{4\pi\varepsilon_0 r}\,[\mathrm{V}] \quad (r > c) \tag{2.5.21}$$

$$V(\vec{r}) = \tfrac{q_2}{4\pi\varepsilon_0 c} = V_2 = V_1\,[\mathrm{V}] \quad (c \geq r \geq 0) \tag{2.5.22}$$

となる．

(3)　導体 1 の電位を V_1，電荷を q_1 とする．また導体 2 の電位を V_2，電荷を q_2 とすると，(2.5.3) 式より，

$$V_1 = P_{11}q_1 + P_{12}q_2, \quad V_2 = P_{21}q_1 + P_{22}q_2$$

である．電位係数 P_{11} [1/F] は導体 1 のみに +1 C の電荷を与えたときの導体 1 の電位と

同じである．このとき電荷は一様に導体 1 の球面上に分布する．電気力線は導体 1 から出て導体 2 で終端する．すなわち負の電荷（全電荷量 $-1\,\mathrm{C}$）が導体 2 の内面に一様に現れる．しかし導体 2 には最初から電荷を与えていないので（すなわち $q_2 = 0\,\mathrm{C}$），導体 2 の外側に全電荷量 $+1\,\mathrm{C}$ の電荷が一様に分布する．このとき，$V_2 = P21q_1 + P_{22}q_2 = P_{21}$ であり，また (2.5.21) 式より，

$$V_2 = \frac{1}{4\pi\varepsilon_0 c} = P_{21}$$

となる．また，$V_1 = P_{11}q_1 + P_{12}q_2 = P_{11}$ であり，(2.5.19) 式より，

$$V_1 = \frac{1}{4\pi\varepsilon_0}\left(\frac{1}{a} - \frac{1}{b} + \frac{1}{c}\right) = P_{11} \tag{2.5.23}$$

である．同様に，導体 2 に $+1\,\mathrm{C}$ の電荷を与えると電荷はすべて導体 2 の外側の表面に一様に分布して内面には現れない．なぜなら，もし内面に現れるとすると，導体 2 と 1 の間の空間に電気力線が存在し，導体 1 の表面にも電荷が存在することになる．しかし仮定より導体 1 には電荷を与えないので矛盾が生じるため，$q_1 = 0$ であり，$V_2 = P_{21}q_1 + P_{22}q_2 = P_{22}$ となり，(2.5.21) 式より，

$$V_2 = V(r = c) = \frac{1}{4\pi\varepsilon_0 c} = P_{22} \tag{2.5.24}$$

となる．また導体 1 と 2 の間の空間には電気力線はないから導体 1 と 2 とは等電位である．したがって (2.5.24) 式より，

$$V_1 = V_2 = \frac{1}{4\pi\varepsilon_0 c} = P_{12} \tag{2.5.25}$$

となる．したがって，(2.5.23), (2.5.24), (2.5.25) 式より

$$P_{11} = \frac{1}{4\pi\varepsilon_0}\left(\frac{1}{a} - \frac{1}{b} + \frac{1}{c}\right)\ [1/\mathrm{F}]$$

$$P_{12} = P_{21} = \frac{1}{4\pi\varepsilon_0 c}\ [1/\mathrm{F}]$$

$$P_{22} = \frac{1}{4\pi\varepsilon_0 c}\ [1/\mathrm{F}]$$

となる．ただし，P_{12} と P_{22} が等しいのは偶然である．

(4)　導体 1 のみに電荷 q_1 を与えたとき，(2.5.20) 式を変形すると，

$$q_1 = \frac{1}{\frac{1}{4\pi\varepsilon_0}\left(\frac{1}{a} - \frac{1}{b}\right)}V_1 - \frac{1}{\frac{1}{4\pi\varepsilon_0}\left(\frac{1}{a} - \frac{1}{b}\right)}V_2$$

となる．したがって (2.5.4) 式より，

$$Q_{11} = \frac{4\pi\varepsilon_0}{\frac{1}{a} - \frac{1}{b}}\ [\mathrm{F}]$$

$$Q_{12} = Q_{21} = -\frac{4\pi\varepsilon_0}{\frac{1}{a} - \frac{1}{b}}\ [\mathrm{F}] \tag{2.5.26}$$

となる．導体 2 のみに電荷 q_2 を与えたとき，(2.5.4), (2.5.22) 式より，

$$q_2 = Q_{21}V_1 + Q_{22}V_2 = V_1(Q_{21} + Q_{22}) = \frac{q_2}{4\pi\varepsilon_0 c}(Q_{21} + Q_{22}) \tag{2.5.27}$$

となるので，(2.5.26), (2.5.27) 式より，

$$Q_{21} + Q_{22} = 4\pi\varepsilon_0 c\ [\mathrm{F}]$$

$$Q_{22} = 4\pi\varepsilon_0 c - Q_{21} = 4\pi\varepsilon_0 c + \frac{4\pi\varepsilon_0}{\frac{1}{a} - \frac{1}{b}}$$

$$= \frac{4\pi\varepsilon_0 c\left(\frac{1}{a} - \frac{1}{b} + \frac{1}{c}\right)}{\frac{1}{a} - \frac{1}{b}}\ [\mathrm{F}]$$

となる．■

2.6 静電界の特殊解法

導体や誘電体が存在する場合，静電界の問題を解くのは困難である．本節では導体と空間中の電荷との相互作用について述べるが，その場合，静電界の解を解析的に求めることは不可能であるので，解を仮定して問題を解き，得られた解に矛盾がないと認められた場合には，解の一意性の定理よりそれが正しい解であると認められる．導体形状が平面，円柱，球形である場合には，解を仮定しやすいが，それ以外の場合には解を見いだすのは不可能といってよいであろう．ただし近似解を得ることは可能である場合がある．

点電荷と導体の場合には，導体の代わりに代用電荷を置いて問題を解くことができる．このような方法を，**鏡像法**という．導体が点電荷に対してあたかも鏡のような役割を果たし，鏡に映った電荷はやはり点電荷であり，これを代用電荷とする．

例題2.10

図2.11 (a) に示すように，真空中に置かれた有限ではあるが十分に広い広さを持つ接地半無限平面導体がある．この導体表面より a [m] の位置にある点 Q に点電荷 q [C] を置く．

(1) 導体を除く任意の点 P における電界 $\vec{E}(\mathrm{P})$ を求めよ．

(2) 導体表面上の任意の点 P における表面電荷密度 $\sigma(\mathrm{P})$ を求めよ．

(3) 点電荷に働く力 $\vec{F}(\mathrm{Q})$ を求めよ．

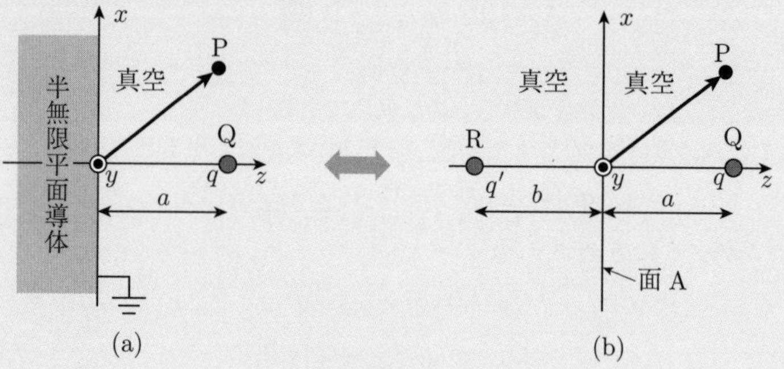

図2.11

【解答】 図2.11 に示すように，空間座標を設定する．まず，解を仮定する．この場合，大きさが同じで符号が互いに異符号の 2 個の点電荷がそれぞれ真空中の異なる 2 点に置かれているとき，2 点を結ぶ直線の垂直 2 等分面上で電位は 0V であることを思い出してみよう．今導体は接地されているので導体の電位は 0V であり，もちろん導体表面（面 A とする）も 0V である．したがって，仮定される解としては，図2.11 (b) に示すように，導体を取り去って，その代わりに元の導体面に対応する面 A に点 Q から下ろした垂線の延長線上に面 A に対して点 Q と反対側に，面 A と点 Q と等距離の位置（$b = a$）にある点 R に点電荷 $q' = -q$ [C] を置いたときの解と等価であろう．ただし，今はより一般化して議論してみよう．すなわち，面 A に点 Q から下ろした垂線の延長線上に面 A に対して点 Q と反対側の点 R に点電荷 q' を置く．延長線上に点 R を置く理由として，電界分布が延長線に対して軸対称になるからである．また点電荷 q' を点電荷 q の**鏡像電荷**（mirror charge）という．面 A に対して点 Q がある側の空間の点 P における電位を $V(\mathrm{P}) = V(\vec{r}_{\mathrm{P}})$ とする．点 P からみると導体は無く，すべてが真空である．したがって電荷 q および q' による $V(\mathrm{P})$ は，

$$V(\mathrm{P}) = \frac{q}{4\pi\varepsilon_0|\vec{r}_{\mathrm{P}}-\vec{r}_{\mathrm{Q}}|} + \frac{q'}{4\pi\varepsilon_0|\vec{r}_{\mathrm{P}}-\vec{r}_{\mathrm{R}}|} \tag{2.6.1}$$

である．点 P が xy 平面（面 A）内の任意の点で電位は $V(\mathrm{P}) = 0$ [V] であるので，(2.6.1) 式より，

$$\frac{q}{4\pi\varepsilon_0|\vec{r}_{\mathrm{P}}-\vec{r}_{\mathrm{Q}}|} = \frac{-q'}{4\pi\varepsilon_0|\vec{r}_{\mathrm{P}}-\vec{r}_{\mathrm{R}}|} \tag{2.6.2}$$

となる．未知数は q' と b であるので，(2.6.2) 式を満足する q' と b は明らかに，$q' = -q$ かつ $\vec{r}_{\mathrm{R}} = -\vec{r}_{\mathrm{Q}}$，すなわち $b = a$ であり，唯一である．点 P, Q, R の位置をそれぞれ

$$\vec{r}_{\mathrm{P}} = (x, y, z)$$
$$\vec{r}_{\mathrm{Q}} = (0, 0, a)$$
$$\vec{r}_{\mathrm{R}} = (0, 0, -a)$$

とすると空間の任意の点 P の $V(\mathrm{P})$ は (2.6.1) 式より，

$$\begin{aligned} V(\mathrm{P}) &= \frac{1}{4\pi\varepsilon_0} q \left(\frac{1}{|\vec{r}_{\mathrm{P}}-\vec{r}_{\mathrm{Q}}|} - \frac{1}{|\vec{r}_{\mathrm{P}}+\vec{r}_{\mathrm{Q}}|} \right) \\ &= \frac{1}{4\pi\varepsilon_0} q \left[\frac{1}{\left\{x^2+y^2+(z-a)^2\right\}^{\frac{1}{2}}} - \frac{1}{\left\{x^2+y^2+(z+a)^2\right\}^{\frac{1}{2}}} \right] \text{ [V]} \end{aligned} \tag{2.6.3}$$

となる．

(1)　点 P における電界 $\vec{E}(\mathrm{P})$ は $\vec{E}(\mathrm{P}) = -\vec{\nabla} V(\mathrm{P})$ より，

$$\begin{aligned} \vec{E}(\mathrm{P}) &= -\vec{\nabla} \frac{1}{4\pi\varepsilon_0} q \left(\frac{1}{|\vec{r}_{\mathrm{P}}-\vec{r}_{\mathrm{Q}}|} - \frac{1}{|\vec{r}_{\mathrm{P}}+\vec{r}_{\mathrm{R}}|} \right) \\ &= -\frac{1}{4\pi\varepsilon_0} q \left(-\frac{\vec{r}_{\mathrm{P}}-\vec{r}_{\mathrm{Q}}}{|\vec{r}_{\mathrm{P}}-\vec{r}_{\mathrm{Q}}|^3} + \frac{\vec{r}_{\mathrm{P}}-\vec{r}_{\mathrm{R}}}{|\vec{r}_{\mathrm{P}}-\vec{r}_{\mathrm{R}}|^3} \right) \\ &= \frac{1}{4\pi\varepsilon_0} q \left[\frac{(x, y, z-a)}{\{x^2+y^2+(z-a)^2\}^{\frac{3}{2}}} - \frac{(x, y, z+a)}{\{x^2+y^2+(z+a)^2\}^{\frac{3}{2}}} \right] \text{ [V/m]} \end{aligned} \tag{2.6.4}$$

となる．

(2)　導体表面上（$z = 0$）の任意の点 P における電界 $\vec{E}(\mathrm{P})$ は (2.6.4) 式より，

$$\vec{E}(\mathrm{P}) = -\frac{1}{2\pi\varepsilon_0} q \frac{a}{(x^2+y^2+a^2)^{\frac{3}{2}}} (0, 0, 1)$$

となり，導体表面に垂直である．また，電気力線は真空側にのみ存在する．今，点 P を含む導体面上の微小面積 $S(\mathrm{P})$ [m^2] の円板を考える．この円板を真空側と導体内部へ z 軸方向に微小距離変位させた 2 つの円板をそれぞれ上底（$z > 0$），下底（$z < 0$）とする円柱を考える．電荷密度 $\sigma(\mathrm{P})$ は $S(\mathrm{P})$ が微小であるので，円板内で一定とみなしてよい．また，下底内の電界は 0 V/m であり，上底内で電界は $\vec{E}(P)$ と等しく一定とみなしてよ

いので，円柱表面についてガウスの定理を適用すると，

$$\begin{aligned}
&\oiint_{\text{円柱表面}} \vec{E}(\mathrm{P}) \cdot d\vec{S} \\
&= \iint_{\text{上底}} \vec{E}(\mathrm{P}) \cdot d\vec{S} + \iint_{\text{下底}} \vec{E}(\mathrm{P}) \cdot d\vec{S} + \iint_{\text{円柱側面}} \vec{E}(\mathrm{P}) \cdot d\vec{S} \\
&= \iint_{\text{上底}} E_z(\mathrm{P})\, dS = E_z(\mathrm{P}) S(\mathrm{P}) \\
&= \frac{\sigma(\mathrm{P}) S(\mathrm{P})}{\varepsilon_0}
\end{aligned}$$

となるので，

$$E_z(\mathrm{P}) = \frac{\sigma(\mathrm{P})}{\varepsilon_0} \tag{2.6.5}$$

となる．したがって，$\sigma(\mathrm{P})$ は，(2.6.5) 式より，

$$\sigma(\mathrm{P}) = -\frac{1}{2\pi} q \frac{a}{(x^2 + y^2 + a^2)^{\frac{3}{2}}}$$

となるので，導体表面上の全電荷は，$\sigma(\mathrm{P})$ を平面上の全ての点について足し合わせると，

$$\begin{aligned}
\iint_{\text{面 A}} \sigma\, dS &= -\iint_{\text{面 A}} \frac{1}{2\pi} q \frac{a}{(x^2 + y^2 + a^2)^{\frac{3}{2}}}\, dxdy \\
&= -\tfrac{1}{2\pi} qa \int_{r=0}^{\infty} \int_{\theta=0}^{2\pi} \tfrac{1}{(r^2+a^2)^{\frac{3}{2}}}\, r\, d\theta dr \\
&= -qa \int_0^{\infty} \tfrac{r}{(r^2+a^2)^{\frac{3}{2}}}\, dr \\
&= -qa \left[-\tfrac{1}{(r^2+a^2)^{\frac{1}{2}}} \right]_{r=0}^{\infty} \\
&= -q
\end{aligned} \tag{2.6.6}$$

となり，鏡像電荷量と一致する．鏡像電荷は点電荷であったが，実際に存在しているのは導体であり，導体には大地から電荷 $-q$ が供給されるが，導体中には電荷は存在しないので，それは導体表面に広がって分布することになる．

(3) 点 Q の点電荷 q に働くクーロン力 $\vec{F}$ は，

$$\begin{aligned}
\vec{F} &= -\tfrac{1}{4\pi\varepsilon_0} q^2 \tfrac{\vec{r}_{\mathrm{Q}} - \vec{r}_{\mathrm{R}}}{|\vec{r}_{\mathrm{Q}} - \vec{r}_{\mathrm{R}}|^3} \\
&= -\tfrac{1}{4\pi\varepsilon_0} q^2 \tfrac{2a}{(2a)^3} (0, 0, 1) \\
&= -\tfrac{1}{16\pi\varepsilon_0} q^2 \tfrac{1}{a^2} (0, 0, 1)\ [\mathrm{N}]
\end{aligned} \tag{2.6.7}$$

となり，必ず引力である． ■

例題 2.10 において，もし半無限平面導体が接地されていないと，その電位は不定である．ここでは問題を簡単にするために導体は無限大の広がりを持つのではなく有限の広さを持つが，点 Q と平面の間の距離よりも非常に広いとする．なぜ有限にするかというと，広さが無限大であると，導体は無限遠点まで及ぶことになり無限遠点と導体が常に等電位になるからである．導体の表面やその周りに電荷がない場合には，その電位は 0 V である．

次に非接地の状態で，例題 2.10 にある点 Q に点電荷 q [C] を置くと，どうなるであろうか．元々導体には電荷が与えられていないので，導体に電荷を故意に与えない限り導体の正味の電荷量は 0 C のままである．導体が等電位かつ正味の電荷量が 0 C である 2 つの条件を同時に満たすときに予想される解としては，**図2.12 (b)** に示すように，接地導体の場合と同様の点 R に鏡像電荷 $-q$ を置くと同時に，導体の他の部分に，正味の電荷量が $+q$ でありしかも導体表面 A が等電位になるような電荷を置いてやれば条件が満足される．面 A と平行に面 A と同じ十分な広さを持つ仮想的な平面上に表面電荷が一様な電荷分布を与えればよいことになる．例えば，厚さが有限で広さが十分に広い平面導体であれば，面 A と反対側の表面上にそのような表面電荷が現れることと同じである．

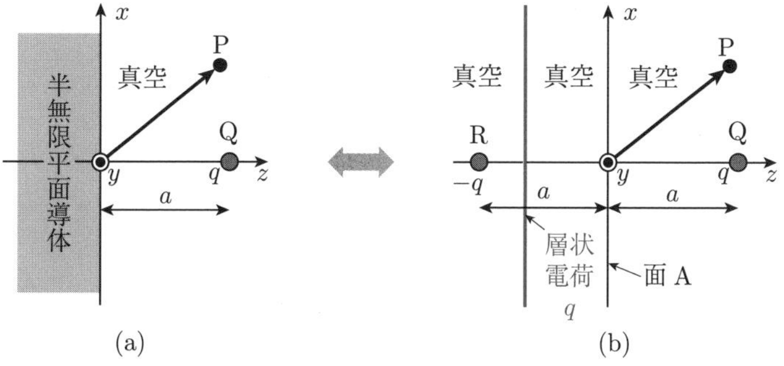

図2.12

2章の問題

□**2.1** 真空中において，xyz 座標の x 軸上の点 Q $(a, 0, 0)$（$a > 0$）に q [C]，点 R $(-a, 0, 0)$ に $-4q$ [C] の点電荷がそれぞれ置かれている．今，試験電荷 q_{T} [C] を 3 次元空間内の位置 $\vec{r}_{\mathrm{P}}$ に置くとき以下の問に答えよ．

(1) 他の 2 個の点電荷により q_{T} に働く力 $\vec{F}$ が $\vec{0}$N となる点 P の位置 $\vec{r}_{\mathrm{P}}$ を求めよ．ただし無限遠点は除く．

(2) この位置での静電エネルギー W を求めよ．

(3) この位置における q_{T} の安定性を検討せよ．

□**2.2** 真空中に無限に長い直線上に線密度 λ [C/m] で電荷が一様に分布している．直線から a [m] だけ離れた点に点電荷 q [C] を置くとき，点電荷に働く力 $\vec{F}$ を求めよ．

□**2.3** 真空中において，半径 a [m] の球内領域に電荷が一様に分布しており，全電荷量が q [C] であるとする．

(1) 球内領域を含む空間の任意の点 P における電位 $V(\mathrm{P})$ を求めよ．

(2) 球内領域を含む空間の任意の点 P における電界 $\vec{E}(\mathrm{P})$ を求めよ．

(3) この電荷球の自己静電エネルギーを除く静電エネルギー W を求めよ．また球内領域を含む空間の任意の点 P に試験電荷 q_{T} [C] を置いたとき q_{T} に働く力 $\vec{F}(\mathrm{P})$ を求めよ．

□**2.4** 真空中において，長さ L [m] の有限長線電荷が λ [C/m] の電荷密度で一様に分布している．

(1) 空間の任意の点 P における電位 $V(\mathrm{P})$ を求めよ．また長さ L が無限長の場合の $V(\mathrm{P})$ を求めよ．

(2) 空間の任意の点 P における電界 $\vec{E}(\mathrm{P})$ を求めよ．また長さ L が無限長の場合の $\vec{E}(\mathrm{P})$ を求めよ．

(3) この直線状電荷の自己静電エネルギーを除く静電エネルギー W を求めよ．

(4) 空間の任意の点 P に試験電荷 q_{T} [C] を置いたとき q_{T} に働く力 $\vec{F}(\mathrm{P})$ を求めよ．

□**2.5** 真空中において，中心を同じくする半径 a [m] の球面の全体にわたって全電荷量 q [C] の電荷が一様に分布し，中心を同じくする半径 b [m] の球面の全体にわたって全電荷量 $-q$ [C] の電荷が一様に分布している．このとき，2 つの球面を除く空間の任意の点 P における電界 $\vec{E}(\mathrm{P})$ を求めよ．

□**2.6** 真空中において，電荷のない中心点が O'，半径 b [m] の球形の空洞を内部に含む中心点が O，半径 a [m] の球の内部領域にこの空洞を除いて電荷が体積密度 ρ [C/m^3] で一様に分布しているとき，空洞内部では電界 $\vec{E}(\mathrm{P})$ は一様であることを示せ．ただし半径 b [m] の球形空洞は，半径 a [m] の球に完全に含まれ，中心点 O' は中心点 O から $\vec{d}$ の位置にある．

□**2.7**　真空中において，無限に広い平面上に電荷が面密度 σ [C/m^2] で一様に分布している．平面から a [m] 離れた点 P における電界 $\vec{E}$(P) をガウスの定理を用いて求めよ．

□**2.8**　真空中において，半径 R [m] の無限に長い円柱内領域に電荷が体積密度 δ [C/m^3] で一様に分布しているとき，円柱内外の点 P における電界 $\vec{E}$(P) をガウスの定理を用いて求めよ．

□**2.9**　真空中において，半径 a [m] の導体球の表面に全電荷量 q [C] の電荷が一様に分布しているとき，空間の電界 $\vec{E}$(P) を求めよ．

□**2.10**　真空中において，半径 a [m] の接地導体球（内球，導体 1）が，導体 1 と中心を同じくする内半径 b [m]，外半径 c [m]（$a < b < c$）の同心導体球殻（外球，導体 2）に囲まれている導体系がある．

(1)　導体 2 のみに電荷 q_2 [C] を与えるとき，中心からの位置 $\vec{r}$ における電界 $\vec{E}(\vec{r})$ および電位 $V(\vec{r})$ を求めよ．

(2)　導体 2 の静電容量 C_2 を求めよ．

(3)　この導体系の静電エネルギー W を求めよ．

□**2.11**　真空中において，半径 a [m] の非接地導体球（内球，導体 1）が，導体 1 と中心を同じくする内半径 b [m]，外半径 c [m]（$a < b < c$）の同心導体球殻（外球，導体 2）に囲まれている導体系がある．内球の静電容量が C_1 [F]，電位が V_1 [V]，表面の電界が E_1 [V/m] になる a, b, c を C_1, V_1, E_1 を用いて表せ．

□**2.12**　真空中において，半径 a [m] の接地導体球の外側の中心 O より b [m]（$a < b$）の位置にある点 Q に点電荷 q [C] を置く．

(1)　任意の点 P における電界 $\vec{E}$(P) を求めよ．

(2)　導体球の表面上の任意の点 P における表面電荷密度 σ(P) を求めよ．

(3)　点 Q の点電荷に働く力 $\vec{F}$(Q) を求めよ．

□**2.13**　真空中において，半径 a [m] の非接地導体球の外側の中心 O より b [m]（$a < b$）の位置にある点 Q に点電荷 q [C] を置く．

(1)　任意の点 P における電界 $\vec{E}$(P) を求めよ．

(2)　導体球の表面上の任意の点 P における表面電荷密度 σ(P) を求めよ．

(3)　点電荷に働く力 $\vec{F}$(Q) を求めよ．

□**2.14**　真空中において，半径 a [m] の非接地導体球の中心 O を通る直線上に，導体球を挟んで O より b [m]（$a < b$）の位置にある 2 つの点 Q_1 および点 Q_2 に点電荷 q [C] および $-q$ [C] をそれぞれ置く．

(1)　導体球を除く任意の点 P における電界 $\vec{E}$(P) を求めよ．

(2)　導体球の表面上の任意の点 P における表面電荷密度 σ(P) を求めよ．

(3)　点 Q_1 の点電荷 q に働く力 $\vec{F}$(Q) を求めよ．

□**2.15** 図2.13 に示すように，真空中において，接地された半無限平面導体表面から中心軸が h [m] の距離にある半径 R [m]（$R < h$）の円形断面を持つ無限長円柱導体の表面に，線電荷密度 λ [C/m] で電荷を軸方向に一様に分布させる．

(1) 無限長円柱導体を除く地上の任意の点 P における電界 $\vec{E}(\mathrm{P})$ を求めよ．

(2) 地上表面の任意の点 P における表面電荷密度 $\sigma(\mathrm{P})$ を求めよ．

(3) 円柱導体 1 m 当たりに働く力 $\vec{F}$ を求めよ．

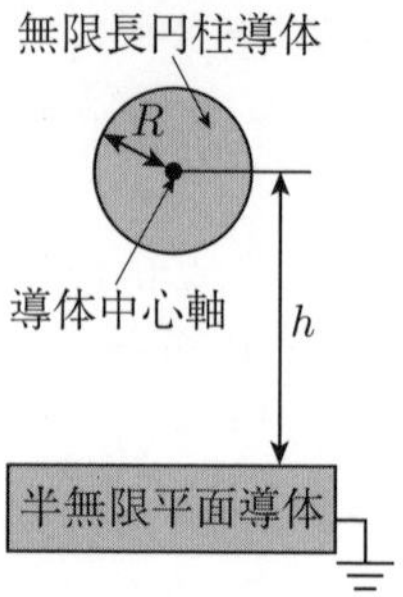

図2.13

□**2.16** 図2.14 に示すように，真空中において，接地された2 枚の無限平面直交導体板がある．それぞれの導体板より a [m] および b [m] の距離にある真空中の点 Q に点電荷 q [C] を置くとき，

(1) 真空中の任意の点 P における電界 $\vec{E}(\mathrm{P})$ を求めよ．

(2) それぞれの導体板の表面上の点における表面電荷密度 $\sigma(\mathrm{P})$ を求めよ．

(3) 点 Q の点電荷に働く力 $\vec{F}(\mathrm{Q})$ を求めよ．

(4) それぞれの導体板の表面上に現れる全電荷量を求めよ．

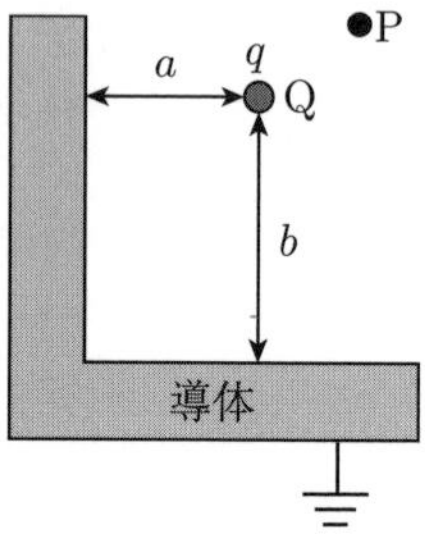

図2.14

□**2.17** 真空中において，半無限平面導体面上に表面電荷密度 σ [C/m^2] で電荷を一様に分布させるとき，導体表面上の任意の点 P を中心とする円を縁とする微小面積 $dS(\mathrm{P})$ [m^2] の部分の電荷に働く力を求めよ．

3　誘電体のある静電界

3.1　電気双極子

誘電体（dielectric material）はその名から材料をイメージすることが難しい．2 章で説明したように，真空中の電荷による静電界は**クーロンの法則**という，一つの法則で表されるために比較的理解が容易であった．しかし，これに誘電体という物質が絡んでくると突然，静電界について理解することが困難になることを経験されたと思う．それは，誘電体そのものがどのようなものであるかという理解が十分でなかったためであると考えられる．しかし，実は誘電体が存在しても何らその働きについては理解の仕方が変わるわけではない．すなわち，誘電体とは真空中における点電荷の集合体として理解するだけでよいのである．真空中の静電界と全く同じなのである．ここで，集合体に課せられる条件は，「正・負の点電荷が等量存在する」のみである．すなわち，固体，液体，気体は一部を除いてこのような条件を満たしている．このような条件は，正と負の点電荷がある距離を隔てて存在する，いわゆる**電気双極子**（electrical dipole）の集合体を考えればよい．例えば，水分子 H_2O は水素が正に帯電し，酸素は負に帯電し，2 個の正電荷 H^+ と 1 個の負電荷 O^{2-} からなり分子全体でみれば電気的に中性であるが，2 個の H^+O^- からなる電気双極子とみなすことができる．岩塩（NaCl, rock salt）のような固体の場合も同様である．外部電界を印加せずとも，物質そのものが生来もっているような電気双極子を**永久双極子**（eternal electric dipole）という．逆に，外部電界を印加して生じる電気双極子もある．

真空中に置かれた電気双極子による静電界について考えてみよう．**図3.1** に示すように，xyz 座標の z 軸上の点 Q_1（$\vec{r}_{Q_1} = (0, 0, \frac{d}{2})$）（$d > 0$), Q_2（$\vec{r}_{Q_2} = (0, 0, -\frac{d}{2})$）にそれぞれ点電荷 q [C], $-q$ が置かれ，電気双極子を形成している．このとき点電荷を除く任意の観測点 P（$\vec{r}_P = (x, y, z)$）における電位 $V(P)$ を求めてみよう．点 P における 2 個の点電荷による電位 $V(P)$ [V] は重ね合わせの原理を用いると，

$$V(P) = \frac{1}{4\pi\varepsilon_0}\frac{q}{|\vec{r}_P - \vec{r}_{Q_1}|} + \frac{1}{4\pi\varepsilon_0}\frac{-q}{|\vec{r}_P - \vec{r}_{Q_2}|}$$

$$= \frac{q}{4\pi\varepsilon_0}\left[\frac{1}{\left\{x^2+y^2+\left(z-\frac{d}{2}\right)^2\right\}^{\frac{1}{2}}} - \frac{1}{\left\{x^2+y^2+\left(z+\frac{d}{2}\right)^2\right\}^{\frac{1}{2}}}\right] \qquad (3.1.1)$$

となる．このままではこれ以上進めないので近似を導入する．点 $P(\vec{r}_P)$ が電気双極子から十分離れているとき（$d \ll (x^2+y^2+z^2)^{\frac{1}{2}}$），$x^2+y^2+z^2 = r_P^2$（$r_P > 0$）として，

$$\frac{1}{\left\{x^2+y^2+\left(z-\frac{d}{2}\right)^2\right\}^{\frac{1}{2}}} = \frac{1}{\left\{x^2+y^2+z^2+\left(\frac{d}{2}\right)^2-zd\right\}^{\frac{1}{2}}} \cong \frac{1}{r_{\mathrm{P}}\left(1-\frac{1}{2}\frac{zd}{r_{\mathrm{P}}^2}\right)}$$

$$\cong \frac{1}{r_{\mathrm{P}}}\left(1+\frac{1}{2}\frac{zd}{r_{\mathrm{P}}^2}\right) \tag{3.1.2}$$

となり，同様にして，

$$\frac{1}{\left\{x^2+y^2+\left(z+\frac{d}{2}\right)^2\right\}^{\frac{1}{2}}} \cong \frac{1}{r_{\mathrm{P}}}\left(1-\frac{1}{2}\frac{zd}{r_{\mathrm{P}}^2}\right) \tag{3.1.3}$$

となるので，(3.1.1)–(3.1.3) 式より，

$$V(\mathrm{P}) \cong \frac{q}{4\pi\varepsilon_0}\frac{1}{r_{\mathrm{P}}}\left\{\left(1+\frac{1}{2}\frac{zd}{r_{\mathrm{P}}^2}\right)-\left(1-\frac{1}{2}\frac{zd}{r_{\mathrm{P}}^2}\right)\right\} = \frac{1}{4\pi\varepsilon_0}\frac{zd}{r_{\mathrm{P}}^3} \tag{3.1.4}$$

となる．ただし，$(x, y, z)\cdot(0, 0, d) = zd$ であるので，(3.1.4) 式は，

$$V(\mathrm{P}) \cong \frac{q}{4\pi\varepsilon_0}\frac{(x,y,z)\cdot(0,0,d)}{r_{\mathrm{P}}^3} = \frac{1}{4\pi\varepsilon_0}\frac{\vec{r}_{\mathrm{P}}\cdot q(0,0,d)}{r_{\mathrm{P}}^3} = \frac{1}{4\pi\varepsilon_0}\frac{\vec{r}_{\mathrm{P}}\cdot\vec{p}}{r_{\mathrm{P}}^3}\ [\mathrm{V}] \tag{3.1.5}$$

となる．(3.1.5) 式の最右辺の形は座標系の取り方に依存しない．$\vec{p}$ は**電気双極子モーメント**（electrical dipole moment）と呼ばれ，大きさは $|q|d$，方向は 2 つの電荷を通る直線，向きは負の電荷から正の電荷に向かうベクトルである．

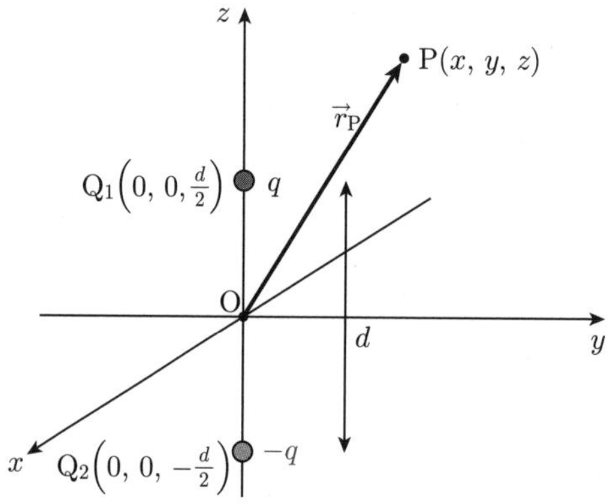

図3.1

例題3.1

真空中において，図3.1 に示す電気双極子の点電荷を除く任意の点 P における電界 $\vec{E}(\mathrm{P})$ を求めよ．

【解答】 図3.1 に示すように空間座標を設定する．z 軸上の点 Q_1（$\vec{r}_{\mathrm{Q}1} = \left(0, 0, \frac{d}{2}\right)$ $(d > 0)$），Q_2（$\vec{r}_{\mathrm{Q}_2} = \left(0, 0, -\frac{d}{2}\right)$）にそれぞれ点電荷 q [C], $-q$ が置かれているので，電界 $\vec{E}(\mathrm{P})$ [V/m] は (3.1.2) 式の近似法を参考にすると，$x^2 + y^2 + z^2 = r_{\mathrm{P}}^2$（$r_{\mathrm{P}} > 0$）として，

$$\vec{E}(\mathrm{P}) = \frac{q}{4\pi\varepsilon_0}\frac{\vec{r}_{\mathrm{P}}-\vec{r}_{\mathrm{Q}_1}}{|\vec{r}_{\mathrm{P}}-\vec{r}_{\mathrm{Q}_1}|^3} + \frac{-q}{4\pi\varepsilon_0}\frac{\vec{r}_{\mathrm{P}}-\vec{r}_{\mathrm{Q}_2}}{|\vec{r}_{\mathrm{P}}-\vec{r}_{\mathrm{Q}_2}|^3}$$

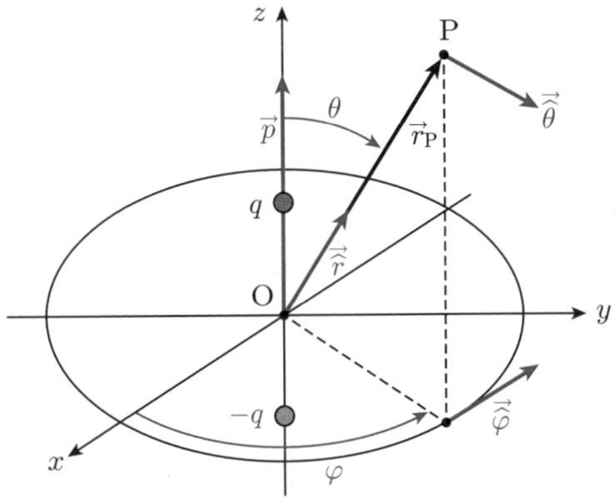

図3.2

$$\cong \frac{q}{4\pi\varepsilon_0}\frac{1}{r_{\mathrm{P}}^3}\left\{\left(x, y, z-\frac{d}{2}\right)\left(1+\frac{3}{2}\frac{zd}{r_{\mathrm{P}}^2}\right)-\left(x, y, z+\frac{d}{2}\right)\left(1-\frac{3}{2}\frac{zd}{r_{\mathrm{P}}^2}\right)\right\}$$

$$= \frac{1}{4\pi\varepsilon_0}\frac{3\vec{r}_{\mathrm{P}}zqd-qd(0,0,1)r_{\mathrm{P}}^2}{r_{\mathrm{P}}^5} = \frac{1}{4\pi\varepsilon_0}\frac{3(\vec{r}_{\mathrm{P}}\cdot\vec{p})\vec{r}_{\mathrm{P}}-r_{\mathrm{P}}^2\vec{p}}{r_{\mathrm{P}}^5}\ [\mathrm{V/m}] \qquad (3.1.6)$$

となる．なお，(3.1.6) 式は電位 $V(\mathrm{P})$ [V] を用いて，$\vec{E}(\mathrm{P}) = -\vec{\nabla}V(\mathrm{P})$ より求めることもできるので，$\vec{E}(\mathrm{P})$ の各成分は，

$$E_x(\mathrm{P}) = E_x(x, y, z) = -\frac{\partial}{\partial x}V(x, y, z) \cong -\frac{p}{4\pi\varepsilon_0}\frac{\partial}{\partial x}\left(\frac{z}{r_{\mathrm{P}}^3}\right) = \frac{p}{4\pi\varepsilon_0}\frac{3xz}{r_{\mathrm{P}}^5} \qquad (3.1.7)$$

$$E_y(\mathrm{P}) \cong -\frac{p}{4\pi\varepsilon_0}\frac{3yz}{r_{\mathrm{P}}^5}, \quad E_z(\mathrm{P}) \cong -\frac{p}{4\pi\varepsilon_0}\left(\frac{3z^2}{r_{\mathrm{P}}^5}-\frac{1}{r_{\mathrm{P}}^5}\right) \qquad (3.1.8)$$

となり，(3.1.7), (3.1.8) 式より (3.1.6) 式が導かれる．(3.1.6) 式で与えられる $\vec{E}(\mathrm{P})$ を $r\theta\varphi$ 球座標における成分で表してみよう．**図3.2** に示すように，空間座標を設定する．球座標の各方向の単位ベクトルをそれぞれ $\vec{\hat{r}}$, $\vec{\hat{\theta}}$, $\vec{\hat{\varphi}}$ とする．まず $\vec{E}(\mathrm{P})$ の $\vec{\hat{r}}$ 方向の成分 $E_r(\mathrm{P})$ は，

$$E_r(\mathrm{P}) = \vec{E}(\mathrm{P})\cdot\vec{\hat{r}} = \frac{q}{4\pi\varepsilon_0}\frac{3(\vec{r}_{\mathrm{P}}\cdot\vec{p})\vec{r}_{\mathrm{P}}\cdot\vec{\hat{r}}-r_{\mathrm{P}}^2\vec{p}\cdot\vec{\hat{r}}}{r_{\mathrm{P}}^5}$$

$$= \frac{q}{4\pi\varepsilon_0}\frac{3r_{\mathrm{P}}^2|\vec{p}|\cos\theta-r_{\mathrm{P}}^2|\vec{p}|\cos\theta}{r_{\mathrm{P}}^5} = \frac{q}{4\pi\varepsilon_0}\frac{2|\vec{p}|\cos\theta}{r_{\mathrm{P}}^3} \qquad (3.1.9)$$

となる．$\vec{\hat{\theta}}$ 方向の成分 $E_\theta(\mathrm{P})$ は，

$$E_\theta(\mathrm{P}) = \vec{E}(\mathrm{P})\cdot\vec{\hat{\theta}} = \frac{q}{4\pi\varepsilon_0}\frac{3(\vec{r}_{\mathrm{P}}\cdot\vec{p})\vec{r}_{\mathrm{P}}\cdot\vec{\hat{\theta}}-r_{\mathrm{P}}^2\vec{p}\cdot\vec{\hat{\theta}}}{r_{\mathrm{P}}^5} = -\frac{q}{4\pi\varepsilon_0}\frac{|\vec{p}|\sin\theta}{r_{\mathrm{P}}^3} \qquad (3.1.10)$$

となる．ただし，$\vec{r}_{\mathrm{P}}\cdot\vec{\hat{\theta}} = \vec{r}_{\mathrm{P}}\cdot(\vec{\hat{r}}\times\vec{\hat{\varphi}}) = 0$ および，

$$\vec{p}\cdot\vec{\hat{\theta}} = |\vec{p}|(0,0,1)\cdot((\sin\theta\cos\varphi, \sin\theta\sin\varphi, \cos\theta)\times(-\sin\varphi, \cos\varphi, 0))$$

$$= |\vec{p}|(0,0,1)\cdot(-\cos\theta\cos\varphi, -\cos\theta\sin\varphi, \sin\theta\cos^2\varphi+\sin\theta\sin^2\varphi)$$

$$= |\vec{p}|\sin\theta$$

を用いた．$\vec{\hat{\varphi}}$ 方向の成分 $E_\varphi(\mathrm{P})$ は，

$$E_\varphi(\mathrm{P}) = \vec{E}(\mathrm{P}) \cdot \vec{\varphi} = \frac{q}{4\pi\varepsilon_0}\frac{3(\vec{r}_\mathrm{P} \cdot \vec{p})\vec{r}_\mathrm{P} \cdot \vec{\varphi} - r_\mathrm{P}^2\vec{p} \cdot \vec{\varphi}}{r_\mathrm{P}^5} = 0 \tag{3.1.11}$$

となる．ただし，

$$\vec{\varphi} = \vec{\theta} \times \vec{r}, \quad \vec{r}_\mathrm{P} \cdot \vec{\varphi} = \vec{r}_\mathrm{P} \cdot (\vec{\theta} \times \vec{r}) = 0$$

$$\vec{p} \cdot \vec{\varphi} = |\vec{p}|\vec{k} \cdot (-\sin\varphi, \cos\varphi, 0) = 0$$

を用いた．$\vec{E}(\mathrm{P})$ を球座標で表すと，(3.1.9)–(3.1.11) 式より，

$$\vec{E}(\mathrm{P}) = \frac{q}{4\pi\varepsilon_0}\frac{|\vec{p}|}{|\vec{r}_\mathrm{P}|^3}(2\cos\theta, -\sin\theta, 0)\ [\mathrm{V/m}] \tag{3.1.12}$$

となる． ■

図3.3 に示すように，電気双極子が複数個存在する場合を考えてみよう．このときは原点 O を電気双極子以外の位置に定めるのが便利である．原点 O からみた電気双極子の位置は，原点 O を始点として，i 番目の電気双極子の 2 個の電荷の中点 Q_i を終点とする位置ベクトル $\vec{r}_{\mathrm{Q}_i}$ で表し，観測点 P を原点 O からみた位置ベクトルを $\vec{r}_\mathrm{P}$ と表すのが便利である．また i 番目の電気双極子モーメントを $\vec{p}_i$ とする．このとき電気双極子が観測点 P に形成する電位 $V(\mathrm{P})$ [V] は (3.1.5) 式に重ね合わせの原理を用いると，

$$V(\mathrm{P}) \cong \sum_{i=1}^{N} \frac{1}{4\pi\varepsilon_0}\frac{(\vec{r}_\mathrm{P} - \vec{r}_{\mathrm{Q}_i}) \cdot \vec{p}_i}{|\vec{r}_\mathrm{P} - \vec{r}_{\mathrm{Q}_i}|^3} \tag{3.1.13}$$

となる．また，電界 $\vec{E}(\mathrm{P})$ [V/m] も (3.1.6) 式より，

$$\vec{E}(\mathrm{P}) = \frac{1}{4\pi\varepsilon_0}\sum_{i=1}^{N}\frac{3(\vec{r}_\mathrm{P} - \vec{r}_{\mathrm{Q}_i})(\vec{r}_\mathrm{P} - \vec{r}_{\mathrm{Q}_i}) \cdot \vec{p}_i - |\vec{r}_\mathrm{P} - \vec{r}_{\mathrm{Q}_i}|^2\vec{p}_i}{|\vec{r}_\mathrm{P} - \vec{r}_{\mathrm{Q}_i}|^5} \tag{3.1.14}$$

となる．

誘電体は無数の電気双極子モーメントの集合体である．したがって N を誘電体中の全電気双極子モーメントの数であるとすれば，(3.1.13), (3.1.14) 式は観測点 P の電位および電界を表すことになる．しかし，N は極めて大きな数字であるために実際に (3.1.13), (3.1.14) 式を計算することはほぼ不可能である．誘電体の大きさと比較して 1 つの電気双極子の大きさが極めて小さい場合には，電気双極子が誘電体中で離散的ではなく連続的に分布しているとみなすことができる．このとき (3.1.14) 式の和を積分に置き換えても不一致はわずかであると考えられる．そこで次のように考える．誘電体内の点 Q に存在す

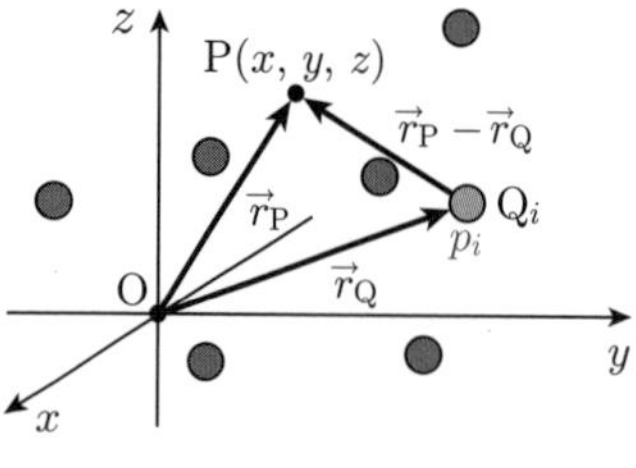

図3.3

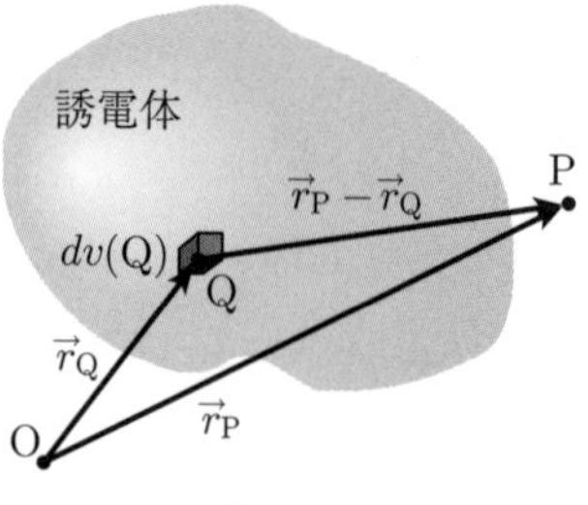

図3.4

る電気双極子モーメント $\vec{p}(\mathrm{Q})$ [C·m] を次の量に置き換える．**図3.4** に示すように，点 Q を含む微小体積要素 $dv(\mathrm{Q})$ [m^3] 内の電気双極子モーメント $d\vec{p}(\mathrm{Q})$ は，

$$d\vec{p}(\mathrm{Q}) = \vec{P}(\mathrm{Q})\,dv(\mathrm{Q})$$

である．この式で定義された $\vec{P}(\mathrm{Q})$ [$\mathrm{C/m^2}$] を点 Q における**分極**（polarization vector）という．$d\vec{p}(\mathrm{Q})$ を (3.1.8) 式に代入して和を体積積分に置き換え，積分範囲を誘電体全体とすると，観測点 P における電位 $V(\mathrm{P})$ は，

$$\begin{aligned} V(\mathrm{P}) &= \iiint_{\text{誘電体}} \frac{1}{4\pi\varepsilon_0} \frac{(\vec{r}_\mathrm{P} - \vec{r}_\mathrm{Q}) \cdot d\vec{p}(\mathrm{Q})}{|\vec{r}_\mathrm{P} - \vec{r}_\mathrm{Q}|^3} \\ &= \frac{1}{4\pi\varepsilon_0} \iiint_{\text{誘電体}} \frac{(\vec{r}_\mathrm{P} - \vec{r}_\mathrm{Q}) \cdot \vec{P}(\mathrm{Q})}{|\vec{r}_\mathrm{P} - \vec{r}_\mathrm{Q}|^3}\,dv(\mathrm{Q}) \end{aligned} \tag{3.1.15}$$

となる．積分に置き換えても電位の計算は極めて困難である．ところで，

$$\begin{aligned} \vec{\nabla}_\mathrm{P} \frac{1}{|\vec{r}_\mathrm{P} - \vec{r}_\mathrm{Q}|} &= \left(\frac{\partial}{\partial x_\mathrm{P}}, \frac{\partial}{\partial y_\mathrm{P}}, \frac{\partial}{\partial z_\mathrm{P}}\right) \frac{1}{|\vec{r}_\mathrm{P} - \vec{r}_\mathrm{Q}|} \\ &= -\frac{\vec{r}_\mathrm{P} - \vec{r}_\mathrm{Q}}{|\vec{r}_\mathrm{P} - \vec{r}_\mathrm{Q}|^3} \end{aligned} \tag{3.1.16}$$

$$\begin{aligned} \vec{\nabla}_\mathrm{Q} \frac{1}{|\vec{r}_\mathrm{P} - \vec{r}_\mathrm{Q}|} &= \left(\frac{\partial}{\partial x_\mathrm{Q}}, \frac{\partial}{\partial y_\mathrm{Q}}, \frac{\partial}{\partial z_\mathrm{Q}}\right) \frac{1}{|\vec{r}_\mathrm{P} - \vec{r}_\mathrm{Q}|} \\ &= +\frac{\vec{r}_\mathrm{P} - \vec{r}_\mathrm{Q}}{|\vec{r}_\mathrm{P} - \vec{r}_\mathrm{Q}|^3} \end{aligned} \tag{3.1.17}$$

である．ただし

$$\vec{r}_\mathrm{P} = (x_\mathrm{P}, y_\mathrm{P}, z_\mathrm{P}), \quad \vec{r}_\mathrm{Q} = (x_\mathrm{Q}, y_\mathrm{Q}, z_\mathrm{Q})$$

である．(3.1.17) 式を (3.1.15) 式に代入すると，

$$V(\mathrm{P}) = \frac{1}{4\pi\varepsilon_0} \iiint_{\text{誘電体}} \vec{P}(\mathrm{Q}) \cdot \vec{\nabla}_\mathrm{Q} \frac{1}{|\vec{r}_\mathrm{P} - \vec{r}_\mathrm{Q}|}\,dv(\mathrm{Q}) \tag{3.1.18}$$

となる．ところで，c をスカラー関数，$\vec{A}$ をベクトル関数とすると，(1.4.5) 式より，

$$\vec{\nabla}_\mathrm{Q} \cdot (c\vec{A}) = \vec{\nabla}c \cdot \vec{A} + c\vec{\nabla} \cdot \vec{A}$$

であるので，

$$c = \frac{1}{|\vec{r}_\mathrm{P} - \vec{r}_\mathrm{Q}|}, \quad \vec{A} = \vec{P}(\mathrm{Q}), \quad \vec{\nabla} = \vec{\nabla}_\mathrm{Q}$$

とすると，(3.1.18) 式は，

$$V(\mathrm{P}) = \frac{1}{4\pi\varepsilon_0} \iiint_{\text{誘電体}} \left\{ \vec{\nabla}_\mathrm{Q} \cdot \left(\frac{\vec{P}(\mathrm{Q})}{|\vec{r}_\mathrm{P} - \vec{r}_\mathrm{Q}|} \right) - \frac{\vec{\nabla}_\mathrm{Q} \cdot \vec{P}(\mathrm{Q})}{|\vec{r}_\mathrm{P} - \vec{r}_\mathrm{Q}|} \right\} dv(\mathrm{Q}) \tag{3.1.19}$$

となる．もし誘電体中で $\vec{P}(\mathrm{Q})$ が一様であれば

$$\vec{\nabla}_\mathrm{Q} \cdot \vec{P}(\mathrm{Q}) = 0$$

であり，(3.1.19) 式は，

$$V(\mathrm{P}) = \frac{1}{4\pi\varepsilon_0} \iiint_{\text{誘電体}} \vec{\nabla}_\mathrm{Q} \cdot \left(\frac{\vec{P}(\mathrm{Q})}{|\vec{r}_\mathrm{P} - \vec{r}_\mathrm{Q}|} \right) dv(\mathrm{Q}) \tag{3.1.20}$$

となる．一方，ガウスの定理より，(3.1.20) 式は，

$$V(\mathrm{P}) = \frac{1}{4\pi\varepsilon_0} \oiint_{\text{誘電体表面}} \frac{\vec{P}(\mathrm{Q})}{|\vec{r}_\mathrm{P} - \vec{r}_\mathrm{Q}|} \cdot d\vec{S}(\mathrm{Q}) \tag{3.1.21}$$

となる．**図3.5** に示すように，(3.1.21) 式の右辺の点 Q は誘電体表面上の点であり，

$d\vec{S}(\mathrm{Q})$ は点 Q における面に垂直で外向きの微小面積ベクトルである．(3.1.21) 式により，誘電体中で $\vec{P}(\mathrm{Q})$ が場所によらず一定であれば，誘電体表面上の面積分に置き換えることができ，電位の計算が極めて簡素化される．ここで，

$$\vec{P}(\mathrm{Q}) \cdot \vec{n}(\mathrm{Q}) = \sigma(\mathrm{Q}) \tag{3.1.22}$$

として $\sigma(\mathrm{Q})$ を定義すると，$\sigma(\mathrm{Q})$ は点 Q における表面電荷密度を表すことが分かる．ただし $\vec{n}(\mathrm{Q})$ は点 Q における外向きの単位法線ベクトルであり $d\vec{S} = dS\vec{n}(\mathrm{Q})$ である．$\vec{P}(\mathrm{Q})$ は誘電体表面において電気双極子の片方の電荷がむき出しになっている．他方の電荷とこの電荷を通る直線は $\vec{P}(\mathrm{Q})$ と同じ方向であり，符号は $\vec{P}(\mathrm{Q})$ が外向きであれば正，内向きであれば負である．ただし，$\vec{P}(\mathrm{Q})$ は一般的に面に対して傾いている．したがって，表面に現れる正味の電荷は面の単位法線ベクトルとの内積で表されることになる．例えば $\vec{P}(\mathrm{Q})$ が面に平行であれば正・負の電荷が相殺されて正味の電荷は現れない．(3.1.22) 式を (3.1.21) 式に代入すると，

$$V(\mathrm{P}) = \frac{1}{4\pi\varepsilon_0} \oiint_{\text{誘電体表面}} \frac{\sigma(\mathrm{Q})}{|\vec{r}_\mathrm{P} - \vec{r}_\mathrm{Q}|} \, dS(\mathrm{Q}) \tag{3.1.23}$$

となる．電界 $\vec{E}(\mathrm{P})$ は (3.1.14) 式より，

$$\begin{aligned}
\vec{E}(\mathrm{P}) &= \frac{1}{4\pi\varepsilon_0} \iiint_{\text{誘電体}} \frac{3\vec{P}(\mathrm{Q})\,dv(\mathrm{Q}) \cdot (\vec{r}_\mathrm{P} - \vec{r}_\mathrm{Q})(\vec{r}_\mathrm{P} - \vec{r}_\mathrm{Q}) - \vec{P}(\mathrm{Q})\,dv(\mathrm{Q})|\vec{r}_\mathrm{P} - \vec{r}_\mathrm{Q}|^2}{|\vec{r}_\mathrm{P} - \vec{r}_\mathrm{Q}|^5} \\
&= \frac{1}{4\pi\varepsilon_0} \iiint_{\text{誘電体}} \frac{3\vec{P}(\mathrm{Q}) \cdot (\vec{r}_\mathrm{P} - \vec{r}_\mathrm{Q})(\vec{r}_\mathrm{P} - \vec{r}_\mathrm{Q}) - \vec{P}(\mathrm{Q})|\vec{r}_\mathrm{P} - \vec{r}_\mathrm{Q}|^2}{|\vec{r}_\mathrm{P} - \vec{r}_\mathrm{Q}|^5} \, dv(\mathrm{Q})
\end{aligned}$$

となるが，これ以上の計算は困難である．ところで，(3.1.16), (3.1.23) 式より

$$\begin{aligned}
\vec{E}(\mathrm{P}) = -\vec{\nabla}_\mathrm{P} V(\mathrm{P}) &= -\vec{\nabla}_\mathrm{P} \left(\frac{1}{4\pi\varepsilon_0} \oiint_{\text{誘電体表面}} \frac{\sigma(\mathrm{Q})}{|\vec{r}_\mathrm{P} - \vec{r}_\mathrm{Q}|} \, dS(\mathrm{Q}) \right) \\
&= -\frac{1}{4\pi\varepsilon_0} \oiint_{\text{誘電体表面}} \vec{\nabla}_\mathrm{P} \left(\frac{\sigma(\mathrm{Q})}{|\vec{r}_\mathrm{P} - \vec{r}_\mathrm{Q}|} \right) dS(\mathrm{Q}) \\
&= \frac{1}{4\pi\varepsilon_0} \oiint_{\text{誘電体表面}} \sigma(\mathrm{Q}) \frac{(\vec{r}_\mathrm{P} - \vec{r}_\mathrm{Q})}{|\vec{r}_\mathrm{P} - \vec{r}_\mathrm{Q}|^3} \, dS(\mathrm{Q})
\end{aligned} \tag{3.1.24}$$

となるので，電界 $\vec{E}(\mathrm{P})$ も表面電荷密度のみから算出可能であることが分かる．以上より，誘電体内で $\vec{P}(\mathrm{Q})$ が一様であれば，電位 $V(\mathrm{P})$ および電界 $\vec{E}(\mathrm{P})$ もそれぞれ (3.1.23), (3.1.24) 式より求められる．

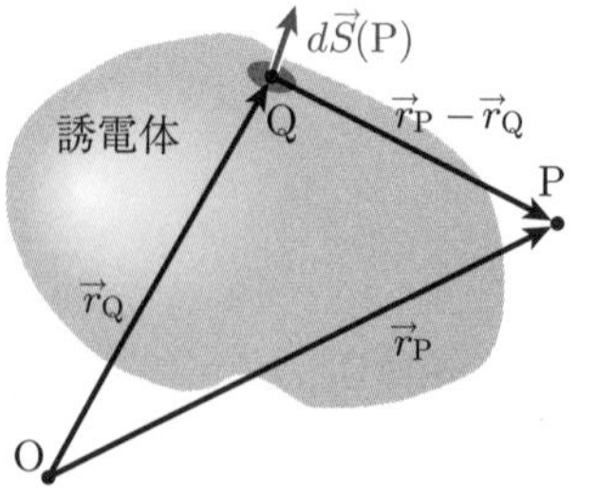

図3.5

3.2 巨視電界

誘電体に外部電界 $\vec{E}_{\rm ext}$ [V/m] を印加した場合を考える．まず，誘電体が電気双極子の離散的な集合体であるが，近似として連続的であると考える．このとき，誘電体内の電界は**巨視電界**あるいは**巨視電界の強さ**（macroscopic electric field strength）（以後，巨視電界という）と呼ばれる．簡単化のために，外部電界を印加する前は電気双極子モーメントは無秩序な方向・向きを向いているとすると，分極 $\vec{P}$ は $\vec{P}=\vec{0}$ [C/m^2] である．電気双極子モーメント $\vec{p}$ [C·m] に一様な外部電界 $\vec{E}_{\rm ext}$ を印加した場合を考えてみよう．**図3.6** に示すように，電気双極子の中点を原点 O とする空間座標系を設定する．電気双極子を形成する大きさが等しく符号が逆である距離 d [m] 離れた 2 個の点電荷に対して $\vec{E}_{\rm ext}$ によりクーロン力が働く．正，負の点電荷に働くクーロン力をそれぞれ $\vec{F}_+$ [N], $\vec{F}_-$ とする．各クーロン力は大きさが等しく方向が $\vec{E}_{\rm ext}$ と同じであるが，$\vec{F}_+$ は $\vec{E}_{\rm ext}$ と向きが同じで $\vec{F}_+=q\vec{E}_{\rm ext}$，$\vec{F}_-$ は逆向きで $\vec{F}_-=-q\vec{E}_{\rm ext}$ となるため，原点 O を中心として，$\vec{E}_{\rm ext}$ および $\vec{p}$ を含む平面上で回転運動を行う．これを $\vec{p}$ に $\vec{E}_{\rm ext}$ により**トルク**（torque）が働くという．いま $\vec{p}$ が $-d\theta$ [rad] だけ回転したとする．そのときそれぞれの点電荷は中点 O を中心とする半径 $\frac{d}{2}$ [m] の円の円周に沿って $-\frac{d}{2}\,d\theta$ だけ変位するので，$\vec{E}_{\rm ext}$ がなす仕事 dW [J] は，

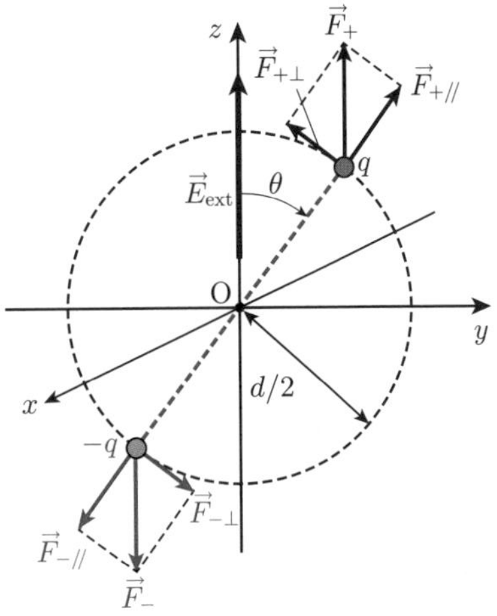

図3.6

$$
\begin{aligned}
dW &= -\left(-\frac{d}{2}\,d\theta\,\vec{\hat{\theta}}_+\cdot\vec{F}_+ - \frac{d}{2}\,d\theta\,\vec{\hat{\theta}}_-\cdot\vec{F}_-\right)\\
&= dqs|\vec{E}_{\rm ext}|\sin\theta\,d\theta\\
&= |\vec{p}||\vec{E}_{\rm ext}|\sin\theta\,d\theta
\end{aligned}
$$

となる．ただし $\vec{\hat{\theta}}_+$ および $\vec{\hat{\theta}}_-$ はそれぞれ正および負の点電荷の位置での θ 軸方向の単位ベクトルである．したがって θ が θ_1 から θ_2 にまで回転すると $\vec{E}_{\rm ext}$ がなす仕事 W は，

$$
\begin{aligned}
W &= \int_{\theta=\theta_1}^{\theta_2}|\vec{p}||\vec{E}_{\rm ext}|\sin\theta\,d\theta = -|\vec{p}||\vec{E}_{\rm ext}|[\cos\theta]_{\theta=\theta_1}^{\theta_2}\\
&= -\vec{p}_2\cdot\vec{E}_{\rm ext}+\vec{p}_1\cdot\vec{E}_{\rm ext} \qquad (3.2.1)
\end{aligned}
$$

となる．ただし $\vec{p}_1$ および $\vec{p}_2$ は θ がそれぞれ θ_1 および θ_2 のときの $\vec{p}$ である．W は θ が 0 rad のとき負の最も大きい値になるはずであるが，実際の場合，電気双極子は熱的エネルギーによっても回転しており，$\vec{E}_{\rm ext}$ により $\vec{p}$ を同じ向きにそろえる力は働くのであるが，熱運動により妨げられるので，ある θ で平均的に平衡状態になり，それが θ_2

に相当する．$\vec{E}_{\rm ext}$ の強さが強くなると θ は $0\,{\rm rad}$ に近づき，W の大きさは大きくなる．$\vec{E}_{\rm ext}$ がなす仕事は電気双極子 $\vec{p}$ に蓄えられ，$\vec{p}$ の**ポテンシャルエネルギー**（potential energy）になる．電気双極子の集合体である誘電体も外部電界中に置くと各電気双極子を同じ向きにそろえる力が働き，それにより電気双極子が運動をすればそのエネルギーはポテンシャルエネルギーとして誘電体に蓄えられる．

電気双極子モーメントにトルクが働き $\vec{E}_{\rm ext}$ と同じ方向・向きになろうとする．このとき，$\vec{P}$ も $\vec{E}_{\rm ext}$ と同じ方向・向きになろうとする．そうすると，**図3.7** に示すように，誘電体の左側の表面に負の電荷が現れ，右側には正の電荷が現れ，その表面電荷密度は $\vec{P}\cdot\vec{n}$ $[{\rm C/m^2}]$ で与えられる．この表面電荷は例題 2.4 にも述べたように電界 $\vec{E}_1({\rm P})$ を形成する．この電界の向きは表面に現れる電荷の符号から $\vec{E}_{\rm ext}$ とは方向が同じで向きが逆になることが分かる．その意味で $\vec{E}_1({\rm P})$ は**反分極電界**あるいは**反電界の強さ**（depolarization electric field strength）（以後，反電界という）と呼ばれる．そのとき，誘電体内の表面を除く任意の点における巨視電界 $\vec{E}({\rm P})$ は $\vec{E}_{\rm ext}$ と $\vec{E}_1({\rm P})$ を重ね合わせたものとなり，

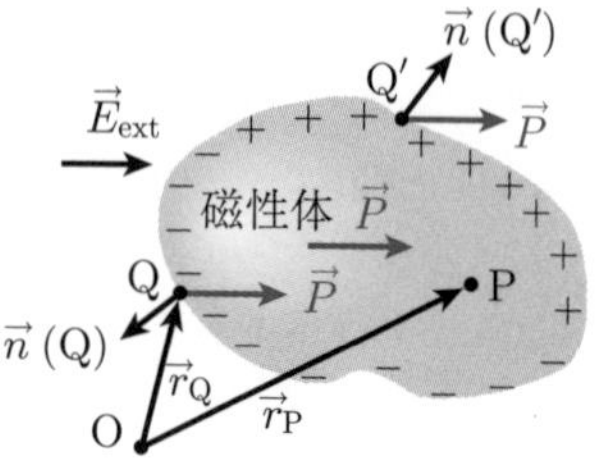

図3.7

$$\vec{E}({\rm P}) = \vec{E}_{\rm ext} + \vec{E}_1({\rm P}) \tag{3.2.2}$$

である．重要なのは，誘電体中の電気双極子を形成する電荷は，$\vec{E}_{\rm ext}$ ではなくこの巨視電界 $\vec{E}({\rm P})$ を正味感じているのである．一般的に $\vec{E}({\rm P})$ の大きさは $\vec{E}_{\rm ext}$ よりも小さくなる．

巨視電界 $\vec{E}({\rm P})$ の解析的な解が得られる例は極めて少ない．その場合でも，$\vec{E}_{\rm ext}$ は一様であり，また誘電体内で分極が一様であるという条件はつく．比較的容易に解が得られる例を示すと，

1. 球状誘電体（誘電体球）
2. 無限の長さと一様な直径を持つ円柱状誘電体（誘電体円柱）
3. 無限の広さを一様な厚さを持つ板状誘電体（誘電体平板）

である．

まず **図3.8** に示すように，$\vec{E}_{\rm ext}$ により誘電体球に一様に分極した半径 a [m] の球状誘電体の中心に点 P がある場合の $\vec{E}({\rm P})$ を求めてみよう．誘電体が球であるので，**図3.9** に示すように，$r\theta\varphi$ 球座標を導入するのが適切である．まず球の中心にある点 P における反電界 $\vec{E}_1({\rm P})$ を求めてみよう．誘電体球内で分極が一様であるので，(3.1.24) 式を用いることができる．点 P は $\vec{r}({\rm P}) = (x, y, z) = (0, 0, 0)$ であり，点 Q は

$$\vec{r}({\rm Q}) = (x_{\rm Q}, y_{\rm Q}, z_{\rm Q}) = (a\sin\theta\cos\varphi, a\sin\theta\sin\varphi, a\cos\theta)$$

であるので，$|\vec{r}({\rm P}) - \vec{r}({\rm Q})| = a$ であり，また，$\sigma({\rm Q}) = \vec{P}({\rm Q})\cdot\vec{n}({\rm Q})$ である．ただし $\vec{n}({\rm Q}) = (\sin\theta\cos\varphi, \sin\theta\sin\varphi, \cos\theta)$ は点 Q における外向きの単位法線ベクトルであ

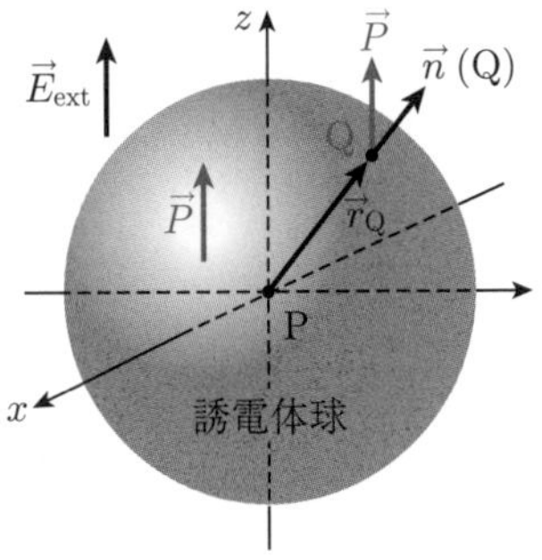

図3.8

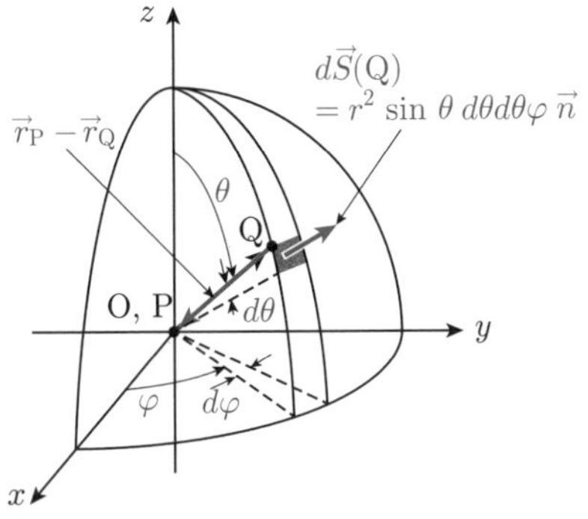

図3.9

り，$\vec{P}(\mathrm{Q}) = (0, 0, P)$ であるので，

$$\sigma(\mathrm{Q}) = (0, 0, P) \cdot (\sin\theta\cos\varphi, \sin\theta\sin\varphi, \cos\theta) = P\cos\theta$$

となる．$dS(\mathrm{Q})$ は**図3.9** に示すように，

$$dS(\mathrm{Q}) = a\,d\theta\, a\sin\theta\, d\varphi = a^2 \sin\theta\, d\theta d\varphi$$

である．ただし $0 \leq \theta \leq \pi$, $0 \leq \varphi \leq 2\pi$ である．以上より，(3.1.24) 式は，

$$\begin{aligned}\vec{E}_1(\mathrm{P}) &= \tfrac{1}{4\pi\varepsilon_0} \oiint_{\text{誘電体球表面}} \sigma(\mathrm{Q}) \tfrac{(\vec{r}_{\mathrm{P}} - \vec{r}_{\mathrm{Q}})}{|\vec{r}_{\mathrm{P}} - \vec{r}_{\mathrm{Q}}|^3}\, dS(\mathrm{Q}) \\ &= \tfrac{1}{4\pi\varepsilon_0} \int_{\theta=0}^{\pi} \int_{\varphi=0}^{2\pi} P\cos\theta \tfrac{(-a\sin\theta\cos\varphi, -a\sin\theta\sin\varphi, -a\cos\theta)}{a^3}\, a^2 \sin\theta\, d\theta d\varphi \end{aligned} \tag{3.2.3}$$

となる．$\vec{E}_1(\mathrm{P})$ の x 成分 E_{1x} は，(3.2.3) 式より，

$$\begin{aligned} E_{1x} &= -\tfrac{1}{4\pi\varepsilon_0} P \int_{\theta=0}^{\pi} \int_{\varphi=0}^{2\pi} \cos\theta\sin^2\theta\cos\varphi\, d\theta d\varphi \\ &= -\tfrac{1}{4\pi\varepsilon_0} P \int_0^{\pi} \cos\theta\sin^2\theta\, d\theta \int_0^{2\pi} \cos\varphi\, d\varphi = 0\,[\mathrm{V/m}] \end{aligned} \tag{3.2.4}$$

となり，y 成分 E_{1y} も同様に $0\,\mathrm{V/m}$ となる．z 成分 E_{1z} は，

$$\begin{aligned} E_{1z} &= -\tfrac{1}{4\pi\varepsilon_0} P \int_{\theta=0}^{\pi} \int_{\varphi=0}^{2\pi} \cos^2\theta\sin\theta\, d\theta d\varphi = -\tfrac{1}{4\pi\varepsilon_0} P \int_0^{\pi} \cos^2\theta\sin\theta\, d\theta \int_0^{2\pi} d\varphi \\ &= -\tfrac{1}{4\pi\varepsilon_0} P 2\pi \int_0^{\pi} \cos^2\theta\sin\theta\, d\theta = \tfrac{1}{2\varepsilon_0} P \int_0^{\pi} \cos^2\theta\, d(\cos\theta) \\ &= \tfrac{1}{2\varepsilon_0} P \int_1^{-1} t^2\, dt = \tfrac{1}{3\varepsilon_0} P \end{aligned} \tag{3.2.5}$$

となる．$E_{1y} = 0\,[\mathrm{V/m}]$, (3.2.4), (3.2.5) 式より，

$$\vec{E}_1(\mathrm{P}) = \left(0, 0, -\tfrac{P}{3\varepsilon_0}\right) = -\tfrac{\vec{P}}{3\varepsilon_0} \tag{3.2.6}$$

となるので，誘電体球の中心における巨視電界 $\vec{E}(\mathrm{P})$ は，(3.2.1), (3.2.6) 式より，

$$\vec{E}(\mathrm{P}) = \vec{E}_{\mathrm{ext}} + \vec{E}_1(\mathrm{P}) = \vec{E}_{\mathrm{ext}} - \tfrac{\vec{P}}{3\varepsilon_0}\,[\mathrm{V/m}] \tag{3.2.7}$$

となる．$\vec{E}_{\mathrm{ext}}$ と $\vec{P}$ は同じ向きであるので $\vec{E}(\mathrm{P})$ の大きさは $\vec{E}_{\mathrm{ext}}$ よりも小さくなる．

例題3.2

図3.10 に示すように，真空中において，半径 a [m] の誘電体球が一様な外部電界 $\vec{E}_{\mathrm{ext}}$ [V/m] に置かれ，分極 $\vec{P}$ [C/m^2] で一様に分極しているとき，誘電体球の中心を通り $\vec{E}_{\mathrm{ext}}$ に平行な軸上の任意の点 P における巨視電界 $\vec{E}(\mathrm{P})$ を求めよ．

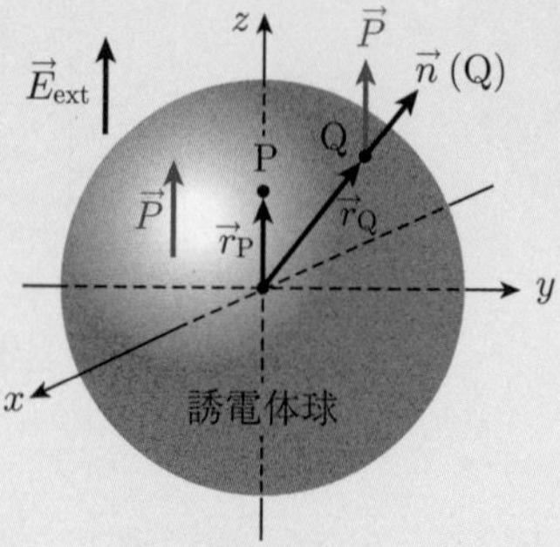

図3.10

【解答】 図3.10 に示すように空間座標を設定する．(3.1.24) 式を用いる．点 P の位置を $\vec{r}_{\mathrm{P}} = (0, 0, z)$ $(z > 0)$ とし，点 Q は $\vec{r}_{\mathrm{Q}} = (a\sin\theta\cos\varphi, a\sin\theta\sin\varphi, a\cos\theta)$ であり，$|\vec{r}_{\mathrm{P}} - \vec{r}_{\mathrm{Q}}| = (a^2 + z^2 - 2az\cos\theta)^{\frac{1}{2}}$ となる．また，$\sigma(\mathrm{Q}) = P\cos\theta$, $dS(\mathrm{Q}) = a^2\sin\theta\,d\theta d\varphi$, $0 \le \theta \le \pi$, $0 \le \varphi \le 2\pi$ である．誘電体球内の任意の点 P における反電界 $\vec{E}_1(\mathrm{P})$ は (3.1.24) 式より，

$$\vec{E}_1(\mathrm{P}) = \frac{1}{4\pi\varepsilon_0}\int_{\theta=0}^{\pi}\int_{\varphi=0}^{2\pi} P\cos\theta\frac{(-a\sin\theta\cos\varphi, -a\sin\theta\sin\varphi, z-a\cos\theta)}{(a^2+z^2-2az\cos\theta)^{\frac{3}{2}}}a^2\sin\theta\,d\theta d\varphi \tag{3.2.8}$$

となる．$\vec{E}_1(\mathrm{P})$ の x, y 成分は φ に関して積分すると 0 V/m になる．z 成分 $E_{1z}(\mathrm{P})$ は，

$$\begin{aligned} E_{1z}(\mathrm{P}) &= \frac{1}{4\pi\varepsilon_0}Pa^2\int_{\theta=0}^{\pi}\int_{\varphi=0}^{2\pi}\frac{\cos\theta(z-a\cos\theta)}{(a^2+z^2-2az\cos\theta)^{\frac{3}{2}}}\sin\theta\,d\theta d\varphi \\ &= \frac{1}{4\pi\varepsilon_0}Pa^2 2\pi\left\{z\int_0^{\pi}\frac{\cos\theta\sin\theta}{(a^2+z^2-2az\cos\theta)^{\frac{3}{2}}}d\theta - a\int_0^{\pi}\frac{\cos^2\theta\sin\theta}{(a^2+z^2-2az\cos\theta)^{\frac{3}{2}}}d\theta\right\} \end{aligned} \tag{3.2.9}$$

となる．付録公式 6, 7 より，(3.2.9) 式の右辺の括弧内は，$0 \le z < a$ を考慮すると，

$$\begin{aligned} &z\int_0^{\pi}\frac{\cos\theta\sin\theta}{(a^2+z^2-2za\cos\theta)^{\frac{3}{2}}}d\theta - a\int_0^{\pi}\frac{\cos^2\theta\sin\theta}{(a^2+z^2-2za\cos\theta)^{\frac{3}{2}}}d\theta \\ &= z\left(\frac{2}{z}\frac{1}{a^2-z^2} - \frac{2}{a^2z}\right) - a\left(\frac{1}{a}\frac{2}{a^2-z^2} - \frac{4}{3}\frac{1}{a^3}\right) = -\frac{2}{3a^2} \end{aligned} \tag{3.2.10}$$

となる．したがって，$E_{1z}(\mathrm{P})$ は (3.2.9), (3.2.10) 式より，

$$E_{1z}(\mathrm{P}) = -\frac{1}{4\pi\varepsilon_0}2\pi Pa^2\frac{2}{3a^2} = -\frac{P}{3\varepsilon_0} \tag{3.2.11}$$

となる．以上より，誘電体球内の中心軸上の点における巨視電界 $\vec{E}(\mathrm{P})$ は $\vec{E}_1(\mathrm{P})$ の x, y 成分が 0 V/m であること，および (3.2.11) 式より，

$$\vec{E}(\mathrm{P}) = \vec{E}_{\mathrm{ext}} + \vec{E}_1(\mathrm{P}) = \vec{E}_{\mathrm{ext}} - \frac{\vec{P}}{3\varepsilon_0}\ [\mathrm{V/m}] \tag{3.2.12}$$

となる．すなわち，巨視電界は外部電界よりも大きさが小さくなる． ■

例題3.3

図3.11 に示すように，真空中において，半径 a [m] の誘電体球が置かれ，一様な外部電界 $\vec{E}_{\mathrm{ext}}$ により分極 $\vec{P}$ で一様に分極しているとき，誘電球内の任意の点 P における巨視電界 $\vec{E}(\mathrm{P})$ を求めよ．

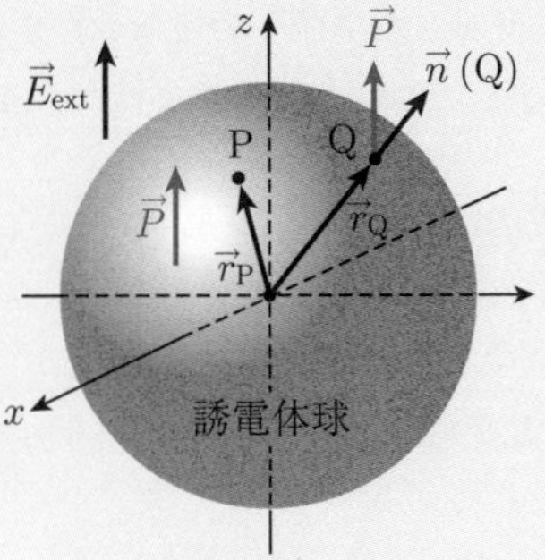

図3.11

【解答】　図3.11 に示すように空間座標を設定する．点 P は誘電体内の任意の点であるが，球対称性により xz 平面上にあるとしても一般性は失われないので $\vec{r}_{\mathrm{P}} = (x, 0, z)$ とする．点 Q は例題 3.2 と同様である．したがって，$|\vec{r}_{\mathrm{P}} - \vec{r}_{\mathrm{Q}}| = (a^2 + x^2 + z^2 - 2ax\sin\theta\cos\varphi - 2az\cos\theta)^{\frac{1}{2}}$ となるので，例題 3.2 を参考にすると $\vec{E}_1(\mathrm{P})$ は，(3.2.8) 式より，

$$\vec{E}_1(\mathrm{P}) = \frac{1}{4\pi\varepsilon_0}\int_{\theta=0}^{\pi}\int_{\varphi=0}^{2\pi} P\cos\theta\frac{(x-a\sin\theta\cos\varphi, -a\sin\theta\sin\varphi, z-a\cos\theta)}{(a^2+x^2+z^2-2ax\sin\theta\cos\varphi-2az\cos\theta)^{\frac{3}{2}}}a^2\sin\theta\, d\theta d\varphi$$

となるが，この積分は実行不可能である．そこで近似を導入する．図3.12 に示すように分極 $\vec{P}$ [C/m^2] を，N 個の正点電荷 q [C] が 3 次元的に等間隔で一様に分布した半径 a [m] の球と，N 個の負電荷 $-q$ が正の電荷と同じ位置に分布した半径 a の球をそれぞれの中心 O_+ と O_- が $\left(0, 0, \frac{d}{2}\right)$ と $\left(0, 0, -\frac{d}{2}\right)$（$d \ll a$）となるようにして重ね合わせ

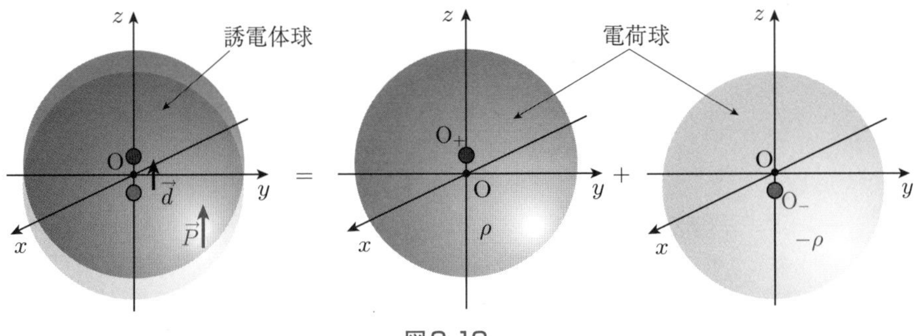

図3.12

て形成することにする．それぞれの電荷球が球内の点 P（$\vec{r}_{\mathrm{P}} = (x, y, z)$）に形成する電界 $\vec{E}_{1+}(\mathrm{P})$ および $\vec{E}_{1-}(\mathrm{P})$ を求めて重ね合わせれば，球内の N 個の電気双極子モーメント $\vec{p} = q\vec{d} = q(0, 0, d)$ [C·m] が点 P に形成する電界 $\vec{E}_1(\mathrm{P})$ が求められる．ただし，実際に計算することは不可能なので，さらに近似を導入する．$\vec{E}_{1+}(\mathrm{P})$ は体積電荷密度 $\rho\,[\mathrm{C/m^3}] > 0$ で一様に分布した半径 a の電荷球によるものとし，$\vec{E}_{1-}(\mathrm{P})$ は負の電荷が体積電荷密度 $-\rho < 0$ で一様に分布した半径 a の電荷球によるものとして，両者を重ね合わせて $\vec{E}_1(\mathrm{P})$ を求めることにする．$\vec{E}_{1+}(\mathrm{P})$ は章末問題 2.3 の解答の (A.2.21) 式より，

$$\vec{E}_{1+}(\mathrm{P}) = \tfrac{\rho}{3\varepsilon_0}\vec{r}_{\mathrm{P}+} \tag{3.2.13}$$

となる．ただし $\vec{r}_{\mathrm{P}+}$ は正の電荷球の中心 O_+ からみた点 P の位置ベクトルである．また $\vec{E}_{1-}(\mathrm{P})$ は，

$$\vec{E}_{1-}(\mathrm{P}) = \tfrac{\rho}{3\varepsilon_0}\vec{r}_{\mathrm{P}-} \tag{3.2.14}$$

となる．ただし $\vec{r}_{\mathrm{P}-}$ は負の電荷球の中心 O_- からみた点 P の位置ベクトルである．$\vec{E}_1(\mathrm{P})$ は (3.2.13), (3.2.14) 式より，

$$\begin{aligned}\vec{E}_1(\mathrm{P}) &= \vec{E}_{1+}(\mathrm{P}) + \vec{E}_{1-}(\mathrm{P}) = \tfrac{\rho}{3\varepsilon_0}\vec{r}_{P+} + \tfrac{-\rho}{3\varepsilon_0}\vec{r}_{\mathrm{P}-} \\ &= \tfrac{\rho}{3\varepsilon_0}(\vec{r}_{P+} - \vec{r}_{P-}) \\ &= \tfrac{\rho}{3\varepsilon_0}\vec{d}\end{aligned} \tag{3.2.15}$$

となる．ただし $\rho = \frac{Nq}{\frac{4}{3}\pi a^3}$ であり，分極 $\vec{P}$ は，

$$\vec{P} = \tfrac{N\vec{p}}{\frac{4}{3}\pi a^3} = \tfrac{Nq\vec{d}}{\frac{4}{3}\pi a^3} = \rho\vec{d} \tag{3.2.16}$$

である．したがって，(3.2.15), (3.2.16) 式より，

$$\vec{E}_1(\mathrm{P}) \cong \tfrac{\vec{P}}{3\varepsilon_0} \tag{3.2.17}$$

となる．通常 d は原子間距離程度であり，1 nm 以下であるので，半径 a は 1 mm であったとしても d は a と比較して非常に小さいので (3.2.17) 式で与えられる電界は分極 $\vec{P}$ の誘電体球によるものとしても実用上は差し支えない．以上より，近似的ではあるが，誘電体球の任意の点における電界は場所に依存しないことが分かる．以上より，誘電体内の中心における巨視電界 $\vec{E}(\mathrm{P})$ は近似的に，

$$\begin{aligned}\vec{E}(\mathrm{P}) &= \vec{E}_{\mathrm{ext}} + \vec{E}_1(\mathrm{P}) \\ &\cong \vec{E}_{\mathrm{ext}} - \tfrac{\vec{P}}{3\varepsilon_0}\,[\mathrm{V/m}]\end{aligned} \tag{3.2.18}$$

となる． ■

外部電界 $\vec{E}_{\mathrm{ext}}$ [V/m] による分極が誘電体内で一様であるときの誘電体球の場合の巨視電界が求められた．誘電体円柱，誘電体平板の場合は，章末問題 3.1–3.3 の解答に示されているように，誘電体球と同様に反電界は誘電体内で一様になり，誘電体円柱の場合，$\vec{E}_{\mathrm{ext}}$ が中心軸と平行，垂直な場合それぞれ，

$$\vec{E}(\mathrm{P}) = \vec{E}_{\mathrm{ext}}, \quad \vec{E}(\mathrm{P}) = \vec{E}_{\mathrm{ext}} - \tfrac{\vec{P}}{2\varepsilon_0} \tag{3.2.19}$$

となり，誘電体平板の場合，$\vec{E}_{\mathrm{ext}}$ が平板面と平行，垂直な場合それぞれ，

$$\vec{E}(\mathrm{P}) = \vec{E}_{\mathrm{ext}}, \quad \vec{E}(\mathrm{P}) = \vec{E}_{\mathrm{ext}} - \frac{\vec{P}}{\varepsilon_0} \tag{3.2.20}$$

となる．以上，$\vec{E}_{\mathrm{ext}}$ が誘電体の幾何学的形状に対して特殊な方向の場合について求めた．これら以外の場合には，$\vec{E}_{\mathrm{ext}}$ を各座標軸方向の成分に分けて巨視電界を求め，それらを重ね合わせることにより求められる．

次に $\vec{E}_{\mathrm{ext}}$ が誘電体に対して任意の方向であるときを考えてみよう．

$$\vec{E}_{\mathrm{ext}} = (E_{\mathrm{ext}\,x}, E_{\mathrm{ext}\,y}, E_{\mathrm{ext}\,z})$$

とし，これに応じて $\vec{P} = (P_x, P_y, P_z)$ [C/m^2] とする．**図3.11** に示すように空間座標を設定する．そのとき，(3.2.17) 式より，$\vec{E}_1(\mathrm{P})$ は，

$$\begin{aligned}\vec{E}_1(\mathrm{P}) &= (E_{1x}(\mathrm{P}), E_{1y}(\mathrm{P}), E_{1z}(\mathrm{P})) \\ &= -\frac{1}{\varepsilon_0}\left(\frac{1}{3}P_x, \frac{1}{3}P_y, \frac{1}{3}P_z\right) = -\frac{1}{\varepsilon_0}\vec{P}\begin{pmatrix} \frac{1}{3} & 0 & 0 \\ 0 & \frac{1}{3} & 0 \\ 0 & 0 & \frac{1}{3}\end{pmatrix}\end{aligned} \tag{3.2.21}$$

となる．同様にして，誘電体円柱の場合には，(3.2.19) 式より，

$$\begin{aligned}\vec{E}_1(\mathrm{P}) &= \left(-\frac{1}{2\varepsilon_0}P_x, -\frac{1}{2\varepsilon_0}P_x, 0 \times P_x\right) \\ &= -\frac{1}{\varepsilon_0}\left(\frac{1}{2}P_x, \frac{1}{2}P_x, 0 \times P_x\right) = \frac{1}{\varepsilon_0}\vec{P}\begin{pmatrix} \frac{1}{2} & 0 & 0 \\ 0 & \frac{1}{2} & 0 \\ 0 & 0 & 0\end{pmatrix}\end{aligned} \tag{3.2.22}$$

誘電体平板の場合には，(3.2.20) 式より，

$$\vec{E}_1(\mathrm{P}) = -\frac{1}{\varepsilon_0}(0 \times P_x, 0 \times P_x, 1 \times P_x) = -\frac{1}{\varepsilon_0}\vec{P}\begin{pmatrix} 0 & 0 & 0 \\ 0 & 0 & 0 \\ 0 & 0 & 1\end{pmatrix} \tag{3.2.23}$$

となる．このように表したとき，(3.2.21)–(3.2.23) 式の最右辺の 3 行 3 列の行列（テンソル）をそれぞれ，誘電体球，誘電体円柱，誘電体平板の**反分極係数**（depolarization factor）という．以上の例で示した形状以外の反分極係数を求めることは一般的に困難であるが，形式的には，

$$\vec{E}_1(\mathrm{P}) = -\frac{1}{\varepsilon_0}(P_x, P_y, P_z)\begin{pmatrix} N_x & 0 & 0 \\ 0 & N_y & 0 \\ 0 & 0 & N_z\end{pmatrix} \tag{3.2.24}$$

となり，対角成分の和は

$$N_x + N_y + N_z = 1$$

である．

誘電体に外部電界 $\vec{E}_{\mathrm{ext}}$ を印加した場合，3.1 節では近似として一様であると考えた巨視電界 $\vec{E}$ について説明した．この巨視電界は誘電体中の電界を平均化したものである．しかし，電気双極子は有限な大きさ（サイズ）を持っているために，厳密に言えば誘電体中の電界は一様ではなく微細な強弱を持っていると考えられる．このように場所による微細な変化を考慮した厳密性の高い電界を**局所電界**（local electric field strength）という．例えば，(3.1.14) 式で表されるような電界である．(3.1.14) 式の和を積分で置き換えた時点で，巨視電界のように微細構造は失われている．しかし，以前も述べたように，誘電体中の電気双極子の個数は膨大であり，実際に (3.1.14) 式を用いて計算することは不可能である．

3.3 誘電体の誘電率と境界条件

3.3.1 誘電体の誘電率

図3.4 に示すような誘電体中の電気双極子により観測点 P に形成される電位 $V(\mathrm{P})$ [V] は，(3.1.16) 式より，

$$\begin{aligned} V(\mathrm{P}) &= \iiint_{\text{誘電体}} \frac{1}{4\pi\varepsilon_0} \frac{(\vec{r}_\mathrm{P}-\vec{r}_\mathrm{Q})\cdot d\vec{p}(\mathrm{Q})}{|\vec{r}_\mathrm{P}-\vec{r}_\mathrm{Q}|^3} = \frac{1}{4\pi\varepsilon_0}\iiint_{\text{誘電体}} \frac{(\vec{r}_\mathrm{P}-\vec{r}_\mathrm{Q})\cdot\vec{P}(\mathrm{Q})}{|\vec{r}_\mathrm{P}-\vec{r}_\mathrm{Q}|^3}\,dv(\mathrm{Q}) \\ &= \frac{1}{4\pi\varepsilon_0}\iiint_{\text{誘電体}} \vec{P}(\mathrm{Q})\cdot\vec{\nabla}_\mathrm{Q}\frac{1}{|\vec{r}_\mathrm{P}-\vec{r}_\mathrm{Q}|}\,dv(\mathrm{Q}) \\ &= \frac{1}{4\pi\varepsilon_0}\iiint_{\text{誘電体}} \left\{\vec{\nabla}_\mathrm{Q}\cdot\left(\frac{\vec{P}(\mathrm{Q})}{|\vec{r}_\mathrm{P}-\vec{r}_\mathrm{Q}|}\right) - \frac{\vec{\nabla}_\mathrm{Q}\cdot\vec{P}(\mathrm{Q})}{|\vec{r}_\mathrm{P}-\vec{r}_\mathrm{Q}|}\right\} dv(\mathrm{Q}) \end{aligned} \tag{3.3.1}$$

となる．今までの議論では誘電体中の点 Q における分極 $\vec{P}(\mathrm{Q})$ [C/m^2] が場所によらず一定であると仮定して，$\vec{\nabla}_\mathrm{Q}\cdot\vec{P}(\mathrm{Q}) = 0$ であるとしたが，ここでは，この条件を考慮せずに一般的に議論を進める．このとき，$\vec{\nabla}_\mathrm{Q}\cdot\vec{P}(\mathrm{Q}) \equiv -\rho_\mathrm{P}(\mathrm{Q})$ として，体積分極電荷密度 $\rho_\mathrm{P}(\mathrm{Q})$ [C/m^3] を定義する．負符号が付くのは $\vec{P}(\mathrm{Q})$ が形成する電界は今までにも述べたようにいわゆる真の電荷が形成する電界とは向きが逆になるからである．2.4 節で述べたように，ガウスの定理によれば，ある点 P における巨視的電界 $\vec{E}(\mathrm{P})$ [V/m] の発散（$\vec{\nabla}\cdot\vec{E}(\mathrm{P})$）は，点 P における電荷密度の総和 $\rho(\mathrm{P})$ に比例し，

$$\vec{\nabla}\cdot\vec{E}(\mathrm{P}) = \frac{\rho(\mathrm{P})}{\varepsilon_0} \tag{3.3.2}$$

となる．$\rho(\mathrm{P})$ に寄与する電荷としては，伝導電子や伝導イオンなどのように並進運動可能な電荷（**真電荷**あるいは**自由電荷**と呼ばれ，ここでは自由電荷と呼ぶことにする）と，誘電体を形成する原子の配列に起因する平衡点の周りへの偏りは可能であるが，全体として並進運動しない電気双極子の電荷（体積分極電荷）に分けられる．自由電荷の電荷密度を $\rho_\mathrm{F}(\mathrm{P})$，体積分極電荷を $\rho_\mathrm{P}(\mathrm{P})$ と表と，(3.3.2) 式は，

$$\vec{\nabla}\cdot\vec{E}(\mathrm{P}) = \frac{\rho(\mathrm{P})}{\varepsilon_0} = \frac{\rho_\mathrm{F}(\mathrm{P})+\rho_\mathrm{P}(\mathrm{P})}{\varepsilon_0} = \frac{\rho_\mathrm{F}(\mathrm{P})-\vec{\nabla}\cdot\vec{P}(\mathrm{P})}{\varepsilon_0} \tag{3.3.3}$$

となる．(3.3.3) 式を変形すると，$\vec{\nabla}\cdot(\varepsilon_0\vec{E}(\mathrm{P})+\vec{P}(\mathrm{P})) = \frac{\rho_\mathrm{F}(\mathrm{P})}{\varepsilon_0}$ となる．そこで，**電束密度**（electric flux density）$\vec{D}(\mathrm{P})$ [C/m^2] を，

$$\varepsilon_0\vec{E}(\mathrm{P}) + \vec{P}(\mathrm{P}) \equiv \vec{D}(\mathrm{P}) \tag{3.3.4}$$

と定義すると，

$$\vec{\nabla}\cdot\vec{D}(\mathrm{P}) = \rho_\mathrm{F}(\mathrm{P}) \tag{3.3.5}$$

である．$\vec{D}(\mathrm{P})$ の発散は自由電荷によるものであり，分極電荷は寄与しないことが重要である．$\vec{D}(\mathrm{P})$ を閉曲面 S 上で面積積分すると，

$$\oiint_\mathrm{S}\vec{D}(\mathrm{P})\cdot d\vec{S}(\mathrm{P}) = \iiint_\mathrm{V}\vec{\nabla}\cdot\vec{D}(\mathrm{P})\,dv(\mathrm{P}) = \iiint_\mathrm{V}\rho_\mathrm{F}(\mathrm{P})\,dv(\mathrm{P}) \equiv Q_\mathrm{F} \tag{3.3.6}$$

となる．ただし，Q_F [C] は S 内の自由電荷の総量である．

誘電体内の点 P における分極 $\vec{P}(\mathrm{P})$ が誘電体内の電界 $\vec{E}(\mathrm{P})$ に比例すると仮定すると，

一般には,

$$P_i(\mathrm{P}) = \sum_{j}^{3} \chi_{ij} E_j(\mathrm{P})$$

となる.ただし,χ_{ij} を**電気感受率テンソル**といい,3 行 3 列の行列である.等方的な誘電体の場合には電気感受率テンソルはスカラー量となり**電気感受率**(χ)といい,

$$\vec{P}(\mathrm{P}) = \chi \vec{E}(\mathrm{P}) \tag{3.3.7}$$

となる.一般的には χ は電界に依存するが,ここでは簡単のために電界に依存せず一定の値を持つとする.このとき (3.3.4), (3.3.7) 式より,

$$\vec{D}(\mathrm{P}) \equiv \varepsilon_0 \vec{E}(\mathrm{P}) + \vec{P}(\mathrm{P}) = \varepsilon_0 \vec{E}(\mathrm{P}) + \chi \vec{E}(\mathrm{P}) = (\varepsilon_0 + \chi)\vec{E}(\mathrm{P}) \equiv \varepsilon \vec{E}(\mathrm{P}) \tag{3.3.8}$$

となる.このようにに定義された $\varepsilon = \varepsilon_0 + \chi$ を**誘電率**(permittivity, dielectric constant)という.単位は [F/m] である.誘電率 ε は静電界では一般的には真空の誘電率 ε_0 (8.854×10^{-12} F/m)よりも大きい.交流電界では ε_0 よりも小さくなる場合や負になる場合もある.

ところで,(2.2.7), (3.3.5), (3.3.8) 式より,

$$\Delta V(\mathrm{P}) = \vec{\nabla} \cdot (\vec{\nabla} V(\mathrm{P})) = -\vec{\nabla} \cdot \frac{\vec{D}(\mathrm{P})}{\varepsilon} = -\frac{\rho_{\mathrm{F}}(\mathrm{P})}{\varepsilon} \tag{3.3.9}$$

となる.この式は,(2.4.9) 式と同様に,ポアソンの微分方程式である.(2.4.9) 式と異なるのは,(2.4.9) 式は真空中に電荷が分布している場合に適用されるが,(3.3.9) 式は,電荷が誘電体中に存在する場合にも適用され,(2.4.9) 式より一般的である.

3.3.2 誘電体中の点電荷による巨視電界

図3.13 に示すように,均質な誘電体中に点電荷 q [C] を置いた場合を考えてみよう.誘電体は同数の正負電荷の集合体であるので,点電荷に働くクーロン力は真空中の場合と異なることが予想される.したがって誘電体中の電界は点電荷が形成する電界の他に誘電体の正負電荷が形成する電界を重ね合わせたものになるであろう.3.2 節で示したように,点電荷 q が形成する電界 $\vec{E}_q(\mathrm{P})$ の強さは外部電界 $\vec{E}_{\mathrm{ext}}$ と同じ働きをするので,$\vec{E}_q(\mathrm{P})$ により点電荷の周りの電気双極子にトルクが働き,その双極子モーメントを $\vec{E}_q(\mathrm{P})$ と同じ向きに揃えようとする.$\vec{E}_q(\mathrm{P})$ は点電荷の位置を中心として放射状の方向を持つので,誘電体の場所によって双極子モーメントの大きさが異なるとともに方向・向きが電気力線に沿って放射状に配列する.したがって反電界 $\vec{E}_1(\mathrm{P})$ は場所に依存し,点 Q と点 P を結ぶ直線に対して軸対称に双極子モーメントが配列するので $\vec{E}_1(\mathrm{P})$ // $\vec{E}_q(\mathrm{P})$ となる.$\vec{E}_1(\mathrm{P})$ はその向きが $\vec{E}_q(\mathrm{P})$ と逆になるので点 P における巨視電界 $\vec{E}(\mathrm{P})$ の大きさは局所的には近似ではあるが誘電体平板の場合と同様に,

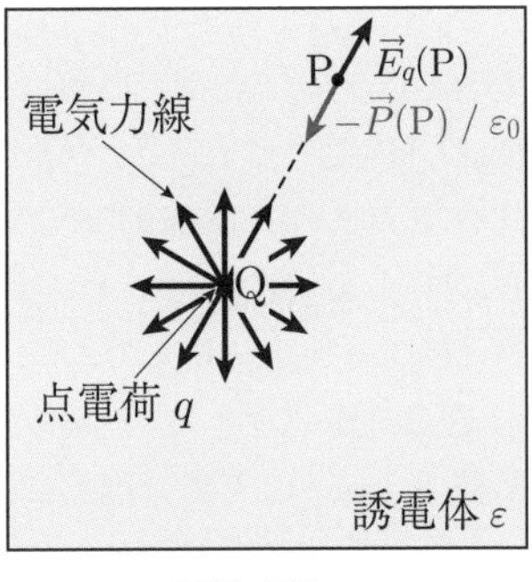

図3.13

$$\vec{E}(\mathrm{P}) = \vec{E}_q(\mathrm{P}) + \vec{E}_1(\mathrm{P}) = \vec{E}_q(\mathrm{P}) - \frac{\vec{P}(\mathrm{P})}{\varepsilon_0} \tag{3.3.10}$$

となると考えられる．ただし，$\vec{P}(\mathrm{P})$ は点 P における分極ベクトルである．$\vec{E}(\mathrm{P})$ と $\vec{P}(\mathrm{P})$ の間に (3.3.7) 式が成立すると仮定すると，(3.3.10) 式は，

$$\vec{E}(\mathrm{P}) = \vec{E}_q(\mathrm{P}) - \frac{\vec{P}(\mathrm{P})}{\varepsilon_0} = \vec{E}_q(\mathrm{P}) - \frac{\chi\vec{E}(\mathrm{P})}{\varepsilon_0} \tag{3.3.11}$$

となるので，

$$\vec{E}(\mathrm{P}) = \frac{1}{1+\frac{\chi}{\varepsilon_0}}\vec{E}_q(\mathrm{P}) = \frac{\varepsilon_0}{\varepsilon_0+\chi}\vec{E}_q(\mathrm{P}) = \frac{\varepsilon_0}{\varepsilon}\vec{E}_q(\mathrm{P}) \tag{3.3.12}$$

となり，$\vec{E}(\mathrm{P})$ は $\vec{E}_q(\mathrm{P})$ よりも真空と誘電体の誘電率の比 $\varepsilon_r = \frac{\varepsilon}{\varepsilon_0}$ が小さくなることが分かる．しかし，(3.3.12) 式は厳密なものではない．以上より，近似的ではあるが，誘電率が ε である誘電体中の点 P における点電荷 q [C] による電界 $\vec{E}(\mathrm{P})$ は，

$$\vec{E}(\mathrm{P}) \cong \frac{1}{4\pi\varepsilon} q \frac{\vec{r}_{\mathrm{P}} - \vec{r}_{\mathrm{Q}}}{|\vec{r}_{\mathrm{P}} - \vec{r}_{\mathrm{Q}}|^3}\ [\mathrm{V/m}] \tag{3.3.13}$$

となる．水分子は OH 結合間のなす角度が $104.5°$ であり，$180°$ ではない分子であるために非常に大きい電気双極子モーメントを有する．したがって，誘電率も真空の誘電率の実に約 80 倍程度大きい．

3.3.3　誘電体の境界条件

図3.14 に示すように，それぞれ異なる誘電率 ε_1 [F/m], ε_2 を持つ誘電体 1, 2 を平面的に隙間なく接触させた場合を考える．誘電体 1 中の点 P_1 および誘電体 2 中の点 P_2 を境界面上の点 P に近づけたとき，点 P_1 における電界 $\vec{E}_1(\mathrm{P}_1)$ [V/m], 電束密度 $\vec{D}_1(\mathrm{P}_1)$ [C/m^2] および点 P_2 における電界 $\vec{E}_2(\mathrm{P}_2)$, 電束密度 $\vec{D}_2(\mathrm{P}_2)$ のそれぞれはどういう関係になるのかを調べてみよう．(3.3.9) 式より，点 P_1, P_2 における $\vec{D}_1(\mathrm{P}_1)$, $\vec{D}_2(\mathrm{P}_2)$ はそれぞれ $\vec{D}_1(\mathrm{P}_1) = \varepsilon_1\vec{E}_1(\mathrm{P}_1)$, $\vec{D}_2(\mathrm{P}_2) = \varepsilon_2\vec{E}_2(\mathrm{P}_2)$ である．

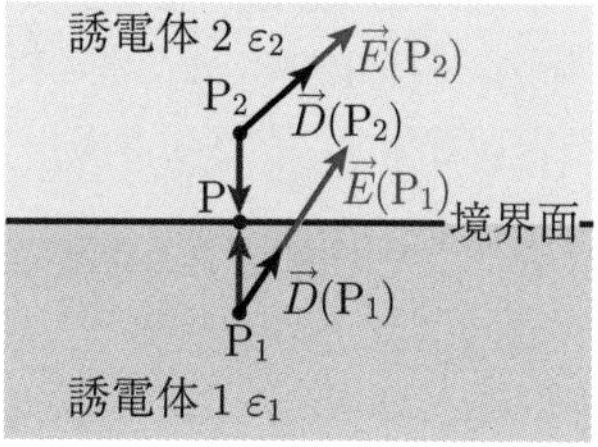

図3.14

図3.15 に示すように境界面を挟んで高さ h [m], 面積 S [m^2] の円筒の両側に平面で互いに平行なフタが付いた閉曲面 S を考え，S で囲まれた領域を V とする．ただし高さ h の半分の位置が境界面内にある．V の境界面の下部分を V_1，上部分を V_2 とする．下フタの中心に点 P_1，上フタ中心に点 P_2 があり点 P_1, P_2 の中点に境界面内の点 P がある．各誘電体内には分極電荷と自由電荷がそれぞれ電荷密度 ρ_{P_1} [C/m^3], $\rho_{\mathrm{F}1}$, ρ_{P_2}, $\rho_{\mathrm{F}2}$ で存在していると仮定すると $\vec{\nabla}\cdot\vec{D}_1(\mathrm{P}_1) = \rho_{\mathrm{F}1}(\mathrm{P}_1)$, $\vec{\nabla}\cdot\vec{D}_2(\mathrm{P}_2) = \rho_{\mathrm{F}2}(\mathrm{P}_2)$ である．面積 S が十分小さく各フタ上で電束密度がほぼ等しいとする．$\vec{D}\cdot d\vec{S}$ を閉曲面 S 上で積分すると，

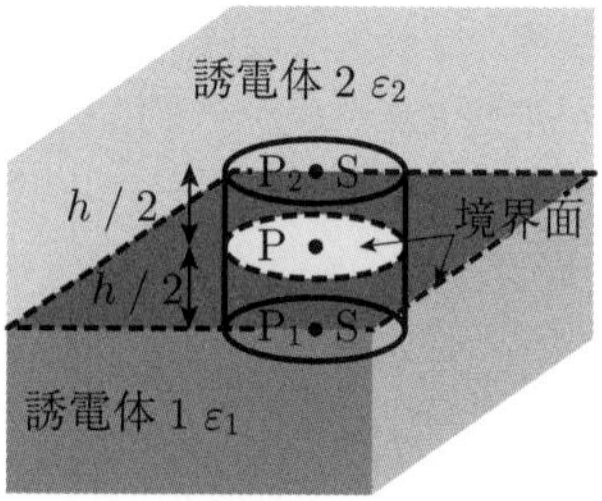

図3.15

$$\oiint_{\mathrm{S}} \vec{D}\cdot d\vec{S} = \iint_{下フタ} \vec{D}\cdot d\vec{S} + \iint_{上フタ} \vec{D}\cdot d\vec{S} + \iint_{側面} \vec{D}\cdot d\vec{S}$$

$$\cong -D_{1\mathrm{n}}(\mathrm{P}_1)S + D_{2\mathrm{n}}(\mathrm{P}_2)S + \iint_{側面} \vec{D}(\mathrm{P})\cdot d\vec{S}(\mathrm{P}) \qquad (3.3.14)$$

となる．ただし $D_{1\mathrm{n}}(\mathrm{P}_1)$, $D_{2\mathrm{n}}(\mathrm{P}_2)$ はそれぞれ $\vec{D}_1(\mathrm{P}_1)$, $\vec{D}_2(\mathrm{P}_2)$ のフタに垂直な方向の成分（面の法線成分という）である．右辺 1 項目の負符号は各フタの面積ベクトルの向きが互いに逆になるために下フタを相対的に負符号とした．右辺 3 項目は点 P_1, P_2 を P に近づける（$h \to 0$）と 0 に収束する．次に閉曲面 S に対してガウスの定理を適用する．ただし，一般化のために境界面に表面電荷密度 σ [C/m^2] の自由電荷が一様に分布しているとすると，

$$\oiint_{\mathrm{S}} \vec{D}\cdot d\vec{S} = \iiint_{\mathrm{V}} \vec{\nabla}\cdot\vec{D}\,dv = \iiint_{\mathrm{V}} \rho_{\mathrm{F}}\,dv + S\sigma$$

$$= \iiint_{\mathrm{V}_1} \rho_{\mathrm{F}}\,dv + \iiint_{\mathrm{V}_2} \rho_{\mathrm{F}}\,dv + S\sigma = \rho_{\mathrm{F1}}\iiint_{\mathrm{V}_1} dv + \rho_{\mathrm{F2}}\iiint_{\mathrm{V}_2} dv + S\sigma$$

$$= \frac{Sh}{2}(\rho_{\mathrm{F1}} + \rho_{\mathrm{F2}}) + S\sigma \qquad (3.3.15)$$

となる．$h \to 0$ としたとき (3.3.14), (3.3.15) 式より，

$$-D_{1\mathrm{n}}(\mathrm{P}) + D_{2\mathrm{n}}(\mathrm{P}) = \sigma \qquad (3.3.16)$$

となる．(3.3.16) 式を**電束密度に関する境界条件**（boundary condition）という．もし境界面に自由電荷がなければ，(3.3.16) 式より，

$$D_{1\mathrm{n}}(\mathrm{P}) = D_{2\mathrm{n}}(\mathrm{P}) \qquad (3.3.17)$$

となり，電束密度は境界面で連続である．

次に，**図3.16** に示すように，境界面に垂直な平面上の長方形 ABCD が境界面を挟んでいる．辺 AB が境界面に平行であり，辺 BC の中点が境界面上にある．辺 AB の中心に点 P_1，辺 CD の中点に点 P_2 があり点 P_1, P_2 の中点に点 P がある．したがって点 P は境界面内の点となる．辺 AB あるいは CD の長さは，その上で電界 $\vec{E}_1$ あるいは $\vec{E}_2$ がほぼ等しい程度に小さいとする．各辺上で辺に沿った反時計回り方向の微小線素ベクトル $d\vec{s}_{\mathrm{AB}}$, $d\vec{s}_{\mathrm{BC}}$, $d\vec{s}_{\mathrm{CD}}$, $d\vec{s}_{\mathrm{DA}}$ を定義する．$\vec{E}(\mathrm{P})$ を長方形 ABCD を積分経路として経路積分すると，

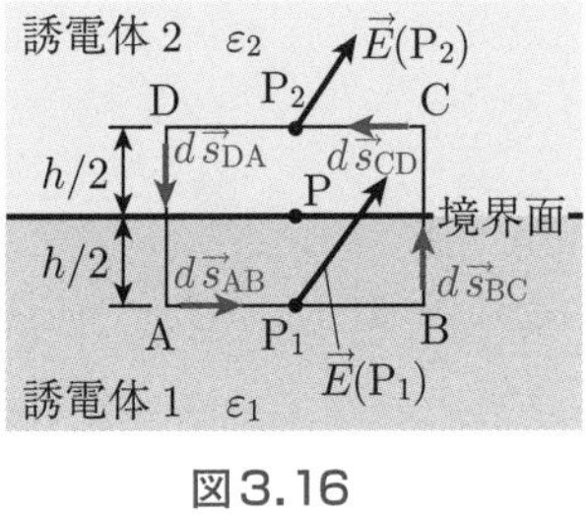

図3.16

$$\oint_{\mathrm{ABCD}} \vec{E}\cdot d\vec{s} = \int_{\mathrm{A}}^{\mathrm{B}} \vec{E}\cdot d\vec{s} + \int_{\mathrm{B}}^{\mathrm{C}} \vec{E}\cdot d\vec{s} + \int_{\mathrm{C}}^{\mathrm{D}} \vec{E}\cdot d\vec{s} + \int_{\mathrm{D}}^{\mathrm{A}} \vec{E}\cdot d\vec{s}$$

$$\cong E_{1\mathrm{t}}(\mathrm{P}_1)\int_{\mathrm{A}}^{\mathrm{B}} ds + E_{2\mathrm{t}}(\mathrm{P}_2)\int_{\mathrm{C}}^{\mathrm{D}} ds + \int_{\mathrm{B}}^{\mathrm{C}} \vec{E}\cdot d\vec{s} + \int_{\mathrm{D}}^{\mathrm{A}} \vec{E}\cdot d\vec{s}$$

$$= -E_{\mathrm{t}}(\mathrm{P}_1)\overline{\mathrm{AB}} + E_{2\mathrm{t}}(\mathrm{P}_2)\overline{\mathrm{CD}} + \int_{\mathrm{B}}^{\mathrm{C}} \vec{E}\cdot d\vec{s} + \int_{\mathrm{D}}^{\mathrm{A}} \vec{E}\cdot d\vec{s} \qquad (3.3.18)$$

となる．ただし $E_{1\mathrm{t}}(\mathrm{P}_1)$, $E_{2\mathrm{t}}(\mathrm{P}_2)$ はそれぞれ $\vec{E}_1(\mathrm{P}_1)$, $\vec{E}_2(\mathrm{P}_2)$ の境界面に平行な方向

の成分（**面の接線成分**という）である．ところで，静電界の電界の性質より，

$$\oint_{\mathrm{ABCD}} \vec{E} \cdot d\vec{s} \equiv 0 \tag{3.3.19}$$

である．右辺 1 項目の負符号は各辺の微小線素ベクトルの向きが互いに反対になるために辺 AB を相対的に負符号とした．(3.3.18) 式の右辺 3, 4 項目はそれぞれ CB 間，AD 間の電位差であり，点 P_1, P_2 を点 P に近づけるとき 0 V に収束する場合には，(3.3.18), (3.3.19) 式より，

$$E_{1\mathrm{t}}(\mathrm{P}) = E_{2\mathrm{t}}(\mathrm{P}) \tag{3.3.20}$$

となる．(3.3.20) 式が**電界に関する境界条件**といい，電界の接線成分は常に境界面で連続である．したがって，境界面で接線成分が連続であることと電位が連続であることとは等価であり，互いに必要十分条件となっている．境界面に自由電荷が存在した場合でも電位の連続性が保証されるが，自由電荷が存在する位置は特異点となっており，ここでは電位は無限大となっていることに注意が必要である．したがって電位の連続性とはこの特異点を除いた位置で連続であるという意味である．電束密度の法線成分および電界の接線成分に関する境界条件をそれぞれ電位で表現すると，

$$\varepsilon_1 \vec{\nabla} V_1 \cdot \vec{n}_1(\mathrm{P}) = \varepsilon_2 \vec{\nabla} V_2 \cdot \vec{n}_2(\mathrm{P}) \tag{3.3.21}$$

$$V_1(\mathrm{P}) = V_2(\mathrm{P}) \tag{3.3.22}$$

となる．ただし，$V_1(\mathrm{P})$, $V_2(\mathrm{P})$ はそれぞれ誘電体 1, 2 中の電位の境界面上の点 P における値である．また $-\varepsilon_1 \vec{\nabla} V_1$, $-\varepsilon_2 \vec{\nabla} V_2$ はそれぞれ誘電体 1, 2 中の電束密度であり，各単位法線ベクトルと内積を取ることにより電束密度の法線成分となる．電束密度と電界に関する境界面での境界条件は極めて重要であり，誘電体のある静電界の問題を解く際に活躍する．

例題3.4

図3.11 に示すように，真空中において，半径 a [m]，誘電率 ε [F/m] の誘電体球が一様な外部電界 $\vec{E}_{\mathrm{ext}}$ [V/m] により分極 $\vec{P}$ で一様に分極しているとき，誘電体球内外の電界 $\vec{E}(\mathrm{P})$ を求めよ．

【解答】 1. （誘電体球内） 巨視電界 $\vec{E}(\mathrm{P})$ [V/m] は，近似的ではあるが誘電体球内で一様であり，(3.2.18) 式により，

$$\vec{E}(\mathrm{P}) = \vec{E}_{\mathrm{ext}} + \vec{E}_1(\mathrm{P}) = \vec{E}_{\mathrm{ext}} - \frac{\vec{P}}{3\varepsilon_0} \tag{3.3.23}$$

である．誘電率が与えられているので，分極 $\vec{P}$ [C/m^2] は (3.3.4), (3.3.9) 式より，

$$\vec{P} = (\varepsilon - \varepsilon_0)\vec{E}(\mathrm{P}) \tag{3.3.24}$$

と表されるので，(3.3.23) 式より，

$$\vec{E}(\mathrm{P}) = \vec{E}_{\mathrm{ext}} - \frac{(\varepsilon - \varepsilon_0)\vec{E}(\mathrm{P})}{3\varepsilon_0}$$

となり，

$$\vec{E}(\mathrm{P}) = \frac{3\varepsilon_0}{\varepsilon+2\varepsilon_0}\vec{E}_{\mathrm{ext}} \tag{3.3.25}$$

となるので，$\vec{P}$ は (3.3.24) 式より，

$$\vec{P} = \frac{3\varepsilon_0(\varepsilon-\varepsilon_0)}{\varepsilon+2\varepsilon_0}\vec{E}_{\mathrm{ext}} \tag{3.3.26}$$

となる．

2. （誘電体球外） 例題 3.3 を参考にすると，**図3.12** に示すように，z 軸の正の向きの分極 $\vec{P}$ による誘電体球外の点 P における電界 $\vec{E}_1(\mathrm{P})$ は体積電荷密度 $\rho\,[\mathrm{C/m^3}] > 0$ で一様に分布した中心 O_+ が $\left(0, 0, \frac{d}{2}\right)$，半径 a の電荷球による誘電体外の点 P における電界 $\vec{E}_{1+}(\mathrm{P})$ と体積電荷密度 $-\rho > 0$ で一様に分布した中心 O_- が $\left(0, 0, -\frac{d}{2}\right)$，半径 a の電荷球による誘電体球外の点 P における電界 $\vec{E}_{1-}(\mathrm{P})$ を重ね合わせることにより求められる．章末問題 2.3 の解答の (A.2.20) 式より $\vec{E}_{1+}(\mathrm{P})$ は，

$$\vec{E}_{1+}(\mathrm{P}) = \frac{a^3\rho}{3\varepsilon_0}\frac{\vec{r}_{\mathrm{P}+}}{|\vec{r}_{\mathrm{P}+}|^3} = \frac{1}{4\pi\varepsilon_0}\frac{4\pi a^3\rho}{3}\frac{\vec{r}_{\mathrm{P}+}}{|\vec{r}_{\mathrm{P}+}|^3} = \frac{1}{4\pi\varepsilon_0}Nq\frac{\vec{r}_{\mathrm{P}+}}{|\vec{r}_{\mathrm{P}+}|^3} \tag{3.3.27}$$

となる．ただし $\vec{r}_{P+}$ は正の電荷球の中心 O_+ からみた点 P の位置ベクトルである．$\vec{E}_{1-}(\mathrm{P})$ も同様にして，

$$\vec{E}_{1-}(\mathrm{P}) = -\frac{a^3\rho}{3\varepsilon_0}\frac{\vec{r}_{\mathrm{P}-}}{|\vec{r}_{\mathrm{P}-}|^3} = -\frac{1}{4\pi\varepsilon_0}Nq\frac{\vec{r}_{\mathrm{P}-}}{|\vec{r}_{\mathrm{P}-}|^3} \tag{3.3.28}$$

となる．ただし $\vec{r}_{\mathrm{P}-}$ は負の電荷球の中心 O_- からみた点 P の位置ベクトルである．$\vec{E}_1(\mathrm{P})$ は (3.3.27), (3.3.28) 式より，

$$\vec{E}_1(\mathrm{P}) = \vec{E}_{1+}(\mathrm{P}) + \vec{E}_{1-}(\mathrm{P}) = \frac{1}{4\pi\varepsilon_0}Nq\frac{\vec{r}_{\mathrm{P}+}}{|\vec{r}_{\mathrm{P}+}|^3} - \frac{1}{4\pi\varepsilon_0}Nq\frac{\vec{r}_{\mathrm{P}-}}{|\vec{r}_{\mathrm{P}-}|^3}$$

となり，点 O_+ に Nq [C]，点 O_- に $-Nq$ [C] の点電荷を置いた場合と同じ電界となる．したがって，点 O に電気双極子モーメント $Nq\vec{d}$ を置いた場合と同じ $\vec{E}_1(\mathrm{P})$ が得られる．$Nq\vec{d}$ は，

$$Nq\vec{d} = \frac{4\pi a^3}{3}\vec{P} \equiv \vec{p}$$

であるので，(3.1.6) 式より，

$$\vec{E}_1(\mathrm{P}) = \frac{1}{4\pi\varepsilon_0}\frac{3(\vec{r}_{\mathrm{P}}\cdot\vec{p})\vec{r}_{\mathrm{P}} - |\vec{r}_{\mathrm{P}}|^2\vec{p}}{|\vec{r}_{\mathrm{P}}|^5} = \frac{a^3}{3\varepsilon_0}\frac{3(\vec{r}_{\mathrm{P}}\cdot\vec{P})\vec{r}_{\mathrm{P}} - |\vec{r}_{\mathrm{P}}|^2\vec{P}}{|\vec{r}_{\mathrm{P}}|^5}$$

となるので，$\vec{E}(\mathrm{P})$ は，

$$\vec{E}(\mathrm{P}) = \vec{E}_{\mathrm{ext}} + \frac{a^3}{3\varepsilon_0}\frac{3(\vec{r}_{\mathrm{P}}\cdot\vec{P})\vec{r}_{\mathrm{P}} - |\vec{r}_{\mathrm{P}}|^2\vec{P}}{|\vec{r}_{\mathrm{P}}|^5} \tag{3.3.29}$$

となる．したがって，(3.3.26), (3.3.29) 式より，

$$\vec{E}(\mathrm{P}) = E_{\mathrm{ext}} + \frac{a^3(\varepsilon-\varepsilon_0)}{\varepsilon+2\varepsilon_0}\frac{3(\vec{r}_{\mathrm{P}}\cdot\vec{E}_{\mathrm{ext}})\vec{r}_{\mathrm{P}} - |\vec{r}_{\mathrm{P}}|^2\vec{E}_{\mathrm{ext}}}{|\vec{r}_{\mathrm{P}}|^5} \tag{3.3.30}$$

となる．このままでは $\vec{E}(\mathrm{P})$ を $\vec{E}_{\mathrm{ext}}$ により簡潔に表すことはできないので，$\vec{E}(\mathrm{P})$ を $r\theta\varphi$ 球座標における成分で表してみよう．**図3.17** に示すように，空間座標を設定する．$\vec{E}(\mathrm{P})$ の $\vec{\vec{r}}$ 方向の成分 $E_r(\mathrm{P})$ は (3.1.9) 式を参考にすると，

$$\begin{aligned} E_r(\mathrm{P}) &= \left\{\vec{E}_{\mathrm{ext}} + \frac{a^3(\varepsilon-\varepsilon_0)}{\varepsilon+2\varepsilon_0}\frac{3(\vec{r}_{\mathrm{P}}\cdot\vec{E}_{\mathrm{ext}})\vec{r}_{\mathrm{P}} - |\vec{r}_{\mathrm{P}}|^2\vec{E}_{\mathrm{ext}}}{|\vec{r}_{\mathrm{P}}|^5}\right\}\cdot\vec{\vec{r}} \\ &= E_{\mathrm{ext}}\cos\theta + \frac{a^3(\varepsilon-\varepsilon_0)}{\varepsilon+2\varepsilon_0}\frac{2E_{\mathrm{ext}}\cos\theta}{|\vec{r}_{\mathrm{P}}|^3} \\ &= E_{\mathrm{ext}}\cos\theta\left\{1 + \frac{2(\varepsilon-\varepsilon_0)}{\varepsilon+2\varepsilon_0}\frac{a^3}{|\vec{r}_{\mathrm{P}}|^3}\right\} \end{aligned} \tag{3.3.31}$$

となる．$\vec{\vec{\theta}}$ 方向の成分 $E_\theta(\mathrm{P})$ は (3.1.10) 式を参考にすると，

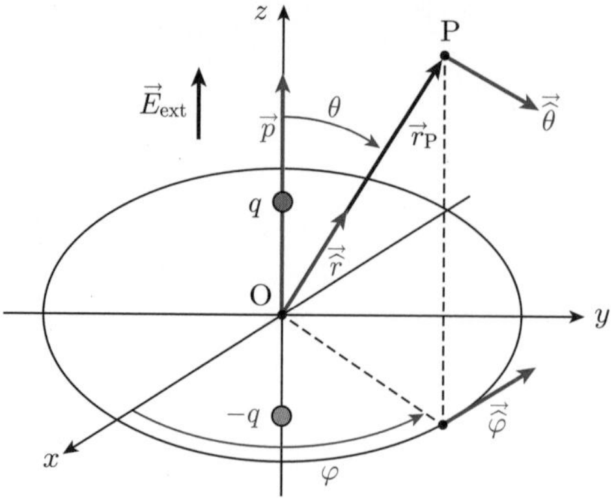

図3.17

$$E_\theta({\rm P}) = \left\{\vec{E}_{\rm ext} + \frac{a^3(\varepsilon-\varepsilon_0)}{\varepsilon+2\varepsilon_0}\frac{3(\vec{r}_{\rm P}\cdot\vec{E}_{\rm ext})\vec{r}_{\rm P}-|\vec{r}_{\rm P}|^2\vec{E}_{\rm ext}}{|\vec{r}_{\rm P}|^5}\right\}\cdot\vec{\hat{\theta}}$$

$$= E_{\rm ext}\sin\theta - \frac{a^3(\varepsilon-\varepsilon_0)}{\varepsilon+2\varepsilon_0}\frac{E_{\rm ext}\sin\theta}{|\vec{r}_{\rm P}|^3} = E_{\rm ext}\sin\theta\left\{1-\frac{(\varepsilon-\varepsilon_0)}{\varepsilon+2\varepsilon_0}\frac{a^3}{|\vec{r}_{\rm P}|^3}\right\} \qquad (3.3.32)$$

となる．$\vec{\hat{\varphi}}$ 方向の成分 $E_\varphi({\rm P})$ は (3.1.11) 式を参考にすると，

$$E_\varphi({\rm P}) = \left\{\vec{E}_{\rm ext} + \frac{a^3(\varepsilon-\varepsilon_0)}{\varepsilon+2\varepsilon_0}\frac{3(\vec{r}_{\rm P}\cdot\vec{E}_{\rm ext})\vec{r}_{\rm P}-|\vec{r}_{\rm P}|^2\vec{E}_{\rm ext}}{|\vec{r}_{\rm P}|^5}\right\}\cdot\vec{\hat{\varphi}} = 0 \qquad (3.3.33)$$

となる．

(3.3.30) 式で表される解の正しさを検討するために，誘電体表面での境界条件について検討しよう．誘電体中の $\vec{E}({\rm P})$ は $\vec{E}_{\rm ext}$ と同じ方向の成分しか持たない．(3.3.31) 式の $E_r({\rm P})$ を $|\vec{r}_{\rm P}| = a$ としたものが境界面上の点 P において面に垂直であるので法線成分である．境界条件により，境界面上の点 P において，誘電体球内の電束密度の点 P における法線成分 $D_{誘電体\ {\rm n}}({\rm P})$ が，球外の真空の電束密度の点 P における法線成分 $D_{真空\ {\rm n}}({\rm P})$ と等しくなければならない．$\vec{D}_{誘電体}({\rm P}) = \varepsilon\vec{E}_{誘電体}({\rm P})$, $\vec{D}_{真空}({\rm P}) = \varepsilon_0\vec{E}_{真空}({\rm P})$ であるので，(3.3.25), (3.3.31) 式より，

$$D_{誘電体\ {\rm n}}({\rm P}) = \varepsilon E_{誘電体\ {\rm n}}({\rm P}) = \varepsilon\frac{3\varepsilon_0}{\varepsilon+2\varepsilon_0}E_{\rm ext}\cos\theta$$

$$D_{真空\ {\rm n}}({\rm P}) = \varepsilon_0 E_{真空\ {\rm n}}({\rm P}) = E_{\rm ext}\cos\theta\left\{1+\frac{2(\varepsilon-\varepsilon_0)}{\varepsilon+2\varepsilon_0}\frac{a^3}{a^3}\right\} = \varepsilon_0\frac{3\varepsilon}{\varepsilon+2\varepsilon_0}E_{\rm ext}\cos\theta$$

となるので，$D_{誘電体\ {\rm n}}({\rm P}) = D_{真空\ {\rm n}}({\rm P})$ となり，境界面上の任意の点 P で電束密度についての境界条件を満足する．電界については，真空中の $\vec{E}({\rm P})$ は $|\vec{r}_{\rm P}| = a$ としたときの $E_\theta({\rm P})$ について境界条件を考えればよいので (3.3.25), (3.3.32) 式より，

$$E_{誘電体\ {\rm t}}({\rm P}) = \frac{3\varepsilon_0}{\varepsilon+2\varepsilon_0}E_{\rm ext}\sin\theta$$

$$E_{真空\ {\rm t}}({\rm P}) = E_{真空\theta}({\rm P}) = E_{\rm ext}\frac{3\varepsilon_0}{\varepsilon+2\varepsilon_0}\sin\theta$$

となるので，$E_{誘電体\ {\rm t}}({\rm P}) = E_{真空\ {\rm t}}({\rm P})$ となり，境界面上の任意の点 P で電界についての境界条件を満足する．以上より得られたすべての解は境界面上の任意の点で境界条件を満足するので，(3.3.30) 式で表される解は正しいことが検証された．■

3.4　誘電体と導体が共存する場合の静電界

図3.18 に示すように，面積が S [m^2] の長方形状の 2 枚の導体板を形状が重なるように間隔 t [m] 空けて平行に配置して，平行導体電極板真空コンデンサ（平行平板真空コンデンサ）を形成する．**コンデンサ**（condensor）は**キャパシタ**（capacitor）とも呼ばれる．前者は凝集器と訳せ，電荷を導体板表面に凝集させる働きを意味し，後者は電荷収容器とも訳せ，電荷を収容する働きを意味する．上部導体電極板（上部電極板）と下部導体電極板（下部電極板）間に直流電源を接続して，電圧 V [V] を印加する．電源とコンデンサは導線で接続されているので，電極板間の電位差は電源電圧と同じ V となる．2 章で説明したように電極板間に電位差が生じることは，対向する電極板の上部電極板表面には正，下部電極板表面には負の自由電荷が現れることを意味している．金属の電極板の場合には，電子と正イオンが存在するので，正の自由電荷はその場所に電子が不足することにより正イオンによる正の電荷が存在すること，また負の自由電荷は電子が過剰に存在することによる．ただし，正イオンは移動できないので，自由電荷と呼ぶのは適切ではないかもしれない．過剰な電子はどこから供給されたのであろうか．それは直流電源がポンプのような働きをして，対向する電極板から電子を引き抜き，輸送することにより供給されたのである．すなわち電源は電子を輸送する能力を持っているものである．ただし，電気磁気学は，正イオンと電子ではなく，正の自由電荷と負の自由電荷が存在すると考えて構築されている．

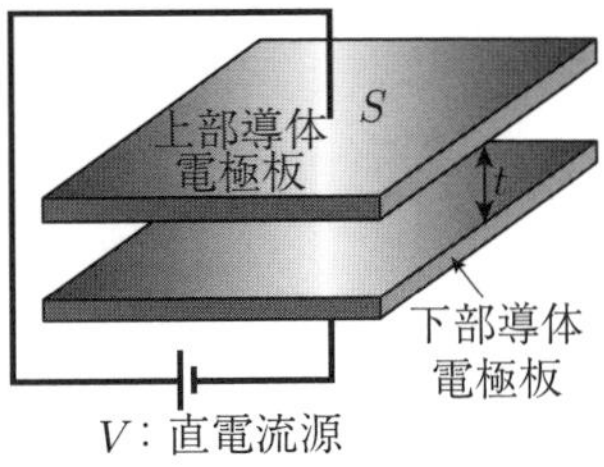

図3.18

各電極板に正負の自由電荷が現れる場合，電極板間の任意の位置 P における電界 $\vec{E}$(P) [V/m] を求めてみよう．ただし，実際は電極板の面積が有限であるので，電極板の端の $\vec{E}$(P) と中央部のそれは異なっており，中央部のそれは電極板に垂直な方向を持っているが，端の $\vec{E}$(P) は電極板直上では垂直であるものの，電極板から離れると垂直とはならない（**エッヂ効果**という）．このような場合の $\vec{E}$(P) を求めることは解析上困難であるので，ここでは $\vec{E}$(P) は端も中央部も電極板に垂直であると仮定する．電圧 V が正（上部電極板の電位が下部電極板よりも高い）ならば，上部電極板には $+\sigma > 0$ [C/m^2]，下部電極板には $-\sigma < 0$ の一様な表面電荷密度の自由電荷が現れる．**図3.19** に示すように，空間座標を設定する．y 軸は下部電極板上にあり，電極板の辺に平行であるとする．z 軸は電極板の中央を貫いているとする．上下

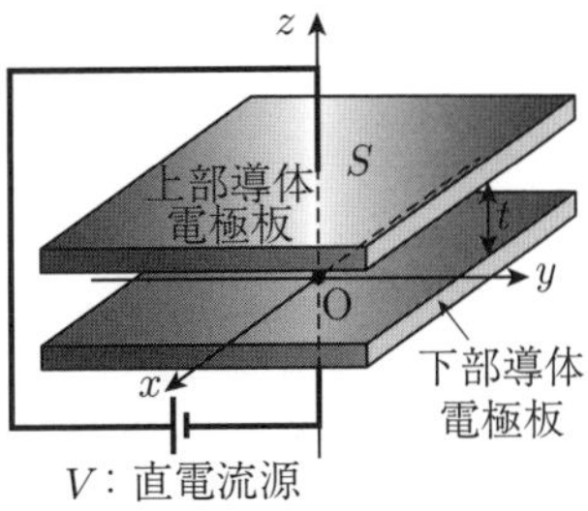

図3.19

電極板上の全電荷量 $+Q>0$, $-Q$（点電荷の場合には q, 連続的な電荷の集合体の場合には Q を用いることにする）は，それぞれ $\pm\sigma S$ [C] である．例題 2.5 で求めたように，電極板間の任意の点 P における電界 $\vec{E}(\mathrm{P})$ は，

$$\vec{E}(\mathrm{P}) = -\frac{\sigma}{\varepsilon_0}(0,0,1) = -\frac{\sigma}{\varepsilon_0}\vec{k} \tag{3.4.1}$$

である．電極板間は真空であり，電極板の面積は等しく，表面電荷密度の大きさも等しいので，$\vec{E}(\mathrm{P})$ は電極板に垂直で z 軸に平行であり，電極板間の任意の位置で大きさは等しく，(3.4.1) 式および V と電界 $\vec{E}(\mathrm{P})$ の関係より，

$$V = -\int_{\text{下部電極板面}}^{\text{上部電極板面}} \vec{E}\cdot d\vec{s} = -\int_0^t E\,dz = -Et = \frac{\sigma}{\varepsilon_0}t, \quad \sigma = \varepsilon_0\frac{V}{t} \tag{3.4.2}$$

となるので，(3.4.1) 式より，

$$\begin{aligned}\vec{E}(\mathrm{P}) &= -\frac{\sigma}{\varepsilon_0}\vec{k} = -\frac{1}{\varepsilon_0}\frac{\varepsilon_0 V}{t}\vec{k} \\ &= -\frac{V}{t}\vec{k}\end{aligned} \tag{3.4.3}$$

となる．$\vec{E}(\mathrm{P})$ は z 軸の負の向きを向いている．電極板間の任意の点 P における電束密度 $\vec{D}(\mathrm{P})$ [C/m^2] は，誘電体が存在せず $\varepsilon=\varepsilon_0$ であるので，

$$\begin{aligned}\vec{D}(\mathrm{P}) &= \varepsilon_0 E(\mathrm{P}) = -\sigma\vec{k} \\ &= -\varepsilon_0\frac{V}{t}\vec{k}\end{aligned}$$

となり，$\vec{D}(\mathrm{P})$ の大きさは表面自由電荷密度 σ に等しい．上下電極板にはそれぞれ，$Q_{\text{上}} = \varepsilon_0\frac{V}{t}S$ [C], $Q_{\text{下}} = -\varepsilon_0\frac{V}{t}S$ の自由電荷が存在している．以上より，この真空コンデンサの静電容量 C [F] は，

$$C = \frac{Q_{\text{上}}}{V} = \varepsilon_0\frac{S}{t} \tag{3.4.4}$$

となる．

次に**図3.20** に示すように厚さ t [m], 面積 S [m^2], 誘電率 ε [F/m] の均質な誘電体を平行平板真空コンデンサの極板間に挿入し隙間なく接触させて誘電体入コンデンサを形成する．誘電体は表面および内部に自由電荷を持たないとする．2 枚の電極に直流電源を**図3.20** に示すように接続して電圧 V [V] を印加する．このとき真空コンデンサと同様に，直流電源から下部電極板表面に電子が供給され，上部電極板には電子が不足した正イオンが正電荷となる．この場合，各電極板に現れる表面自由電荷密度は真空の場合と同じなのか異なるのかが重要となる．ここでも $\vec{E}(\mathrm{P})$ は電極板の端，中央部も電極板に垂直であり，表面自由電荷密度は電極板上で一様であるとする．電極板上に現れる正味の表面自由電荷の電荷密度を $\pm\sigma_{\mathrm{F}}$ とする．上部電極板で $\sigma_{\mathrm{F}}>0$ である．**図3.20** に示すように，真空コンデンサと同様の空間座標を設定する．各電極板上の全自由電荷量 $\pm Q_{\mathrm{F}}$ はそれぞれ $\pm S\sigma_{\mathrm{F}}$ [C] である．

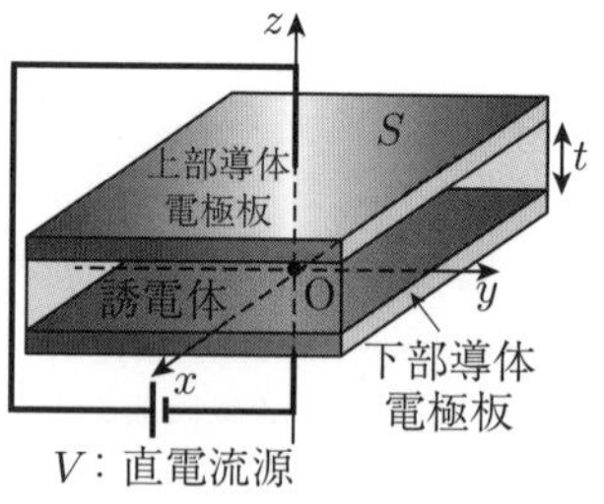

図3.20

このコンデンサに電圧を印加して発生する電界は電極板間の誘電体を分極させ，上部電極の誘電体表面には負の表面電荷密度 $-\sigma_{\mathrm{P}} < 0$ の分極電荷が現れ，下部には正の表面電荷密度 $\sigma_{\mathrm{P}} > 0$ の分極電荷が現れる．この分極電荷は，真空コンデンサに電圧を印加して電源から供給されて電極板に現れた自由電荷と符号が逆であるため，表面自由電荷により形成される電界と分極電荷により形成される電界は，互いに逆向きとなり，電界は真空コンデンサの場合よりも小さくなるために，電極板間の電圧も小さくなる．しかし，電極板間電圧は直流電源により一定の電圧 V に維持されている．これは矛盾である．この場合に起こる現象は，電極板間電圧が維持されるように直流電源は表面自由電荷密度と分極電荷密度の和が，真空コンデンサのそれと同じになるように真空のコンデンサの場合よりもさらに多くの電子を下部電極に供給する．このために各電極板に現れた自由電荷の表面電荷密度が $\pm\sigma_{\mathrm{F}}$ である．ただし，$\sigma_{\mathrm{F}} = \sigma + \sigma_{\mathrm{P}}$ である．このとき電極板間の誘電体中の電界 $\vec{E}_{\mathrm{D}}(\mathrm{P})$ は真空コンデンサの場合と等しいので，

$$\begin{aligned}\vec{E}_{\mathrm{D}}(\mathrm{P}) &= -\frac{V}{t}\vec{k} = -\frac{\sigma}{\varepsilon_0}\vec{k} = -\frac{\sigma_{\mathrm{F}}-\sigma_{\mathrm{P}}}{\varepsilon_0}\vec{k}\\ &= \frac{\vec{D}_{\mathrm{D}}(\mathrm{P})}{\varepsilon} = -\frac{\sigma_{\mathrm{F}}}{\varepsilon}\vec{k}\end{aligned}$$

となるので，

$$\sigma_{\mathrm{F}} = \varepsilon\frac{V}{t} = \frac{\varepsilon}{\varepsilon_0}\sigma \tag{3.4.5}$$

となり，上下電極板に存在する全自由電荷量はそれぞれ

$$Q_{\text{上}} = \varepsilon\frac{V}{t}S\,[\mathrm{C}],\quad Q_{\text{下}} = -\varepsilon\frac{V}{t}S$$

となり，これより誘電体入コンデンサの静電容量 C_{D} は，

$$C_{\mathrm{D}} = \frac{Q_{\text{上}}}{V} = \varepsilon\frac{S}{t} \geq C \tag{3.4.6}$$

となる．以上から，誘電体を真空コンデンサに挿入することにより，上部電極板に現れる自由電荷密度は，(3.4.5) 式より，

$$\begin{aligned}\Delta\sigma_{\mathrm{F}} &= \sigma_{\mathrm{P}} = \sigma_{\mathrm{F}} - \sigma\\ &= \left(\frac{\varepsilon}{\varepsilon_0} - 1\right)\sigma\,[\mathrm{C/m^2}]\end{aligned}$$

だけ増加する．すなわち，印加電圧が同じであれば，誘電体を挿入することによりコンデンサには $\Delta\sigma_{\mathrm{F}}$ だけ自由電荷密度が増加する．したがって静電容量が大きいことはより多くの自由電荷を蓄えることができることを示している．

なお，コンデンサに一定電圧ではなく，一定電荷を与えた場合には注意を要する．すなわち与えた電荷が対向する電極板の内表面だけでなく外表面にも存在する．なぜなら電荷が与えられると電極板間に電位差が生じるとともに，電極板の面積が有限な場合には，無限遠と表面の間にも電位差が発生し，電界が発生するからである．しかし，多くの教科書では内表面だけに現れるとしている．電圧値を与える場合にももちろん，無限遠と表面の間に電位差はできるが，電極板間の電圧が確定しているために齟齬が生じない．したがって，本書では一定電圧を印加した場合のみを扱っている．

■ 例題3.5 ■

図3.21 に示すように，真空中において，上下電極板間隔 t [m]，電極板面積 S [m^2] の平行平板真空コンデンサに厚さを t_D [m]，誘電率 ε [F/m] の誘電体を上部間隙幅が t_1 [m]，下部間隙幅が t_2 [m] となるように挿入する．

(1)　電極板間に直流電圧 V [V] を印加したとき，上下部電極板に生じる表面電荷密度を求めよ．

(2)　このコンデンサの静電容量 C を求めよ．

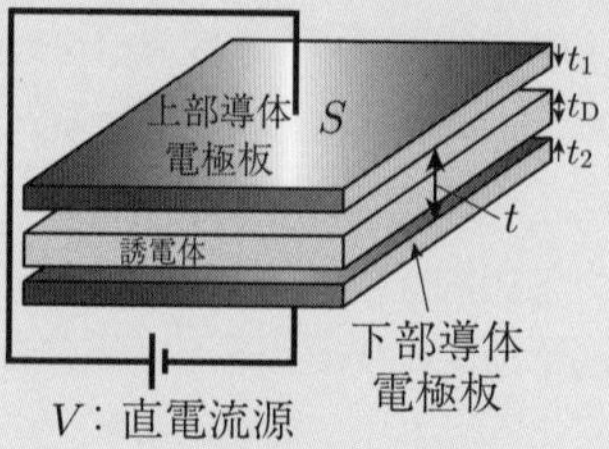

図3.21

【解答】　(1)　この問題を解くときに最も優先される事項は電束密度に関する境界条件である．すなわち，間隙があると真空と誘電体の界面が存在する．誘電体と電極板の間に間隙がない場合には境界面は誘電体と導体の界面のみであり，ここでは電極板内で電界が 0 V/m であることが境界条件である．電束密度は今の場合も電極板に垂直である．したがって電束密度は真空と誘電体の界面で連続である．電極板間に電圧 V [V] を印加すると誘電体には分極が生じ，誘電体表面に表面電荷が生じるが，自由電荷ではないので境界条件の連続性には影響を与えない．電束密度が連続であるので，結果として電界が境界面で不連続となる．間隙がない場合には電極板間では電界に不連続性は生じないことに注意が必要である．このとき，誘電体上表面には表面電荷密度 $-\sigma_P < 0$ [C/m^2] の負の分極電荷が現れ，下表面には表面電荷密度 $\sigma_P > 0$ の正の分極電荷が現れるが，間隙のない場合と異なり，分極電荷は各電極板の位置に存在しないので，各電極板に現れる表面電荷は自由電荷のみである．電極板上に現れる正味の表面自由電荷の電荷密度をそれぞれ $\sigma_{\text{上 F}} > 0$, $-\sigma_{\text{下 F}} < 0$ とすると，各電極板上の全自由電荷量は $Q_{\text{上 F}}$ [C] および $Q_{\text{下 F}}$ はそれぞれ $\sigma_{\text{上 F}}S$ および $-\sigma_{\text{下 F}}S$ である．上下の間隙内の電界 $\vec{E}_{\text{上 V}}$ は場所によらず一定であり，それぞれ，

$$\vec{E}_{\text{上 V}} = -\frac{\sigma_{\text{上 F}}}{\varepsilon_0}(0,0,1) = -\frac{\sigma_{\text{上 F}}}{\varepsilon_0}\vec{k}, \quad \vec{E}_{\text{下 V}} = -\frac{\sigma_{\text{下 F}}}{\varepsilon_0}\vec{k} \tag{3.4.7}$$

である．誘電体中の電界を $\vec{E}_D$ とする．V と各電界の関係は，

$$\begin{aligned} V &= -\int_{\text{下部電極板面}}^{\text{上部電極板面}} \vec{E}\cdot d\vec{s} \\ &= -\int_{\text{下部電極板面}}^{\text{誘電体下面}} \vec{E}_{\text{下 G}}\cdot d\vec{s} - \int_{\text{誘電体下面}}^{\text{誘電体上面}} \vec{E}_D\cdot d\vec{s} - \int_{\text{誘電体上面}}^{\text{下部電極板面}} \vec{E}_{\text{上 G}}\cdot d\vec{s} \\ &= -E_{\text{下 V}}t_2 - E_D t_D - E_{\text{上 V}}t_1 \end{aligned} \tag{3.4.8}$$

となる．上下間隙中での電束密度をそれぞれ $\vec{D}_{\text{上 V}} = \varepsilon_0\vec{E}_{\text{上 V}}$, $\vec{D}_{\text{下 V}} = \varepsilon_0\vec{E}_{\text{下 V}}$，誘電体中の電束密度を $\vec{D}_D = \varepsilon\vec{E}_D$ とすると，誘電体表面に自由電荷が存在しないので，電束密度は境界条件により各境界面で連続であるので $D_{\text{上 V}} = D_D \equiv D$, $D_{\text{下 V}} = D_D$ となる．これより，$\vec{E}_{\text{上 V}} = \vec{E}_{\text{下 V}}$ となり，(3.4.7) 式より $\sigma_{\text{上 F}} = \sigma_{\text{下 F}} = \sigma_F$ となる．したがって，(3.4.8) 式より，

$$V = -\frac{D_{\text{下 V}}}{\varepsilon_0} t_2 - \frac{D_{\text{D}}}{\varepsilon} t_{\text{D}} - \frac{D_{\text{上 V}}}{\varepsilon_0} t_1$$

$$= -D\left(\frac{t_2}{\varepsilon_0} + \frac{t_{\text{D}}}{\varepsilon} + \frac{t_1}{\varepsilon_0}\right) \tag{3.4.9}$$

となる．一方，$\vec{D} = -\sigma_{\text{F}} \vec{k}$ であるので，(3.4.9) 式より，

$$\sigma_{\text{F}} = \frac{V}{\frac{t_2}{\varepsilon_0} + \frac{t_{\text{D}}}{\varepsilon} + \frac{t_1}{\varepsilon_0}} = \frac{V}{\frac{t_1 + t_2}{\varepsilon_0} + \frac{t_{\text{D}}}{\varepsilon}}$$

$$= \frac{V}{\frac{t_{\text{V}}}{\varepsilon_0} + \frac{t_{\text{D}}}{\varepsilon}} \tag{3.4.10}$$

となる．ただし，$t_{\text{V}} = t_1 + t_2$ である．電極板面には自由電荷しか存在しないので，真空コンデンサに誘電体を所定の間隙をもって挿入すると，電極板上の自由電荷密度の変化量 $\varDelta\sigma_{\text{F}}$ は，(3.4.2) 式より，

$$\varDelta\sigma_{\text{F}} = \sigma_{\text{F}} - \sigma = \frac{V}{\frac{t_{\text{V}}}{\varepsilon_0} + \frac{t_{\text{D}}}{\varepsilon}} - \frac{\varepsilon_0 V}{t}$$

$$= \sigma \frac{\varepsilon - \varepsilon_0}{\varepsilon \frac{t_{\text{V}}}{t_{\text{D}}} + \varepsilon_0} \geq 0\,[\text{C/m}^2]$$

となり，間隙長 t_{V} が一定であれば，誘電体の上下の位置に依存しない．

(2)　静電容量 C_{VD} は (3.4.10) 式より，

$$C_{\text{VD}} = \frac{Q_{\text{上 D}}}{V} = \frac{\sigma_{\text{F}} S}{V}$$

$$= \frac{S}{\frac{t_{\text{V}}}{\varepsilon_0} + \frac{t_{\text{D}}}{\varepsilon}}\,[\text{F}] \tag{3.4.11}$$

となる．■

■ 例題3.6 ■

図3.22 に示すように，上下電極板間隔 t [m]，電極板面積 S [m^2] の平行平板真空コンデンサに厚さが t [m]，誘電率がそれぞれ ε_1 [F/m] および ε_2，電極板に接する部分の面積がそれぞれ S_1 [m^2] および S_2 [m^2] であり，$S = S_1 + S_2$ である直方体形状の誘電体 1, 2 を接触面で間隙が生じないように挿入する．

(1)　電極板間に直流電圧 V [V] を印加したとき，各誘電体内の電束密度 $\vec{D}$ を求めよ．

(2)　このコンデンサの静電容量 C を求めよ．

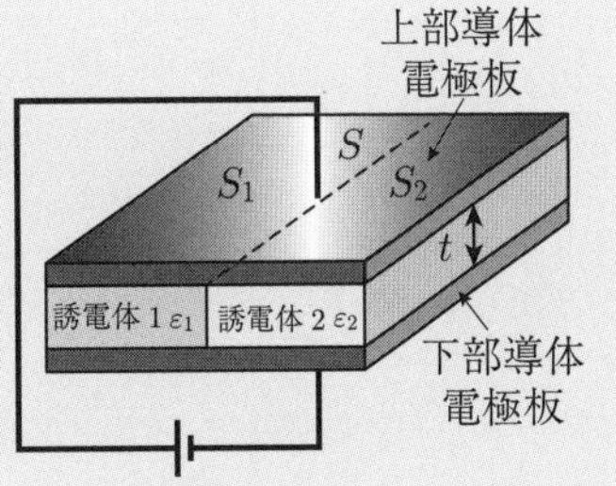

V：直電流源

図3.22

【解答】　(1)　2 種の誘電体が電極板面に垂直な面で接しているので，この問題を解くとき，最も優先される事項は接触面での電界に関する境界条件である．電極板間に直流電圧 V [V] を印加したとき各電極板に現れる正味の表面電荷の電荷密度は，おそらく各誘電体と接している上下電極板の位置で異なると推測される．誘電体 1 の上部電極板上の表面自由電荷密度を $\sigma_{1\text{F}} > 0$ [C/m^2] および下部電極板上の表面自由電荷密度は上部電極板上の表面自由電荷密度と大きさが等しいので $-\sigma_{1\text{F}} < 0$ とする．また誘電体 2 の上部電極板上の表面自由電荷密度を $\sigma_{2\text{F}} > 0$ および下部電極板上の表面自由電荷密度を $-\sigma_{2\text{F}} < 0$

とする．このとき，上部電極板に接する誘電体1の表面には表面電荷密度 $-\sigma_{1\mathrm{P}} < 0$ の負の分極電荷が，下面には表面電荷密度 $\sigma_{1\mathrm{P}} > 0$ の正の分極電荷が，上部電極に接する誘電体2の表面には表面電荷密度 $-\sigma_{2\mathrm{P}} < 0$ の負の分極電荷が，下面には表面電荷密度 $\sigma_{2\mathrm{P}} > 0$ の正の分極電荷がそれぞれ現れる．

誘電体1, 2中の電界 $\vec{E}_1(\mathrm{P}), \vec{E}_2(\mathrm{P})$ は，

$$\vec{E}_1 = -\frac{\sigma_{1\mathrm{F}}}{\varepsilon_1}\vec{k}, \quad \vec{E}_2 = -\frac{\sigma_{\mathrm{F}2}}{\varepsilon_2}\vec{k} \tag{3.4.12}$$

である．各電界は2つの誘電体の接触面に平行であるので，電荷の強さに関する境界条件より，$\vec{E}_1 = \vec{E}_2$ であるので，

$$\frac{\sigma_{1\mathrm{F}}}{\varepsilon_1} = \frac{\sigma_{2\mathrm{F}}}{\varepsilon_2}$$

となり，

$$\begin{aligned} V &= -\int_{\text{下部電極板面}}^{\text{上部電極板面}} \vec{E}_1 \cdot d\vec{s} = -\int_{\text{下部電極板面}}^{\text{上部電極板面}} \vec{E}_2 \cdot d\vec{s} \\ &= \frac{\sigma_{\mathrm{F}1}}{\varepsilon_1}t = \frac{\sigma_{\mathrm{F}2}}{\varepsilon_2}t \end{aligned} \tag{3.4.13}$$

となるので，それぞれの誘電体内の電束密度 $\vec{D}_1, \vec{D}_2$ は (3.4.12), (3.4.13) 式より，

$$\begin{aligned} \vec{D}_1(\mathrm{P}) &= \varepsilon_1 E_1(\mathrm{P}) = -\varepsilon_1\frac{V}{t}\vec{k}\,[\mathrm{C/m^2}] \\ \vec{D}_2(\mathrm{P}) &= \varepsilon_2 E_2(\mathrm{P}) = -\varepsilon_2\frac{V}{t}\vec{k}\,[\mathrm{C/m^2}] \end{aligned} \tag{3.4.14}$$

となる．

(2)　上部電極板に現れる全電荷 $Q_{\text{上}}$ は，

$$\begin{aligned} Q_{\text{上}} &= \varepsilon_1\frac{V}{t}S_1 + \varepsilon_2\frac{V}{t}S_2 \\ &= \frac{V}{t}(\varepsilon_1 S_1 + \varepsilon_2 S_2) \end{aligned}$$

となるので，このコンデンサの静電容量 C は，

$$\begin{aligned} C &= \frac{Q_{\text{上}}}{V} \\ &= \frac{\varepsilon_1 S_1 + \varepsilon_2 S_2}{t}\,[\mathrm{F}] \end{aligned} \tag{3.4.15}$$

となる．すなわち，このコンデンサの静電容量は電極板間隔 t [m]，電極板面積がそれぞれ S_1 [m^2], S_2 であり，誘電率がそれぞれ ε_1 [F/m]，ε_2 の誘電体を挿入した2つのコンデンサを並列に接続したときと等しくなる． ■

例題3.6の結果を拡張すると，上下電極板間隔 t [m]，電極板面積 S [m^2] の真空コンデンサに厚さが t [m]，誘電率がそれぞれ $\varepsilon_1, \varepsilon_1, \ldots, \varepsilon_N$ [F/m]，電極板に接する部分の面積がそれぞれ $S_1, S_2, \ldots, S_N$ [m^2] であり，$S = \sum_{i=1}^{N} S_i$ である直方体形状の N 個の誘電体 $1, \ldots, N$ を接触面で間隙が生じないように挿入したコンデンサの静電容量 C は，(3.4.15) 式より，

$$C = \frac{\sum_{i=1}^{N} \varepsilon_i S_i}{t}\,[\mathrm{F}] \tag{3.4.16}$$

となる．

3.5　誘電体がある静電界の静電エネルギー

誘電率が ε [F/m] の誘電体に電気双極子以外に，誘電体中の点 Q_1, Q_2 にそれぞれ 1 個ずつの点電荷 q_1 [C], q_2 がある場合には，静電エネルギー W [J] は，(3.3.13) 式より，

$$W = \frac{1}{4\pi\varepsilon} q_1 q_2 \frac{1}{|\vec{r}_{\mathrm{Q}_1} - \vec{r}_{\mathrm{Q}_2}|}$$

となる．また，点電荷が N 個存在する場合には点電荷の全静電エネルギー W は，

$$W = \frac{1}{2} \sum_{k=1}^{N} q_k V_k$$

となる．ただし $\vec{r}_k$, V_k [V] はそれぞれ点電荷 q_k [C] が存在する位置，その位置での q_k 以外の電荷による電位である．電荷が連続的に分布している場合には，誘電体内の点 Q における自由電荷密度を $\rho_{\mathrm{F}}(\mathrm{Q})$ [C/m^3]，微小体積要素 $dv(\mathrm{Q})$ とすると，$dv(\mathrm{Q})$ 内の自由電荷は $\rho_{\mathrm{F}}(\mathrm{Q})\,dv(\mathrm{Q})$ [C] である．したがってこの電荷の静電エネルギーを $dW(\mathrm{Q})$ とすると，

$$dW(\mathrm{Q}) = \frac{1}{2}\rho_{\mathrm{F}}(\mathrm{Q})\,dv(\mathrm{Q})V(\mathrm{Q}) \tag{3.5.1}$$

である．ただし $V(\mathrm{Q})$ は $\rho_{\mathrm{F}}(\mathrm{Q})\,dv(\mathrm{Q})$ 以外の全電荷による点 Q における電位である．したがって全電荷の W は，

$$W = \iiint_{\text{全空間}} dW(\mathrm{Q}) = \frac{1}{2}\iiint_{\text{全空間}} \rho_{\mathrm{F}}(\mathrm{Q})\,dv(\mathrm{Q})V(\mathrm{Q}) \tag{3.5.2}$$

となる．1 個の点電荷の場合には，この定義式を用いると $\rho_{\mathrm{F}}(\mathrm{Q})$ は δ 関数となり，自己静電エネルギーが得られることになる．$\rho_{\mathrm{F}}(\mathrm{Q}) = \vec{\nabla}\cdot D(\mathrm{Q})$ であるので，

$$\frac{1}{2}\iiint_{\text{全空間}} \rho_{\mathrm{F}}(\mathrm{Q})\,dv(\mathrm{Q})V(\mathrm{Q}) = \frac{1}{2}\iiint_{\text{全空間}} V(\mathrm{Q})(\vec{\nabla}\cdot D(\mathrm{Q}))\,dv(\mathrm{Q})$$

となり，

$$\vec{\nabla}\cdot(V(\mathrm{Q})\vec{D}(\mathrm{Q})) = (\vec{\nabla}V(\mathrm{Q}))\cdot\vec{D}(\mathrm{Q}) + V(\mathrm{Q})(\vec{\nabla}\cdot\vec{D}(\mathrm{Q}))$$

であるので，

$$V(\mathrm{Q})(\vec{\nabla}\cdot\vec{D}(\mathrm{Q})) = \vec{\nabla}\cdot(V(\mathrm{Q})\vec{D}(\mathrm{Q})) - (\vec{\nabla}V(\mathrm{Q}))\cdot\vec{D}(\mathrm{Q})$$

となり，

$$\begin{aligned}
&\iiint_{\text{全空間}} V(\mathrm{Q})(\vec{\nabla}\cdot\vec{D}(\mathrm{Q}))\,dv(\mathrm{Q}) \\
&= \iiint_{\text{全空間}} \vec{\nabla}\cdot(V(\mathrm{Q})\vec{D}(\mathrm{Q}))\,dv(\mathrm{Q}) - \iiint_{\text{全空間}} (\vec{\nabla}V(\mathrm{Q}))\cdot\vec{D}(\mathrm{Q})\,dv(\mathrm{Q}) \\
&= \oint\!\!\oint_{\text{無現遠面}} V(\mathrm{Q})\vec{D}(\mathrm{Q})\cdot d\vec{S}(\mathrm{Q}) + \iiint_{\text{全空間}} \vec{E}(\mathrm{Q})\cdot\vec{D}(\mathrm{Q})\,dv(\mathrm{Q})
\end{aligned}$$

となるが，右辺 1 項目の面積分は，もし電荷が有限な範囲で存在している場合には，無限遠点において電位 $V(\mathrm{Q})$ は電荷の重心からの距離に反比例し，電界 $\vec{E}(\mathrm{Q})$ は 2 乗に反比例し，微小面積要素 $d\vec{S}(\mathrm{Q})$ は距離の 2 乗に比例するので，$V(\mathrm{Q})\vec{D}(\mathrm{Q})\cdot d\vec{S}(\mathrm{Q})$ は距離に反比例し，0 となる．したがって W は，

$$W = \frac{1}{2}\iiint_{\text{全空間}} \vec{E}(\mathrm{Q}) \cdot \vec{D}(\mathrm{Q})\, dv(\mathrm{Q}) \tag{3.5.3}$$

となる．誘電体中に導体が存在する場合には，導体表面の電荷を考慮する必要がある．そのとき W は，

$$W = \frac{1}{2}\iiint_{\text{全空間}} \vec{E}(\mathrm{Q}) \cdot \vec{D}(\mathrm{Q})\, dv(\mathrm{Q}) + \frac{1}{2}\iint_{\text{全導体表面}} V(\mathrm{Q})\sigma(\mathrm{Q})\, dS(\mathrm{Q}) \tag{3.5.4}$$

となる．

ところで，誘電体を外部電界中に置くと，誘電体を構成する電気双極子にトルクが働き分極 $\vec{P}$ が生じ，分極電荷が生じるとともに，誘電体にポテンシャルエネルギー W_{P} が蓄えられる．分極電荷は電束密度の発散に寄与しないので，(3.5.3) 式にはポテンシャルエネルギーが含まれていない．しかし，外部電界が存在する誘電体のある空間の全エネルギーにポテンシャルエネルギーも加える必要がある．

例題3.7

図3.20 に示すように，厚さ t [m]，面積 S [m^2]，誘電率 ε [F/m] の誘電体を平行平板真空コンデンサに挿入し，電極板と隙間なく接触させて誘電体入コンデンサを形成する．誘電体は表面および内部に自由電荷を持たないとする．2 枚の電極に直流電源を同図に示すように接続して電圧 V [V] を印加したときのコンデンサの静電エネルギー W を求めよ．

【解答】　直流電圧 V [V] を印加したとき，自由電荷が電源から送り出され上下電極板上にそれぞれ表面電荷密度 $\pm\sigma_{\mathrm{F}}$ [C/m^2] で連続的に分布する．上部電極板上の点 Q における微小面積要素を $dS(\mathrm{Q})$ とすると $dS(\mathrm{Q})$ 内の自由電荷は $\sigma_{\mathrm{F}}\, dS$ [C] である．上部電極板上の全自由電荷による静電エネルギー $W_{\text{上部電極板}}$ [J] は (3.5.2) 式より，

$$\begin{aligned} W_{\text{上部電極板}} &= \iint_{\text{上部電極板}} dW(\mathrm{Q}) = \frac{1}{2}\iint_{\text{上部電極板}} \sigma_{\mathrm{F}}\, dS(\mathrm{Q}) V(\mathrm{Q}) \\ &= \frac{1}{2}\sigma_{\mathrm{F}} \iint_{\text{上部電極板}} V(\mathrm{Q})\, dS(\mathrm{Q}) \end{aligned}$$

である．上部電極板の $V(\mathrm{Q})$ は電極板の任意の位置で V [V] であるので，$W_{\text{上部電極板}}$ は，

$$W_{\text{上部電極板}} = \frac{1}{2}\sigma_{\mathrm{F}} V \iint_{\text{上部電極板}} dS(\mathrm{Q}) = \frac{1}{2}V\sigma_{\mathrm{F}}S \tag{3.5.5}$$

となる．下部電極板上の全自由電荷による静電エネルギー $W_{\text{下部電極板}}$ は，下部電極板の電位 $V(\mathrm{Q})$ が電極板の任意の位置で 0 V であるので，

$$W_{\text{下部電極板}} = 0\,[\mathrm{J}] \tag{3.5.6}$$

である．このコンデンサの全静電エネルギー W は (3.5.5), (3.5.6) 式より，

$$W = W_{\text{上部電極板}} + W_{\text{下部電極板}} = \frac{1}{2}V\sigma_{\mathrm{F}}S + 0 = \frac{1}{2}V\sigma_{\mathrm{F}}S \equiv \frac{1}{2}VQ \tag{3.5.7}$$

となる．(3.4.5), (3.4.6) 式より，$\sigma_{\mathrm{F}} = \varepsilon\frac{V}{t}$, $C_{\mathrm{D}} = \varepsilon\frac{S}{t}$ であるので (3.5.7) 式より，

$$W = \frac{1}{2}V\sigma_{\mathrm{F}}S = \frac{1}{2}V\varepsilon\frac{V}{t}S = \frac{1}{2}\frac{\varepsilon S}{t}V^2 = \frac{1}{2}C_{\mathrm{D}}V^2 \tag{3.5.8}$$

となる．ただし，電位には基準電位に関する任意性があるが，

$$
\begin{aligned}
W &= \frac{1}{2}\iint_{\text{上下電極板}} \sigma(\mathrm{Q})V(\mathrm{Q})\,dS(\mathrm{Q}) \\
&= \frac{1}{2}\sigma_{\mathrm{F}}V_{\text{上部電極板}}\iint_{\text{上部電極板}} dS(\mathrm{Q}) + \frac{1}{2}(-\sigma_{\mathrm{F}})V_{\text{下部電極板}}\iint_{\text{下部電極板}} dS(\mathrm{Q}) \\
&= \frac{1}{2}\sigma_{\mathrm{F}}S(V_{\text{上部電極板}} - V_{\text{下部電極板}}) = \frac{1}{2}\sigma_{\mathrm{F}}SV
\end{aligned}
$$

となるので，基準点を任意に設けても，W は 2 つの電極板の電位差で決まる．

次に W を (3.5.3) 式を用いて求めてみよう．**図3.20** に示すように空間座標を設定する．上下電極板間の点 Q における $\vec{E}(\mathrm{Q})$ および $\vec{D}(\mathrm{Q})$ はそれぞれ，

$$
\vec{E}(\mathrm{Q}) = -\frac{V}{t}\vec{k}, \quad \vec{D}(\mathrm{Q}) = -\varepsilon\frac{V}{t}\vec{k}
$$

であるので W は，

$$
\begin{aligned}
W &= \frac{1}{2}\iint_{\text{極板}}\int_{z=0}^{t}\left(-\frac{V}{t}\vec{k}\right)\cdot\left(-\varepsilon\frac{V}{t}\vec{k}\right)dz\,dS = \frac{1}{2}\varepsilon\left(\frac{V}{t}\right)^2 tS \\
&= \frac{1}{2}\frac{\varepsilon S}{t}V^2 = \frac{1}{2}C_{\mathrm{D}}V^2
\end{aligned}
$$

となり，(3.5.8) 式と一致する．

上下電極板間隔 t [m]，電極板面積 S [m^2] の真空コンデンサの極板間に電圧 V を印加したとき，真空コンデンサに誘電率 ε [F/m] の誘電体を間隙なく挿入すると，この誘電体入コンデンサの静電エネルギー W_{D} は，

$$
W_{\mathrm{D}} = \frac{1}{2}\frac{\varepsilon S}{t}V^2 \tag{3.5.9}
$$

となる．したがって，真空コンデンサに誘電体を挿入するとき静電エネルギーの変化量 ΔW は，真空コンデンサの静電エネルギーを W_{V}（(3.5.9) 式の ε を ε_0 としたもの）とすると，

$$
\begin{aligned}
\Delta W = W_{\mathrm{D}} - W_{\mathrm{V}} &= \frac{1}{2}\frac{\varepsilon S}{t}V^2 - \frac{1}{2}\frac{\varepsilon_0 S}{t}V^2 \\
&= \frac{1}{2}\frac{S}{t}(\varepsilon - \varepsilon_0)V^2 = \frac{1}{2}St(\varepsilon - \varepsilon_0)\frac{V^2}{t^2} \\
&= \frac{1}{2}St(\varepsilon - \varepsilon_0)E^2 = \frac{1}{2}St\vec{E}\cdot\vec{P}
\end{aligned} \tag{3.5.10}
$$

となる．ただし，$\vec{P}$ は誘電体中で電極板間の電界による分極であり，St は誘電体の体積である．ところで，誘電体は電極板間に電圧を印加することにより分極するので，電源は分極のために仕事をする必要がある．その仕事はコンデンサに蓄えられることになる．この仕事は誘電体のポテンシャルエネルギー W_{P} であるのでその符号は負であり，(3.2.1) 式を参考にすると，

$$
W_{\mathrm{P}} = -St\vec{P}\cdot\vec{E} \tag{3.5.11}
$$

となる．したがって，コンデンサの全エネルギー $W_{\text{全}}$ に W_{P} まで含めると，真空コンデンサと誘電体入コンデンサの全エネルギーの変化量 $\Delta W_{\text{全}}$ は (3.5.10), (3.5.11) 式より，

$$
\begin{aligned}
\Delta W_{\text{全}} = \Delta W + W_{\mathrm{P}} &= \frac{1}{2}St\vec{E}\cdot\vec{P} - St\varepsilon_0\vec{E}\cdot\vec{P} \\
&= -\frac{1}{2}St(\varepsilon - \varepsilon_0)E^2 < 0\,[\mathrm{J}]
\end{aligned} \tag{3.5.12}
$$

となる．すなわち，印加電圧が一定の場合，真空コンデンサに誘電体を挿入する方が，エネルギーが減少し，その分だけ電源にエネルギーが戻されることになる．■

3.6 誘電体に働く力

誘電体が自由電荷を含まないときは，誘電体を電界 $\vec{E}_{\mathrm{ext}}$ [V/m] 中に置くと，誘電体中の電気双極子にクーロン力が働きトルクが発生して，電気双極子モーメントの方向・向きを $\vec{E}_{\mathrm{ext}}$ のそれに平行になろうとして $\vec{E}_{\mathrm{ext}}$ に比例する分極 $\vec{P}$ [C/m^2] が発生する．誘電体が分極しているか否かにかかわらず誘電体を構成する正・負の電荷には，それらが置かれている位置での電界によりクーロン力が働く．**図3.23** に示すように分極が一様な場合には誘電体内部の正・負の電荷は外部電界の方向に交互に規則正しく配列していると考えられる．表面には正あるいは負の電荷が露出している．正の電荷層と負の電荷層の間には交互に $\vec{E}_{\mathrm{ext}}$ と逆向きに電界が発生する．これが反電界 $\vec{E}_1$ に相当する．巨視電界 $\vec{E}$ により正・負電荷層に働くクーロン力は，互いに相殺されて $\vec{0}$ N になる．すなわち，誘電体が一様に分極した場合には誘電体にはクーロン力は正味働かない．このことは分極電荷が電束密度の発散に寄与しないことと同じである．しかし，誘電体を外部電界中に置くことによりポテンシャルエネルギーが変化することに注意が必要である．すなわち，誘電体を挿入することによりポテンシャルエネルギーを含む系の全エネルギーが増加する場合には誘電体を排除する力が働き，逆に低下する場合には，誘電体を引き込む力が働くであろうということである．多くの場合，誘電体に働く力を求めるために**仮想変位法**が用いられている．しかし，仮想変位法の適用には注意が必要である．仮想変位法では，まず仮想変位を適用する対象が妥当であること，そしてエネルギーを正確に求める必要があることである．特に誘電体や磁性体が存在する場合にはポテンシャルエネルギーを必ず考慮する必要があることである．本書では，力を求める場合はクーロンの法則が第一原理であることを考慮している．しかしクーロンの法則を直接用いても解の導出が困難な場合には，仮想変位法を適用して解を求めようとしても実際には困難なはずである．しかし，先に述べたように，仮想変位法が多くの場合に用いられていることもあるので，両方法の比較を行うことを心掛けた．

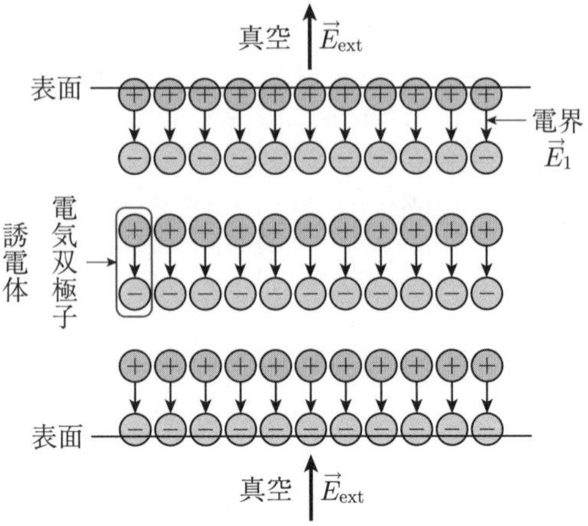

図3.23

ところで，**図3.18, 3.19** に示した誘電体を含まない真空コンデンサに電圧 V [V] を印加したとき，電位の高いほうの電極板の単位面積に働く力 $\vec{F}$ は

$$\vec{F} = \frac{1}{2}\varepsilon_0 \left(\frac{V}{t}\right)^2 \vec{k} = \frac{1}{2}\sigma_{\mathrm{V}}\vec{E}\,[\mathrm{N}]$$

であり，電位の低いほうの電極板の単位面積に働く力 $\vec{F}$ は

$$\vec{F} = -\frac{1}{2}\varepsilon_0 \left(\frac{V}{t}\right)^2 \vec{k} = -\frac{1}{2}\sigma_{\mathrm{V}}\vec{E}\,[\mathrm{N}]$$

である．ただし，t [m] は極板間距離，$\vec{k}$ は電極板の単位法線ベクトル，σ_{V} [C/m^2] は電極板の表面電荷密度である．ここで係数 $\frac{1}{2}$ がなぜ付くのか? それは，3.4 節で述べたように，電極板間の電界は $\vec{E}$ であるが，これは 1 枚の電極板上に存在する表面電荷による電界は $\vec{E}$ ではなく $\frac{1}{2}\vec{E}$ であり，2 枚の対向する電極上の表面電荷による電界を重ね合わせると $\vec{E}$ になるのである．1 枚の電極板に働く力は，電極板上の電荷に働く力であり，それに関与する電界は対向する電極板上の表面電荷による電界 $\frac{1}{2}\vec{E}$ によるものである．もちろん 1 枚の電極板上の表面電荷は互いにクーロン力が働いているが，それらは全体的には打ち消されて 0 N となる．

例題3.8

図3.20 に示すように，厚さ t [m]，面積 S [m^2]，誘電率 ε [F/m] の誘電体を電極板に挿入し，隙間なく接触させて誘電体入コンデンサを形成する．誘電体は表面および内部に自由電荷を持たないとする．2 枚の電極板に直流電源を同図に示すように接続して電圧 V [V] を印加したとき，各電極板に働く力 $\vec{F}$ を求めよ．

【解答】　電圧 V [V] を印加したとき，上下電極板内表面の自由電荷密度は (3.4.5), (3.4.6) 式よりそれぞれ，

$$\sigma_{\mathrm{F}} = \varepsilon\frac{V}{t}, \quad -\sigma_{\mathrm{F}}\,[\mathrm{C/m^2}] \tag{3.6.1}$$

である．これらの上下電極板内表面の表面電荷間でクーロン引力が働き，誘電体に圧縮力が働く．これらの表面電荷による電界 $\vec{E}_{\mathrm{D}}$ は真空コンデンサの $\vec{E}_{\mathrm{V}}$ と同じであり，

$$\vec{E}_{\mathrm{D}} = \vec{E}_{\mathrm{V}} = -\frac{\sigma_{\mathrm{F}}}{\varepsilon}\vec{k} = -\frac{\sigma_{\mathrm{V}}}{\varepsilon_0}\vec{k} \tag{3.6.2}$$

である．ただし，σ_{V}, $\vec{k}$ はそれぞれ真空コンデンサの上部電極板内表面の表面電荷密度，単位法線ベクトルである．**図3.24 (a)** に示すように，電極板間に誘電体がある場合でも真空の場合と同様に，**図3.24 (b)** に示すように，導体を取り去ってその代わりに誘電率が ε の誘電体で満たし，電極板の表面と同じ位置に電荷層 σ_{F}, $-\sigma_{\mathrm{F}}$ を置くと，それぞれが電極板間に $\frac{1}{2}\vec{E}_{\mathrm{D}}$ の電界を形成する．これらを重ね合わせれば **図3.24 (a)** に示すように，電極板間には同じ電界 $\vec{E}_{\mathrm{D}}$ が形成される．したがって，上下電極板間に働く力はそれぞれ，

$$\vec{F}_{\text{上部電極板}} = \frac{1}{2}\vec{E}_{\mathrm{D}}\sigma_{\mathrm{F}}S = \frac{1}{2}\frac{V}{t}\vec{k}\varepsilon\frac{V}{t}S = \frac{1}{2}\varepsilon S\left(\frac{V}{t}\right)^2\,[\mathrm{N}] \tag{3.6.3}$$

$$\vec{F}_{\text{下部電極板}} = -\frac{1}{2}\vec{E}_{\mathrm{D}}\sigma_{\mathrm{F}}S = -\frac{1}{2}\varepsilon S\left(\frac{V}{t}\right)^2\,[\mathrm{N}] \tag{3.6.4}$$

となる．すなわち，真空の場合の $\frac{\varepsilon}{\varepsilon_0}$ 倍となる．このときも，コンデンサは並進運動をしない．

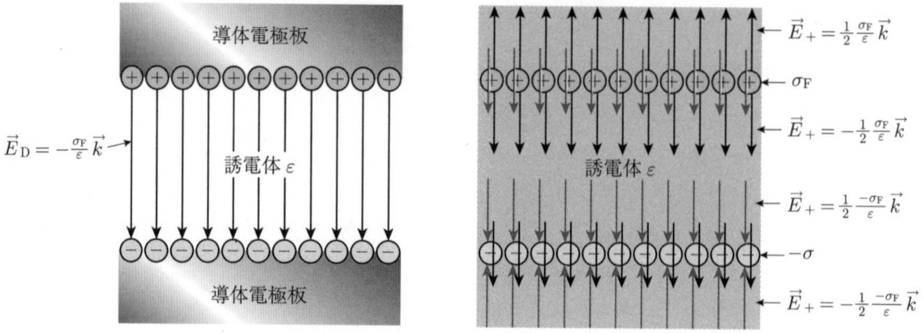

(a)　　(b)

図3.24

例題3.9

図3.25 に示すように，真空中において，上下電極板間隔 t [m]，電極板面積 $S = a \times b$ [m^2] の真空コンデンサに面積 $S_{\mathrm{D}} = d \times b$ [m^2]（$d > a$），厚さ t [m]，誘電率 ε [F/m] の誘電体板の一部を図に示すように真空コンデンサに c [m] 挿入する．電極板間に直流電圧 V [V] を印加したとき，誘電体に働く力 $\vec{F}$ を求めよ．

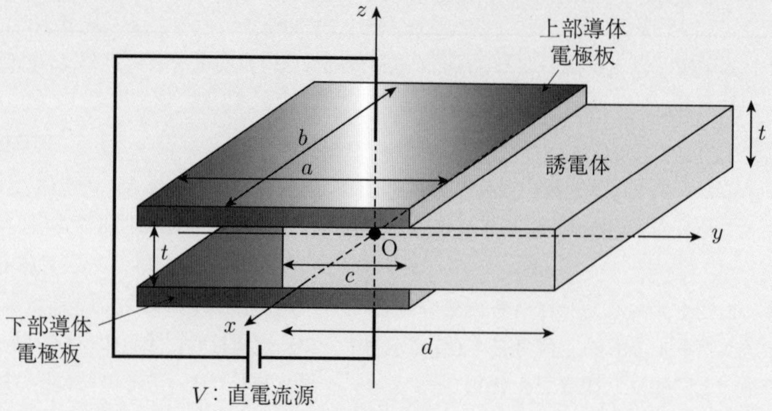

図3.25

【解答】　この問題は，演習書で取り扱われることが多い．しかし，内容を理解することが難しい問題の一つである．誘電体平板に働く力の一つは (3.6.3), (3.6.4) 式で表されるように誘電体と接触している部分において，各電極板上に存在する表面電荷による電極板間に働くクーロン引力 $\vec{F}$ [N] により誘電体平板に働く圧縮力である．この力は誘電体平板面に垂直な方向である．したがって，この力により誘電体は並進運動をしない．もう一つの力は，例題 3.7 で説明したように，真空コンデンサに誘電体を挿入したほうがコンデンサの全エネルギーが低くなるので，誘電体が挿入される横方向の引き込まれる向きに力が働くと予想される．ここでは，この力を求めてみよう．その場合，コンデンサ内に誘電体を引き込むクーロン力の根源は何なのであろうか．一般の教科書・演習書ではほとんど説明がないように思われる．電荷間に働く力はクーロン力のみである．コンデンサの上下電極板上の表面電荷により形成された電界は電極板に垂直な方向であるので，分極が生じるのは誘電体の真空コンデンサに挿入された部分のみである．分極電荷にはクーロン力は働かないが，誘電体中の個々の電荷には電極板上のすべての表面電荷によりクーロン力が働く．本問題の場合，誘電体中の個々の電荷に働くクーロン力を模式図化したものが**図3.26**に示されている．誘電体と接触している電極板の内表面には，電極板間電圧 V になるように自由電荷が，誘電体と接触していない領域より多く電源より供給されている．誘電体の内，電極板間にある領域では分極 $\vec{P}$ [C/m^2] で分極しているが，外部では分極は $\vec{P}=\vec{0}$ [C/m^2] である．分極している領域では正と負の電荷が模式的には層状に配列していると考えられる．この層状電荷と，誘電体と接触していない電極板上の自由電荷の間にクーロン引力と斥力が交互に働き，個々のクーロン力を平均化したものはおそらくクーロン引力となるであろう．なぜならば，**図3.26**に示すように上部電極板の自由電荷は正電荷であり，誘電体の最上部の層状電荷は負電荷であり，互いに最近接であるからである．下部電極板についても同様である．誘電体外部では，電気双極子が無秩序に配向しているのでクーロン力を平均化したものは 0 N となる．しかし，電極板表面の自由電荷と層状電荷の間の全クーロン力を求めることは困難である．したがって，ここでは誘電体に働く力を仮想変位の方法で求めよう．この問題の場合には誘電体形状を変化させずにその位置だけを変位させるので，仮想変位の方法の使用は妥当であると考えられる．

図3.25に示すように空間座標を設定する．真空コンデンサに誘電体が挿入されると，各電極板に現れる表面電荷は挿入長 c によって変化する．その結果，誘電体を挿入したコ

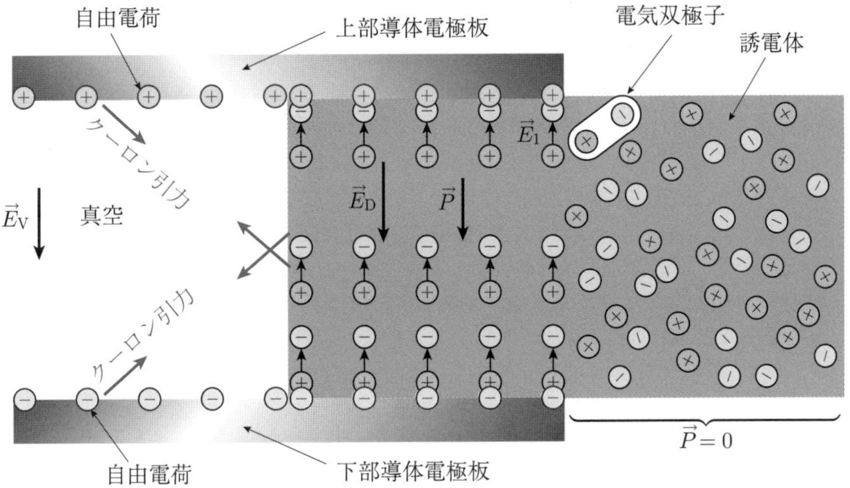

図3.26

ンデンサの静電エネルギーも変化する．静電エネルギーを最も簡単に求める方法として，例題 3.4 で示したように誘電体を挿入したコンデンサの静電容量 C [F] が誘電体を挿入していない領域の真空コンデンサと，誘電体を挿入した領域のコンデンサの並列接続になっていることを利用する．それぞれの静電容量を C_{V} および C_{D} とする．全静電エネルギー W [J] はそれぞれのコンデンサの静電エネルギー $W_{\mathrm{V}}, W_{\mathrm{D}}$ に，誘電体を挿入した部分の新たなポテンシャルエネルギー W_{P} が加わる（真空は分極しない）ので，

$$\begin{aligned} W &= W_{\mathrm{V}} + W_{\mathrm{D}} + W_{\mathrm{P}} \\ &= \tfrac{1}{2}C_{\mathrm{V}}V^2 + \tfrac{1}{2}C_{\mathrm{D}}V^2 - \tfrac{bc}{t}(\varepsilon - \varepsilon_0)V^2 \end{aligned} \tag{3.6.5}$$

である．静電容量 C_{V} および C_{D} は (3.4.7) 式よりそれぞれ，

$$C_{\mathrm{V}} = \tfrac{\varepsilon_0 S_{\mathrm{V}}}{t} = \tfrac{\varepsilon_0(a-c)b}{t}, \quad C_{\mathrm{D}} = \tfrac{\varepsilon S_{\mathrm{D}}}{t} = \tfrac{\varepsilon bc}{t} \tag{3.6.6}$$

であるので (3.6.5) 式は，

$$\begin{aligned} W &= \tfrac{1}{2}C_{\mathrm{V}}V^2 + \tfrac{1}{2}C_{\mathrm{D}}V^2 - \tfrac{S}{t}(\varepsilon - \varepsilon_0)V^2 \\ &= \tfrac{1}{2}\left\{\tfrac{\varepsilon_0(a-c)b}{t} + \tfrac{\varepsilon bc}{t} - 2\tfrac{(\varepsilon-\varepsilon_0)bc}{t}\right\}V^2 \end{aligned} \tag{3.6.7}$$

となる．

2 つのコンデンサの境界面の y 座標を y とし，y を y 軸の正の向きに dy だけ移動させるときの W の変化量を dW とすると，(3.6.7) 式より，

$$\begin{aligned} dW &= \tfrac{\partial}{\partial y}\tfrac{1}{2}\big\{\varepsilon_0 y + \varepsilon(a-y) - 2(\varepsilon-\varepsilon_0)(a-y)\big\}\tfrac{b}{t}V^2\,dy \\ &= \tfrac{1}{2}\big\{\varepsilon_0 - \varepsilon + 2(\varepsilon - \varepsilon_0)\big\}\tfrac{b}{t}V^2\,dy \\ &= \tfrac{1}{2}(\varepsilon - \varepsilon_0)\tfrac{b}{t}V^2\,dy \end{aligned} \tag{3.6.8}$$

となる．移動させるときに誘電体に働く力 $\vec{F}$ を，

$$\vec{F} \equiv -\tfrac{dW}{dy}(0,1,0) = -\tfrac{dW}{dy}\vec{j} \tag{3.6.9}$$

と定義すると，(3.6.8) 式より，

$$\begin{aligned} \vec{F} &= -\tfrac{1}{2}(\varepsilon - \varepsilon_0)\tfrac{b}{t}V^2\vec{j} \\ &= -\tfrac{1}{2}(\varepsilon - \varepsilon_0)|\vec{E}|^2 tb\vec{j}\ [\mathrm{N}] \end{aligned} \tag{3.6.10}$$

となる．ただし $\vec{E}$ は電極板間の電界である．また tb は誘電体の真空コンデンサへの挿入口の断面積である．向きは誘電体が真空コンデンサに引き込まれる向きである．力の大きさは挿入長とは無関係で一定である．これは，**図3.26** に示すように誘電体の挿入長 c が増加した場合，誘電体が接触していない電極板上の自由電荷は減少するが，誘電体中の層状電荷は分極する領域が広くなるので増加するためである．力の大きさは印加電圧 V が一定であれば誘電体の誘電率 ε が大きいほど大きい．挿入長 c が電極板の幅 a と等しくなったときに $\vec{F} = \vec{0}$ [N] となる．これは，誘電体が接触していない電極板の領域の面積が $0\,\mathrm{m}^2$ となるため，クーロン力に寄与する自由電荷がなくなるためである．■

3.7　誘電体がある静電界の特殊解法

2.6 節で述べたように真空以外に導体や誘電体が存在する場合，静電界の問題を解くことは困難である．本章では誘電体と空間中の電荷との相互作用について述べるが，静電界の解を解析的に求めることは不可能である．その場合には，解を仮定して問題を解き，得られた解に，境界条件を含めて，矛盾がないかを確認し，正しい解であると認められた場合には，解の一意性の定理よりそれが唯一の解であると認める．導体形状が平面，円柱，球形である場合には，解を仮定しやすいが，それ以外の場合には解を見いだすのは不可能といってよいであろう．ただし近似解を得ることは可能である場合がある．

点電荷と誘電体の場合にも代用電荷を置いて問題を解くことができる．

例題3.10

図3.27 に示すように，誘電率がそれぞれ ε_1 [F/m] および ε_2 [F/m] である半無限平面誘電体 1, 2 が，平面部分に間隙が生じないように接触している．誘電体 1 中の境界面から a [m] 離れた位置にある点 Q に点電荷 q [C] を置く．

(1)　各誘電体中の任意の点 P における電界 $\vec{E}(\mathrm{P})$ を求めよ．

(2)　点電荷 q に働く力 $\vec{F}_q(\mathrm{Q})$ を求めよ．

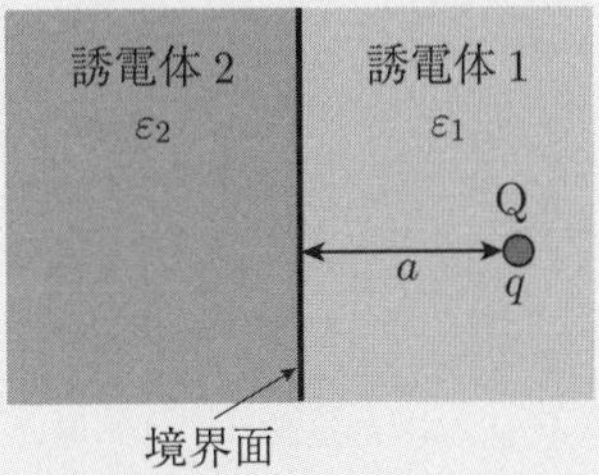

図3.27

【解答】　(1)　それぞれの誘電体の表面における電束密度の法線成分と電位に関する境界条件，

$$\varepsilon_1 \vec{\nabla} V_1 \cdot \vec{n}_1(\mathrm{P}_1) = \varepsilon_2 \vec{\nabla} V_2 \cdot \vec{n}_2(\mathrm{P}_2) \tag{3.7.1}$$

$$V_1(\mathrm{P}_1) = V_2(\mathrm{P}_2) \tag{3.7.2}$$

を用いると便利である．すなわち，電位はスカラー関数であり電界ベクトルのように接線成分を求める必要がないので計算が容易であるからである．解法として，2.6 節で説明した方法を使用する．

1.（誘電体 1 中に観測点 P を置いた場合）　図3.28 に示すように，空間座標を設定する．誘電体 2 を誘電体 1 に置き換えて，代わりに境界面を挟んで対称な位置にある点 Q′ に点電荷 q' [C] を置く．2 つの点電荷による点 P における電位 $V_1'(\mathrm{P})$ は，

$$V_1'(\mathrm{P}) = \frac{1}{4\pi\varepsilon_0}\frac{q}{|\vec{r}_\mathrm{P} - \vec{r}_\mathrm{Q}|} + \frac{1}{4\pi\varepsilon_0}\frac{q'}{|\vec{r}_\mathrm{P} - \vec{r}_{\mathrm{Q}'}|} \tag{3.7.3}$$

である．各点の空間座標を，

$\vec{r}_\mathrm{P} = (x, y, z)$，　$\vec{r}_\mathrm{Q} = (a, 0, 0)$，　$\vec{r}_{\mathrm{Q}'} = (-a, 0, 0)$

とすると，

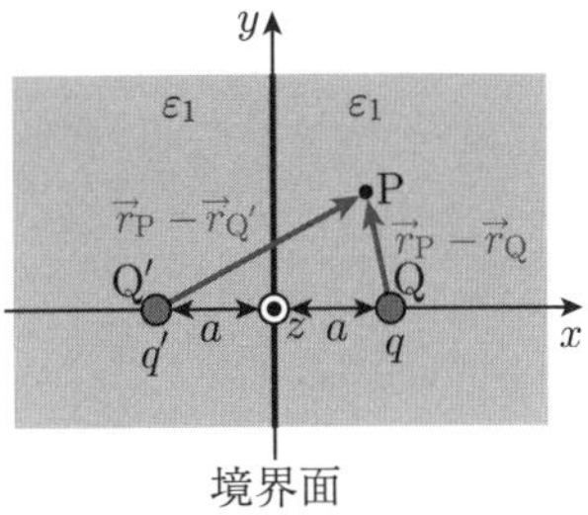

図3.28

$$|\vec{r}_{\mathrm{P}} - \vec{r}_{\mathrm{Q}}| = \left\{(x-a)^2 + y^2 + z^2\right\}^{\frac{1}{2}}$$

$$|\vec{r}_{\mathrm{P}} - \vec{r}_{\mathrm{Q'}}| = \left\{(x+a)^2 + y^2 + z^2\right\}^{\frac{1}{2}}$$

となるので，$V_1'(\mathrm{P})$ は (3.7.3) 式より，

$$V_1'(\mathrm{P}) = \frac{1}{4\pi\varepsilon_1}\frac{q}{\left\{(x-a)^2+y^2+z^2\right\}^{\frac{1}{2}}} + \frac{1}{4\pi\varepsilon_1}\frac{q'}{\left\{(x+a)^2+y^2+z^2\right\}^{\frac{1}{2}}} \tag{3.7.4}$$

となる．また $\vec{\nabla}V_1'(\mathrm{P})$ は，

$$\begin{aligned}\vec{\nabla}V_1'(\mathrm{P}) &= \vec{\nabla}\left[\frac{1}{4\pi\varepsilon_1}\frac{q}{\left\{(x-a)^2+y^2+z^2\right\}^{\frac{1}{2}}} + \frac{1}{4\pi\varepsilon_1}\frac{q'}{\left\{(x+a)^2+y^2+z^2\right\}^{\frac{1}{2}}}\right] \\ &= -\frac{1}{4\pi\varepsilon_1}q\frac{(x-a,y,z)}{\left\{(x-a)^2+y^2+z^2\right\}^{\frac{3}{2}}} - \frac{1}{4\pi\varepsilon_1}q'\frac{(x+a,y,z)}{\left\{(x+a)^2+y^2+z^2\right\}^{\frac{3}{2}}}\end{aligned}$$

となるので，

$$\begin{aligned}&\vec{\nabla}V_1'(\mathrm{P}) \cdot \vec{n}_1 \\ &= -\frac{1}{4\pi\varepsilon_1}q\frac{x-a}{\left\{(x-a)^2+y^2+z^2\right\}^{\frac{3}{2}}} - \frac{1}{4\pi\varepsilon_1}q'\frac{x+a}{\left\{(x+a)^2+y^2+z^2\right\}^{\frac{3}{2}}}\ [\mathrm{V/m}]\end{aligned} \tag{3.7.5}$$

となる．

2. （誘電体 2 中に観測点 P を置いた場合）　**図3.29** のように空間座標を設定する．誘電体 1 を誘電体 2 に置き換えて，代わりに点 Q に点電荷 q'' [C] を置く．点電荷 q'' による点 P における電位 $V_2''(\mathrm{P})$ は，

$$V_2''(\mathrm{P}) = \frac{1}{4\pi\varepsilon_2}\frac{q''}{\left\{(x-a)^2+y^2+z^2\right\}^{\frac{1}{2}}} \tag{3.7.6}$$

となる．また $\vec{\nabla}V_2''(\mathrm{P})$ は，

$$\begin{aligned}\vec{\nabla}V_2''(\mathrm{P}) &= \vec{\nabla}\left[\frac{1}{4\pi\varepsilon_2}\frac{q''}{\left\{(x-a)^2+y^2+z^2\right\}^{\frac{1}{2}}}\right] \\ &= -\frac{1}{4\pi\varepsilon_2}q''\frac{(x-a,y,z)}{\left\{(x-a)^2+y^2+z^2\right\}^{\frac{3}{2}}}\end{aligned}$$

となるので，

$$\vec{\nabla}V_2''(\mathrm{P}) \cdot \vec{n}_2 = -\frac{1}{4\pi\varepsilon_2}q''\frac{x-a}{\left\{(x-a)^2+y^2+z^2\right\}^{\frac{3}{2}}} \tag{3.7.7}$$

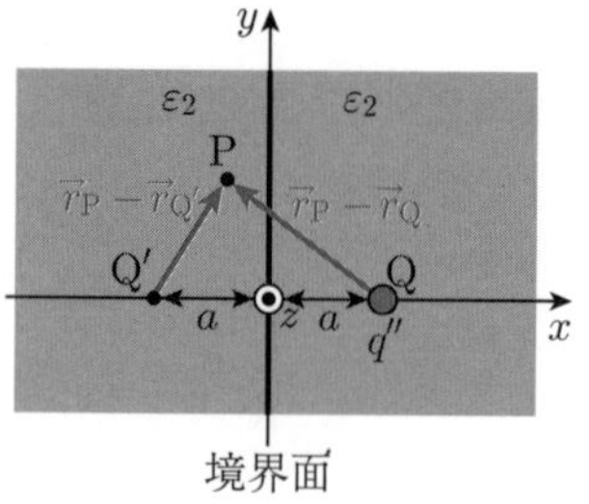

図3.29

となる．

以上の結果に境界条件 (3.7.1), (3.7.2) 式を適用する．境界面では $x=0$ であるので，点 P の座標を $\vec{r}_{\mathrm{P}}=(0,y,z)$ とすると，境界条件 (3.7.1) 式について，(3.7.5), (3.7.7) 式より，

$$\begin{aligned}&\varepsilon_1\frac{1}{4\pi\varepsilon_1}q\frac{a}{(a^2+y^2+z^2)^{\frac{3}{2}}}-\varepsilon_1\frac{1}{4\pi\varepsilon_1}q'\frac{a}{(a^2+y^2+z^2)^{\frac{3}{2}}}\\&=\varepsilon_2\frac{1}{4\pi\varepsilon_2}q''\frac{a}{(a^2+y^2+z^2)^{\frac{3}{2}}}\end{aligned}$$

となるので，

$$q-q'=q'' \tag{3.7.8}$$

となる．次に (3.7.2) 式ついて，(3.7.4), (3.7.6) 式より，

$$\begin{aligned}&\frac{1}{4\pi\varepsilon_1}\frac{q}{(a^2+y^2+z^2)^{\frac{1}{2}}}+\frac{1}{4\pi\varepsilon_1}\frac{q'}{(a^2+y^2+z^2)^{\frac{1}{2}}}\\&=\frac{1}{4\pi\varepsilon_2}\frac{q''}{(a^2+y^2+z^2)^{\frac{1}{2}}}\end{aligned}$$

となるので，

$$\frac{q}{\varepsilon_1}+\frac{q'}{\varepsilon_1}=\frac{q''}{\varepsilon_2} \tag{3.7.9}$$

となる．(3.7.8), (3.7.9) 式より，

$$q'=\frac{\varepsilon_1-\varepsilon_2}{\varepsilon_1+\varepsilon_2}q,\quad q''=\frac{\varepsilon_2}{\varepsilon_1+\varepsilon_2}q \tag{3.7.10}$$

となる．(3.7.10) 式より，各誘電体中の電界を求めると，まず誘電体 1 中では，

$$\begin{aligned}\vec{E}_1(\mathrm{P})&=\frac{1}{4\pi\varepsilon_0}\frac{q(\vec{r}_{\mathrm{P}}-\vec{r}_{\mathrm{Q}})}{|\vec{r}_{\mathrm{P}}-\vec{r}_{\mathrm{Q}}|^3}+\frac{1}{4\pi\varepsilon_0}\frac{q'(\vec{r}_{\mathrm{P}}-\vec{r}_{\mathrm{Q'}})}{|\vec{r}_{\mathrm{P}}-\vec{r}_{\mathrm{Q'}}|^3}\\&=\frac{1}{4\pi\varepsilon_1}\frac{q(x-a,y,z)}{\left\{(x-a)^2+y^2+z^2\right\}^{\frac{3}{2}}}+\frac{1}{4\pi\varepsilon_1}\frac{\frac{\varepsilon_1-\varepsilon_2}{\varepsilon_1+\varepsilon_2}q(x+a,y,z)}{\left\{(x+a)^2+y^2+z^2\right\}^{\frac{3}{2}}}\\&=\frac{1}{4\pi\varepsilon_1(\varepsilon_1+\varepsilon_2)}q\left[\frac{(\varepsilon_1+\varepsilon_2)(x-a,y,z)}{\left\{(x-a)^2+y^2+z^2\right\}^{\frac{3}{2}}}+\frac{(\varepsilon_1-\varepsilon_2)(x+a,y,z)}{\left\{(x+a)^2+y^2+z^2\right\}^{\frac{3}{2}}}\right]\ [\mathrm{V/m}]\end{aligned} \tag{3.7.11}$$

となり，誘電体 2 中では，

$$\begin{aligned}\vec{E}_2(\mathrm{P})&=\frac{1}{4\pi\varepsilon_0}\frac{q''(\vec{r}_{\mathrm{P}}-\vec{r}_{\mathrm{Q}})}{|\vec{r}_{\mathrm{P}}-\vec{r}_{\mathrm{Q}}|^3}\\&=\frac{1}{4\pi\varepsilon_2(\varepsilon_1+\varepsilon_2)}q\frac{2\varepsilon_2(x-a,y,z)}{\left\{(x-a)^2+y^2+z^2\right\}^{\frac{1}{2}}}\ [\mathrm{V/m}]\end{aligned} \tag{3.7.12}$$

となる．

(2)　点 Q における点電荷 q に作用する電界は点 Q$'$ の点電荷 q' によるものだけである．その電界は，(3.7.11) 式の右辺 2 項目を $x=a$, $y=z=0$ としたものである．したがって点電荷 q に働く力 $\vec{F}_q(\mathrm{Q})$ は，(3.7.11) 式より，

$$\vec{F}_q(\mathrm{Q})=\frac{1}{16\pi\varepsilon_1a^2}q^2\frac{\varepsilon_1-\varepsilon_2}{\varepsilon_1+\varepsilon_2}(1,0,0)\,[\mathrm{N}] \tag{3.7.13}$$

となる．検算として誘電体 2 の誘電率が誘電体 1 の誘電率と等しいとき q'' は現れないので $q''=0$ [C] であり，力は 0 N となっているかを確認することが重要である．(3.7.13) 式の結果は確かにそのようになっている．■

3.8 変位電流

実際に存在する誘電体中を自由電荷が運動することは特殊な場合を除いて極めて困難である．したがって特に指定がない限り誘電体中を自由電荷が運動することはできないと考えてよいので，一般的には誘電体は**絶縁体**（insulator）である．それは，電荷が互いに束縛されているために自由に運動することができないからである．したがって電気回路中に回路素子としてコンデンサを接続した場合には，直流ではその大きさが時間に依存しない定常的な電流は流れない．しかし，直流電源にコンデンサのみを接続して電圧をコンデンサに印加した瞬間に電流が一瞬流れるが，その後流れなくなる．では，なぜ一瞬ではあるがコンデンサ中に電流が流れたのであろうか．答えは「流れてない」である．だとしたら，なぜコンデンサ以外の回路に電流が流れたのであろうか？ それは 3.3 節でも説明したように，電源がコンデンサに直流電圧を印加したときにコンデンサの上下電極板間の電位差が電源電圧と等しくなるようにコンデンサの上下電極板に自由電荷を供給するために流れたのである．自由電荷は電極板から誘電体内部に流れ込むことはできないので，電極板に蓄積されただけである．すなわち，コンデンサの部分では電流は途切れており，不連続となっている．真空コンデンサの場合には真空中には見かけ上電荷は存在しないので，電流は電極板に自由電荷を蓄積するためだけに流れ，電極板間には電界が形成されただけである．誘電体を挿入した場合にはさらに付加的な現象として，誘電体中の電気双極子が電界により電気双極子モーメントの向きを電界の向きにそろえようとするトルクをうけて回転運動する．その結果，誘電体表面には分極電荷が生じる．この分極電荷は，直流電源がさらに自由電荷を電極板に供給するために，コンデンサを除く回路に電流を流すことになる．

マクスウェルはこの電流の不連続性に注目して，コンデンサ内には自由電荷の流れではなく，仮想的な電流を流すことにより連続性を持たせようとした．すなわち仮想的な電流の大きさは回路に流れる電流と全く同じであるとしたのである．流れる電流は直流の場合には時間に依存しているのでそれを $I(t)$ とする．コンデンサの電極板間で時間に依存している物理量は，電極板に蓄積される自由電荷量 $\sigma_{\mathrm{F}}(t)$ であり，それと同じ大きさを持つ電束密度 $\vec{D}(t)$ であり両電極板間の空間に存在している．直流電源にコンデンサのみを接続した場合には，電流は一瞬しか流れないので電束密度の時間変化は分かりづらいが静電容量 C [F] のコンデンサと直列に抵抗 R [Ω] を接続して，直流電圧を印加すると，流れる電流 $I(t)$ は，

$$I(t) = \frac{E}{R} e^{-\frac{t}{RC}} \tag{3.8.1}$$

となり，流れはじめて時間がたつと電流は小さくなってゆく．電極板に蓄積される自由電荷量 $\sigma_{\mathrm{F}}(t)$ は電極板の面積を S [m^2] とすると，

$$\begin{aligned} S\sigma_{\mathrm{F}}(t) &= \int_0^t I(t)\,dt = \int_0^t \frac{E}{R} e^{-\frac{t}{RC}}\,dt = \frac{E}{R}(-RC)\left[e^{-\frac{t}{RC}}\right]_0^t \\ &= EC\left(1 - e^{-\frac{t}{RC}}\right) \end{aligned} \tag{3.8.2}$$

である．すなわち電極板に蓄積される電荷量は時間とともに一定値 EC [C] に近づく．逆に，電流は (3.8.1) 式を考慮すると，

$$I(t) = S\frac{d\sigma_{\mathrm{F}}(t)}{dt} \tag{3.8.3}$$

となり，時間とともに 0 A に近づく．$\sigma_{\mathrm{F}}(t)$ は符号が正の場合，$\sigma_{\mathrm{F}}(t) = |\vec{D}(t)|$ であるので，(3.8.3) 式より，

$$I(t) = S\frac{dD(t)}{dt} \tag{3.8.4}$$

となる．電流を電極板の面積 S で割って電流密度 $J(t)$ とし，その向きまで考慮して $\vec{J}(t)$ と表すと，

$$\vec{J}(t) = \frac{d\vec{D}(t)}{dt} \tag{3.8.5}$$

となる．このようにして，コンデンサ内に (3.8.3) 式で定義される電流を流すと電流は至る所で連続となる．$J(t)$ は $\vec{D}(t)$ と関係しているので**電束密度電流密度**（electric flux density current density）あるいは**変位電流密度**（displacement current density）と呼ばれている．抵抗に流れる電流は自由電荷によるものであり，コンデンサの電極間に流れる電流は変位電流である．この変位電流の導入はその後の電磁波の発見につながる重要な役割を果たすことになる．

例題3.11

図3.30 に示すように，厚さ t [m]，面積 S [m^2]，誘電率 ε [F/m] の誘電体を電極板に挿入し，電極板に隙間なく接触させて作製された誘電体入コンデンサの両極板間に交流電源により振動電位差 $V(t) = V_0 \sin(2\pi ft)$ [V] を印加した場合に，コンデンサの電極板間に流れる変位電流密度（定常変位電流）$\vec{J}_{変位}(t)$ を求めよ．

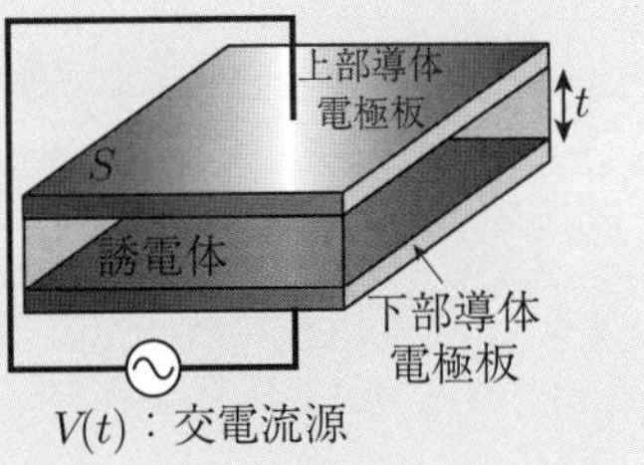

図3.30

【解答】 電極板間の電界 $\vec{E}(t)$ は，

$$\vec{E}(t) = -\frac{1}{t}V(t)\vec{k} = -\frac{1}{t}V_0\sin(2\pi ft)\vec{k} \tag{3.8.6}$$

である．ただし，$\vec{k}$ は下部電極板から垂直方向に上部電極板に向かう単位ベクトルである．したがって，電束密度 $\vec{D}(t)$ は $\vec{D}(t) = \varepsilon\vec{E}(t)$ であるので，変位電流密度 $\vec{J}_{変位}(t)$ は，

$$\vec{J}_{変位}(t) = \frac{d\vec{D}}{dt} = -\frac{\varepsilon}{t}V_0\cos(2tft)\vec{k}\ [\mathrm{A/m^2}] \tag{3.8.7}$$

となる．(3.8.6) 式と (3.8.7) 式を比較すると電源電圧と電流密度の位相差が $\frac{\pi}{2}$ rad となっている．すなわち，誘電体中を流れる電流の大きさは回路を流れる電流と等しいが，位相差があることが重要である．変位電流は抵抗に流れる電流のように電源のエネルギーが熱エネルギーに変換されることがない．このことと位相差が $\frac{\pi}{2}$ rad であることは同じことを述べているのである． ■

3章の問題

□**3.1** 真空中において，半径 R [m] の無限長誘電体円柱が一様な外部電界 $\vec{E}_{\rm ext}$ [V/m] 中に置かれ，分極 $\vec{P}$ [C/m^2] で一様に分極しているとき，誘電球内の中心軸上の任意の点 P における巨視電界 $\vec{E}$(P) を求めよ．

□**3.2** 真空中において，厚さ t [m] の無限大の広さを持つ誘電体平板が一様な外部電界 $\vec{E}_{\rm ext}$ [V/m] 中に置かれ，分極 $\vec{P}$ [C/m^2] で一様に分極しているとき，誘電体平板内の任意の点 P における巨視電界 $\vec{E}$(P) を求めよ．

□**3.3** 真空中において，半径 R [m] の無限長誘電体円柱が一様な外部電界 $\vec{E}_{\rm ext}$ [V/m] に置かれ，分極 $\vec{P}$ [C/m^2] で一様に分極しているとき，誘電体円柱内の任意の点 P における巨視電界 $\vec{E}$(P) を求めよ．

□**3.4** 真空中において，上下電極板間隔 t [m]，電極板面積 S [m^2] の真空コンデンサに厚さ $t_{\rm D}$ [m]（$t_{\rm D} < t$），誘電率 ε [F/m] の誘電体板を，誘電体と上部電極板の間にのみ真空の間隙があるように挿入する．

(1) 極板間に直流電圧 V [V] を印加したとき，各電極板上に現れる表面電荷密度を求めよ．

(2) このコンデンサの静電容量 C を求めよ．

□**3.5** 真空中において，半径が a [m]，誘電率が ε の誘電体球を一様な外部電界 $\vec{E}_{\rm ext}$ [V/m] の中に置くとき，静電エネルギーの変化量 $\varDelta W$ を求めよ．ただし誘電体には自由電荷は含まれていない．

□**3.6** 上下電極板間隔 t [m]，電極板面積 $S = a \times b$ [m^2] の真空コンデンサに厚さが t [m]，誘電率がそれぞれ ε_1 [F/m] および ε_2 [F/m]，電極板に接する部分の面積がそれぞれ

$$S_1 = c \times b\,[\mathrm{m}^2]$$

および

$$S_2 = (a - c) \times b\,[\mathrm{m}^2]$$

である直方体形状の誘電体 1, 2 を接触面で間隙が生じないように挿入する．上下電極板間に電圧 V [V] を印加するとき誘電体 1, 2 の境界面に働く $\vec{F}$ を求めよ．

□**3.7** 真空中において，上下電極板間隔 t [m]，電極板面積 S [m^2] の真空コンデンサに厚さそれぞれ t_1 [m] および t_2 [m]，誘電率がそれぞれ ε_1 [F/m] および ε_2 [F/m] である誘電体平板 1, 2 をすべての接触面で間隙が生じないように挿入する．この誘電体入コンデンサの上下電極板間に電圧 V [V] を印加する．

(1) 誘電体入コンデンサの静電エネルギー W およびポテンシャルエネルギー $W_{\rm P}$ を含めた全エネルギー $W_{\text{全}}$ を求めよ．

(2) 誘電体 1 と 2 の境界面に働く $\vec{F}$ を求めよ．

□**3.8**　誘電率がそれぞれ ε_1 [F/m] および ε_2 [F/m] の誘電体 1, 2 の境界平面上の点 P において誘電体 1 側に面の垂直方向に対して θ [rad] 傾いた方向に電界 $\vec{E}_1(\mathrm{P})$ [V/m] が存在するとき，境界面に働く単位面積当たりの力 $\vec{F}$ を求めよ．ただし境界面に自由電荷はない．

□**3.9**　真空中において，半径 a [m] の接地内部導体球（導体 1）が，中心を同じくする内半径 c [m]，外半径 d [m]（$a < c < d$）の同心外部導体球殻（導体 2）に囲まれている．導体 1 と導体 2 の間の空間が内半径 a [m]，外半径 b [m] の誘電体 1 および内半径 b [m]，外半径 c [m]（$a < b < c$）の誘電体 2 により間隙なく満たされている．導体 2 のみに電荷 q_2 [C] を与える．ただし誘電体中に自由電荷はないとする．

(1)　各位置における電界 $\vec{E}$，電束密度 $\vec{D}$，導体 2 の電位 V_2 を求めよ．

(2)　導体 2 の静電容量 C を求めよ．

(3)　この導体系の静電エネルギー W および全エネルギー $W_{\text{全}}$ を求めよ．

(4)　誘電体 1, 2 の境界面に働く力 $\vec{F}$ を求めよ．

□**3.10**　誘電率がそれぞれ ε_1 [F/m] および ε_2 [F/m] である 2 つの半無限平面誘電体 1, 2 の平面部分（境界面）を間隙が生じないように接触させる．境界面から a_1 [m] 離れた誘電体 1 中にある点 Q_1 に点電荷 q_1 [C] を，境界面から a_2 [m] 離れた誘電体 2 中の位置にある点 Q_2 に点電荷 q_2 [C] を置く．

(1)　各誘電体中の任意の点 P における電界 $\vec{E}(\mathrm{P})$ を求めよ．

(2)　点 Q_1 の点電荷 q_1 に働く力 $\vec{F}_{q_1}(\mathrm{Q}_1)$ を求めよ．

4 静 磁 界

4.1 ビオ–サバールの法則

デンマークの物理学者エルステッドが 1819 年に発表した，導線に電流を流すと磁界が発生する現象を数式化したのが**ビオ–サバールの法則**（Biot-Savart's law）である．ビオとサバールはともにフランスの物理学者である．特にビオは徹底したニュートン主義者でありビオ–サバールの法則はニュートンの万有引力の法則が元になっていると推測される．

ビオ–サバールの法則は本来，**図4.1** に示すような太さが無視できる導線からなる閉回路 C に定常直流電流 I [A] が流れているとき，回路上のある点 Q に存在する微小電流要素 $I\,d\vec{s}(\mathrm{Q})$ により導線を除く空間の任意の観測点 P において次式で定義される**磁束密度**（magnetic flux density）$d\vec{B}(\mathrm{P})$ [T] が発生するという法則である．

$$d\vec{B}(\mathrm{P}) = \frac{\mu_0}{4\pi}\frac{I\,d\vec{s}(\mathrm{Q})\times(\vec{r}_{\mathrm{P}}-\vec{r}_{\mathrm{Q}})}{|\vec{r}_{\mathrm{P}}-\vec{r}|^3} \tag{4.1.1}$$

磁束密度の SI 単位は [T] である．日本語でテスラといい，米国の電気工学者である**テスラ**（N. Tesla）に因んでいる．CGS 電磁単位であるガウス [G] との関係は $1\,\mathrm{G} = 10^{-4}\,\mathrm{T}$ である．μ_0 は**真空の透磁率**であり，SI 単位系では $4\pi\times10^{-7}\,\mathrm{H/m}$ である．H はヘンリーといい，**インダクタンス**の SI 単位として使用されている．なお，本書で取り扱う導体や導線の透磁率は，特に断らない限り，μ_0 であるとする．この式は，点 Q に存在する点電荷 q [C] による電界 $\vec{E}(\mathrm{P})$ [V/m] を与える，

$$\vec{E}(\mathrm{P}) = \frac{1}{4\pi\varepsilon_0}q\frac{\vec{r}_{\mathrm{P}}-\vec{r}_{\mathrm{Q}}}{|\vec{r}_{\mathrm{P}}-\vec{r}_{\mathrm{Q}}|^3}$$

とよく似ているが，ビオ–サバールの法則には $I\,d\vec{s}(\mathrm{Q})$ と $\vec{r}_{\mathrm{P}}-\vec{r}_{\mathrm{Q}}$ のベクトル積が含ま

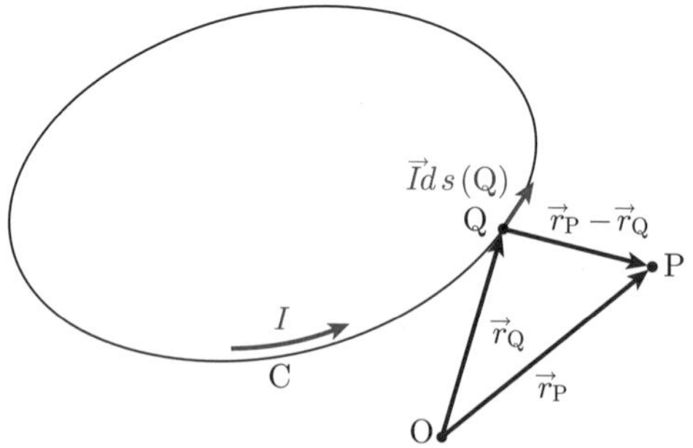

図4.1

れている．ただし，注意が必要なのは $I\,d\vec{s}(\mathrm{Q})$ はスカラー量 I とベクトル量 $d\vec{s}(\mathrm{Q})$ の積なので I により $I\,d\vec{s}(\mathrm{Q})$ の長さが変化すると解釈してはいけない．この違いが電界と磁束密度の性質に大きな差を生み出す．点電荷の場合には，大きさがないので，点 Q と観測点 P との距離は明確となる．同様に回路の電流の一部の要素である $I\,d\vec{s}(\mathrm{Q})$ も無限小の大きさを持つので，2 点間の距離が明確となる．重力の場合も同様である．したがって回路に流れる電流による全磁束密度 $\vec{B}(\mathrm{P})$ は，まず電流を細分化（微分）し，ビオ–サバールの法則を適用して微分磁束密度 $d\vec{B}(\mathrm{P})$ を求め，次に重ね合わせの原理を用いて，

$$\vec{B}(\mathrm{P}) = \oint_{\mathrm{C}} d\vec{B}(\mathrm{P}) = \oint_{\mathrm{C}} \frac{\mu_0}{4\pi}\frac{I\,d\vec{s}(\mathrm{Q})\times(\vec{r}_{\mathrm{P}}-\vec{r}_{\mathrm{Q}})}{|\vec{r}_{\mathrm{P}}-\vec{r}|^3} \tag{4.1.2}$$

となる．実際の回路を構成する導線には太さが無視できない場合や電流が面上あるいは体積内に広がりをもって流れている場合には，ビオ–サバールの法則を補正する必要がある．

A.（導線の太さが無視できない場合）　**図4.2** に示すように，点 Q を含む断面の断面積が $S(\mathrm{Q})$ [m^2] の導線からなる閉回路 C に電流 I [A] が流れているとき，回路内の任意の点 Q における微小電流要素 $dI(\mathrm{Q})\,d\vec{s}(\mathrm{Q})$ が，導線を除く空間の任意の観測点 P に形成する磁束密度 $d\vec{B}(\mathrm{P})$ は，(4.1.1) 式により

$$d\vec{B}(\mathrm{P}) = \frac{\mu_0}{4\pi}\frac{dI(\mathrm{Q})\,d\vec{s}(\mathrm{Q})\times(\vec{r}_{\mathrm{P}}-\vec{r}_{\mathrm{Q}})}{|\vec{r}_{\mathrm{P}}-\vec{r}_{\mathrm{Q}}|^3} \tag{4.1.3}$$

である．ただし，$dI(\mathrm{Q}) = \vec{J}(\mathrm{Q})\cdot d\vec{S}(\mathrm{Q})$，$\vec{J}(\mathrm{Q})$ [$\mathrm{A/m^2}$] は点 Q における電流密度，$d\vec{S}(\mathrm{Q})$ は点 Q における微小面積ベクトルである．また $\vec{J}(\mathrm{Q}) \mathbin{/\!/} d\vec{s}(\mathrm{Q})$ である．以上より回路に流れる電流による全磁束密度 $\vec{B}(\mathrm{P})$ は，(4.1.3) 式の $d\vec{B}(\mathrm{P})$ を重ね合わせることにより，

$$\vec{B}(\mathrm{P}) = \oint_{\mathrm{C}}\iint_{\mathrm{S(Q)}} d\vec{B} = \frac{\mu_0}{4\pi}\oint_{\mathrm{C}}\iint_{\mathrm{S(Q)}} \frac{(\vec{J}(\mathrm{Q})\cdot d\vec{S}(\mathrm{Q}))\,d\vec{s}(\mathrm{Q})\times(\vec{r}_{\mathrm{P}}-\vec{r}_{\mathrm{Q}})}{|\vec{r}_{\mathrm{P}}-\vec{r}_{\mathrm{Q}}|^3} \tag{4.1.4}$$

となる．積分変数は点 Q の座標であり，領域は回路 C 全体である．直流の場合，電流が導線断面 S 内を一様に流れるので，導線の太さが一様かつ $d\vec{S}(\mathrm{Q}) \mathbin{/\!/} d\vec{s}(\mathrm{Q})$，すなわち面 S が回路の垂直断面であれば $\vec{J}(\mathrm{Q})$ の大きさは断面内で一様であり，$\vec{B}(\mathrm{P})$ は，(4.1.4) 式より，

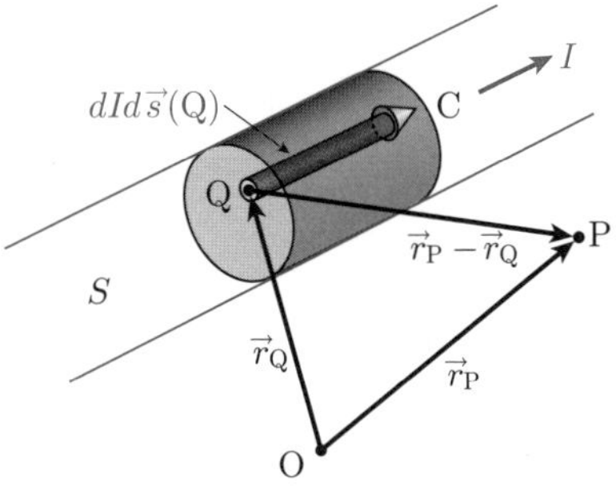

図4.2

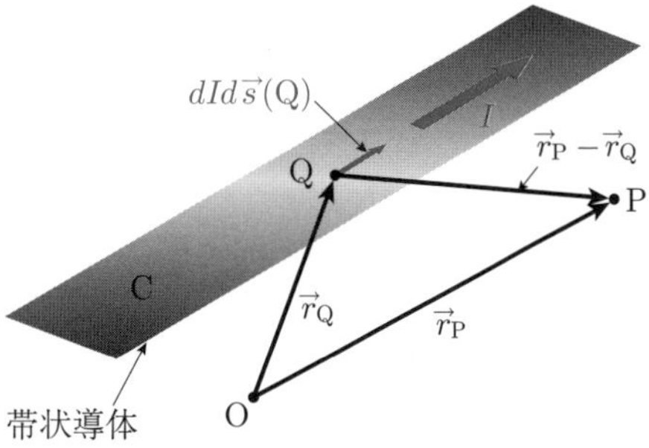

図4.3

$$\vec{B}(\mathrm{P}) = \frac{\mu_0}{4\pi} J \oint_{\mathrm{C}} \iint_{\mathrm{S(Q)}} \frac{dS(\mathrm{Q})\, d\vec{s}(\mathrm{Q}) \times (\vec{r}_{\mathrm{P}} - \vec{r}_{\mathrm{Q}})}{|\vec{r}_{\mathrm{P}} - \vec{r}_{\mathrm{Q}}|^3}$$

となる．

B.（電流が面上に広がりをもって流れている場合） **図4.3** に示すように，点 Q を含む厚さが無視できる幅が $w(\mathrm{Q})$ [m] の帯状導体からなる閉回路 C に電流 I [A] が流れているとき，回路内の任意の点 Q に存在する微小電流要素 $dI(\mathrm{Q})\, d\vec{s}(\mathrm{Q})$ は，

$$dI(\mathrm{Q})\, d\vec{s}(\mathrm{Q}) = J(\mathrm{Q})\, dw(\mathrm{Q})\, d\vec{s}(\mathrm{Q})$$

である．ただし $J(\mathrm{Q})$ [A/m] および $dw(\mathrm{Q})$ [m] は点 Q における電流密度および微小電流要素の幅である．導線を除く空間の任意の観測点 P における磁束密度 $\vec{B}(\mathrm{P})$ は，(4.1.4) 式より，

$$\begin{aligned} \vec{B}(\mathrm{P}) &= \oint_{\mathrm{C}} \int_{w(\mathrm{Q})} d\vec{B} \\ &= \frac{\mu_0}{4\pi} \oint_{\mathrm{C}} \int_{w(\mathrm{Q})} \frac{J(\mathrm{Q})\, dw(\mathrm{Q})\, d\vec{s}(\mathrm{Q}) \times (\vec{r}_{\mathrm{P}} - \vec{r}_{\mathrm{Q}})}{|\vec{r}_{\mathrm{P}} - \vec{r}_{\mathrm{Q}}|^3} \end{aligned}$$

となる．A および B の場合を参考にすると，最も一般的な場合の観測点 P における磁束密度 $\vec{B}(\mathrm{P})$ は，

$$\begin{aligned} \vec{B}(\mathrm{P}) &= \iiint_{\mathrm{V}} d\vec{B}(\mathrm{P}) \\ &= \iiint_{\mathrm{V}} \frac{\mu_0}{4\pi} \frac{(\vec{J}(\mathrm{Q})\, dv(\mathrm{Q})) \times (\vec{r}_{\mathrm{P}} - \vec{r}_{\mathrm{Q}})}{|\vec{r}_{\mathrm{P}} - \vec{r}_{\mathrm{Q}}|^3} \end{aligned}$$

となる．ただし $J(\mathrm{Q})$ [A/m^3] および $dv(\mathrm{Q})$ [m^3] は点 Q における体積電流密度および微小体積である．

■ 例題4.1 ■

図4.4 (a) に示すように，真空中において，太さが無視できる無限長直線状導線 C を含む回路に定常直流電流 I [A] が流れているとき，C から a [m] の位置にある任意の点 P における磁束密度 $\vec{B}(\mathrm{P})$ を求めよ．

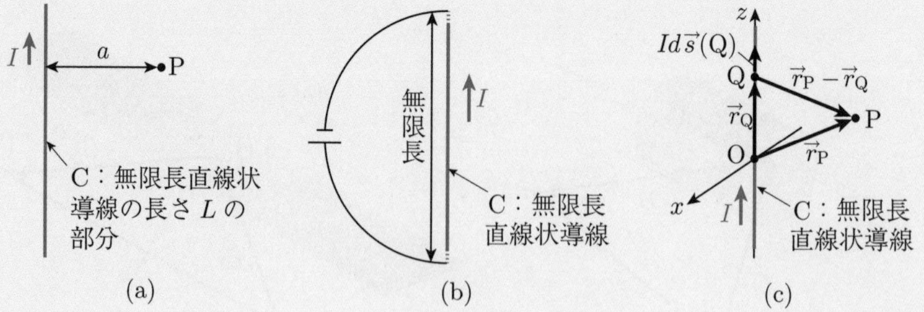

図4.4

【解答】 電流が流れている場合，回路は閉回路である．しかし題意によると閉回路の指定はない．イメージとしては**図4.4 (b)**のようであろう．無限長直線状導線以外にも電流は流れているが，それによる寄与は無視するという題意となる．

一例として，**図4.4 (c)**に示すように，空間座標を設定する．C から a [m] の位置にある 3 次元空間の点 P における $\vec{B}(\mathrm{P})$ を求めるために，$a\varphi z$ 円筒座標（$a > 0$）を用いて $\vec{r}_{\mathrm{P}} = (x, y, z) = (a\cos\varphi, a\sin\varphi, z)$ とするのが便利である．ただし，方位角 φ は x 軸を起点とする．また C 上の微小長さベクトル $d\vec{s}(\mathrm{Q})$ の存在する位置 Q の位置ベクトルを $r_{\mathrm{Q}} = (0, 0, z')$ とする．そうすると点 Q の微小電流要素ベクトル $I\,d\vec{s}(\mathrm{Q})$ により点 P に形成される磁束密度 $d\vec{B}(\mathrm{P})$ [T] は (4.1.1) 式より，

$$d\vec{B}(\mathrm{P}) = \tfrac{\mu_0}{4\pi}\tfrac{I\,d\vec{s}(\mathrm{Q})\times(\vec{r}_{\mathrm{P}}-\vec{r}_{\mathrm{Q}})}{|\vec{r}_{\mathrm{P}}-\vec{r}|^3} \tag{4.1.5}$$

である．導線に流れる電流全体により点 P に形成される磁束密度 $\vec{B}(\mathrm{P})$ は，z' を $-\infty$ から ∞ までの区間にわたって点 Q を動かした場合の (4.1.5) 式の $d\vec{B}(\mathrm{P})$ を重ね合わせたものになる．(4.1.5) 式の右辺の被積分関数に含まれる $I\,d\vec{s}(\mathrm{Q})$ は $I\,d\vec{s}(\mathrm{Q}) = I(0, 0, dz')$ である．

$$\vec{r}_{\mathrm{P}} - \vec{r}_{\mathrm{Q}} = (a\cos\varphi, a\cos\varphi, z) - (0, 0, z') = (a\cos\varphi, a\cos\varphi, z - z')$$

$$|\vec{r}_{\mathrm{P}} - \vec{r}_{\mathrm{Q}}| = \{a^2 + (z - z')^2\}^{\frac{1}{2}}$$

となり，

$$\begin{aligned}(0, 0, dz') \times (a\cos\varphi, a\sin\varphi, z - z') &= (-a\sin\varphi\,dz', a\cos\varphi\,dz', 0)\\ &= a(-\sin\varphi, \cos\varphi, 0)\,dz'\end{aligned}$$

となるので，$d\vec{B}(\mathrm{P})$ は (4.1.5) 式より，

$$d\vec{B}(\mathrm{P}) = \tfrac{\mu_0 I}{4\pi}\tfrac{a(-\sin\varphi,\cos\varphi,0)}{\{a^2+(z-z')^2\}^{\frac{3}{2}}}\,dz' \tag{4.1.6}$$

となる．$\vec{B}(\mathrm{P})$ は (4.1.6) 式の $d\vec{B}(\mathrm{P})$ を重ね合わせることにより，

$$\vec{B}(\mathrm{P}) = \tfrac{\mu_0 I a}{4\pi}(-\sin\varphi, \cos\varphi, 0)\int_{-\infty}^{+\infty}\tfrac{1}{\{a^2+(z-z')^2\}^{\frac{3}{2}}}\,dz' \tag{4.1.7}$$

となる．(4.1.7) 式の右辺の積分部について，$z' - z = a\tan\theta$ とおくと，θ の積分範囲は $-\frac{\pi}{2} \leq \theta \leq \frac{\pi}{2}$ となる．また

$$dz' = a\tfrac{1}{\cos^2\theta}\,d\theta, \quad \{a^2 + (z - z')^2\}^{\frac{3}{2}} = \tfrac{a^3}{\cos^3\theta}$$

であるので，

$$\int_{-\infty}^{+\infty}\tfrac{1}{\{a^2+(z-z')^2\}^{\frac{3}{2}}}\,dz' = \tfrac{1}{a^2}\int_{-\frac{\pi}{2}}^{\frac{\pi}{2}}\cos\theta\,d\theta = \tfrac{2}{a^2} \tag{4.1.8}$$

となる．したがって，$\vec{B}(\mathrm{P})$ は (4.1.7), (4.1.8) 式より

$$\vec{B}(\mathrm{P}) = \tfrac{\mu_0 I a}{4\pi}(-\sin\varphi, \cos\varphi, 0)\tfrac{2}{a^2} = \tfrac{\mu_0 I}{2\pi a}(-\sin\varphi, \cos\varphi, 0)\ [\mathrm{T}] \tag{4.1.9}$$

あるいは，

$$\vec{B}(\mathrm{P}) = \tfrac{\mu_0 I}{2\pi(x^2+y^2)}(-y, x, 0)\ [\mathrm{T}] \tag{4.1.10}$$

となる．以上より，導線に流れる電流全体により点 P に形成される磁束密度 $\vec{B}(\mathrm{P})$ は，大きさが $\frac{\mu_0 I}{2\pi a}$ であり，方向は点 P を通る，z 軸上の点を中心とする半径 a [m] の円の接線方向で，電流の流れる向きが右ネジの進む向きになるときのネジの回る向きとなる． ■

例題4.2

図4.5 (a) に示すように，真空中において，太さが無視できる無限長直線状導線 C に定常直流電流 I [A] が流れているとき，この導線の長さ L [m] の部分の電流による，C から a [m] の位置にある任意の点 P における磁束密度 $\vec{B}(\mathrm{P})$ を求めよ．

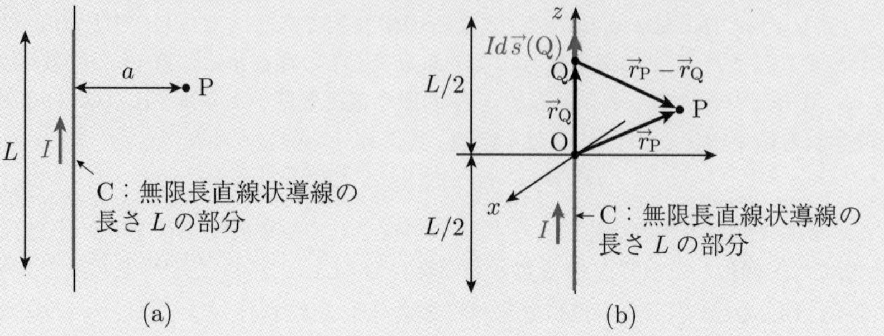

図4.5

【解答】　無限長導線の長さ L [m] の一部分による寄与であるので，**図4.5 (b)** のように長さ L の部分の中点を原点としても一般性は失われない．この場合，例題 4.1 の (4.1.7) 式の積分範囲を $-\frac{L}{2} \leq z' \leq \frac{L}{2}$ とすればよい．このとき $\vec{B}(\mathrm{P})$ は，(4.1.7) 式を参考にして，

$$\vec{B}(\mathrm{P}) = \frac{\mu_0 I a}{4\pi}(-\sin\varphi, \cos\varphi, 0)\int_{-\frac{L}{2}}^{+\frac{L}{2}} \frac{1}{\{a^2+(z-z')^2\}^{\frac{3}{2}}}\,dz' \tag{4.1.11}$$

となる．$z'-z=t$ とおくと，t の積分範囲は $-\frac{L}{2}-z \leq t \leq \frac{L}{2}-z$ となり (4.1.11) 式は，

$$\vec{B}(\mathrm{P}) = \frac{\mu_0 I a}{4\pi}(-\sin\varphi, \cos\varphi, 0)\int_{-\frac{L}{2}-z}^{+\frac{L}{2}-z} \frac{1}{(a^2+t^2)^{\frac{3}{2}}}\,dz' \tag{4.1.12}$$

となる．(4.1.12) 式の右辺の積分部分は，$t = a\tan\theta$ とおくと，θ の積分範囲は

$$\tan^{-1}\left(\frac{-\frac{L}{2}-z}{a}\right) \leq \theta \leq \tan^{-1}\left(\frac{\frac{L}{2}-z}{a}\right)$$

であり，

$$\int_{-\frac{L}{2}}^{+\frac{L}{2}} \frac{1}{(a^2+t^2)^{\frac{3}{2}}}\,dz = \frac{1}{a^2}\int_{-\tan^{-1}\left(\frac{\frac{L}{2}+z}{a}\right)}^{\tan^{-1}\left(\frac{\frac{L}{2}-z}{a}\right)} \cos\theta\,d\theta = \frac{1}{a^2}\Big[\sin\theta\Big]_{\theta=-\tan^{-1}\left(\frac{\frac{L}{2}+z}{a}\right)}^{\tan^{-1}\left(\frac{\frac{L}{2}-z}{a}\right)}$$

$$= \frac{1}{a^2}\left[\frac{\frac{L}{2}-z}{\left\{a^2+\left(\frac{L}{2}-z\right)^2\right\}^{\frac{1}{2}}} + \frac{\frac{L}{2}+z}{\left\{a^2+\left(\frac{L}{2}+z\right)^2\right\}^{\frac{1}{2}}}\right]$$

となるので，$\vec{B}(\mathrm{P})$ は (4.1.12) 式より，

$$\vec{B}(\mathrm{P}) = \frac{\mu_0 I}{4\pi a}(-\sin\varphi, \cos\varphi, 0)\left[\frac{\frac{L}{2}-z}{\left\{a^2+\left(\frac{L}{2}-z\right)^2\right\}^{\frac{1}{2}}} + \frac{\frac{L}{2}+z}{\left\{a^2+\left(\frac{L}{2}+z\right)^2\right\}^{\frac{1}{2}}}\right]\ [\mathrm{T}] \tag{4.1.13}$$

となる．$L \to \infty$ とすれば，

$$\vec{B}(\mathrm{P}) = \frac{\mu_0 I}{4\pi a}(-\sin\varphi, \cos\varphi, 0) \times 2 = \frac{\mu_0 I}{2\pi a}(-\sin\varphi, \cos\varphi, 0)\ [\mathrm{T}]$$

となり，(4.1.9) 式に一致する．

例題4.3

図4.6 (a) に示すように，真空中において，平面上に太さが無視できる半径 R [m] の円形導線（円形コイル）に図の向きに定常直流電流 I [A] が流れているとき，円形コイルの中心軸上の点 P における磁束密度 $\vec{B}(\mathrm{P})$ を求めよ．

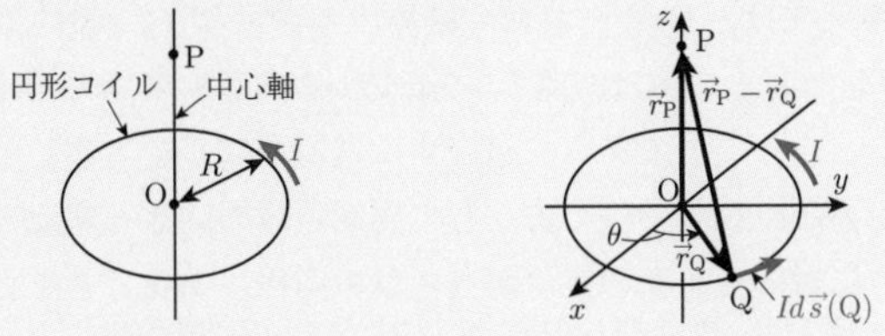

(a)　(b)

図4.6

【解答】 図4.6 (b)に示すように，空間座標を設定する．円形コイルの中心を原点 O とする．点 P の位置を $\vec{r}_\mathrm{P}=(0,0,z)$ とする円形コイルに流れる電流全体により点 P に形成される磁束密度 $\vec{B}(\mathrm{P})$ は，円形コイルの微小線素ベクトル $d\vec{s}(\mathrm{Q})$ の存在する点 Q の位置ベクトルを $\vec{r}_\mathrm{Q}=(R\cos\theta, R\sin\theta, 0)$ とすると，点 Q の微小電流要素ベクトル $I\,d\vec{s}(\mathrm{Q})$ により点 P に形成される磁束密度 $d\vec{B}(\mathrm{P})$ を円形コイル上にわたって点 Q を動かして重ね合わせたものであるので，

$$\vec{B}(\mathrm{P})=\frac{\mu_0}{4\pi}\oint_{\text{円形コイル}} d\vec{B}(\mathrm{P})=\frac{\mu_0}{4\pi}\oint_{\text{円形コイル}}\frac{I\,d\vec{s}(\mathrm{Q})\times(\vec{r}_\mathrm{P}-\vec{r}_\mathrm{Q})}{|\vec{r}_\mathrm{P}-\vec{r}_\mathrm{Q}|^3} \tag{4.1.14}$$

である．ここで，$\vec{r}_\mathrm{P}-\vec{r}_\mathrm{Q}=(0,0,z)-(R\cos\theta,R\sin\theta,0)=(-R\cos\theta,-R\sin\theta,z)$，$|\vec{r}_\mathrm{P}-\vec{r}_\mathrm{Q}|=(R^2+z^2)^{\frac{1}{2}}$，$I\,d\vec{s}(\mathrm{Q})=I(-\sin\theta,\cos\theta,0)R\,d\theta$，$I\,d\vec{s}(\mathrm{Q})\times(\vec{r}_\mathrm{P}-\vec{r}_\mathrm{Q})=I(-\sin\theta,\cos\theta,0)R\,d\theta\times(-R\cos\theta,-R\sin\theta,z)=I(z\cos\theta,z\sin\theta,R)R\,d\theta$ となるので，$\vec{B}(\mathrm{P})$ は (4.1.14) 式より，

$$\vec{B}(\mathrm{P})=\frac{\mu_0 I}{4\pi}\frac{R}{(R^2+z^2)^{\frac{3}{2}}}\int_0^{2\pi}(z\cos\theta,z\sin\theta,R)\,d\theta \tag{4.1.15}$$

となる．$\displaystyle\int_0^{2\pi}\cos\theta\,d\theta=0$，$\displaystyle\int_0^{2\pi}\sin\theta\,d\theta=0$ であるので $\vec{B}(\mathrm{P})$ の x，y 成分は 0 であり，

$$\int_0^{2\pi}(z\cos\theta,z\sin\theta,R)\,d\theta=(0,0,2\pi R)=2\pi R(0,0,1)=2\pi R\vec{k}$$

となる．したがって，(4.1.15) 式は，

$$\vec{B}(\mathrm{P})=\frac{\mu_0 I}{4\pi}\frac{2\pi R^2}{(R^2+z^2)^{\frac{3}{2}}}\vec{k}=\frac{\mu_0 I}{2}\frac{R^2}{(R^2+z^2)^{\frac{3}{2}}}\vec{k}\ [\mathrm{T}]\quad(|z|=a) \tag{4.1.16}$$

あるいは，

$$\vec{B}(\mathrm{P})=\frac{\mu_0 I}{2R}\frac{R^3}{(R^2+z^2)^{\frac{3}{2}}}\vec{k}=\frac{\mu_0 I}{2R}\sin^3\varphi\,\vec{k}\ [\mathrm{T}]$$

となる．ただし $\vec{k}=(0,0,1)$ および $\sin\varphi=\dfrac{R}{(z^2+R^2)^{\frac{1}{2}}}$ である．したがって，点 P における磁束密度は，大きさが $\frac{\mu_0 I}{2R}\sin^3\varphi$，方向は円形コイル面に垂直，向きは電流の流れる向きに右ネジを回した場合の進む向きとなる．■

4.2 アンペールの周回積分の法則

アンペールの周回積分の法則（以後，**アンペールの法則**という）は，

$$\oint_{\mathrm{C}} \vec{B}\cdot d\vec{s} = \mu_0 \times (\text{経路 C に鎖交する正味の電流}) \tag{4.2.1}$$

である．この法則の意味は，$\vec{B}$ で表される磁界中で閉曲線 C（周回積分経路）に沿って $\vec{B}\cdot d\vec{s}$ を足し合わせたときの値は経路 C に鎖交する向きも考慮した電流の総和（正味の電流）に正比例するということである．鎖交する電流の向きを考慮しているので，その総和は正と負の場合がある．符号の決め方として周回積分の向きと電流の向きの関係を用いる．周回積分の向きに対して正味の電流が右ネジの関係にあるときを正とし，その逆の場合には負とする．(4.2.1) 式の証明は困難である．特別な場合として，以下の例題の内容がある．

例題4.4

真空中において，太さが無視できる閉回路 C_1 に電流 I [A] を流したときに，I による磁束密度を $\vec{B}_1$ [T] とする．周回積分経路 C_2 が回路 C_1 が接触していない場合にはアンペールの法則は，

C_2 と I が右ネジの鎖交をするとき，$\displaystyle\oint_{\mathrm{C}_2} \vec{B}_1\cdot d\vec{s}_2 = +\mu_0 I$

C_2 と I が左ネジの鎖交をするとき，$\displaystyle\oint_{\mathrm{C}_2} \vec{B}_1\cdot d\vec{s}_2 = -\mu_0 I$

C_2 と I が鎖交しないとき，$\displaystyle\oint_{\mathrm{C}_2} \vec{B}_1\cdot d\vec{s}_2 = 0$

であることを示せ．

【解答】 厳密な証明は難しいので，以下に簡略化した証明を示す．点 P において形成される磁束密度 $\vec{B}_1(\mathrm{P})$ の経路 C_2 上の周回積分は

$$\oint_{\mathrm{C}_2} \vec{B}_1(\mathrm{P})\cdot d\vec{s}_2(\mathrm{P}) = \oint_{\mathrm{C}_2}\left(\frac{\mu_0}{4\pi}\oint_{\mathrm{C}_1} I\frac{d\vec{s}_1(\mathrm{Q})\times(\vec{r}_{\mathrm{P}}-\vec{r}_{\mathrm{Q}})}{|\vec{r}_{\mathrm{P}}-\vec{r}_{\mathrm{Q}}|^3}\right)\cdot d\vec{s}_2(\mathrm{P})$$

$$= \frac{\mu_0}{4\pi}I\oint_{\mathrm{C}_1}\left\{\oint_{\mathrm{C}_2}\frac{(d\vec{s}_2(\mathrm{P})\times d\vec{s}_1(\mathrm{Q}))\cdot(\vec{r}_{\mathrm{P}}-\vec{r}_{\mathrm{Q}})}{|\vec{r}_{\mathrm{P}}-\vec{r}_{\mathrm{Q}}|^3}\right\}$$

となる．**図4.7** は C_1 と C_2 が鎖交していない場合，**図4.8** は鎖交している場合を示している．$d\vec{s}_2(\mathrm{P})\times d\vec{s}_1(\mathrm{Q})$ は $d\vec{s}_2(\mathrm{P})$ および $d\vec{s}_1(\mathrm{Q})$ を隣り合う 2 辺とする平行四辺形を表す面積ベクトルであり，C_1 と C_2 が**図4.8** に示すように，左ネジの関係で鎖交している場合には経路 C_2 の内側を向いている．

$$\frac{(d\vec{s}_2(\mathrm{P})\times d\vec{s}_1(\mathrm{Q}))\cdot(\vec{r}_{\mathrm{P}}-\vec{r}_{\mathrm{Q}})}{|\vec{r}_{\mathrm{P}}-\vec{r}_{\mathrm{Q}}|^3} = d\Omega(\mathrm{P},\mathrm{Q})$$

は点 Q からみた微小面積 $d\vec{s}_2(\mathrm{P})\times d\vec{s}_1(\mathrm{Q})$ の立体 $d\Omega(\mathrm{P},\mathrm{Q})$ である．これを経路 C_2 に沿って 1 周回積分すると，

$$\oint_{\mathrm{C}_2}\frac{(d\vec{s}_2(\mathrm{P})\times d\vec{s}_1(\mathrm{Q}))\cdot(\vec{r}_{\mathrm{P}}-\vec{r}_{\mathrm{Q}})}{|\vec{r}_{\mathrm{P}}-\vec{r}_{\mathrm{Q}}|^3} = d\Omega(\mathrm{Q})$$

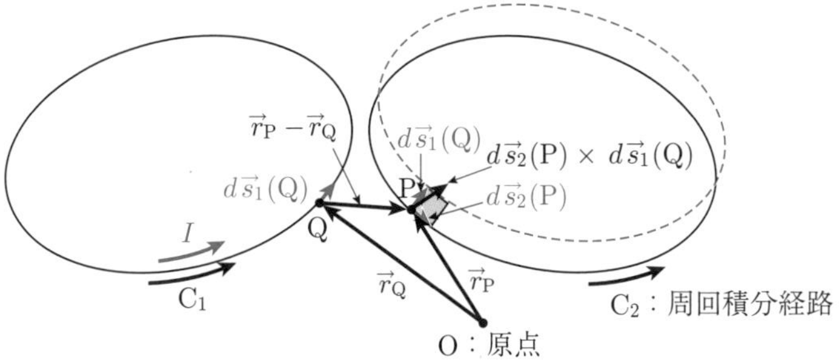

図4.7

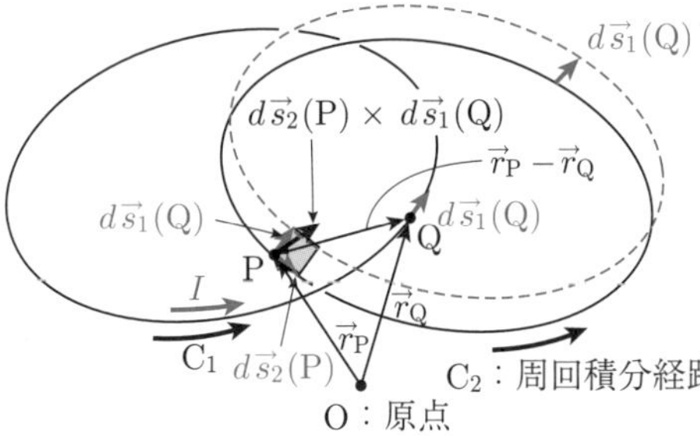

図4.8

となり，図4.9 (a) に示す帯状の対象物をみた立体角 $d\Omega(\mathrm{Q})$ となる．この対象物は表面と裏面があり，$d\Omega(\mathrm{Q})$ には表裏の区別が考慮されている．

ところで，帯状の対象物の縁（edge）は 2 つ存在するが，それぞれは $\pm d\vec{s}_1(\mathrm{Q})$ ずれているだけなので，大きさおよび形状は同じである．したがって 2 枚の同じ大きさおよび形状のフタを帯の縁とフタの縁がぴったりと重なるようにすると，その結果，図4.9 (b) に示すような閉曲面ができ上がる．ただし，このようなフタの形状は無限種類存在するが，

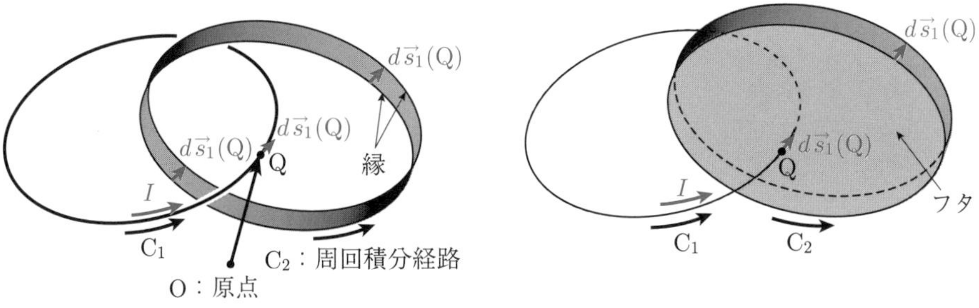

(a)　(b)

図4.9

その内の任意の一つを採用する．この場合，点 Q がこの閉曲面の外側にある場合には，点 Q からみた閉曲面の立体角 $d\Omega_{\text{閉曲面}}(\mathrm{Q})$ は，帯状側面の立体角 $d\Omega(\mathrm{Q})$ と 2 枚のフタの表裏を考慮した立体角 $d\Omega_{\text{フタ 1}}(\mathrm{Q})$ および $d\Omega_{\text{フタ 2}}(\mathrm{Q})$ の和，

$$d\Omega_{\text{閉曲面}}(\mathrm{Q}) = d\Omega(\mathrm{Q}) + d\Omega_{\text{フタ 1}}(\mathrm{Q}) + d\Omega_{\text{フタ 2}}(\mathrm{Q}) \tag{4.2.2}$$

である．ただし，フタ 1 は経路 C_2 を縁とするものである．点 Q が閉曲面の外側にあるとき，この閉曲面をみた立体角は 0 sr である．したがって，(4.2.2) 式より，

$$d\Omega(\mathrm{Q}) = -d\Omega_{\text{フタ 1}}(\mathrm{Q}) - d\Omega_{\text{フタ 2}}(\mathrm{Q})$$

となる．また，点 Q が閉曲面内部にあるときはこの閉曲面をみた立体角は -4π である．したがって，(4.2.2) 式より，

$$d\Omega(\mathrm{Q}) = 4\pi - d\Omega_{\text{フタ 1}}(\mathrm{Q}) - d\Omega_{\text{フタ 2}}(\mathrm{Q})$$

となる．ただし，$d\Omega_{\text{フタ 1}}(\mathrm{Q})$, $d\Omega_{\text{フタ 2}}(\mathrm{Q})$ はそれぞれ，

$$\begin{aligned} d\Omega_{\text{フタ 1}}(\mathrm{Q}) &= \iint_{\text{フタ 1}} \frac{\overrightarrow{r}_\mathrm{P} - \overrightarrow{r}_\mathrm{Q}}{|\overrightarrow{r}_\mathrm{P} - \overrightarrow{r}_\mathrm{Q}|^3} \cdot d\overrightarrow{S}_2(\mathrm{P}) \\ d\Omega_{\text{フタ 2}}(\mathrm{Q}) &= \iint_{\text{フタ 2}} \frac{\overrightarrow{r}_{\mathrm{P}'} - \overrightarrow{r}_\mathrm{Q}}{|\overrightarrow{r}_{\mathrm{P}'} - \overrightarrow{r}_\mathrm{Q}|^3} \cdot d\overrightarrow{S}_2(\mathrm{P}') \end{aligned} \tag{4.2.3}$$

である．ただし，点 P, P′ はそれぞれフタ 1, 2 上の点であり，$\overrightarrow{r}_{\mathrm{P}'} = \overrightarrow{r}_\mathrm{P} + d\overrightarrow{s}_1(\mathrm{Q})$ である．また $d\overrightarrow{S}_1(\mathrm{P})$, $d\overrightarrow{S}_1(\mathrm{P}')$ はそれぞれ点 P, P′ における微小面積ベクトルであり，$d\overrightarrow{S}_1(\mathrm{P}) = -d\overrightarrow{S}_2(\mathrm{P}')$ である．

1.（C_1 と C_2 が鎖交していない場合） **図4.10** に示すように点 Q が閉曲面内部にあることは決してない．$\overrightarrow{r}_{\mathrm{P}'} = \overrightarrow{r}_\mathrm{P} + d\overrightarrow{s}_1(\mathrm{Q})$, $d\overrightarrow{S}_1(\mathrm{P}) = -d\overrightarrow{S}_2(\mathrm{P}')$ であるので，(4.2.3) 式は，

$$\begin{aligned} d\Omega_{\text{フタ 2}}(\mathrm{Q}) &= \iint_{\text{フタ 2}} \frac{\overrightarrow{r}_{\mathrm{P}'} - \overrightarrow{r}_\mathrm{Q}}{|\overrightarrow{r}_{\mathrm{P}'} - \overrightarrow{r}_\mathrm{Q}|^3} \cdot d\overrightarrow{S}_2(\mathrm{P}') \\ &= \iint_{\text{フタ 2}} \frac{\overrightarrow{r}_\mathrm{P} + d\overrightarrow{s}_1(\mathrm{Q}) - \overrightarrow{r}_\mathrm{Q}}{|\overrightarrow{r}_\mathrm{P} + d\overrightarrow{s}_1(\mathrm{Q}) - \overrightarrow{r}_\mathrm{Q}|^3} \cdot d\overrightarrow{S}_2(\mathrm{P}') \\ &= \iint_{\text{フタ 2}} \frac{\overrightarrow{r}_\mathrm{P} - (\overrightarrow{r}_\mathrm{Q} - d\overrightarrow{s}_1(\mathrm{Q}))}{|\overrightarrow{r}_\mathrm{P} - (\overrightarrow{r}_\mathrm{Q} - d\overrightarrow{s}_1(\mathrm{Q}))|^3} \cdot d\overrightarrow{S}_2(\mathrm{P}') \end{aligned}$$

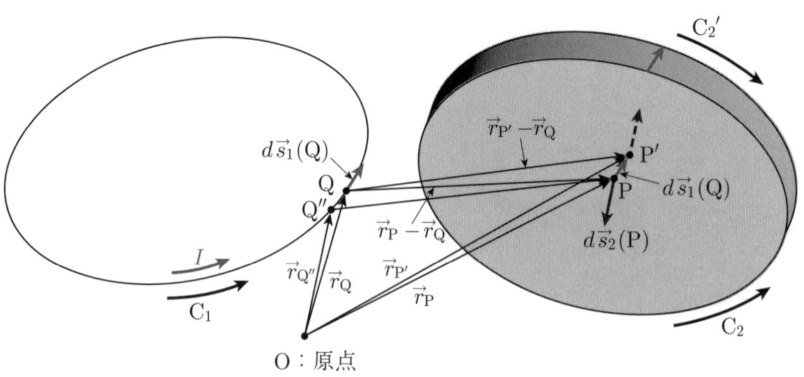

図4.10

$$= -\iint_{\text{フタ }1} \frac{\vec{r}_{\text{P}} - \vec{r}_{\text{Q}''}}{|\vec{r}_{\text{P}} - \vec{r}_{\text{Q}''}|^3} \cdot d\vec{S}_1(\text{P})$$

となる．ただし $\vec{r}_{\text{Q}''} = \vec{r}_{\text{Q}} - d\vec{s}_1(\text{Q})$ である．また，

$$\iint_{\text{フタ }1} \frac{\vec{r}_{\text{P}} - \vec{r}_{\text{Q}''}}{|\vec{r}_{\text{P}} - \vec{r}_{\text{Q}''}|^3} \cdot d\vec{S}_1(\text{P}) = d\Omega_{\text{フタ }1}(\text{Q}'')$$

は C_1 上の点 Q'' からフタ 1 をみた立体角である．したがって，

$$d\Omega(\text{Q}) = -d\Omega_{\text{フタ }1}(\text{Q}) - d\Omega_{\text{フタ }2}(\text{Q}) = -d\Omega_{\text{フタ }1}(\text{Q}) + d\Omega_{\text{フタ }1}(\text{Q}'')$$

となる．同様にして，

$$\begin{aligned} d\Omega(\text{Q}') &= -d\Omega_{\text{フタ }1}(\text{Q}') - d\Omega_{\text{フタ }2}(\text{Q}') = -d\Omega_{\text{フタ }1}(\text{Q}') + d\Omega_{\text{フタ }1}(\text{Q}) \\ d\Omega(\text{Q}'') &= -d\Omega_{\text{フタ }1}(\text{Q}'') - d\Omega_{\text{フタ }2}(\text{Q}'') = -d\Omega_{\text{フタ }1}(\text{Q}'') + d\Omega_{\text{フタ }1}(\text{Q}''') \\ &\vdots \end{aligned}$$

となる．ただし，

$$\vec{r}_{\text{Q}'''} = \vec{r}_{\text{Q}''} - d\vec{s}_1(\text{Q}'')$$

である．したがって

$$\begin{aligned} \oint_{\text{C}_1} d\Omega(\text{Q}) &= \cdots - d\Omega_{\text{フタ }1}(\text{Q}'') + d\Omega_{\text{フタ }1}(\text{Q}''') - d\Omega_{\text{フタ }1}(\text{Q}) + d\Omega_{\text{フタ }1}(\text{Q}'') \\ &\quad - d\Omega_{\text{フタ }1}(\text{Q}') + d\Omega_{\text{フタ }1}(\text{Q}) - \cdots \\ &= 0 \end{aligned}$$

となる．したがって，C_1 と C_2 が鎖交していない場合，

$$\oint_{\text{C}_2} \vec{B}_1(\text{P}) \cdot d\vec{s}_2 = 0$$

となる．

2.（C_1 と C_2 が 1 回鎖交している場合） 点 Q は C_1 の動点であるので，C_1 上を $d\vec{s}_1(\text{Q})$ ずつ進みながら 1 周するとき，必ず 1 回閉曲面の中に存在することになる．そのとき，

$$\begin{aligned} d\Omega(\text{Q}) &= 4\pi - d\Omega_{\text{フタ }1}(\text{Q}) - d\Omega_{\text{フタ }2}(\text{Q}) = 4\pi - d\Omega_{\text{フタ }1}(\text{Q}) + d\Omega_{\text{フタ }1}(\text{Q}'') \\ d\Omega(\text{Q}') &= -d\Omega_{\text{フタ }1}(\text{Q}') - d\Omega_{\text{フタ }2}(\text{Q}') = -d\Omega_{\text{フタ }1}(\text{Q}') + d\Omega_{\text{フタ }1}(\text{Q}) \\ d\Omega(\text{Q}'') &= -d\Omega_{\text{フタ }1}(\text{Q}'') - d\Omega_{\text{フタ }2}(\text{Q}'') = -d\Omega_{\text{フタ }1}(\text{Q}'') + d\Omega_{\text{フタ }1}(\text{Q}''') \\ &\vdots \end{aligned}$$

となる．したがって

$$\begin{aligned} \oint_{\text{C}_1} d\Omega(\text{Q}) &= \cdots - d\Omega_{\text{フタ }1}(\text{Q}'') + d\Omega_{\text{フタ }1}(\text{Q}''') + (-4\pi) \\ &\quad - d\Omega_{\text{フタ }1}(\text{Q}) + d\Omega_{\text{フタ }1}(\text{Q}'') \\ &\quad - d\Omega_{\text{フタ }1}(\text{Q}') + d\Omega_{\text{フタ }1}(\text{Q}) - \cdots \\ &= -4\pi \end{aligned}$$

となる．すなわち，C_1 と C_2 が左ネジの関係で 1 回鎖交している場合は，

$$\oint_{\text{C}_2} \vec{B}_1(\text{P}) \cdot d\vec{s}_2 = \tfrac{\mu_0}{4\pi} I(-4\pi)$$

$$= -\mu_0 I$$

となる．一方，C_1 と C_2 が右ネジの関係で 1 回鎖交している場合は，$d\vec{s}_2(P)$ の向きが左ネジの関係の場合の逆になるので，

$$\oint_{C_2} \vec{B}_1(P) \cdot d\vec{s}_2 = \tfrac{\mu_0}{4\pi} I 4\pi$$
$$= \mu_0 I$$

となる． ■

以上より，特別な場合として太さが無視できる閉回路 C_1 に電流 I を流したときに，I により発生する磁束密度がアンペールの法則に従うことが証明された．

これより，アンペールの法則をより一般化すると，N 個の閉回路 $C_1, C_2, \ldots, C_N$ に電流がそれぞれ $I_1, I_2, \ldots, I_N$ [A] 流れているとき閉曲線 C に沿った周回積分値は，

$$\oint_{C} \vec{B}(P) \cdot d\vec{s}_2 = \mu_0 \sum_{i=1}^{N} (n_{i\pm}, 0) I_i$$

となる．ただし $(n_{i\pm}, 0)$ は C への鎖交の有無を示す記号であり，i 番目の回路が C と右ネジの関係で n_i 回鎖交している場合には $+n_i$，左ネジの関係で n_i 回鎖交している場合には $-n_i$，正味鎖交していない場合には 0 であることを示す．さらに一般化すると，

$$\oint_{C} \vec{B}(P) \cdot d\vec{s}_2 = \mu_0 \iint_{S} \vec{J}(P) \cdot d\vec{S}(P) \tag{4.2.4}$$

となる．ただし $\vec{J}(P)$ は経路 C を縁とする開曲面上の点 P における電流密度である．一方，ストークスの定理 (1.4.16) 式より，

$$\oint_{C} \vec{B}(P) \cdot d\vec{s}_2 = \iint_{S} \left(\vec{\nabla} \times \vec{B}(P)\right) \cdot d\vec{S}(P)$$

であるので，(4.2.4) 式より，

$$\iint_{S} \left(\vec{\nabla} \times \vec{B}(P)\right) \cdot d\vec{S}(P) = \mu_0 \iint_{S} \vec{J}(P) \cdot d\vec{S}(P)$$

となり，

$$\iint_{S} \left(\vec{\nabla} \times \vec{B}(P) - \mu_0 \vec{J}(P)\right) \cdot d\vec{S}(P) = 0 \tag{4.2.5}$$

となる．(4.2.5) 式は縁 C が固定されている任意の曲面 S について成立するので，

$$\vec{\nabla} \times \vec{B}(P) = \mu_0 \vec{J}(P) \tag{4.2.6}$$

となる．この式は S 上の任意の点 P で成立する式であるが，S があらわではないので全空間内の点 P で成立する最も一般的なアンペールの法則である．ただし (4.2.6) 式の $\vec{B}(P)$ は $\vec{J}(P)$ により発生する磁束密度であることに注意が必要である．

例題4.5

図4.11 (a) に示すように，真空中において，xyz 座標の z 軸を中心軸とする半径 R [m]，長さ無限長，厚さが無視できる円筒導体に一様に定常直流電流が図に示す方向および向きに電流密度 J [A/m] で流れている．ただし，電流の方向は z 成分を持たない．このとき円筒導体を除く円筒内外の任意の点 P における磁束密度 $\vec{B}(\mathrm{P})$ を，

(1) アンペールの法則を用いてを求めよ．

(2) ビオ–サバールの法則を用いて求めよ．

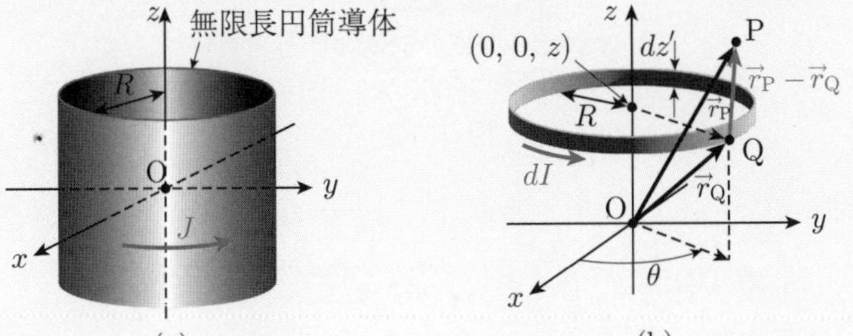

(a) (b)

図4.11

【解答】 (1) アンペールの法則を用いて $\vec{B}(\mathrm{P})$ を求めるためには，積分経路を選択するための $\vec{B}(\mathrm{P})$ に関する情報が必要である．まず途中までビオ–サバールの法則を用いてその情報を知ることが必要である．

図4.11 に示すように，空間座標を設定する．電流を微分割する．この場合には図4.11 (b) に示すように xy 平面に平行に半径 R [m]，長さ dz' [m] の円環電流要素に分割し，これによる磁束密度 $d\vec{B}(\mathrm{P})$ を求め，重ね合わせの原理を用いてすべての電流による $\vec{B}(\mathrm{P})$ を求める．$\vec{r}_\mathrm{P}=(x,y,z)$，$\vec{r}_\mathrm{Q}=(R\cos\theta,R\sin\theta,z')$ とすると，

$$|\vec{r}_\mathrm{P}-\vec{r}_\mathrm{Q}|=\left\{x^2+y^2+(z-z')^2+R^2-2xR\cos\theta-2yR\sin\theta\right\}^{\frac{1}{2}}$$

$$dI=J\,dz',\quad d\vec{s}(\mathrm{Q})=Rd\theta(-\sin\theta,\cos\theta,0)$$

$$dI\,d\vec{s}(\mathrm{Q})\times(\vec{r}_\mathrm{P}-\vec{r}_\mathrm{Q})=J\,dz'\,R\big((z-z')\cos\theta,(z-z')\sin\theta,R-x\cos\theta-y\sin\theta\big)\,d\theta$$

であるので，(4.1.1) 式より，

$$\begin{aligned}d\vec{B}(\mathrm{P})&=\frac{\mu_0}{4\pi}\frac{dI\,d\vec{s}(\mathrm{P})\times(\vec{r}_\mathrm{P}-\vec{r}_\mathrm{Q})}{|\vec{r}_\mathrm{P}-\vec{r}_\mathrm{Q}|^3}\\&=\frac{\mu_0}{4\pi}\frac{JR((z-z')\cos\theta,(z-z')\sin\theta,R-x\cos\theta-y\sin\theta)}{\{x^2+y^2+(z-z')^2+R^2-2xR\cos\theta-2yR\sin\theta\}^{\frac{3}{2}}}\,d\theta dz'\end{aligned}$$

となり，円筒電流全体による $\vec{B}(\mathrm{P})$ は，

$$\vec{B}(\mathrm{P})=\frac{\mu_0}{4\pi}\int_{\theta=0}^{2\pi}\int_{z'=-\infty}^{\infty}\frac{JR((z-z')\cos\theta,(z-z')\sin\theta,R-x\cos\theta-y\sin\theta)}{\{x^2+y^2+(z-z')^2+R^2-2xR\cos\theta-2yR\sin\theta\}^{\frac{3}{2}}}\,d\theta dz' \quad (4.2.7)$$

となる．ただし z' に関する積分の範囲は $-\infty<z'<\infty$ であるので，被積分関数の z を 0 としても積分値は同じである．したがって $\vec{B}(\mathrm{P})$ の x,y 成分は z' に関する奇関数とな

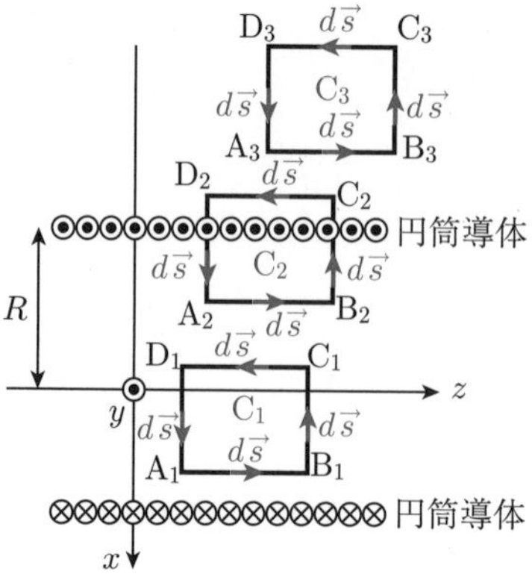

図4.12

るから z' で積分すると 0 になる．したがって z 成分 $B_z(\mathrm{P})$ のみが 0 ではなく，

$$B_z(\mathrm{P}) = \frac{\mu_0}{4\pi}\int_0^{2\pi} \frac{2JR(R-x\cos\theta-y\sin\theta)}{x^2+y^2+R^2-2xR\cos\theta-2yR\sin\theta}\,d\theta \qquad (4.2.8)$$

となる．x, y が一定であれば $B_z(\mathrm{P})$ は一定であり z に依存しない．ここまでがアンペールの法則を用いて問題を解くための情報である．周回積分を実際に実行するためには，積分経路として $\vec{B}(\mathrm{P})$ に垂直か平行になる組み合わせを選ぶ必要がある．

$\vec{B}(\mathrm{P})$ は z 方向の成分しか持たないので，経路としては z 軸に平行あるいは垂直な経路を選ぶ必要がある．解を一意的に決定するためには，経路として **図4.12** に示すように，3 個必要である．

1.（経路 $\mathrm{C_1}$（$\mathrm{A_1B_1C_1D_1}$）について） 経路 $\mathrm{C_1}$ は円筒電流と鎖交していない．$\vec{B}(\mathrm{P})$ の向きは現段階では不明であるが z 軸の正の向きと仮定する．経路 $\mathrm{C_1}$ に関する周回積分は $d\vec{s}(\mathrm{P})$ が反時計回りの向きであるとすると，

$$\begin{aligned}
&\oint_{\mathrm{C_1}} \vec{B}(\mathrm{P})\cdot d\vec{s}(\mathrm{P}) \\
&= \int_{\mathrm{A_1}}^{\mathrm{B_1}} \vec{B}(\mathrm{P})\cdot d\vec{s}(\mathrm{P}) + \int_{\mathrm{B_1}}^{\mathrm{C_1}} \vec{B}(\mathrm{P})\cdot d\vec{s}(\mathrm{P}) + \int_{\mathrm{C_1}}^{\mathrm{D_1}} \vec{B}(\mathrm{P})\cdot d\vec{s}(\mathrm{P}) + \int_{\mathrm{D_1}}^{\mathrm{A_1}} \vec{B}(\mathrm{P})\cdot d\vec{s}(\mathrm{P}) \\
&= \int_{\mathrm{A_1}}^{\mathrm{B_1}} B(\mathrm{P})\,ds(\mathrm{P}) - \int_{\mathrm{C_1}}^{\mathrm{D_1}} B(\mathrm{P})\,ds(\mathrm{P}) = B(\mathrm{A_1B_1})\int_{\mathrm{A_1}}^{\mathrm{B_1}} ds - B(\mathrm{C_1D_1})\int_{\mathrm{C_1}}^{\mathrm{D_1}} ds \\
&= B(\mathrm{A_1B_1})\overline{\mathrm{A_1B_1}} - B(\mathrm{C_1D_1})\overline{\mathrm{C_1D_1}} = \overline{\mathrm{A_1B_1}}\bigl(B(\mathrm{A_1B_1}) - B(\mathrm{C_1D_1})\bigr) = 0
\end{aligned}$$

となる．$\overline{\mathrm{A_1B_1}} \neq 0$ であるので，$B(\mathrm{A_1B_1}) = B(\mathrm{C_1D_1})$ となり，磁束密度は円筒内部では断面に対して一様であることが分かる．しかし，この段階では $\vec{B}(\mathrm{P})$ の大きさは不明である．

2.（経路 $\mathrm{C_3}$（$\mathrm{A_3B_3C_3D_3}$）について） 経路 $\mathrm{C_3}$ は円筒電流と鎖交していないので，1. と同様にして，

$$\oiint_{\mathrm{C_3}} \vec{B}(\mathrm{P})\cdot d\vec{s}(\mathrm{P}) = \overline{\mathrm{A_3B_3}}\bigl(B(\mathrm{A_3B_3}) - B(\mathrm{C_3D_3})\bigr) = 0 \qquad (4.2.9)$$

となり，$\overline{\mathrm{A_3B_3}} \neq 0$ であるので，$B(\mathrm{A_3B_3}) = B(\mathrm{C_3D_3})$ となり，円筒外でも $\vec{B}(\mathrm{P})$ は一様であることが分かる．

3.（経路 $\mathrm{C_2}$（$\mathrm{A_2B_2C_2D_2}$）について）　経路 $\mathrm{C_2}$ は円筒電流と鎖交しており，しかも題意より，電流と経路の回る向きは右ネジの関係にあるので，

$$\oint_{\mathrm{C_2}} \vec{B}(\mathrm{P}) \cdot d\vec{s}(\mathrm{P}) = \overline{\mathrm{A_2B_2}}\big(B(\mathrm{A_2B_2}) - B(\mathrm{C_2D_2})\big) = \mu_0 \overline{\mathrm{A_2B_2}} J \qquad (4.2.10)$$

となり，$\overline{\mathrm{A_2B_2}} \neq 0$ であるので，$B(\mathrm{A_2B_2}) - B(\mathrm{C_2D_2}) = \mu_0 J$ となる．しかし，この段階でも $\vec{B}(\mathrm{P})$ の大きさは一意に定まらない．ところで，(4.2.8) 式より $x^2 + y^2 \to \infty$ とすると，被積分関数は 0 に収束し，積分の値も 0 に収束する．したがって，円筒外でも $\vec{B}(\mathrm{P})$ が一様であることを考慮すると，結果として円筒外では $\vec{B}(\mathrm{P})$ の大きさは 0 T となる．したがって，$\mathrm{C_2D_2}$ が円筒外にあり $B(\mathrm{C_2D_2}) = 0$ であるので，(4.2.10) 式より $B(\mathrm{A_2B_2}) = \mu_0 J$ となるので，円筒内の $\vec{B}(\mathrm{P})$ は $\vec{B} = \mu_0 J(0, 0, 1)$ となる．以上より，求めるべき $\vec{B}(\mathrm{P})$ は，

$$\vec{B}(\mathrm{P}) = \mu_0 J \vec{k}\ [\mathrm{T}] \quad（円筒内） \qquad (4.2.11)$$

$$\vec{B}(\mathrm{P}) = \vec{0}\ [\mathrm{T}] \quad（円筒外） \qquad (4.2.12)$$

となる．無限長ソレノイドの場合の単位長当たりの巻き数と電流の積 NI を J に置き換えたものになる．ただし，無限長ソレノイドはコイルがらせん状に 1 m 当たり N 回巻かれているところを同じ数の円形コイルに置き換えているので，近似解しか得られないが，本結果は近似が導入されておらず厳密な結果である．

(2)　(4.2.8) 式の積分を実行すればよい．導体は円筒対称性を持っているので，$y = 0$ としても一般性は失われないので，付録 8, 9 より，

$$\begin{aligned}
B_z(\mathrm{P}) &= \tfrac{\mu_0}{4\pi}\int_0^{2\pi} \tfrac{2JR(R - x\cos\theta)}{x^2 + R^2 - 2xR\cos\theta}\, d\theta \\
&= \tfrac{\mu_0}{4\pi} 4JR \left(R\int_0^{\pi} \tfrac{1}{x^2 + R^2 - 2xR\cos\theta}\, d\theta - x\int_0^{\pi} \tfrac{\cos\theta}{x^2 + R^2 - 2xR\cos\theta}\, d\theta \right) \\
&= \tfrac{\mu_0}{4\pi} 4JR \left[R\tfrac{\pi}{|R^2 - x^2|} + \tfrac{1}{2R}\pi \left\{ \tfrac{|R^2 - x^2| - (R^2 + x^2)}{|R^2 - x^2|} \right\} \right] \\
&= \tfrac{\mu_0}{2} J \tfrac{1}{|R^2 - x^2|} (|R^2 - x^2| + R^2 - x^2) \qquad (4.2.13)
\end{aligned}$$

となる．ここで，$|x|$ と R の大小関係で場合分けが必要である．

1.　$|x| < R$（点 P が円筒内にあるとき），$|R^2 - x^2| = R^2 - x^2$ であるので，(4.2.13) 式は，以下のようになる．

$$B_z(\mathrm{P}) = \tfrac{\mu_0 J}{2}(+2) = \mu_0 J \qquad (4.2.14)$$

2.　$|x| > R$（点 P が円筒外にあるとき），$|R^2 - x^2| = x^2 - R^2$ であるので，(4.2.13) 式は，

$$B_z(\mathrm{P}) = \tfrac{\mu_0 J}{2}(-1 + 1) = 0 \qquad (4.2.15)$$

となる．(4.2.14), (4.2.15) 式より，磁束密度 $\vec{B}(\mathrm{P})$ は，

$$\vec{B}(\mathrm{P}) = \mu_0 J(0, 0, 1)\ [\mathrm{T}] \quad（円筒内），\quad \vec{B}(\mathrm{P}) = \vec{0}\ [\mathrm{T}] \quad（円筒外）$$

となり，それぞれアンペールの法則を用いて得られた (4.2.11), (4.2.12) 式と一致する．■

4.3 ベクトルポテンシャル

静電界の場合には，クーロンの法則に基づいて点電荷による電界 $\vec{E}(\mathrm{P})$ に対して電位 $V(\mathrm{P})$ なる概念が存在した．電位あるいは2点間の電位差を電圧計を用いて測定することが可能である．それでは，静磁界に対して電位に相当するものが存在するのであろうか．太さが無視できる導線からなる閉回路 C に流れる電流 I [A] の内 C 上の点 Q における $I\,d\vec{s}(\mathrm{Q})$ による磁束密度 $d\vec{B}(\mathrm{P})$ [T] は，(4.1.1) 式より，

$$d\vec{B}(\mathrm{P}) = \frac{\mu_0}{4\pi}\frac{I\,d\vec{s}(\mathrm{Q})\times(\vec{r}_\mathrm{P}-\vec{r}_\mathrm{Q})}{|\vec{r}_\mathrm{P}-\vec{r}_\mathrm{Q}|^3} \tag{4.3.1}$$

である．ここで，

$$\frac{\vec{r}_\mathrm{P}-\vec{r}_\mathrm{Q}}{|\vec{r}_\mathrm{P}-\vec{r}_\mathrm{Q}|^3} = -\vec{\nabla}_\mathrm{P}\frac{1}{|\vec{r}_\mathrm{P}-\vec{r}_\mathrm{Q}|}$$

であるので，静電界の場合と同様にすると，(4.3.1) 式は，

$$d\vec{B}(\mathrm{P}) = \frac{\mu_0}{4\pi}I\,d\vec{s}(\mathrm{Q})\times\left(-\vec{\nabla}_\mathrm{P}\frac{1}{|\vec{r}_\mathrm{P}-\vec{r}_\mathrm{Q}|}\right) \tag{4.3.2}$$

となる．ところで，スカラー関数 f とベクトル関数 $\vec{g}$ に対して，$\vec{\nabla}\times(f\vec{g})$ は (4.4.6) 式より，

$$\vec{\nabla}\times(f\vec{g}) = (\vec{\nabla}f)\times\vec{g} + f(\vec{\nabla}\times\vec{g})$$

であるので，$f = \frac{1}{|\vec{r}_\mathrm{P}-\vec{r}_\mathrm{Q}|}$，$\vec{g} = I\,d\vec{s}(\mathrm{Q})$ とすると，

$$\begin{aligned}&\vec{\nabla}_\mathrm{P}\times\left\{\left(\frac{1}{|\vec{r}_\mathrm{P}-\vec{r}_\mathrm{Q}|}\right)I\,d\vec{s}(\mathrm{Q})\right\}\\&= \vec{\nabla}_\mathrm{P}\left(\frac{1}{|\vec{r}_\mathrm{P}-\vec{r}_\mathrm{Q}|}\right)\times(I\,d\vec{s}(\mathrm{Q})) + \frac{1}{|\vec{r}_\mathrm{P}-\vec{r}_\mathrm{Q}|}\{\vec{\nabla}_\mathrm{P}\times(I\,d\vec{s}(\mathrm{Q}))\}\end{aligned} \tag{4.3.3}$$

となる．$\vec{\nabla}_\mathrm{P}\times(I\,d\vec{s}(\mathrm{Q})) = \vec{0}$ であるので，(4.3.3) 式は

$$\begin{aligned}&\vec{\nabla}_\mathrm{P}\left(\frac{1}{|\vec{r}_\mathrm{P}-\vec{r}_\mathrm{Q}|}\right)\times(I\,d\vec{s}(\mathrm{Q}))\\&= -(I\,d\vec{s}(\mathrm{Q}))\times\vec{\nabla}_\mathrm{P}\left(\frac{1}{|\vec{r}_\mathrm{P}-\vec{r}_\mathrm{Q}|}\right) = \vec{\nabla}_\mathrm{P}\times\left\{I\,d\vec{s}(\mathrm{Q})\left(\frac{1}{|\vec{r}_\mathrm{P}-\vec{r}_\mathrm{Q}|}\right)\right\}\end{aligned}$$

となり，(4.3.2) 式は，

$$d\vec{B}(\mathrm{P}) = \vec{\nabla}_\mathrm{P}\times\left(\frac{\mu_0}{4\pi}I\,d\vec{s}(\mathrm{Q})\frac{1}{|\vec{r}_\mathrm{P}-\vec{r}_\mathrm{Q}|}\right) \tag{4.3.4}$$

となる．したがって，回路 C に流れる電流 I による全磁束密度 $\vec{B}(\mathrm{P})$ は，(4.3.4) 式より，

$$\begin{aligned}\vec{B}(\mathrm{P}) &= \oint_\mathrm{C} d\vec{B}(\mathrm{P}) = \oint_\mathrm{C}\vec{\nabla}_\mathrm{P}\times\left(\frac{\mu_0}{4\pi}I\,d\vec{s}(\mathrm{Q})\frac{1}{|\vec{r}_\mathrm{P}-\vec{r}_\mathrm{Q}|}\right)\\&= \vec{\nabla}_\mathrm{P}\times\oint_\mathrm{C}\frac{\mu_0}{4\pi}I\,d\vec{s}(\mathrm{Q})\frac{1}{|\vec{r}_\mathrm{P}-\vec{r}_\mathrm{Q}|} = \vec{\nabla}_\mathrm{P}\times\vec{A}(\mathrm{P})\end{aligned} \tag{4.3.5}$$

となる．(4.3.5) 式で定義された $\vec{A}(\mathrm{P})$ を回路 C に流れる電流 I による**ベクトルポテンシャル**（vector potential）という．以上をまとめると，

$$\vec{A}(\mathrm{P}) = \frac{\mu_0}{4\pi}\oint_\mathrm{C}\frac{I\,d\vec{s}(\mathrm{Q})}{|\vec{r}_\mathrm{P}-\vec{r}_\mathrm{Q}|} = \oint_\mathrm{C} d\vec{A}(\mathrm{P}) \tag{4.3.6}$$

$$\vec{B}(\mathrm{P}) = \vec{\nabla}_\mathrm{P}\times\vec{A}(\mathrm{P}) \tag{4.3.7}$$

である．$\vec{B}(\mathrm{P})$ が (4.3.7) 式のように書けると，$\vec{\nabla}_\mathrm{P}\cdot\vec{B}(\mathrm{P}) = \vec{\nabla}_\mathrm{P}\cdot\left(\vec{\nabla}_\mathrm{P}\times\vec{A}(\mathrm{P})\right) \equiv 0$

であるので，$\vec{B}(\mathrm{P})$ の発生の源となる単磁荷は存在しないことと同じ内容を表している．

(4.3.6) 式は太さが無視できる導線からなる閉回路以外にもより一般的な電流分布に対しても成立する．その場合に (4.3.6) 式は，

$$\vec{A}(\mathrm{P}) = \frac{\mu_0}{4\pi}\iiint_{\mathrm{V}} \frac{\vec{J}(\mathrm{Q})\,dv(\mathrm{Q})}{|\vec{r}_{\mathrm{P}} - \vec{r}_{\mathrm{Q}}|} \tag{4.3.8}$$

となる．ただし，$\vec{J}(\mathrm{Q})$ は点 Q における体積電流密度である．$\vec{A}(\mathrm{P})$ から (4.3.7) 式の関係を用いて $\vec{B}(\mathrm{P})$ を求めることが可能である．場合によっては $\vec{B}(\mathrm{P})$ から $\vec{A}(\mathrm{P})$ が容易に求められることがある．

電位を測定するための計測器が用意されているが，ベクトルポテンシャルについては現在のところ計測器はないとされ，その実在性に関しても不明である．しかし，(4.3.6) 式による定義は存在するし，物理現象を解析するためには現在のところ便利な概念である．ベクトルポテンシャルは磁束密度より被積分関数が単純であり，特徴的なのは方向が電流の方向に深く関係していることであるので，磁束密度よりイメージしやすい．

静電界では電位に関するポアソンの微分方程式があった．静磁界ではベクトルポテンシャルに関する微分方程式が存在するであろうか．アンペールの法則は $\vec{\nabla}_{\mathrm{P}} \times \vec{B}(\mathrm{P}) = \mu_0 \vec{J}(\mathrm{P})$ であった．また $\vec{\nabla}_{\mathrm{P}} \times \vec{A}(\mathrm{P}) = \vec{B}(\mathrm{P})$ であった．この 2 つの式をあわせると，

$$\vec{\nabla}_{\mathrm{P}} \times \vec{B}(\mathrm{P}) = \mu_0 \vec{J}(\mathrm{P}) = \vec{\nabla}_{\mathrm{P}} \times (\vec{\nabla}_{\mathrm{P}} \times \vec{A}(\mathrm{P})) \tag{4.3.9}$$

となる．$\vec{\nabla} \times \vec{A}$ は，

$$\vec{\nabla} \times \vec{A} = \left(\frac{\partial A_z}{\partial y} - \frac{\partial A_y}{\partial z}, \frac{\partial A_x}{\partial z} - \frac{\partial A_z}{\partial x}, \frac{\partial A_y}{\partial x} - \frac{\partial A_x}{\partial y} \right)$$

である．さらに，$\vec{\nabla} \times (\vec{\nabla} \times \vec{A})$ の x 成分は，

$$\begin{aligned}
\vec{\nabla} \times (\vec{\nabla} \times \vec{A})_x &= \frac{\partial}{\partial y}\left(\frac{\partial A_y}{\partial x} - \frac{\partial A_x}{\partial y} \right) - \frac{\partial}{\partial z}\left(\frac{\partial A_x}{\partial z} - \frac{\partial A_z}{\partial x} \right) = \frac{\partial^2 A_y}{\partial y \partial x} - \frac{\partial^2 A_x}{\partial y^2} - \frac{\partial^2 A_x}{\partial z^2} + \frac{\partial^2 A_z}{\partial z \partial x} \\
&= \frac{\partial}{\partial x}\left(\frac{\partial A_y}{\partial y} + \frac{\partial A_z}{\partial z} \right) - \frac{\partial^2 A_x}{\partial y^2} - \frac{\partial^2 A_x}{\partial z^2} \\
&= \frac{\partial}{\partial x}\left(\frac{\partial A_x}{\partial x} + \frac{\partial A_y}{\partial y} + \frac{\partial A_z}{\partial z} \right) - \frac{\partial^2 A_x}{\partial x^2} - \frac{\partial^2 A_x}{\partial y^2} - \frac{\partial^2 A_x}{\partial z^2} \\
&= \frac{\partial}{\partial x}\vec{\nabla} \cdot \vec{A} - \vec{\nabla} \cdot \vec{\nabla} A_x
\end{aligned}$$

となる．他の成分についても同様にすると，

$$\begin{aligned}
\vec{\nabla} \times (\vec{\nabla} \times \vec{A}) &= \left(\frac{\partial}{\partial x}\vec{\nabla} \cdot \vec{A} - \vec{\nabla} \cdot \vec{\nabla} A_x, \frac{\partial}{\partial y}\vec{\nabla} \cdot \vec{A} - \vec{\nabla} \cdot \vec{\nabla} A_y, \frac{\partial}{\partial z}\vec{\nabla} \cdot \vec{A} - \vec{\nabla} \cdot \vec{\nabla} A_z \right) \\
&= \left(\frac{\partial}{\partial x}\vec{\nabla} \cdot \vec{A}, \frac{\partial}{\partial y}\vec{\nabla} \cdot \vec{A}, \frac{\partial}{\partial z}\vec{\nabla} \cdot \vec{A} \right) - (\vec{\nabla} \cdot \vec{\nabla} A_x, \vec{\nabla} \cdot \vec{\nabla} A_y, \vec{\nabla} \cdot \vec{\nabla} A_z) \\
&= \vec{\nabla}\vec{\nabla} \cdot \vec{A} - \vec{\nabla} \cdot \vec{\nabla}\vec{A} = \vec{\nabla}\vec{\nabla} \cdot \vec{A} - \Delta\vec{A}
\end{aligned} \tag{4.3.10}$$

となる．整理すると，(4.3.9), (4.3.10) 式より，

$$\vec{\nabla} \times (\vec{\nabla} \times \vec{A}) = \vec{\nabla}\vec{\nabla} \cdot \vec{A} - \Delta\vec{A} = \mu_0 \vec{J} \tag{4.3.11}$$

である．ところで，古典電気磁気学では，

$$\vec{\nabla} \cdot \vec{A} \equiv 0 \tag{4.3.12}$$

としている．したがって，(4.3.11), (4.3.12) 式より，

$$\Delta\vec{A} = -\mu_0\vec{J} \tag{4.3.13}$$

となる．この式は $\vec{A}$ の各成分に関する3つの2階の偏微分方程式を表している．電流密度分布が与えられればこの方程式を解くことにより $\vec{A}$ が得られる．

■ 例題4.6 ■

図4.4 (a) に示すように，真空中において，太さが無視できる無限長直線状導線に定常直流電流が I [A] 流れている．このとき，導線を除く任意の点Pにおけるベクトルポテンシャル $\vec{A}(\mathrm{P})$ を求め，次に，$\vec{A}(\mathrm{P})$ より磁束密度 $\vec{B}(\mathrm{P})$ を求めよ．

【解答】 磁束密度を求めたときと同様に，**図4.4 (b)** に示すように，空間座標を設定する．無限長直線状導線上の点 $\mathrm{Q}(\vec{r}_\mathrm{Q})$ における微小電流要素 $I\,d\vec{s}(\mathrm{Q})$ が点 $\mathrm{P}(\vec{r}_\mathrm{P})$ に形成するベクトルポテンシャル $d\vec{A}(\mathrm{P})$ は，(4.3.6) 式より，

$$d\vec{A}(\mathrm{P}) = \frac{\mu_0}{4\pi}\frac{I\,d\vec{s}(\mathrm{Q})}{|\vec{r}_\mathrm{P}-\vec{r}_\mathrm{Q}|} \tag{4.3.14}$$

である．点Pを $\vec{r}_\mathrm{P} = (x, y, z)$ とする．また点Qを $\vec{r}_\mathrm{Q} = (0, 0, z')$ とすると，$\vec{r}_\mathrm{P}-\vec{r}_\mathrm{Q} = (x, y, z-z')$, $|\vec{r}_\mathrm{P}-\vec{r}_\mathrm{Q}| = \left\{x^2+y^2+(z-z')^2\right\}^{\frac{1}{2}} = \left\{a^2+(z-z')^2\right\}^{\frac{1}{2}}$, $I\,d\vec{s}(\mathrm{Q}) = I(0, 0, dz')$ となるので，無限長直線状導線に流れる電流 I による $\vec{A}(\mathrm{P})$ は，(4.3.14) 式の $d\vec{A}(\mathrm{P})$ を重ね合わせることにより，

$$\vec{A}(\mathrm{P}) = \frac{\mu_0 I}{4\pi}\int_{-\infty}^{+\infty}\frac{(0,0,dz')}{\{a^2+(z-z')^2\}^{\frac{1}{2}}} = \frac{\mu_0 I}{4\pi}\vec{k}\int_{-\infty}^{+\infty}\frac{1}{\{a^2+(z-z')^2\}^{\frac{1}{2}}}\,dz' \tag{4.3.15}$$

となる．(4.3.15) 式の右辺の積分は，付録公式1を参考にすると，

$$\int_{-\infty}^{+\infty}\frac{1}{(a^2+z'^2)^{\frac{1}{2}}}\,dz' = \left[\log_e\left\{z'+(a^2+z'^2)^{\frac{1}{2}}\right\}\right]_{z'=-\infty}^{+\infty} \tag{4.3.16}$$

となる．ただし，$(x^2+y^2)^{\frac{1}{2}} = a > 0$ である．右辺の対数の部分は発散する．これは，電流が無限遠点でも存在しているからである．重要なのは静電界のところでも述べたように，ベクトルポテンシャルは電位と同様に，定数の不定性があるので，x, y に依存する項が明確に分離できればよい．そこで積分領域が十分広い有限領域として発散項との分離を以下に行うことにする．(4.3.15), (4.3.16) 式より，

$$\begin{aligned}\vec{A}(\mathrm{P}) &= \lim_{L\to\infty}\frac{\mu_0 I}{4\pi}\vec{k}\int_{-L}^{+L}\frac{1}{(a^2+z'^2)^{\frac{1}{2}}}\,dz' = \lim_{L\to\infty}\frac{\mu_0 I}{4\pi}\vec{k}\left[\log_e\left\{z'+(a^2+z'^2)^{\frac{1}{2}}\right\}\right]_{-L}^{+L}\\ &= \lim_{L\to\infty}\frac{\mu_0 I}{4\pi}\vec{k}\left[\log_e\left\{L+(a^2+L^2)^{\frac{1}{2}}\right\} - \log_e\left\{-L+(a^2+L^2)^{\frac{1}{2}}\right\}\right]\end{aligned} \tag{4.3.17}$$

である．$L \gg a$ のとき，

$$\begin{aligned}&\log_e\left\{L+(a^2+L^2)^{\frac{1}{2}}\right\} - \log_e\left\{-L+(a^2+L^2)^{\frac{1}{2}}\right\}\\ &= \log_e\left\{L+L\left(1+\frac{a^2}{L^2}\right)^{\frac{1}{2}}\right\} - \log_e\left\{-L+L\left(1+\frac{a^2}{L^2}\right)^{\frac{1}{2}}\right\}\\ &\cong \log_e\left\{L+L\left(1+\frac{1}{2}\frac{a^2}{L^2}\right)\right\} - \log_e\left\{-L+L\left(1+\frac{1}{2}\frac{a^2}{L^2}\right)\right\}\end{aligned}$$

$$= \log_e\left(2L + \frac{1}{2}\frac{a^2}{L}\right) - \log_e\left(\frac{1}{2}\frac{a^2}{L}\right) = \log_e\left\{2L\left(1+\frac{1}{4}\frac{a^2}{L^2}\right)\right\} - \log_e a^2 + \log_e(2L)$$

$$\cong \log_e(2L) + \frac{1}{4}\frac{a^2}{L^2} - \log_e a^2 + \log_e(2L) \cong -\log_e a^2 + \log_e(4L^2) \equiv -\log_e a^2 + C(L)$$

となるので，(4.3.17) 式より，

$$\begin{aligned}\vec{A}(\mathrm{P}) &= \lim_{L\to\infty}\frac{\mu_0 I}{4\pi}\vec{k}\left(-\log_e(a^2) + C(L)\right)\\ &= -\frac{\mu_0 I}{4\pi}\vec{k}\log_e a^2 + \frac{\mu_0 I}{4\pi}\vec{k}\lim_{L\to\infty}C(L)\end{aligned} \tag{4.3.18}$$

となり，発散の原因となる L に関する項と a に関する項に明らかに分離することができた．ベクトルポテンシャルの定数項の不定性を考慮して，(4.3.18) 式より $\vec{A}(\mathrm{P})$ を以後改めて，

$$\vec{A}(\mathrm{P}) = -\frac{\mu_0 I}{4\pi}\vec{k}\log_e a^2 = -\frac{\mu_0 I}{2\pi}\vec{k}\log_e(x^2+y^2)^{\frac{1}{2}} \tag{4.3.19}$$

とする．(4.3.5), (4.3.19) 式より $\vec{A}(\mathrm{P})$ から $\vec{B}(\mathrm{P})$ を求めると，

$$\begin{aligned}\vec{B}(\mathrm{P}) &= \vec{\nabla}_{\mathrm{P}}\times\vec{A}(\mathrm{P}) = \vec{\nabla}_{\mathrm{P}}\times\left\{-\frac{\mu_0 I}{2\pi}\vec{k}\log_e(x^2+y^2)^{\frac{1}{2}}\right\}\\ &= -\frac{\mu_0 I}{2\pi}\vec{\nabla}_{\mathrm{P}}\times\left(0,0,\log_e(x^2+y^2)^{\frac{1}{2}}\right) = -\frac{\mu_0 I}{2\pi}\left(\frac{\partial\log_e(x^2+y^2)^{\frac{1}{2}}}{\partial y}, -\frac{\partial\log_e(x^2+y^2)^{\frac{1}{2}}}{\partial x}, 0\right)\\ &= \frac{\mu_0 I}{2\pi}\frac{(-y,x,0)}{x^2+y^2}\ [\mathrm{T}]\end{aligned}$$

となり，例題 4.1 の (4.1.10) 式と一致する．ここで注意が必要なのは $\vec{A}(\mathrm{P})$ は点 P が導体を除く任意の空間座標 (x, y, z) に変数として設定する必要があることである．すなわち，x 軸上の点などに限定して算出された $\vec{A}(\mathrm{P})$ を用いて同じ点の $\vec{B}(\mathrm{P})$ を算出することは正しくない．■

■ 例題4.7 ■

図4.6 (a) に示すように，真空中において，半径 R [m] の太さが無視できる円形コイルが中心が xyz 座標の原点 O に一致するように xy 平面内に置かれ，定常直流電流 I [A] が図に示した向きに流れているとき，z 軸上の点 P におけるベクトルポテンシャル $\vec{A}(\mathrm{P})$ を求めよ．

【解答】　図4.6 (b) のように空間座標を設定する．点 P を $\vec{r}_{\mathrm{P}} = (0,0,z)$ とし，円形コイル上の点 Q を $\vec{r}_{\mathrm{Q}} = (R\cos\theta, R\sin\theta, 0)$ とする．点 Q の微小電流要素ベクトル $I\,d\vec{s}(\mathrm{Q})$ が点 P に形成するベクトルポテンシャル $d\vec{A}(\mathrm{P})$ は，(4.3.14) 式より，

$$d\vec{A}(\mathrm{P}) = \frac{\mu_0}{4\pi}\frac{I\,d\vec{s}(\mathrm{Q})}{|\vec{r}_{\mathrm{P}} - \vec{r}_{\mathrm{Q}}|} \tag{4.3.20}$$

である．ここで，$\vec{r}_{\mathrm{P}} - \vec{r}_{\mathrm{Q}} = (-R\cos\theta, -R\sin\theta, z)$, $|\vec{r}_{\mathrm{P}} - \vec{r}_{\mathrm{Q}}| = (R^2+z^2)^{\frac{1}{2}}$, $I\,d\vec{s}(\mathrm{Q}) = I(-\sin\theta, \cos\theta, 0)R\,d\theta$, $0 \leq \theta < 2\pi$ であるので，導体に流れる電流全体により点 P に形成されるベクトルポテンシャル $\vec{A}(\mathrm{P})$ は，(4.3.20) 式の $d\vec{A}(\mathrm{P})$ を重ね合わせて，

$$\begin{aligned}\vec{A}(\mathrm{P}) &= \frac{\mu_0 I}{4\pi}\int_0^{2\pi}\frac{(-\sin\theta,\cos\theta,0)R\,d\theta}{(R^2+z^2)^{\frac{1}{2}}} = \frac{\mu_0 I}{4\pi}\frac{R}{(R^2+z^2)^{\frac{1}{2}}}\int_0^{2\pi}(-\sin\theta,\cos\theta,0)\,d\theta\\ &= \frac{\mu_0 I}{4\pi}\frac{R}{(R^2+z^2)^{\frac{1}{2}}}(0,0,0) = \vec{0}\ [\mathrm{T{\cdot}m}]\end{aligned}$$

となる．■

4.4 相互インダクタンス

図4.13 に示すように，真空中において，太さが無視できる導線からなる閉回路 C_1 および C_2 がある．この 2 つの回路は接触していなければ鎖交していてもかまわない．C_1 および C_2 に定常直流電流 I_1 [A] および I_2 がそれぞれ流れているときを考える．C_1 に流れる電流 I_1 [A] により磁束密度 $\vec{B}_1(\mathrm{P})$ [T] が空間に形成される．$\vec{B}_1(\mathrm{P})$ は電気力線と同様に互いに交わらない流線（磁力線）を形成する．例えば無限長直線状導線に電流を流すと磁力線は導線上のある点を中心とし，観測点と導線との距離を半径とする導線に垂直な平面内の円となる．異なる距離に対する磁力線は同心円となり交差することはない．またこれらの円は必ずすべて導線すなわち電流に鎖交する．また電荷のような単磁荷がないので磁力線は必ず閉じている．もし開いていればそれが電荷のような磁力線の発生源となるので矛盾が生じる．導線に流れる電流により発生する磁力線で電流に鎖交しない磁力線があるのだろうか．結論は「ない」である．もしあるとすれば矛盾が生じることを示そう．電流に鎖交しない磁力線を積分経路として $\vec{B}(\mathrm{P})$ の周回積分を行うと，

$$\oint_{\mathrm{C}} \vec{B}(\mathrm{P}) \cdot d\vec{s}(\mathrm{P})$$

は $\vec{B}(\mathrm{P}) \mathbin{/\!/} d\vec{s}(\mathrm{P})$ であるので $\vec{B}(\mathrm{P}) = \vec{0}$ 以外に 0 ではない．しかし磁力線は電流に鎖交していないのだから 0 である．これは矛盾である．したがって，電流により生じた $\vec{B}(\mathrm{P})$ による磁力線は必ず電流に鎖交する．以上より，C_1 に流れる電流 I_1 により生じた磁力線は互いに交わることなくすべて C_1 に鎖交する．この磁力線の集合体を**磁束**（magnetic flux）という．磁束の SI 単位は Wb であり日本語で**ウェーバ**といい，ドイツの物理学者である W. E. Weber による．Weber は電流が荷電粒子の流れであることを最初に提唱したと言われている．I_1 により生じた C_1 に鎖交する磁束を Φ_1 とすると，Φ_1 は，

$$\Phi_1 = \iint_{\mathrm{C}_1\text{を縁とする面 }\mathrm{S}_1} \vec{B}_1(\mathrm{P}) \cdot d\vec{S}_1(\mathrm{P}) \tag{4.4.1}$$

である．$\vec{B}(\mathrm{P})$ は I_1 に比例するので Φ_1 も I_1 に比例し $\Phi_1 = L_1 I_1$ である．このように定義された比例係数 L_1 を回路 C_1 の**自己インダクタンス**（self inductance）という．Φ_1 の一部は C_2 にも少なからず鎖交する．その磁束を Φ_{21} とすると，Φ_{21} も I_1 に比例し，

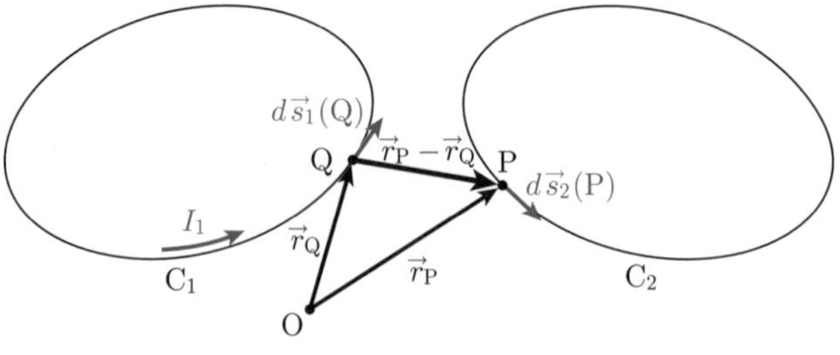

図4.13

$\Phi_{21} = M_{21}I_1$ となる．このように定義された比例係数 M_{21} を回路 C_1 と C_2 の間の**相互インダクタンス**（mutual inductance）という．次に，回路 C_2 に流れる電流 I_2 により生じた C_2 に鎖交する磁束を Φ_2 とすると，Φ_2 は，

$$\Phi_2 = \iint_{\mathrm{C}_2\text{を縁とする面 }\mathrm{S}_2} \vec{B}_2(\mathrm{P}) \cdot d\vec{S}_2(\mathrm{P}) \tag{4.4.2}$$

である．$\vec{B}_2(\mathrm{P})$ は I_2 に比例するので Φ_2 も I_2 に比例し，$\Phi_2 = L_2 I_2$ である．このように定義された比例係数 L_2 を回路 C_2 の自己インダクタンスという．Φ_2 の一部は C_1 にも少なからず鎖交する．その磁束を Φ_{12} とすると，Φ_{12} も I_2 に比例し $\Phi_{12} = M_{12}I_2$ となる．このように定義された比例係数 M_{12} も回路 C_2 と C_1 の間の相互インダクタンスという．次に 2 つの相互インダクタンス M_{21} および M_{12} の間の関係について調べてみよう．

ストークスの定理 (1.4.16), (4.3.6), (4.3.7) 式より Φ_{21} は，

$$\begin{aligned}
\Phi_{21} &= \iint_{\mathrm{C}_2\text{を縁とする面 }\mathrm{S}_2} \vec{B}_1(\mathrm{P}) \cdot d\vec{S}_2(\mathrm{P}) \\
&= \iint_{\mathrm{S}_2} \vec{\nabla} \times \vec{A}_1(\mathrm{P}) \cdot d\vec{S}_2(\mathrm{P}) = \oint_{\mathrm{C}_2} \vec{A}_1(\mathrm{P}) \cdot d\vec{s}_2(\mathrm{P}) \\
&= \oint_{\mathrm{C}_2}\oint_{\mathrm{C}_1} \frac{\mu_0}{4\pi}\frac{I_1\, d\vec{s}_1(\mathrm{Q})}{|\vec{r}_\mathrm{P} - \vec{r}_\mathrm{Q}|} \cdot d\vec{s}_2(\mathrm{P}) \\
&= \frac{\mu_0}{4\pi}\oint_{\mathrm{C}_2}\oint_{\mathrm{C}_1} \frac{d\vec{s}_1(\mathrm{Q}) \cdot d\vec{s}_2(\mathrm{P})}{|\vec{r}_\mathrm{P} - \vec{r}_\mathrm{Q}|} I_1 \equiv M_{21}I_1
\end{aligned} \tag{4.4.3}$$

となる．したがって，相互インダクタンス M_{21} は，

$$M_{21} = \frac{\mu_0}{4\pi}\oint_{\mathrm{C}_2}\oint_{\mathrm{C}_1} \frac{d\vec{s}_1(\mathrm{Q}) \cdot d\vec{s}_2(\mathrm{P})}{|\vec{r}_\mathrm{P} - \vec{r}_\mathrm{Q}|} \tag{4.4.4}$$

となる．また同様に Φ_{12} は，

$$\begin{aligned}
\Phi_{12} &= \iint_{\mathrm{S}_1} \vec{B}_2(\mathrm{Q}) \cdot d\vec{S}_1(\mathrm{Q}) \\
&= \iint_{\mathrm{S}_1} \vec{\nabla} \times \vec{A}_2(\mathrm{Q}) \cdot d\vec{S}_1(\mathrm{Q}) = \oint_{\mathrm{C}_1} \vec{A}_2(\mathrm{Q}) \cdot d\vec{s}_1(\mathrm{Q}) \\
&= \oint_{\mathrm{C}_1}\oint_{\mathrm{C}_2} \frac{\mu_0}{4\pi}\frac{I_2\, d\vec{s}_2(\mathrm{P})}{|\vec{r}_\mathrm{Q} - \vec{r}_\mathrm{P}|} \cdot d\vec{s}_1(\mathrm{Q}) \\
&= \frac{\mu_0}{4\pi}\oint_{\mathrm{C}_1}\oint_{\mathrm{C}_2} \frac{d\vec{s}_2(\mathrm{P}) \cdot d\vec{s}_1(\mathrm{Q})}{|\vec{r}_\mathrm{Q} - \vec{r}_\mathrm{P}|} I_2 \equiv M_{12}I_2
\end{aligned}$$

となる．したがって，相互インダクタンス M_{12} は，

$$M_{12} = \frac{\mu_0}{4\pi}\oint_{\mathrm{C}_1}\oint_{\mathrm{C}_2} \frac{d\vec{s}_2(\mathrm{P}) \cdot d\vec{s}_1(\mathrm{Q})}{|\vec{r}_\mathrm{Q} - \vec{r}_\mathrm{P}|} \tag{4.4.5}$$

と表される．(4.4.4), (4.4.5) 式でそれぞれ表される M_{21}, M_{12} の表式をみると両者は同じ結果を与えることが分かる．この M_{21} に関する公式を，**ノイマンの公式**（Neumann's equation）という（ノイマン（F. E. Neumann）はドイツの鉱物学者，物理学者，数学者である）．したがって，

$$M_{12} = M_{21} = \frac{\mu_0}{4\pi}\oint_{\mathrm{C}_1}\oint_{\mathrm{C}_2} \frac{d\vec{s}_1(\mathrm{Q}) \cdot d\vec{s}_2(\mathrm{P})}{|\vec{r}_\mathrm{P} - \vec{r}_\mathrm{Q}|} \equiv M$$

となる．M は 2 つの回路の幾何学的形状が既知であれば原理的に算出される．しかし，

実際には (4.4.3) 式により算出するほうが便利なことが多い．

相互インダクタンスの SI 単位は H であり日本語で**ヘンリー**という．ヘンリー（J. Henry）は米国の物理学者であり，絶縁物被覆巻き線を使用して強力な電磁石の開発研究を行った（1831 年頃）．

回路を形成する導線の太さが無視できない場合の相互インダクタンスの算出を行ってみよう．まず，導線の太さが無視できる場合は (4.4.3) 式より，

$$\begin{aligned} \varPhi_{21} I_2 &= \oint_{\mathrm{C}_2} \vec{A}_1(\mathrm{P}) \cdot I_2(\mathrm{P})\, d\vec{s}_2(\mathrm{P}) \\ &= M I_1 I_2 \end{aligned} \tag{4.4.6}$$

となる．これを太さがある導線からなる回路に適用すると，**図4.2** を参考にすると，まず導線の断面を太さが無視できる $dS_2(\mathrm{P}')$ $[\mathrm{m}^2]$ の断面積を持つ微小断面積導線に分割する．ただし $dS_2(\mathrm{P}')$ は導線内のある点 P' における電流の流れる方向（$d\vec{s}_2(\mathrm{P}')$ に平行な方向）に対して垂直な断面の微小断面積である．したがって $d\vec{S}_2(\mathrm{P}') \,/\!/\, d\vec{s}_2(\mathrm{P}')$ である．この微小断面積導線の点 P' において流れている電流は $J_2(\mathrm{P}')\, dS_2(\mathrm{P}')$ [A] である．ここで，電流 $J_2(\mathrm{P}')\, dS_2(\mathrm{P}')$ は微小断面積導線内で場所によらず一様であるとすると，この微小断面積導線に対する，(4.4.6) 式の積分は，

$$\begin{aligned} &\oint_{\text{微小断面積導線}} \vec{A}_1(\mathrm{P},\mathrm{P}') \cdot J_2(\mathrm{P},\mathrm{P}')\, dS_2(\mathrm{P},\mathrm{P}')\, d\vec{s}_2(\mathrm{P},\mathrm{P}') \\ &= J_2(\mathrm{P}')\, dS_2(\mathrm{P}') \oint_{\text{微小断面積導線}} \vec{A}_1(\mathrm{P},\mathrm{P}') \cdot d\vec{s}_2(\mathrm{P},\mathrm{P}') \\ &= \varPhi(\mathrm{P}') J_2(\mathrm{P}')\, dS_2(\mathrm{P}') \end{aligned} \tag{4.4.7}$$

となる．ただし，$\vec{A}_1(\mathrm{P},\mathrm{P}')$, $J_2(\mathrm{P},\mathrm{P}')$, $dS_2(\mathrm{P},\mathrm{P}')$, $d\vec{s}_2(\mathrm{P},\mathrm{P}')$ はそれぞれ微小断面積導線内の点 P' におけるベクトルポテンシャル，電流密度，微小面積，微小線素ベクトルである．積分の変数は点 P であり，点 P' と同じ微小断面積導線内の点であり，積分は点 P に関する微小断面積導線を経路とする周回積分である．$\varPhi(\mathrm{P}')$ は微小断面積導線に鎖交する磁束である．したがって，$\varPhi(\mathrm{P}') J_2(\mathrm{P}')\, dS(\mathrm{P}')$ を点 P' を含む断面について積分することにより，

$$M I_1 I_2 = \iint_{\mathrm{C}_2\ \text{断面}} \varPhi(\mathrm{P}') J_2(\mathrm{P}')\, dS(\mathrm{P}') \tag{4.4.8}$$

となる．したがって，(4.4.7), (4.4.8) 式より

$$M = \frac{\displaystyle\iint_{\mathrm{C}_2\ \text{断面}} J_2(\mathrm{P}')\, dS(\mathrm{P}') \oint_{\text{微小断面積導線}} \vec{A}_1(\mathrm{P},\mathrm{P}') \cdot d\vec{s}_2(\mathrm{P},\mathrm{P}')}{I_1 I_2} \tag{4.4.9}$$

となる．導線の太さが無視できない場合には，(4.4.9) 式を用いても相互インダクタンスの算出は極めて困難である．

例題4.8

図4.14 (a) に示すように，真空中において，太さが無視できる辺の長さがそれぞれ a [m], b [m] である長方形コイル C_2 および C_2 と同一平面上にある無限長直線状導線 C_1 の間の相互インダクタンス M を求めよ．ただし C_2 の辺 DA と C_1 は平行であり，$\frac{a}{2} < d$ とする．

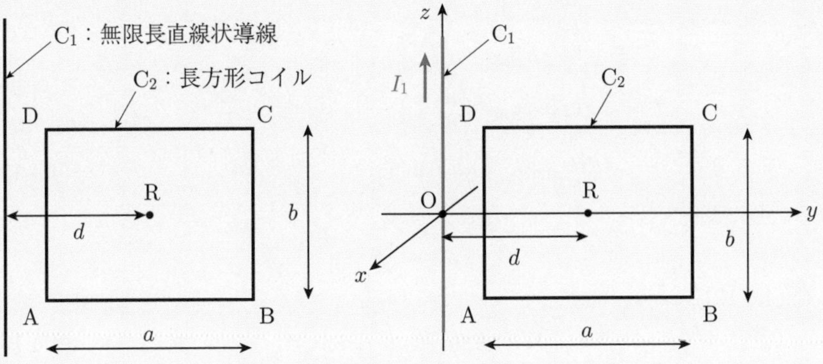

(a)　(b)

図4.14

【解答】　**図4.14 (b)** に示すように，空間座標を設定する．問題を比較的容易に解くためには，無限長直線状導線 C_1 に電流 I_1 を流して発生する磁束の内，長方形コイル C_2 に鎖交する磁束 Φ_{21} を求め，

$$M = \frac{\Phi_{21}}{I_1}$$

より相互インダクタンス M を求めたほうがよい．逆の場合には原理的には M は求められるが，計算はより困難となる．今 C_1 に電流 I_1 を z 軸の正の向きに流すとする，(4.4.3) 式より，長方形コイル C_2 に鎖交する磁束 Φ_{21} は

$$\Phi_{21} = \iint_{C_2\text{を縁とする面 } S_2} \vec{B}_1(\mathrm{P}) \cdot d\vec{S}_2(\mathrm{P}) \tag{4.4.10}$$

である．$\vec{B}_1(\mathrm{P})$ は，(4.1.8) 式より，

$$\vec{B}_1(\mathrm{P}) = \frac{\mu_0 I_1}{2\pi(x^2+y^2)}(-y, x, 0)\,[\mathrm{T}]$$

である．長方形コイルは yz 平面上にあるので $x = 0$ であり，$\vec{B}_1(\mathrm{P})$ は電流 I_1 の向きを考慮すると（右ネジの関係），

$$\vec{B}_1(\mathrm{P}) = \frac{\mu_0 I_1}{2\pi y}(-1, 0, 0)\,[\mathrm{T}] \tag{4.4.11}$$

となる．また $d\vec{S}_2$ は S_2 に垂直であり，向きは x の正の向きを基準にしているので

$$d\vec{S}_2(\mathrm{P}) = dydz\,(1, 0, 0)$$

である（この場合，周回積分をするときの向きは x 軸の正の向きに右ネジが進むときのネ

ジの回転の向きとなるようにする)．したがって，磁束 $\varPhi_{21}$ は (4.4.10), (4.4.11) 式より，

$$\begin{aligned}\varPhi_{21} &= \iint_{\mathrm{S}_2} \vec{B}_1(\mathrm{P}) \cdot d\vec{S}_2(\mathrm{P}) \\ &= \int_{y=d-\frac{a}{2}}^{d+\frac{a}{2}} \int_{z=-\frac{b}{2}}^{\frac{b}{2}} \frac{\mu_0 I_1}{2\pi y}(-1,0,0) \cdot dydz(1,0,0) \\ &= -\frac{\mu_0 I_1}{2\pi} b \int_{d-\frac{a}{2}}^{d+\frac{a}{2}} \frac{1}{y} dy \\ &= -\frac{\mu_0 I_1}{2\pi} b \left[\log_e(y)\right]_{y=d-\frac{a}{2}}^{d+\frac{a}{2}} \\ &= -\frac{\mu_0 I_1}{2\pi} b \log_e \left(\frac{d+\frac{a}{2}}{d-\frac{a}{2}}\right) \\ &= \frac{\mu_0 I_1}{2\pi} b \log_e \left(\frac{d-\frac{a}{2}}{d+\frac{a}{2}}\right) \ [\mathrm{T}] \qquad (4.4.12)\end{aligned}$$

となる．したがって

$$M = \frac{\varPhi_{21}}{I_1}$$

および (4.4.12) 式より，

$$M = \frac{\mu_0}{2\pi} b \log_e \left(\frac{d-\frac{a}{2}}{d+\frac{a}{2}}\right) \ [\mathrm{H}] \qquad (4.4.13)$$

となる．ところで，(4.4.13) 式で対数の中は

$$\frac{d-\frac{a}{2}}{d+\frac{a}{2}} < 1$$

であるので，M は負数となるが，この符号は全く意味がない．なぜなら面積ベクトルの向きの任意性があるからである． ■

4.5　自己インダクタンス

4.4 節で述べたように，太さが無視できる導線からなる閉回路 C に流れる定常直流電流 I により生じた C に鎖交する磁束を $\varPhi$ とすると，$\varPhi$ は，

$$\varPhi = \iint_{\text{C を縁とする面 S}} \vec{B}(\mathrm{P}) \cdot d\vec{S}(\mathrm{P})$$

である．$\vec{B}(\mathrm{P})$ は I に比例するので $\varPhi$ も I に比例する．すなわち，$\varPhi = LI$ である．前節で述べたように，このように定義された比例係数 L が回路 C の自己インダクタンスである．L の符号は常に正である．回路を構成する導線あるいは導体の太さが無視できない場合には，電流と磁力線が共存する領域が存在することになり，電流と磁束の鎖交が不明確になる．そこで導体を太さが無限小の導線に微分割し，それぞれの導線に流れる電流に鎖交する磁束を求め，重ね合わせの原理より電流と磁束の鎖交状態を明確化する方法により自己インダクタンスが正確に求められる．この場合には，鎖交の観点から電流と磁束を同等に扱うと，次の A., B. の 2 種類の方法が存在することが分かる．

A.　電流が流れる導体の断面の断面積が有限であるので，導体部の電流と磁束の鎖交を計算する場合には，電流 I [A] が流れている断面を微分割してそれぞれを微分電流 dI [A/m あるいは A/m^2] とする．この微分電流に鎖交する断面内の磁束を $\varPhi$ として dI と $\varPhi$ の積 $\varPhi\,dI$ を断面内で重ね合わせて，

$$\iint_{\text{導体断面 S}} \varPhi(\mathrm{P})\,dI(\mathrm{P}) \equiv \varPhi I \tag{4.5.1}$$

とする．ただし点 P は断面内の任意の点である．このとき $\varPhi I$ は単なる記号であり $\varPhi$ と I の積を意味するものではない．$\varPhi I$ より導体内部電流と磁束の鎖交による内部自己インダクタンス L_{int} は，

$$L_{\mathrm{int}} \equiv \frac{\varPhi I}{I^2} \tag{4.5.2}$$

である．

B.　電流と磁束を対等に取り扱うので，方法 A. の他に，断面内の磁束を微分割して $d\varPhi$ として，これに鎖交する電流 I' との積 $I'\,d\varPhi$ を断面内で重ね合わせて，

$$\iint_{\text{導体断面 S}} I'(\mathrm{P})\,d\varPhi(\mathrm{P}) \equiv \varPhi I \tag{4.5.3}$$

とする．$\varPhi I$ より導体内部電流と磁束の鎖交による内部自己インダクタンス L'_{int} を次式により定める．すなわち，

$$L'_{\mathrm{int}} \equiv \frac{\varPhi I}{I^2} \tag{4.5.4}$$

である．

L_{int} と L'_{int} は一致する．この方法が正しいことは，4.7 節で述べる磁気エネルギーから算出された内部自己インダクタンスと一致することから確認されている．導体外部では電流と磁束との鎖交は重なり部分がなく明確であるので，以上のような手続きを行う必要

はない．導体外部に起因する自己インダクタンス L_{ext} と内部インダクタンスの和が回路Cの自己インダクタンス L となり，

$$L = L_{\mathrm{int}} + L_{\mathrm{ext}} \tag{4.5.5}$$

である．

ところで，相互インダクタンスの場合と同様に，ストークスの定理および (4.3.6), (4.3.7) 式より回路Cに流れる電流 I により生じた磁束はすべてC自身に鎖交するが，それを $\varPhi$ とすると，$\varPhi$ は，

$$\varPhi = \oint_{\mathrm{C}} \vec{A}(\mathrm{P}) \cdot d\vec{s}(\mathrm{P}) = \frac{\mu_0}{4\pi} I \oint_{\mathrm{C}} \oint_{\mathrm{C}} \frac{d\vec{s}(\mathrm{Q}) \cdot d\vec{s}(\mathrm{Q}')}{|\vec{r}_{\mathrm{Q}'} - \vec{r}_{\mathrm{Q}}|} I = LI$$

となるので，

$$\varPhi I = \oint_{\mathrm{C}} \vec{A}(\mathrm{P}) \cdot I\, d\vec{s}(\mathrm{P}) = LI^2 \tag{4.5.6}$$

となる．したがって，

$$L = \frac{\oint_{\mathrm{C}} \vec{A}(\mathrm{P}) \cdot I\, d\vec{s}(\mathrm{P})}{I^2}$$

となる．導線に太さがある場合の内部自己インダクタンス L_{int} は，4.4 節の相互インダクタンスの場合と同様にして，ベクトルポテンシャルを用いて求めることもできる．まず，導線の太さが無視できる場合は，(4.5.6) 式より，

$$\varPhi I = \oint_{\mathrm{C}} \vec{A}(\mathrm{P}) \cdot I(\mathrm{P})\, d\vec{s}(\mathrm{P}) = LI^2 \tag{4.5.7}$$

となる．これを太さがある導線からなる回路に適用すると，まず導線の断面を太さが無視できる $dS(\mathrm{P}')$ [m^2] の断面積を持つ微小断面積導線に分割する．ただし $dS(\mathrm{P}')$ は導線内のある点 P' における電流の流れる方向（$d\vec{s}(\mathrm{P}')$ に平行な方向）に対して垂直な断面の微小断面積である．したがって $d\vec{S}(\mathrm{P}') \,/\!/\, d\vec{s}(\mathrm{P}')$ である．この微小断面積導線の点 P' において流れている電流は $J(\mathrm{P}')\, dS(\mathrm{P}')$ [A] である．ここで，電流 $J(\mathrm{P}')\, dS(\mathrm{P}')$ は微小断面積導線内で場所によらず一様であるとすると，この微小断面積導線に対する，(4.5.7) 式の積分は，

$$\begin{aligned}
&\oint_{\text{微小断面積導線}} \vec{A}(\mathrm{P}, \mathrm{P}') \cdot J(\mathrm{P}, \mathrm{P}')\, dS(\mathrm{P}, \mathrm{P}')\, d\vec{s}(\mathrm{P}, \mathrm{P}') \\
&= J(\mathrm{P}')\, dS(\mathrm{P}') \oint_{\text{微小断面積導線}} \vec{A}(\mathrm{P}, \mathrm{P}') \cdot d\vec{s}(\mathrm{P}, \mathrm{P}') = \varPhi(\mathrm{P}') J(\mathrm{P}')\, dS(\mathrm{P}')
\end{aligned}$$

となる．ただし，$\vec{A}(\mathrm{P}, \mathrm{P}')$, $J(\mathrm{P}, \mathrm{P}')$, $dS(\mathrm{P}, \mathrm{P}')$, $d\vec{s}(\mathrm{P}, \mathrm{P}')$ はそれぞれ点 P' を含む微小断面積導線内の点Pにおけるベクトルポテンシャル，電流密度，微小面積，微小線素ベクトルである．積分は点Pに関する点 P' を含む微小断面積導線を経路とする周回積分である．$\varPhi(\mathrm{P}')$ は微小断面積導線に鎖交する磁束である．したがって，$\varPhi(\mathrm{P}') J(\mathrm{P}')\, dS(\mathrm{P}')$ を点 P' を含む断面について積分することにより，

$$L_{\mathrm{int}} I^2 = \iint_{\mathrm{C}\ \text{断面}} \varPhi(\mathrm{P}') J(\mathrm{P}')\, dS(\mathrm{P}')$$

となるので，

$$L_{\mathrm{int}} = \frac{\displaystyle\iint_{\mathrm{C}\ \text{断面}} J(\mathrm{P}')\,dS(\mathrm{P}') \oint_{\text{微小断面積導線}} \vec{A}(\mathrm{P},\mathrm{P}') \cdot d\vec{s}(\mathrm{P},\mathrm{P}')}{I^2} \tag{4.5.8}$$

となる．

例題4.9

図4.15 に示すように，真空中において，半径 R [m] の無限長円柱導体がある．

(1)　円柱導体に定常直流電流が断面に一様に I [A] 流れているとき，導体の中心軸から任意の距離 r [m] の位置にある点 P における磁束密度 $\vec{B}(\mathrm{P})$ を求めよ．

(2)　この導体の長さ方向の ℓ [m] 当たりの導体内部の自己インダクタンス L_{int} および導体外部の自己インダクタンス L_{ext} を電流と磁束の鎖交の観点から求めよ．

(3)　この導体の長さ方向の ℓ [m] 当たりの導体内部自己インダクタンス L_{int} を (4.5.8) 式を用いて求めよ．

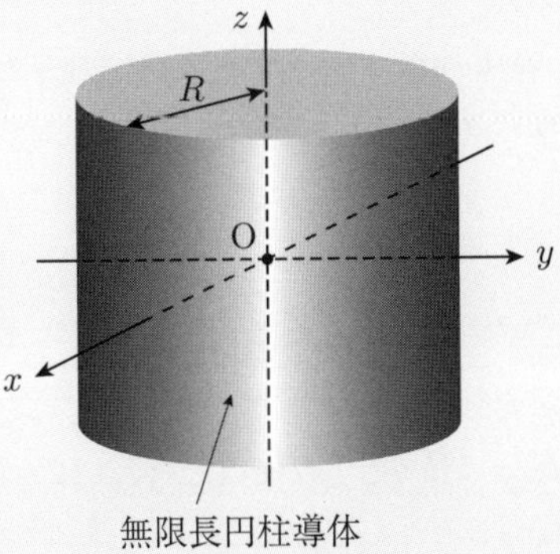

図4.15

【解答】　(1)　図4.15 のように空間座標を設定する．磁束導体の内部と外部に分けて考えなければならない．ビオ–サバールの法則を用いて磁束密度 $\vec{B}(r)$ を算出した結果は演習問題 4.5 解答の (A.4.39), (A.4.40) 式に示されている．ここではアンペールの法則を用いて算出する．ただし，周回積分を計算する場合にはその算出方法の基になる $\vec{B}(r)$ に関する情報を示す必要がある．

1.（導体の内部，$r \leq R$）　磁束の分布は導体の中心軸に対して円対称である．したがって $\vec{B}(r)$ の大きさは中心軸上に中心を置く半径 r の円周 C 上で一定であり，その方向は C の接線方向であり，向きは電流の向きに対して右ネジの関係になる．この情報をもとにアンペールの法則を用いると，電流 I [A] が導体断面に一様に流れているので，

$$\oint_{\mathrm{C}} \vec{B}(\vec{r}) \cdot d\vec{s}(\vec{r}) = \oint_{\mathrm{C}} B(r)\,ds(r) = B(r)\oint_{\mathrm{C}} ds(r) = 2\pi r B(r) = \mu_0 \left(\tfrac{r}{R}\right)^2 I$$

となるので，C 上の磁束密度 $B(r)$ は，

$$B(r) = \mu_0 \frac{\left(\frac{r}{R}\right)^2}{2\pi r} I = \mu_0 \frac{r}{2\pi R^2} I \ [\mathrm{T}] \tag{4.5.9}$$

となる．したがってC上の点P（$\vec{r}_{\mathrm{P}} = (r\cos\theta, r\sin\theta, z)$）における磁束密度 $\vec{B}(\mathrm{P})$ は，(4.5.9) 式より，

$$\vec{B}(\mathrm{P}) = \tfrac{\mu_0 r}{2\pi R^2} I(-\sin\theta, \cos\theta, 0) = \tfrac{\mu_0 r}{2\pi R^2} I \vec{\hat{\theta}}(\mathrm{P})\,[\mathrm{T}] \tag{4.5.10}$$

となる．

2.（導体の外部，$r > R$） このとき，Cを貫く電流が I [A] であるので，C上の点Pにおける $\vec{B}(\mathrm{P})$ は，同様にして，

$$\vec{B}(\mathrm{P}) = \tfrac{\mu_0}{2\pi r} I(-\sin\theta, \cos\theta, 0) = \tfrac{\mu_0}{2\pi r} I \vec{\hat{\theta}}(\mathrm{P})\,[\mathrm{T}] \tag{4.5.11}$$

となる．これは中心軸上に電流 I が集中して流れているときの結果に等しい（例題 4.1 参照）．

(2) (4.5.10) 式より，導体の内部にも磁束が存在するから，導体内部の磁束も電流 I に鎖交する．したがって，インダクタンスの定義より，全インダクタンス L は導体内部のインダクタンス L_{int} と導体外部のインダクタンス L_{ext} の和として表される．

1. 導体内部の自己インダクタンス

（A. の方法） 導体の内部，導体の中心軸に中心を置く半径 r の円周と $r + dr$ の円周の間（幅が dr）の軸方向に貫く電流 $dI(r)$ は

$$dI(r) = \tfrac{I}{\pi R^2} 2\pi r\,dr \tag{4.5.12}$$

である．この電流と鎖交する磁束 $\Phi(r)$ は

$$\begin{aligned}\Phi(r) &= \int_r^R \ell B(\rho)\,d\rho = \ell \int_r^R \tfrac{\mu_0}{2\pi\rho}\left(\tfrac{\rho}{R}\right)^2 I\,d\rho = \tfrac{\mu_0 I}{2\pi R^2}\ell \int_r^R \rho\,d\rho \\ &= \ell\tfrac{\mu_0 I}{4\pi R^2}(R^2 - r^2)\end{aligned} \tag{4.5.13}$$

となる．この磁束と電流 $dI(r)$ の積 $\Phi(r)\,dI(r)$ は，(4.5.12), (4.5.13) 式より，

$$\Phi(r)\,dI(r) = \ell\tfrac{\mu_0 I}{4\pi R^2}(R^2 - r^2)\tfrac{I}{\pi R^2} 2\pi\,r dr$$

となるので，ΦI は

$$\begin{aligned}\Phi I &= \int_0^R \Phi(r)\,dI = \ell\int_0^a \tfrac{\mu_0 I}{4\pi R^2}(R^2 - r^2)\tfrac{I}{\pi R^2} 2\pi r\,dr = \tfrac{\mu_0 I^2}{4\pi R^4}\int_0^R (R^2 - r^2) r\,dr \\ &= \ell\tfrac{\mu_0 I^2}{2\pi R^4}\left[\tfrac{R^2}{2} r^2 - \tfrac{1}{4} r^4\right]_0^R = \ell\tfrac{\mu_0 I^2}{2\pi R^4}\left(\tfrac{1}{2}R^4 - \tfrac{1}{4}R^4\right) = \tfrac{\mu_0 I^2}{8\pi}\ell\end{aligned}$$

で与えられる．したがって，導体内部の自己インダクタンス L_{int} は，

$$L_{\mathrm{int}} = \frac{\frac{\mu_0 I^2}{8\pi}\ell}{I^2} = \tfrac{\mu_0}{8\pi}\ell\,[\mathrm{H}] \tag{4.5.14}$$

となる．この方法のポイントは，電流を微分割してそれぞれの電流に鎖交する磁束を調べ，それより自己インダクタンスを求めている．

（B. の方法） **図4.16** に示すように，導体の内，導体の中心軸に中心を置く半径 r の円周と $r + dr$ の円周の間（幅が dr）の軸方向に長さ ℓ [m] の部分を貫く磁束 $d\Phi(r)$ は

$$d\Phi(r) = B(r) \times (dr \times \ell\,[\mathrm{m}]) = \ell B(r)dr \tag{4.5.15}$$

である．この磁束と鎖交する電流は $\left(\frac{r}{R}\right)^2 I$ [A] であるので，この磁束と電流の鎖交数は $d\Phi(r)\left(\frac{r}{R}\right)^2 I$ となる．導体は，幅 dr の円筒の積み重ねにより出来ているとすれば，それ

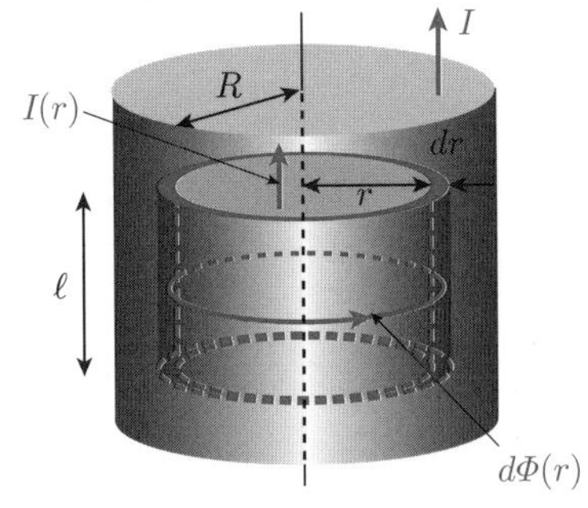

図4.16

ぞれの円筒について鎖交数が (4.5.15) 式で与えられる．したがって円筒を流れる磁束と流れる電流 I との鎖交数は，(4.5.1) 式より，

$$\varPhi I = \int_0^R d\varPhi(r) \left(\tfrac{r}{R}\right)^2 I \tag{4.5.16}$$

となるので，導体内部の自己インダクタンス L_{int} は，(4.5.2) 式より，

$$\begin{aligned} L_{\mathrm{int}} &= \frac{\int_0^R d\varPhi(r)\left(\frac{r}{R}\right)^2 I}{I^2} = \int_0^R \ell \tfrac{\mu_0 r}{2\pi R^2} \left(\tfrac{r}{R}\right)^2 dr = \tfrac{\mu_0}{2\pi R^4} \ell \int_0^R r^3\, dr \\ &= \tfrac{\mu_0}{8\pi} \ell \,[\mathrm{H}] \end{aligned} \tag{4.5.17}$$

となり，(4.5.14) 式と一致する．この方法のポイントは，磁束を微分割してそれぞれの磁束に鎖交する電流を調べ，それより自己インダクタンスを求めている．この方法は理解しにくいかもしれないが，磁気エネルギーを用いればより容易に導出できる．この方法は A. と内容は全く同じことを行っている．すなわち電流と磁束の鎖交はどちらか片方が他方に鎖交することはその逆も全く同じであるからである．

2.　導体外部の自己インダクタンス

この場合は電流 I に鎖交する磁束は導体外にあるもののみを考えればよい．そうすると ℓ [m] 当たりの導体外部の自己インダクタンス L_{ext} は，

$$\begin{aligned} L_{\mathrm{ext}} &= \frac{\int_R^\infty d\varPhi(r) I}{I^2} = \ell \int_R^\infty \tfrac{\mu_0}{2\pi r}\, dr = \ell \left[\tfrac{\mu_0}{2\pi} \log_e r\right]_R^\infty \\ &= \ell \tfrac{\mu_0}{2\pi} \lim_{L\to\infty} \log_e \tfrac{L}{R} \,[\mathrm{H}] \end{aligned}$$

となる．ただし無限大に発散する．これは導体が無限長であるためである．したがって，無限長導線の単位長さ当たりの自己インダクタンスは結果的には無限大であるが，内部インダクタンスは有限であることが重要である．

(3)　(4.5.8) 式は，

$$L_{\mathrm{int}} = \frac{\iint_{\mathrm{C}\ 断面} J(\mathrm{P}')\, dS(\mathrm{P}') \oint_{微小断面積導線} \vec{A}(\mathrm{P},\mathrm{P}') \cdot d\vec{s}(\mathrm{P},\mathrm{P}')}{I^2} \tag{4.5.18}$$

である．したがって導体中の点 P' を含む微小断面積導線内の点 P におけるベクトルポテ

ンシャル $\vec{A}(\mathrm{P}',\mathrm{P})$ を求める必要がある．$\vec{A}(\mathrm{P}',\mathrm{P})$ を直接求めるのは困難であるので，点 P の磁束密度 $\vec{B}(\mathrm{P})$ より，$\vec{B}(\mathrm{P}) = \vec{\nabla}_{\mathrm{P}} \times \vec{A}(\mathrm{P}',\mathrm{P})$ を用いて $\vec{A}(\mathrm{P}',\mathrm{P})$ を求めることにする．演習問題 4.5 解答の (A.4.41) 式より，点 P が導体内部にある場合 $\vec{B}(\mathrm{P})$ は，

$$\vec{B}(\mathrm{P}) = \tfrac{\mu_0 I}{2\pi R^2}(-y, x, 0)\,[\mathrm{T}] \tag{4.5.19}$$

である．ところで電流は円柱導体の中心軸に平行に流れているので，$\vec{A}(\mathrm{P})$ の x, y 成分は 0 である．このとき $\vec{A}(\mathrm{P})$ の z 成分 A_z と $\vec{B}(\mathrm{P})$ の各成分の間の関係は，(4.5.19) 式より，

$$B_x(\mathrm{P}) = \frac{\partial A_z}{\partial y} - \frac{\partial A_y}{\partial z} = \frac{\partial A_z}{\partial y} = \frac{\mu_0 I}{2\pi R^2}(-y) \tag{4.5.20}$$

$$B_y(\mathrm{P}) = \frac{\partial A_x}{\partial z} - \frac{\partial A_z}{\partial x} = -\frac{\partial A_z}{\partial x} = \frac{\mu_0 I}{2\pi R^2}(x) \tag{4.5.21}$$

$$B_z(\mathrm{P}) = 0 \tag{4.5.22}$$

となる．(4.5.20)–(4.5.22) 式を同時に満足する A_z は演習問題 4.9 解答の (A.4.66) 式より，

$$A_z = -\tfrac{\mu_0 I}{4\pi R^2}(x^2 + y^2 - R^2) \tag{4.5.23}$$

となる．A_z には定数の不定性があるが，(4.5.23) の解は導体表面で A_z が 0 T·m になるように定められている．したがって $\vec{A}(\mathrm{P}',\mathrm{P})$ は，

$$\vec{A}(\mathrm{P}',\mathrm{P}) = -\tfrac{\mu_0 I}{4\pi R^2}(x^2 + y^2 - R^2)\vec{k}$$

となる．ただし，$\vec{k} = (0,0,1)$ である．また，(4.5.18) 式中の $\vec{J}(\mathrm{P}')$, $dS(\mathrm{P}')$, $ds(\mathrm{P}',\mathrm{P})$ はそれぞれ，

$$\vec{J}(\mathrm{P}') = \tfrac{I}{\pi R^2}\vec{k}$$

$$dS(\mathrm{P}') = r\,d\theta dr, \quad 0 \le r \le R, \quad 0 \le \theta < 2\pi$$

$$ds(\mathrm{P}) = dz, \quad 0 \le z \le \ell$$

である．以上より，全回路の内長さ ℓ の部分の L_{int} は，(4.5.18) 式より，

$$\begin{aligned} L_{\mathrm{int}} &= \frac{\iint_{\mathrm{C}\ \text{断面}} J(\mathrm{P}')\,dS(\mathrm{P}') \oint_{\text{微小断面積導線}} \vec{A}(\mathrm{P},\mathrm{P}') \cdot d\vec{s}(\mathrm{P},\mathrm{P}')}{I^2} \\ &= \frac{\int_{\theta=0}^{2\pi}\int_{r=0}^{R}\int_{z=0}^{\ell} \left(-\frac{\mu_0 I}{4\pi R^2}(x^2+y^2-R^2)(0,0,1)\right) \cdot \left(\frac{I}{\pi R^2}(0,0,1)\right) r\,d\theta dr dz}{I^2} \\ &= \frac{\frac{\mu_0 I^2}{4\pi^2 R^4}2\pi\ell \int_{r=0}^{R}(r^3 - R^2 r)\,dr}{I^2} \\ &= \tfrac{\mu_0}{8\pi}\ell\,[\mathrm{H}] \end{aligned} \tag{4.5.24}$$

となり，(4.5.14), (4.5.17) 式と一致する．

導体外部の自己インダクタンスを求める場合，導体外部には電流が流れていないので，(4.5.24) 式を用いて外部自己インダクタンスを求めることはできない．しかし，導体外部では電流と磁束の鎖交関係は明確であるので外部インダクタンスを容易に求めることができる． ■

4.6　電流に働く力

導体に電流が流れていなければ，導体は電気的に中性であるために，導体中に存在する電子間，電子，金属イオン間の力は互いに打ち消しあうために，見かけ上互いに力を及ぼし合わない．電流が流れている場合には，古典的な電気磁気学の範囲ではローレンツ力が用いられる．ローレンツ力 $\vec{F}$ [N] とは速度 $\vec{v}$ [m/s] で運動する点電荷 q [C] に電界 $\vec{E}$ [V/m] と磁束密度 $\vec{B}$ [T] を同時に印加すると，この点電荷に働く力のことであり，

$$\vec{F} = q\vec{E} + q\vec{v} \times \vec{B} \tag{4.6.1}$$

である．導体中で，電流を担うのは導体中の電子であり，正イオンは導体に固定されており電流に寄与しない．電流は電子がある一定方向に運動することにより生じる．この電子がすべて同じ速度 $\vec{v}$ で独立に運動しているとする．このような電子に $\vec{E}$ と $\vec{B}$ を同時に印加すると，(4.6.1) 式で示される個々の電子に同じローレンツ力が働くとする．回路に流れる電流の場合には電子の運動は電源により回路中に生じる電界で生じるので，ローレンツ力の右辺 1 項目は回路に沿った力となる．$\vec{B}$ の印加によるローレンツ力は $\vec{v}$ および $\vec{B}$ に垂直な方向であるので $\vec{v}$ の方向とは異なる方向に電子の集団は力を受けることになる．電子は金属導体から外に出ることはできないので，結果的に金属と外部の境界面に押し付けられることにより，金属そのものに力が働いているように見える．$\vec{B}$ は電流によりビオ–サバールの法則にしたがって形成されるので，結果として電流と電流の間に力が働くことが結論される．

今，断面積が S [m^2] の導体からなる閉回路に電流 I [A] が流れている場合を考える．この導体中の単位体積当たりに n 個の電子が存在するとする．この n [1/m^3] を**濃度** (concentration) という．今導体中のすべての電子が同じ速さ v で運動しているとする．**図4.17** に示すように，ある電子には $\vec{B}$ より $-e\vec{v} \times \vec{B}$ [N] なる力が働く．したがって微小長さ ds 当たり $n\,dsS$ 個の電子が存在するので，それらには

$$n\,ds\,S(-e\vec{v} \times \vec{B})\,[\mathrm{N}] \tag{4.6.2}$$

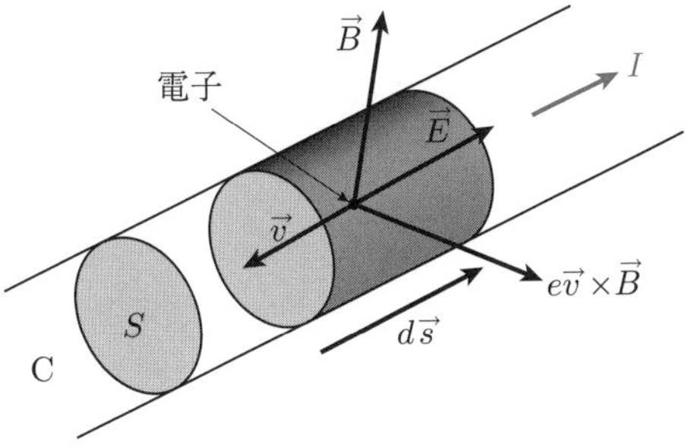

図4.17

の力が働く．I は，1 秒の間に断面 S を通過する正味の電荷量である．電子は 1 秒の間に v [m] 進むので，1 秒の間に断面 S を通過する電子の個数は，体積 vS [m^3] 中の電子の個数となり，nvS 個である．したがって I は

$$I = envS \tag{4.6.3}$$

となる．長さ ds 当たりに働く力は，(4.6.2), (4.6.3) 式より，

$$n\,ds\,S(-e\vec{v}\times\vec{B}) = (-enS\vec{v})\times\vec{B}\,ds = \vec{I}\times\vec{B}\,ds = I\,d\vec{s}\times\vec{B} \equiv d\vec{F}\,[\mathrm{N}]$$

となるので，回路 C 全体に働く力 $\vec{F}$ は，

$$\vec{F} = \oint_{\mathrm{C}} d\vec{F} = \oint_{\mathrm{C}} I\,d\vec{s}\times\vec{B} = I\oint_{\mathrm{C}} d\vec{s}\times\vec{B}\,[\mathrm{N}] \tag{4.6.4}$$

となる．

$\vec{B}$ が他の回路によるものであるとし，その回路を C_1 として，そこに流れる電流を I_1 とすれば，I_1 による空間内の任意の点 P における磁束密度 $\vec{B}_1(\mathrm{P})$ は，ビオ–サバールの法則より，

$$\vec{B}_1(\mathrm{P}) = \tfrac{\mu_0}{4\pi}\oint_{\mathrm{C}_1} \tfrac{I_1\,d\vec{s}_1(\mathrm{Q})\times(\vec{r}_{\mathrm{P}}-\vec{r}_{\mathrm{Q}})}{|\vec{r}_{\mathrm{P}}-\vec{r}_{\mathrm{Q}}|^3}$$

であるので，電流 I_2 が流れている回路 C_2 全体に働く力 $\vec{F}_2$ は，(4.6.4) 式より，

$$\begin{aligned}\vec{F}_2 &= I_2\oint_{\mathrm{C}_2} d\vec{s}_2(\mathrm{P})\times\vec{B}_1(\mathrm{P}) = \tfrac{\mu_0}{4\pi}I_1I_2\oint_{\mathrm{C}_1}\oint_{\mathrm{C}_2} d\vec{s}_2(\mathrm{P})\times\left\{d\vec{s}_1(\mathrm{Q})\times\tfrac{(\vec{r}_{\mathrm{P}}-\vec{r}_{\mathrm{Q}})}{|\vec{r}_{\mathrm{P}}-\vec{r}_{\mathrm{Q}}|^3}\right\}\\ &= -\tfrac{\mu_0}{4\pi}I_1I_2\oint_{\mathrm{C}_1}\oint_{\mathrm{C}_2} d\vec{s}_2(\mathrm{P})\times\left(d\vec{s}_1(\mathrm{Q})\times\vec{\nabla}_{\mathrm{P}}\tfrac{1}{|\vec{r}_{\mathrm{P}}-\vec{r}_{\mathrm{Q}}|}\right)\end{aligned} \tag{4.6.5}$$

となる．同様にして，電流 I_1 が流れている回路 C_1 全体に働く力 $\vec{F}_1$ は，

$$\begin{aligned}\vec{F}_1 &= I_1\oint_{\mathrm{C}_2} d\vec{s}_1(\mathrm{Q})\times\vec{B}_2(\mathrm{Q})\\ &= -\tfrac{\mu_0}{4\pi}I_1I_2\oint_{\mathrm{C}_1}\oint_{\mathrm{C}_2} d\vec{s}_1(\mathrm{Q})\times\left(d\vec{s}_2(\mathrm{P})\times\vec{\nabla}_{\mathrm{Q}}\tfrac{1}{|\vec{r}_{\mathrm{P}}-\vec{r}_{\mathrm{Q}}|}\right)\end{aligned} \tag{4.6.6}$$

となる．ところでベクトル 3 重積の公式より 3 つのベクトル，$\vec{a}$, $\vec{b}$, $\vec{c}$ に対して，(1.2.6) 式より，

$$\vec{a}\times(\vec{b}\times\vec{c}) = (\vec{a}\cdot\vec{c})\vec{b} - (\vec{a}\cdot\vec{b})\vec{c} \tag{4.6.7}$$

であるので，

$$\vec{a} = d\vec{s}_2(\mathrm{P}),\quad \vec{b} = d\vec{s}_1(\mathrm{Q}),\quad \vec{c} = \vec{\nabla}_{\mathrm{P}}\left(\tfrac{1}{|\vec{r}_{\mathrm{P}}-\vec{r}_{\mathrm{Q}}|}\right)$$

とすると，(4.6.5), (4.6.7) 式より，

$$\begin{aligned}&d\vec{s}_2(\mathrm{P})\times\left(d\vec{s}_1(\mathrm{Q})\times\vec{\nabla}_{\mathrm{P}}\tfrac{1}{|\vec{r}_{\mathrm{P}}-\vec{r}_{\mathrm{Q}}|}\right)\\ &= \left\{\left(\vec{\nabla}_{\mathrm{P}}\tfrac{1}{|\vec{r}_{\mathrm{P}}-\vec{r}_{\mathrm{Q}}|}\right)\cdot d\vec{s}_2(\mathrm{P})\right\}d\vec{s}_1(\mathrm{Q}) - \left(\vec{\nabla}_{\mathrm{P}}\tfrac{1}{|\vec{r}_{\mathrm{P}}-\vec{r}_{\mathrm{Q}}|}\right)d\vec{s}_2(\mathrm{P})\cdot d\vec{s}_1(\mathrm{Q})\end{aligned}$$

となる．ところで，$\oint_{\mathrm{C}_2}\vec{\nabla}_{\mathrm{P}}\left(\tfrac{1}{|\vec{r}_{\mathrm{P}}-\vec{r}_{\mathrm{Q}}|}\right)\cdot d\vec{s}_2(\mathrm{P}) \equiv 0$ であるので，(4.6.5) 式より，

$$\vec{F}_2 = \tfrac{\mu_0}{4\pi}I_1I_2\oint_{\mathrm{C}_1}\oint_{\mathrm{C}_2}\left(\vec{\nabla}_{\mathrm{P}}\tfrac{1}{|\vec{r}_{\mathrm{P}}-\vec{r}_{\mathrm{Q}}|}\right)d\vec{s}_2(\mathrm{P})\cdot d\vec{s}_1(\mathrm{Q}) \tag{4.6.8}$$

となる．同様にして (4.6.6), (4.6.7) 式より，

$$\begin{aligned} &d\vec{s}_1(\mathrm{Q}) \times \left(d\vec{s}_2(\mathrm{P}) \times \vec{\nabla}_{\mathrm{Q}} \tfrac{1}{|\vec{r}_{\mathrm{P}} - \vec{r}_{\mathrm{Q}}|}\right) \\ &= \left(d\vec{s}_1(\mathrm{Q}) \cdot \vec{\nabla}_{\mathrm{Q}} \tfrac{1}{|\vec{r}_{\mathrm{P}} - \vec{r}_{\mathrm{Q}}|}\right) d\vec{s}_2(\mathrm{P}) - \left(d\vec{s}_1(\mathrm{Q}) \cdot d\vec{s}_2(\mathrm{P})\right) \vec{\nabla}_{\mathrm{Q}} \tfrac{1}{|\vec{r}_{\mathrm{P}} - \vec{r}_{\mathrm{Q}}|} \end{aligned}$$

となり，$\displaystyle\oint_{\mathrm{C}_1} \vec{\nabla}_{\mathrm{Q}} \left(\tfrac{1}{|\vec{r}_{\mathrm{P}} - \vec{r}_{\mathrm{Q}}|}\right) \cdot d\vec{s}_1(\mathrm{Q}) \equiv 0$ となるので，

$$\begin{aligned} \vec{F}_1 &= \tfrac{\mu_0}{4\pi} I_1 I_2 \oint_{\mathrm{C}_1} \oint_{\mathrm{C}_2} \left(\vec{\nabla}_{\mathrm{Q}} \tfrac{1}{|\vec{r}_{\mathrm{P}} - \vec{r}_{\mathrm{Q}}|}\right) d\vec{s}_1(\mathrm{Q}) \cdot d\vec{s}_2(\mathrm{P}) \\ &= -\tfrac{\mu_0}{4\pi} I_1 I_2 \oint_{\mathrm{C}_1} \oint_{\mathrm{C}_2} \left(\vec{\nabla}_{\mathrm{P}} \tfrac{1}{|\vec{r}_{\mathrm{P}} - \vec{r}_{\mathrm{Q}}|}\right) d\vec{s}_1(\mathrm{Q}) \cdot d\vec{s}_2(\mathrm{P}) \end{aligned} \tag{4.6.9}$$

となり，(4.6.8) 式より，$\vec{F}_1 + \vec{F}_2 = \vec{0}$ となる．また (4.6.8) 式より，

$$\begin{aligned} \vec{F}_2 &= \tfrac{\mu_0}{4\pi} I_1 I_2 \oint_{\mathrm{C}_1} \oint_{\mathrm{C}_2} \left(\vec{\nabla}_{\mathrm{P}} \tfrac{1}{|\vec{r}_{\mathrm{P}} - \vec{r}_{\mathrm{Q}}|}\right) d\vec{s}_2(\mathrm{P}) \cdot d\vec{s}_1(\mathrm{Q}) \\ &= \tfrac{\mu_0}{4\pi} I_1 I_2 \vec{\nabla} \oint_{\mathrm{C}_1} \oint_{\mathrm{C}_2} \frac{d\vec{s}_2(\mathrm{P}) \cdot d\vec{s}_1(\mathrm{Q})}{|\vec{r}_{\mathrm{P}} - \vec{r}_{\mathrm{Q}}|} = I_1 I_2 \vec{\nabla} M \,[\mathrm{N}] \end{aligned} \tag{4.6.10}$$

となる．すなわち，(4.6.10) 式より，2 つの回路間に働く力は 2 つの回路間の相互インダクタンス M から求められ，2 つの回路が形状を変化させることなく相対的に仮想変位した場合の相互インダクタンスの変化率 $\vec{\nabla} M$ に比例することになる．

回路が N 個ありそれぞれの回路 C_i（$i = 0, 1, 2, \ldots, N$）に電流 I_i が流れている場合にも，j 番目の回路に流れる電流 I_j に働く力 $\vec{F}_j$ は，重ね合わせの原理を用いて，

$$\vec{F}_j = \sum_{\substack{i=1 \\ i \neq j}}^{N} I_j \oint_{\mathrm{C}_j} d\vec{s}_j \times \vec{B}_i \,[\mathrm{N}] \tag{4.6.11}$$

となる．

例題4.10

図4.14 (a) に示すように，真空中において，太さが無視できる辺の長さがそれぞれ a [m], b [m] である長方形コイル C_2，それと同一平面上にあって C_2 の 1 辺 DA と平行な無限長直線状導線 C_1 にそれぞれ定常直流電流 I_2 [A], I_1 [A] が流れているとき，C_1 に働く力 $\vec{F}_1$ を求めよ．ただし，$\frac{a}{2} < d$ とする．

【解答】 図4.18 に示すように，空間座標を設定する．問題を比較的容易に解くためには，無限長直線状導線 C_1 に電流 I_1 を流して磁束密度を発生させ，長方形コイル C_2 に流れる I_2 に及ぼす力 $\vec{F}_2$ 求め，

$$\vec{F}_1 + \vec{F}_2 = \vec{0}$$

の関係を用いて $\vec{F}_1$ を求める．$\vec{F}_2$ は，

$$\vec{F}_2 = I_2 \oint_{\text{長方形コイル}} d\vec{s}_2(\mathrm{P}) \times \vec{B}_1(\mathrm{P})$$

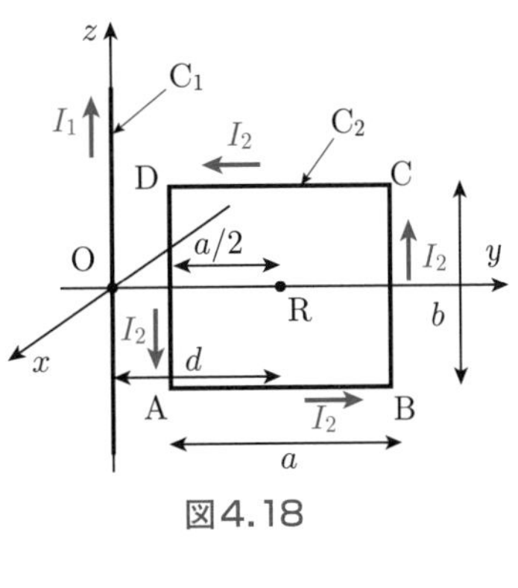

図4.18

$$= I_2 \left(\int_{\mathrm{A}}^{\mathrm{B}} d\vec{s}_2(\mathrm{P}) \times \vec{B}_1(\mathrm{P}) + \int_{\mathrm{B}}^{\mathrm{C}} d\ \vec{s}_2(\mathrm{P}) \times \vec{B}_1(\mathrm{P}) \right.$$

$$\left. + \int_{\mathrm{C}}^{\mathrm{D}} d\vec{s}_2(\mathrm{P}) \times \vec{B}_1(\mathrm{P}) + \int_{\mathrm{D}}^{\mathrm{A}} d\vec{s}_2(\mathrm{P}) \times \vec{B}_1(\mathrm{P}) \right) \tag{4.6.12}$$

である．$\vec{B}_1(\mathrm{P})$ は (4.1.10) 式より，

$$\mathrm{AB}\text{ 上，}\quad \vec{B}_1(\mathrm{P}) = \frac{\mu_0}{2\pi y} I_1(-\vec{i}) \quad \left(d - \frac{a}{2} \leq y \leq d + \frac{a}{2}\right) \tag{4.6.13}$$

$$\mathrm{BC}\text{ 上，}\quad \vec{B}_1(\mathrm{P}) = \frac{\mu_0}{2\pi(d+\frac{a}{2})} I_1(-\vec{i}) \quad \left(-\frac{b}{2} \leq z \leq \frac{b}{2}\right) \tag{4.6.14}$$

$$\mathrm{CD}\text{ 上，}\quad \vec{B}_1(\mathrm{P}) = \frac{\mu_0}{2\pi y} I_1(-\vec{i}) \quad \left(d - \frac{a}{2} \leq y \leq d + \frac{a}{2}\right) \tag{4.6.15}$$

$$\mathrm{DA}\text{ 上，}\quad \vec{B}_1(\mathrm{P}) = \frac{\mu_0}{2\pi(d-\frac{a}{2})} I_1(-\vec{i}) \quad \left(-\frac{b}{2} \leq z \leq \frac{b}{2}\right) \tag{4.6.16}$$

である．したがって，(4.6.12)–(4.6.16) 式より，

$$\vec{F}_2 = I_2 \left\{ \int_{d-\frac{a}{2}}^{d+\frac{a}{2}} dy\,\vec{j} \times \frac{\mu_0}{2\pi y} I_1(-\vec{i}) + \int_{-\frac{b}{2}}^{\frac{b}{2}} dz\,\vec{k} \times \frac{\mu_0}{2\pi\left(d+\frac{a}{2}\right)} I_1(-\vec{i}) \right.$$

$$\left. + \int_{d+\frac{a}{2}}^{d-\frac{a}{2}} dy\,\vec{j} \times \frac{\mu_0}{2\pi y} I_1(-\vec{i}) + b\int_{\frac{b}{2}}^{+\frac{b}{2}} dz\,\vec{k} \times \frac{\mu_0}{2\pi\left(d-\frac{a}{2}\right)} I_1(-\vec{i}) \right\}$$

$$= I_2 \left(\frac{\mu_0}{2\pi} I_1 [\log_e y]_{d-\frac{a}{2}}^{d+\frac{a}{2}} \vec{k} - \frac{\mu_0}{2\pi} I_1 \frac{b}{\left(d+\frac{a}{2}\right)} \vec{j} + \frac{\mu_0}{2\pi} I_1 [\log_e y]_{d+\frac{a}{2}}^{d-\frac{a}{2}} \vec{k} - \frac{\mu_0}{2\pi} I_1 \frac{b}{\left(d-\frac{a}{2}\right)} \vec{j} \right)$$

$$= I_2 \left(\frac{\mu_0}{2\pi} I_1 \log_e \left(\frac{d+\frac{a}{2}}{d-\frac{a}{2}} \right) \vec{k} - \frac{\mu_0}{2\pi} I_1 \frac{b}{\left(d+\frac{a}{2}\right)} \vec{j} + \frac{\mu_0}{2\pi} I_1 \log_e \left(\frac{d-\frac{a}{2}}{d+\frac{a}{2}} \right) \vec{k} + \frac{\mu_0}{2\pi} I_1 \frac{b}{\left(d-\frac{a}{2}\right)} \vec{j} \right)$$

$$= I_1 I_2 \frac{\mu_0}{2\pi} b \left(-\frac{1}{d+\frac{a}{2}} + \frac{1}{d-\frac{a}{2}} \right) \vec{j}\,[\mathrm{N}] \tag{4.6.17}$$

となる．$\frac{1}{d+\frac{a}{2}} < \frac{1}{d-\frac{a}{2}}$ であるので斥力である．C_1 に働く力 $\vec{F}_1$ は $\vec{F}_1 + \vec{F}_2 = \vec{0}$ であるので，(4.6.17) 式より，

$$\vec{F}_1 = -\vec{F}_2 = -I_1 I_2 \frac{\mu_0}{2\pi} b \left(-\frac{1}{d+\frac{a}{2}} + \frac{1}{d-\frac{a}{2}} \right) \vec{j} \tag{4.6.18}$$

となる．ところで，C_1 と C_2 の間の相互インダクタンス M は (4.4.13) 式より，

$$M = \frac{\mu_0}{2\pi} b \log_e \left(\frac{d-\frac{a}{2}}{d+\frac{a}{2}} \right) [\mathrm{H}] \tag{4.6.19}$$

である．(4.6.10) 式より，

$$\vec{F}_2 = I_1 I_2 \vec{\nabla} M \tag{4.6.20}$$

であるが，微分変数は M に含まれる変数が d であり C_1 と C_2 の間の距離に関係する．したがって d が変化するときの M の変化率が力 $\vec{F}_2$ を与える．したがって，

$$\vec{F}_2 = I_1 I_2 \frac{\partial}{\partial d} \left(\frac{\mu_0}{2\pi} b \log_e \left(\frac{d-\frac{a}{2}}{d+\frac{a}{2}} \right) \right) \vec{j} = I_1 I_2 \frac{\mu_0}{2\pi} b \left(\frac{1}{d-\frac{a}{2}} - \frac{1}{d+\frac{a}{2}} \right) \vec{j}\,[\mathrm{N}] \tag{4.6.21}$$

となり，(4.6.17) 式に一致するが，符号に関しては偶然の一致である．なぜなら M には符号の不定性があるからである．符号の確認方法は実際に自分で電流の流れる向きから判断するのが得策である．すなわち，平行な電流が同じ向きであれば引力であり，逆向きであれば斥力となる．また，電流間の距離が短いほうが力が強くなる．したがって，今の場合，辺 DA のほうが力の大きさが大きく斥力であるので全体としては斥力となる．■

4.7　電磁誘導と磁気エネルギー

4.7.1　電磁誘導の法則

ヘンリーは 1831 年ごろ，従来よりも強力な電磁石を開発した．電磁石は鉄心に巻いたコイルに電流を流してビオ–サバールの法則にしたがって磁束密度を発生させる装置である．磁束密度は流す電流とコイルの巻き数の 2 乗に比例する．それまでは，コイルの巻き線を絶縁被覆せずに巻いていたので，巻き線を多く密に巻くことができなかったために大きな磁束密度を得ることができなかった．ヘンリーは絶縁被覆された巻き線を使用することにより巻き数を多くし，大きい磁束密度を得るのに成功した．流す電流は直流であるが，ヘンリーは電磁石が作動したり停止したときにスイッチに火花が飛ぶことを発見した．すなわち直流電流であっても急激に電流が流れたり流れなかったりすると，電源電圧よりも高い電圧が発生することを発見したのである．これが電磁誘導の最初の発見であるといわれている．英国のファラデーも電磁誘導の法則を発見したが，ヘンリーのほうが少し発見が早かったそうである．しかし今日ではファラデーの電磁誘導の法則と呼ばれている．電磁誘導の法則は，回路 C に流れる電流の大きさや流れる方向を変化させると**起電力**（electromotive force）U が発生し，U は，

$$U(t) = -\frac{d\Phi(t)}{dt} \tag{4.7.1}$$

となるというものである．ただし，$\Phi(t)$ は C に鎖交する磁束である．しかし，この式では磁束が C に鎖交する必要があるため，C は必ず閉じる事が可能な構造になっている必要がある．しかし常に開いた回路でも起電力は生じるのである．すなわち電磁誘導はより根源的なメカニズムに起因しているのである．元来，電気磁気学は，実際に起こる現象を元に構築された学問である．例えば導体に対応するのは金属である．電磁誘導の法則は実は金属中の電子の働きによるものである．

電磁誘導は自然現象であり，なぜそのようなことが起こるのかは不明である．電磁誘導の法則は次の A., B. の 2 つの要素からなり，それぞれ，

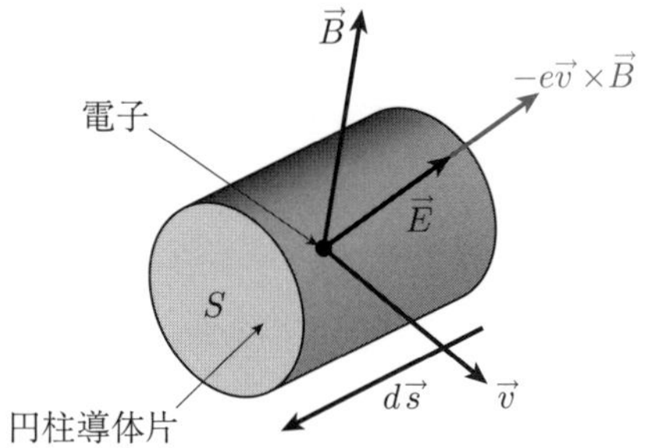

図4.19

A. 導体が固定されていても導体に印加される磁束密度が時間的に変化する場合（交流磁界），

B. 静磁界中で導体が運動する場合

である．A の直接の説明はできないが，B についてはローレンツ力を用いれば間接的に説明ができるので，まず B の場合を考えてみよう．**図4.19** に示すように，例えば，長さ ds [m]，断面積 S [m^2] の円柱導体片が磁束密度 $\vec{B}$ が印加されている空間中を速度 $\vec{v}$ [m/s] で運動している．このとき印加されている電界を $\vec{0}$ V/m とすると，導体中の 1 個の電子は正味，

$$\vec{F} = -e\vec{v} \times \vec{B} \tag{4.7.2}$$

なるローレンツ力 $\vec{F}$ を受ける．電子は導体内ではほぼ自由に動くことが可能なので（自由電子），導体内で $\vec{F}$ に沿って移動する．$\vec{F}$ は導体内のすべての自由電子に働くので，その結果，導体内で電子の濃度の偏りが生じる．導体には電荷中性を満たす正イオンが存在するので，自由電子が一方向に偏ると，電子の多いところは負，電子の少ないところは正に帯電する．その結果，導体内で電界 $\vec{E}$ が $\vec{F}$ と同方向・向きに発生する．$\vec{E}$ は，自由電子の偏りを解消する向きにクーロン力 $\vec{F}_{\mathrm{C}} = -e\vec{E}$ を及ぼす．平衡状態では 1 個の自由電子に対して (4.7.2) 式で与えられるローレンツ力 $\vec{F}$ とクーロン力がつり合って，

$$\vec{F} + \vec{F}_{\mathrm{C}} = -e\vec{v} \times \vec{B} + (-e\vec{E}) = 0 \tag{4.7.3}$$

となっている．(4.7.3) 式より，導体のすべての位置で，$\vec{E} = -\vec{v} \times \vec{B}$ [V/m] なる電界が発生している．$\vec{E}$ の方向は導体の中心軸とは一致しないが，導体の長さ ds の部分の両端の電位差 dV [V] は，

$$dV = -\vec{E} \cdot d\vec{s} = (\vec{v} \times \vec{B}) \cdot d\vec{s} \tag{4.7.4}$$

となる．すなわち，円柱導体片が磁束密度 $\vec{B}$ の空間中を速度 $\vec{v}$ で運動すると，微小長さ ds 当たり $(\vec{v} \times \vec{B}) \cdot d\vec{s}$ なる電圧，すなわち起電力が生じる．ただし，ローレンツ力がなぜ生じるのかは不明であるので，以上の説明で起電力の発生の根源を解明はできていない．以上の結果を閉回路 C に適用すると，C が磁束密度 $\vec{B}$ の空間中を速度で運動すると，(4.7.4) 式より，

$$\oint_{\mathrm{C}} (\vec{v} \times \vec{B}) \cdot d\vec{s} \tag{4.7.5}$$

なる電圧，すなわち，起電力 U [V] が C 全体に生じる．(4.7.1), (4.7.5) 式より，

$$U = -\frac{d\Phi(t)}{dt} = \oint_{\mathrm{C}} (\vec{v} \times \vec{B}) \cdot d\vec{s} \tag{4.7.6}$$

となる．C が運動中に変形しなければ，C の任意の部分の速度は同じである．したがって，もし $\vec{B}$ が空間内で一様であれば，(4.7.5) 式は，

$$\begin{aligned} \oint_{\mathrm{C}} (\vec{v} \times \vec{B}) \cdot d\vec{s} &= (\vec{v} \times \vec{B}) \cdot \oint_{\mathrm{C}} d\vec{s} = (\vec{v} \times \vec{B}) \cdot \vec{0} \\ &= 0 \end{aligned} \tag{4.7.7}$$

となり，C に起電力は発生しない．スカラー 3 重積の性質を用いると，(4.7.5) 式は，

$$\oint_{\mathrm{C}} (\vec{v} \times \vec{B}) \cdot d\vec{s} = \vec{v} \cdot \oint_{\mathrm{C}} (\vec{B} \times d\vec{s}) \tag{4.7.8}$$

となる．$\oint_{\mathrm{C}} (\vec{B} \times d\vec{s})$ は C に電流 I が流れているとき $\vec{B}$ を印加するときに働く力 $\vec{F}$ と形が似ている．ところで，(4.7.6) 式の右辺は時間 t のあらわな依存性は現われていないが，(4.7.6), (4.7.8) 式より起電力 U は，C 上のある点の位置を $\vec{r}$ とするとき，

$$U = -\vec{\nabla}\Phi(\vec{r}) \cdot \tfrac{d\vec{r}}{dt} = -\vec{\nabla}\Phi(\vec{r}) \cdot \vec{v} = \oint_{\mathrm{C}} (\vec{v} \times \vec{B}) \cdot d\vec{s}$$
$$= \vec{v} \cdot \oint_{\mathrm{C}} (\vec{B} \times d\vec{s})$$

であるので，$\vec{\nabla}\Phi(\vec{r})$ [Wb/m] は，

$$\vec{\nabla}\Phi(\vec{r}) = -\oint_{\mathrm{C}} (\vec{B} \times d\vec{s}) = \oint_{\mathrm{C}} (d\vec{s} \times \vec{B}) = \frac{I\oint_{\mathrm{C}} (d\vec{s} \times \vec{B})}{I}$$
$$= \tfrac{\vec{F}}{I} \tag{4.7.9}$$

となる．ただし，$\vec{r}$ は C のある部分の位置ベクトルである．$\vec{\nabla}\Phi(\vec{r})$ は磁束 $\Phi(\vec{r})$ の空間的傾斜率を表すものであり．もし $\vec{B}$ が空間内で一様であれば，$\vec{\nabla}\Phi(\vec{r}) = 0$ であり，一様でなければ $\vec{\nabla}\Phi(\vec{r}) \neq 0$ である．したがって，$\vec{B}$ の印加により電流 I が流れている回路に働く力 $\vec{F}$ は運動により回路に生じる起電力あるいは電磁誘導の法則と密接な関係があることが分かる．ところで，2 つの回路 C_1, C_2 があり，それぞれに定常直流電流 I_1, I_2 が流れているとき，I_1 による磁束の内 C_2 に鎖交する磁束を Φ_{21} とすると，回路 C_2 に働く力 $\vec{F}_2$ は，(4.7.9) 式より，

$$\vec{F}_2 = I_2\vec{\nabla}\Phi_{21}(\vec{r}_2) = I_2\vec{\nabla}(MI_1) = I_1I_2\vec{\nabla}M \tag{4.7.10}$$

となり，C_2 が C_1 に対して相対的に速度 $\vec{v}$ で運動しているとき，回路の形状が変化しなければ，$\vec{F}_2$ は (4.6.20) 式と同じ式で表されることが分かる．

回路 C は運動していないが，C に交流磁束密度 $\vec{B}$ が印加されている場合，特に角周波数 ω [rad/s] の正弦波である場合，

$$U = -\tfrac{d\Phi(t)}{dt}$$
$$= -\tfrac{d}{dt}\iint_{\mathrm{C}\text{ を縁とする任意の面}} \vec{B}(t) \cdot d\vec{S}$$
$$= -\iint_{\mathrm{C}\text{ を縁とする任意の面}} \tfrac{d}{dt}\vec{B}(t) \cdot d\vec{S}$$
$$= -\iint_{\mathrm{C}\text{ を縁とする任意の面}} \pm j\omega\vec{B}(t) \cdot d\vec{S}$$
$$= \pm j\omega\Phi(t)\,[\mathrm{V}] \tag{4.7.11}$$

なる起電力 U が C に生じる．すなわち，$\vec{B}$ の大きさが同じであっても ω が大きいほど起電力も ω に正比例して大きくなる．

例題4.11

図4.20に示すように，真空中において，xyz 座標の z 軸上に太さが無視できる無限長直線状導線 C_1 と yz 平面内に太さが無視できる辺の長さがそれぞれ a [m], b [m] である長方形コイル C_2 が辺 DA が C_1 に平行になるように置かれている．C_1 に定常直流電流 I_1 [A] が流れているとき，C_1 を固定し，C_2 を C_1 に対して出発点 R $(0, d, 0)$ （$d > \frac{a}{2}$）から y 軸の正の方向に一定速度 $\vec{v}_2$ [m/s] で動かすとき C_2 に生じる起電力 U を求めよ．

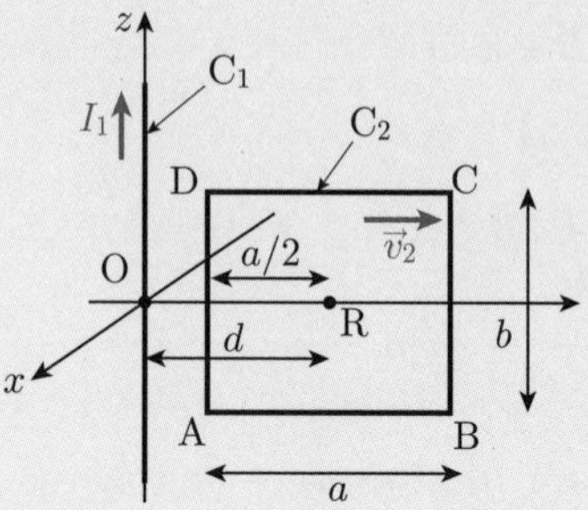

図4.20

【解答】　C_2 に発生する起電力 U は，

$$U = -\frac{d\Phi_{21}}{dt} \tag{4.7.12}$$

$$= -\int_{C_2} \vec{B}_1(\mathrm{P}) \cdot (\vec{v}_2 \times d\vec{s}_2(\mathrm{P}))$$

$$= \vec{v}_2 \cdot \int_{C_2} \vec{B}_1(\mathrm{P}) \times d\vec{s}_2(\mathrm{P}) \tag{4.7.13}$$

である．ただし，$\vec{v}_2 = (0, v_2, 0)$ である．

【解法1】　(4.4.12), (4.7.12) 式より，

$$U = -\frac{d\Phi_{21}}{dt} = -\frac{d}{dt}\left\{\frac{\mu_0}{2\pi} I_1 b \log_e\left(\frac{d+v_2t-\frac{a}{2}}{d+v_2t+\frac{a}{2}}\right)\right\}$$

$$= -\frac{\mu_0}{2\pi} I_1 b \frac{d}{dt}\left\{\log_e\left(d+v_2t-\frac{a}{2}\right) - \log_e\left(d+v_2t+\frac{a}{2}\right)\right\}$$

$$= -\frac{\mu_0}{2\pi} I_1 b \left(\frac{1}{d+v_2t-\frac{a}{2}} - \frac{1}{d+v_2t+\frac{a}{2}}\right) v_2 \,[\mathrm{V}] \tag{4.7.14}$$

となる．

【解法2】　(4.6.17), (4.7.13) 式より，

$$U = \vec{v}_2 \cdot \int_{C_2} \vec{B}_1(\mathrm{P}) \times d\vec{s}_2(\mathrm{P}) = -\vec{v}_2 \cdot \frac{\vec{F}_2}{I_2}$$

$$= -I_1 v_2 \frac{\mu_0}{2\pi} b \left(-\frac{1}{d+v_2t+\frac{a}{2}} + \frac{1}{d+v_2t-\frac{a}{2}}\right) \vec{j} \cdot \vec{j}$$

$$= -\frac{\mu_0}{2\pi} I_1 b \left(-\frac{1}{d+v_2t+\frac{a}{2}} + \frac{1}{d+v_2t-\frac{a}{2}}\right) v_2 \,[\mathrm{V}] \tag{4.7.15}$$

となり，(4.7.14) 式と一致する．■

例題4.12

図4.21 (a) に示すように，真空中において，xyz 座標の z 軸上に太さが無視できる無限長直線状導線 C_1 と辺の長さが a [m], b [m] である長方形コイル C_2 が辺 DA が C_1 に平行かつ長方形の中心が y 軸上の点 R $(0, d, 0)$ $(d \geq \frac{a}{2})$ にあり，点 R を通り C_1 に平行な軸の周りに自由に回転できるようになっている．C_1 に定常直流電流 I_1 [A] が流れていて，C_2 を一定の角速度 ω [rad/s] で図に示す向きに回転するとき，C_2 に発生する起電力 $U(t)$ の時間特性を求めよ．ただし，$t = 0$ [s] のとき辺 DC が y 軸となす角度 θ は $\theta = 0$ [rad] とする．

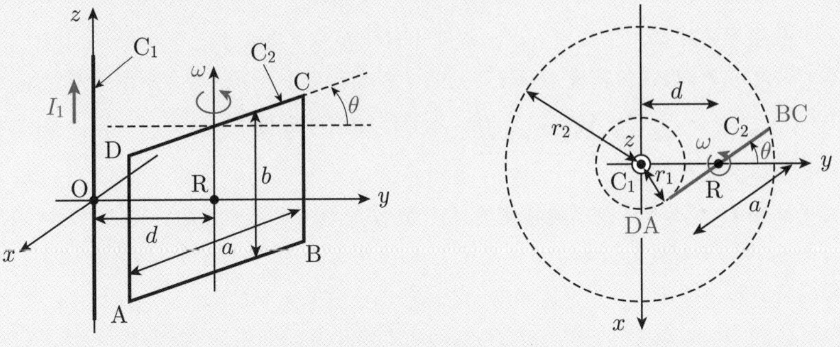

(a)　(b)

図4.21

【解答】　C_2 に発生する起電力 U [V] は，(4.7.12) 式より C_1 に流れる電流 I_1 により発生する磁束の内，C_2 に鎖交する各時間での $\Phi_{21}(t)$ を求めればよい．I_1 により発生する点 P における磁束密度 $\vec{B}_1(\mathrm{P})$ は，

$$\vec{B}_1(\mathrm{P}) = \frac{\mu_0}{2\pi(x^2+y^2)} I_1(-y, x, 0) \tag{4.7.16}$$

である．C_2 に鎖交する $\Phi_{21}(t)$ は，**図4.21 (b)** に示すように，z 軸を中心軸とする半径 r_1 [m] の円筒と半径 r_2 [m] の円筒の間にあり，かつ $-\frac{b}{2} \leq z \leq \frac{b}{2}$ の間にある磁束である．各円筒の半径は時間によって変化し，

$$r_1 = \left\{d^2 + \left(\frac{a}{2}\right)^2 - ad\cos\theta\right\}^{\frac{1}{2}}, \quad r_2 = \left\{d^2 + \left(\frac{a}{2}\right)^2 + ad\cos\theta\right\}^{\frac{1}{2}} \tag{4.7.17}$$

である．したがって $\Phi_{21}(t)$ は (4.7.16), (4.7.17) 式より，

$$\begin{aligned}\Phi_{21}(t) &= \int_{z=-\frac{b}{2}}^{\frac{b}{2}} \int_{y=r_1}^{r_2} B_1\, dy dz = -b\int_{r_1}^{r_2} \frac{\mu_0}{2\pi y} I_1\, dy = -\frac{\mu_0}{2\pi} I_1 b \log_e\left(\frac{r_2}{r_1}\right) \\ &= -\frac{\mu_0}{2\pi} I_1 b \left[\log_e\left\{d^2 + \left(\frac{a}{2}\right)^2 + ad\cos\theta\right\}^{\frac{1}{2}} - \log_e\left\{d^2 + \left(\frac{a}{2}\right)^2 - ad\cos\theta\right\}^{\frac{1}{2}}\right] \text{[Wb]}\end{aligned} \tag{4.7.18}$$

となる．角速度 ω は $\omega = \frac{d\theta}{dt}$ であり，$t = 0$ [s] のとき $\theta = 0$ [rad] であるので，(4.7.12), (4.7.18) 式より，

$$U=-\frac{d\Phi_{21}(t)}{dt}=\frac{\mu_0}{2\pi}I_1 b\frac{1}{2}\left\{\frac{-ad\sin\theta}{d^2+\left(\frac{a}{2}\right)^2+ad\cos\theta}-\frac{ad\sin\theta}{d^2+\left(\frac{a}{2}\right)^2-ad\cos\theta}\right\}\frac{d\theta}{dt}$$
$$=-\frac{\mu_0}{4\pi}I_1 bad\sin\omega t\left\{\frac{1}{d^2+\left(\frac{a}{2}\right)^2+ad\cos\omega t}+\frac{1}{d^2+\left(\frac{a}{2}\right)^2-ad\cos\omega t}\right\}\omega\ [\mathrm{V}]$$

となる． ■

4.7.2 磁気エネルギー

2 章で静電界の電荷の集団の静電エネルギーを取り扱った．静電エネルギー W は，

$$W=\frac{1}{2}\iiint_{\mathrm{V}}V(\mathrm{P})\rho(\mathrm{P})\,dv(\mathrm{P})$$

となる．静磁界の磁気エネルギーは，電位 $V(\mathrm{P})$ がベクトルポテンシャル $\vec{A}(\mathrm{P})$ に対応し，電荷密度 $\rho(\mathrm{P})$ は電流密度 $\vec{J}(\mathrm{P})$ に対応すると考えると磁気エネルギー W_{m} は，

$$W_{\mathrm{m}}=\frac{1}{2}\iiint_{\mathrm{V}}\vec{A}(\mathrm{P})\cdot\vec{J}(\mathrm{P})\,dv(\mathrm{P}) \tag{4.7.19}$$

であると予想される．

今，閉回路 C があり，定常直流電流 I_0 [A] が流れているとする．このとき C に蓄えられている W_{m} を算定してみよう．まず C に流す電流 $I(t)$ を 0 から I_0 まで増加させると，電磁誘導の法則により，電流の増加過程のある時間 $t=t$ で，

$$U(t)=-L\frac{dI(t)}{dt}\ [\mathrm{V}]$$

なる起電力 $U(t)$ が C に生じる．$U(t)$ は $I(t)$ が増加するのを妨げる向きに電源と直列に電源電圧とは逆向きに生じ，実質 $U(t)$ だけ電圧が減少する．したがって，電源はこの起電力 $U(t)$ に相当する減少分を補うために余分に電圧を上げる必要があり，dt の間余分な仕事 $dW(t)$ は，

$$dW(t)=P(t)\,dt=-U(t)I(t)\,dt=L\frac{dI(t)}{dt}I(t)\,dt=L\frac{1}{2}\,d(I(t)^2)$$

となる．ただし $P(t)$ はそのときの電力であり，L は C の自己インダクタンスである．したがって，電流 $I(t)$ を 0 から I_0 まで増加させるために電源が行う仕事 W [J] は，

$$W=\int_{I(t)=0}^{I_0}dW(t)=\int_{I(t)=0}^{I_0}L\frac{1}{2}\,d(I(t)^2)=\frac{1}{2}LI_0^2$$

となる．この W が磁気エネルギー W_{m} として C に蓄えられる．すなわち，

$$W_{\mathrm{m}}=\frac{1}{2}LI_0^2\ [\mathrm{J}] \tag{4.7.20}$$

である．

次に，2 つの閉回路 C_1, C_2 があり，定常直流電流 I_{10} [A], I_{20} [A] が流れているとする．このとき C_1, C_2 には同様に磁気エネルギー W_{m} が蓄えられている．W_{m} を算定してみよう．まず C_1 に流す電流 $I_1(t)$ を 0 から I_{10} まで増加させ，次に C_2 に流す電流 $I_2(t)$ を 0 から I_{20} まで増加させるとする．なお，W_{m} は電流を増加させる順番や増加過程に依存せず，電流の最終値（平衡値）のみに依存する．まず C_1 に流す電流 $I_1(t)$ を 0 から I_{10} まで増加させると C_1 のみに (4.7.20) 式より磁気エネルギー $W_{\mathrm{m}}=\frac{1}{2}L_1I_{10}^2$ が

蓄えられる．ただし L_1 は C_1 の自己インダクタンスである．C_1 に流す電流の増加過程で C_2 に起電力が発生し電流が流れるが，電流を強制的に 0 にする操作はしないことにする．次に C_2 に流す電流 $I_2(t)$ を 0 から I_{20} まで増加させるとすると，C_1, C_2 に電磁誘導の法則により，ある時間 $t=t$ で，

$$U_1(t) = -M\frac{dI_2(t)}{dt}, \quad U_2(t) = -L_2\frac{dI_2(t)}{dt}\,[\mathrm{V}] \tag{4.7.21}$$

なる起電力がそれぞれ生じる．したがって，それぞれの回路の電源は生じた起電力に相当する減少分だけ余分に電圧を上げる必要がある．C_1 ではすでに電流の平衡値 I_{10} が流れているのでそれを維持するための仕事が必要である．dt の間の余分な仕事は，(4.7.21) 式よりそれぞれ，

$$dW_1(t) = P_1(t)\,dt = -U_1(t)I_{10}\,dt = M\frac{dI_2(t)}{dt}I_{10}\,dt = MI_{10}\,dI_2(t) \tag{4.7.22}$$

$$dW_2(t) = P_2(t)\,dt = -U_2(t)I_2(t)\,dt = L_2\frac{dI_2(t)}{dt}I_2(t)\,dt = L_2\frac{1}{2}\,dI_2(t)^2 \tag{4.7.23}$$

となる．したがって，C_1 の電流を I_{10} に維持しつつ，C_2 の電流を 0 から所定の値まで増加させるために電源が行う仕事は，(4.7.22), (4.7.23) 式より，

$$\begin{aligned}\int_{I_2(t)=0}^{I_{20}} dW_1(t) + \int_{I_2(t)=0}^{I_{20}} dW_2(t) &= \int_{I_2(t)=0}^{I_{20}} MI_{10}\,dI_2(t) + \int_{I_2(t)=0}^{I_{20}} \frac{1}{2}L_2\,d(I_2(t)^2) \\ &= MI_{10}I_{20} + \frac{1}{2}L_2I_{20}^2 \end{aligned} \tag{4.7.24}$$

となる．以上より，C_1, C_2 に電流 I_{10}, I_{20} が流れているときの C_1, C_2 の両方に蓄えられる全磁気エネルギー W_m は，(4.7.24) 式より，

$$W_\mathrm{m} = \frac{1}{2}L_1I_{10}^2 + MI_{10}I_{20} + \frac{1}{2}L_2I_{20}^2\,[\mathrm{J}] \tag{4.7.25}$$

となる．

次に，回路が N 個ありそれぞれの回路 C_i（$i=0,1,2,\ldots,N$）に電流 I_{i0} [A] が流れているとする．このとき，全回路に蓄えられる磁気エネルギー W_m は，(4.7.25) 式を参考にすると，

$$W_\mathrm{m} = \frac{1}{2}\sum_{i=1}^{N} L_iI_{i0}^2 + \frac{1}{2}\sum_{\substack{i=1\\ j\neq i}}^{N}\sum_{j=1}^{N} M_{ij}I_{i0}I_{j0} = \frac{1}{2}\sum_{i=1}^{N} L_iI_{i0}^2 + \sum_{\substack{i=1\\ j>i}}^{N}\sum_{j=1}^{N} M_{ij}I_{i0}I_{j0}\,[\mathrm{J}] \tag{4.7.26}$$

となる．ただし L_i は i 番目の C_i の自己インダクタンス，M_{ij} は i 番目と j 番目の C_i と C_j の間の相互インダクタンスである．

次に (4.7.19) 式を用いて W_m を算出してみよう．太さが無視できる導線からなる閉回路 C の場合，

$$\frac{1}{2}\oint_\mathrm{C} \vec{A}(\mathrm{Q})\cdot I_0\,d\vec{s} = \frac{1}{2}I_0^2\frac{\mu_0}{4\pi}\oint_\mathrm{C}\oint_\mathrm{C}\frac{d\vec{s}(\mathrm{Q})\cdot d\vec{s}(\mathrm{Q}')}{|\vec{r}_{\mathrm{Q}'}-\vec{r}_\mathrm{Q}|} = \frac{1}{2}LI_0^2 = W_\mathrm{m}$$

となり，(4.7.20) 式の結果と一致する．これは，偶然の一致ではなく，他の例でも同様の結果を与える．ところで，$\mu_0\vec{J}(\mathrm{P}) = \vec{\nabla}_\mathrm{P}\times\vec{B}(\mathrm{P})$ であるので，(4.7.19) 式は，

$$W_\mathrm{m} = \frac{1}{2\mu_0}\iiint_\mathrm{V}\vec{A}(\mathrm{P})\cdot(\vec{\nabla}_\mathrm{P}\times\vec{B}(\mathrm{P}))\,dv(\mathrm{P})$$

となる．(1.4.7) 式の $\vec{\nabla}\cdot(\vec{f}\times\vec{g}) = \vec{g}\cdot(\vec{\nabla}\times\vec{f}) - \vec{f}\cdot(\vec{\nabla}\times\vec{g})$ を用いると，$\vec{B}(\mathrm{P}) = \vec{\nabla}_\mathrm{P}\times\vec{A}(\mathrm{P})$ より，

$$\vec{A}(\mathrm{P})\cdot(\vec{\nabla}_\mathrm{P}\times\vec{B}(\mathrm{P})) = \vec{B}(\mathrm{P})\cdot\vec{B}(\mathrm{P}) - \vec{\nabla}_\mathrm{P}\cdot(\vec{A}(\mathrm{P})\times\vec{B}(\mathrm{P}))$$

となるので，

$$W_\mathrm{m} = \tfrac{1}{2\mu_0}\iiint_\mathrm{V} B(\mathrm{P})^2\,dv(\mathrm{P}) - \tfrac{1}{2\mu_0}\iiint_\mathrm{V}\vec{\nabla}_\mathrm{P}\cdot(\vec{A}(\mathrm{P})\times\vec{B}(\mathrm{P}))\,dv(\mathrm{P})$$

となり，右辺 2 項目にガウスの定理を用いると，

$$W_\mathrm{m} = \tfrac{1}{2\mu_0}\iiint_\mathrm{V} B(\mathrm{P})^2\,dv(\mathrm{P}) - \tfrac{1}{2\mu_0}\oiint_\mathrm{S}(\vec{A}(\mathrm{Q})\times\vec{B}(\mathrm{Q}))\cdot d\vec{S}(\mathrm{Q}) \qquad (4.7.27)$$

となる．今，電流が有限な空間領域内に流れているとき，$\vec{A}(\mathrm{Q})$, $\vec{B}(\mathrm{Q})$ は無限遠点で $\vec{0}$ に収束するであろう．したがって，(4.7.27) 式の右辺 2 項目の面積分を行う閉曲面 S の領域を十分大きくとると 2 項目は無視される．以上より，電流が有限な空間領域内に流れているとき空間に流れる電流に蓄えられる W_m は，

$$W_\mathrm{m} = \tfrac{1}{2\mu_0}\iiint_\mathrm{V} B(\mathrm{P})^2\,dv(\mathrm{P}) \qquad (4.7.28)$$

となる．

例題4.13

図4.15 (a) に示すように，真空中において，半径 R [m] の無限長円柱導体の長さ方向の ℓ [m] 当たりの導体内部の自己インダクタンス L_int を (4.7.28) 式を用いて求めよ．

【解答】　図4.15 (b) に示すように，空間座標を設定する．無限長円柱導体の中心軸に平行に断面内で一様に定常直流電流 I [A] が流れているとき，(4.7.28) 式より I による導体内部の点 P における磁束密度 $B(\mathrm{P})$ と導体内部の自己インダクタンス L_int の間には，

$$\tfrac{1}{2}L_\mathrm{int}I^2 = \tfrac{1}{2\mu_0}\int_{r=0}^{R}\int_{\theta=0}^{2\pi}\int_{z=0}^{\ell} B(\mathrm{P})^2 r\,d\theta dz \qquad (4.7.29)$$

なる関係がある．導体内部の半径 r [m]（$0 \le r \le R$）の円周上の点 $\mathrm{P}(r\cos\theta, r\sin\theta, z)$ における磁束密度 $\vec{B}(\mathrm{P})$ は，(4.5.10) 式より，

$$\vec{B}(r) = \tfrac{\mu_0 r}{2\pi a^2}I\vec{\varphi}(\mathrm{P}) = \tfrac{\mu_0 r}{2\pi a^2}I(-\sin\theta, \cos\theta, 0)$$

であるので，(4.7.29) 式の右辺は，

$$\begin{aligned}\tfrac{1}{2\mu_0}\int_{r=0}^{R}\int_{\theta=0}^{2\pi}\int_{z=0}^{\ell}\left(\tfrac{\mu_0 r}{2\pi R^2}I\right)^2 r\,d\theta dz &= \tfrac{\mu_0}{8\pi^2 R^4}I^2 2\pi\ell\int_0^R r^3\,dr \\ &= \tfrac{\mu_0}{16\pi}I^2\ell \qquad (4.7.30)\end{aligned}$$

となるので，(4.7.29), (4.7.30) 式より，

$$\tfrac{1}{2}L_\mathrm{int}I^2 = \tfrac{\mu_0}{16\pi}I^2\ell$$

となり，

$$L_\mathrm{int} = \tfrac{\mu_0}{8\pi}\ell\,[\mathrm{H}]$$

となるので，例題 4.9 の (4.5.14) 式と一致する．■

4章の問題

□**4.1** 図4.22 に示すように，真空中において，太さが無視できる一辺 a [m] の正方形導線（正方形コイル）に図の向きに定常直流電流 I [A] が流れているとき，コイルを除く任意の点 P における磁束密度 $\vec{B}(\mathrm{P})$ を求めよ．

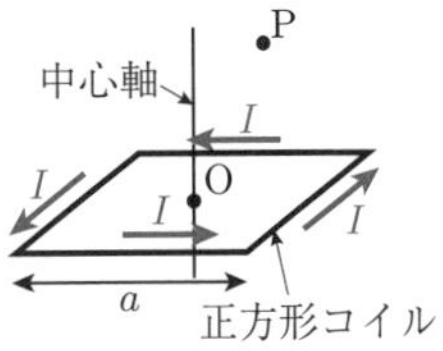

図4.22

□**4.2** 図4.23 に示すように，真空中において，xyz 座標の xy 平面上に点 O を中心とする太さが無視できる半径 R [m] の半円導線と x 軸上に長さ $2R$ [m] の有限長直線状導線からなる半円形コイルに図に示す向きに定常直流電流 I [A] が流れているとき，z 軸上の任意の点 $\mathrm{P}(0, 0, z)$ における磁束密度 $\vec{B}(\mathrm{P})$ を求めよ．ただし，点 O は長さ $2R$ [m] の有限長直線状導線の 2 等分点である．

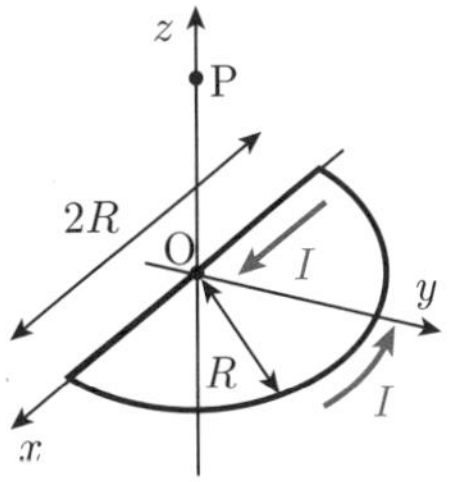

図4.23

□**4.3** 図4.24 に示すように，真空中において，厚さが無視できる幅 W [m] の無限長平面帯状導体が置かれ，帯の中心軸に平行に定常直流電流が一様に $\vec{J}$ [A/m] の電流密度で流れているとき，導体以外の空間の任意の点 P における磁束密度 $\vec{B}(\mathrm{P})$ を求めよ．

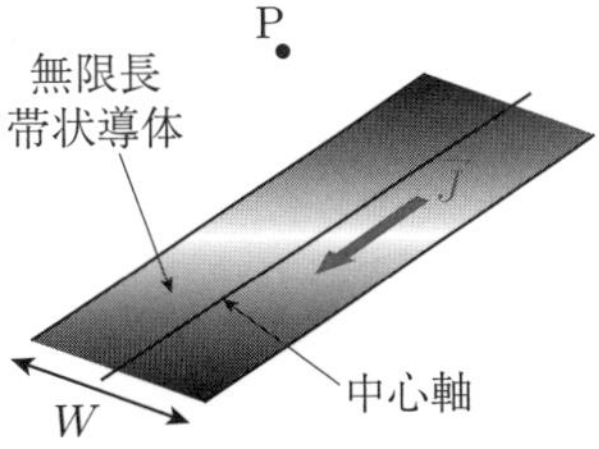

図4.24

□**4.4** 図4.25 に示すように，真空中において，半径が R [m] の太さが無視できる導線を単位長さ当たり N 回螺旋状に巻いて作った無限長ソレノイドがある．このソレノイドに定常直流電流 I [A] が流れているとき，ソレノイドの導線を除く任意の点 P における磁束密度 $\vec{B}(\mathrm{P})$ をビオ–サバールの法則を直接用いて求めよ．ただし，螺旋に巻いた導体はもちろんつながっているが，今の場合は電流 I [A] が流れる半径が R [m] の円形コイルが連なって無限長ソレノイドができていると考えて問題を解くこと．

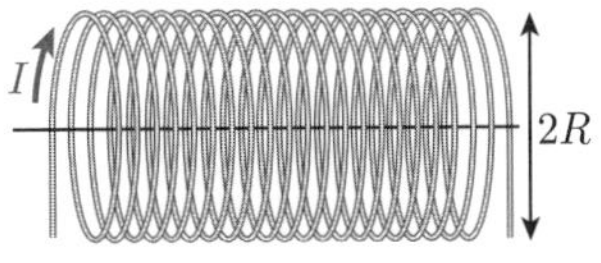

図4.25

□**4.5** 図4.26 に示すように，真空中において，半径 R [m] の円形断面を持つ無限長円柱導体に中心軸に平行に断面内で一様に定常直流電流 I [A] が流れているとき，円柱導体内外の任意の点 P における磁束密度 $\vec{B}(\mathrm{P})$ をビオ–サバールの法則を直接用いて求めよ．

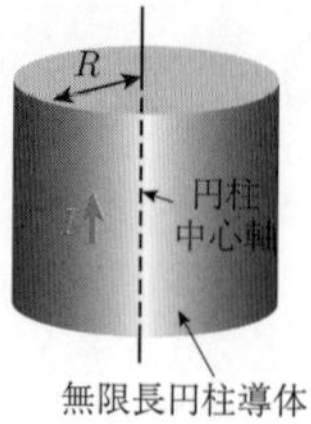

図4.26

□**4.6** 図4.24 に示すように，真空中において，厚さが無視できる幅 W [m] の無限長帯状平面導体が置かれ，帯の中心軸の方向に定常直流電流が一様に $\vec{J}$[A/m] の電流密度で流れているとき，

(1) 導体以外の空間の任意の点 P におけるベクトルポテンシャル $\vec{A}(\mathrm{P})$ を求めよ．

(2) 幅 W が無限大のときの $\vec{A}(\mathrm{P})$ を求めよ．

□**4.7** 図4.25 に示すように，真空中において，太さが無視できる導線を 1 m 当たり N 回螺旋状に巻いて作った半径が R [m] の無限長ソレノイドがある．このソレノイドに定常直流電流 I [A] が流れているとき，

(1) ソレノイドの導線を除く任意の点 P におけるベクトルポテンシャル $\vec{A}(\mathrm{P})$ を求めよ．

(2) $\vec{A}(\mathrm{P})$ より磁束密度 $\vec{B}(\mathrm{P})$ を求めよ．

□**4.8** 図4.27 に示すように，真空中において，太さが無視できる半径 R [m] の円形コイルに定常直流電流 I [A] が図に示した向きに流れている．

(1) 円形コイルの中心軸に限りなく近い点 P におけるベクトルポテンシャル $\vec{A}(\mathrm{P})$ を求めよ．

(2) (1) の結果を用いて中心軸上の点 P における磁束密度 $\vec{B}(\mathrm{P})$ を求めよ．

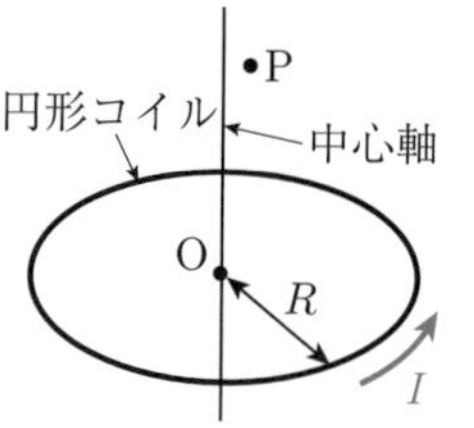

図4.27

□**4.9** 図4.28 に示すように，真空中において，外半径が a [m]，内半径が b [m] の無限長中空円柱導体がある．半径 b [m] の円柱空洞部は半径が a [m] の円柱導体内にあり，その中心軸は円柱導体の中心軸に対して $\vec{d}$ だけ離れており，外部にはみ出すことはない．すなわち，$a - b > |\vec{d}|$ である．無限長中空円柱導体に定常直流電流 I [A] が円中心軸に平行に図に示した向きに一様に流れている．このとき，

(1) 円柱導体内外の任意の点 P における磁束密度 $\vec{B}(\mathrm{P})$ を求めよ．

(2) 円柱導体内外の任意の点 P におけるベクトルポテンシャル $\vec{A}(\mathrm{P})$ を求めよ．

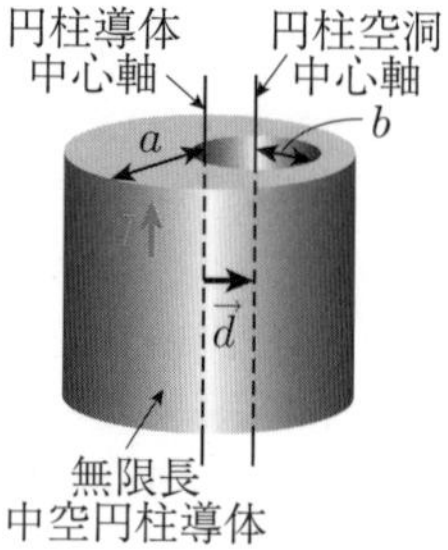

図4.28

□**4.10**　図4.29 に示すように，真空中において，太さが無視できる無限長直線状導線 C_1 および太さが無視できる 1 辺の長さが $\frac{2}{\sqrt{3}}a$ [m] の正三角形コイル C_2 が同一平面上にある．ただし C_2 の 1 辺 CA は C_1 と平行であり距離を b [m] とするとき，C_1 と C_2 の間の相互インダクタンス M を求めよ．M の符号については考慮する必要がない．

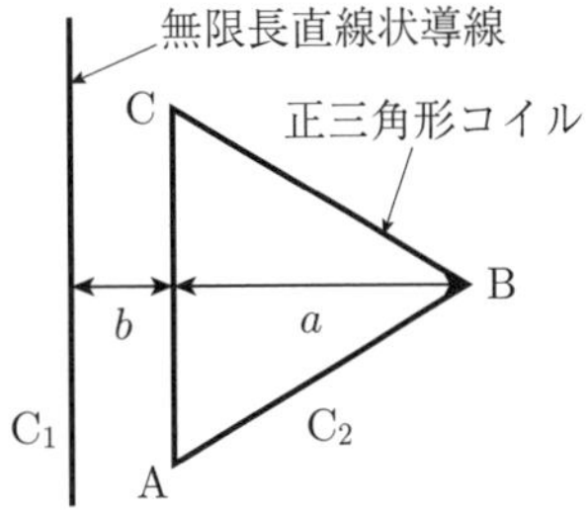

図4.29

□**4.11**　真空中において，xyz 座標の z 軸上に太さが無視できる無限長直線状導線 C_1 があり，太さが無視できる a [m] の円形コイル C_2 が yz 平面上にあり，互いに接触していない．ここで図4.30 に示すように，C_2 をその中心を固定して yz 平面から角度 α [rad] だけ傾けて固定するとき C_1 と C_2 の間の相互インダクタンス M を求めよ．ただし，C_2 の中心点 R と C_1 の距離 b は a より大きいとする．M の符号については考慮する必要がない．

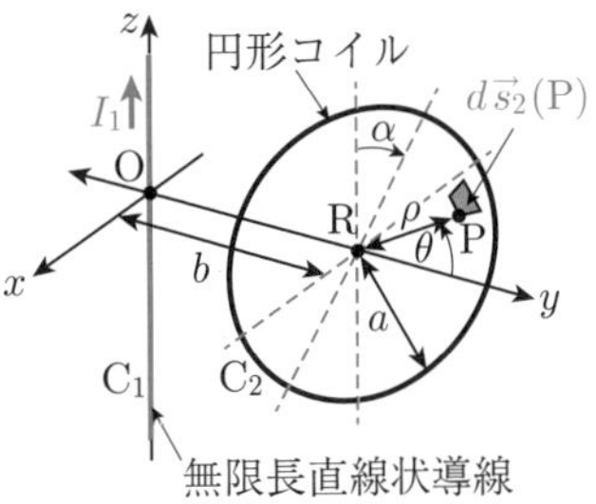

図4.30

□**4.12**　図4.25 に示すように，真空中において，太さが無視できる導線を 1 m 当たり N 回螺旋状に巻いて作った半径が R [m] の無限長ソレノイドがある．このソレノイドの 1 m 当たりの自己インダクタンス L を求めよ．

□**4.13**　図4.31 に示すように，真空中において内半径 a [m]，外半径 b [m] の無限長中空内部円柱導体と厚さが無視できる半径 c [m] の外部円筒導体が同軸に配置しており往復線路を形成している．ただし，$a < b < c$ である．

(1)　それぞれの導体に一様に定常直流電流 I [A] が中心軸に平行に，内部円柱導体では上向きに，外部円筒導体では下向きに流れているとき，任意の点 P における磁束密度 $\vec{B}$(P) を求めよ．

(2)　往復線路の 1 m 当たりの自己インダクタンス L を求めよ．

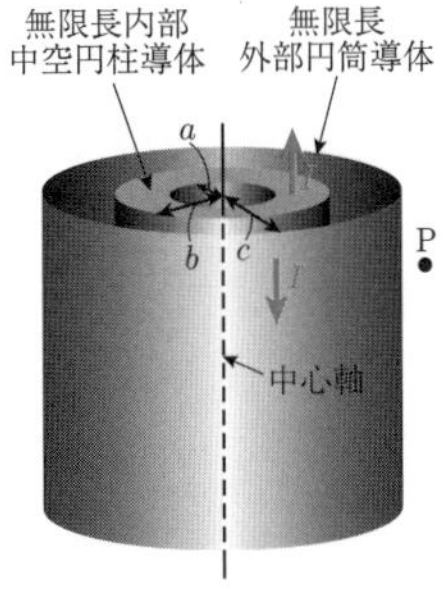

図4.31

□**4.14** **図4.32** に示すように，真空中において，xyz 座標の xy 平面上に x 方向に無限長，y 軸を中心軸として y 方向に幅 W [m]，厚さが無視できる導体板 C_1 および xy 平面に平行であり，点 $(0, 0, a)$ $(a > 0)$ を通り，x 方向に無限長で太さが無視できる直線状導線 C_2 が置かれている．**図4.32** に示すように，C_1 に x 軸の正の向きに直流電流 I_1 [A] が一様に流れ，直線状導線に x 軸の正の向きに直流電流 I_2 [A] が流れている．このとき，C_2 の 1 m 当たりに働く力 $\vec{F}$ を求めよ．

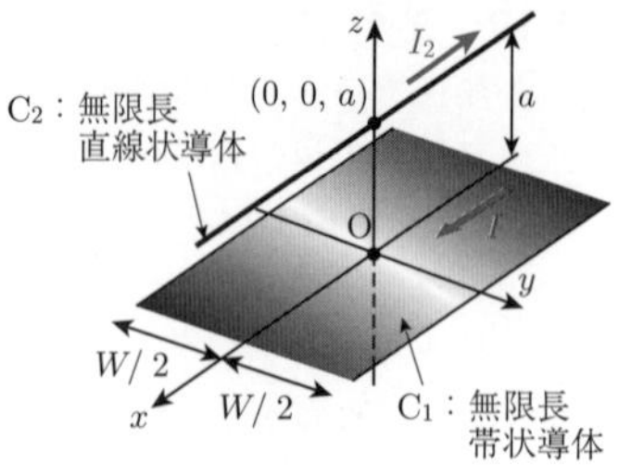

図4.32

□**4.15** **図4.33 (a)** に示すように，真空中において z 軸上に太さが無視できる無限長直線状導線 C_1 および太さが無視できる a [m] の半円形コイル C_2 が xy 平面上にある．ただし C_2 の弦は C_1 と平行であり距離を b [m] とし，$a < b$ とする．

(1) C_1 と C_2 の間の相互インダクタンス M を求めよ．符号は任意である．

(2) **図4.33 (b)** に示すように，C_1 に定常直流電流 I_1 [A]，C_2 に定常直流電流 I_2 [A] が図に示す向きに流れているとき C_1 に働く力 $\vec{F}_1$ を求めよ．ただし C_1 と C_2 は固定されている．

(3) **図4.33 (c)** に示すように，C_1 を固定し，C_2 を C_1 に対して出発点 $\mathrm{R}(0, b, 0)$，$b > 0$ から y 軸の正の方向に一定速度 $\vec{v}_2$ [m/s] で動かすとき C_2 に生じる起電力 U を求めよ．

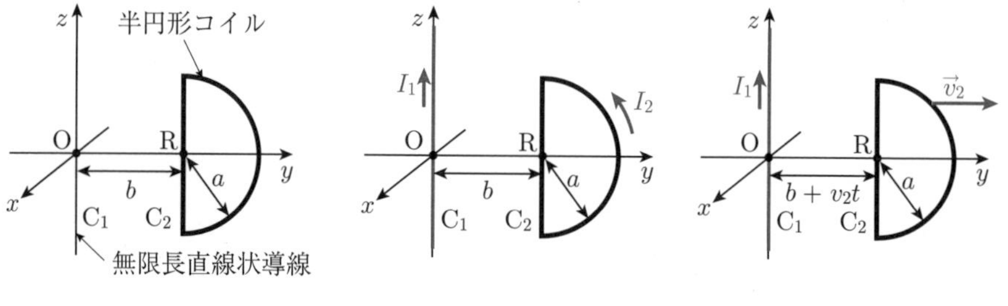

(a) (b) (c)

図4.33

□**4.16** **図4.25** に示すように，真空中において，太さが無視できる導線を 1 m 当たり N 回螺旋状に巻いて作った半径が R [m] の無限長のソレノイドがある．このソレノイドに定常直流電流 I [A] が流れているとき，ソレノイド 1 m 当たりに蓄えられる磁気エネルギー W_m を求めよ．

5　磁性体のある静磁界

5.1　磁気モーメント

磁性体（magnetic material）は誘電体とは異なり，その名から材料をイメージすることが容易である．なぜなら，自分の周りに磁石と認識できるものが多いからである．それは鉄などを引き付けるためである．4 章で説明したように真空中にある閉回路に流れる電流による磁束密度は**ビオ–サバールの法則**という，一つの法則で表されるために，比較的理解が容易であった．しかし，これに磁性体という物質が絡んでくると誘電体の場合と同様に，静磁界について理解することが困難になることを経験されたと思う．それは，磁性体そのものがどのようなものであるかという理解が十分でなかったためであると考えられる．しかし，実は磁性体が存在してもその働きについては理解の仕方が変わるわけではない．すなわち，磁性体とは真空中における電流の集合体として理解するだけでよいのである．以後このような電流を**磁気双極子**（magnetic dipole）と呼ぶことにする．すなわち真空中の静磁界と全く同じなのである．誘電体では**電気双極子**の集合体を考えればよいのと同様に磁性体では 5.2 節で述べるように磁気双極子の**磁気双極子モーメント**あるいは**磁気モーメント**（magnetic dipole moment）が解析の基本となる．4 章で説明したように，外部磁界中に電流を置くと，外部磁界によって電流に力が働く．これは外部電界中に置かれた誘電体中の電気双極子モーメントにトルクが働くのと似ている．

4 章で述べたように，電流は，磁束密度を発生させる．また，磁性を論じる際に標準的に用いられる概念である磁気モーメントをつくる．ここでいう電流は，時間的に大きさが変化しない定常直流電流を意味する．一般に電流 I は，

$$I = I_{\mathrm{F}} + I_{\mathrm{B}}$$

という 2 つの寄与に分けて考えることができる．ここで I_{F} は**自由電流**（free current，束縛されていない電流．あるいは人が自由に電流を流したり，流さなかったりできる電流），I_{B} は**束縛電流**（bound current，物質に付随した電流．あるいは人の意のままにならない電流）である．したがって，I_{F} は電源を用いて流す電流であり，I_{B} は物質内部における電子の原子核の周りの**軌道運動**（orbital motion）や**電子スピン**（electron spin）による電流である．

磁気モーメントはベクトル量であり，$\vec{m}$ と表すことにすると，$\vec{m} = I\vec{S}$ と定義される．ただし，$\vec{S}\,[\mathrm{m}^2]$ は電流 I [A] が流れる回路の面積ベクトルである．すなわち $\vec{m}\,[\mathrm{A{\cdot}m}^2]$ は

磁気双極子が存在する平面に垂直な方向を持つ．向きは，I の向きと $\vec{S}$ が右ネジの関係にあると定義される．実際の磁気双極子は平面上にあるとは限らない．しかし磁気モーメントの適用は実際の電気回路ではなく，磁性体中の電子の原子核の周りの軌道運動や電子のスピンによる電流を対象としているので，古典力学的には電流は平面上を流れているとしてもよい．電流の方向は一般に 1 方向ではないが磁気モーメントは 1 方向であり，外部磁界との相互作用を論ずる場合には，その方向は次節以降に述べるように極めて便利なのである．磁気モーメントについて理解を深めるために以下に例を示そう．

図5.1 に示すように，真空中に，太さが無視できる半径 R [m] の円形コイルが，その中心が xyz 座標の原点 O に一致するように xy 平面内に置かれ，定常直流電流 I [A] が図に示した向きに流れているとき，円形コイルから遠く離れた点 $\mathrm{P}(x, y, z)$ における磁束密度 $\vec{B}(\mathrm{P})$ を求めてみよう．$\vec{B}(\mathrm{P})$ は (4.1.2) 式より，

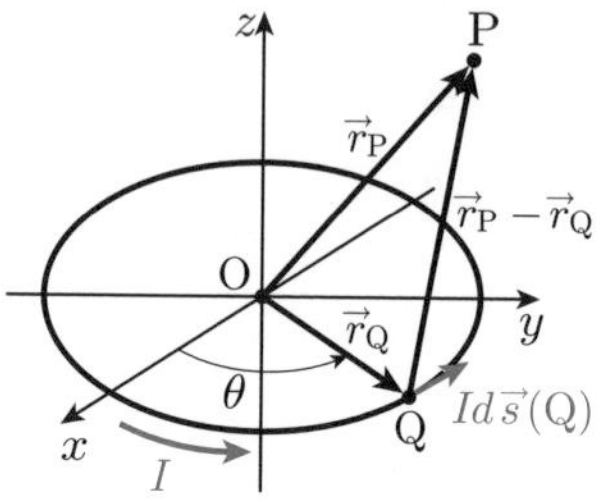

図5.1

$$\vec{B}(\mathrm{P}) = \frac{\mu_0}{4\pi}\oint_{\mathrm{C}} \frac{I\, d\vec{s}(\mathrm{Q}) \times (\vec{r}_{\mathrm{P}} - \vec{r}_{\mathrm{Q}})}{|\vec{r}_{\mathrm{P}} - \vec{r}_{\mathrm{Q}}|^3} \qquad (5.1.1)$$

である．回路上の点 Q の座標を，$\vec{r}_{\mathrm{Q}} = (R\cos\theta, R\cos\theta, 0)$ とすると，

$$\vec{r}_{\mathrm{P}} - \vec{r}_{\mathrm{Q}} = (x - R\cos\theta, y - R\sin\theta, z)$$

$$|\vec{r}_{\mathrm{P}} - \vec{r}_{\mathrm{Q}}| = (x^2 + y^2 + z^2 + R^2 - 2x\,R\cos\theta - 2y\,R\sin\theta)^{\frac{1}{2}}$$

$$I\, d\vec{s}(\mathrm{Q}) = I(-R\sin\theta, R\cos\theta, 0)\, d\theta$$

$$I\, d\vec{s}(\mathrm{Q}) \times (\vec{r}_{\mathrm{P}} - \vec{r}_{\mathrm{Q}}) = IR(z\cos\theta, z\sin\theta, R - (x\cos\theta + y\sin\theta))\, d\theta$$

となるので，(5.1.1) 式は，

$$\vec{B}(\mathrm{P}) = \frac{\mu_0 I}{4\pi} R \int_0^{2\pi} \frac{\left(z\cos\theta, z\sin\theta, R - (x\cos\theta + y\sin\theta)\right)}{(x^2+y^2+z^2+R^2-2xR\cos\theta-2yR\sin\theta)^{\frac{3}{2}}}\, d\theta \qquad (5.1.2)$$

となる．(5.1.2) 式の積分は解析的には実行不可能である．そこで題意の $R \ll x, y, z$ なる条件を用いて近似計算を行う．$x^2 + y^2 + z^2 = r^2$ として，

$$(x^2 + y^2 + z^2 + R^2 - 2xR\cos\theta - 2yR\sin\theta)^{\frac{3}{2}} = r^3\left(1 + \frac{R^2 - 2xR\cos\theta - 2yR\sin\theta}{r^2}\right)^{\frac{3}{2}}$$

$$\cong r^3\left(1 - 3R\frac{x\cos\theta + y\sin\theta}{r^2}\right) \qquad (5.1.3)$$

となり，

$$\frac{1}{(x^2+y^2+z^2+R^2-2xR\cos\theta-2yR\sin\theta)^{\frac{3}{2}}} \cong \frac{1}{r^3}\left(1 + 3R\frac{x\cos\theta + y\sin\theta}{r^2}\right) \qquad (5.1.4)$$

となるので，(5.1.2) 式は (5.1.3), (5.1.4) 式より，

$$\vec{B}(\mathrm{P}) \cong \frac{\mu_0 I}{4\pi}\frac{R}{r^3}\int_0^{2\pi}\left(z\cos\theta, z\sin\theta, R - (x\cos\theta + y\sin\theta)\right)\left(1 + 3R\frac{x\cos\theta + y\sin\theta}{r^2}\right) d\theta$$

$$= \frac{\mu_0 I}{4\pi}\frac{R}{r^3}\int_0^{2\pi}\left(z\cos\theta, z\sin\theta, R - (x\cos\theta + y\sin\theta)\right) d\theta$$

$$
\begin{aligned}
&\quad + \tfrac{\mu_0 I}{4\pi}\tfrac{3R^2}{r^5}\int_0^{2\pi}\Big(z\cos\theta, z\sin\theta, R-(x\cos\theta+y\sin\theta)\Big)(x\cos\theta+y\sin\theta)\,d\theta\\
&= \tfrac{\mu_0 I}{4\pi}\tfrac{2\pi R^2}{r^3}\vec{k}\\
&\quad + \tfrac{\mu_0 I}{4\pi}\tfrac{3R^2}{r^5}\int_0^{2\pi}\Big(z\cos\theta, z\sin\theta, R-(x\cos\theta+y\sin\theta)\Big)(x\cos\theta+y\sin\theta)\,d\theta
\end{aligned}
\tag{5.1.5}
$$

となる．(5.1.5) 式の右辺の 2 項目の積分の x, y, z 成分はそれぞれ，

$$
\begin{aligned}
&\int_0^{2\pi} z\cos\theta(x\cos\theta+y\sin\theta)\,d\theta = xz\pi\\
&\int_0^{2\pi} z\sin\theta(x\cos\theta+y\sin\theta)\,d\theta = yz\pi\\
&\int_0^{2\pi} (R-x\cos\theta-y\sin\theta)(x\cos\theta+y\sin\theta)\,d\theta = -x^2\pi-y^2\pi
\end{aligned}
$$

となるので，(5.1.5) 式は，

$$
\begin{aligned}
\vec{B}(\mathrm{P}) &\cong \tfrac{\mu_0 I}{4\pi}\tfrac{2\pi R^2}{r^3}\vec{k} + \tfrac{\mu_0 I}{4\pi}\tfrac{3R^2}{r^5}\pi(xz, yz, -(x^2+y^2))\\
&= \tfrac{\mu_0 I}{4\pi}\tfrac{2}{r^3}SI\vec{k} + \tfrac{\mu_0}{4\pi}\tfrac{3}{r^5}SIz(x,y,z) - \tfrac{\mu_0}{4\pi}\tfrac{3}{r^5}SIr^2\vec{k}\\
&= \tfrac{\mu_0 I}{4\pi}\tfrac{2}{r^3}\vec{m} + \tfrac{\mu_0}{4\pi}\tfrac{3}{r^5}(\vec{m}\cdot\vec{r})\vec{r} - \tfrac{\mu_0}{4\pi}\tfrac{3}{r^5}\vec{m}r^2\\
&= \tfrac{\mu_0}{4\pi}\tfrac{3(\vec{m}\cdot\vec{r})\vec{r}-\vec{m}r^2}{r^5}\ [\mathrm{T}]
\end{aligned}
\tag{5.1.6}
$$

となる．(5.1.6) 式より，電気双極子モーメント $\vec{p}$ による電界と磁気モーメント $\vec{m}$ による磁束密度は定数係数を除けば全く同じ式で与えられることが分かる．点 P におけるベクトルポテンシャル $\vec{A}(\mathrm{P})$ は，

$$
\begin{aligned}
\vec{A}(\mathrm{P}) &= \tfrac{\mu_0}{4\pi}\int_{\mathrm{C}}\tfrac{I\,d\vec{s}(\mathrm{Q})}{|\vec{r}_{\mathrm{P}}-\vec{r}_{\mathrm{Q}}|} = \tfrac{\mu_0}{4\pi}RI\int_0^{2\pi}\tfrac{(-\sin\theta,\cos,0)}{(r^2+R^2-2xR\cos\theta-2yR\sin\theta)^{\frac{1}{2}}}\,d\theta\\
&\cong \tfrac{\mu_0}{4\pi}\tfrac{RI}{r}\int_0^{2\pi}(-\sin\theta,\cos\theta,0)\left(1+R\tfrac{x\cos\theta+y\sin\theta}{r^2}\right)d\theta\\
&= \tfrac{\mu_0}{4\pi}\tfrac{R^2 I}{r^3}\int_0^{2\pi}(-x\sin\theta\cos\theta-y\sin^2\theta, x\cos^2\theta+y\cos\theta\sin\theta, 0)\,d\theta\\
&= \tfrac{\mu_0}{4\pi}\tfrac{\pi R^2 I}{r^3}(-y,x,0) = \tfrac{\mu_0}{4\pi}\tfrac{SI}{r^3}(-y,x,0) = \tfrac{\mu_0}{4\pi}\tfrac{SI\vec{k}\times(x,y,z)}{r^3}\\
&= \tfrac{\mu_0}{4\pi}\tfrac{\vec{m}\times\vec{r}}{r^3}\ [\mathrm{T{\cdot}m}]
\end{aligned}
\tag{5.1.7}
$$

となり，スカラーポテンシャルである電位と比較すると，ベクトルの内積とベクトル積の違いが見て取れる．$\vec{B}(\mathrm{P})$ は $\vec{A}(\mathrm{P})$ より，

$$
\vec{B}(\mathrm{P}) = \vec{\nabla}\times\vec{A}(\mathrm{P}) \tag{5.1.8}
$$

として求められる．$\vec{m}$ は定数であるので，ベクトル公式 (1.4.8), (5.1.7), (5.1.8) 式より，

$$
\begin{aligned}
\vec{B}(\mathrm{P}) &= \vec{\nabla}\times\vec{A}(\mathrm{P}) \cong \vec{\nabla}\times\left(\tfrac{\mu_0}{4\pi}\tfrac{\vec{m}\times\vec{r}}{r^3}\right) = \tfrac{\mu_0}{4\pi}\vec{\nabla}\times\left(\vec{m}\times\tfrac{\vec{r}}{r^3}\right)\\
&= \tfrac{\mu_0}{4\pi}\left\{\left(\tfrac{\vec{r}}{r^3}\cdot\vec{\nabla}\right)\vec{m} - (\vec{m}\cdot\vec{\nabla})\tfrac{\vec{r}}{r^3} + \vec{m}\vec{\nabla}\cdot\tfrac{\vec{r}}{r^3} - \tfrac{\vec{r}}{r^3}\vec{\nabla}\cdot\vec{m}\right\} = -\tfrac{\mu_0}{4\pi}(\vec{m}\cdot\vec{\nabla})\tfrac{\vec{r}}{r^3}\\
&= -\tfrac{\mu_0}{4\pi}\left(m_x\tfrac{\partial}{\partial x}+m_y\tfrac{\partial}{\partial y}+m_z\tfrac{\partial}{\partial z}\right)\tfrac{\vec{r}}{r^3}
\end{aligned}
$$

$$= -\frac{\mu_0}{4\pi}\left\{m_x \frac{\partial}{\partial x}\left(\frac{\vec{r}}{r^3}\right) + m_y \frac{\partial}{\partial y}\left(\frac{\vec{r}}{r^3}\right) + m_z \frac{\partial}{\partial z}\left(\frac{\vec{r}}{r^3}\right)\right\}$$

となる．ここで，例えば，

$$\frac{\partial}{\partial x}\left(\frac{\vec{r}}{r^3}\right) = \frac{\partial}{\partial x}\left(\frac{1}{r^3}(x, y, z)\right) = -3\frac{x}{r^5}(x, y, z) + \frac{1}{r^3}(1, 0, 0) = -3\frac{x}{r^5}\vec{r} + \frac{1}{r^3}\vec{i}$$

である．したがって，

$$\vec{B}(\mathrm{P}) \cong \frac{\mu_0}{4\pi}\left\{m_x\left(3\frac{x}{r^5}\vec{r} - \frac{1}{r^3}\vec{i}\right) + m_y\left(3\frac{y}{r^5}\vec{r} - \frac{1}{r^3}j\right) + m_z\left(3\frac{z}{r^5}\vec{r} - \frac{1}{r^3}\vec{k}\right)\right\}$$
$$= \frac{\mu_0}{4\pi}\frac{3(\vec{m}\cdot\vec{r})\vec{r} - \vec{m}r^2}{r^5}$$

となり，(5.1.7) 式と一致する．ただし，(5.1.7) 式で与えられるベクトルポテンシャルは近似式であり，補正項が付随しているが，ここではそれを無視している．したがって，補正項を無視したことを表現するために，(5.1.7) 式で与えられる $\vec{A}(\mathrm{P})$ は，磁気双極子ベクトルポテンシャルとも呼ばれることがある．補正項には磁気双極子に次いで寄与の大きい磁気 4 重極子ポテンシャル等も含まれる．今後，微小電流により導かれる $\vec{A}(\mathrm{P})$, $\vec{B}(\mathrm{P})$ の近似式は磁気双極子によるものであるので，今後，微小電流を磁気双極子と呼ぶことにする．

(5.1.6) 式で与えられる $\vec{B}(\mathrm{P})$ を，**図5.2** に示す $r\theta\varphi$ 球座標で表してみよう．$\vec{B}(\mathrm{P})$ の球座標系における成分は，電気双極子モーメントについての成分と同じ方法で求められ，

$$\vec{B}(\mathrm{P}) \cong \frac{\mu_0}{4\pi}\frac{|\vec{m}|}{r^3}(2\vec{\hat{r}}\cos\theta - \vec{\hat{\theta}}\sin\theta) = \frac{\mu_0}{4\pi}\frac{|\vec{m}|}{r^3}(2\cos\theta, -\sin\theta, 0) \qquad (5.1.9)$$

となる．ただし $\vec{\hat{r}}$, $\vec{\hat{\theta}}$ は各曲線座標軸の単位ベクトルである．今の場合，$\vec{B}(\mathrm{P})$ は $\vec{\hat{\varphi}}$ 方向に成分を持たない．

次に，電流が複数個存在する場合を考えてみよう．このときは原点 O をどこかに定めるのが便利である．**図5.3** に示すように，原点 O からみた磁気双極子の位置は，原点 O を始点として，i 番目の電流回路の中心 Q_i を終点とする位置ベクトル $\vec{r}_{\mathrm{Q}_i}$ で表し，観測点 P を原点 O からみた位置ベクトルを $\vec{r}_{\mathrm{P}}$ と表すのが便利である．また i 番目の磁気モーメントを $\vec{m}_i$ とする．このとき磁気双極子が観測点 P におけるベクトルポテンシャル $\vec{A}(\mathrm{P})$ は重ね合わせの原理を用いると，

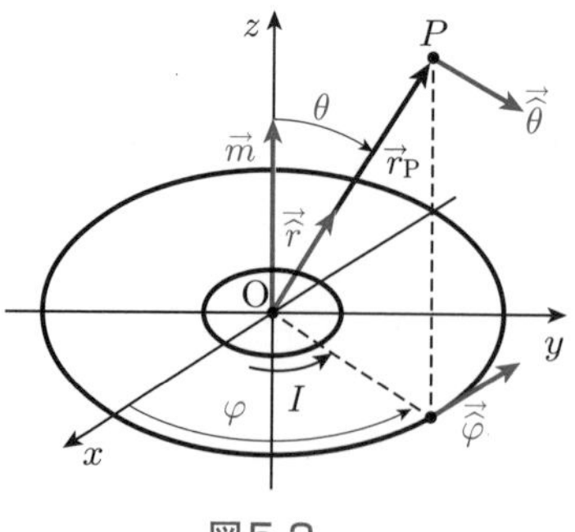

図5.2

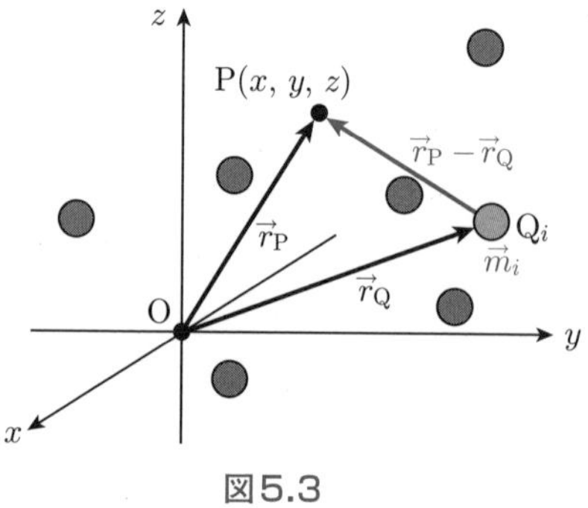

図5.3

$$\vec{A}(\mathrm{P}) \cong \sum_{i=1}^{N} \frac{\mu_0}{4\pi} \frac{\vec{m}_i \times (\vec{r}_{\mathrm{P}} - \vec{r}_{\mathrm{Q}_i})}{|\vec{r}_{\mathrm{P}} - \vec{r}_{\mathrm{Q}_i}|^3} \tag{5.1.10}$$

となる．また磁束密度 $\vec{B}(\mathrm{P})$ も同様にして，

$$\vec{B}(\mathrm{P}) \cong \frac{\mu_0}{4\pi} \sum_{i=1}^{N} \frac{3(\vec{r}_{\mathrm{P}} - \vec{r}_{\mathrm{Q}_i})(\vec{r}_{\mathrm{P}} - \vec{r}_{\mathrm{Q}_i}) \cdot \vec{m}_i - |\vec{r}_{\mathrm{P}} - \vec{r}_{\mathrm{Q}_i}|^2 \vec{m}_i}{|\vec{r}_{\mathrm{P}} - \vec{r}_{\mathrm{Q}_i}|^5} \tag{5.1.11}$$

となる．

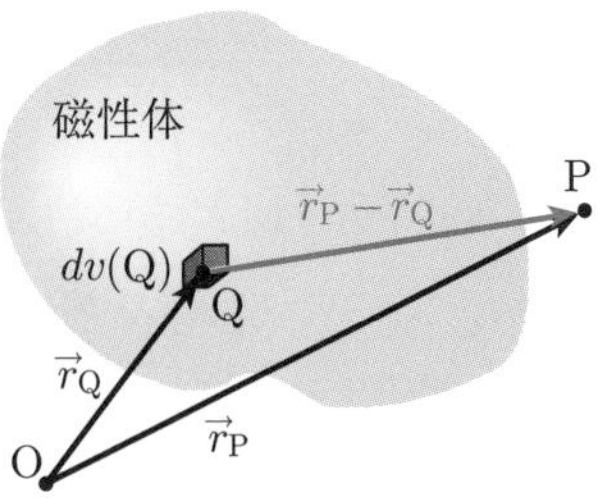

図5.4

磁性体は，磁気双極子の集合体である．磁性体中の全磁気双極子の数を N とすれば (5.1.10), (5.1.11) 式は観測点 P のベクトルポテンシャルおよび磁束密度を表すことになる．しかし，N は極めて大きな数字であるために，実際に (5.1.10), (5.1.11) 式を計算することはほぼ不可能である．そこで，磁性体の大きさと比較して磁気双極子の幾何学的な大きさが極めて小さい場合には，磁気双極子が磁性体中で離散的ではなく連続的に分布しているとみなすことができる．このとき (5.1.10), (5.1.11) 式の和を積分に置き換えても大きな不一致は生じないと考えられる．そこで次のように考える．**図5.4** に示すように，磁性体内の点 Q における微小体積要素 $dv(\mathrm{Q})$ [m^3] 内に存在する磁気モーメント $d\vec{m}(\mathrm{Q})$ を次の量に置き換える．すなわち，

$$d\vec{m}(\mathrm{Q}) = \vec{M}(\mathrm{Q})\, dv(\mathrm{Q}) \tag{5.1.12}$$

である．この式で定義された $\vec{M}(\mathrm{Q})$ [A/m] を点 Q における**磁化**（magnetization）という．$d\vec{m}(\mathrm{Q})$ を (5.1.10) 式に代入して和を体積積分に置き換え，積分範囲を誘電体全体に取ると，点 P におけるベクトルポテンシャル $\vec{A}(\mathrm{P})$ は，

$$\begin{aligned}\vec{A}(\mathrm{P}) &\cong \sum_{i=1}^{N} \frac{\mu_0}{4\pi} \frac{\vec{m}_i \times (\vec{r}_{\mathrm{P}} - \vec{r}_{\mathrm{Q}_i})}{|\vec{r}_{\mathrm{P}} - \vec{r}_{\mathrm{Q}_i}|^3} \cong \frac{\mu_0}{4\pi} \iiint_{\text{磁性体}} \frac{d\vec{m}(\mathrm{Q}) \times (\vec{r}_{\mathrm{P}} - \vec{r}_{\mathrm{Q}})}{|\vec{r}_{\mathrm{P}} - \vec{r}_{\mathrm{Q}}|^3} \\ &= \frac{\mu_0}{4\pi} \iiint_{\text{磁性体}} \frac{\vec{M}(\mathrm{Q}) \times (\vec{r}_{\mathrm{P}} - \vec{r}_{\mathrm{Q}})}{|\vec{r}_{\mathrm{P}} - \vec{r}_{\mathrm{Q}}|^3}\, dv(\mathrm{Q}) = \frac{\mu_0}{4\pi} \iiint_{\text{磁性体}} \vec{M}(\mathrm{Q}) \times \vec{\nabla}_{\mathrm{Q}} \frac{1}{|\vec{r}_{\mathrm{P}} - \vec{r}_{\mathrm{Q}}|}\, dv(\mathrm{Q})\end{aligned} \tag{5.1.13}$$

となる．ところで，(1.4.6) 式より，$\vec{\nabla} \times (f\vec{g}) = (\vec{\nabla} f) \times \vec{g} + f(\vec{\nabla} \times \vec{g})$ であるので，(5.1.13) 式は

$$\vec{A}(\mathrm{P}) \cong \frac{\mu_0}{4\pi} \iiint_{\text{磁性体}} \frac{\vec{\nabla}_{\mathrm{Q}} \times \vec{M}(\mathrm{Q})}{|\vec{r}_{\mathrm{P}} - \vec{r}_{\mathrm{Q}}|}\, dv(\mathrm{Q}) - \frac{\mu_0}{4\pi} \iiint_{\text{磁性体}} \left(\vec{\nabla}_{\mathrm{Q}} \times \frac{\vec{M}(\mathrm{Q})}{|\vec{r}_{\mathrm{P}} - \vec{r}_{\mathrm{Q}}|} \right) dv(\mathrm{Q}) \tag{5.1.14}$$

となる．(5.1.14) 式の右辺 1 項目は，$\vec{\nabla}_{\mathrm{Q}} \times \vec{M}(\mathrm{Q})$ を何らかの電流密度 $\vec{J}_{\vec{M}}(\mathrm{Q})$ であるとすると，回路に流れる電流による観測点 P におけるベクトルポテンシャルと同じ式となり，磁性体内部の点 Q に流れる電流によるベクトルポテンシャルに対応することが推測される．次に，(5.1.14) 式の右辺 2 項目について考えてみよう．$\vec{a}$ をベクトル関数とするとガウスの定理より，領域 V を囲む閉曲面 S について，

$$\iiint_{\mathrm{V}} \vec{\nabla}\cdot\vec{a}\,dv = \oiint_{\mathrm{S}} \vec{a}\cdot d\vec{S} \tag{5.1.15}$$

である．$\vec{c}$ を定数ベクトル，$\vec{b}$ をベクトル関数とし，(5.1.15) 式の $\vec{a}$ を $\vec{c}\times\vec{b}$ とすると，(1.4.7) 式より，$\vec{\nabla}\cdot\vec{a} = \vec{\nabla}\cdot(\vec{c}\times\vec{b}) = \vec{b}\cdot(\vec{\nabla}\times\vec{c}) - \vec{c}\cdot(\vec{\nabla}\times\vec{b})$ であるので，

$$\begin{aligned}\iiint_{\mathrm{V}} \vec{\nabla}\cdot(\vec{c}\times\vec{b})\,dv &= \iiint_{\mathrm{V}} \left\{\vec{b}\cdot(\vec{\nabla}\times\vec{c}) - \vec{c}\cdot(\vec{\nabla}\times\vec{b})\right\} dv \\ &= -\iiint_{\mathrm{V}} \vec{c}\cdot(\vec{\nabla}\times\vec{b})\,dv \\ &= -\vec{c}\cdot\iiint_{\mathrm{V}} (\vec{\nabla}\times\vec{b})\,dv \end{aligned} \tag{5.1.16}$$

となる．一方，(5.1.15) 式右辺は，

$$\oiint_{\mathrm{S}} (\vec{c}\times\vec{b})\cdot d\vec{S} = \vec{c}\cdot\oiint_{\mathrm{S}} (\vec{b}\times d\vec{S})$$

となり，(5.1.16) 式より，

$$-\vec{c}\cdot\iiint_{\mathrm{V}} (\vec{\nabla}\times\vec{b})\,dv = \vec{c}\cdot\oiint_{\mathrm{S}} (\vec{b}\times d\vec{S}) \tag{5.1.17}$$

となる．任意の $\vec{c}$ について (5.1.17) 式が成立するので，

$$\iiint_{\mathrm{V}} (\vec{\nabla}\times\vec{b})\,dv = -\oiint_{\mathrm{S}} \vec{b}\times d\vec{S} \tag{5.1.18}$$

となる．ここで，$\vec{\nabla} = \vec{\nabla}_{\mathrm{Q}}$ および $\vec{b} = \frac{\vec{M}(\mathrm{Q})}{|\vec{r}_{\mathrm{P}}-\vec{r}_{\mathrm{Q}}|}$ とすると，(5.1.18) 式より，

$$\iiint_{磁性体} \left(\vec{\nabla}\times\frac{\vec{M}(\mathrm{Q})}{|\vec{r}_{\mathrm{P}}-\vec{r}_{\mathrm{Q}}|}\right) dv = -\oiint_{磁性体表面} \frac{\vec{M}(\mathrm{Q})}{|\vec{r}_{\mathrm{P}}-\vec{r}_{\mathrm{Q}}|}\times d\vec{S}(\mathrm{Q}) \tag{5.1.19}$$

となるので，(5.1.14), (5.1.19) 式より，

$$\begin{aligned}\vec{A}(\mathrm{P}) &\cong \frac{\mu_0}{4\pi}\iiint_{磁性体} \frac{\vec{\nabla}_{\mathrm{Q}}\times\vec{M}(\mathrm{Q})}{|\vec{r}_{\mathrm{P}}-\vec{r}_{\mathrm{Q}}|}\,dv(\mathrm{Q}) + \frac{\mu_0}{4\pi}\oiint_{磁性体表面} \frac{\vec{M}(\mathrm{Q})}{|\vec{r}_{\mathrm{P}}-\vec{r}_{\mathrm{Q}}|}\times d\vec{S}(\mathrm{Q}) \\ &= \frac{\mu_0}{4\pi}\iiint_{磁性体} \frac{\vec{\nabla}_{\mathrm{Q}}\times\vec{M}(\mathrm{Q})}{|\vec{r}_{\mathrm{P}}-\vec{r}_{\mathrm{Q}}|}\,dv(\mathrm{Q}) + \frac{\mu_0}{4\pi}\oiint_{磁性体表面} \frac{\vec{M}(\mathrm{Q})\times\vec{n}(\mathrm{Q})}{|\vec{r}_{\mathrm{P}}-\vec{r}_{\mathrm{Q}}|}\,dS(\mathrm{Q}) \end{aligned} \tag{5.1.20}$$

となる．ただし，$\vec{n}(\mathrm{Q})$ は磁性体表面上の点 Q における面の単位法線ベクトルである．したがって，(5.1.20) 式の右辺 1 項目について $\vec{\nabla}_{\mathrm{Q}}\times\vec{M}(\mathrm{Q}) \equiv \vec{J}_{\vec{M}}(\mathrm{Q})$ を磁性体内部を流れる電流密度とするならば，右辺 2 項目については磁性体表面を流れる電流密度 $\vec{M}(\mathrm{Q})\times\vec{n}(\mathrm{Q}) \equiv \vec{J}_{\mathrm{S}\vec{M}}(\mathrm{Q})$ のベクトルポテンシャルへの寄与と考えることができる．この仮定が正しいか否かにかかわらず，磁性体内部の磁気モーメントに関係するベクトル量 $\vec{M}(\mathrm{Q})$ に対して定義された 2 つの電流密度を用いてベクトルポテンシャルは，(5.1.20) 式より，

$$\vec{A}(\mathrm{P}) \cong \frac{\mu_0}{4\pi}\iiint_{磁性体} \frac{\vec{J}_{\vec{M}}(\mathrm{Q})}{|\vec{r}_{\mathrm{P}}-\vec{r}_{\mathrm{Q}}|}\,dv(\mathrm{Q}) + \frac{\mu_0}{4\pi}\oiint_{磁性体表面} \frac{\vec{J}_{\mathrm{S}\vec{M}}(\mathrm{Q})}{|\vec{r}_{\mathrm{P}}-\vec{r}_{\mathrm{Q}}|}\,dS(\mathrm{Q}) \tag{5.1.21}$$

により与えられることは正しい．

$$\vec{J}_{\vec{M}}(\mathrm{Q}) = \vec{\nabla}_{\mathrm{Q}}\times\vec{M}(\mathrm{Q})$$

を**体積磁化電流密度**（volume magnetization current density），

$$\vec{J}_{\mathrm{S}\vec{M}}(\mathrm{Q}) = \vec{M}(\mathrm{Q})\times\vec{n}(\mathrm{Q})$$

を**表面磁化電流密度**（surface magnetization current density）と呼ぶことにする．

例題5.1

図5.5 に示すように，真空中において，電子の原子核の周りの軌道運動を古典的に取り扱い，原子核の周りを 1 個の電子が，原子核を含む平面上で原子核を中心として速さ v [m/s] で半径 r [m] の円周上を等速円運動しているとする．これによる磁気モーメントを求めよ．ただし，電子は点電荷として取り扱ってよいとする．

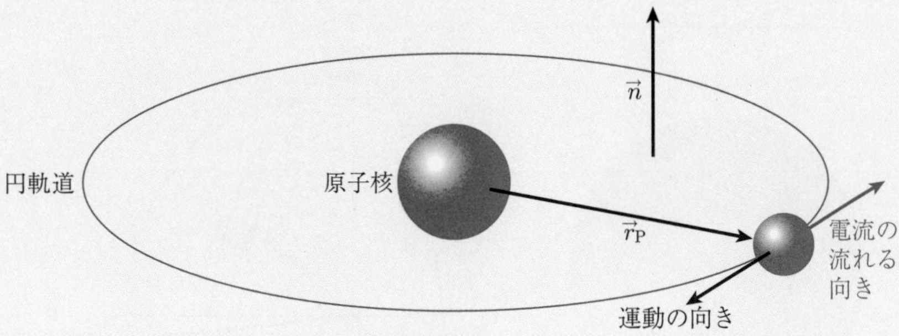

図5.5

【解答】　電子の 1 秒当たりの回転数 f は

$$f = \frac{v}{2\pi r}$$

となる．円軌道上の 1 点を 1 秒間に通過する電荷量は電子の電荷を $-e$ とすると $-\frac{ev}{2\pi r}$ [C] であるので，電流 I は，

$$I = \frac{ev}{2\pi r}\ [\mathrm{A}]$$

となる．この円電流による磁気モーメント $\vec{m}_\ell$ は，

$$\begin{aligned}\vec{m}_\ell &= \vec{S}I = \pi r^2 \vec{n}\frac{ev}{2\pi r} \\ &= \frac{1}{2}evr\vec{n} \qquad (5.1.22)\end{aligned}$$

となる．ただし，$\vec{n}$ は軌道面の単位法線ベクトルであり，$\vec{n}$ の向きは電流の流れる向きに右ねじを回転させたときに右ねじの進む向きである．電子の**軌道角運動量**（orbital angular momentum）$\vec{\ell}$ は，古典力学によれば

$$\vec{\ell} = \vec{r} \times \vec{p} = \vec{r} \times (m_{\mathrm{e}}\vec{v}) \qquad (5.1.23)$$

となる．ただし，$\vec{r}$ は原子核からみた電子の位置ベクトル，$\vec{p}$ は電子の運動量（momentum），m_{e} は電子の質量（9.1×10^{-31} kg），$\vec{v}$ は電子の速度（velocity）であり，電流と逆向きである．$\vec{r}$ と $\vec{v}$ は互いに垂直であり，

$$\vec{r} \times \vec{v} = -rv\vec{n}$$

であるので，(5.1.22)–(5.1.23) 式より，

$$\vec{m}_\ell = \frac{1}{2}erv\vec{n} = \frac{1}{2}\frac{e}{m_{\mathrm{e}}}rm_{\mathrm{e}}v\vec{n} = -\frac{1}{2}\frac{e}{m_{\mathrm{e}}}\vec{\ell}\ [\mathrm{A\cdot m^2}] \qquad (5.1.24)$$

となる．■

例題5.2

図5.6 (a)に示すように，真空中において，電子が半径 a [m] の球であり，電荷 $-e$ [C] が球内部に一様に分布しており，球の中心を通る軸の周りで角速度 ω [rad /s] の回転運動をしていると仮定したとき，それによる磁気モーメント $\vec{m}_{\mathrm{s}}$ を求めよ．

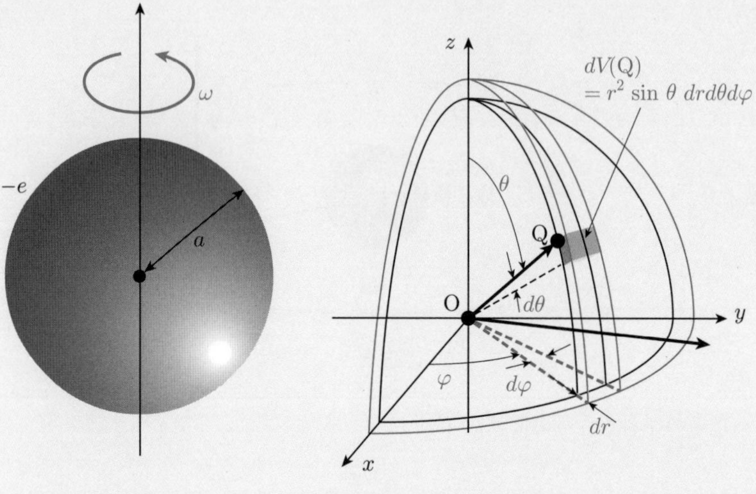

(a)　　(b)

図5.6

【解答】　図5.6 (b) に示すように，球の中心が xyz 座標の原点 O となるように空間座標を設定する．球内の電荷密度 ρ は $\rho = -\frac{e}{\frac{4}{3}\pi a^3}$ [C/m^3] である．図5.6 (b) に示すように，球内の点 Q における微小体積 $dV(\mathrm{Q})$ は $dV(\mathrm{Q}) = r^2 \sin\theta\, drd\theta d\varphi$ である．$dV(\mathrm{Q})$ に含まれる電荷 $\rho\, dV(\mathrm{Q})$ [C] が，z 軸の周りで半径 $r\sin\theta$ [m]，角速度 ω [rad /s] の等速円運動をしている場合，1 秒間の回転数は $\frac{\omega}{2\pi}$ だから，この電荷の運動による電流 dI [A] は xy 平面に平行な面上を流れ，

$$dI = -\frac{\omega}{2\pi}\rho\, dv(\mathrm{Q}) = -\frac{\omega}{2\pi}\rho r^2 \sin\theta\, drd\varphi d\theta$$

であるので，dI による磁気モーメント $d\vec{m}_{\mathrm{s}}$ は

$$d\vec{m}_{\mathrm{s}} = dI\,\pi(r\sin\theta)^2\vec{k} = -\rho\pi r^4 \sin^3\theta\, drd\varphi d\theta \frac{\omega}{2\pi}\vec{k}$$

となる．ただし，$\vec{k}$ は z 軸の正の方向を向いた単位ベクトルである．球全体についての磁気モーメント $\vec{m}_{\mathrm{s}}$ は $d\vec{m}_{\mathrm{s}}$ を重ね合わせることにより，

$$\begin{aligned}\vec{m}_{\mathrm{s}} &= \int_{r=0}^{a}\int_{\varphi=0}^{2\pi}\int_{\theta=0}^{\pi} d\vec{m}_{\mathrm{s}} = -\rho\pi\omega\int_0^a r^4 dr\int_0^{\pi}\sin^3\theta\, d\theta\,\vec{k} \\ &= -\frac{1}{5}ea^2\omega\vec{k}\ [\mathrm{A\cdot m^2}]\end{aligned}$$

となる．

例題5.3

図5.7 に示すように，真空中において，半径 R [m] の無限長の磁性体円柱において磁化 $\vec{M}$ [A/m] が一様で円柱の中心軸に平行であるとき，磁性体を含む任意の点 P におけるベクトルポテンシャル $\vec{A}(\mathrm{P})$ および磁束密度 $\vec{B}(\mathrm{P})$ を求めよ．

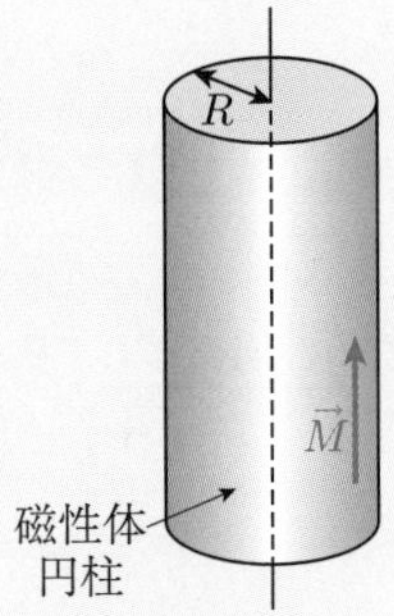

図5.7

【解答】 図5.8 に示すように，円柱の中心軸が xyz 座標の z 軸と一致するように空間座標を設定する．磁性体内部のベクトルポテンシャル $\vec{A}(\mathrm{P})$ は (5.1.21) 式より，

$$\vec{A}(\mathrm{P}) \cong \frac{\mu_0}{4\pi}\iiint_{\text{磁性体}} \frac{\vec{J}_{\vec{M}}(\mathrm{Q})}{|\vec{r}_\mathrm{P}-\vec{r}_\mathrm{Q}|}\,dv(\mathrm{Q}) + \frac{\mu_0}{4\pi}\oiint_{\text{磁性体表面}} \frac{\vec{J}_{\mathrm{S}\vec{M}}(\mathrm{Q})}{|\vec{r}_\mathrm{P}-\vec{r}_\mathrm{Q}|}\,dS(\mathrm{Q}) \qquad (5.1.25)$$

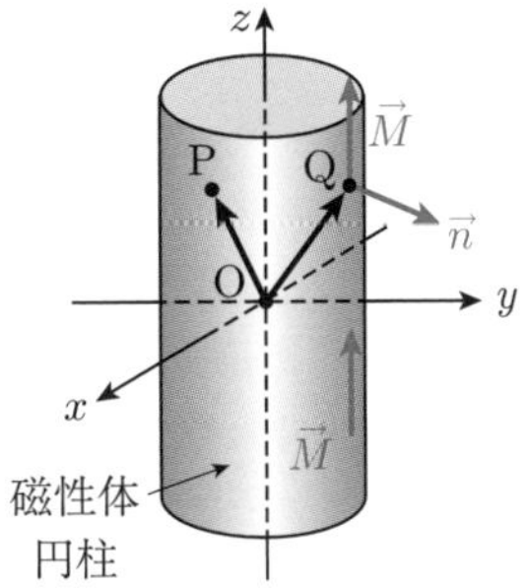

図5.8

である．磁化 $\vec{M}$ が磁性体内で一様であるので，体積磁化電流密度 $\vec{J}_{\vec{M}}(\mathrm{Q})$ は，

$$\vec{J}_{\vec{M}}(\mathrm{Q}) = \vec{\nabla}_\mathrm{Q} \times \vec{M}(\mathrm{Q}) = \vec{0}$$

である．表面磁化電流密度

$$\vec{J}_{\mathrm{S}\vec{M}}(\mathrm{Q}) = \vec{M}(\mathrm{Q}) \times \vec{n}(\mathrm{Q})$$

は 0 ではない．磁性体表面上の点 Q を

$$\vec{r}_\mathrm{Q} = (R\cos\theta, R\sin\theta, z')$$

とすると，

$$\begin{aligned}\vec{J}_{\mathrm{S}\vec{M}}(\mathrm{Q}) &= \vec{M} \times \vec{n}(\mathrm{Q}) \\ &= |\vec{M}|(0,0,1) \times (\cos\theta, \sin\theta, 0) \\ &= |\vec{M}|(-\sin\theta, \cos\theta, 0) \end{aligned} \qquad (5.1.26)$$

となり，$\vec{J}_{\mathrm{S}\vec{M}}$ は，円柱の中心軸上に中心があり，中心軸に垂直な平面内にある半径 R [m] の円周に沿って $\vec{M}$ に対して右ネジの関係の向きに磁性体表面を流れることが分かる．このような電流は，例題 4.5 の円筒導体面に流れる電流あるいは無限長ソレノイドに流れる電流と同じように流れている．したがって，章末問題 4.7 解答中の (A.4.56) 式を参考にすると，磁性体を含む任意の点 P（$\vec{r}_\mathrm{P} = (x, y, z) = (\rho\cos\varphi, \rho\sin\varphi, z)$）におけるベクトルポテンシャル $\vec{A}(\mathrm{P})$ は，(5.1.25), (5.1.26) 式より，

$$\vec{A}(\mathrm{P}) = \tfrac{\mu_0|\vec{M}|}{2}(-y, x, 0)$$
$$= \tfrac{\mu_0|\vec{M}|\rho}{2}(-\sin\varphi, \cos\varphi, 0)\,[\mathrm{T{\cdot}m}] \quad (0 \leq \rho \leq R\ (\text{磁性体内}))$$
$$\vec{A}(\mathrm{P}) = \tfrac{\mu_0|\vec{M}|R^2}{2}\left(-\tfrac{y}{x^2+y^2}, \tfrac{x}{x^2+y^2}, 0\right)$$
$$= \tfrac{\mu_0|\vec{M}|R^2}{2\rho}(-\sin\varphi, \cos\varphi, 0)\,[\mathrm{T{\cdot}m}] \quad (R < \rho\ (\text{磁性体外}))$$

となる．同様にして磁束密度 $\vec{B}(\mathrm{P})$ は $\vec{B}(\mathrm{P}) = (\nabla \times \vec{A})(\mathrm{P})$ より，

$$\vec{B}(\mathrm{P}) = \left(\tfrac{\partial A_z}{\partial y} - \tfrac{\partial A_y}{\partial z}, \tfrac{\partial A_x}{\partial z} - \tfrac{\partial A_z}{\partial x}, \tfrac{\partial A_y}{\partial x} - \tfrac{\partial A_x}{\partial y}\right)$$
$$= \tfrac{\mu_0|\vec{M}|}{2}(0,0,2) = \mu_0|\vec{M}|(0,0,1)$$
$$= \mu_0\vec{M}\,[\mathrm{T}] \quad (0 \leq \rho \leq R\ (\text{磁性体内}))$$
$$\vec{B}(\mathrm{P}) = \tfrac{\mu_0|\vec{M}|}{2}\left(0, 0, \tfrac{1}{x^2+y^2} - \tfrac{2x^2}{(x^2+y^2)^2} + \tfrac{1}{x^2+y^2} - \tfrac{2y^2}{(x^2+y^2)^2}\right)$$
$$= \vec{0}\,[\mathrm{T}] \quad (R \leq \rho\ (\text{磁性体外}))$$

となる．

ところで，表面磁化電流密度の根源は体積磁化電流密度である．**図5.9** の模式図に示すように円柱磁性体の円形断面上の一部を拡大すると，磁化の方向が中心軸方向であるので，電子の軌道運動やスピンによる電流が断面上に流れている．電流はすべて同じ大きさ・向きを持ち整列している．ここの電流をベクトル的に合成すると四角形内の電流が互いに接している部分は打ち消し合うことにより最終的に周辺の電流が残る．これをさらに領域を拡大して断面全体でみると電流は外周円に沿ったものだけが残ることになる．これが表面磁化電流である．一様に磁化される場合には，体積磁化電流は実質 0 A となり，表面磁化電流が残ることになる．

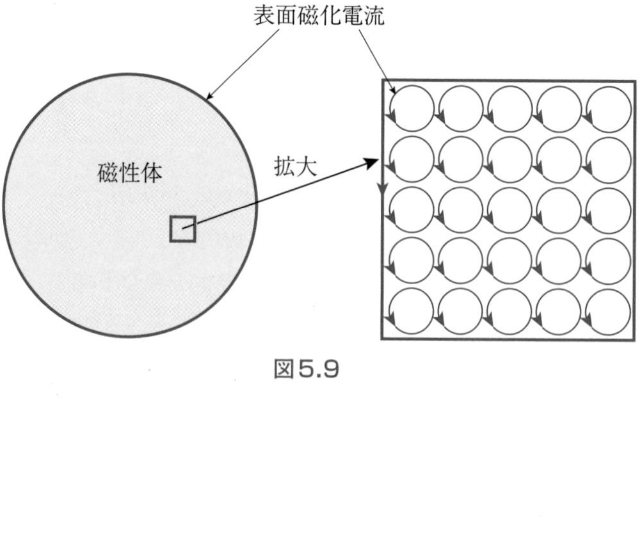

図5.9　■

5.2　磁性体がある場合のアンペールの法則

4 章で説明したアンペールの法則は自由電流が流れる電気回路に対するものであった．5.1 節で説明したように，磁性体には磁性体内の電子の原子核の周りの軌道運動による電流や電子のスピンに起因する電流が存在している．したがって，積分経路の一部あるいは全部が磁性体内にある場合には，経路は一般的に束縛電流と鎖交するはずである．したがって，図5.10 に示すような束縛電流との鎖交も考慮したアンペールの法則は，

$$\begin{aligned}
&\iint_{\text{経路 C を縁とする面 S}} (\nabla \times \vec{B}) \cdot d\vec{S} \\
&= \oint_{\mathrm{C}} \vec{B} \cdot d\vec{s} \\
&= \mu_0 \times (\text{C に鎖交する全電流 } I_{\mathrm{C}})
\end{aligned} \tag{5.2.1}$$

となる．C に鎖交する全電流 I_{C} の内訳として自由電流 I_{F} と磁性体内の束縛電流 I_{B} となる．I_{B} には 5.1 節で説明した体積磁化電流と表面磁化電流がある．しかし，一般的な磁性体内で経路 C がどの束縛電流と鎖交しているのかを知ることは不可能である．磁化 $\vec{M}(\mathrm{Q})$ は磁性体内の点 Q における磁気双極子の密度と磁気モーメントの方向を情報として持っている．$\vec{M}(\mathrm{Q})$ の大きさが大きいということは磁気双極子が同じ方向・向きを向く傾向が強いことに加えて，そこに多くの磁気双極子が存在していることを意味し，C と鎖交する磁気双極子の数も多い．C 上のある点における接線の方向に対して磁気モーメントが同じ方向を向いていると最も鎖交数が多くなり，垂直のとき鎖交しない．C に鎖交する電流 I_{C} は，

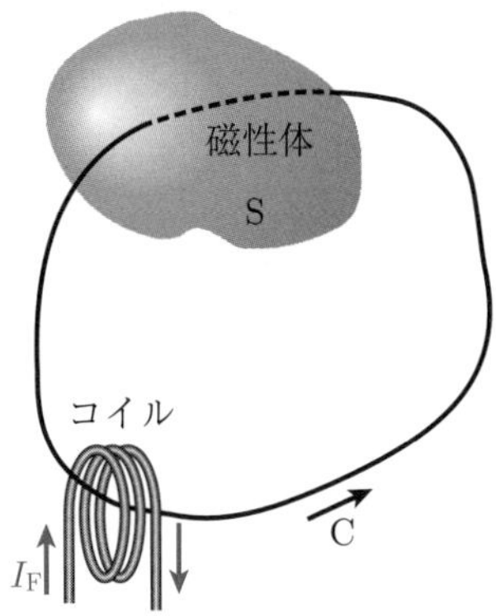

図5.10

$$\begin{aligned} I_{\mathrm{C}} &= \iint_{\text{経路 C を縁とする面 S}} \left(\vec{J}_{\mathrm{F}} + \vec{J}_{\vec{M}} + \vec{J}_{\mathrm{S}\vec{M}}\right) \cdot d\vec{S} \\ &= I_{\mathrm{F}} + \iint_{\text{経路 C を縁とする面 S}} (\vec{\nabla} \times \vec{M}) \cdot d\vec{S} + \iint_{\text{経路 C を縁とする面 S}} (\vec{M} \times \vec{n}) \cdot d\vec{S} \end{aligned} \tag{5.2.2}$$

である．ただし，今後，C を縁とする面 S を単に面 S と呼ぶことにする．磁性体がない部分および C に鎖交しない $J_{\vec{M}}$ は積分には寄与しない．したがって，(5.2.1), (5.2.2) 式より，

$$\begin{aligned} \iint_{\mathrm{S}} (\nabla \times \vec{B}) \cdot d\vec{S} &= \oint_{\mathrm{C}} \vec{B} \cdot d\vec{s} \\ &= I_{\mathrm{F}} + \iint_{\mathrm{S}} (\vec{\nabla} \times \vec{M}) \cdot d\vec{S} + \iint_{\mathrm{S}} (\vec{M} \times \vec{n}) \cdot d\vec{S} \end{aligned} \tag{5.2.3}$$

となる．(5.2.3) 式を整理すると，

$$\begin{aligned} \iint_{\mathrm{S}} \{\nabla \times (\vec{B} - \mu_0 \vec{M})\} \cdot d\vec{S} &= \oint_{\mathrm{C}} (\vec{B} - \mu_0 \vec{M}) \cdot d\vec{s} \\ &= \mu_0 \left(I_{\mathrm{F}} + \iint_{\mathrm{S}} (\vec{M} \times \vec{n}) \cdot d\vec{S} \right) \\ &= \iint_{\mathrm{S}} (\vec{J}_{\mathrm{F}} + \vec{M} \times \vec{n}) \cdot d\vec{S} \end{aligned} \tag{5.2.4}$$

となる．磁性体を含む空間内の任意の点 P において，

$$\vec{B}(\mathrm{P}) - \mu_0 \vec{M}(\mathrm{P}) = \mu_0 \vec{H}(\mathrm{P}) \tag{5.2.5}$$

として $\vec{H}$ を定義すると，(5.2.3) 式は，ストークスの定理および (5.2.4), (5.2.5) 式より，

$$\begin{aligned} \iint_{\mathrm{S}} (\nabla \times \vec{H}) \cdot d\vec{S} &= \oint_{\mathrm{C}} \vec{H} \cdot d\vec{s} \\ &= \iint_{\mathrm{S}} \vec{J}_{\mathrm{F}} \cdot d\vec{S} + \iint_{\mathrm{S}} (\vec{M} \times \vec{n}) \cdot d\vec{S} \end{aligned} \tag{5.2.6}$$

となり，(5.2.6) 式は C を固定された縁とする任意の S について成立するので，

$$\vec{\nabla} \times \vec{H}(\mathrm{P}) = \vec{J}_{\mathrm{F}}(\mathrm{P}) + \vec{M}(\mathrm{P}) \times \vec{n}(\mathrm{P}) \tag{5.2.7}$$

となる．ただし，(5.2.6), (5.2.7) 式の右辺の 2 項目については後に議論する．このようにして定義された $\vec{H}(\mathrm{P})$ [A/m] を，磁性体を含む空間内の任意の点 P における**磁界の強さ**あるいは**磁界**（magnetic field strength）（以後，磁界という）と呼ぶ．単位は [A/m] である．ただし，(5.2.7) 式右辺 2 項目は磁性体表面以外では寄与はない．(5.2.7) 式が磁性体を含む**一般化されたアンペールの法則**という．

真空中では，磁性体が存在しないので (5.2.5) 式より，

$$\vec{B}(\mathrm{P}) = \mu_0 \vec{H}(\mathrm{P}) \tag{5.2.8}$$

である．

例題5.4

真空中に置かれた半径 R [m] の無限長の円柱磁性体において，磁化 $\overrightarrow{M}$ [A/m] が一様で円柱の中心軸に平行であるとき，磁性体を含む任意の点 P における磁界 $\overrightarrow{H}(\mathrm{P})$ を求めよ

【解答】 この問題では自由電流はないので，自由電流による $\overrightarrow{B}(\mathrm{P})$ への寄与はなく例題 5.3 に示したように $\overrightarrow{M}$ [A/m] の寄与のみである．またそのときの $\overrightarrow{B}(\mathrm{P})$ は，磁性体内で

$$\overrightarrow{B}(\mathrm{P}) = \mu_0 \overrightarrow{M}\,[\mathrm{T}]$$

磁性体外で

$$\overrightarrow{B}(\mathrm{P}) = \overrightarrow{0}\,[\mathrm{T}]$$

であるので，$\overrightarrow{H}(\mathrm{P})$ は任意の点で $\overrightarrow{0}$ A/m である．重要なのは $\overrightarrow{H}(\mathrm{P})$ は $\overrightarrow{0}$ A/m であっても $\overrightarrow{B}(\mathrm{P})$ は $\overrightarrow{0}$ T ではないのである． ■

ところで，例題 5.3 において，磁束密度 $\overrightarrow{B}(\mathrm{P})$ は，

$$\begin{aligned}\overrightarrow{B}(\mathrm{P}) &= \mu_0 |\overrightarrow{M}|(0,0,1) \\ &= \mu_0 \overrightarrow{M}\,[\mathrm{T}] \quad \text{（磁性体内）} \qquad (5.2.9)\end{aligned}$$

$$\overrightarrow{B}(\mathrm{P}) = \overrightarrow{0}\,[\mathrm{T}] \quad \text{（磁性体外）} \qquad (5.2.10)$$

であった．この結果は磁性体表面に流れる磁化電流 $\overrightarrow{M} \times \overrightarrow{n}(\mathrm{P})$ により導かれた．この結果を一般化されたアンペールの法則 (5.2.7) 式から導くことは可能であろうか．この問題より $\overrightarrow{H}(\mathrm{P})$ は任意の点で $\overrightarrow{0}$ A/m であることが分かったのだから

$$\overrightarrow{\nabla} \times \overrightarrow{H}(\mathrm{P}) = 0$$

であるが，(5.2.7) 式より自由電流が流れていない場合でも表面磁化電流が流れているために，磁性体表面のみで，

$$\overrightarrow{\nabla} \times \overrightarrow{H}(\mathrm{P}) = \overrightarrow{M} \times \overrightarrow{n}(\mathrm{P}) \neq \overrightarrow{0} \qquad (5.2.11)$$

である．しかし，(5.2.11) 式からは (5.2.9) 式を導くことはできない．ところで，(5.2.9) 式は

$$\overrightarrow{H}(\mathrm{P}) = \overrightarrow{0}$$

より，

$$\overrightarrow{B}(\mathrm{P}) - \mu_0 \overrightarrow{M} = \overrightarrow{0}$$

からも導かれる．さらに図**5.9**の模式図に示すように，表面磁化電流の根源は体積磁化電流である．以上を総合すると，表面に流れる磁化電流 $\overrightarrow{M} \times \overrightarrow{n}(\mathrm{P})$ は実は，$\overrightarrow{\nabla} \times (\overrightarrow{B}(\mathrm{P}) - \mu_0 \overrightarrow{M})$ の中に含まれていることが分かる．したがって，一般化されたアンペールの法則は，

$$\overrightarrow{\nabla} \times \overrightarrow{H}(\mathrm{P}) = \overrightarrow{J}_{\mathrm{F}}(\mathrm{P}) \qquad (5.2.12)$$

であることが分かる．

5.3 磁位・磁荷および巨視磁界

(5.2.12) 式に示した一般化されたアンペールの法則において，自由電流が流れていないとき $\vec{J}_{\mathrm{F}}=\vec{0}$ であるので，

$$\vec{\nabla}\times\vec{H}(\mathrm{P})=\vec{0} \tag{5.3.1}$$

である．このとき静電界の場合と同様に，(5.3.1) 式の微分方程式の解として，

$$\vec{H}(\mathrm{P})=-\vec{\nabla}\varphi_{\mathrm{m}}(\mathrm{P}) \tag{5.3.2}$$

がある．ただし，$\varphi_{\mathrm{m}}(\mathrm{P})$ [A] はスカラーポテンシャル関数である．なぜなら，$\vec{\nabla}\varphi_{\mathrm{m}}(\mathrm{P})$ は，

$$\vec{\nabla}\times(\vec{\nabla}\varphi_{\mathrm{m}}(\mathrm{P}))$$
$$=\left(\frac{\partial^2\varphi_{\mathrm{m}}(\mathrm{P})}{\partial y\partial z}-\frac{\partial^2\varphi_{\mathrm{m}}(\mathrm{P})}{\partial z\partial y},\frac{\partial^2\varphi_{\mathrm{m}}(\mathrm{P})}{\partial z\partial x}-\frac{\partial^2\varphi_{\mathrm{m}}(\mathrm{P})}{\partial x\partial z},\frac{\partial^2\varphi_{\mathrm{m}}(\mathrm{P})}{\partial x\partial y}-\frac{\partial^2\varphi_{\mathrm{m}}(\mathrm{P})}{\partial y\partial x}\right)\equiv\vec{0}$$

となり，(5.3.2) 式を満たすからである．静電界では電界 $\vec{E}(\mathrm{P})$ は $\vec{\nabla}\times\vec{E}(\mathrm{P})\equiv\vec{0}$ を満たすから，類似性から $\varphi_{\mathrm{m}}(\mathrm{P})$ [A] は静電界の電位と同様のものとみなせる．これを**磁位**（magnetic potential）と呼ぶ．$\vec{H}(\mathrm{P})$ に対するポテンシャルはベクトルポテンシャルではなく磁位 $\varphi_{\mathrm{m}}(\mathrm{P})$ である．

ところで，(5.1.6), (5.2.8) 式より，真空中において磁気モーメント $\vec{m}$ から遠く離れた点 $\mathrm{P}(\vec{r}_{\mathrm{P}})$ における $\vec{H}(\mathrm{P})$ は，

$$\vec{H}(\mathrm{P})=\frac{1}{4\pi}\frac{3(\vec{m}\cdot\vec{r}_{\mathrm{P}})\vec{r}_{\mathrm{P}}-\vec{m}|\vec{r}_{\mathrm{P}}|^2}{|\vec{r}_{\mathrm{P}}|^5} \tag{5.3.3}$$

であり，電気双極子モーメント $\vec{p}$ から遠く離れた真空中あるいは磁性体中の点 P における電束密度 $\vec{D}(\mathrm{P})$ は，

$$\vec{D}(\mathrm{P})=\frac{1}{4\pi}\frac{3(\vec{p}\cdot\vec{r}_{\mathrm{P}})\vec{r}_{\mathrm{P}}-\vec{p}|\vec{r}_{\mathrm{P}}|^2}{|\vec{r}_{\mathrm{P}}|^5} \tag{5.3.4}$$

であるので，(5.3.3), (5.3.4) 式の形は全く同じであり，$\vec{p}$ による電束密度と $\vec{m}$ による磁界は遠方では全く同じ分布を与えるのである．また誘電体中の点 Q において，$\vec{\nabla}\cdot\vec{D}(\mathrm{Q})=\rho(\mathrm{Q})$ であるので，(5.3.2) 式で $\varphi_{\mathrm{m}}(\mathrm{P})$ より与えられる $\vec{H}(\mathrm{P})$ について，磁性体中の点 Q において，

$$\vec{\nabla}\cdot\vec{H}(\mathrm{Q})=\vec{\nabla}\cdot\left(\frac{\vec{B}(\mathrm{Q})}{\mu_0}-\vec{M}(\mathrm{Q})\right)=-\vec{\nabla}\cdot\vec{M}(\mathrm{Q})=\rho_{\mathrm{m}}(\mathrm{Q})$$

で与えられる電荷に類似した**磁荷**（magnetic charge）が存在すると考えることができる．ただし，$\rho_{\mathrm{m}}(\mathrm{P})$ [A/m^2] は点 P における磁荷密度である．磁荷は概念上のものであって，真の単磁荷の存在は現在のところ確認されていない．なぜこのようなものを考えるかというと，静電界の数学的書式と静磁界の数学的書式が似ていれば静電界の解析法を静磁界に適用できるからである．しかしこれはあくまでも解析上の問題であって，物理的には全く異なることに注意が必要である．また，磁性体表面にも誘電体と同様に表面磁荷が存在し，表面上の点 Q における表面磁荷密度を $\sigma_{\mathrm{m}}(\mathrm{Q})$ [A/m] とすると誘電体との類似性により，

$$\sigma_{\mathrm{m}}(\mathrm{Q})=\vec{M}(\mathrm{Q})\cdot\vec{n}(\mathrm{Q})$$

と書けるであろう．そうすると，任意の点 P における $\varphi_\mathrm{m}(\mathrm{P})$ および $\vec{H}(\mathrm{P})$ は誘電体との類似性により，

$$
\begin{aligned}
\varphi_\mathrm{m}(\mathrm{P}) &= \frac{1}{4\pi}\iiint_{\text{磁性体}} \frac{\rho_\mathrm{m}(\mathrm{Q})}{|\vec{r}_\mathrm{P}-\vec{r}_\mathrm{Q}|}\,dv(\mathrm{Q}) + \frac{1}{4\pi}\oiint_{\text{磁性体表面}} \frac{\sigma_\mathrm{m}(\mathrm{Q})}{|\vec{r}_\mathrm{P}-\vec{r}_\mathrm{Q}|}\,dS(\mathrm{Q}) \\
\vec{H}(\mathrm{P}) &= -(\vec{\nabla}\varphi_\mathrm{m})(\mathrm{P}) = -\frac{1}{4\pi}\iiint_{\text{磁性体}} \rho_\mathrm{m}(\mathrm{Q})\vec{\nabla}_\mathrm{P}\frac{1}{|\vec{r}_\mathrm{P}-\vec{r}_\mathrm{Q}|}\,dv(\mathrm{Q}) \\
&\quad - \frac{1}{4\pi}\oiint_{\text{磁性体表面}} \sigma_\mathrm{m}(\mathrm{Q})\vec{\nabla}_\mathrm{P}\frac{1}{|\vec{r}_\mathrm{P}-\vec{r}_\mathrm{Q}|}\,dS(\mathrm{Q}) \\
&= \frac{1}{4\pi}\iiint_{\text{磁性体}} \rho_\mathrm{m}(\mathrm{Q})\frac{\vec{r}_\mathrm{P}-\vec{r}_\mathrm{Q}}{|\vec{r}_\mathrm{P}-\vec{r}_\mathrm{Q}|^3}\,dv(\mathrm{Q}) + \frac{1}{4\pi}\oiint_{\text{磁性体表面}} \sigma_\mathrm{m}(\mathrm{Q})\frac{\vec{r}_\mathrm{P}-\vec{r}_\mathrm{Q}}{|\vec{r}_\mathrm{P}-\vec{r}_\mathrm{Q}|^3}\,dS(\mathrm{Q})
\end{aligned}
\tag{5.3.5}
$$

となるであろう．

磁位が (5.3.1) および (5.3.2) 式を満たす場合，電界と同様に点 Q にある磁荷 q_m は磁荷の位置を除く空間の任意の点 P において，

$$\vec{H}(\mathrm{P}) = \frac{1}{4\pi}q_\mathrm{m}\frac{\vec{r}_\mathrm{P}-\vec{r}_\mathrm{Q}}{|\vec{r}_\mathrm{P}-\vec{r}_\mathrm{Q}|^3} \tag{5.3.6}$$

となることを仮定する．このとき点 P に磁荷 q'_m を置くと，q'_m には $\vec{H}(\mathrm{P})$ により，

$$\vec{F}(\mathrm{P}) = q'_\mathrm{m}\mu_0\vec{H}(\mathrm{P}) = q'_\mathrm{m}\frac{\mu_0}{4\pi}q_\mathrm{m}\frac{\vec{r}_\mathrm{P}-\vec{r}_\mathrm{Q}}{|\vec{r}_\mathrm{P}-\vec{r}_\mathrm{Q}|^3} = \frac{\mu_0}{4\pi}q'_\mathrm{m}q_\mathrm{m}\frac{\vec{r}_\mathrm{P}-\vec{r}_\mathrm{Q}}{|\vec{r}_\mathrm{P}-\vec{r}_\mathrm{Q}|^3}\ [\mathrm{N}] \tag{5.3.7}$$

なる力 $\vec{F}$ が働く．したがって，この 2 個の磁荷による磁気エネルギー W_m [J] は，

$$W_\mathrm{m} = \frac{\mu_0}{4\pi}q'_\mathrm{m}q_\mathrm{m}\frac{1}{|\vec{r}_\mathrm{P}-\vec{r}_\mathrm{Q}|} \tag{5.3.8}$$

となる．はたして，このようなことは妥当であろうか．点 Q に大きさが同じで符号が異なる 2 個の磁荷 q_m [A·m] および $-q_\mathrm{m}$ が $\vec{d}$ 離れて磁気双極子モーメント $\vec{p}_\mathrm{m} = q_\mathrm{m}\vec{d}$ を形成しているとき，(5.3.6) 式より点 P における $\vec{H}(\mathrm{P})$ は，

$$\vec{H}(\mathrm{P}) = \frac{1}{4\pi}\frac{3\vec{p}_\mathrm{m}\cdot(\vec{r}_\mathrm{P}-\vec{r}_\mathrm{Q})\vec{r}_\mathrm{P}-\vec{p}_\mathrm{m}|(\vec{r}_\mathrm{P}-\vec{r}_\mathrm{Q})|^2}{|\vec{r}_\mathrm{P}-\vec{r}_\mathrm{Q}|^5}$$

となり，(5.3.3) 式と同じ形をしている．したがって，2 個の磁荷による磁気双極子の存在を考えることは妥当であると考えられる．以上より，磁気双極子は本来電流によるものであるが，**図5.11** に示すように電気双極子と同様に 2 つの極性の異なる磁荷 $\pm q_\mathrm{m}$ がある距離 $\vec{d}$ 離れて存在すると考えることもできるのである．すなわち，磁気双極子モーメン

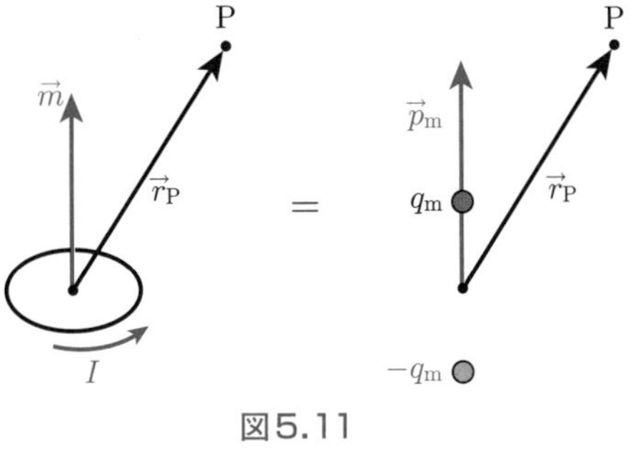

図5.11

ト $\vec{p}_{\mathrm{m}}$ は,

$$\vec{p}_{\mathrm{m}} = q_{\mathrm{m}}\vec{d} = \vec{m}$$

である．ただし $\vec{d}$ は $-q_{\mathrm{m}}$ から q_{m} へ至るベクトルである．もちろん，**図5.11** に示すように $\vec{p}_{\mathrm{m}}$ を近くでみると $\vec{m}$ とは大きな違いがあるが，大きさと方向・向きは同じである．重要なのは，磁性体は電流による磁気双極子の集合体であるが，遠くでみれば磁荷による磁気双極子の集まりと等価であるということである．ただし，誘電体の場合と異なるのは，分極電荷は電界あるいは電束密度の発散には寄与しないが，磁荷は，磁界の発散に寄与することである．したがって，磁荷は誘電体を含めた静電界における自由電荷と同じ性格を持つのである．なお，真空中では，磁性体が存在しないので，$\vec{B}(\mathrm{P}) = \mu_0\vec{H}(\mathrm{P})$ である．

真空中において，磁性体に外部磁界 $\vec{H}_{\mathrm{ext}}$ を印加した場合を考える．まず，磁性体が磁気双極子の離散的な集合体であるが，近似として連続であると考える．このとき磁性体中の磁界はどのようになるであろうか．このような磁界は**巨視磁界**（macroscopic magnetic field strength）と呼ばれる．簡単化のために，$\vec{H}_{\mathrm{ext}}$ を印加する前は磁気双極子モーメントは無秩序な方向・向きを向いているとすると $\vec{M} = \vec{0}$ である．次に真空中にある磁気双極子モーメント $\vec{p}_{\mathrm{m}}$ に $\vec{H}_{\mathrm{ext}}$ を印加した場合を考えてみよう．**図5.12** に示すように空間座標を設定する．$\vec{H}_{\mathrm{ext}}$ を z 軸に固定する．

磁気双極子を形成する 2 個の大きさが等しく符号が逆である点磁荷 q_{m}，$-q_{\mathrm{m}}$ に $\vec{H}_{\mathrm{ext}}$ による力が働く．この力は 4 章で説明したように $\vec{B}_{\mathrm{ext}}$ 中の平面回路 C に流れる電流 I に働く力 $\vec{F}_{\mathrm{C}}$ と同じであり，

$$\vec{F}_{\mathrm{C}} = I\oint_{\mathrm{C}}(d\vec{s}(\mathrm{Q}) \times \vec{B}_{\mathrm{ext}})$$

である．また C の電流に働くトルク $\vec{N}_{\mathrm{C}}$ は，

$$\vec{N}_{\mathrm{C}} = I\oint_{\mathrm{C}}\{\vec{r}_{\mathrm{Q}} \times (d\vec{s}(\mathrm{Q}) \times \vec{B}_{\mathrm{ext}})\} \tag{5.3.9}$$

である．電流が平面円形回路を流れるときは，$\vec{N}_{\mathrm{C}}$ は後の例題 5.5 の (5.3.16) 式より，

$$N_{\mathrm{C}} = \vec{m} \times \vec{B}_{\mathrm{ext}} \tag{5.3.10}$$

となる．

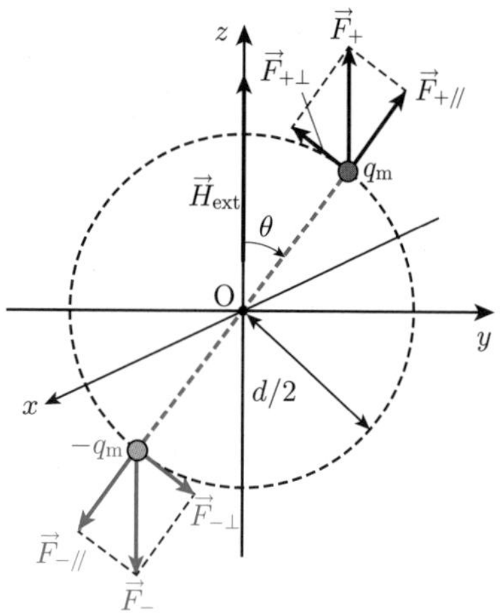

図5.12

例題5.5

真空中において，一様な外部磁界 $\vec{H}_{\mathrm{ext}}$ [A/m] 中に太さが無視できる円形コイル C が置かれ，定常直流電流 I[A] が流れているとき，C 全体に働くトルク $\vec{N}_{\mathrm{C}}$ を与える式 (5.3.10) を導け．

【解答】　(5.3.9) 式の右辺は，ベクトル 3 重積の公式 (1.2.6) 式より，

$$I\oint_{\mathrm{C}} \{\vec{r}_{\mathrm{Q}} \times (d\vec{s}(\mathrm{Q}) \times \vec{B}_{\mathrm{ext}})\} = I\oint_{\mathrm{C}} \vec{r}_{\mathrm{Q}} \cdot \vec{B}_{\mathrm{ext}}\, d\vec{s}(\mathrm{Q}) - I\oint_{\mathrm{C}} (\vec{r}_{\mathrm{Q}} \cdot d\vec{s}(\mathrm{Q}))\vec{B}_{\mathrm{ext}} \tag{5.3.11}$$

となる．ただし，$\vec{r}_{\mathrm{Q}}$ は C 上の点 Q の位置ベクトルである．(5.3.10) 式の右辺 2 項目の積分項は，

$$\oint_{\mathrm{C}} \vec{r}_{\mathrm{Q}} \cdot d\vec{s}(\mathrm{Q}) = \oint_{\mathrm{C}} \tfrac{1}{2}\vec{\nabla}|\vec{r}_{\mathrm{Q}}|^2 \cdot d\vec{s}(\mathrm{Q}) \equiv 0 \tag{5.3.12}$$

となる．ところで，ベクトル公式 (1.4.8) 式および (5.3.11) 式より，

$$\begin{aligned}
&\oint_{\mathrm{C}} \vec{B}_{\mathrm{ext}} \times (\vec{r}_{\mathrm{Q}} \times d\vec{s}(\mathrm{Q})) = \vec{B}_{\mathrm{ext}} \times \oint_{\mathrm{C}} (\vec{r}_{\mathrm{Q}} \times d\vec{s}(\mathrm{Q}))\\
&= \vec{B}_{\mathrm{ext}} \times 2\vec{S} = (\vec{B}_{\mathrm{ext}\perp} + \vec{B}_{\mathrm{ext}//}) \times 2\vec{S}\\
&= 2\vec{B}_{\mathrm{ext}\perp} \times \vec{S} = \oint_{\mathrm{C}} (\vec{B}_{\mathrm{ext}} \cdot d\vec{s})\vec{r}_{\mathrm{Q}} - \oint_{\mathrm{C}} (\vec{B}_{\mathrm{ext}} \cdot \vec{r}_{\mathrm{Q}})d\vec{s}\\
&= \oint_{\mathrm{C}} (\vec{B}_{\mathrm{ext}\perp} \cdot d\vec{s})\vec{r}_{\mathrm{Q}} - \oint_{\mathrm{C}} (\vec{B}_{\mathrm{ext}\perp} \cdot \vec{r}_{\mathrm{Q}})d\vec{s}
\end{aligned} \tag{5.3.13}$$

である．ただし $\vec{S}$ は円形コイルの面積ベクトル，$\vec{B}_{\mathrm{ext}\perp}$，$\vec{B}_{\mathrm{ext}//}$ はそれぞれ $\vec{B}_{\mathrm{ext}}$ の $\vec{S}$ に垂直，平行成分である．これより，

$$\begin{aligned}
&\oint_{\mathrm{C}} (\vec{B}_{\mathrm{ext}} \cdot \vec{r}_{\mathrm{Q}})d\vec{s} = \oint_{\mathrm{C}} (\vec{r}_{\mathrm{Q}} \cdot \vec{B}_{\mathrm{ext}})d\vec{s} = \oint_{\mathrm{C}} (\vec{r}_{\mathrm{Q}} \cdot \vec{B}_{\mathrm{ext}\perp})d\vec{s}\\
&= 2\vec{S} \times \vec{B}_{\mathrm{ext}\perp} + \oint_{\mathrm{C}} (\vec{B}_{\mathrm{ext}\perp} \cdot d\vec{s})\vec{r}_{\mathrm{Q}}
\end{aligned} \tag{5.3.14}$$

となる．$\vec{B}_{\mathrm{ext}\perp}$ の方向を空間座標の x 軸とし，$\vec{B}_{\mathrm{ext}\perp}$ と $d\vec{s}$ のなす角度を θ とすると，

$$\begin{aligned}
&\oint_{\mathrm{C}} (\vec{B}_{\mathrm{ext}\perp} \cdot d\vec{s})\vec{r}_{\mathrm{Q}} = -\int_0^{2\pi} (|\vec{B}_{\mathrm{ext}\perp}||\vec{r}_{\mathrm{Q}}|\sin\theta\, d\theta)|\vec{r}_{\mathrm{Q}}|(\cos\theta, \sin\theta, 0)\\
&= -|\vec{B}_{\mathrm{ext}\perp}||\vec{r}_{\mathrm{Q}}|^2 \int_0^{2\pi} (\cos\theta, \sin\theta, 0)\sin\theta\, d\theta = -|\vec{B}_{\mathrm{ext}\perp}||\vec{r}_{\mathrm{Q}}|^2 \pi(0, 1, 0)\\
&= -|\vec{B}_{\mathrm{ext}\perp}|S(0, 1, 0) = -\vec{S} \times \vec{B}_{\mathrm{ext}\perp} = -\vec{S} \times \vec{B}_{\mathrm{ext}}
\end{aligned} \tag{5.3.15}$$

となる．(5.3.11)–(5.3.14) 式より，

$$\begin{aligned}
&I\oint_{\mathrm{C}} \vec{r}_{\mathrm{Q}} \times (d\vec{s}(\mathrm{Q}) \times \vec{B}_{\mathrm{ext}}) = I\oint_{\mathrm{C}} (\vec{B}_{\mathrm{ext}} \cdot \vec{r}_{\mathrm{Q}})\, d\vec{s}\\
&= 2I\vec{S} \times \vec{B}_{\mathrm{ext}} + I\oint_{\mathrm{C}} (\vec{B}_{\mathrm{ext}} \cdot d\vec{s})\vec{r}_{\mathrm{Q}} = 2I\vec{S} \times \vec{B}_{\mathrm{ext}} + I(-\vec{S} \times \vec{B}_{\mathrm{ext}})\\
&= I\vec{S} \times \vec{B}_{\mathrm{ext}} = \vec{m} \times \vec{B}_{\mathrm{ext}}
\end{aligned} \tag{5.3.16}$$

となり，(5.3.10) 式が導かれる．まとめると，(5.3.15) 式より，真空中において，円形コイルに外部磁界 $\vec{H}_{\mathrm{ext}}$ を印加したとき，円形コイルに流れる電流による磁気モーメント $\vec{m}$ に働くトルクは，

$$N_{\mathrm{C}} = \vec{m} \times \vec{B}_{\mathrm{ext}} = \vec{m} \times \mu_0\vec{H}_{\mathrm{ext}} = \mu_0\vec{m} \times \vec{H}_{\mathrm{ext}} = \mu_0\vec{p}_{\mathrm{m}} \times \vec{H}_{\mathrm{ext}} \tag{5.3.17}$$

である．■

(5.3.10) 式は外部磁界 $\vec{H}_{\mathrm{ext}}$ 中の磁気双極子に働くトルク $\vec{N}_{\mathrm{C}}$ であり，(5.3.16) 式より，外部電界 $\vec{E}_{\mathrm{ext}}$ 中で電気双極子 $\vec{p}$ に働くトルク $N = \vec{p} \times \vec{E}_{\mathrm{ext}}$ と同じ形の式である．磁

気双極子が正負の点磁荷により形成されるので，正の電荷を正の点磁荷，負の電荷を負の点磁荷に対応させることができる．そこで，**図5.12** に示すように，正の点磁荷に働く力を $\vec{F}_+$，負の点磁荷のそれを $\vec{F}_-$ とする．各力は大きさが等しく，方向が $\vec{H}_{\rm ext}$ と同じであり，$\vec{F}_+$ は $\vec{H}_{\rm ext}$ と向きが同じで $\vec{F}_+ = \mu_0 q_{\rm m}\vec{H}_{\rm ext}$，$\vec{F}_-$ は逆向きの $\vec{F}_- = -\mu_0 q_{\rm m}\vec{H}_{\rm ext}$ となる為に並進力は働かず，原点 O を中心とする $\vec{H}_{\rm ext}$ および $\vec{p}_{\rm m}$ を含む平面上で回転運動のみが可能である．そのときそれぞれの点磁荷は原点 O を中心とする半径 $\frac{d}{2}$ の円の円周に沿って $-\frac{d}{2}\,d\theta$ だけ変位する．このとき，$\vec{H}_{\rm ext}$ がなす仕事 $dW_{\rm m}$ は，

$$dW_{\rm m} = -\left(-\tfrac{d}{2}\,d\theta\,\vec{\vec{\theta}}_+\cdot\vec{F}_+ - \tfrac{d}{2}\,d\theta\,\vec{\vec{\theta}}_-\cdot\vec{F}_-\right) = \mu_0 d q_{\rm m}|\vec{H}_{\rm ext}|\sin\theta\,d\theta$$

$$= \mu_0|\vec{p}_{\rm m}||\vec{H}_{\rm ext}|\sin\theta\,d\theta = \mu_0|\vec{p}_{\rm m}\times\vec{H}_{\rm ext}|\,d\theta \qquad (5.3.18)$$

となる．ただし $\vec{\vec{\theta}}_+$ および $\vec{\vec{\theta}}_-$ はそれぞれ正および負の点磁荷の位置での θ 方向の単位ベクトルである．したがって θ が θ_1 から θ_2 にまで回転すると，$\vec{H}_{\rm ext}$ がなす仕事 $W_{\rm m}$ は，(5.3.17) 式の $dW_{\rm m}$ を重ね合わせることにより，

$$W_{\rm m} = \mu_0\int_{\theta_1}^{\theta_2}|\vec{p}_{\rm m}||\vec{H}_{\rm ext}|\sin\theta\,d\theta = -\mu_0|\vec{p}_{\rm m}||\vec{H}_{\rm ext}|[\cos\theta]_{\theta=\theta_1}^{\theta_2}$$

$$= -\mu_0\vec{p}_{\rm m2}\cdot\vec{H}_{\rm ext} + \mu_0\vec{p}_{\rm m1}\cdot\vec{H}_{\rm ext} \qquad (5.3.19)$$

となる．ただし $\vec{p}_{\rm 1m}$ および $\vec{p}_{\rm 2m}$ は θ がそれぞれ θ_1 および θ_2 のときの $\vec{p}_{\rm m}$ である．$W_{\rm m}$ は最終的に最も小さい値，すなわち θ が 0 rad になるはずであるが，実際の場合，磁気双極子は熱的エネルギーによっても回転しており，$\vec{H}_{\rm ext}$ により $\vec{p}_{\rm m}$ を同じ向きに揃える力は働くのであるが，熱運動により妨げられるので，ある θ で平均的に平衡状態の角度になりそれが θ_2 に相当する．$\vec{H}_{\rm ext}$ がなす仕事 $W_{\rm m}$ は磁気双極子 $\vec{p}_{\rm m}$ に蓄えられる．これは $\vec{p}_{\rm m}$ のポテンシャルエネルギー $U_{\rm m}$ になる．したがって外部磁界 $\vec{H}_{\rm ext}$ 中の点 P にある磁気モーメント $\vec{p}_{\rm m}$ のポテンシャルエネルギーは (5.3.18) 式より，

$$U_{\rm m}({\rm P}) = -\mu_0\vec{p}_{\rm m}\cdot\vec{H}_{\rm ext}({\rm P}) \qquad (5.3.20)$$

となる．

図5.13 に示すように，点 P における外部磁界 $\vec{H}_{\rm ext}({\rm P})$ が，点 Q にあるもう一つの磁気モーメント $\vec{p}'_{\rm m}$ による，

$$\vec{H}_{\rm ext}({\rm P}) = \frac{1}{4\pi}\frac{3(\vec{p}'_{\rm m}\cdot(\vec{r}_{\rm P}-\vec{r}_{\rm Q}))(\vec{r}_{\rm P}-\vec{r}_{\rm Q})-\vec{p}'_{\rm m}|\vec{r}_{\rm P}-\vec{r}_{\rm Q}|^2}{|\vec{r}_{\rm P}-\vec{r}_{\rm Q}|^5}$$

であるとすると，(5.3.19) 式は，

$$U_{\rm m}({\rm P}) = -\mu_0\vec{p}_{\rm m}\cdot\frac{1}{4\pi}\frac{3(\vec{p}'_{\rm m}\cdot(\vec{r}_{\rm P}-\vec{r}_{\rm Q}))(\vec{r}_{\rm P}-\vec{r}_{\rm Q})-\vec{p}'_{\rm m}|\vec{r}_{\rm P}-\vec{r}_{\rm Q}|^2}{|\vec{r}_{\rm P}-\vec{r}_{\rm Q}|^5}$$

$$= -\frac{\mu_0}{4\pi}\frac{3(\vec{p}'_{\rm m}\cdot(\vec{r}_{\rm P}-\vec{r}_{\rm Q}))(\vec{p}_{\rm m}\cdot(\vec{r}_{\rm P}-\vec{r}_{\rm Q}))-(\vec{p}_{\rm m}\cdot\vec{p}'_{\rm m})|\vec{r}_{\rm P}-\vec{r}_{\rm Q}|^2}{|\vec{r}_{\rm P}-\vec{r}_{\rm Q}|^5}$$

となる．

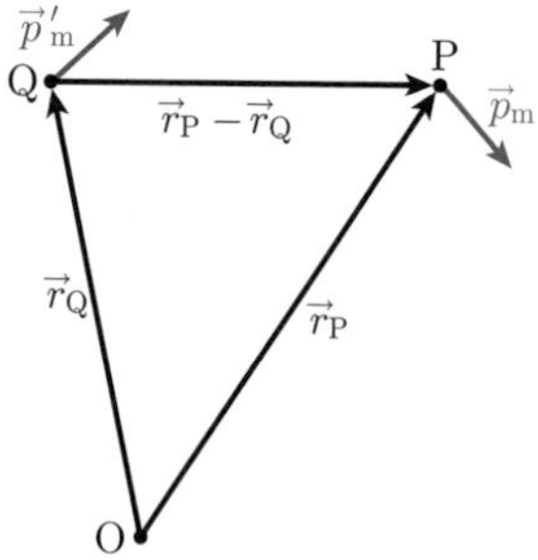

図5.13

磁性体中の磁気双極子にトルクが働き磁気モーメントが $\vec{H}_{\mathrm{ext}}$ と同じ方向および向きを取ろうとする．このとき $\vec{M}$ も $\vec{H}_{\mathrm{ext}}$ と同じ方向および向きを取ろうとする．ただし，一致するとは限らない．そうすると，**図5.14** に示すように磁性体の左側の表面に負の磁荷（**磁極**（magnetic poles））が現れ，右側には正の磁荷が現れ，その表面磁荷密度は $\vec{M} \cdot \vec{n}$ で与えられる．

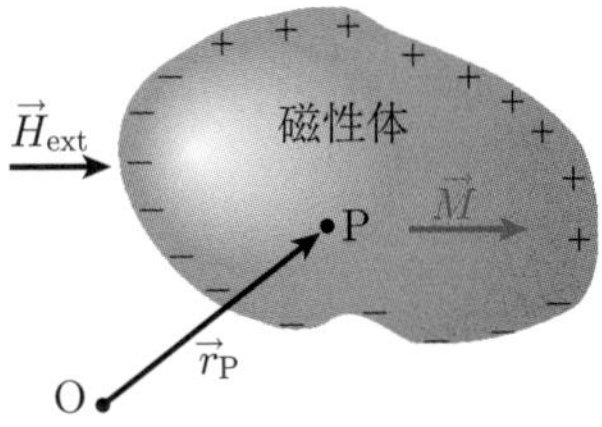

図5.14

この磁極は，誘電体と同様に，磁性体内の任意の点 P に**反磁界**（demagnetizing field strength）$\vec{H}_1(\mathrm{P})$ を形成する．この磁界の向きは表面に現れる磁極の符号から $\vec{H}_{\mathrm{ext}}$ とは方向が同じで向きが逆になることが分かる．その意味で $\vec{H}_1(\mathrm{P})$ を点 P における**反磁極磁界**（depolarization magnetic field strength）と呼ぶこともできる．また $-\vec{H}_1(\mathrm{P})$ を**減磁力**（demagnetization force）と呼ぶ場合もある．その結果，磁性体内の表面を除く任意の点における巨視磁界 $\vec{H}(\mathrm{P})$ は $\vec{H}_{\mathrm{ext}}$ と $\vec{H}_1(\mathrm{P})$ を重ね合わせたものとなり，

$$\vec{H}(\mathrm{P}) = \vec{H}_{\mathrm{ext}} + \vec{H}_1(\mathrm{P}) \tag{5.3.21}$$

となる．重要なのは，誘電体の場合と同様に磁性体中の磁気双極子を形成する磁荷は $\vec{H}_{\mathrm{ext}}$ ではなくこの $\vec{H}(\mathrm{P})$ を感じており，一般的に $\vec{H}(\mathrm{P})$ の大きさは $\vec{H}_1(\mathrm{P})$ が $\vec{H}_{\mathrm{ext}}$ と逆向きになる傾向があるので外部磁界よりも小さくなる．

ところで，誘電体の場合と同様に $\vec{H}(\mathrm{P})$ の解析的な解が得られる例は極めて少ない．その場合でも，外部の磁界は一様であり，また磁性体内で磁化 $\vec{M}$ が一様であるという条件は付く．**図5.15** に示すような比較的容易に解が得られる例を示すと，

1. 磁性体球
2. 無限の長さと一様な直径を持つ磁性体円柱
3. 無限の広さと一様な厚さを持つ磁性体平板

である．

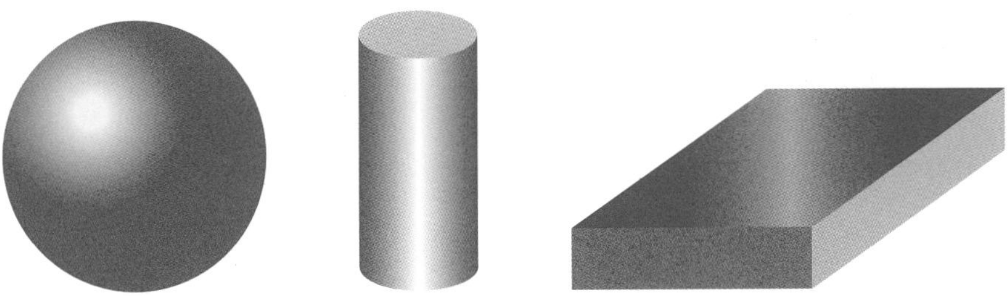

(a)　磁性体球　　(b)　磁性体円柱　　(c)　磁性体平板

図5.15

例題5.6

図5.16 に示すように，真空中において，半径 a [m] の磁性体球が一様な外部磁界 $\vec{H}_{\mathrm{ext}}$ [A/m] により磁化 $\vec{M}$ [A/m] で一様に磁化されているとき，磁性体球内の任意の点 P における巨視磁界 $\vec{H}(\mathrm{P})$ を求めよ．

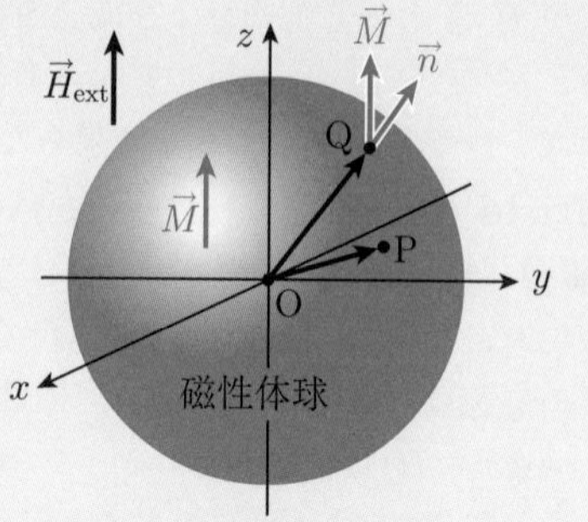

図5.16

【解答】　図5.16 に示すように，磁性体球の中心が xyz 座標の原点 O と一致するように空間座標を設定する．磁性体内の任意の点 P における反磁界 $\vec{H}_1(\mathrm{P})$ [A/m] は，磁性体が一様に磁化されているので $\rho_{\mathrm{m}} = 0$ となり，(5.3.6) 式より，

$$\vec{H}_1(\mathrm{P}) = \frac{1}{4\pi}\oiint_{\text{磁性体球表面}} \vec{M}(\mathrm{Q})\cdot\vec{n}(\mathrm{Q})\frac{(\vec{r}_{\mathrm{P}}-\vec{r}_{\mathrm{Q}})}{|\vec{r}_{\mathrm{P}}-\vec{r}_{\mathrm{Q}}|^3}\,dS(\mathrm{Q})$$

$$= \frac{1}{4\pi}\oiint_{\text{磁性体球表面}} \sigma_{\mathrm{m}}(\mathrm{Q})\frac{(\vec{r}_{\mathrm{P}}-\vec{r}_{\mathrm{Q}})}{|\vec{r}_{\mathrm{P}}-\vec{r}_{\mathrm{Q}}|^3}\,dS(\mathrm{Q}) \qquad (5.3.22)$$

である．点 P は磁性体中の任意の点であるが，球対称性により xz 平面上にあるとしても一般性は失われないので，$\vec{r}(\mathrm{P}) = (x, 0, z)$，点 Q を $\vec{r}(\mathrm{Q}) = (a\sin\theta\cos\varphi, a\sin\theta\sin\varphi, a\cos\theta)$ とすると，

$$\vec{r}_{\mathrm{P}} - \vec{r}_{\mathrm{Q}} = (x - a\sin\theta\cos\varphi, -a\sin\theta\sin\varphi, z - a\cos\theta)$$

$$|\vec{r}_{\mathrm{P}} - \vec{r}_{\mathrm{Q}}| = (a^2 + x^2 + z^2 - 2ax\sin\theta\cos\varphi - 2az\cos\theta)^{\frac{1}{2}}$$

である．表面磁化密度 $\sigma_{\mathrm{m}}(\mathrm{Q})$, $dS(\mathrm{Q})$ は，それぞれ，

$$\sigma_{\mathrm{m}}(\mathrm{Q}) = (0, 0, M)\cdot(\sin\theta\cos\varphi, \sin\theta\sin\varphi, \cos\theta), \quad dS(\mathrm{Q}) = a^2\sin\theta\,d\theta d\varphi$$

である．ただし $0 \le \theta \le \pi$, $0 \le \varphi \le 2\pi$ であるので，(5.3.22) 式より，$\vec{H}_1(\mathrm{P})$ は，

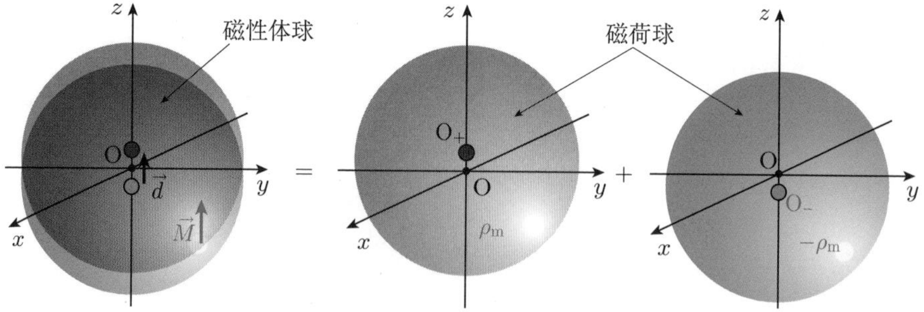

図5.17

$$\vec{H}_1(\mathrm{P}) = \frac{1}{4\pi}\int_{\theta=0}^{\pi}\int_{\varphi=0}^{2\pi} M\cos\theta \frac{(x-a\sin\theta\cos\varphi, -a\sin\theta\sin\varphi, z-a\cos\theta)}{(a^2+x^2+z^2-2ax\sin\theta\cos\varphi-2az\cos\theta)^{\frac{3}{2}}} a^2\sin\theta\, d\theta\, d\varphi \tag{5.3.23}$$

となるが，(5.3.23) 式の積分は誘電体の場合と同様に実行不可能である．そこで近似となるが，**図5.17 (a)** に示すように磁化 $\vec{M}$ を，**図5.17 (b)** に示す N 個の正の点磁荷 q_{m} [A·m] が 3 次元的に等間隔で一様に分布した半径 a [m] の球と **図5.17 (c)** に示す負の点磁荷 $-q_{\mathrm{m}}$ が正の電荷と同じ位置に分布した半径 a の球をそれぞれの中心 O_+ と O_- が $\left(0, 0, \frac{d}{2}\right)$ と $\left(0, 0, -\frac{d}{2}\right)$ $(d \ll a)$ となるようにして重ね合わせて形成することにする．それぞれの点磁荷球が球内の点 P（$\vec{r}_{\mathrm{P}} = (x, y, z)$）に形成する磁界 $\vec{H}_{1+}(\mathrm{P})$ および $\vec{H}_{1-}(\mathrm{P})$ を求めて重ね合わせれば，球内の N 個の磁気モーメント $\vec{m} = q_{\mathrm{m}}\vec{d} = q_{\mathrm{m}}(0, 0, d)$ による点 P における磁界 $\vec{H}_1(\mathrm{P})$ が求められる．ただし，実際に計算することは不可能なので近似を導入する．すなわち，$\vec{H}_{1+}(\mathrm{P})$ は正の磁荷が体積磁荷密度 ρ_{m} [A/m^2] > 0 で一様に分布した半径 a の磁荷球によるものとし，$\vec{H}_{1-}(\mathrm{P})$ は負の磁荷が体積磁荷密度 $-\rho_{\mathrm{m}} < 0$ で一様に分布した半径 a の磁荷球によるものとし，両者を重ね合わせて $\vec{H}_1(\mathrm{P})$ を求めることにする．まず，静電界の場合を参考にして，$\vec{H}_{1+}(\mathrm{P})$ は (3.2.13) 式より，

$$\vec{H}_{1+}(\mathrm{P}) = \frac{\rho_{\mathrm{m}}}{3}\vec{r}_{\mathrm{P}+} \tag{5.3.24}$$

となる．ただし $\vec{r}_{\mathrm{P}+}$ は正の磁荷球の中心 O_+ からみた点 P の位置ベクトルである．また $\vec{H}_{1-}(\mathrm{P})$ は (3.2.14) 式より，

$$\vec{H}_{1-}(\mathrm{P}) = -\frac{\rho_{\mathrm{m}}}{3}\vec{r}_{\mathrm{P}-} \tag{5.3.25}$$

となる．ただし $\vec{r}_{\mathrm{P}-}$ は負の磁荷球の中心 O_- からみた点 P の位置ベクトルである．$\vec{H}_1(\mathrm{P})$ は，(5.3.24), (5.3.25) 式より，

$$\begin{aligned}\vec{H}_1(\mathrm{P}) &= \vec{H}_{1+}(\mathrm{P}) + \vec{H}_{1-}(\mathrm{P}) = \frac{\rho_{\mathrm{m}}}{3}\vec{r}_{\mathrm{P}+} + \frac{-\rho_{\mathrm{m}}}{3}\vec{r}_{\mathrm{P}-} \\ &= \frac{\rho_{\mathrm{m}}}{3}(\vec{r}_{\mathrm{P}+} - \vec{r}_{\mathrm{P}-}) = -\frac{\rho_{\mathrm{m}}}{3}\vec{d} \end{aligned} \tag{5.3.26}$$

となる．ただし ρ_{m} は，$\rho_{\mathrm{m}} = \frac{Nq_{\mathrm{m}}}{\frac{4}{3}\pi a^3}$ である．したがって，(5.3.26) 式より磁化 $\vec{M}$ は，

$$\vec{M} = \frac{N\vec{m}}{\frac{4}{3}\pi a^3} = \frac{Nq_{\mathrm{m}}\vec{d}}{\frac{4}{3}\pi a^3} = \rho_{\mathrm{m}}\vec{d} \tag{5.3.27}$$

となるので，(5.3.26), (5.3.27) 式より，

$$\vec{H}_1(\mathrm{P}) \cong -\frac{\vec{M}}{3} \tag{5.3.28}$$

となる．通常 d は 1 nm 以下であるので，d は a と比較して非常に小さいので，(5.3.28) 式で与えられる磁界は，磁化 $\vec{M}$ の磁性体によるものとして実用上は差し支えない．以上より，近似的ではあるが，磁性体の任意の点における磁界は場所に依存しないことが分かる．以上より，磁性体内の点 P におけ巨視磁界 $\vec{H}(\mathrm{P})$ は一様であり，

$$\vec{H}(\mathrm{P}) = \vec{H}_{\mathrm{ext}} + \vec{H}_1(\mathrm{P}) = \vec{H}_{\mathrm{ext}} - \frac{\vec{M}}{3} \tag{5.3.29}$$

となる．■

以上で，$\vec{H}_{\mathrm{ext}}$ による磁化が磁性体内で一様であるときの磁性体球の場合の巨視磁界が求められた．磁性体円柱，磁性体平板の場合は，章末問題 5.2, 5.3 の解答に示されている

ように，磁性体球と同様に反磁界は磁性体内で一様になる．磁性体円柱の場合，$\vec{H}_{\mathrm{ext}}$ が中心軸と平行な場合，

$$\vec{H}(\mathrm{P}) = \vec{H}_{\mathrm{ext}} + \vec{H}_1(\mathrm{P}) = \vec{H}_{\mathrm{ext}}$$

となり，垂直な場合，

$$\vec{H}(\mathrm{P}) = \vec{H}_{\mathrm{ext}} + \vec{H}_1(\mathrm{P}) = \vec{H}_{\mathrm{ext}} - \frac{\vec{M}}{2} \tag{5.3.30}$$

となり，磁性体平板の場合，$\vec{H}_{\mathrm{ext}}$ が板面と平行な場合，

$$\vec{H}(\mathrm{P}) = \vec{H}_{\mathrm{ext}} + \vec{H}_1(\mathrm{P}) = \vec{H}_{\mathrm{ext}}$$

となり，$\vec{H}_{\mathrm{ext}}$ が板面と垂直な場合，

$$\vec{H}(\mathrm{P}) = \vec{H}_{\mathrm{ext}} + \vec{H}_1(\mathrm{P}) = \vec{H}_{\mathrm{ext}} - \vec{M} \tag{5.3.31}$$

となる．以上，$\vec{H}_{\mathrm{ext}}$ が磁性体に対して幾何学的形状に対して特殊な方向の場合について求めた．これら以外の場合には，以前述べたように巨視磁界を求めることは困難である．

次に，$\vec{H}_{\mathrm{ext}}$ が磁性体に対して任意の方向であるときは誘電体の場合と同様にして，$\vec{H}_{\mathrm{ext}} = (H_{\mathrm{ext}x}, H_{\mathrm{ext}y}, H_{\mathrm{ext}z})$ とし，これに応じて $\vec{M} = (M_x, M_y, M_z)$ とする．まず，磁性体球の場合，座標軸の取り方を誘電体の場合と同様にする．そのとき，$\vec{H}_1(\mathrm{P})$ は (5.3.28) 式より，

$$\vec{H}_1(\mathrm{P}) = (H_{1x}(\mathrm{P}), H_{1y}(\mathrm{P}), H_{1z}(\mathrm{P})) = -\left(\tfrac{1}{3}M_x, \tfrac{1}{3}M_y, \tfrac{1}{3}M_z\right) = -\vec{M}\begin{pmatrix} \frac{1}{3} & 0 & 0 \\ 0 & \frac{1}{3} & 0 \\ 0 & 0 & \frac{1}{3} \end{pmatrix}$$

である．同様にして，磁性体円柱の場合には，

$$\vec{H}_1(\mathrm{P}) = \left(-\tfrac{1}{2}M_x, -\tfrac{1}{2}M_x, 0 \times M_x\right) = -\left(\tfrac{1}{2}M_x, \tfrac{1}{2}M_x, 0_x\right) = -\vec{M}\begin{pmatrix} \frac{1}{2} & 0 & 0 \\ 0 & \frac{1}{2} & 0 \\ 0 & 0 & 0 \end{pmatrix}$$

磁性体平板の場合には，

$$\vec{H}_1(\mathrm{P}) = -\tfrac{1}{\varepsilon_0}(0 \times M_x, 0 \times M_x, 1 \times M_x) = -\vec{M}\begin{pmatrix} 0 & 0 & 0 \\ 0 & 0 & 0 \\ 0 & 0 & 1 \end{pmatrix}$$

となる．このように表したとき，各テンソルをそれぞれ，球磁性体，円柱磁性体，磁性体平板の**反磁化係数**（demagnetization factor）という．以上の例で示した形状以外の $\vec{H}_1(\mathrm{P})$ は形式的には誘電体の場合と同様に，

$$\vec{H}_1(\mathrm{P}) = -(M_x, M_y, M_z)\begin{pmatrix} N_x & 0 & 0 \\ 0 & N_y & 0 \\ 0 & 0 & N_z \end{pmatrix} \tag{5.3.32}$$

と表せ，反磁化係数テンソルの対角成分の和は $N_x + N_y + N_z = 1$ である．

巨視磁界は磁性体中の磁界を平均化したものに相当する．しかし，磁気双極子は有限な大きさ（サイズ）を持っているために，厳密に言えば誘電体と同様に，磁性体中の磁界は一様ではなく微細な強弱を持っていると考えられる．このように，場所により微細な変化を考慮した厳密性の高い磁界を**局所磁界**（local magnetic field strength）といい，

$$\vec{H}_{局所}(\mathrm{P}) = \frac{1}{4\pi}\sum_{i=1}^{N} \frac{3(\vec{r}_{\mathrm{P}} - \vec{r}_{\mathrm{Q}_i})(\vec{r}_{\mathrm{P}} - \vec{r}_{\mathrm{Q}_i}) \cdot \vec{m}_i - |\vec{r}_{\mathrm{P}} - \vec{r}_{\mathrm{Q}_i}|^2 \vec{m}_i}{|\vec{r}_{\mathrm{P}} - \vec{r}_{\mathrm{Q}_i}|^5} \ [\mathrm{A/m}] \tag{5.3.33}$$

である．磁性体中の磁気双極子の個数は膨大であり，実際に (5.3.33) 式を用いて計算することは不可能である．

5.4　磁性体の透磁率と境界条件

5.4.1　磁性体の透磁率

磁性体内のある点 P における磁化 $\overrightarrow{M}(\mathrm{P})$ [A/m] が磁性体内の磁界 $\overrightarrow{H}(\mathrm{P})$ [A/m] に比例するとすると，一般には，

$$M_i(\mathrm{P}) = \sum_{j=1}^{3} \chi_{\mathrm{m}ij} H_j(\mathrm{P})$$

となる．ただし，χ_{ij} を**磁気感受率テンソル**といい，3 行 3 列の行列である．等方的な磁性体の場合には磁気感受率テンソルはスカラー量となり，**磁気感受率**（magnetic susceptibility）といい，

$$\overrightarrow{M}(\mathrm{P}) = \chi_{\mathrm{m}} \overrightarrow{H}(\mathrm{P}) \tag{5.4.1}$$

となる．一般的には χ_{m} は磁界に依存する．ここでは，簡単のために磁界に依存せず，さらに方向にも依存せず一定の値を持つとする．このとき (5.2.5), (5.4.1) 式より，

$$\begin{aligned} \overrightarrow{B}(\mathrm{P}) &\equiv \mu_0 \overrightarrow{H}(\mathrm{P}) + \mu_0 \overrightarrow{M}(\mathrm{P}) = \mu_0 \overrightarrow{H}(\mathrm{P}) + \mu_0 \chi_{\mathrm{m}} \overrightarrow{H}(\mathrm{P}) \\ &= (\mu_0 + \mu_0 \chi_{\mathrm{m}}) \overrightarrow{H}(\mathrm{P}) \equiv \mu \overrightarrow{H}(\mathrm{P}) \end{aligned} \tag{5.4.2}$$

となる．(5.4.2) 式のように定義された $\mu = \mu_0 + \mu_0 \chi_{\mathrm{m}}$ を**透磁率**（permeability）という．透磁率は静磁界では一般的には真空の磁性率 μ_0 よりも大きい．交流磁界では μ_0 よりも小さくなることや負の値になることもある．

ところで磁性体がある場合の一般化されたアンペールの法則は，

$$\overrightarrow{\nabla} \times \overrightarrow{H}(\mathrm{P}) = \overrightarrow{J}_{\mathrm{F}}(\mathrm{P}) \tag{5.4.3}$$

である．(5.4.2), (5.4.3) 式より，磁化 $\overrightarrow{M}(\mathrm{P})$ が磁性体内の磁界 $\overrightarrow{H}(\mathrm{P})$ に比例するときは，

$$\overrightarrow{\nabla} \times \overrightarrow{B}(\mathrm{P}) = \overrightarrow{\nabla} \times \mu \overrightarrow{H}(\mathrm{P}) = \mu \overrightarrow{\nabla} \times \overrightarrow{H}(\mathrm{P}) = \mu \overrightarrow{J}_{\mathrm{F}}(\mathrm{P}) \tag{5.4.4}$$

となる．

5.4.2　磁性体の境界条件

図5.18 に示すように，異なる透磁率 μ_1, μ_2 の磁性体 1, 2 を平面的に隙間なく接触さ

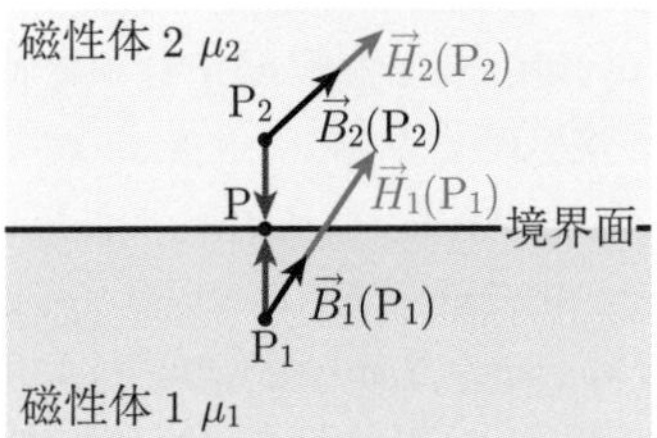

図5.18

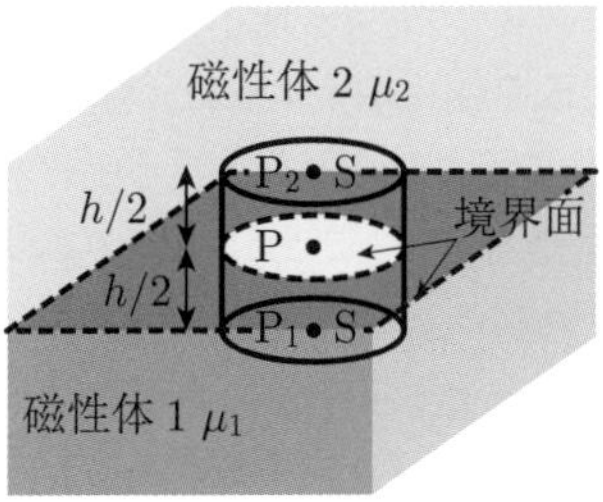

図5.19

せた場合を考える．磁性体 1 中の点 P_1 および磁性体 2 中の点 P_2 を境界面上の点 P に近づけたとき，点 P_1 における磁界 $\vec{H}_1(\mathrm{P}_1)$ [A/m]，磁束密度 $\vec{B}_1(\mathrm{P}_1)$ [T] および点 P_2 における磁界 $\vec{H}_2(\mathrm{P}_2)$，磁束密度 $\vec{B}_2(\mathrm{P}_2)$ のそれぞれはどういう関係になるのかを調べてみよう．点 P_1, P_2 における $\vec{B}_1(\mathrm{P}_1)$, $\vec{B}_2(\mathrm{P}_2)$ はそれぞれ，

$$\vec{B}_1(\mathrm{P}_1)=\mu_1\vec{H}_1(\mathrm{P}_1),\quad \vec{B}_2(\mathrm{P}_2)=\mu_2\vec{H}_2(\mathrm{P}_2)$$

である．

図5.19 に示すように境界面を挟んで高さ h [m]，面積 $S\,[\mathrm{m}^2]$ の円筒の両側に平面で互いに平行なフタが付いた閉曲面 S を考える．ただし高さの半分の位置が境界面上にある．下フタの中心に点 P_1，上フタ中心に点 P_2 があり $\mathrm{P}_1\mathrm{P}_2$ の中点に点 P がある．したがって点 P は境界面上の点となる．単磁荷は存在しないので，

$$\vec{\nabla}\cdot\vec{B}_1(\mathrm{P}_1)=0,\quad \vec{\nabla}\cdot B_2(\mathrm{P}_2)=0$$

である．面積 S が十分小さく，各フタ上で磁束密度がほぼ等しいとする．磁束密度 $\vec{B}$ を閉曲面 S 上で面積分すると，

$$\begin{aligned}\oiint_{\mathrm{S}}\vec{B}\cdot d\vec{S}&=\iint_{\text{下フタ}}\vec{B}\cdot d\vec{S}+\iint_{\text{上フタ}}\vec{B}\cdot d\vec{S}+\iint_{\text{側面}}\vec{B}\cdot d\vec{S}\\&\cong -B_{1\mathrm{n}}(\mathrm{P}_1)S+B_{2\mathrm{n}}(\mathrm{P}_2)S+\iint_{\text{側面}}\vec{B}(\mathrm{P})\cdot d\vec{S}(\mathrm{P})\end{aligned}\tag{5.4.5}$$

となる．ただし $B_{1\mathrm{n}}(\mathrm{P}_1)$, $B_{2\mathrm{n}}(\mathrm{P}_2)$ はそれぞれ $\vec{B}_1(\mathrm{P}_1)$, $\vec{B}_2(\mathrm{P}_2)$ のフタに垂直な方向の成分（面の法線成分という）である．(5.4.5) 式の右辺 1 項目の負符号は，各フタの面積ベクトルの向きが互いに逆になるためであり，ここでは下フタを相対的に負符号とした．(5.4.5) 式の右辺 3 項目は点 P_1, P_2 を P に近づける（$h\to 0$）と 0 に収束する．次に閉曲面 S に対してガウスの定理を適用する．ただし，一般化のために境界面にも単磁荷が存在しないので，

$$\oiint_{\mathrm{S}}\vec{B}\cdot d\vec{S}=\iiint_{\mathrm{V}}\vec{\nabla}\cdot\vec{B}\,dv=0\tag{5.4.6}$$

となる．$h\to 0$ としたとき (5.4.5), (5.4.6) 式より，

$$B_{1\mathrm{n}}(\mathrm{P})=B_{2\mathrm{n}}(\mathrm{P})\tag{5.4.7}$$

となる．(5.4.7) 式を**磁束密度に関する境界条件**（boundary condition for magnetic flux density）といい，電束密度と異なり，磁束密度は境界面で常に連続である．

次に，**図5.20** に示すように，境界面に垂直な平面上の長方形 ABCD が境界面を含み，辺 AB が境界面に平行であり，辺 BC の中点が境界面上にある．辺 AB の中心に点 P_1，辺 CD の中点に点 P_2 があり，$\mathrm{P}_1\mathrm{P}_2$ の中点に点 P がある．したがって点 P は境界面上の点となる．辺 AB あるいは CD の長さは，その上で磁界 $\vec{H}_1$ あるいは $\vec{H}_2$ がほぼ等しい程度に小さいとする．各辺上で辺に沿った反時計回り方向の微小線素ベクトル $d\vec{s}_{\mathrm{AB}}$, $d\vec{s}_{\mathrm{BC}}$, $d\vec{s}_{\mathrm{CD}}$, $d\vec{s}_{\mathrm{DA}}$ を定義する．$\vec{H}(\mathrm{P})$ を長方形 ABCD を積分経路として周回積分すると，

$$\oint_{\mathrm{ABCD}}\vec{H}\cdot d\vec{s}=\int_{\mathrm{A}}^{\mathrm{B}}\vec{H}\cdot d\vec{s}+\int_{\mathrm{B}}^{\mathrm{C}}\vec{H}\cdot d\vec{s}+\int_{\mathrm{C}}^{\mathrm{D}}\vec{H}\cdot d\vec{s}+\int_{\mathrm{D}}^{\mathrm{A}}\vec{H}\cdot d\vec{s}$$
$$\cong H_{1\mathrm{t}}(\mathrm{P}_1)\int_{\mathrm{A}}^{\mathrm{B}}ds+H_{2\mathrm{t}}(\mathrm{P}_2)\int_{\mathrm{D}}^{\mathrm{A}}ds+\int_{\mathrm{B}}^{\mathrm{C}}\vec{H}\cdot d\vec{s}+\int_{\mathrm{C}}^{\mathrm{D}}\vec{H}\cdot d\vec{s}$$
$$=-H_{\mathrm{t}}(\mathrm{P}_1)\overline{\mathrm{AB}}+H_{\mathrm{t}}(\mathrm{P}_2)\overline{\mathrm{CD}}+\int_{\mathrm{B}}^{\mathrm{C}}\vec{H}\cdot d\vec{s}+\int_{\mathrm{D}}^{\mathrm{A}}\vec{H}\cdot d\vec{s} \qquad (5.4.8)$$

となる．ただし $H_{1\mathrm{t}}(\mathrm{P}_1)$, $H_{2\mathrm{t}}(\mathrm{P}_2)$ はそれぞれ $\vec{H}_1(\mathrm{P}_1)$, $\vec{H}_2(\mathrm{P}_2)$ の境界面に平行な方向の成分（**面の接線成分**という）である．アンペールの法則により，

$$\oint_{\mathrm{ABCD}}\vec{H}\cdot d\vec{s}=\mathrm{ABCD}\text{への鎖交電流} \qquad (5.4.9)$$

である．(5.4.8) の右辺 1 項目の負符号は各辺の微小線素ベクトルの向きが互いに反対になるために，辺 AB を相対的に負符号とした．右辺 3, 4 項目が点 P_1, P_2 を P に近づける（$h\to 0$）とき 0 V に収束する場合には，(5.4.8), (5.4.9) 式より，

$$H_{1\mathrm{t}}(\mathrm{P})-H_{2\mathrm{t}}(\mathrm{P})=\mathrm{ABCD}\text{内の境界面上の電流密度} \qquad (5.4.10)$$

となる．(5.4.10) 式を**磁界に関する境界条件**といい，磁界の接線成分は境界面に電流が流れていなければ連続である．

磁束密度と磁界に関する境界面での境界条件は極めて重要であり，磁性体のある静磁界の種々の問題を解く際に活躍する．

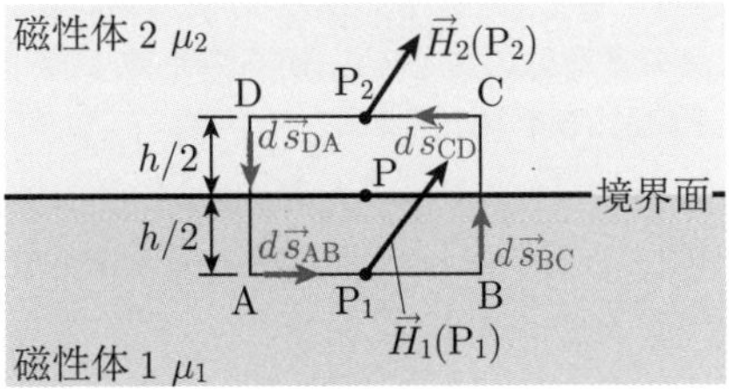

図5.20

例題5.7

真空中において，半径が a [m]，透磁率が μ の磁性体球が一様な磁界 $\vec{H}_{\mathrm{ext}}$ [A/m] 中に置かれているとき，磁性体球内外の巨視磁界 $\vec{H}(\mathrm{P})$ を求めよ．

【解答】　1.（磁性体球内）　磁性体球内の巨視磁界 $\vec{H}(\mathrm{P})$ は，近似的ではあるが磁性体球内で一様であり，例題 5.6 の (5.3.29) 式により，

$$\vec{H}(\mathrm{P})=\vec{H}_{\mathrm{ext}}+\vec{H}_1(\mathrm{P})=\vec{H}_{\mathrm{ext}}-\frac{\vec{M}}{3}\ [\mathrm{A/m}] \qquad (5.4.11)$$

である．ただし $\vec{M}$ [A/m] は磁性体球の磁化である．題意により透磁率が与えられているので，$\vec{M}$ は (5.4.1), (5.4.2) 式より，

$$\vec{M}=\frac{\mu-\mu_0}{\mu_0}\vec{H}(\mathrm{P}) \qquad (5.4.12)$$

である．(5.4.12) 式を (5.4.11) 式に代入すると，

$$\vec{H}(\mathrm{P}) = \vec{H}_{\mathrm{ext}} - \frac{\mu-\mu_0}{3\mu_0}\vec{H}(\mathrm{P})$$

となり，

$$\vec{H}(\mathrm{P}) = \frac{3\mu_0}{\mu+2\mu_0}\vec{H}_{\mathrm{ext}} \tag{5.4.13}$$

となる．このとき $\vec{M}$ は，(5.4.12), (5.4.13) 式より，

$$\vec{M} = \frac{3(\mu-\mu_0)}{\mu+2\mu_0}\vec{H}_{\mathrm{ext}} \tag{5.4.14}$$

となる．

2.（磁性体球外）　例題 5.6 の **図5.15** を参考にすると，z 軸の正の向きの磁荷 $\vec{M}$ による磁性体球外の点 P における反磁界 $\vec{H}_1(\mathrm{P})$ は体積磁荷密度 ρ_{m} [C/m^3] > 0 で一様に分布した中心 O_+ が $\left(0, 0, \frac{d}{2}\right)$，半径 a [m] の磁荷球による磁性体球外の点 P における磁界 $\vec{H}_{1+}(\mathrm{P})$ と体積磁荷密度 $-\rho_{\mathrm{m}}$ で一様に分布した中心 O_- が $\left(0, 0, -\frac{d}{2}\right)$，半径 a の磁荷球による磁性体球外の点 P における磁界 $\vec{H}_{1-}(\mathrm{P})$ を重ね合わせることにより求められる．$\vec{H}_{1+}(\mathrm{P})$ は誘電体球内部についての (3.2.18) 式を参考にすると，

$$\begin{aligned}\vec{H}_{1+}(\mathrm{P}) &= \frac{a^3\rho_{\mathrm{m}}}{3}\frac{\vec{r}_{\mathrm{P}+}}{|\vec{r}_{\mathrm{P}+}|^3} = \frac{1}{4\pi}\frac{4\pi a^3\rho_{\mathrm{m}}}{3}\frac{\vec{r}_{\mathrm{P}+}}{|\vec{r}_{\mathrm{P}+}|^3} \\ &= \frac{1}{4\pi}Nq_{\mathrm{m}}\frac{\vec{r}_{\mathrm{P}+}}{|\vec{r}_{\mathrm{P}+}|^3}\end{aligned} \tag{5.4.15}$$

となる．ただし $\vec{r}_{\mathrm{P}+}$ は正の電荷球の中心 O_+ からみた点 P の位置ベクトルである．また $\vec{H}_{1-}(\mathrm{P})$ は同様にして，

$$\vec{H}_{1-}(\mathrm{P}) = -\frac{a^3\rho_{\mathrm{m}}}{3}\frac{\vec{r}_{\mathrm{P}-}}{|\vec{r}_{\mathrm{P}-}|^3} = -\frac{1}{4\pi}Nq_{\mathrm{m}}\frac{\vec{r}_{\mathrm{P}-}}{|\vec{r}_{\mathrm{P}-}|^3} \tag{5.4.16}$$

となる．ただし $\vec{r}_{\mathrm{P}-}$ は負の電荷球の中心 O_- からみた点 P の位置ベクトルである．したがって，$\vec{H}_1(\mathrm{P})$ は (5.4.15), (5.4.16) 式より，

$$\vec{H}_1(\mathrm{P}) = \vec{H}_{1+}(\mathrm{P}) + \vec{H}_{1-}(\mathrm{P}) = \frac{1}{4\pi}Nq_{\mathrm{m}}\frac{\vec{r}_{\mathrm{P}+}}{|\vec{r}_{\mathrm{P}+}|^3} - \frac{1}{4\pi}Nq_{\mathrm{m}}\frac{\vec{r}_{\mathrm{P}-}}{|\vec{r}_{\mathrm{P}-}|^3}$$

となり，点 O_+ に Nq_{m} [C]，点 O_- に $-Nq_{\mathrm{m}}$ の点磁荷をおいた場合と同じ磁界となる．したがって点 O に磁気モーメント

$$Nq_{\mathrm{m}}(0, 0, d) = Nq_{\mathrm{m}}\vec{d}$$

を置いた場合と同じ $\vec{H}_1(\mathrm{P})$ が得られる．$Nq_{\mathrm{m}}\vec{d}$ は，

$$Nq_{\mathrm{m}}\vec{d} = \frac{4\pi a^3}{3}\vec{M} = \vec{p}_{\mathrm{m}}$$

であるので，(5.3.3) 式より，

$$\begin{aligned}\vec{H}_1(\mathrm{P}) &= \frac{1}{4\pi}\frac{3(\vec{r}_{\mathrm{P}}\cdot\vec{p}_{\mathrm{m}})\vec{r}_{\mathrm{P}} - |\vec{r}_{\mathrm{P}}|^2\vec{p}_{\mathrm{m}}}{|\vec{r}_{\mathrm{P}}|^5} \\ &= \frac{a^3}{3}\frac{3(\vec{r}_{\mathrm{P}}\cdot\vec{M})\vec{r}_{\mathrm{P}} - |\vec{r}_{\mathrm{P}}|^2\vec{M}}{|\vec{r}_{\mathrm{P}}|^5}\end{aligned} \tag{5.4.17}$$

となる．したがって磁性体球外部の磁界 $\vec{H}(\mathrm{P})$ は，(5.4.17) 式より，

$$\vec{H}(\mathrm{P}) = \vec{H}_{\mathrm{ext}} + \frac{a^3}{3}\frac{3(\vec{r}_{\mathrm{P}}\cdot\vec{M})\vec{r}_{\mathrm{P}} - |\vec{r}_{\mathrm{P}}|^2\vec{M}}{|\vec{r}_{\mathrm{P}}|^5} \tag{5.4.18}$$

となる．題意により透磁率が与えられており，(5.4.14) 式より，$\vec{M}$ と $\vec{H}_{\mathrm{ext}}$ との間の関係も分かっているので，(5.4.18) 式より，

$$\vec{H}(\mathrm{P}) = \vec{H}_{\mathrm{ext}} + \frac{a^3(\mu-\mu_0)}{\mu+2\mu_0}\frac{3(\vec{r}_{\mathrm{P}}\cdot\vec{H}_{\mathrm{ext}})\vec{r}_{\mathrm{P}} - |\vec{r}_{\mathrm{P}}|^2\vec{H}_{\mathrm{ext}}}{|\vec{r}_{\mathrm{P}}|^5} \tag{5.4.19}$$

となる．このままでは $\vec{H}(\mathrm{P})$ を $\vec{H}_{\mathrm{ext}}$ により簡潔に表すことはできないので，(5.4.19) 式

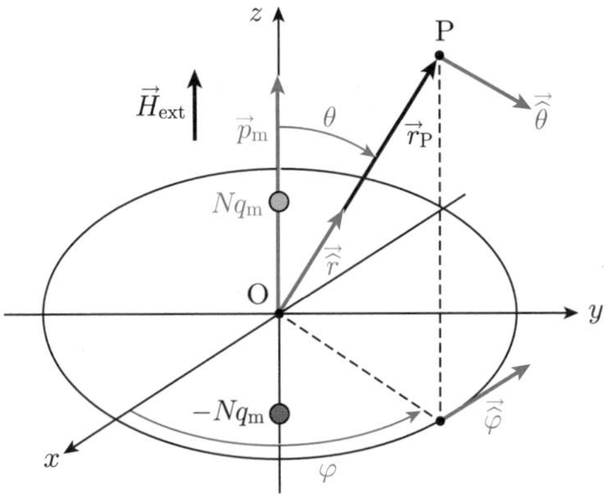

図5.21

で与えられる $\vec{H}(\mathrm{P})$ を $r\theta\varphi$ 球座標における成分で表してみよう．図5.21 に示すように，空間座標を設定する．$\vec{H}(\mathrm{P})$ の $\hat{\vec{r}}$ 方向の成分 $H_r(\mathrm{P})$ は

$$H_r(\mathrm{P}) = \vec{H}(\mathrm{P}) \cdot \hat{\vec{r}}$$

であるので，(5.4.19) 式の両辺と $\hat{\vec{r}}$ との内積をとると，

$$\begin{aligned}
&\left\{\vec{H}_{\mathrm{ext}} + \tfrac{a^3(\mu-\mu_0)}{\mu+2\mu_0}\tfrac{3(\vec{r}_{\mathrm{P}}\cdot\vec{H}_{\mathrm{ext}})\vec{r}_{\mathrm{P}} - |\vec{r}_{\mathrm{P}}|^2\vec{H}_{\mathrm{ext}}}{|\vec{r}_{\mathrm{P}}|^5}\right\} \cdot \hat{\vec{r}} \\
&= H_{\mathrm{ext}}\cos\theta + \tfrac{a^3(\mu-\mu_0)}{\mu+2\mu_0}\tfrac{2H_{\mathrm{ext}}\cos\theta}{|\vec{r}_{\mathrm{P}}|^3} \\
&= H_{\mathrm{ext}}\cos\theta\left\{1 + \tfrac{2(\mu-\mu_0)}{\mu+2\mu_0}\tfrac{a^3}{|\vec{r}_{\mathrm{P}}|^3}\right\} = H_r(\mathrm{P}) \qquad (5.4.20)
\end{aligned}$$

となる．$H_\theta(\mathrm{P})$ は，

$$\begin{aligned}
H_\theta(\mathrm{P}) &= \vec{H}(\mathrm{P}) \cdot \hat{\vec{\theta}} \\
&= \left\{\vec{H}_{\mathrm{ext}} + \tfrac{a^3(\mu-\mu_0)}{\mu+2\mu_0}\tfrac{3(\vec{r}_{\mathrm{P}}\cdot\vec{H}_{\mathrm{ext}})\vec{r}_{\mathrm{P}} - |\vec{r}_{\mathrm{P}}|^2\vec{H}_{\mathrm{ext}}}{|\vec{r}_{\mathrm{P}}|^5}\right\} \cdot \hat{\vec{\theta}}
\end{aligned}$$

であるが，

$$\vec{r}_{\mathrm{P}} \cdot \hat{\vec{\theta}} = \vec{r}_{\mathrm{P}} \cdot (\hat{\vec{r}} \times \hat{\vec{\varphi}}) = 0$$

であり，また，

$$\begin{aligned}
\vec{H}_{\mathrm{ext}} \cdot \hat{\vec{\theta}} &= \vec{H}_{\mathrm{ext}}(0,0,1) \cdot ((\sin\theta\cos\varphi, \sin\theta\sin\varphi, \cos\theta) \times (-\sin\varphi, \cos\varphi, 0)) \\
&= \vec{H}_{\mathrm{ext}}(0,0,1) \cdot (-\cos\theta\cos\varphi, -\cos\theta\sin\varphi, \sin\theta) \\
&= H_{\mathrm{ext}}\sin\theta
\end{aligned}$$

であるので，

$$\begin{aligned}
H_\theta(\mathrm{P}) &= H_{\mathrm{ext}}\sin\theta - \tfrac{a^3(\mu-\mu_0)}{\mu+2\mu_0}\tfrac{H_{\mathrm{ext}}\sin\theta}{|\vec{r}_{\mathrm{P}}|^3} \\
&= H_{\mathrm{ext}}\sin\theta\left\{1 - \tfrac{(\mu-\mu_0)}{\mu+2\mu_0}\tfrac{a^3}{|\vec{r}_{\mathrm{P}}|^3}\right\}
\end{aligned}$$

となる．$H_\varphi(\mathrm{P})$ は $H_\varphi(\mathrm{P}) = \vec{H}(\mathrm{P}) \cdot \hat{\vec{\varphi}}$ であるので，

$$H_\varphi(\mathrm{P}) = \left\{ \vec{H}_{\mathrm{ext}} + \frac{a^3(\mu-\mu_0)}{\mu+2\mu_0} \frac{3(\vec{r}_{\mathrm{P}} \cdot \vec{H}_{\mathrm{ext}})\vec{r}_{\mathrm{P}} - |\vec{r}_{\mathrm{P}}|^2 \vec{H}_{\mathrm{ext}}}{|\vec{r}_{\mathrm{P}}|^5} \right\} \cdot \vec{\hat{\varphi}}$$

であるが，

$$\vec{r}_{\mathrm{P}} \cdot \vec{\hat{\varphi}} = \vec{r}_{\mathrm{P}} \cdot (\vec{\hat{\theta}} \times \vec{\hat{r}}) = 0$$

であり，$\vec{H}_{\mathrm{ext}} \cdot \vec{\hat{\varphi}} = 0$ であるので，$H_\varphi(\mathrm{P}) = 0$ である．以上をまとめると，磁性体球外，すなわち真空中の $\vec{H}(\mathrm{P})$ は球座標により，

$$H_r(\mathrm{P}) = H_{\mathrm{ext}} \cos\theta \left\{ 1 + \frac{2(\mu-\mu_0)}{\mu+2\mu_0} \frac{a^3}{|\vec{r}_{\mathrm{P}}|^3} \right\} \tag{5.4.21}$$

$$H_\theta(\mathrm{P}) = H_{\mathrm{ext}} \sin\theta \left\{ 1 - \frac{(\mu-\mu_0)}{\mu+2\mu_0} \frac{a^3}{|\vec{r}_{\mathrm{P}}|^3} \right\} \tag{5.4.22}$$

$$H_\varphi(\mathrm{P}) = 0 \tag{5.4.23}$$

と表される．

次に磁性体球表面での境界条件について検討しよう．通常の磁性体球中の $\vec{H}(\mathrm{P})$ は $\vec{H}_{\mathrm{ext}}$ と同じ方向の成分しか持たない．(5.4.21) 式で表される $H_r(\mathrm{P})$ の $|\vec{r}_{\mathrm{P}}| = a$ としたものが境界面上の点 P において面に垂直であるので法線成分である．磁性体球内の磁束密度の点 P における法線成分 $B_{磁性体\ \mathrm{n}}(\mathrm{P})$ が，磁性体球外の真空の磁束密度の点 P における法線成分 $B_{真空\ \mathrm{n}}(\mathrm{P})$ と等しくなければならない．すなわち，

$$\begin{aligned} \vec{B}_{磁性体}(\mathrm{P}) &= \mu \vec{H}_{磁性体}(\mathrm{P}) \\ \vec{B}_{真空}(\mathrm{P}) &= \mu_0 \vec{H}_{真空}(\mathrm{P}) \end{aligned} \tag{5.4.24}$$

であるので (5.4.13), (5.4.21), (5.4.24) 式より

$$\begin{aligned} B_{磁性体\ \mathrm{n}}(\mathrm{P}) &= \mu H_{磁性体\ \mathrm{n}}(\mathrm{P}) \\ &= \frac{3\mu_0\mu}{\mu+2\mu_0} H_{\mathrm{ext}} \cos\theta \\ B_{真空\ \mathrm{n}}(\mathrm{P}) &= \mu_0 H_{真空\ \mathrm{n}}(\mathrm{P}) \\ &= H_{\mathrm{ext}} \frac{3\mu\mu_0}{\mu+2\mu_0} \cos\theta \end{aligned}$$

となるので，

$$B_{磁性体\ \mathrm{n}}(\mathrm{P}) = B_{真空\ \mathrm{n}}(\mathrm{P})$$

となり，$B_{磁性体\ \mathrm{n}}(\mathrm{P})$ は $B_{真空\ \mathrm{n}}(\mathrm{P})$ と一致し，境界面上の任意の点で磁束密度についての境界条件を満足する．磁界については，真空中の境界面上の点 P における $\vec{H}(\mathrm{P})$ の境界面の接線成分と，(5.4.22) 式で表される $H_\theta(\mathrm{P})$ の $|\vec{r}_{\mathrm{P}}| = a$ としたものについて考えればよい．(5.4.13), (5.4.22) 式より

$$\begin{aligned} H_{磁性体\ \mathrm{t}}(\mathrm{P}) &= \frac{3\mu_0}{\mu+2\mu_0} H_{\mathrm{ext}} \sin\theta \\ H_{真空\ \mathrm{t}}(\mathrm{P}) &= H_{真空\ \theta}(\mathrm{P}) \\ &= H_{\mathrm{ext}} \frac{3\mu_0}{\mu+2\mu_0} \sin\theta \end{aligned}$$

となり，$H_{磁性体\ \mathrm{t}}(\mathrm{P})$ と $H_{真空\ \mathrm{t}}(\mathrm{P})$ は $|\vec{r}_{\mathrm{P}}| = a$ の点 P で一致し，磁界についての境界条件を満足する．以上より得られた解は境界面上の任意の点で境界条件を満足することが分かる． ■

5.5　磁性体がある静磁界の磁気エネルギー

磁荷は磁界の発散に寄与し，静電界における自由電荷と同じ性格を持つので，磁荷の磁気エネルギーがゼロではない．ただし，単磁荷は存在せず，磁荷は必ず正負対をなしていることに注意が必要である．静電界の場合と同様に，真空中の点 Q にある q_{m} [A·m] および点 Q′ にある $-q_{\mathrm{m}}$ の 1 対の磁荷（磁気双極子）の磁気エネルギー W_{m} [J] は (5.3.8) 式により，

$$W_{\mathrm{m}} = -\tfrac{\mu_0}{4\pi} q_{\mathrm{m}} q_{\mathrm{m}} \tfrac{1}{|\vec{r}_{\mathrm{Q}} - \vec{r}_{\mathrm{Q}'}|} \tag{5.5.1}$$

である．点磁荷が N 個存在する場合には，点磁荷の磁気エネルギー W_{m} は

$$W_{\mathrm{m}} = \tfrac{1}{2} \sum_{k=1}^{N} \mu_k q_{\mathrm{m}k} \varphi_{\mathrm{m}k} \tag{5.5.2}$$

となる，ただし μ_k は磁荷 $q_{\mathrm{m}k}$ が存在する空間の透磁率であり，$\varphi_{\mathrm{m}k}$ [A] は，$q_{\mathrm{m}k}$ 以外の磁荷による，$q_{\mathrm{m}k}$ が存在する位置における磁位である．磁性体に自由電流が流れていない場合，磁荷が連続的に分布している場合には，磁性体内の点 Q における磁荷密度を $\rho_{\mathrm{m}}(\mathrm{Q})$ [A/m^2]，微小体積要素を $dv(\mathrm{Q})$ とすると，$dv(\mathrm{Q})$ 内の磁荷は $\rho_{\mathrm{m}}(\mathrm{Q})\,dv(\mathrm{Q})$ [A·m] である．したがってこの磁荷の磁気エネルギー $dW_{\mathrm{m}}(\mathrm{Q})$ は，

$$dW_{\mathrm{m}}(\mathrm{Q}) = \tfrac{1}{2}\mu(\mathrm{Q})\rho_{\mathrm{m}}(\mathrm{Q})\,dv(\mathrm{Q})\varphi_{\mathrm{m}}(\mathrm{Q}) \tag{5.5.3}$$

である．ただし $\mu(\mathrm{Q})$ は点 Q における透磁率であり，$\varphi_{\mathrm{m}}(\mathrm{Q})$ は $\rho_{\mathrm{m}}(\mathrm{Q})\,dv(\mathrm{Q})$ 以外の磁性体中の全磁荷による，点 Q における磁位である．したがって全磁荷の磁気エネルギー W_{m} は，磁性体外では磁荷は存在しないので，(5.5.3) 式を表面を含めた磁性体内部で足し合わせたものとなる．透磁率は磁性体内では μ_{m} [H/m] とすると，(5.3.2) 式より，

$$\begin{aligned}
W_{\mathrm{m}} &= \iiint_{\text{全空間}} dW_{\mathrm{m}} = \tfrac{1}{2}\iiint_{\text{全空間}} \mu(\mathrm{Q})\rho_{\mathrm{m}}(\mathrm{Q})\,dv(\mathrm{Q})\varphi_{\mathrm{m}}(\mathrm{Q}) \\
&= \tfrac{1}{2}\iiint_{\text{全空間}} \mu(\mathrm{Q})(\vec{\nabla}\cdot\vec{H}(\mathrm{Q}))\varphi_{\mathrm{m}}(\mathrm{Q})\,dv(\mathrm{Q}) \\
&= \tfrac{1}{2}\iiint_{\text{全空間}} \mu(\mathrm{Q})\{\vec{\nabla}\cdot(\varphi_{\mathrm{m}}(\mathrm{Q})\vec{H}(\mathrm{Q})) - (\vec{\nabla}\varphi_{\mathrm{m}}(\mathrm{Q}))\cdot\vec{H}(\mathrm{Q})\}\,dv(\mathrm{Q}) \\
&= \tfrac{1}{2}\oiint_{\text{全空間}} \mu(\mathrm{Q})\varphi_{\mathrm{m}}(\mathrm{Q})\vec{H}(\mathrm{Q})\cdot d\vec{S}(\mathrm{Q}) + \tfrac{1}{2}\iiint_{\text{全空間}} \mu(\mathrm{Q})\vec{H}(\mathrm{Q})\cdot\vec{H}(\mathrm{Q})\,dv(\mathrm{Q}) \\
&= \tfrac{1}{2}\oiint_{\text{磁性体}} \mu_{\mathrm{m}}\varphi_{\mathrm{m}}(\mathrm{Q})\vec{H}(\mathrm{Q})\cdot d\vec{S}(\mathrm{Q}) + \tfrac{1}{2}\iiint_{\text{磁性体}} \mu_{\mathrm{m}}\vec{H}(\mathrm{Q})\cdot\vec{H}(\mathrm{Q})\,dv(\mathrm{Q}) \\
&\quad + \tfrac{1}{2}\oiint_{\text{磁性体外}} \mu_0\varphi_{\mathrm{m}}(\mathrm{Q})\vec{H}(\mathrm{Q})\cdot d\vec{S}(\mathrm{Q}) + \tfrac{1}{2}\iiint_{\text{磁性体外}} \mu_0\vec{H}(\mathrm{Q})\cdot\vec{H}(\mathrm{Q})\,dv(\mathrm{Q}) \\
&= \tfrac{1}{2}\oiint_{\text{磁性体表面}} \mu_{\mathrm{m}}\varphi_{\mathrm{m}}(\mathrm{Q})\vec{H}(\mathrm{Q})\cdot d\vec{S}(\mathrm{Q}) + \tfrac{1}{2}\oiint_{\text{磁性体外内表面}} \mu_0\varphi_{\mathrm{m}}(\mathrm{Q})\vec{H}(\mathrm{Q})\cdot d\vec{S}(\mathrm{Q}) \\
&\quad + \tfrac{1}{2}\oiint_{\text{磁性体外外表面}} \mu_0\varphi_{\mathrm{m}}(\mathrm{Q})\vec{H}(\mathrm{Q})\cdot d\vec{S}(\mathrm{Q})
\end{aligned}$$

$$+\frac{1}{2}\iiint_{磁性体}\vec{B}(\mathrm{Q})\cdot\vec{H}(\mathrm{Q})\,dv(\mathrm{Q})+\frac{1}{2}\iiint_{磁性体外}\vec{B}(\mathrm{Q})\cdot\vec{H}(\mathrm{Q})\,dv(\mathrm{Q}) \tag{5.5.4}$$

となる．(5.5.4) 式の最右辺の 1 項目と 2 項目の和は

$$\begin{aligned}&\frac{1}{2}\oiint_{磁性体}\mu_{\mathrm{m}}\varphi_{\mathrm{m}}(\mathrm{Q})\vec{H}(\mathrm{Q})\cdot d\vec{S}(\mathrm{Q})+\frac{1}{2}\oiint_{磁性体外}\mu_0\varphi_{\mathrm{m}}(\mathrm{Q})\vec{H}(\mathrm{Q})\cdot d\vec{S}(\mathrm{Q})\\&=\frac{1}{2}\oiint_{磁性体}\varphi_{\mathrm{m}}(\mathrm{Q})B_{\mathrm{n}}(\mathrm{Q})\,dS(\mathrm{Q})-\frac{1}{2}\oiint_{磁性体外}\varphi_{\mathrm{m}}(\mathrm{Q})B_{\mathrm{n}}(\mathrm{Q})\,dS(\mathrm{Q})\end{aligned} \tag{5.5.5}$$

となるが，磁束密度の磁性体表面の法線線分は連続であり，磁位も連続であるので，(5.5.5) 式より，

$$\frac{1}{2}\oiint_{磁性体}\varphi_{\mathrm{m}}(\mathrm{Q})B_{\mathrm{n}}(\mathrm{Q})\,dS(\mathrm{Q})-\frac{1}{2}\oiint_{磁性体外}\varphi_{\mathrm{m}}(\mathrm{Q})B_{\mathrm{n}}(\mathrm{Q})\,dS(\mathrm{Q})=0 \tag{5.5.6}$$

となる．また (5.5.4) 式の最右辺 3 項目は，もし磁荷が有限な範囲で存在している場合には，無限遠点において磁位 $\varphi_{\mathrm{m}}(\mathrm{Q})$ は電荷の重心からの距離に反比例し，磁界 $\vec{H}(\mathrm{Q})$ は 2 乗に反比例し，微小面積要素 $d\vec{S}(\mathrm{Q})$ は距離の 2 乗に比例するので，$\mu_0\varphi_{\mathrm{m}}(\mathrm{Q})\vec{H}(\mathrm{Q})\cdot d\vec{S}(\mathrm{Q})$ は距離に反比例し，面積分は 0 となる．したがって，(5.5.4), (5.5.6) 式より，

$$\begin{aligned}W_{\mathrm{m}}&=\frac{1}{2}\iiint_{磁性体}\vec{H}(\mathrm{Q})\cdot\vec{B}(\mathrm{Q})\,dv(\mathrm{Q})+\frac{1}{2}\iiint_{磁性体外}\vec{H}(\mathrm{Q})\cdot\vec{B}(\mathrm{Q})\,dv(\mathrm{Q})\\&=\frac{1}{2}\iiint_{全空間}\vec{H}(\mathrm{Q})\cdot\vec{B}(\mathrm{Q})\,dv(\mathrm{Q})\end{aligned} \tag{5.5.7}$$

となる．

磁性体が磁化されていない場合，すなわち $\vec{M}=\vec{0}$ の場合，

$$\vec{B}(\mathrm{P})=\mu_0\vec{H}(\mathrm{P})$$

であり，単磁荷は存在しないので，

$$\vec{\nabla}\cdot\vec{B}(\mathrm{P})=\mu_0\vec{\nabla}\cdot\vec{H}(\mathrm{P})=0$$

となり，磁気エネルギーは 0 J である．一方，磁性体が磁化されている場合，一般的には

$$\vec{\nabla}\cdot\vec{H}(\mathrm{P})=-\vec{\nabla}\cdot\vec{M}\neq 0$$

であり，磁気エネルギーは 0 J でない．μ_0 ではない透磁率 μ が与えられると

$$\vec{B}(\mathrm{P})=\mu\vec{H}(\mathrm{P})$$

であるので，この場合にも

$$\begin{aligned}\vec{\nabla}\cdot\vec{B}(\mathrm{P})&=\mu\vec{\nabla}\cdot\vec{H}(\mathrm{P})\\&=0\end{aligned}$$

であるが，磁性体と真空あるいは透磁率の異なる磁性体の境界部では透磁率が不連続的に変化するので，$\vec{\nabla}\cdot\vec{H}(\mathrm{P})\neq 0$ であり磁気エネルギーは一般的に 0 J でない．このことは，(5.5.3) 式より境界面で一般的に磁化が存在することと同じである．

例題5.8

真空中において，半径が a [m]，透磁率が μ の磁性体球を一様な磁界 $\vec{H}_{\mathrm{ext}}$ [A/m] 中に置くとき，磁性体球の磁気エネルギーの変化量 ΔW を求めよ．ただし磁性体には自由電流は流れていないとする．

【解答】　磁性体球には自由電流は流れていないので，磁性体自身の磁気エネルギーは磁荷のみによる．外部磁界 $\vec{H}_{\mathrm{ext}}$ [A/m] のある全空間と，そこに置かれた磁性体球を合わせて 1 つの系とする．系の磁気エネルギー W_{m} [J] は (5.5.7) 式より，

$$W_{\mathrm{m}} = \frac{1}{2}\iiint_{\text{全空間}} \vec{H}(\mathrm{Q}) \cdot \vec{B}(\mathrm{Q})\, dv(\mathrm{Q}) \tag{5.5.8}$$

である．**図5.16** に示すように空間座標を設定する．磁性体球内の点 Q ($\vec{r}, |\vec{r}| = r$) における巨視磁界 $\vec{H}_{\mathrm{M}}(\mathrm{Q})$ [A/m] は，例題 5.7 の (5.4.13) 式より，

$$\vec{H}_{\mathrm{M}}(\mathrm{Q}) = \left(1 - \frac{\mu-\mu_0}{\mu+2\mu_0}\right)\vec{H}_{\mathrm{ext}} \tag{5.5.9}$$

であるので，磁束密度 $\vec{B}_{\mathrm{M}}(\mathrm{Q})$ [T] は，

$$\vec{B}_{\mathrm{M}}(\mathrm{Q}) = \mu\left(1 - \frac{\mu-\mu_0}{\mu+2\mu_0}\right)\vec{H}_{\mathrm{ext}} \tag{5.5.10}$$

となる．磁性体外の磁界 $\vec{H}_{\mathrm{V}}(\mathrm{Q})$ は，例題 5.7 の (5.4.21)–(5.4.23) 式より，

$$\begin{aligned} H_{\mathrm{V}r}(\mathrm{Q}) &= H_{\mathrm{ext}}\cos\theta\left\{1 + \frac{2(\mu-\mu_0)}{\mu+2\mu_0}\frac{a^3}{r^3}\right\} \\ H_{\mathrm{V}\theta}(\mathrm{Q}) &= H_{\mathrm{ext}}\sin\theta\left\{1 - \frac{(\mu-\mu_0)}{\mu+2\mu_0}\frac{a^3}{r^3}\right\} \\ H_{\mathrm{V}\varphi}(\mathrm{Q}) &= 0 \end{aligned} \tag{5.5.11}$$

となるので，磁束密度 $\vec{B}_{\mathrm{V}}(\mathrm{Q})$ は，

$$\begin{aligned} \vec{B}_{\mathrm{V}r}(\mathrm{Q}) &= H_{\mathrm{ext}}\mu_0\cos\theta\left\{1 + \frac{2(\mu-\mu_0)}{\mu+2\mu_0}\frac{a^3}{r^3}\right\} \\ B_{\mathrm{V}\theta}(\mathrm{Q}) &= H_{\mathrm{ext}}\mu_0\sin\theta\left\{1 - \frac{\mu-\mu_0}{\mu+2\mu_0}\frac{a^3}{r^3}\right\} \\ B_{\mathrm{V}\varphi}(\mathrm{Q}) &= 0 \end{aligned} \tag{5.5.12}$$

となる．(5.5.8) 式より，

$$\begin{aligned} W_{\mathrm{m}} &= \frac{1}{2}\iiint_{\text{全空間}} \vec{H}(\mathrm{Q}) \cdot \vec{B}(\mathrm{Q})\, dv(\mathrm{Q}) \\ &= \frac{1}{2}\iiint_{\text{磁性体内}} \vec{H}(\mathrm{Q}) \cdot \vec{B}(\mathrm{Q})\, dv(\mathrm{Q}) + \frac{1}{2}\iiint_{\text{真空}} \vec{H}(\mathrm{Q}) \cdot \vec{B}(\mathrm{Q})\, dv(\mathrm{Q}) \end{aligned}$$

として，各領域の W_{m} を求めてみよう．まず磁性体球内の磁気エネルギー $W_{\mathrm{m\ 磁性体内}}$ [J] は (5.5.9), (5.5.10) 式より，

$$\begin{aligned} W_{\mathrm{m\ 磁性体内}} &= \frac{1}{2}\iiint_{\text{磁性体内}} \vec{H}(\mathrm{Q}) \cdot \vec{B}(\mathrm{Q})\, dv(\mathrm{Q}) \\ &= \frac{1}{2}\int_{r=0}^{a}\int_{\varphi=0}^{2\pi}\int_{\theta=0}^{\pi} \vec{H}_{\mathrm{ext}}\left(1 - \frac{\mu-\mu_0}{\mu+2\mu_0}\right) \cdot \mu\vec{H}_{\mathrm{ext}}\left(1 - \frac{\mu-\mu_0}{\mu+2\mu_0}\right) r^2\sin\theta\, dr d\varphi d\theta \end{aligned}$$

$$= \tfrac{1}{2}4\pi a^3 H_{\mathrm{ext}}^2 \mu \int_0^a r^2 dr + \tfrac{1}{2}\tfrac{4\pi}{3} a^3 H_{\mathrm{ext}}^2 \mu \left\{ \left(\tfrac{\mu-\mu_0}{\mu+2\mu_0} \right)^2 - 2\left(\tfrac{\mu-\mu_0}{\mu+2\mu_0} \right) \right\} \tag{5.5.13}$$

となる．磁性体球外では (5.5.11) あるいは (5.5.12) 式より，

$$W_{\mathrm{m}\ \text{磁性体外}} = \tfrac{1}{2} \iiint_{\text{磁性体外}} \vec{H}(\mathrm{Q}) \cdot \vec{B}(\mathrm{Q})\, dv(\mathrm{Q})$$

$$= \tfrac{1}{2} \int_{r=a}^{\infty} \int_{\varphi=0}^{2\pi} \int_{\theta=0}^{\pi} \left\langle \mu_0 \left[H_{\mathrm{ext}} \cos\theta \left\{ 1 + \tfrac{2(\mu-\mu_0)}{\mu+2\mu_0} \tfrac{a^3}{r^3} \right\} \right]^2 \right.$$

$$\left. + \mu_0 \left[H_{\mathrm{ext}} \sin\theta \left\{ 1 - \tfrac{\mu-\mu_0}{\mu+2\mu_0} \tfrac{a^3}{r^3} \right\} \right]^2 \right\rangle r^2 \sin\theta\, dr d\varphi d\theta$$

$$= \tfrac{1}{2} 2\pi H_{\mathrm{ext}}^2 \mu_0 \int_{r=a}^{\infty} \int_{\theta=0}^{\pi} \left[\cos^2\theta \left\{ 1 + \tfrac{4(\mu-\mu_0)^2}{\mu+2\mu_0} \tfrac{a^3}{r^3} + \tfrac{4(\mu-\mu_0)^2}{(\mu+2\mu_0)^2} \tfrac{a^6}{r^6} \right\} \right.$$

$$\left. + \sin^2\theta \left\{ 1 - \tfrac{2(\mu-\mu_0)}{\mu+2\mu_0} \tfrac{a^3}{r^3} + \tfrac{(\mu-\mu_0)^2}{(\mu+2\mu_0)^2} \tfrac{a^6}{r^6} \right\} \right] r^2 \sin\theta\, dr d\theta$$

$$= \tfrac{1}{2} 2\pi H_{\mathrm{ext}}^2 \mu_0 \int_{r=0}^{a} \int_{\theta=0}^{\pi} \left\{ 1 + \tfrac{2(\mu-\mu_0)}{\mu+2\mu_0} \tfrac{a^3}{r^3} (2\cos^2\theta - \sin^2\theta) \right.$$

$$\left. + \left(\tfrac{\mu-\mu_0}{\mu+2\mu_0} \right)^2 \tfrac{a^6}{r^6} (4\cos^2\theta + \sin^2\theta) \right\} r^2 \sin\theta\, dr d\theta$$

$$= \tfrac{1}{2} 2\pi H_{\mathrm{ext}}^2 \mu_0 \int_a^{\infty} \left\{ 2 + 4 \left(\tfrac{\mu-\mu_0}{\mu+2\mu_0} \right)^2 \tfrac{a^6}{r^6} \right\} r^2\, dr$$

$$= \tfrac{1}{2} 4\pi H_{\mathrm{ext}}^2 \mu_0 \int_a^{\infty} r^2\, dr + \tfrac{1}{2} 8\pi H_{\mathrm{ext}}^2 a^6 \mu_0 \left(\tfrac{\mu-\mu_0}{\mu+2\mu_0} \right)^2 \int_a^{\infty} \tfrac{1}{r^4}\, dr$$

$$= \tfrac{1}{2} 4\pi H_{\mathrm{ext}}^2 \mu_0 \int_a^{\infty} r^2\, dr + \tfrac{1}{2} \tfrac{8\pi}{3} a^3 H_{\mathrm{ext}}^2 \mu_0 \left(\tfrac{\mu-\mu_0}{\mu+2\mu_0} \right)^2 \tag{5.5.14}$$

となる．磁性体のある場合の系の磁気エネルギー W_{m} [J] は，(5.5.13), (5.5.14) 式より，

$$W_{\mathrm{m}} = W_{\mathrm{m}\ \text{磁性体内}} + W_{\mathrm{m}\ \text{真空}}$$

$$= \tfrac{1}{2} 4\pi a^3 H_{\mathrm{ext}}^2 \mu \int_0^a r^2\, dr$$

$$+ \tfrac{1}{2} \tfrac{4\pi}{3} a^3 H_{\mathrm{ext}}^2 \mu \left\{ \left(\tfrac{\mu-\mu_0}{\mu+2\mu_0} \right)^2 - 2 \left(\tfrac{\mu-\mu_0}{\mu+2\mu_0} \right) \right\}$$

$$+ \tfrac{1}{2} 4\pi H_{\mathrm{ext}}^2 \mu_0 \int_a^{\infty} r^2\, dr + \tfrac{1}{2} \tfrac{8\pi}{3} a^3 H_{\mathrm{ext}}^2 \mu_0 \left(\tfrac{\mu-\mu_0}{\mu+2\mu_0} \right)^2$$

$$= \tfrac{1}{2} 4\pi H_{\mathrm{ext}}^2 \mu_0 \int_0^{\infty} r^2\, dr + \tfrac{1}{2} 4\pi (\mu - \mu_0) H_{\mathrm{ext}}^2 \int_0^a r^2\, dr$$

$$+ \tfrac{1}{2} \tfrac{4\pi}{3} a^3 H_{\mathrm{ext}}^2 \mu \left\{ \left(\tfrac{\mu-\mu_0}{\mu+2\mu_0} \right)^2 - 2 \left(\tfrac{\mu-\mu_0}{\mu+2\mu_0} \right) \right\}$$

$$
\begin{aligned}
&+\tfrac{1}{2}\tfrac{8\pi}{3}a^3 H_{\mathrm{ext}}^2\mu_0\left(\tfrac{\mu-\mu_0}{\mu+2\mu_0}\right)^2\\
&=W_{\mathrm{m}\ \text{磁性体なし}}+\tfrac{1}{2}\tfrac{4\pi}{3}a^3(\mu-\mu_0)H_{\mathrm{ext}}^2\\
&\quad+\tfrac{1}{2}4\pi a^3(\mu+2\mu_0)H_{\mathrm{ext}}^2\left(\tfrac{\mu-\mu_0}{\mu+2\mu_0}\right)^2\\
&\quad-\tfrac{1}{2}\tfrac{4\pi}{3}2a^3\mu H_{\mathrm{ext}}^2\tfrac{\mu-\mu_0}{\mu+2\mu_0}\\
&=W_{\mathrm{m}\ \text{磁性体なし}}+\tfrac{1}{2}\tfrac{4\pi}{3}a^3\mu_0 H_{\mathrm{ext}}^2\tfrac{\mu-\mu_0}{\mu+2\mu_0} \qquad (5.5.15)
\end{aligned}
$$

となる．したがって，$\vec{H}_{\mathrm{ext}}$ 中に透磁率が μ の磁性体球を置くとき磁気エネルギーの変化量 ΔW_{m} [J] は (5.5.15) 式より，

$$
\begin{aligned}
\Delta W_{\mathrm{m}}&=W_{\mathrm{m}\ \text{磁性体なし}}+\tfrac{1}{2}\tfrac{4\pi}{3}a^3\mu_0 H_{\mathrm{ext}}^2\tfrac{\mu-\mu_0}{\mu+2\mu_0}-W_{\mathrm{m}\ \text{磁性体なし}}\\
&=\tfrac{1}{2}\tfrac{4\pi}{3}a^3\mu_0 H_{\mathrm{ext}}^2\tfrac{\mu-\mu_0}{\mu+2\mu_0} \qquad (5.5.16)
\end{aligned}
$$

となる．ところで，$\vec{H}_{\mathrm{ext}}$ 中の磁性体球内の反磁界 $\vec{H}_1$ は，

$$\vec{H}_1=-\tfrac{\mu-\mu_0}{\mu+2\mu_0}\vec{H}_{\mathrm{ext}} \qquad (5.5.17)$$

である．したがって，(5.5.16) 式は (5.5.17) 式を用いて，

$$
\begin{aligned}
\Delta W_{\mathrm{m}}&=-\tfrac{1}{2}\tfrac{4\pi}{3}a^3\mu_0\vec{H}_{\mathrm{ext}}\cdot\vec{H}_1\\
&=-\tfrac{1}{2}V\mu_0\vec{H}_{\mathrm{ext}}\cdot\vec{H}_1\,[\mathrm{J}] \qquad (5.5.18)
\end{aligned}
$$

となる．ただし，V [m^3] は磁性体球の体積である．(5.5.18) 式のようになるのは，表面磁化が存在するので磁性体の磁気エネルギーが 0 J ではないからである．

誘電体の場合と同様に，(5.5.18) 式を一般化すると，

$$\Delta W_{\mathrm{m}}=-\tfrac{1}{2}\iiint_{\text{磁性体}}\mu_0\vec{H}_{\mathrm{ext}}\cdot\vec{H}_1(\mathrm{Q})\,dv(\mathrm{Q})\,[\mathrm{J}] \qquad (5.5.19)$$

となることが推測される．■

5.6　磁性体に働く力

真空中において，磁性体を外部磁界 $\vec{H}_{\mathrm{ext}}$ [A/m] 中に置くと，磁性体内の磁気双極子にトルクが働き，磁気モーメントを磁界の向きに揃えようとする．その結果有限の磁化が生じ，磁性体の表面に磁荷が生じる．この磁荷に $\vec{H}_{\mathrm{ext}}$ により力が働く．ここでは磁気エネルギーと仮想変位の方法を用いずに，本質である磁荷間に働く力により磁性体に働く力を求めることにする．

例題5.9

真空中において，無限大の広さを持つ厚さ t [m]，透磁率 μ [H/m] の磁性体平板が一様な磁界 $\vec{H}_{\mathrm{ext}}$ [A/m] 中に置かれているとき，磁性体平板の単位面積当たりに働く力を求めよ．ただし，$\vec{H}_{\mathrm{ext}}$ は平板の面に垂直であるとする．

【解答】　問題を深く理解するために，まず $\vec{H}_{\mathrm{ext}}$ [A/m] を形成する方法から説明しよう．図5.22 に示すように，真空中において，正負磁極により $\vec{H}_{\mathrm{ext}}$ が形成されるとする．その表面磁化密度を一様とし σ_{ext} [A/m^2] とすると，磁極表面の点 Q における微小面積要素を $d\vec{S}(\mathrm{Q})$ [m^2] とすると，磁極間の真空中の点 P における磁界 $\vec{H}(\mathrm{P})$ は，

$$\vec{H}(\mathrm{P}) = \frac{1}{4\pi}\iint_{\mathrm{S}_+}\sigma_{\mathrm{ext}}(\mathrm{Q}_+)\frac{\vec{r}_{\mathrm{P}}-\vec{r}_{\mathrm{Q}_+}}{|\vec{r}_{\mathrm{P}}-\vec{r}_{\mathrm{Q}_+}|^3}\,dS(\mathrm{Q}_+) + \frac{1}{4\pi}\iint_{\mathrm{S}_-}(-\sigma_{\mathrm{ext}}(\mathrm{Q}_-))\frac{\vec{r}_{\mathrm{P}}-\vec{r}_{\mathrm{Q}_-}}{|\vec{r}_{\mathrm{P}}-\vec{r}_{\mathrm{Q}_-}|^3}\,dS(\mathrm{Q}_-) \qquad (5.6.1)$$

である．$\vec{r}_{\mathrm{P}} = (0,0,z)$，$\vec{r}_{\mathrm{Q}_+} = (r\cos\theta, r\sin\theta, d_+)$，$\vec{r}_{\mathrm{Q}_-} = (r\cos\theta, r\sin\theta, -d_-)$ $(0 \le r < \infty, 0 \le \theta < 2\pi)$，$t = d_+ + d_-$ とすると，(5.6.1) 式より，

$$\begin{aligned}\vec{H}(\mathrm{P}) &= \frac{1}{4\pi}\sigma_{\mathrm{ext}}\int_{r=0}^{\infty}\int_{\theta=0}^{2\pi}\frac{(-r\cos\theta, -r\sin\theta, z-d_+)}{\{r^2+(z-d_+)\}^{\frac{3}{2}}}\,dr\,r\,d\theta \\ &\quad - \frac{1}{4\pi}\sigma_{\mathrm{ext}}\int_{r=0}^{\infty}\int_{\theta=0}^{2\pi}\frac{(-r\cos\theta, -r\sin\theta, z+d_-)}{\{r^2+(z+d_-)\}^{\frac{3}{2}}}\,dr\,r\,d\theta \\ &= \frac{1}{4\pi}\sigma_{\mathrm{ext}}2\pi(0,0,z-d_+)\int_0^{\infty}\frac{r}{\{r^2+(z-d_+)\}^{\frac{3}{2}}}\,dr\end{aligned}$$

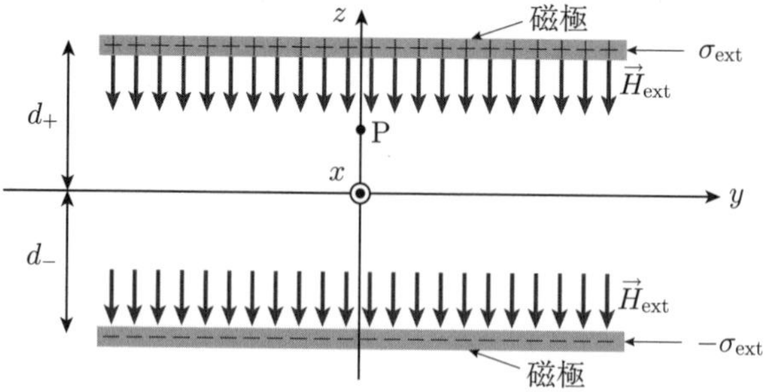

図5.22

$$-\frac{1}{4\pi}\sigma_{\mathrm{ext}}2\pi(0,0,z+d_-)\int_{r=0}^{\infty}\frac{r}{\{r^2+(z+d_-)\}^{\frac{3}{2}}}\,dr$$

$$=\frac{1}{2}\sigma_{\mathrm{ext}}\frac{(0,0,z-d_+)}{\{(z-d_+)^2\}^{\frac{1}{2}}}-\frac{1}{2}\sigma_{\mathrm{ext}}\frac{(0,0,z+d_-)}{\{(z+d_-)^2\}^{\frac{1}{2}}}$$

となり，z の磁極間の位置にかかわらず，

$$\vec{H}(\mathrm{P})=\frac{1}{2}\sigma_{\mathrm{ext}}\frac{(0,0,z-d_+)}{d_+-z}-\frac{1}{2}\sigma_{\mathrm{ext}}\frac{(0,0,z+d_-)}{z+d_-}=-\sigma_{\mathrm{ext}}(0,0,1)=-\sigma_{\mathrm{ext}}\vec{k} \quad (5.6.2)$$

となり，一定の大きさの，一様な $\vec{H}_{\mathrm{ext}}$ が形成されることが分かった．次に，参考のために，磁極間に働く力を求めてみよう．例えば，下部磁極の単位面積当たりに働く力 $\vec{F}_{\text{下部磁極}}$ [N/m^2] は上部磁極の磁荷密度 $\sigma_{\mathrm{ext}}(\mathrm{Q}_+)$ と下部磁極の磁荷密度 $-\sigma_{\mathrm{ext}}(\mathrm{Q}_-)$ 以外の磁荷から寄与があるが，下部電極の磁荷からの力への寄与は相殺されて $\vec{0}$ N/m^2 となるので，上部電極のすべての磁荷を考えればよい．静電界の場合と同様に，$\vec{H}_{\mathrm{ext}}$ は上部および下部磁極の磁荷により形成されているので，上部磁極のみの寄与による磁界は $\frac{\vec{H}_{\mathrm{ext}}}{2}$ である．したがって，$\vec{F}_{\text{下部磁極}}$ は (5.3.7) 式より，

$$\begin{aligned}\vec{F}_{\text{下部磁極}}&=-\mu_0\sigma_{\mathrm{ext}}(\mathrm{Q}_-)\vec{H}(\mathrm{Q}_-)=-\mu_0\sigma_{\mathrm{ext}}(\mathrm{Q}_-)\frac{\vec{H}_{\mathrm{ext}}}{2}\\&=\frac{1}{2}\mu_0H_{\mathrm{ext}}\vec{H}_{\mathrm{ext}}\\&=\frac{1}{2}\mu_0H_{\mathrm{ext}}^2\vec{k}=\frac{1}{2}H_{\mathrm{ext}}B_{\mathrm{ext}}\vec{k}\ [\mathrm{N/m^2}]\end{aligned} \quad (5.6.3)$$

となる．同様にして上部磁極の単位面積当たりに働く力 $\vec{F}_{\text{上部磁極}}$ は，$\vec{F}_{\text{下部磁極}}$ と逆向きとなり．(5.6.3) 式より

$$\vec{F}_{\text{上部磁極}}=-\frac{1}{2}H_{\mathrm{ext}}B_{\mathrm{ext}}\vec{k}\ [\mathrm{N/m^2}] \quad (5.6.4)$$

となり，磁極間に働く力は引力となる．次に，仮想変位の方法より磁極に働く力を求めてみよう．磁極面積 1 m^2，厚さ t の真空の部分の磁気エネルギー W [J] は，

$$W=\frac{1}{2}H_{\mathrm{ext}}B_{\mathrm{ext}}t \quad (5.6.5)$$

である．上部磁極あるいは下部磁極を dt（$=dz$）だけ仮想変位させたときの磁気エネルギーの変化より磁極に働く力を求めるのが仮想変位法である．今，下部磁極を dz だけ正の向きに変位させると (5.6.5) 式より，磁気エネルギーは減少する．そうすると磁気エネルギーの減少を妨げようとして，下部電極には z の負の向きに力が働く．したがって，下部磁極に働く力 $\vec{F}_{\text{上部磁極}}$ は，

$$\vec{F}_{\text{上部磁極}}=-\frac{\partial W}{\partial t}\vec{k}=-\frac{\partial}{\partial t}\left(\frac{1}{2}H_{\mathrm{ext}}B_{\mathrm{ext}}t\right)\vec{k}=-\frac{1}{2}H_{\mathrm{ext}}B_{\mathrm{ext}}\vec{k} \quad (5.6.6)$$

となり，(5.6.4) 式と一致する．

次に，**図5.23** に示すように磁極間に無限大の広さを持つ平板磁性体を磁極に平行になるように挿入する．z 軸方向の場所は磁性体が磁極に接触しない限り，任意でよい．磁性体の透磁率 μ が与えられるということは，$\vec{H}_{\mathrm{ext}}$ により磁性体内の磁気双極子にトルクが働き $\vec{M}$ で磁化され上下面にそれぞれ負と正の磁荷 $-\sigma_{\mathrm{M}}$, σ_{M} [A/m] が現れることを意味する．これらの磁荷による反磁界 $\vec{H}_-$, $\vec{H}_+$ は (5.6.2) 式を参考にすると，

$$\begin{aligned}\vec{H}_-&=-\frac{1}{2}\sigma_{\mathrm{M}}\vec{k}\quad(h_-<z<d_+)\\\vec{H}_-&=\frac{1}{2}\sigma_{\mathrm{M}}\vec{k}\quad(-d_-<z<h_-)\\\vec{H}_+&=-\frac{1}{2}\sigma_{\mathrm{M}}\vec{k}\quad(-h_+<z<d_+)\end{aligned}$$

$$\vec{H}_+ = \frac{1}{2}\sigma_{\mathrm{M}}\vec{k} \qquad (-d_- < z < -h_+)$$

となる．$\vec{H}_-$, $\vec{H}_+$ を重ね合わせて，$\vec{H}_1 = \vec{H}_- + \vec{H}_+$ とすると，

$$\vec{H}_1 = \vec{0}\,(-d_- < z < -h_+),\quad \vec{H}_1 = \sigma_{\mathrm{M}}\vec{k}\,(-h_+ < z < h_-)$$
$$\vec{H}_1 = \vec{0}\,(h_- < z < d_+) \tag{5.6.7}$$

となる．すなわち，磁極間の真空部分では $\vec{H}_1 = \vec{0}$ [A/m] である．したがって平板磁性体の場合には反磁界は真空部分では寄与しない．

磁性体内部の任意の点における磁界 $\vec{H}(\mathrm{P})$ は (5.3.31) 式より，

$$\vec{H} = \vec{H}_{\mathrm{ext}} - \vec{M} \tag{5.6.8}$$

である．また磁性体外部の任意の点における磁界は (5.6.6) 式より $\vec{H}_{\mathrm{ext}}$ である．題意により透磁率が与えられているので，(5.4.2) 式より磁化 $\vec{M}$ は，

$$\vec{M} = \frac{\mu-\mu_0}{\mu_0}\vec{H} \tag{5.6.9}$$

である．したがって，(5.6.8), (5.6.9) 式より，

$$\vec{M} = \frac{\mu-\mu_0}{\mu}\vec{H}_{\mathrm{ext}},\quad \mu\vec{H} = \mu_0\vec{H}_{\mathrm{ext}} \tag{5.6.10}$$

となる．境界面は磁性体上面と真空，磁性体下面と真空の2つあるが，(5.6.8) 式の $\vec{H}$ は (5.6.10) 式より，磁束密度の境界条件である各境界面で法線成分が連続である条件を満足している．したがって，**図5.23** に示す磁性体表面の上・下面に現れる表面磁荷密度 $\mp\sigma_{\mathrm{M}}$ [A/m] は，

$$\mp\sigma_{\mathrm{M}} = \vec{M}\cdot\vec{n} = \mp M = \mp\frac{\mu-\mu_0}{\mu}H_{\mathrm{ext}} \tag{5.6.11}$$

である．ここで次の2つの解釈が考えられる．

A.　磁性体の上面の単位面積の磁荷 $-\sigma_{\mathrm{M}}$ に働く力 $\vec{F}_-$ はこれ以外の磁荷である上部磁極の σ_{ext} による $\vec{F}_{-1}$，下部磁極の $-\sigma_{\mathrm{ext}}$ による $\vec{F}_{-2}$，磁性体下部の σ_{M} による $\vec{F}_{-3}$ である．

B.　磁性体の上面の単位面積の磁荷 $-\sigma_{\mathrm{M}}$ に働く力 $\vec{F}_-$ は $-\sigma_{\mathrm{M}}$ に対向している上部磁極の σ_{ext} による $\vec{F}_{-1}$ のみであり，下部磁極の $-\sigma_{\mathrm{ext}}$ および磁性体下部の

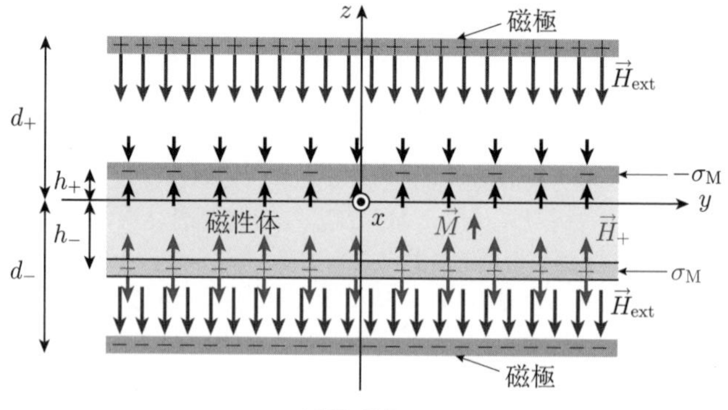

図5.23

σ_{M} は $-\sigma_{\mathrm{M}}$ に力を及ぼさない．それは磁性体が $-\sigma_{\mathrm{ext}}$ および σ_{M} による力を遮蔽しているからである．

A. の解釈にしたがって $-\sigma_{\mathrm{M}}$ に働く力 $\vec{F}_{-1}$ を以下に求めてみよう．$\vec{F}_{-1}$ は (5.6.3), (5.6.11) 式より，

$$\vec{F}_{-1} = -\sigma_{\mathrm{M}}\frac{\mu_0}{4\pi}\iint_{\mathrm{S}_+}\sigma_{\mathrm{ext}}\frac{(r\cos\theta, r\sin\theta, h_- - d_+)}{\{r^2+(h_- - d_+)^2\}^{\frac{3}{2}}}r\,d\theta dr = \frac{\mu_0}{2}\sigma_{\mathrm{M}}\sigma_{\mathrm{ext}}\vec{k}$$
$$= -\frac{1}{2}\mu_0\frac{\mu-\mu_0}{\mu}H_{\mathrm{ext}}\vec{H}_{\mathrm{ext}} \tag{5.6.12}$$

となり，同様にして $\vec{F}_{-2}$, $\vec{F}_{-3}$ は，

$$\vec{F}_{-2} = -\sigma_{\mathrm{M}}\frac{\mu_0}{4\pi}\iint_{\mathrm{S}_-}(-\sigma_{\mathrm{ext}})\frac{(r\cos\theta, r\sin\theta, h_- + d_-)}{\{r^2+(h_- + d_-)^2\}^{\frac{3}{2}}}r\,d\theta dr$$
$$= -\frac{1}{2}\mu_0\frac{\mu-\mu_0}{\mu}H_{\mathrm{ext}}\vec{H}_{\mathrm{ext}} \tag{5.6.13}$$
$$\vec{F}_{-3} = -\sigma_{\mathrm{M}}\frac{\mu_0}{4\pi}\iint_{\text{磁性体下面}}\sigma_{\mathrm{M}}\frac{(r\cos\theta, r\sin\theta, h_- + h_+)}{\{r^2+(h_- + h_+)^2\}^{\frac{3}{2}}}r\,d\theta dr$$
$$= \frac{1}{2}\left(\frac{\mu-\mu_0}{\mu}\right)^2 H_{\mathrm{ext}}\vec{H}_{\mathrm{ext}} \tag{5.6.14}$$

となる．以上より，$\vec{F}_-$ は，(5.6.12)–(5.6.14) 式より，

$$\vec{F}_- = \vec{F}_{-1} + \vec{F}_{-2} + \vec{F}_{-3}$$
$$= -\frac{1}{2}\mu_0\frac{\mu-\mu_0}{\mu}H_{\mathrm{ext}}\vec{H}_{\mathrm{ext}} - \frac{1}{2}\mu_0\frac{\mu-\mu_0}{\mu}H_{\mathrm{ext}}\vec{H}_{\mathrm{ext}} + \frac{1}{2}\mu_0\left(\frac{\mu-\mu_0}{\mu}\right)^2 H_{\mathrm{ext}}\vec{H}_{\mathrm{ext}}$$
$$= -\mu_0\frac{\mu-\mu_0}{\mu}H_{\mathrm{ext}}\vec{H}_{\mathrm{ext}} + \frac{1}{2}\mu_0\left(\frac{\mu-\mu_0}{\mu}\right)^2 H_{\mathrm{ext}}\vec{H}_{\mathrm{ext}}$$
$$= \frac{1}{2}\mu_0\frac{\mu_0^2-\mu^2}{\mu^2}H_{\mathrm{ext}}\vec{H}_{\mathrm{ext}} \tag{5.6.15}$$

となる．

同様にして，磁性体の下面の単位面積の磁荷 σ_{M} に働く力 $\vec{F}_+$ は上部磁極の σ_{ext} による $\vec{F}_{+1}$，下部磁極の $-\sigma_{\mathrm{ext}}$ による $\vec{F}_{+2}$，磁性体上部の $-\sigma_{\mathrm{M}}$ による $\vec{F}_{+3}$ であり，

$$\vec{F}_+ = \vec{F}_{+1} + \vec{F}_{+2} + \vec{F}_{+3}$$
$$= \frac{1}{2}\mu_0\frac{\mu-\mu_0}{\mu}H_{\mathrm{ext}}\vec{H}_{\mathrm{ext}} + \mu_0\frac{1}{2}\frac{\mu-\mu_0}{\mu}H_{\mathrm{ext}}\vec{H}_{\mathrm{ext}} - \frac{1}{2}\mu_0\left(\frac{\mu-\mu_0}{\mu}\right)^2 H_{\mathrm{ext}}\vec{H}_{\mathrm{ext}}$$
$$= -\frac{1}{2}\mu_0\frac{\mu_0^2-\mu^2}{\mu^2}H_{\mathrm{ext}}\vec{H}_{\mathrm{ext}} \tag{5.6.16}$$

となる．

磁性体平板全体に働く単位面積当たりの力 $\vec{F}$ は (5.6.15), (5.6.16) 式より，$\vec{F} = \vec{F}_- + \vec{F}_+ = \vec{0}$ [N] となる．すなわち，外部磁界 $\vec{H}_{\mathrm{ext}}$ を印加しても磁性体が並進運動することはない．次に，B. の解釈にしたがって $-\sigma_{\mathrm{M}}$ に働く力 $\vec{F}_-$ を以下に求めてみよう．1. を参考にすると $\vec{F}_-$ は $\vec{F}_{-1}$ に等しいので，(5.6.12) 式より，

$$\vec{F}_- = \vec{F}_{-1} = -\frac{1}{2}\mu_0\frac{\mu-\mu_0}{\mu}H_{\mathrm{ext}}\vec{H}_{\mathrm{ext}}\,[\mathrm{N/m^2}] \tag{5.6.17}$$

となる．磁気エネルギーと仮想変位の方法より求めた結果と一致するのは B. の解釈のほうである．■

例題 5.10

真空中において，一様な磁界 $\overrightarrow{H}_{\mathrm{ext}}$ [A/m] 中に半径が a [m]，透磁率が μ [H/m] の磁性体球が置かれているとき，磁性体球に働く力 $\overrightarrow{F}$ を求めよ．

【解答】 図5.24 に示すように空間座標を設定する．

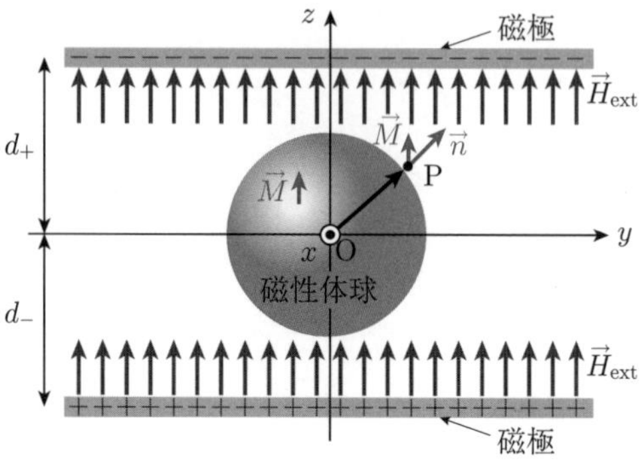

図5.24

例題 5.6 より，磁性体内の表面を含む点における磁化 $\overrightarrow{M}$ [A/m] は，(5.4.14) 式より，

$$\overrightarrow{M} = \frac{3(\mu-\mu_0)}{\mu+2\mu_0}\overrightarrow{H}_{\mathrm{ext}} \tag{5.6.18}$$

である．したがって磁性体の表面の任意の点 P（$\overrightarrow{r}_{\mathrm{P}} = a(\sin\theta\cos\varphi, \sin\theta\sin\varphi, \cos\theta)$）に現れる磁荷密度 σ_{M} [A/m] は，

$$\begin{aligned}\sigma_{\mathrm{M}}(\mathrm{P}) &= \overrightarrow{M}\cdot\overrightarrow{n}(\mathrm{P}) \\ &= M\cos\theta \end{aligned} \tag{5.6.19}$$

であり，上部の面上には正の磁荷が現れ下部の面上には負の磁荷が現れる．磁性体の表面の微小面積の磁荷 $\sigma_{\mathrm{M}}(\mathrm{P})\,dS(\mathrm{P})$ [A·m] に働く力 $d\overrightarrow{F}$ は例題 5.9 で述べたように，2 つの解釈が考えられる．

A. の解釈

磁荷 $\sigma_{\mathrm{M}}(\mathrm{P})\,dS(\mathrm{P})$ に働く力 $d\overrightarrow{F}$ は上部磁極の $-\sigma_{\mathrm{ext}}$ による $d\overrightarrow{F}_1(\mathrm{P})$，下部磁極の σ_{ext} による $d\overrightarrow{F}_2(\mathrm{P})$ の和である．上部磁極上の点 Q_- の位置を $\overrightarrow{r}_{\mathrm{Q}_-} = (r\cos\psi, r\sin\psi, d_-)$，下部磁極上の点 Q_+ の位置を $\overrightarrow{r}_{\mathrm{Q}_+} = (r\cos\psi, r\sin\psi, -d_+)$，$0 \le r < \infty$，$0 \le \psi \le 2\pi$ とする．このまま計算すると非常に複雑になるので以下のように工夫をする．まず簡単化のために点 P を磁性体の最上部（$\overrightarrow{r}_{\mathrm{P}} = a(0,0,1)$）にする．このとき点 P を含む微小面積 $dS(\mathrm{P})$ に働く力 $d\overrightarrow{F}_{+1}$ は (5.6.3) 式より，

$$\begin{aligned} d\overrightarrow{F}_{+1}(\mathrm{P}) &= \sigma_{\mathrm{M}}(\mathrm{P})\,dS(\mathrm{P})\int_{r=0}^{\infty}\int_{\psi=0}^{2\pi}(-\sigma_{\mathrm{ext}})\frac{(-r\cos\psi, -r\sin\psi, a-d_-)}{\{r^2+(a-d_-)^2\}^{\frac{3}{2}}}r\,d\psi dr \\ &= -\sigma_{\mathrm{M}}(\mathrm{P})\sigma_{\mathrm{ext}}\,dS(\mathrm{P})\frac{\mu_0}{4\pi}(0,0,2\pi)(a-d_-)\int_0^{\infty}\frac{r}{\{r^2+(a-d_-)^2\}^{\frac{3}{2}}}\,dr \end{aligned}$$

$$
\begin{aligned}
&= \sigma_{\mathrm{M}}(\mathrm{P})\sigma_{\mathrm{ext}}\, dS(\mathrm{P})\tfrac{\mu_0}{4\pi}(0,0,2\pi)(a-d_-)\left[\frac{1}{\{r^2+(a-d_-)^2\}^{\frac{1}{2}}}\right]_{r=0}^{\infty} \\
&= -\tfrac{\mu_0}{2}\sigma_{\mathrm{M}}(\mathrm{P})\sigma_{\mathrm{ext}}\, dS(\mathrm{P})\tfrac{a-d_-}{|a-d_-|}\vec{k} \\
&= \tfrac{\mu_0}{2}\sigma_{\mathrm{M}}(\mathrm{P})\sigma_{\mathrm{ext}}\, dS(\mathrm{P})\vec{k} \\
&= \tfrac{\mu_0}{2}M\sigma_{\mathrm{ext}}\, dS(\mathrm{P})\vec{k} \qquad (5.6.20)
\end{aligned}
$$

となる．すなわち，$d\vec{F}_{+1}$ は磁性体と磁極の距離に依存しない．したがって，磁性体表面の任意の点 P（$\vec{r}_{\mathrm{P}} = a(\sin\theta\cos\varphi, \sin\theta\sin\varphi, \cos\theta)$）における微小磁荷 $\sigma_{\mathrm{M}}(\mathrm{P})\, dS(\mathrm{P})$ に働く力 $d\vec{F}_1(\mathrm{P})$ は点 P を通り z 軸に平行な軸と上部磁極が交わる点を改めて点 Q_- の原点として (5.6.20) 式の積分をすればよいことになるので，

$$
d\vec{F}_1(\mathrm{P}) = \tfrac{\mu_0}{2}\sigma_{\mathrm{M}}(\mathrm{P})\sigma_{\mathrm{ext}}\, dS(\mathrm{P})\vec{k} = \tfrac{\mu_0}{2}M\cos\theta\,\sigma_{\mathrm{ext}}a^2\sin\theta\, d\theta d\varphi\,\vec{k} \qquad (5.6.21)
$$

となる．したがって，上部磁極と磁性体の表面磁荷の間に働く力 $\vec{F}_1$ [N] は，(5.6.21) 式の $d\vec{F}_1(\mathrm{P})$ を重ね合わせることにより，

$$
\begin{aligned}
\vec{F}_1 &= \oiint_{\text{磁性体球表面}} dF_1(\mathrm{P}) \\
&= \int_{\varphi=0}^{2\pi}\int_{\theta=0}^{\pi}\tfrac{\mu_0}{2}M\cos\theta\,\sigma_{\mathrm{ext}}a^2\sin\theta\, d\theta d\varphi\,\vec{k} \\
&= \tfrac{\mu_0}{2}M\sigma_{\mathrm{ext}}a^2\vec{k}\int_{\varphi=0}^{2\pi}\int_{\theta=0}^{\pi}\cos\theta\sin\theta\, d\theta d\varphi \\
&= \vec{0}
\end{aligned}
$$

となる．同様にして下部磁極により磁性体の表面磁荷の間に働く力 $\vec{F}_2$ も $\vec{0}$ N となる．ところで，上部磁極あるいは下部磁極と磁性体の上部表面磁荷の間に働く力 $\vec{F}_{1\,上}$ は等しく，

$$
\begin{aligned}
\vec{F}_{1\,上部} &= \tfrac{\mu_0}{2}M\sigma_{\mathrm{ext}}\pi a^2\vec{k} \\
&= \tfrac{\mu_0}{2}\pi a^2\tfrac{3(\mu-\mu_0)}{\mu+2\mu_0}H_{\mathrm{ext}}\vec{H}_{\mathrm{ext}}\ [\mathrm{N}] \qquad (5.6.22)
\end{aligned}
$$

であり，軸の正の側から磁性体をみたとき，磁化 M で帯磁した半径 a の円板に働く力に等しい．なお上部磁極と磁性体の上部表面磁荷と下部表面磁荷の間に働く力 $\vec{F}_{上下}$ を求めることは困難であるので省略する．

B. の解釈

磁性体の上部表面磁荷に働く力 $\vec{F}_{1\,上}$ は対向する上部磁極の $-\sigma_{\mathrm{ext}}$ による力のみであり，(5.6.22) 式と等しい． ■

一様な外部磁界中で，任意の位置に磁性体球を置くと，例題 5.8 に示したように磁気エネルギーは変化する．しかし，置いた後は磁性体を一様な外部磁界中で移動させても磁気エネルギーは変化しないので，磁性体を移動させるのに力を必要としない．あるいは，外部磁界に向かい合わせになる球の半面と反対側の球の半面に働く力は大きさが等しく向きが逆なので，重ね合わせることにより力は全体としては働かない．もし外部磁界が一様で無ければ $\vec{F}$ は一般的には $\vec{0}$ N にはならず，磁性体を移動させるために仕事が必要となる．

5.7　磁性体がある場合のインダクタンス

4 章では真空中において，導体に電流を流したときに発生する磁束とその電流との鎖交の程度を表す自己インダクタンスや，発生した磁束が他の回路に鎖交する程度を表す相互インダクタンスについて述べた．本節ではさらに磁性体がインダクタンスに及ぼす影響について説明する．磁性体が存在すると発生する磁束密度や磁束が真空のみの場合と一般的に異なる．それは自由電流の他に束縛電流が関与するためである．

例題5.11

図5.25 (a)，**(b)** に示すように，真空中において，中心軸が半径 b [m] の円であり，透磁率 μ [H/m] である半径 a [m] の円形断面の環状磁性体に太さが無視できる導線が環状磁性体と隙間なく N 回巻かれているとき，環状ソレノイドの自己インダクタンス L を求めよ．ただしソレノイド外に磁束が漏れないとする．

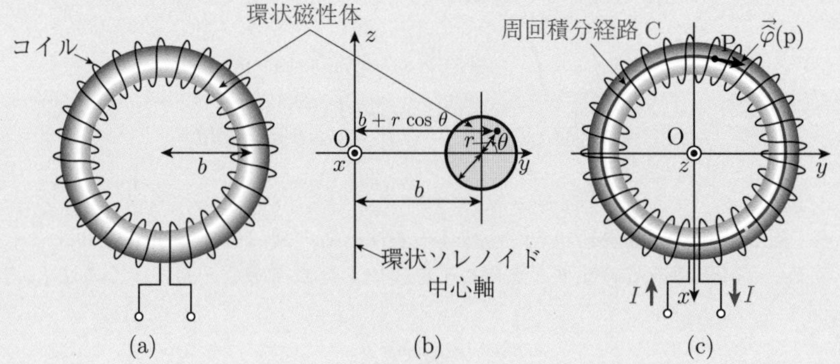

図5.25

【解答】　(1)　**図5.25 (b)** に示すように，環状ソレノイドの中心が xyz 座標の原点と一致し，環状磁性体の半径 b [m] の円形中心軸が xy 平面上にあるように空間座標を設定する．ソレノイドに電流を I [A] 流すと，**図5.25 (b)**，**(c)** に示すように環状磁性体の円形中心軸から r [m] の距離にあるソレノイド内の点 P における磁界 $\vec{H}(\mathrm{P})$ [A/m] を，ここでは，アンペールの法則を適用して求めてみよう．まず積分経路 C として **図5.25 (c)** に示すように，環状ソレノイドの中心軸上の点（$0, 0, r\sin\theta$）を中心とする半径 $b + r\cos\theta$ の円周（この円周上に点 P がある）にとると，これに NI [A] の電流が鎖交するから，アンペールの法則より

$$\oint_{\mathrm{C}} \vec{H}(\mathrm{P}) \cdot d\vec{s} = NI \tag{5.7.1}$$

となる．この電流による磁束は漏れ磁束がなくすべて磁性体中にある．対称性により，C 上では磁界 $\vec{H}(\mathrm{P})$ の大きさは一定で，**図5.25 (c)** に示すように方向は C の接線方向であり，向きは電流の流れる向きで右ネジの関係で決まる．今の場合には，時計回りの向き

である．$\vec{H}(\mathrm{P})$ の大きさはソレノイドの中心軸に沿って一様であるので，(5.7.1) 式より，

$$\begin{aligned}\oint_{\mathrm{C}} \vec{H}\cdot d\vec{s} &= \oint_{\mathrm{C}} H\,ds = H\oint_{\mathrm{C}} ds = H2\pi(b + r\cos\theta)\\ &= NI \end{aligned} \tag{5.7.2}$$

となるので，

$$\vec{H}(\mathrm{P}) = \tfrac{NI}{2\pi(b+r\cos\theta)}\vec{\varphi}(\mathrm{P}) \tag{5.7.3}$$

となる．ただし，**図5.25 (c)** に示すように，$\vec{\varphi}(\mathrm{P})$ は点 P における C の接線方向の単位ベクトルであり，時計回りの向きである．ソレノイド内の磁束密度 $\vec{B}(\mathrm{P})$ も環状ソレノイドの中心軸に沿って一様であり，(5.7.3) 式より，

$$\vec{B}(\mathrm{P}) = \mu\vec{H}(\mathrm{P}) = \mu\tfrac{NI}{2\pi(b+r\cos\theta)}\vec{\varphi}(\mathrm{P}) \tag{5.7.4}$$

となる．したがってソレノイドに鎖交するソレノイド内部の鎖交磁束 $\varPhi$ [Wb] は，(5.7.4) 式より，

$$\begin{aligned}\varPhi &= N\oiint_{\text{ソレノイド断面}} \vec{B}\cdot d\vec{S}\\ &= \tfrac{N}{2\pi}\int_{r=0}^{a}\int_{\theta=0}^{2\pi} \tfrac{\mu NI}{b+r\cos\theta} r\,drd\theta = \tfrac{\mu N^2 I}{2\pi}\int_0^a \tfrac{2\pi r}{(b^2-r^2)^{\frac{1}{2}}}\,dr\\ &= -\mu N^2 I\left[(b^2-r^2)^{\frac{1}{2}}\right]_0^a\\ &= \mu N^2 I\left\{b-(b^2-a^2)^{\frac{1}{2}}\right\} \end{aligned} \tag{5.7.5}$$

となる．したがって，環状ソレノイドの自己インダクタンス L [H] は (5.7.5) 式より，

$$L = \tfrac{\varPhi}{I} = \mu N^2\left\{b-(b^2-a^2)^{\frac{1}{2}}\right\}\ [\mathrm{H}] \tag{5.7.6}$$

となる．$b \gg a$ のとき，

$$\begin{aligned} b-(b^2-a^2)^{\frac{1}{2}} &\cong b - b\left(1-\tfrac{1}{2}\tfrac{a^2}{b^2}\right)\\ &= \tfrac{1}{2}\tfrac{a^2}{b} \end{aligned}$$

であるので，L は，

$$\begin{aligned} L &\cong \tfrac{1}{2}\tfrac{\mu a^2 N^2 a^2}{b} = \tfrac{\mu N^2 \pi a^2}{2\pi b}\\ &= \tfrac{\mu N^2 S}{\ell}\ [\mathrm{H}] \end{aligned} \tag{5.7.7}$$

となる．ただし，S は磁性体の断面積であり，ℓ [m] は環状磁性体の中心軸の長さである．このとき点 P における磁界 $\vec{H}(\mathrm{P})$ は，(5.7.4) 式より，

$$\begin{aligned}\vec{H}(\mathrm{P}) &= \tfrac{NI}{2\pi(b+r\cos\theta)}\vec{\varphi}(\mathrm{P})\\ &\cong \tfrac{NI}{2\pi b}\vec{\varphi}(\mathrm{P}) = \tfrac{NI}{\ell}\vec{\varphi}(\mathrm{P})\ [\mathrm{A/m}] \end{aligned} \tag{5.7.8}$$

となり，磁束密度 $\vec{B}(\mathrm{P})$ は，

$$\vec{B}(\mathrm{P}) \cong \mu\tfrac{NI}{\ell}\vec{\varphi}(\mathrm{P})\ [\mathrm{T}] \tag{5.7.9}$$

となる．■

5.8　磁性体がある静磁界の特殊解法

真空以外に導体や磁性体が存在する場合，静磁界の問題を解くのは困難である．本節では磁性体と電流との相互作用について述べるが，その場合，静磁界の解を解析的に求めることは不可能である．その場合，解を仮定して問題を解き，得られた解に境界条件を含めて矛盾がないかを確認し，正しい解であると認められた場合には，解の一意性の定理よりそれが唯一の解であると認められる．磁性体形状が平面，円柱，球形である場合には，解を仮定しやすいが，それ以外の場合には解を見いだすのは不可能といってよいであろう．ただし近似解を得ることは可能である場合がある．

例題5.12

図5.26に示すように，xyz 座標の y, z 方向に無限大の広がり，x 方向に半無限の広がりを持つ透磁率が μ_1 [H/m] の磁性体1および透磁率が μ_2 [H/m] の磁性体2が yz 平面を境界面として隙間なく接している．磁性体1中（$x > 0$）の xz 平面内に点 $(a, 0, 0)$（$a > 0$）を通り z 軸に平行な太さが無視できる無限長直線状導線Cが置かれ，これに定常直流電流 I [A] が流れている．

(1)　磁性体1中の任意の点Pにおける磁束密度 $\vec{B}_1$ および磁界の $\vec{H}_1$，磁性体2中の任意の点Pにおける磁束密度 $\vec{B}_2$ および磁界 $\vec{H}_2$ を求めよ．

(2)　Cの1m当たりに働く力 $\vec{F}$ を求めよ．

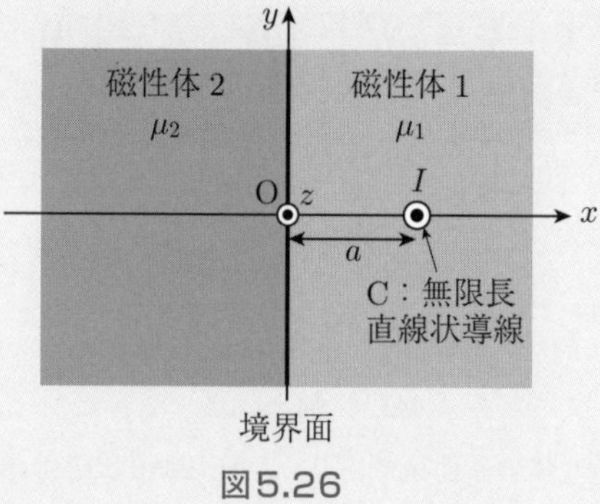

図5.26

【解答】　(1)　この問題を解析的な手順で解くことは不可能であるので，解を仮定してとき，矛盾がなければ，解の唯一性により正しい解となる．問題を解く最も重要なものは磁束密度と磁界に関する境界条件である．

図5.27 (a) に示すように，磁性体1中に観測点Pを置いた場合を考える．解法の概念は，$x = 0$ にある境界面で透磁率の異なる磁性体が接しており磁性体1の領域にある電流 I による磁界により，磁性体1および2のそれぞれの表面に磁荷が生じる．磁性体1および2が接しているので境界面にそれぞれの磁荷の差が実質的に発生する．この磁荷

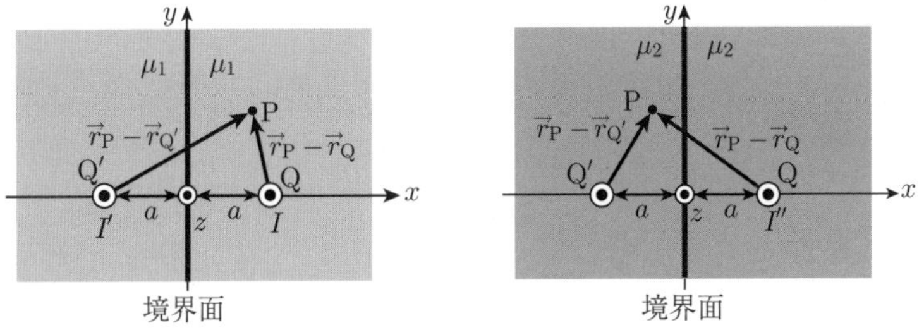

(a) (b)

図5.27

は新たに磁界を生じさせ，それらを重ね合わせたものが最終的な磁界となる．これは磁束密度についても同様である．したがって，求めるべき対象は境界面に生じる磁荷である．しかし，この磁荷を解析的に求めることはこのままでは不可能であるので，静電解の特殊解法で用いた概念である代用電荷と同様にして，磁性体 2 を磁性体 1 に置き換えて，代わりに境界面を挟んで対称な位置点 Q′ に I に平行に代用電流 I' [A] を置いてみる．このことが正しいか否かは実際に計算を進めて矛盾点がみつからなければ正しい方法と判断される．I' の大きさや向きは境界条件により最終的に決定される．このようにすると，点 P, Q, Q′ の位置をそれぞれ $\vec{r}_\mathrm{P}=(x,y,z)$, $\vec{r}_\mathrm{Q}=(a,0,0)$, $\vec{r}_{\mathrm{Q}'}=(-a,0,0)$ とできる．2 つの電流による点 P における磁束密度 $\vec{B}_1(\mathrm{P})$ [T] は，(4.1.10) 式より，

$$\vec{B}_1(\mathrm{P})=\tfrac{\mu_1}{2\pi}I\tfrac{(-y,x-a,0)}{(x-a)^2+y^2}+\tfrac{\mu_1}{2\pi}I'\tfrac{(-y,x+a,0)}{(x+a)^2+y^2} \tag{5.8.1}$$

である．また磁界 $\vec{H}_1(\mathrm{P})$ [A/m] は，(5.8.1) 式より，

$$\vec{H}_1(\mathrm{P})=\tfrac{\vec{B}_1(\mathrm{P})}{\mu_1}=\tfrac{1}{2\pi}I\tfrac{(-y,x-a,0)}{(x-a)^2+y^2}+\tfrac{1}{2\pi}I'\tfrac{(-y,x+a,0)}{(x+a)^2+y^2} \tag{5.8.2}$$

となる．次に，磁性体 2 中に観測点 P を置いた場合，**図5.27 (b)** に示すように磁性体 1 を磁性体 2 に置き換えて，I の代わりに同じ位置に I'' [A] を置く．I'' による点 P における磁束密度 $\vec{B}_2(\mathrm{P})$ は，

$$\begin{aligned}\vec{B}_2(\mathrm{P})&=\mu_2\vec{H}_2(\mathrm{P})\\&=\tfrac{\mu_2}{2\pi}I''\tfrac{(-y,x-a,0)}{(x-a)^2+y^2}\end{aligned} \tag{5.8.3}$$

である．また，磁界 $\vec{H}_2(\mathrm{P})$ は (5.8.3) 式より，

$$\vec{H}_2(\mathrm{P})=\tfrac{1}{2\pi}I''\tfrac{(-y,x-a,0)}{(x-a)^2+y^2} \tag{5.8.4}$$

となる．境界部では $x=0$ であるので，(5.8.1)–(5.8.4) 式より，

$$\vec{B}_1(\mathrm{P})=\tfrac{\mu_1}{2\pi}I\tfrac{(-y,-a,0)}{a^2+y^2}+\tfrac{\mu_1}{2\pi}I'\tfrac{(-y,a,0)}{a^2+y^2} \tag{5.8.5}$$

$$\vec{H}_1(\mathrm{P})=\tfrac{1}{2\pi}I\tfrac{(-y,-a,0)}{a^2+y^2}+\tfrac{1}{2\pi}I'\tfrac{(-y,a,0)}{a^2+y^2} \tag{5.8.6}$$

$$\vec{B}_2(\mathrm{P})=\tfrac{\mu_2}{2\pi}I''\tfrac{(-y,-a,0)}{a^2+y^2} \tag{5.8.7}$$

$$\vec{H}_2(\mathrm{P})=\tfrac{1}{2\pi}I''\tfrac{(-y,-a,0)}{a^2+y^2} \tag{5.8.8}$$

となる．ここで，境界条件によると，

1. 境界面に自由電流が流れていないので，磁界の境界面に平行な成分（接線成分）が連続である．
2. 磁束密度の境界面に垂直な成分（法線成分）は常に連続である．

を適用する．まず，磁界 $\vec{H}_1(\mathrm{P})$ の接線成分 $H_1(\mathrm{P})_\mathrm{t}$ については，磁界は z 成分が $0\,\mathrm{A/m}$ であるので境界条件を xy 平面上で考えればよく，y 軸に平行な成分を求めればよい．(5.8.6) 式より，

$$\begin{aligned} H_1(\mathrm{P})_\mathrm{t} &= \vec{H}_1(\mathrm{P}) \cdot (0,1,0) \\ &= \left(\tfrac{1}{2\pi} I \tfrac{(-y,-a,0)}{a^2+y^2} + \tfrac{1}{2\pi} I' \tfrac{(-y,a,0)}{a^2+y^2} \right) \cdot \vec{j} \\ &= \tfrac{1}{2\pi} I \tfrac{-a}{a^2+y^2} + \tfrac{1}{2\pi} I' \tfrac{a}{a^2+y^2} \end{aligned} \tag{5.8.9}$$

となる．同様にして $\vec{H}_2(\mathrm{P})$ の接線成分 $H_2(\mathrm{P})$ は (5.8.8) 式より，

$$\begin{aligned} H_2(\mathrm{P})_\mathrm{t} &= \vec{H}_2(\mathrm{P}) \cdot (0,1,0) \\ &= \tfrac{1}{2\pi} I'' \tfrac{-a}{a^2+y^2} \end{aligned} \tag{5.8.10}$$

となる．$H'(\mathrm{P})_\mathrm{t}$ と $H''(\mathrm{P})_\mathrm{t}$ が等しいので (5.8.9), (5.8.10) 式より，

$$\tfrac{1}{2\pi} I \tfrac{-a}{a^2+y^2} + \tfrac{1}{2\pi} I' \tfrac{a}{a^2+y^2} = \tfrac{1}{2\pi} I'' \tfrac{-a}{a^2+y^2} \tag{5.8.11}$$

となり，

$$-I + I' = -I'' \tag{5.8.12}$$

となる．次に，磁束密度 $\vec{B}_1(\mathrm{P})$ の法線成分 $B_1(\mathrm{P})_\mathrm{n}$ については，x 軸に平行な成分を求めればよい．(5.8.5) 式より，

$$\begin{aligned} B_1(\mathrm{P})_\mathrm{n} &= \vec{B}_1(\mathrm{P}) \cdot (1,0,0) \\ &= \left(\tfrac{\mu_1}{2\pi} I \tfrac{(-y,-a,0)}{a^2+y^2} + \tfrac{\mu_1}{2\pi} I' \tfrac{(-y,a,0)}{a^2+y^2} \right) \cdot \vec{i} \\ &= \tfrac{\mu_1}{2\pi} I \tfrac{-y}{a^2+y^2} + \tfrac{\mu_1}{2\pi} I' \tfrac{-y}{a^2+y^2} \end{aligned} \tag{5.8.13}$$

となる．同様にして $\vec{B}_2(\mathrm{P})$ の接線成分 $B_2(\mathrm{P})_\mathrm{n}$ は，(5.8.7) 式より，

$$\begin{aligned} B_2(\mathrm{P})_\mathrm{t} &= \vec{B}_2(\mathrm{P}) \cdot \vec{i} \\ &= \tfrac{\mu_2}{2\pi} I'' \tfrac{-y}{a^2+y^2} \end{aligned} \tag{5.8.14}$$

となり，(5.8.13), (5.8.14) 式より，

$$\mu_1 I + \mu_1 I' = \mu_2 I'' \tag{5.8.15}$$

となる．(5.8.12), (5.8.15) 式より，

$$I' = \tfrac{\mu_2 - \mu_1}{\mu_2 + \mu_1} I, \quad I'' = \tfrac{2\mu_1}{\mu_2 + \mu_1} I \tag{5.8.16}$$

となる．以上より，磁性体1中の任意の点Pにおける磁束密度 $\vec{B}_1$ および磁界 $\vec{H}_1$，磁性体2中の任意の点Pにおける磁束密度 $\vec{B}_2$ および磁界 $\vec{H}_2$ は (5.8.1)–(5.8.4) および (5.8.16) 式よりそれぞれ，

$$\vec{B}_1(\mathrm{P}) = \mu_1 \vec{H}_1(\mathrm{P}) = \tfrac{\mu_1}{2\pi} I \tfrac{(-y,x-a,0)}{(x-a)^2+y^2} + \tfrac{\mu_1}{2\pi} \tfrac{\mu_2-\mu_1}{\mu_2+\mu_1} I \tfrac{(-y,x+a,0)}{(x+a)^2+y^2} \ [\mathrm{T}] \tag{5.8.17}$$

$$\vec{H}_1(\mathrm{P}) = \tfrac{1}{2\pi} I \tfrac{(-y,x-a,0)}{(x-a)^2+y^2} + \tfrac{1}{2\pi} \tfrac{\mu_2-\mu_1}{\mu_2+\mu_1} I \tfrac{(-y,x+a,0)}{(x+a)^2+y^2} \ [\mathrm{A/m}]$$

$$\vec{B}_2(\mathrm{P}) = \tfrac{1}{\pi} \tfrac{\mu_1\mu_2}{\mu_2+\mu_1} I \tfrac{(-y,-a,0)}{a^2+y^2} \ [\mathrm{T}]$$

$$\vec{H}_2(\mathrm{P}) = \tfrac{1}{\pi} \tfrac{\mu_1}{\mu_2+\mu_1} I \tfrac{(-y,x-a,0)}{(x-a)^2+y^2} \ [\mathrm{A/m}]$$

となる．

(2)　電流 I に働く力 $\vec{F}$ は電流 I' によるものである．**図5.27 (a)** を参照して，I' による電流 I 上の点 $\mathrm{P}(0,a,z)$ における磁束密度 $\vec{B}'_1(\mathrm{P})$ は (5.8.17) 式右辺の 2 項目であり，

$$\begin{aligned}\vec{B}'_1(\mathrm{P}) &= \tfrac{\mu_1}{2\pi} \tfrac{\mu_2-\mu_1}{\mu_2+\mu_1} I \tfrac{(0,2a,0)}{4a^2} \\ &= \tfrac{\mu_1}{4\pi a} \tfrac{\mu_2-\mu_1}{\mu_2+\mu_1} I \vec{j} \ [\mathrm{T}]\end{aligned}$$

である．したがって C の 1 m 当たりに働く力 $\vec{F}$ は，

$$\begin{aligned}\vec{F} &= I \int_0^1 \vec{B}'_1(\mathrm{P}) \times dz(0,0,1) \\ &= \tfrac{\mu_1}{4\pi a} \tfrac{\mu_2-\mu_1}{\mu_2+\mu_1} I^2 \vec{i} \ [\mathrm{N}] \end{aligned} \tag{5.8.18}$$

となる．■

5章の問題

□**5.1** 図5.1 **(a)** に示すように，真空中において，半径 R [m] の円形コイルが，中心 O が原点に一致するように xy 平面上に置かれ，定常直流電流 I [A] が図に示す向きに流れているとき，円形コイルから遠く離れた点 $\mathrm{P}(x, y, z)$（$R \ll x, y, z$）におけるベクトルポテンシャル $\vec{A}(\mathrm{P})$ を求めよ．

□**5.2** 図5.28 に示すように，真空中において，磁化 $\vec{M}$ [A/m] で一様に磁化された厚さ t [m] の無限大の広さを持つ磁性体平板が置かれているとき，磁性体平板内の任意の点 P における反磁界 $\vec{H}_1(\mathrm{P})$ を求めよ．

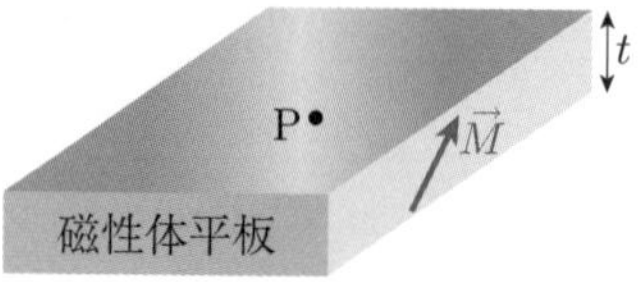

図5.28

□**5.3** 図5.29 に示すように，真空中において，一様な外部磁界 $\vec{H}_{\mathrm{ext}}$ [A/m] 中に半径 R [m]，透磁率 μ [H/m] の無限長磁性体円柱が置かれているとき，磁性体円柱内の任意の点 P における巨視磁界 $\vec{H}(\mathrm{P})$ を求めよ．

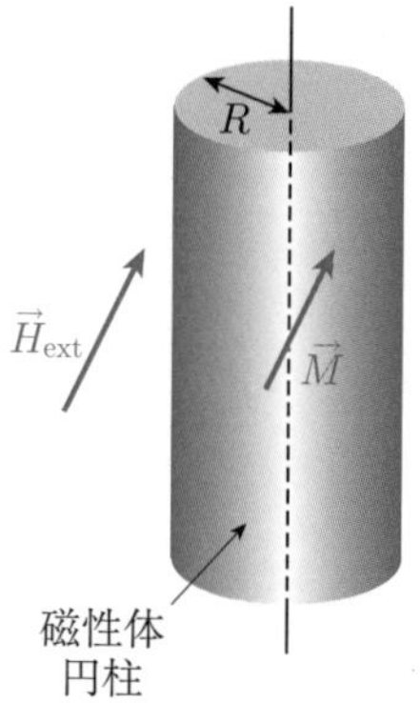

図5.29

□**5.4** 真空中において，一様な外部磁界 $\vec{H}_{\mathrm{ext}}$ [A/m] 中に，透磁率 μ [H/m]，厚さ t [m] の無限大の広さを持つ磁性体平板が置かれているとき，磁性体平板内の任意の点 P における巨視磁界 $\vec{H}(\mathrm{P})$ を求めよ．

□**5.5** 真空中において，一様な磁界 $\vec{H}_{\mathrm{ext}}$ [A/m] 中に，半径 a [m]，透磁率 μ [H/m] の磁性体球が置かれているとき，磁性体球に働く力 $\vec{F}$ を求めよ．

□**5.6**　図5.30 に示すように，真空中において，一様な外部磁界 $\vec{H}_{\mathrm{ext}}$ [A/m] 中に，厚さ t_1 [m], t_2 [m], 透磁率 μ_1 [H/m], μ_2 [H/m] の平板磁性体 1，磁性体 2 を密着させた 2 層磁性体板が置かれ，$\vec{H}_{\mathrm{ext}}$ が平板磁性体に垂直に印加され，それぞれ磁化 $\vec{M}_1$ [A/m], $\vec{M}_2$ [A/m] で一様に磁化されているとき，磁性体 1 および磁性体 2 の境界面の単位面積に働く $\vec{F}$ を求めよ．

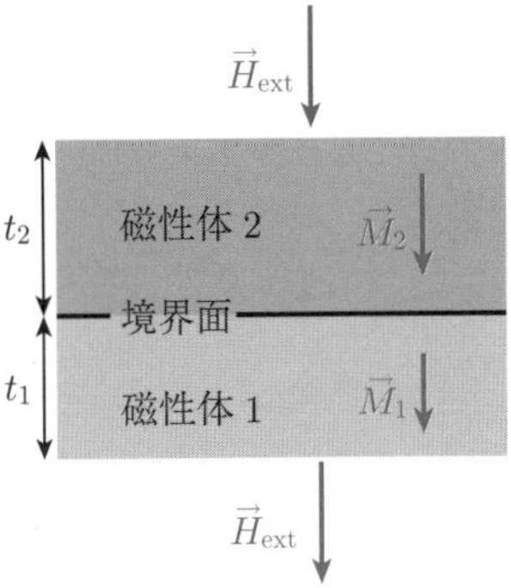

図5.30

□**5.7**　図5.31 に示すように，真空中において，長さ L [m]，半径 a [m] の円形断面の，太さが無視できる n 回巻きソレノイドが置かれ，定常直流電流 I [A] が図に示す向きに流れている．このソレノイドに半径 a [m]，透磁率 μ [H/m] の円柱磁性体が z [m]（$0 < z < L$）挿入されているとき，円柱磁性体に働く力 $\vec{F}$ を求めよ．ただし，円柱磁性体端面は中心軸に垂直な平面である．また磁性体を挿入されないときのソレノイド内の磁束密度は無限長ソレノイドと同じであるとする．

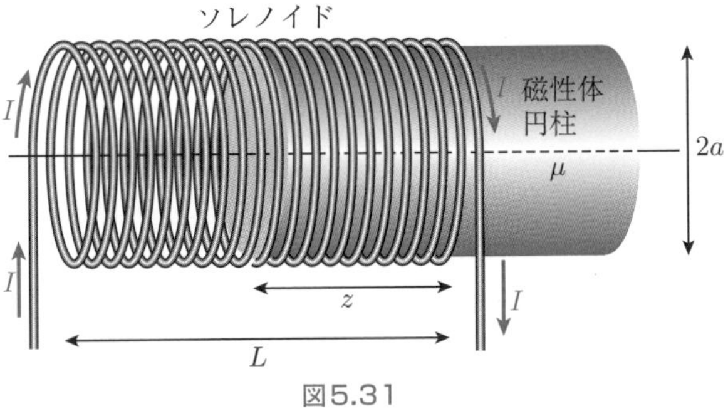

図5.31

□**5.8**　図5.32 に示すように，真空中において，中心軸が半径 b [m] の円であり，透磁率 μ [H/m] である半径 a [m] の円形断面の環状磁性体に，その中心軸に沿う長さ δ [m] の間隙が設けられている．この環状磁性体に太さが無視できる導線が環状磁性体と隙間なく N 回巻かれているとき，環状ソレノイド自己インダクタンス L を求めよ．ただし環状磁性体外に磁束が漏れないとする．

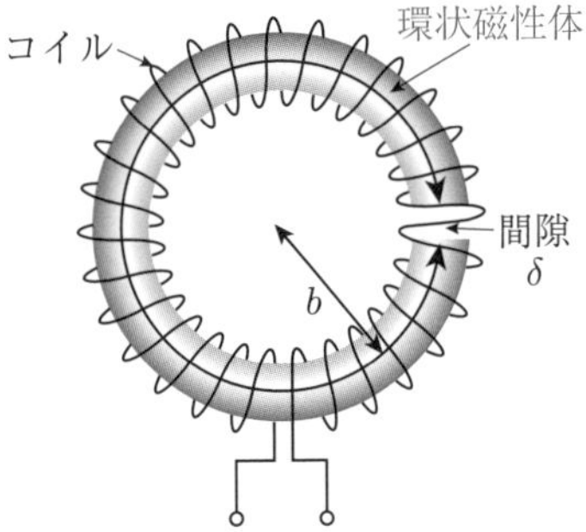

図5.32

□**5.9**　**図5.33** に示すように，真空中において，中心軸が半径 b [m] の円であり，透磁率 μ [H/m] である半径 a [m] の円形断面の環状磁性体に，太さが無視できる導線がそれぞれ図の向きに N_1 および N_2 回巻かれたコイル1およびコイル2がある．それぞれの自己インダクタンス L_1, L_2 およびコイル1, 2の間の相互インダクタンス M を求めよ．ただし環状磁性体外に磁束が漏れないとする．

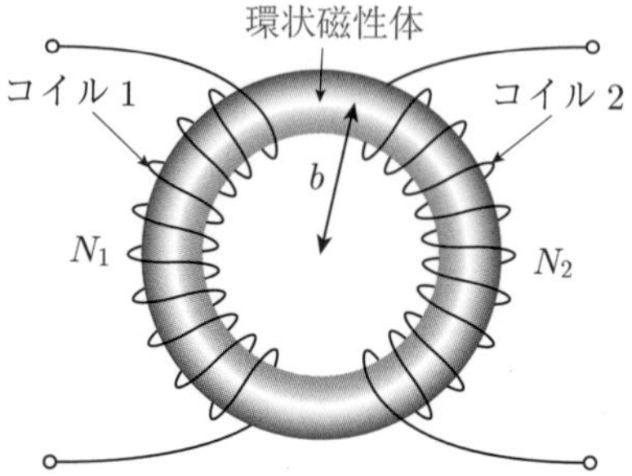

図5.33

□**5.10**　**図5.34** に示すように，真空中において，中心軸を同じくする厚さが無視できる内半径 a [m]，外半径 c [m]（$a < c$）の無限長同軸円筒導体の間の領域に内半径 a [m]，外半径 b [m]（$a < b < c$），透磁率 μ_1 [H/m] の円筒状磁性体1および内半径 b [m]，外半径 c [m]，透磁率 μ_2 [H/m] の円筒状磁性体2が同軸に配置され，往復線路が形成されている．以下の問に答えよ．

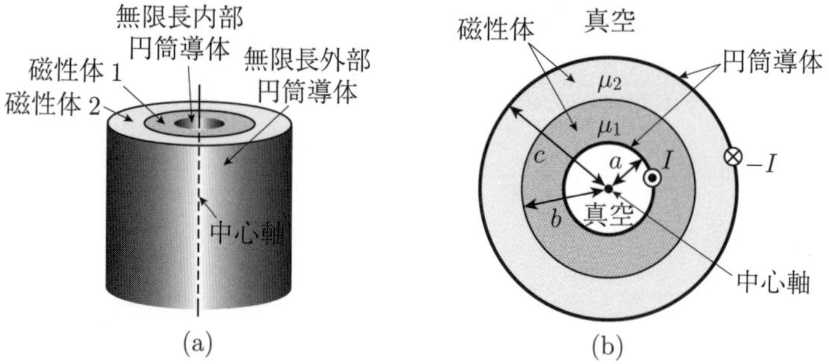

図5.34

(1)　**図5.34 (b)** に示すように，それぞれの導体に一様に定常直流電流 I [A] を，互いに逆向きに図に示す向きに流すとき，任意の点Pにおける磁束密度 $\vec{B}(\mathrm{P})$ を求めよ．

(2)　往復線路の1m当たりの自己インダクタンス L を求めよ．

□**5.11**　**図5.35** に示すように，xyz 座標の y, z 方向に無限大の広がりを持ち，x 方向に半無限の広がりを持つ透磁率が μ_1 [H/m] である磁性体 1，および透磁率が μ_2 [H/m] である磁性体 2 が yz 平面を境界面として隙間なく接している．磁性体 1 中（$x > 0$）xz 平面上に点 $(a, 0, 0)$（$a > 0$）を通り z 軸に平行な太さが無視できる無限長直線状導線 C_1 が置かれ，さらに磁性体 2 中（$x < 0$）の xz 平面上に点 $(-b, 0, 0)$（$b > 0$, $a \neq b$）を通り z 軸に平行な太さが無視できる無限長直線状導線 C_2 が置かれ，C_1, C_2 に定常直流電流 I_1 [A], I_2 [A] が図に示す向きにそれぞれ流れているとき，C_1 の 1 m 当たりに働く力 $\vec{F}$ を求めよ．

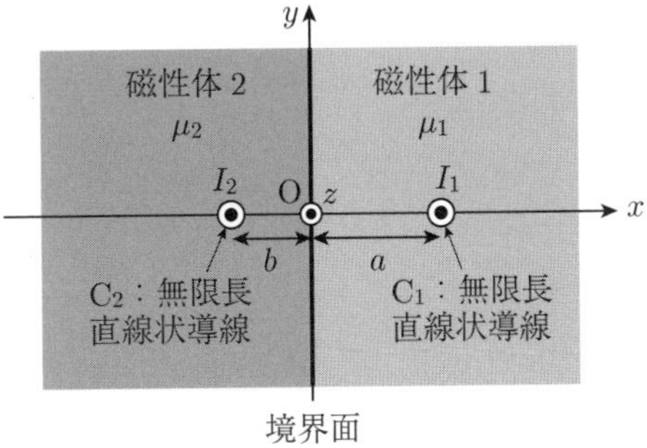

図5.35

問題解答

2章

2.1　(1)　図 A.2.1 に示すように，

$$\vec{r}_{\mathrm{P}}=(x,y,z),\quad \vec{r}_{\mathrm{Q}}=(a,0,0),\quad \vec{r}_{\mathrm{R}}=(-a,0,0)$$

とすると，点 P における電界 $\vec{E}(\mathrm{P})$ は，

$$\vec{E}(\mathrm{P})=\frac{1}{4\pi\varepsilon_0}q\frac{\vec{r}_{\mathrm{P}}-\vec{r}_{\mathrm{Q}}}{|\vec{r}_{\mathrm{P}}-\vec{r}_{\mathrm{Q}}|^3}+\frac{1}{4\pi\varepsilon_0}(-4q)\frac{\vec{r}_{\mathrm{P}}-\vec{r}_{\mathrm{R}}}{|\vec{r}_{\mathrm{P}}-\vec{r}_{\mathrm{R}}|^3}$$
$$=\frac{1}{4\pi\varepsilon_0}q\frac{(x_{\mathrm{P}}-a,y_{\mathrm{P}},z_{\mathrm{P}})}{\left|(x_{\mathrm{P}}-a)^2+y_{\mathrm{P}}^2+z_{\mathrm{P}}^2\right|^{\frac{3}{2}}}$$
$$-\frac{1}{\pi\varepsilon_0}q\frac{(x_{\mathrm{P}}+a,y_{\mathrm{P}},z_{\mathrm{P}})}{\left|(x_{\mathrm{P}}+a)^2+y_{\mathrm{P}}^2+z_{\mathrm{P}}^2\right|^{\frac{3}{2}}}\qquad\text{(A.2.1)}$$

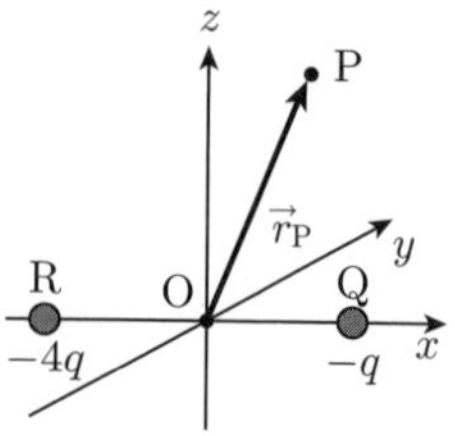

図 A.2.1

となる．$\vec{E}(\mathrm{P})$ の各成分は (A.2.1) 式より，

$$E_x(\mathrm{P})=\frac{1}{4\pi\varepsilon_0}q\left(\frac{x-a}{\left|(x-a)^2+y^2+z^2\right|^{\frac{3}{2}}}-4\frac{x+a}{\left|(x+a)^2+y^2+z^2\right|^{\frac{3}{2}}}\right)$$
$$E_y(\mathrm{P})=\frac{1}{4\pi\varepsilon_0}q\left(\frac{y}{\left|(x-a)^2+y^2+z^2\right|^{\frac{3}{2}}}-4\frac{y}{\left|(x+a)^2+y^2+z^2\right|^{\frac{3}{2}}}\right)\qquad\text{(A.2.2)}$$
$$E_z(\mathrm{P})=\frac{1}{4\pi\varepsilon_0}q\left(\frac{z}{\left|(x-a)^2+y^2+z^2\right|^{\frac{3}{2}}}-4\frac{z}{\left|(x+a)^2+y^2+z^2\right|^{\frac{3}{2}}}\right)$$

となる．これらが同時に 0 V/m になるためには，少なくとも $y=0$ かつ $z=0$ でなければならない．このとき x 成分 $E_x(\mathrm{P})$ は (A.2.2) 式より，

$$E_x(\mathrm{P})=\frac{1}{4\pi\varepsilon_0}q\left(\frac{x_{\mathrm{P}}-a}{|x_{\mathrm{P}}-a|^3}-4\frac{x_{\mathrm{P}}+a}{|x_{\mathrm{P}}+a|^3}\right)$$

であるので，$E_x(\mathrm{P})$ が 0 V/m になるためには，

$$\frac{x-a}{|x-a|^3}-4\frac{x+a}{|x+a|^3}=0\qquad\text{(A.2.3)}$$

でなければならない．

1.　$x>a$ のとき，(A.2.3) 式の x の解は，

$$4(x-a)^2-(x+a)^2=3x^2-10xa+3a^2=0$$

の解である．判別式は

$$D=25a^2-9a^2=16a^2>0$$

であるので実数解が存在し，

$$x=\frac{5a\pm4a}{3}=3a,\quad \frac{1}{3}a$$

となる．したがって，条件 $x>a$ より

$$x = \frac{5a+4a}{3} = 3a$$

である.

同様にして,

2.　$-a < x < a$ のとき,(A.2.3) 式の解は,

$$4(x-a)^2 + (x+a)^2 = 5x^2 - 6xa + 5a^2 = 0$$

の解である.判別式は

$$D = 9a^2 - 25a^2 = -16a^2 < 0$$

であるので実数解は存在しない.

3.　$x < -a$ のとき 1. と同じ x の 2 次方程式が得られその解は $x = 3a,\ \frac{1}{3}a$ となるがこれらは $x < -a$ なる条件に反する.したがって $x = 3a$ となる.以上より $\vec{r}_{\mathrm{P}} = (3a, 0, 0)$ である.

(2)　$\vec{r}_{\mathrm{P}} = (3a, 0, 0)$ の位置に試験電荷 q_{T} を置いたときの静電エネルギー W は,

$$\begin{aligned} W &= \frac{1}{4\pi\varepsilon_0} q q_{\mathrm{T}} \frac{1}{2a} + \frac{1}{4\pi\varepsilon_0}(-4q) q_{\mathrm{T}} \frac{1}{4a} \\ &= -\frac{1}{8\pi\varepsilon_0} q q_{\mathrm{T}} \end{aligned}$$

となる.

(3)　$\vec{r}_{\mathrm{P}} = (3a, 0, 0)$ の位置の x 軸上の近傍の位置での q_{T} に働くクーロン力は x 成分 F_x のみであり,

$$F_x(\mathrm{P}) = \frac{1}{4\pi\varepsilon_0} q q_{\mathrm{T}} \left\{ \frac{1}{(x_{\mathrm{P}}-a)^2} - 4\frac{1}{(x_{\mathrm{P}}+a)^2} \right\}$$

である.$\vec{r}_{\mathrm{P}} = (3a, 0, 0)$ における F_x の x 方向への勾配は,

$$\begin{aligned} \left.\frac{dF_x}{dx}\right|_{x=3a} &= -\frac{1}{2\pi\varepsilon_0} q q_{\mathrm{T}} \left(\frac{1}{8a^3} - 4\frac{1}{64a^3} \right) \\ &= -\frac{1}{32\pi\varepsilon_0} q q_{\mathrm{T}} \neq 0 \end{aligned}$$

となるので,$qq_{\mathrm{T}} > 0$ のとき F_x の勾配は負となり,$x_{\mathrm{P}} > 3a$ のときは F_x も負になり元の位置に押し戻され,$x_{\mathrm{P}} < 3a$ のときは F_x は正になり,やはり元の位置に押し戻される.したがって $qq_{\mathrm{T}} > 0$ のときは $x_{\mathrm{P}} = 3a$ は安定位置である.一方 $qq_{\mathrm{T}} < 0$ のときは F_x の勾配は正となり,$x_{\mathrm{P}} > 3a$ のときは F_x は正になりさらに変位が促進され,$x_{\mathrm{P}} < 3a$ のときは F_x は負になりやはり変位が促進される.したがって $x_{\mathrm{P}} = 3a$ は不安定位置である.

以上を静電エネルギーで議論してみよう.$x_{\mathrm{P}} = 3a$ 近傍での静電エネルギーは,

$$\begin{aligned} W &= \frac{1}{4\pi\varepsilon_0} q q_{\mathrm{T}} \left(\frac{1}{|x_{\mathrm{P}}-a|} - 4\frac{1}{|x_{\mathrm{P}}+a|} \right) \\ &= \frac{1}{4\pi\varepsilon_0} q q_{\mathrm{T}} \left(\frac{1}{x_{\mathrm{P}}-a} - 4\frac{1}{x_{\mathrm{P}}+a} \right) \end{aligned}$$

となる.また,

$$\frac{dW}{dx} = -\frac{1}{4\pi\varepsilon_0} q q_{\mathrm{T}} \left\{ \frac{1}{(x-a)^2} - 4\frac{1}{(x+a)^2} \right\} = -F_x$$

となる.したがって力がゼロとなる位置は静電エネルギーが極値をとることが分かる.また,

$$\frac{d^2W}{dx^2} = \frac{1}{2\pi\varepsilon_0} q q_{\mathrm{T}} \left\{ \frac{1}{(x-a)^3} - 4\frac{1}{(x+a)^3} \right\} = -\frac{dF_x}{dx}$$

となるので,$x = 3a$ 近傍では $\frac{1}{(x-a)^3} - \frac{4}{(x+a)^3} > 0$ であるので静電エネルギーが極小であるか,極大であるかは qq_{T} に関係し,極小のとき安定位置となる.今の場合 $qq_{\mathrm{T}} > 0$ のとき W は

$x = 3a$ で極小となり，$qq_{\mathrm{T}} < 0$ のとき W は $x = 3a$ で極大となる．$\vec{r}_{\mathrm{P}} = (3a, 0, 0)$ の位置から，y あるいは z 方向に微小変位させた場合，力はほぼ 0 N であるので安定性に関しては変化しない．

■ **2.2** 図 A.2.2 に示すように，xyz 座標を設定する．z 軸上の仮想直線上の点 Q にある微小電荷 $\lambda\, dz_{\mathrm{Q}}$ [C] と z 軸から a [m] の距離にある点 P $(a\cos\varphi, a\sin\varphi, z_{\mathrm{P}})$ にある点電荷 q [C] の間に働くクーロン力 $d\vec{F}(\mathrm{P})$ は，

$$d\vec{F}(\mathrm{P}) = \frac{1}{4\pi\varepsilon_0} q\,(\lambda\, dz_{\mathrm{Q}}) \frac{(a\cos\varphi, a\sin\varphi, z_{\mathrm{P}}-z_{\mathrm{Q}})}{\left\{a^2+(z_{\mathrm{P}}-z_{\mathrm{Q}})^2\right\}^{\frac{3}{2}}} \qquad \text{(A.2.4)}$$

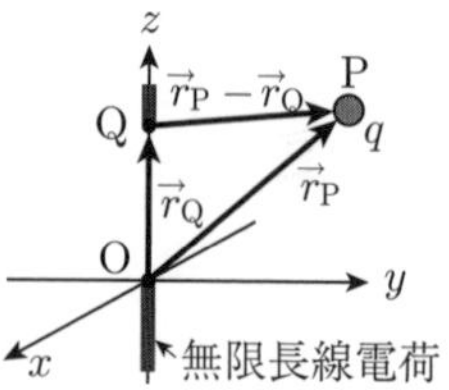

図 A.2.2

である．したがって，直線上の全電荷により，点 P にある点電荷に働く力 $\vec{F}(\mathrm{P})$ は (A.2.4) 式の $d\vec{F}(\mathrm{P})$ を重ね合わせることにより，

$$\begin{aligned}
\vec{F}(\mathrm{P}) &= \frac{1}{4\pi\varepsilon_0} q\lambda \int_{-\infty}^{\infty} \frac{(a\cos\varphi, a\sin\varphi, z_{\mathrm{P}}-z_{\mathrm{Q}})}{\left\{a^2+(z_{\mathrm{P}}-z_{\mathrm{Q}})^2\right\}^{\frac{3}{2}}}\, dz_{\mathrm{Q}} \\
&= \frac{1}{4\pi\varepsilon_0} q\lambda \int_{-\infty}^{\infty} \frac{(a\cos\varphi, a\sin\varphi, -z_{\mathrm{Q}})}{\left(z_{\mathrm{Q}}^2+a^2\right)^{\frac{3}{2}}}\, dz_{\mathrm{Q}} \\
&= \frac{q\lambda}{4\pi\varepsilon_0} \left(a\cos\varphi \int_{-\infty}^{\infty} \frac{1}{(z_{\mathrm{Q}}^2+a^2)^{\frac{3}{2}}}\, dz_{\mathrm{Q}}, a\sin\varphi \int_{-\infty}^{\infty} \frac{1}{(z_{\mathrm{Q}}^2+a^2)^{\frac{3}{2}}}\, dz_{\mathrm{Q}}, -\int_{-\infty}^{\infty} \frac{z_{\mathrm{Q}}}{(z_{\mathrm{Q}}^2+a^2)^{\frac{3}{2}}}\, dz_{\mathrm{Q}} \right) \\
&= \frac{q\lambda}{4\pi\varepsilon_0} \left(a\cos\varphi \frac{2}{a^2}, a\sin\varphi \frac{2}{a^2}, 0 \right) \\
&= \frac{q\lambda}{2\pi\varepsilon_0 a} (\cos\varphi, \sin\varphi, 0)\ [\mathrm{N}]
\end{aligned}$$

となる．この力が引力であるか斥力であるかは，$q\lambda$ の符号で決定される．

■ **2.3** (1) 電荷に分布があるので，微分・積分を行う．まず球内の電荷が存在する領域を微分割し，点 Q における無限小の体積要素 $dv(\mathrm{Q})$ 内の電荷 $\rho(\mathrm{Q})\, dv(\mathrm{Q})$ が点 P に形成する電位 $dV(\mathrm{P})$ を求める．次に球内のすべての電荷の $\vec{E}(\mathrm{P})$ への寄与を，球内のすべての電荷に関して重ね合わせる（積分する）ことによって求める．球内の電荷密度を ρ [C·m^3] とすると，電荷密度は一様であるので，$\rho = \frac{q}{\frac{4}{3}\pi a^3}$ である．2 章の **図2.4** および **2.5** に示すように，空間座標を設定する．電荷分布は球対称であるので，**図2.4** に示すように，点 P を z 軸上の点 $\vec{r}_{\mathrm{P}} = (0, 0, z)$ $(z \geq 0)$ としても一般性は失われない．また **図2.5** に示す $r\varphi\theta$ 球座標を用いて $dV(\mathrm{P})$ を表すのが便利である．点 Q の座標を

$$\vec{r}_{\mathrm{Q}} = (r\sin\theta\cos\varphi, r\sin\theta\sin\varphi, r\cos\theta), \quad 0 \leq r \leq a$$

とすると，

$$dV(\mathrm{P}) = \frac{1}{4\pi\varepsilon_0} \frac{\rho\, dv(\mathrm{Q})}{|\vec{r}_{\mathrm{P}} - \vec{r}_{\mathrm{Q}}|} = \frac{1}{4\pi\varepsilon_0} \rho \frac{1}{(r^2+z^2-2rz\cos\theta)^{\frac{1}{2}}} r^2 \sin\theta\, dr d\theta d\varphi \qquad \text{(A.2.5)}$$

である．電位 $V(\mathrm{P})$ は (A.2.5) 式の $dV(\mathrm{P})$ を重ね合わせることにより，

$$\begin{aligned}
V(\mathrm{P}) &= \frac{1}{4\pi\varepsilon_0} \rho \int_{r=0}^{a} \int_{\varphi=0}^{2\pi} \int_{\theta=0}^{\pi} \frac{1}{(r^2+z^2-2rz\cos\theta)^{\frac{1}{2}}} r^2 \sin\theta\, dr d\varphi d\theta \\
&= \frac{1}{4\pi\varepsilon_0} \rho 2\pi \int_0^a \left\{ \int_0^{\pi} \frac{\sin\theta}{(r^2+z^2-2rz\cos\theta)^{\frac{1}{2}}}\, d\theta \right\} r^2\, dr
\end{aligned}$$

$$= \frac{1}{4\pi\varepsilon_0}\rho 2\pi \int_0^a \left\{ \frac{1}{zr} \left[\left(z^2 + r^2 - 2zr\cos\theta \right)^{\frac{1}{2}} \right]_{\theta=0}^{\pi} \right\} r^2\,dr$$

$$= \frac{1}{4\pi\varepsilon_0}\rho 2\pi \int_0^a \frac{1}{zr} \left(|z+r| - |z-r| \right) r^2\,dr \tag{A.2.6}$$

となる．ここで (A.2.6) 式の最終項に絶対値記号が含まれているので，z と a の関係について場合分けが必要である．

1.　$z > a$ のとき，

$$V(\mathrm{P}) = \frac{1}{4\pi\varepsilon_0}\rho 2\pi \int_0^a \left(\frac{1}{zr} 2r \right) r^2\,dr = \frac{1}{4\pi\varepsilon_0}\rho 2\pi \frac{2}{z} \int_0^a r^2\,dr$$

$$= \frac{1}{4\pi\varepsilon_0}\rho 2\pi \frac{2}{z}\frac{1}{3}a^3 = \frac{1}{4\pi\varepsilon_0}\frac{q}{\frac{4\pi a^3}{3}} 2\pi \frac{2}{z}\frac{1}{3}a^3$$

$$= \frac{1}{4\pi\varepsilon_0} q \frac{1}{z}\ [\mathrm{V}] \tag{A.2.7}$$

となり，

2.　$0 \leq z \leq a$ のとき，

$$V(\mathrm{P}) = \frac{1}{4\pi\varepsilon_0}\rho 2\pi \left(\frac{2}{z}\int_0^z r^2\,dr + 2\int_z^a r\,dr \right)$$

$$= \frac{1}{4\pi\varepsilon_0}\rho 2\pi \left\{ \frac{2}{z}\frac{1}{3}z^3 + 2\frac{1}{2}(a^2 - z^2) \right\}$$

$$= \frac{1}{4\pi\varepsilon_0}\frac{q}{\frac{4\pi a^3}{3}} 2\pi \left(-\frac{1}{3}z^2 + a^2 \right)$$

$$= -\frac{1}{4\pi\varepsilon_0} q \frac{z^2}{2a^3} + \frac{1}{4\pi\varepsilon_0} q \frac{3}{2a}\ [\mathrm{V}] \tag{A.2.8}$$

となる．一般化すると，$\vec{r}_\mathrm{P} = (x, y, z)$ として，

1′.　$|\vec{r}_\mathrm{P}| > a$ のとき (A.2.7) 式より，

$$V(\mathrm{P}) = \frac{1}{4\pi\varepsilon_0} q \frac{1}{|\vec{r}_\mathrm{P}|}\ [\mathrm{V}] \tag{A.2.9}$$

2′.　$0 \leq |\vec{r}_\mathrm{P}| \leq a$ のとき (A.2.8) 式より，

$$V(\mathrm{P}) = -\frac{1}{4\pi\varepsilon_0} q \frac{|\vec{r}_\mathrm{P}|^2}{2a^3} + \frac{1}{4\pi\varepsilon_0} q \frac{3}{2a}$$

$$= -\frac{1}{8\pi\varepsilon_0} q \frac{|\vec{r}_\mathrm{P}|^2}{a^3} + \frac{3}{8\pi\varepsilon_0} q \frac{1}{a}\ [\mathrm{V}] \tag{A.2.10}$$

となる．

(2)　点 Q における無限小の体積要素 $dv(\mathrm{Q})$ 内の電荷 $\rho(\mathrm{Q})\,dv(\mathrm{Q})$ により点 P に形成される電界 $d\vec{E}(\mathrm{P})$ を求める．(1) と同様にして，

$$d\vec{E}(\mathrm{P}) = \frac{1}{4\pi\varepsilon_0}\frac{\rho\,dv(\mathrm{Q})}{|\vec{r}_\mathrm{P} - \vec{r}_\mathrm{Q}|^2}\frac{\vec{r}_\mathrm{P} - \vec{r}_\mathrm{Q}}{|\vec{r}_\mathrm{P} - \vec{r}_\mathrm{Q}|}$$

$$= \frac{1}{4\pi\varepsilon_0}\rho \frac{(-r\sin\theta\cos\varphi, -r\sin\theta\sin\varphi, z - r\cos\theta)}{(r^2 + z^2 - 2rz\cos\theta)^{\frac{3}{2}}} r^2 \sin\theta\,dr d\theta d\varphi \tag{A.2.11}$$

である．したがって，電界 $\vec{E}(\mathrm{P})$ は (A.2.11) 式の $d\vec{E}(\mathrm{P})$ を球内のすべての電荷に関して重ね合わせる（積分する）ことにより，

$$\vec{E}(\mathrm{P}) = \frac{\rho}{4\pi\varepsilon_0}\int_{r=0}^{a}\int_{\varphi=0}^{2\pi}\int_{\theta=0}^{\pi} \frac{(-r\sin\theta\cos\varphi, -r\sin\theta\sin\varphi, z - r\cos\theta)\sin\theta}{(r^2 + z^2 - 2rz\cos\theta)^{\frac{3}{2}}} r^2\,dr d\varphi d\theta \tag{A.2.12}$$

となる．$\vec{E}(\mathrm{P})$ の x 成分 $E_x(\mathrm{P})$ は (A.2.12) 式より，

$$E_x(\mathrm{P}) = -\frac{\rho}{4\pi\varepsilon_0}\int_0^a\int_0^\pi \frac{-r^3\sin^2\theta\cos\varphi}{(r^2+z^2-2rz\cos\theta)^{\frac{3}{2}}}\,drd\theta\int_0^{2\pi}\cos\varphi\,d\varphi = 0 \tag{A.2.13}$$

である．同様の理由で y 成分 $E_y(\mathrm{P})$ も $0\,\mathrm{V/m}$ となる．z 成分 $E_z(\mathrm{P})$ は (A.2.12) 式より，

$$\begin{aligned}E_z(\mathrm{P}) &= \frac{\rho}{4\pi\varepsilon_0}\int_0^a\int_0^{2\pi}\int_0^\pi \frac{(z-r\cos\theta)\sin\theta}{(r^2+z^2-2rz\cos\theta)^{\frac{3}{2}}}r^2\,drd\varphi d\theta \\ &= \frac{1}{4\pi\varepsilon_0}\rho 2\pi\int_0^a\int_0^\pi \frac{(z-r\cos\theta)\sin\theta}{(z^2+r^2-2zr\cos\theta)^{\frac{3}{2}}}r^2\,drd\theta \qquad \text{(A.2.14)}\end{aligned}$$

となる．ここで，(A.2.14) 式の θ に関する積分は (2.2.19) 式を参考にすると，

$$\begin{aligned}&\int_0^\pi \frac{(z-r\cos\theta)\sin\theta}{(z^2+r^2-2zr\cos\theta)^{\frac{3}{2}}}\,d\theta \\ &= z\left\{\frac{1}{rz}\left(\frac{1}{|r-z|}-\frac{1}{|r+z|}\right)\right\} - r\left\{\frac{1}{rz}\left(\frac{1}{|r+z|}+\frac{1}{|r-z|}\right)-\left(\frac{1}{rz}\right)^2(|r+z|-|r-z|)\right\} \\ &= \frac{2}{z^2}\,(z>r),\quad 0\,(z\le r) \qquad \text{(A.2.15)}\end{aligned}$$

となる．したがって，

1. $|z|>a$ のとき，(A.2.15) 式より，

$$\int_0^a\int_0^\pi \frac{(z-r\cos\theta)\sin\theta}{(z^2+r^2-2zr\cos\theta)^{\frac{3}{2}}}r^2\,drd\theta = \int_0^a \frac{2}{z^2}r^2\,dr = \frac{2}{z^2}\int_0^a r^2\,dr = \frac{2}{3}\frac{a^3}{z^2}, \tag{A.2.16}$$

2. $|z|<a$ のとき，

$$\int_0^a\int_0^\pi \frac{(z-r\cos\theta)\sin\theta}{(z^2+r^2-2zr\cos\theta)^{\frac{3}{2}}}r^2\,drd\theta = \int_0^z \frac{2}{z^2}r^2\,dr + \int_z^a 0\times r^2\,dr = \frac{2}{3}z \tag{A.2.17}$$

となる．(A.2.14), (A.2.16), (A.2.17) 式より，

1. $|z|>a$ のとき，

$$E_z(\mathrm{P}) = \frac{1}{4\pi\varepsilon_0}\rho 2\pi\frac{2}{3}\frac{a^3}{z^2} = \frac{1}{4\pi\varepsilon_0}\frac{q}{\frac{4\pi a^3}{3}}2\pi\frac{2}{3}\frac{a^3}{z^2} = \frac{1}{4\pi\varepsilon_0}q\frac{1}{z^2}\,[\mathrm{V/m}], \tag{A.2.18}$$

2. $|z|<a$ のとき，

$$E_z(\mathrm{P}) = \frac{1}{4\pi\varepsilon_0}\frac{q}{\frac{4\pi a^3}{3}}2\pi\frac{2}{3}z = \frac{1}{4\pi\varepsilon_0}q\frac{z}{a^3}\,[\mathrm{V/m}] \tag{A.2.19}$$

となる．一般化すると $\vec{r}_{\mathrm{P}}=(x,y,z)$ として，点 P における電界 $\vec{E}(\mathrm{P})$ は，

1′. $|\vec{r}_{\mathrm{P}}|>a$ のとき (A.2.18) 式より，

$$\vec{E}(\mathrm{P}) = \frac{1}{4\pi\varepsilon_0}q\frac{1}{|\vec{r}_{\mathrm{P}}|^2}\frac{\vec{r}_{\mathrm{P}}}{|\vec{r}_{\mathrm{P}}|}\,[\mathrm{V/m}], \tag{A.2.20}$$

2′. $|\vec{r}_{\mathrm{P}}|\le a$ のとき (A.2.19) 式より，

$$\begin{aligned}\vec{E}(\mathrm{P}) &= \frac{1}{4\pi\varepsilon_0}q\frac{\vec{r}_{\mathrm{P}}}{a^3} = \frac{1}{4\pi\varepsilon_0}\frac{4\pi a^3}{3}\rho\frac{\vec{r}_{\mathrm{P}}}{a^3} \\ &= \frac{1}{3\varepsilon_0}\rho\vec{r}_{\mathrm{P}}\,[\mathrm{V/m}] \qquad \text{(A.2.21)}\end{aligned}$$

となる．

$\vec{E}(\mathrm{P}) = -\vec{\nabla}V(\mathrm{P})$ の関係を用いて $\vec{E}(\mathrm{P})$ を求めると，

1′. $|\vec{r}_{\mathrm{P}}|>a$ のとき (A.2.9) 式より，

$$\vec{E}(\mathrm{P}) = -\vec{\nabla}V(\mathrm{P}) = -\left(\frac{\partial}{\partial x},\frac{\partial}{\partial y},\frac{\partial}{\partial z}\right)\left(\frac{1}{4\pi\varepsilon_0}q\frac{1}{|\vec{r}_{\mathrm{P}}|}\right) = \frac{1}{4\pi\varepsilon_0}q\frac{\vec{r}_{\mathrm{P}}}{|\vec{r}_{\mathrm{P}}|^3}\,[\mathrm{V/m}],$$

$2'$. $|\vec{r}_{\rm P}| \leq a$ のとき，同様にして (A.2.10) 式より，

$$\vec{E}(\mathrm{P}) = \frac{1}{4\pi\varepsilon_0} q \frac{\vec{r}_{\rm P}}{a^3}\ [\mathrm{V/m}]$$

となり，それぞれ直接電界を求めた (A.2.20), (A.2.21) 式の結果と一致する．

(3) 静電エネルギー W を (2.3.4), (2.3.5) 式をそれぞれ用いて求めてみよう．

(A) 球の中心からの位置 $\vec{r}$ における電位 $V(\vec{r})$ は (A.2.9), (A.2.10) 式より，

$$\begin{aligned} V(\vec{r}) &= -\frac{1}{8\pi\varepsilon_0} q \frac{r^2}{a^3} + \frac{3}{8\pi\varepsilon_0} q \frac{1}{a} \quad (r \leq a) \\ V(\vec{r}) &= \frac{q}{4\pi\varepsilon_0 r} \quad (r > a) \end{aligned} \tag{A.2.22}$$

である．ただし，$r = |\vec{r}|$ である．したがって，W は (2.3.4) 式を用いると (A.2.22) 式より，

$$\begin{aligned} W &= \frac{1}{2} \iiint_{\text{全空間}} V(\vec{r}) \rho(\vec{r})\, dv(\vec{r}) \\ &= \frac{1}{2} \int_{r=0}^{a} \int_{\theta=0}^{\pi} \int_{\varphi=0}^{2\rho} \left(-\frac{qr^2}{8\pi\varepsilon_0 a^3} + \frac{3q}{8\pi\varepsilon_0 a} \right) \frac{q}{\frac{4}{3}\pi a^3} r^2 \sin\theta\, dr d\varphi d\theta \\ &= -\frac{1}{2} \frac{3q^2}{32\pi^2 \varepsilon_0 a^6} 4\pi \int_{r=0}^{a} r^4\, dr + \frac{1}{2} \frac{9q^2}{32\pi^2 \varepsilon_0 a^4} 4\pi \int_{r=0}^{a} r^2\, dr \\ &= -\frac{1}{2} \frac{3q^2}{8\pi\varepsilon_0 a^6} \frac{1}{5} a^5 + \frac{1}{2} \frac{9q^2}{8\pi\varepsilon_0 a^4} \frac{1}{3} a^3 = -\frac{1}{2} \frac{3q^2}{40\pi\varepsilon_0 a} + \frac{1}{2} \frac{3q^2}{8\pi\varepsilon_0 a} \\ &= \frac{3q^2}{20\pi\varepsilon_0 a} \end{aligned} \tag{A.2.23}$$

となる．

(B) 電荷球の中心から $\vec{r}$ の位置の電界は (A.2.20), (A.2.21) 式で与えられるので, W は (2.3.5) 式を用いると，

$$\begin{aligned} W &= \frac{1}{2} \varepsilon_0 \iiint_{\text{全空間}} \vec{E}(\vec{r}) \cdot \vec{E}(\vec{r})\, dv(\vec{r}) \\ &= \frac{1}{2} \varepsilon_0 \int_{r=0}^{a} \int_{\theta=0}^{\pi} \int_{\varphi=0}^{2\pi} \frac{q\vec{r}}{4\pi\varepsilon_0 a^3} \cdot \frac{q\vec{r}}{4\pi\varepsilon_0 a^3} r^2 \sin\theta\, dr d\varphi d\theta \\ &\quad + \frac{1}{2} \varepsilon_0 \int_{r=a}^{\infty} \int_{\theta=0}^{\pi} \int_{\varphi=0}^{2\pi} \frac{q\vec{r}}{4\pi\varepsilon_0 r^3} \cdot \frac{q\vec{r}}{4\pi\varepsilon_0 r^3} r^2 \sin\theta\, dr d\varphi d\theta \\ &= \frac{1}{2} \frac{q^2}{16\pi^2 \varepsilon_0 a^6} 4\pi \int_{r=0}^{a} r^4\, dr + \frac{1}{2} \frac{q^2}{16\pi^2 \varepsilon_0} 4\pi \int_{r=a}^{\infty} \frac{1}{r^2}\, dr \\ &= \frac{1}{2} \frac{q^2}{20\pi\varepsilon_0 a} + \frac{1}{2} \frac{q^2}{4\pi\varepsilon_0 a} \\ &= \frac{3q^2}{20\pi\varepsilon_0 a} \end{aligned} \tag{A.2.24}$$

となり，(2.3.4) 式を用いた結果である (A.2.23) 式と一致する．

球の内外の任意の点 P の位置を球面の中心からの位置ベクトル $\vec{r}_{\rm P}$ で表す．点 P に試験電荷 $q_{\rm T}$ [C] を置くとこれに働くクーロン力 $\vec{F}$ は，

$$\begin{aligned} \vec{F}(\mathrm{P}) &= q_{\rm T} \vec{E}(\mathrm{P}) = \frac{1}{4\pi\varepsilon_0} q q_{\rm T} \frac{\vec{r}_{\rm P}}{a^3} \quad (|\vec{r}_{\rm P}| \leq a) \\ \vec{F}(\mathrm{P}) &= q_{\rm T} \frac{q\vec{r}_{\rm P}}{4\pi\varepsilon_0 |\vec{r}_{\rm P}|^3} \quad (|\vec{r}_{\rm P}| > a)\ [\mathrm{N}] \end{aligned}$$

となる．

■ **2.4** (1) **図 A.2.3** に示すように，空間座標を設定する．電荷に分布があるので，微分・積分を行う．まず z 軸上の有限長線電荷が存在する領域を微分割し，点 Q における無限小の線要素 $d\vec{s}(\mathrm{Q})$ 内の電荷 $\lambda\, ds(\mathrm{Q})$ が点 P に形成する電位 $dV(\mathrm{P})$ を求める．次に $V(\mathrm{P})$ を有限長線電荷のすべての電荷に関して重ね合わせることによって求める．まず $dV(\mathrm{P})$ は点 P を **図 A.2.3** に示す空間座標の点 $\vec{r}_{\mathrm{P}} = (x, y, z)$ （$z \geq 0$）とし，点 Q の座標を $\vec{r}_{\mathrm{Q}} = (0, 0, z')$ とすると，

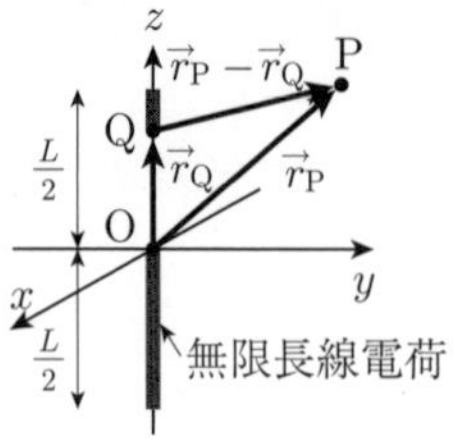

図 A.2.3

$$
\begin{aligned}
dV(\mathrm{P}) &= \frac{1}{4\pi\varepsilon_0}\lambda\, ds(\mathrm{Q})\frac{1}{|\vec{r}_{\mathrm{P}} - \vec{r}_{\mathrm{Q}}|} \\
&= \frac{1}{4\pi\varepsilon_0}\lambda\frac{1}{\left\{x^2+y^2+(z-z')^2\right\}^{\frac{1}{2}}}\, dz' \qquad \text{(A.2.25)}
\end{aligned}
$$

である．したがって電位 $V(\mathrm{P})$ は，(A.2.25) 式の $dV(\mathrm{P})$ を重ね合わせることにより，

$$
V(\mathrm{P}) = \frac{1}{4\pi\varepsilon_0}\lambda\int_{-\frac{L}{2}}^{\frac{L}{2}}\frac{1}{\left\{x^2+y^2+(z-z')^2\right\}^{\frac{1}{2}}}\, dz' \qquad \text{(A.2.26)}
$$

となる．$z' - z = (x^2 + y^2)^{\frac{1}{2}}\tan\theta = a\tan\theta$, $a > 0$ とおいて，付録公式 1 を参考にすると，(A.2.26) 式は，

$$
V(\mathrm{P}) = \frac{1}{4\pi\varepsilon_0}\lambda\log_e\left[\frac{\frac{L}{2}-z+\left\{\left(\frac{L}{2}-z\right)^2+x^2+y^2\right\}^{\frac{1}{2}}}{-\frac{L}{2}-z+\left\{\left(\frac{L}{2}+z\right)^2+x^2+y^2\right\}^{\frac{1}{2}}}\right]\ [\mathrm{V}] \qquad \text{(A.2.27)}
$$

となる．長さ L が無限長の場合，$|z| \ll L$ として，

$$
\begin{aligned}
&\log_e\left[\frac{\frac{L}{2}-z+\left\{\left(\frac{L}{2}-z\right)^2+x^2+y^2\right\}^{\frac{1}{2}}}{-\frac{L}{2}-z+\left\{\left(\frac{L}{2}+z\right)^2+x^2+y^2\right\}^{\frac{1}{2}}}\right] \cong \log_e\left[\frac{\frac{L}{2}+\frac{L}{2}\left\{1+\frac{1}{2}\frac{x^2+y^2}{\left(\frac{L}{2}\right)^2}\right\}}{-\frac{L}{2}+\frac{L}{2}\left\{1+\frac{1}{2}\frac{x^2+y^2}{\left(\frac{L}{2}\right)^2}\right\}}\right] \\
&\cong \log_e\left(\frac{L}{\frac{1}{2}\frac{x^2+y^2}{L}}\right) = 2\log_e L - \log_e(x^2+y^2) + \log_e 2
\end{aligned}
$$

となる．右辺第 1 項目は発散項であるが x, y と無関係な定数である．電位には定数の不定性が含まれるので，x, y と関係がある項は右辺第 2 項目だけである．したがって，$(x^2 + y^2)^{\frac{1}{2}} = 1$ [m] の位置を電位 0 V の点として $V(\mathrm{P})$ は，

$$
\begin{aligned}
V(\mathrm{P}) &= -\frac{1}{4\pi\varepsilon_0}\lambda\log_e(x^2+y^2) \\
&= -\frac{1}{2\pi\varepsilon_0}\lambda\log_e(x^2+y^2)^{\frac{1}{2}}\ [\mathrm{V}] \qquad \text{(A.2.28)}
\end{aligned}
$$

となる．

(2) 点 Q における無限小の線要素 $d\vec{s}(\mathrm{Q})$ 内の電荷 $\lambda\, ds(\mathrm{Q})$ が点 P に形成する電界 $d\vec{E}(\mathrm{P})$ は，

$$
\begin{aligned}
d\vec{E}(\mathrm{P}) &= \frac{1}{4\pi\varepsilon_0}\lambda\, ds(\mathrm{Q})\frac{1}{|\vec{r}_{\mathrm{P}} - \vec{r}_{\mathrm{Q}}|^2}\frac{\vec{r}_{\mathrm{P}} - \vec{r}_{\mathrm{Q}}}{|\vec{r}_{\mathrm{P}} - \vec{r}_{\mathrm{Q}}|} \\
&= \frac{1}{4\pi\varepsilon_0}\lambda\frac{(x, y, z-z')}{\{x^2+y^2+(z-z')^2\}^{\frac{3}{2}}}\, dz' \qquad \text{(A.2.29)}
\end{aligned}
$$

である．$\vec{E}(\mathrm{P})$ は球内のすべての電荷についての (A.2.29) 式の $d\vec{E}(\mathrm{P})$ を重ね合わせて，

$$\vec{E}(\mathrm{P}) = \frac{1}{4\pi\varepsilon_0}\lambda\int_{-\frac{L}{2}}^{\frac{L}{2}} \frac{(x,y,z-z')}{\{x^2+y^2+(z-z')^2\}^{\frac{3}{2}}}\,dz' \qquad \text{(A.2.30)}$$

となる．$\vec{E}(\mathrm{P})$ の x 成分 $E_x(\mathrm{P})$ は,

$$E_x(\mathrm{P}) = \frac{1}{4\pi\varepsilon_0}\lambda x\int_{-\frac{L}{2}}^{\frac{L}{2}} \frac{1}{\{x^2+y^2+(z-z')^2\}^{\frac{3}{2}}}\,dz'$$

である．$z'-z=(x^2+y^2)^{\frac{1}{2}}\tan\theta = a\tan\theta$, $a>0$ とおいて，付録公式 3 を参考にすると,

$$\int_{-\frac{L}{2}}^{\frac{L}{2}} \frac{1}{\{x^2+y^2+(z-z')^2\}^{\frac{3}{2}}}\,dz' = \frac{1}{a^2}\int_{\tan^{-1}\frac{-\frac{L}{2}-z}{a}}^{\tan^{-1}\frac{\frac{L}{2}-z}{a}} \cos\theta\,d\theta$$

$$= \frac{1}{a^2}\left[\sin\left\{\tan^{-1}\left(\frac{\frac{L}{2}-z}{a}\right)\right\} - \sin\left\{\tan^{-1}\left(\frac{-\frac{L}{2}-z}{a}\right)\right\}\right]$$

$$= \frac{1}{x^2+y^2}\left[\frac{\frac{L}{2}-z}{\left\{\left(\frac{L}{2}-z\right)^2+x^2+y^2\right\}^{\frac{1}{2}}} + \frac{\frac{L}{2}+z}{\left\{\left(\frac{L}{2}+z\right)^2+x^2+y^2\right\}^{\frac{1}{2}}}\right]$$

となるので,

$$E_x(\mathrm{P}) = \frac{1}{4\pi\varepsilon_0}\lambda x\frac{1}{x^2+y^2}\left[\frac{\frac{L}{2}-z}{\left\{\left(\frac{L}{2}-z\right)^2+x^2+y^2\right\}^{\frac{1}{2}}} + \frac{\frac{L}{2}+z}{\left\{\left(\frac{L}{2}+z\right)^2+x^2+y^2\right\}^{\frac{1}{2}}}\right] \qquad \text{(A.2.31)}$$

となる．同様にして y 成分 $E_y(\mathrm{P})$ は,

$$E_y(\mathrm{P}) = \frac{1}{4\pi\varepsilon_0}\lambda y\frac{1}{x^2+y^2}\left[\frac{\frac{L}{2}-z}{\left\{\left(\frac{L}{2}-z\right)^2+x^2+y^2\right\}^{\frac{1}{2}}} + \frac{\frac{L}{2}+z}{\left\{\left(\frac{L}{2}+z\right)^2+x^2+y^2\right\}^{\frac{1}{2}}}\right] \qquad \text{(A.2.32)}$$

となる．z 成分 $E_z(\mathrm{P})$ は,

$$E_z(\mathrm{P}) = \frac{1}{4\pi\varepsilon_0}\lambda\int_{-\frac{L}{2}}^{\frac{L}{2}} \frac{z-z'}{\{x^2+y^2+(z-z')^2\}^{\frac{3}{2}}}\,dz'$$

であり，$z'-z=a\tan\theta$ とおいて，付録公式 3 を参考にすると,

$$\int_{-\frac{L}{2}}^{\frac{L}{2}} \frac{z-z'}{\{x^2+y^2+(z-z')^2\}^{\frac{3}{2}}}\,dz' = -\frac{1}{a}\int_{\tan^{-1}\frac{-\frac{L}{2}-z}{a}}^{\tan^{-1}\frac{\frac{L}{2}-z}{a}} \sin\theta\,d\theta$$

$$= \frac{1}{\left\{\left(\frac{L}{2}-z\right)^2+x^2+y^2\right\}^{\frac{1}{2}}} - \frac{1}{\left\{\left(\frac{L}{2}+z\right)^2+x^2+y^2\right\}^{\frac{1}{2}}}$$

となるので,

$$E_z(\mathrm{P}) = \frac{1}{4\pi\varepsilon_0}\lambda\left[\frac{1}{\left\{\left(\frac{L}{2}-z\right)^2+x^2+y^2\right\}^{\frac{1}{2}}} - \frac{1}{\left\{\left(\frac{L}{2}+z\right)^2+x^2+y^2\right\}^{\frac{1}{2}}}\right] \qquad \text{(A.2.33)}$$

となる．(A.2.30)–(A.2.33) 式より,

$$\vec{E}(\mathrm{P}) = \frac{1}{4\pi\varepsilon_0}\lambda\frac{1}{\left\{\left(\frac{L}{2}-z\right)^2+x^2+y^2\right\}^{\frac{1}{2}}}\left(\frac{x}{x^2+y^2}\left(\frac{L}{2}-z\right), \frac{y}{x^2+y^2}\left(\frac{L}{2}-z\right), 1\right)$$

$$+\frac{1}{4\pi\varepsilon_0}\lambda\frac{1}{\left\{\left(\frac{L}{2}+z\right)^2+x^2+y^2\right\}^{\frac{1}{2}}}\left(\frac{x}{x^2+y^2}\left(\frac{L}{2}+z\right),\frac{y}{x^2+y^2}\left(\frac{L}{2}+z\right),-1\right)\ [\mathrm{V/m}] \tag{A.2.34}$$

となる．L が無限長の場合,

$$\frac{\frac{L}{2}\pm z}{\left\{\left(\frac{L}{2}\pm z\right)^2+x^2+y^2\right\}^{\frac{1}{2}}}\to 1,\quad \frac{1}{\left\{\left(\frac{L}{2}\pm z\right)^2+x^2+y^2\right\}^{\frac{1}{2}}}\to 0$$

となるので，(A.2.34) 式より,

$$\vec{E}(\mathrm{P})=\frac{1}{2\pi\varepsilon_0}\lambda\left(\frac{x}{x^2+y^2},\frac{y}{x^2+y^2},0\right)=\frac{1}{2\pi\varepsilon_0}\lambda\left(\cos\theta,\sin\theta,0\right)\ [\mathrm{V/m}] \tag{A.2.35}$$

となる．ただし θ は x 軸を起点とする点 P の方位角である．

(3) 静電エネルギー W を計算が比較的容易な (2.3.4) 式を用いて求めてみよう．電荷密度は z 軸上の区間 $-\frac{L}{2}\leq z\leq\frac{L}{2}$ でのみ 0 C/m でない．この区間における電位は (A.2.28) 式で表されるので，W は (2.3.4) 式より,

$$W=\frac{1}{2}\iiint_{\text{全空間}}V(\vec{r})\rho(\vec{r})\,dv(\vec{r})=\frac{1}{2}\int_{-\frac{L}{2}}^{-\frac{L}{2}}\frac{1}{4\pi\varepsilon_0}\lambda\log_e\left[\frac{\frac{L}{2}-z+\left\{\left(\frac{L}{2}-z\right)^2\right\}^{\frac{1}{2}}}{-\frac{L}{2}-z+\left\{\left(\frac{L}{2}+z\right)^2\right\}^{\frac{1}{2}}}\right]\lambda\,dz$$

となり，被積分関数が無限大に発散するために，積分も無限大に発散する．したがって線状電荷の場合には静電エネルギーは有限とはならない．

(4) 線状電荷を除く空間の任意の点 P の位置ベクトル $\vec{r}_\mathrm{P}$ で表すと，点 P に試験電荷 q_T [C] を置くと，これに働くクーロン力 $\vec{F}$ は,

$$\vec{F}(\mathrm{P})=q_\mathrm{T}\vec{E}(\mathrm{P})=\frac{1}{4\pi\varepsilon_0}\lambda q_\mathrm{T}\left[\frac{1}{\left\{\left(\frac{L}{2}-z\right)^2+x^2+y^2\right\}^{\frac{1}{2}}}\left(\frac{x}{x^2+y^2}\left(\frac{L}{2}-z\right),\frac{y}{x^2+y^2}\left(\frac{L}{2}-z\right),1\right)\right.$$

$$\left.+\frac{1}{\left\{\left(\frac{L}{2}+z\right)^2+x^2+y^2\right\}^{\frac{1}{2}}}\left(\frac{x}{x^2+y^2}\left(\frac{L}{2}+z\right),\frac{y}{x^2+y^2}\left(\frac{L}{2}+z\right),-1\right)\right]\ [\mathrm{N}]$$

となる．

■ 2.5 図 A.2.4 に示すように，球の中心 O よりみた $\vec{r}_\mathrm{P}$ の位置にある空間の任意の点 P における，半径 a [m] の球面 S_a の表面上に一様に分布した総電荷 q [C] による電界 $\vec{E}_a(\mathrm{P})$ [V/m] は例題 2.4 より,

$$\vec{E}_a(\mathrm{P})=\vec{0}\quad(|\vec{r}_\mathrm{P}|<a\ (\mathrm{S}_a\text{ の内部}))$$

$$\vec{E}_a(\mathrm{P})=\frac{1}{4\pi\varepsilon_0}q\frac{\vec{r}_\mathrm{P}}{|\vec{r}_\mathrm{P}|^3}\quad(|\vec{r}_\mathrm{P}|>a\ (\mathrm{S}_a\text{ の外部}))$$

である．また半径 b [m] の球面 S_b の表面上に一様に分布した総電荷 $-q$ による点 P における電界 $\vec{E}_b(\mathrm{P})$ は,

$$\vec{E}_b(\mathrm{P})=\vec{0}\quad(|\vec{r}_\mathrm{P}|<b\ (\mathrm{S}_b\text{ 内部}))$$

$$\vec{E}_b(\mathrm{P})=\frac{1}{4\pi\varepsilon_0}(-q)\frac{\vec{r}_\mathrm{P}}{|\vec{r}_\mathrm{P}|^3}\quad(|\vec{r}_\mathrm{P}|>b\ (\mathrm{S}_b\text{ の外部}))$$

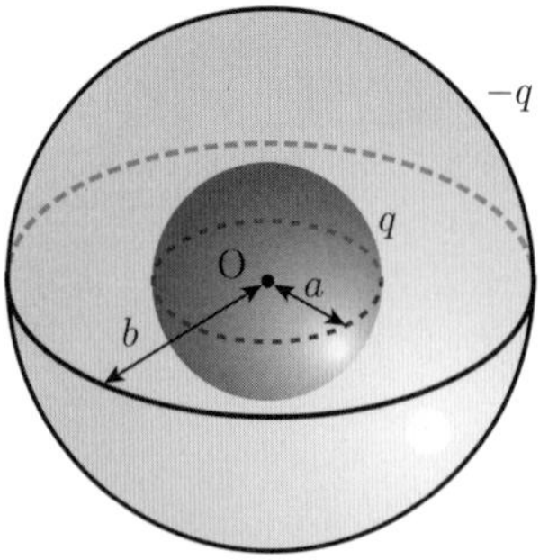

図 A.2.4

である．したがって，2 つの球面上の総電荷による点 P における電界 $\vec{E}(\mathrm{P})$ は各領域における

$\vec{E}_a(\mathrm{P})$ に $\vec{E}_b(\mathrm{P})$ を重ね合わせることにより，

$$\vec{E}(\mathrm{P}) = \vec{E}_a(\mathrm{P}) + \vec{E}_b(\mathrm{P}) = \vec{0} + \vec{0} = \vec{0}\ [\mathrm{V/m}] \quad (|\vec{r}_{\mathrm{P}}| < a\ (\mathrm{S}_a\ \text{の内部}))$$

$$\vec{E}_a(\mathrm{P}) = \frac{1}{4\pi\varepsilon_0} q \frac{\vec{r}_{\mathrm{P}}}{|\vec{r}_{\mathrm{P}}|^3} + \vec{0} = \frac{1}{4\pi\varepsilon_0} q \frac{\vec{r}_{\mathrm{P}}}{|\vec{r}_{\mathrm{P}}|^3}\ [\mathrm{V/m}] \quad (a < |\vec{r}_{\mathrm{P}}| < b\ (\mathrm{S}_a\ \text{の外部かつ}\ \mathrm{S}_b\ \text{の内部}))$$

$$\vec{E}_b(\mathrm{P}) = \frac{1}{4\pi\varepsilon_0} q \frac{\vec{r}_{\mathrm{P}}}{|\vec{r}_{\mathrm{P}}|^3} + \frac{1}{4\pi\varepsilon_0} (-q) \frac{\vec{r}_{\mathrm{P}}}{|\vec{r}_{\mathrm{P}}|^3} = \vec{0}\ [\mathrm{V/m}] \quad (|\vec{r}_{\mathrm{P}}| > b\ (\mathrm{S}_b\ \text{の外部}))$$

となる．

■ **2.6**　**図 A.2.5** に示すように，半径 a [m] の球の中心 O よりみた $\vec{r}_{\mathrm{P}}$ の位置にある半径 b [m] の球内の任意の点 P における，半径 a の球内に一様に分布した総電荷 q [C] による電界 $\vec{E}_a(\mathrm{P})$ [V/m] は，(A.2.21) 式より，

$$\vec{E}_a(\mathrm{P}) = \frac{1}{4\pi\varepsilon_0} q \frac{\vec{r}_{\mathrm{P}}}{a^3} \quad (|\vec{r}_{\mathrm{P}} - \vec{d}| < b)$$

である．$\vec{r}_{\mathrm{P}} - \vec{d}$ は**図 A.2.5** に示すように，点 O′ から点 P をみた位置ベクトル $\vec{r}\,'$ である．ここで q は $q = \frac{4\pi}{3} a^3 \rho$ である．半径 b の球内に電荷がないということは半径 a の球内の一様に分布した総電荷 q に半径 b の球内に同じ大きさで符号の異なる電荷密度の $-\rho$ の総電荷 $q' = -\frac{4\pi}{3} b^3 \rho$ を重ね合わせたものと等価である．q' による点 P における電界 $\vec{E}'_b(\mathrm{P})$ は，

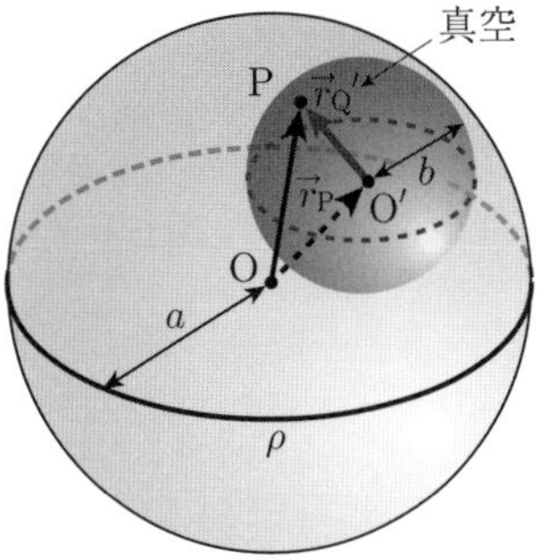

図 A.2.5

$$\vec{E}'_b(\mathrm{P}) = -\frac{1}{4\pi\varepsilon_0} q' \frac{\vec{r}\,'}{b^3} = -\frac{1}{4\pi\varepsilon_0} q' \frac{\vec{r}_{\mathrm{P}} - \vec{d}}{b^3}$$

である．$\vec{E}_a(\mathrm{P})$ と $\vec{E}_b(\mathrm{P})$ を重ね合わせると半径 b の球内の電界 $\vec{E}(\mathrm{P})$ は，

$$\begin{aligned}\vec{E}(\mathrm{P}) = \vec{E}_a(\mathrm{P}) + \vec{E}_b(\mathrm{P}) &= \frac{1}{4\pi\varepsilon_0} q \frac{\vec{r}_{\mathrm{P}}}{a^3} - \frac{1}{4\pi\varepsilon_0} q' \frac{\vec{r}_{\mathrm{P}} - \vec{d}}{b^3} \\ &= \frac{1}{4\pi\varepsilon_0} \frac{4\pi}{3} a^3 \frac{\vec{r}_{\mathrm{P}}}{a^3} - \frac{1}{4\pi\varepsilon_0} \frac{4\pi}{3} b^3 \frac{\vec{r}_{\mathrm{P}} - \vec{d}}{b^3} = \frac{\vec{d}}{3\varepsilon_0}\end{aligned}$$

となり，$\vec{r}_{\mathrm{P}}$ に依存しないので，一様となる．しかし，半径 b の球外の領域では電界は一様とならない．

■ **2.7**　**図 A.2.6** に示すように，xyz 座標の xy 平面上に電荷が存在するように空間座標を設定する．電荷が平面上に一様に分布しているので，電荷を小さな要素に分けて，それによる点 P における電界 $d\vec{E}(\mathrm{P})$ を求める．次に電界 $\vec{E}(\mathrm{P})$ を，球内のすべての電荷に関して電界 $d\vec{E}(\mathrm{P})$ を重ね合わせることによって求める．平面の電荷密度が σ [C/m^2] であるので，平面上の点 Q における微小面積要素を $dS(\mathrm{Q})$ とすると，$d\vec{E}(\mathrm{P})$ は，

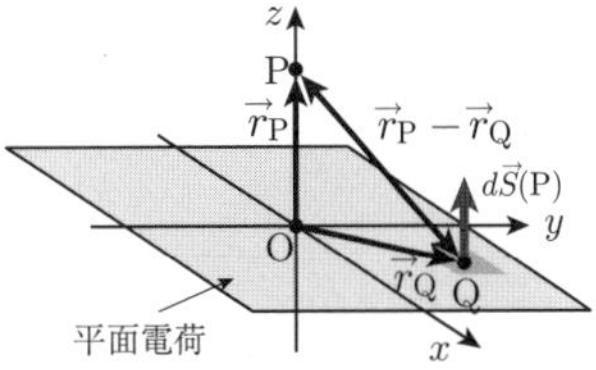

図 A.2.6

$$d\vec{E}(\mathrm{P}) = \frac{1}{4\pi\varepsilon_0} \sigma\, dS(\mathrm{Q}) \frac{\vec{r}_{\mathrm{P}} - \vec{r}_{\mathrm{Q}}}{|\vec{r}_{\mathrm{P}} - \vec{r}_{\mathrm{Q}}|^3} \tag{A.2.36}$$

である．電荷は無限大平面上に一様に分布しているので点 P を図に示す空間座標の z 軸上の点 $\vec{r}_{\mathrm{P}} = (0, 0, z)$ $(z \geq 0)$ としても一般性は失われない．また $\vec{r}_{\mathrm{Q}} = (x', y', 0)$ とすると $dS(\mathrm{Q})$ 上の電荷による $d\vec{E}(\mathrm{P})$ は (A.2.36) 式より，

$$d\vec{E}(\mathrm{P}) = \tfrac{1}{4\pi\varepsilon_0}\sigma\,dxdy\,\tfrac{(-x',-y',z)}{(x'^2+y'^2+z^2)^{\frac{3}{2}}} \qquad (\mathrm{A.2.37})$$

となる．したがって $\vec{E}(\mathrm{P})$ は (A.2.37) 式の $d\vec{E}(\mathrm{P})$ を重ね合わせて，

$$\vec{E}(\mathrm{P}) = \tfrac{1}{4\pi\varepsilon_0}\sigma\int_{x'=-\infty}^{+\infty}\int_{y'=-\infty}^{+\infty}\tfrac{(-x',-y',z)}{(x'^2+y'^2+z^2)^{\frac{3}{2}}}\,dx'dy' \qquad (\mathrm{A.2.38})$$

となる．ここで (A.2.38) 式のベクトルの x, y 成分は被積分関数が積分変数の奇関数であり，積分範囲が無限大の広さの領域であるので 0 V/m となる．z 成分 $E_z(\mathrm{P})$ の被積分関数が偶関数であるので有限となり，z のみに依存するので，空間の任意の点 P における $\vec{E}(\mathrm{P})$ は平面に対して垂直なベクトルである．ここまでが，ガウスの定理を問題解法に用いる場合に必要な情報である．**図 A.2.7** に示すように，平面上の任意の点 O を通る，z 軸を中心軸とする長さ $2h$ [m] の円筒上面（面積 A [m^2]），側面（高さ $2h$ [m]），円筒下面（面積 A [m^2]）で囲まれた閉曲面 S についてガウスの定理を用いると，

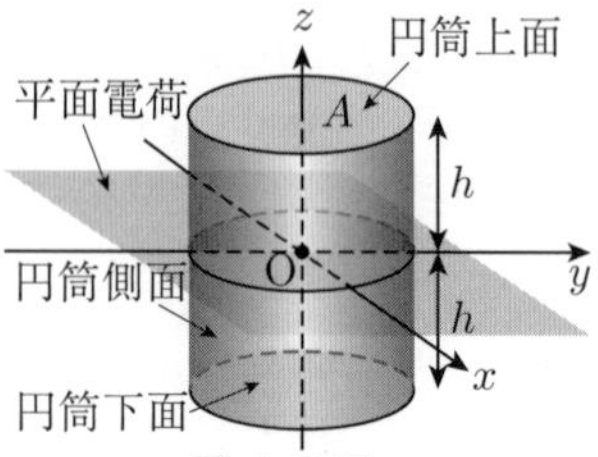

図 A.2.7

$$\oiint_{\mathrm{S}}\vec{E}(\vec{r})\cdot d\vec{S}(\vec{r}) = \tfrac{A\sigma}{\varepsilon_0} \qquad (\mathrm{A.2.39})$$

となる．ここで $A\sigma$ [C] は閉円筒面 S 内に含まれる電荷量である．(A.2.37) 式から得られる情報により，$E_z(\mathrm{P})$ のみが 0 V/m でなく，大きさや向きは σ および z のみに依存するので，平面から等距離 h にある上下円筒面内に点 P が存在するときは $\vec{E}(\mathrm{P})$ は上下平面に垂直であり，これらの面上で $|\vec{E}(z=\pm h)|$ は一定である．対称性から

$$|\vec{E}(z=+h)| = |\vec{E}(z=-h)|$$

であり，向きは互いに逆である．また，$\vec{E}(\mathrm{P})$ は σ の符号が正のとき，点 P における微小面積ベクトル $d\vec{S}(\vec{r})$ に平行であり，負のとき，$d\vec{S}(\vec{r})$ に反平行である（注意：微小面積ベクトル $d\vec{S}(\vec{r})$ は S に対して常に外向きである）．また，側面内に点 P が存在するときは $\vec{E}(\mathrm{P})$ は側面に垂直であり，点 P における微小面積ベクトル $d\vec{S}(\vec{r})$ に垂直であるので，(A.2.39) 式の積分には寄与しない．したがって，各上下面における点 P について

$$\vec{E}(\mathrm{P}) = E(\mathrm{P})\tfrac{d\vec{S}(\mathrm{P})}{|d\vec{S}(\mathrm{P})|}$$

とおくと，

$$E(\text{上面の P}) = E(\text{下面の P}) = E(\text{上下面})$$

として，(A.2.39) 式より，

$$\begin{aligned}\oiint_{\mathrm{S}}\vec{E}(\mathrm{P})\cdot d\vec{S}(\mathrm{P}) &= \oiint_{\text{上面}}E(\mathrm{P})\,dS(\mathrm{P}) + \oiint_{\text{下面}}E(\mathrm{P})\,dS(\mathrm{P}) = 2E(\text{上下面})A\\ &= \tfrac{A\sigma}{\varepsilon_0}\end{aligned}$$

となるので，$E(\text{上下面}) = \frac{\sigma}{2\varepsilon_0}$ となる．以上より，平面から距離 h [m] 離れた点 P における電界 $\vec{E}(\mathrm{P})$ は，

$$\vec{E}(\mathrm{P}) = \tfrac{\sigma}{2\varepsilon_0}\vec{k}\ [\mathrm{V/m}]\ (z>0),\quad \vec{E}(\mathrm{P}) = -\tfrac{\sigma}{2\varepsilon_0}\vec{k}\ [\mathrm{V/m}]\ (z<0)$$

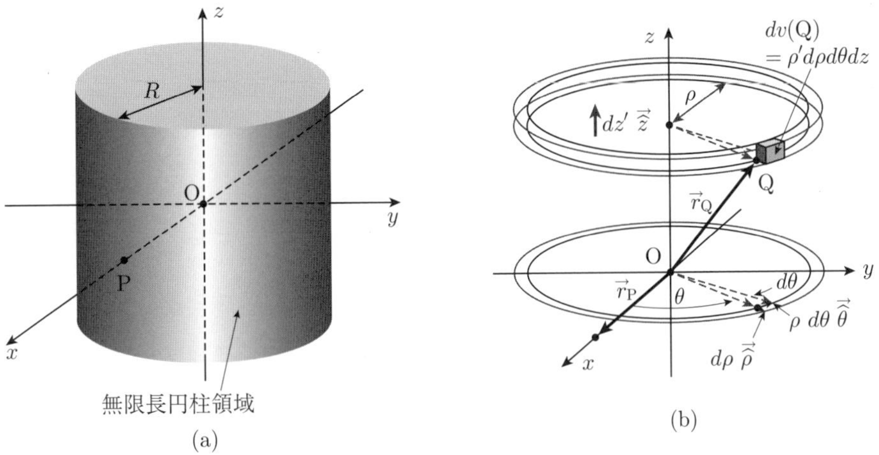

図 A.2.8

となり，h に依存しない．

■ **2.8**　**図 A.2.8 (a)** に示すように，空間座標を設定する．円柱領域内に一様に分布した電荷による点 P における電界 $\vec{E}(\mathrm{P})$ [V/m] を求めるとき，円柱が中心軸（z 軸）に対して円対称であり，中心軸方向に一様であるので，点 P を x 軸上においても一般性は失われない．$d\vec{E}(\mathrm{P})$ は，

$$d\vec{E}(\mathrm{P}) = \frac{1}{4\pi\varepsilon_0}\frac{\delta\,dv(\mathrm{Q})}{|\vec{r}_\mathrm{P}-\vec{r}_\mathrm{Q}|^2}\frac{\vec{r}_\mathrm{P}-\vec{r}_\mathrm{Q}}{|\vec{r}_\mathrm{P}-\vec{r}_\mathrm{Q}|} \qquad \text{(A.2.40)}$$

である．ここで，$\vec{r}_\mathrm{P} = (x, 0, 0)$，$\vec{r}_\mathrm{Q} = (\rho\cos\theta, \rho\sin\theta, z')$ とすると，**図 A.2.8 (b)** に示すように，$dv(\mathrm{Q}) = \rho\,d\rho d\theta dz'$ [m^3] であるので電界 $\vec{E}(\mathrm{P})$ は (A.2.40) 式の $d\vec{E}(\mathrm{P})$ を重ね合わせることにより，

$$\vec{E}(\mathrm{P}) = \frac{\delta}{4\pi\varepsilon_0}\int_{\rho=0}^{R}\int_{\theta=0}^{2\pi}\int_{z'=-\infty}^{\infty}\frac{(x-\rho\cos\theta, -\rho\sin\theta, -z')}{(x^2+\rho^2-2x\rho\cos\theta+z'^2)^{\frac{3}{2}}}\rho\,d\rho d\theta dz' \qquad \text{(A.2.41)}$$

となる．ここで (A.2.41) 式の z 成分は z' に関する積分の被積分関数が z' の奇関数であり，しかも積分範囲が $-\infty < z' < \infty$ であるので 0 である．また，y 成分 $E_y(\mathrm{P})$ は (A.2.41) 式より，

$$\begin{aligned}
E_y(\mathrm{P}) &= -\frac{\delta}{4\pi\varepsilon_0}\int_0^R \rho^2\left[\int_0^{2\pi}\sin\theta\left\{\int_{-\infty}^{\infty}\frac{1}{(x^2+\rho^2-2x\rho\cos\theta+z'^2)^{\frac{3}{2}}}\,dz'\right\}d\theta\right]d\rho \\
&= -\frac{\delta}{4\pi\varepsilon_0}\int_0^R \rho^2\left(\int_0^{2\pi}\frac{2\sin\theta}{x^2+\rho^2-2x\rho\cos\theta}\,d\theta\right)d\rho \\
&= -\frac{\delta}{2\pi\varepsilon_0}\int_0^R \rho^2\left[\frac{1}{x\rho}\ln(x^2+\rho^2-2x\rho\cos\theta)\right]_0^{2\pi}d\rho = 0
\end{aligned}$$

となる．x 成分 $E_x(\mathrm{P})$ は，(A.2.41) 式より，

$$E_x(\mathrm{P}) = \frac{\delta}{2\pi\varepsilon_0}\int_0^R \rho\int_0^{2\pi}\frac{x-\rho\cos\theta}{x^2+\rho^2-2x\rho\cos\theta}\,d\theta d\rho$$

となり x のみに依存する．したがって空間の任意の点 P における電界は中心軸と点 P との距離 $|\vec{\rho}_\mathrm{P}|$ [m] を半径とする円柱側面に垂直なベクトルである．ここまでが，ガウスの定理を問題解法

に用いる場合に必要な情報である．

続いて，次にガウスの定理を用いた解法を示す．**図 A.2.9** に示すように，平面上の任意の点 O を通る，円柱と中心軸を同じくする半径 $|\vec{\rho}_{\rm P}|$ とする高さ h [m] の閉じた閉円筒面（上面（面積$\pi|\vec{\rho}_{\rm P}|^2$ [m^2]），側面，下面（面積$\pi|\vec{\rho}_{\rm P}|^2$ [m^2]）で囲まれた閉曲面）S についてガウスの定理を用いると，

$$\oiint_{\rm S} \vec{E}({\rm P}) \cdot d\vec{S}({\rm P}) = \frac{\delta\pi a^2 h}{\varepsilon_0} \quad (|\vec{\rho}_{\rm P}| > R)$$

$$\oiint_{\rm S} \vec{E}({\rm P}) \cdot d\vec{S}({\rm P}) = \frac{\delta\pi|\vec{\rho}_{\rm P}|^2 h}{\varepsilon_0} \quad (|\vec{\rho}_{\rm P}| \leq R) \tag{A.2.42}$$

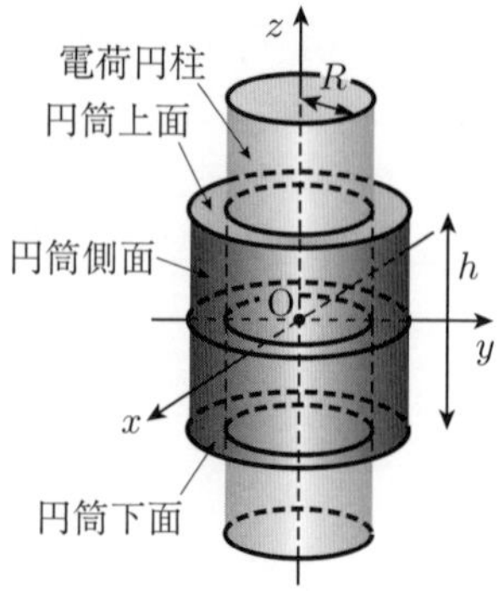

図 A.2.9

となる．点 P が上下平面上に存在するときは $\vec{E}({\rm P})$ は上下平面に平行なベクトルであり，点 P における微小面積ベクトルに垂直であり積分に寄与しない．また，点 P が側面に存在するときは $\vec{E}({\rm P})$ は側面上で大きさは一定であり，これを E(側面) と定義する．電荷の符号が正のとき，$\vec{E}({\rm P})$ は点 P における微小面積ベクトル $d\vec{S}({\rm P})$ に平行であり，負のとき，反平行である．したがって，

$$\oiint_{\rm S} \vec{E}({\rm P}) \cdot d\vec{S}({\rm P}) = \iint_{\text{側面}} E({\rm P})\, dS({\rm P}) = E(\text{側面}) \iint_{\text{側面}} dS({\rm P})$$

$$= 2\pi|\vec{\rho}_{\rm P}|hE(\text{側面}) \tag{A.2.43}$$

となる．(A.2.42), (A.2.43) 式より，

$$\vec{E}({\rm P}) = \frac{1}{2\pi|\vec{\rho}_{\rm P}|h}\frac{\delta\pi a^2 h}{\varepsilon_0}\frac{\vec{\rho}_{\rm P}}{|\vec{\rho}_{\rm P}|} = \frac{\delta a^2}{2\varepsilon_0|\vec{\rho}_{\rm P}|}\overset{\rightleftharpoons}{\rho}_{\rm P} = \frac{\delta\pi a^2}{2\pi\varepsilon_0|\vec{\rho}_{\rm P}|}\overset{\rightleftharpoons}{\rho}_{\rm P} \equiv \frac{\lambda}{2\pi\varepsilon_0|\vec{\rho}_{\rm P}|}\overset{\rightleftharpoons}{\rho}_{\rm P}\,[{\rm V/m}] \quad (|\vec{\rho}_{\rm P}| > R)$$

$$\vec{E}({\rm P}) = \frac{1}{2\pi|\vec{\rho}_{\rm P}|h}\frac{\delta\pi|\vec{\rho}_{\rm P}|^2 h}{\varepsilon_0}\overset{\rightleftharpoons}{\rho}_{\rm P} = \frac{\delta|\vec{\rho}_{\rm P}|}{2\varepsilon_0}\overset{\rightleftharpoons}{\rho}_{\rm P} = \frac{\delta}{2\varepsilon_0}\vec{\rho}_{\rm P}\,[{\rm V/m}] \quad (|\vec{\rho}_{\rm P}| \leq R) \tag{A.2.44}$$

となる．ただし λ は電荷円柱の長さ 1 m 当たりの電荷に等しい電荷密度で，$\overset{\rightleftharpoons}{\rho}_{\rm P}$ は $\vec{\rho}_{\rm P}$ の単位ベクトルである．この結果と (A.2.35) 式により，円柱の外側の領域内の任意の点における電界は，電荷が円柱の中心軸に集まった場合と同じ結果を与えることが分かる．

■ **2.9**　導体球内には導体の定義により電荷は存在できないので，電荷は導体球面上に分布する．導体球面上の点 Q の表面電荷密度を σ(Q) とする．導体球内では導体の定義により電界は $\vec{0}$ V/m であるが，導体球外では一般的に $\vec{0}$ V/m ではない．導体球面上の電荷密度は一様であるので電界は等方的である．したがって例題 2.4 より，導体球以外の真空中の任意の点 P ($\vec{r}_{\rm P}$) における $\vec{E}({\rm P})$ は，

$$\vec{E}({\rm P}) = \frac{q}{4\pi r^2\varepsilon_0}\overset{\rightleftharpoons}{r}_{\rm P} = \frac{\sigma}{\varepsilon_0}\overset{\rightleftharpoons}{r}_{\rm P}\,[{\rm V/m}] \quad (|\vec{r}_{\rm P}| > a)$$

$$\vec{E}({\rm P}) = \vec{0}\,[{\rm V/m}] \quad (|\vec{r}_{\rm P}| < a)$$

となる．ただし $\overset{\rightleftharpoons}{r}_{\rm P}$ は $\vec{r}_{\rm P}$ の単位ベクトルである．

■ **2.10**　(1)　導体 2 のみに q_2 [C] の電荷を与えると，その一部の電荷 q は導体 2 の内側の表面に一様に分布し，その残りの電荷 $q_2 - q$ は，外側の表面に一様に分布する．導体 1 の電位は導体 1 が接地されているために強制的に 0 V になっており，電荷 $-q$ が地面から供給されてその表面に一様に分布する．導体 2 の電位は 0 V ではないので，電位差 $V_1 - V_2$ が 0 V ではなく，

$$V_1 - V_2 = -\int_b^a \vec{E} \cdot d\vec{r} = -\frac{-q}{4\pi\varepsilon_0}\int_b^a \frac{\vec{r}}{r^3} \cdot d\vec{r}$$
$$= -\frac{q}{4\pi\varepsilon_0}\left(\frac{1}{a} - \frac{1}{b}\right)$$

となる．また $V_1 = 0$ [V] であるので，

$$V_2 = \frac{q}{4\pi\varepsilon_0}\left(\frac{1}{a} - \frac{1}{b}\right) \tag{A.2.45}$$

となる．ところで，

$$V_2 = -\int_\infty^c \frac{q_2 - q}{4\pi\varepsilon_0 r^2}\, dr = \frac{q_2 - q}{4\pi\varepsilon_0 c}$$

であるので，$q_2 - q = 4\pi\varepsilon_0 c V_2$ となり，(A.2.45) 式より，

$$q_2 = q + 4\pi\varepsilon_0 c V_2 = 4\pi\varepsilon_0\left(\frac{ab}{b-a} + c\right)V_2$$

となり，

$$V_2 = \frac{q_2}{4\pi\varepsilon_0\left(\frac{ab}{b-a}+c\right)} = \frac{1}{4\pi\varepsilon_0}\frac{\frac{1}{a}-\frac{1}{b}}{c\left(\frac{1}{a}-\frac{1}{b}+\frac{1}{c}\right)}q_2 \tag{A.2.46}$$

となる．また (A.2.45), (A.2.46) 式より，

$$q = \frac{1}{c\left(\frac{1}{a}-\frac{1}{b}+\frac{1}{c}\right)}q_2 \tag{A.2.47}$$

となる．ところで例題 2.9 の (2.5.26)–(??) 式より，この導体系の電位係数は，

$$P_{11} = \frac{1}{4\pi\varepsilon_0}\left(\frac{1}{a} - \frac{1}{b} + \frac{1}{c}\right),\quad P_{12} = P_{21} = \frac{1}{4\pi\varepsilon_0 c},\quad P_{22} = \frac{1}{4\pi\varepsilon_0 c}$$

であるので，$V_1 = P_{11}q_1 + P_{12}q_2 = P_{11}(-q) + P_{12}q_2 = 0$ となり，これより，

$$q = \frac{P_{12}}{P_{11}}q_2 = \frac{\frac{1}{4\pi\varepsilon_0 c}}{\frac{1}{4\pi\varepsilon_0}\left(\frac{1}{a}-\frac{1}{b}+\frac{1}{c}\right)}q_2 = \frac{1}{c\left(\frac{1}{a}-\frac{1}{b}+\frac{1}{c}\right)}q_2$$

となり，(A.2.47) 式が得られる．また

$$V_2 = P_{21}q_1 + P_{22}q_2 = \frac{1}{4\pi\varepsilon_0 c}(-q) + \frac{1}{4\pi\varepsilon_0 c}q_2 = -\frac{1}{4\pi\varepsilon_0 c}\frac{1}{c\left(\frac{1}{a}-\frac{1}{b}+\frac{1}{c}\right)}q_2 + \frac{1}{4\pi\varepsilon_0 c}q_2$$
$$= \frac{1}{4\pi\varepsilon_0 c}\left\{1 - \frac{1}{c\left(\frac{1}{a}-\frac{1}{b}+\frac{1}{c}\right)}\right\}q_2 = \frac{1}{4\pi\varepsilon_0}\frac{\frac{1}{a}-\frac{1}{b}}{c\left(\frac{1}{a}-\frac{1}{b}+\frac{1}{c}\right)}q_2$$

となり (A.2.46) 式と一致する．したがって，各点の電界は，

$$\vec{E}(\vec{r}) = \frac{q_2-q}{4\pi\varepsilon_0 r^2}\frac{\vec{r}}{r} = \frac{\left(\frac{1}{a}-\frac{1}{b}\right)q_2}{4\pi\varepsilon_0 r^2\left(\frac{1}{a}-\frac{1}{b}+\frac{1}{c}\right)}\frac{\vec{r}}{r}\,[\mathrm{V/m}]\ (r \geq c),\quad \vec{E}(\vec{r}) = \vec{0}\,[\mathrm{V/m}]\ (c > r > b)$$

$$\vec{E}(\vec{r}) = \frac{-q}{4\pi\varepsilon_0 r^2}\frac{\vec{r}}{r} = -\frac{q_2}{4\pi\varepsilon_0 r^2\left(\frac{1}{a}-\frac{1}{b}+\frac{1}{c}\right)}\frac{\vec{r}}{r}\,[\mathrm{V/m}]\ (b \geq r \geq a),\quad \vec{E}(\vec{r}) = \vec{0}\,[\mathrm{V/m}]\ (a > r \geq 0)$$

となる．また各点の電位は，

$$V(\vec{r}) = \frac{\left(\frac{1}{a}-\frac{1}{b}\right)q_2}{4\pi\varepsilon_0 r\left(\frac{1}{a}-\frac{1}{b}+\frac{1}{c}\right)}\,[\mathrm{V}]\ (r \geq c),\quad V(\vec{r}) = \frac{\left(\frac{1}{a}-\frac{1}{b}\right)q_2}{4\pi\varepsilon_0 c\left(\frac{1}{a}-\frac{1}{b}+\frac{1}{c}\right)}\,[\mathrm{V}]\ (c > r > b)$$

$$V(\vec{r}) = \frac{q_2}{4\pi\varepsilon_0 c\left(\frac{1}{a}-\frac{1}{b}+\frac{1}{c}\right)}\left(\frac{1}{a} - \frac{1}{r}\right)\,[\mathrm{V}]\ (b \geq r \geq a),\quad V(\vec{r}) = 0\,[\mathrm{V}]\ (a > r \geq 0)$$

となる．

(2) 導体 2 の静電容量 C [F] は，導体 2 と大地間および導体 2 と無限遠点間の静電容量の並列接続となり，これらの和になるので，

$$C = \frac{q}{V_2} + \frac{(q_2 - q)}{V_2} = \frac{q_2}{V_2} = 4\pi\varepsilon_0 c \frac{\frac{1}{a} - \frac{1}{b} + \frac{1}{c}}{\frac{1}{a} - \frac{1}{b}}\,[\mathrm{F}] \qquad \text{(A.2.48)}$$

となる．

(3)　電荷は導体表面のみに存在するので，この導体系の静電エネルギー W は，(2.3.4) 式より，

$$W = \frac{1}{2}\iiint_{\text{全空間}} V(\vec{r})\rho(\vec{r})\,dv(\vec{r}) = \frac{1}{2}\oiint_{\text{導体表面}} V(\vec{r})\sigma(\vec{r})\,dS(\vec{r}) \qquad \text{(A.2.49)}$$

である．また導体 1 の電位は 0 V であるので静電エネルギーに寄与しない．また導体 2 の電位は内面も外面も等電位であり (A.2.46) 式で与えられており，そこに総量 q_2 の電荷が存在するので W は (A.2.46), (A.2.49) 式より，

$$W = q_2 V_2 = {q_2}^2 \frac{1}{4\pi\varepsilon_0} \frac{\frac{1}{a} - \frac{1}{b}}{c\left(\frac{1}{a} - \frac{1}{b} + \frac{1}{c}\right)}\,[\mathrm{J}] \qquad \text{(A.2.50)}$$

となる．

■ 2.11　まず，静電容量を求める．導体 1 のみに q_1 [C] の電荷を与えると，電荷 q_1 は導体 1 の表面に一様に分布する．導体 2 の電位は接地のために強制的に 0 V になっているので，導体 2 の内表面に導体 1 の電荷が終端し一様に $-q_1$ の電荷が分布し，外表面に電荷は存在しない．なぜなら，導体 2 と無限遠点は 0 V で等電位であるからである．したがって，各点の電界は，

$$\vec{E}(\vec{r}) = \vec{0}\,[\mathrm{V/m}]\ (r > c), \quad \vec{E}(\vec{r}) = \vec{0}\,[\mathrm{V/m}]\ (c \geq r > b)$$

$$\vec{E}(\vec{r}) = -\frac{q_1}{4\pi\varepsilon_0 r^2}\frac{\vec{r}}{r}\,[\mathrm{V/m}]\ (b \geq r > a), \quad \vec{E}(\vec{r}) = \vec{0}\,[\mathrm{V/m}]\ (a \geq r \geq 0) \qquad \text{(A.2.51)}$$

となる．また各点の電位は，

$$V(\vec{r}) = 0\,[\mathrm{V}]\ (r > c), \quad V(\vec{r}) = 0\,[\mathrm{V}]\ (c \geq r > b)$$

$$V(\vec{r}) = -\int_{\infty}^{r} \vec{E}\cdot d\vec{r} = -\int_{\infty}^{r} E\,dr = -\int_{\infty}^{b} E\,dr - \int_{b}^{r} E\,dr = -\int_{b}^{r} E\,dr$$

$$= \frac{q_1}{4\pi\varepsilon_0}\left(\frac{1}{r} - \frac{1}{b}\right)\,[\mathrm{V}] \quad (b \geq r > a)$$

$$V(\vec{r}) = \frac{q_1}{4\pi\varepsilon_0}\left(\frac{1}{a} - \frac{1}{b}\right) \equiv V_1\,[\mathrm{V}] \quad (a \geq r \geq 0) \qquad \text{(A.2.52)}$$

となる．したがって，導体 1 の静電容量 C_1 は (A.2.52) 式より，

$$C_1 = \frac{q_1}{V_1} = 4\pi\varepsilon_0 \frac{1}{\frac{1}{a} - \frac{1}{b}} = 4\pi\varepsilon_0 \frac{ab}{b - a}\,[\mathrm{F}] \qquad \text{(A.2.53)}$$

となる．(A.2.51), (A.2.52) 式より，導体 1 の表面の電界 $\vec{E}_1$ と導体 1 の電位 V_1 の間の関係は，

$$E_1 = E(r = a) = \frac{q_1}{4\pi\varepsilon_0 a^2} = \frac{1}{4\pi\varepsilon_0 a^2}\frac{4\pi\varepsilon_0}{\frac{1}{a} - \frac{1}{b}} V_1 = \frac{bV_1}{a(b - a)} \qquad \text{(A.2.54)}$$

となるので (A.2.53), (A.2.54) 式より，

$$E_1 = \frac{bV_1}{a(b - a)} = \frac{V_1}{a}\frac{C_1}{4\pi\varepsilon_0 a} \qquad \text{(A.2.55)}$$

となり，

$$a = \left(\frac{V_1 C_1}{4\pi\varepsilon_0 E_1}\right)^{\frac{1}{2}}\ [\mathrm{m}] \qquad \text{(A.2.56)}$$

となる．また (A.2.53) 式より，

$$\frac{1}{C_1} = \frac{1}{4\pi\varepsilon_0}\left(\frac{1}{a} - \frac{1}{b}\right)$$

であるので，(A.2.56) 式より，

$$\frac{1}{b} = \frac{1}{a} - \frac{4\pi\varepsilon_0}{C_1} = \left(\frac{4\pi\varepsilon_0 E_1}{V_1 C_1}\right)^{\frac{1}{2}} - \frac{4\pi\varepsilon_0}{C_1}$$

となり，

$$b = \frac{1}{\left(\frac{4\pi\varepsilon_0 E_1}{V_1 C_1}\right)^{\frac{1}{2}} - \frac{4\pi\varepsilon_0}{C_1}}\ [\mathrm{m}]$$

となる．c は $c > b$ を満たす任意の値となる．

■ **2.12** (1) 点 P の電位を $V(\mathrm{P}) = V(\vec{r}_\mathrm{P})$ とする．**図 A.2.10** に示すように，導体球を取り去ってその代わりに空間の電界が同じになるような鏡像点電荷 q_R [C] を点 R に置くのであるが，導体の対称性から点 R は直線 OQ 上に置く必要がある．点 R の位置ベクトルを $\vec{r}_\mathrm{R}$ とする．電荷 q が導体球の外側にあるので，点 R は球の内側にある．電荷 q および q_R による電位は，

$$V(\mathrm{P}) = V(\vec{r}_\mathrm{P}) = \frac{q}{4\pi\varepsilon_0 |\vec{r}_\mathrm{P} - \vec{r}_\mathrm{Q}|} + \frac{q_\mathrm{R}}{4\pi\varepsilon_0 |\vec{r}_\mathrm{P} - \vec{r}_\mathrm{R}|} \tag{A.2.57}$$

である．ここで，q_R および $\vec{r}_\mathrm{R}$ を $|\vec{r}_\mathrm{P}| = a$ で電位 V が 0 V になるように選ぶ．ここで注意が必要なのは点 P が球面上の任意の位置にあっても点 R が不動であることである．したがって，$q_\mathrm{R} = -q$ かつ $|\vec{r}_\mathrm{P} - \vec{r}_\mathrm{Q}| = |\vec{r}_\mathrm{P} - \vec{r}_\mathrm{R}|$ なる解は不適である．まず，(A.2.57) 式を，

$$V(\mathrm{P}) = \frac{1}{4\pi\varepsilon_0}\left(\frac{q}{a}\frac{1}{\left|\frac{\vec{r}_\mathrm{P}}{a} - \frac{\vec{r}_\mathrm{Q}}{a}\right|} + \frac{q_\mathrm{R}}{|\vec{r}_\mathrm{R}|}\frac{1}{\left|\frac{\vec{r}_\mathrm{P}}{|\vec{r}_\mathrm{R}|} - \frac{\vec{r}_\mathrm{R}}{|\vec{r}_\mathrm{R}|}\right|}\right) \tag{A.2.58}$$

と変形すると，右辺の中括弧内は，

$$\frac{q}{a}\frac{1}{\left|\frac{\vec{r}_\mathrm{P}}{a} - \frac{\vec{r}_\mathrm{Q}}{a}\right|} + \frac{q_\mathrm{R}}{|\vec{r}_\mathrm{R}|}\frac{1}{\left|\frac{\vec{r}_\mathrm{P}}{|\vec{r}_\mathrm{R}|} - \frac{\vec{r}_\mathrm{R}}{|\vec{r}_\mathrm{R}|}\right|} = \frac{q}{a}\frac{1}{\left|\frac{\vec{r}_\mathrm{P}}{a} - \frac{\vec{r}_\mathrm{Q}}{|\vec{r}_\mathrm{Q}|}\frac{|\vec{r}_\mathrm{Q}|}{a}\right|} + \frac{q_\mathrm{R}}{|\vec{r}_\mathrm{R}|}\frac{1}{\left|\frac{\vec{r}_\mathrm{P}}{a}\frac{a}{|\vec{r}_\mathrm{R}|} - \frac{\vec{r}_\mathrm{R}}{|\vec{r}_\mathrm{R}|}\right|} \tag{A.2.59}$$

となる．点 P が導体面上にあるとき，$\frac{\vec{r}_\mathrm{P}}{a}$，$\frac{\vec{r}_\mathrm{Q}}{|\vec{r}_\mathrm{Q}|}$，$\frac{\vec{r}_\mathrm{R}}{|\vec{r}_\mathrm{R}|}$ は単位ベクトルであり，

$$\frac{\vec{r}_\mathrm{Q}}{|\vec{r}_\mathrm{Q}|} = \frac{\vec{r}_\mathrm{R}}{|\vec{r}_\mathrm{R}|}$$

である．したがって，**図 A.2.11** に示すように，(A.2.59) 式の右辺の

$$\left|\frac{\vec{r}_\mathrm{P}}{a} - \frac{\vec{r}_\mathrm{Q}}{|\vec{r}_\mathrm{Q}|}\frac{|\vec{r}_\mathrm{Q}|}{a}\right|$$

および

$$\left|\frac{\vec{r}_\mathrm{P}}{a}\frac{a}{|\vec{r}_\mathrm{R}|} - \frac{\vec{r}_\mathrm{R}}{|\vec{r}_\mathrm{R}|}\right|$$

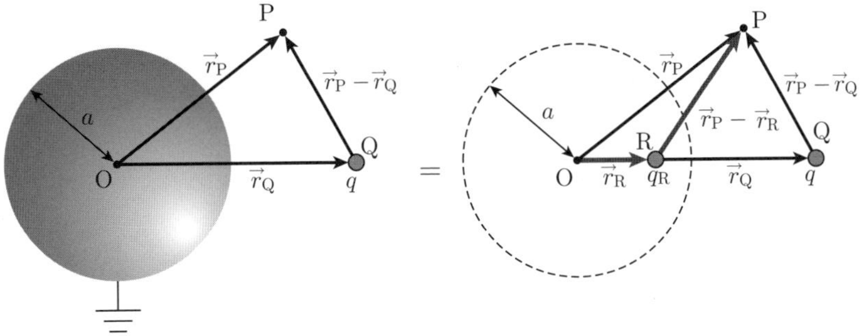

図 A.2.10

は $\frac{|\vec{r}_{\mathrm{Q}}|}{a} = \frac{a}{|\vec{r}_{\mathrm{R}}|}$ のとき等しくなる．このとき，(A.2.59) 式より，$\frac{q_{\mathrm{R}}}{|\vec{r}_{\mathrm{R}}|} = -\frac{q}{a}$ であれば，(A.2.58) 式より，$V(|\vec{r}_{\mathrm{P}}| = a) = 0$ [V] となる．以上の関係が成立していれば，導体上の任意の点 P について点 R が不動となる．以上より，q_{R} と $\vec{r}_{\mathrm{R}}$ は，

$$\frac{|\vec{r}_{\mathrm{Q}}|}{a} = \frac{a}{|\vec{r}_{\mathrm{R}}|}, \quad \frac{q_{\mathrm{R}}}{|\vec{r}_{\mathrm{R}}|} = -\frac{q}{a}$$

を用いて，

$$\begin{aligned} q_{\mathrm{R}} &= -\frac{|\vec{r}_{\mathrm{R}}|}{a} q = -\frac{\frac{a^2}{b}}{a} q = -\frac{a}{b} q \\ \vec{r}_{\mathrm{R}} &= -\frac{q_{\mathrm{R}}}{q} a \frac{\vec{r}_{\mathrm{Q}}}{b} = \frac{a^2 \vec{r}_{\mathrm{Q}}}{b^2} \end{aligned} \tag{A.2.60}$$

となる．q が球に近づくと q_{R} は増加し，$|\vec{r}_{\mathrm{R}}|$ は球の中心より離れる．q が球表面近くに来ると，鏡像電荷 q_{R} は $-q$ に漸近し，球面上ではその位置は点 Q と一致する．点 P における電界 $\vec{E}(\mathrm{P})$ は，(A.2.60) 式より，

$$\begin{aligned} \vec{E}(\mathrm{P}) = &\frac{q}{4\pi\varepsilon_0 |\vec{r}_{\mathrm{P}} - \vec{r}_{\mathrm{Q}}|^2} \frac{\vec{r}_{\mathrm{P}} - \vec{r}_{\mathrm{Q}}}{|\vec{r}_{\mathrm{P}} - \vec{r}_{\mathrm{Q}}|} \\ &+ \frac{-\frac{a}{b} q}{4\pi\varepsilon_0 \left| \vec{r}_{\mathrm{P}} - \frac{a^2 \vec{r}_{\mathrm{Q}}}{b^2} \right|^2} \frac{\vec{r}_{\mathrm{P}} - \frac{a^2 \vec{r}_{\mathrm{Q}}}{b^2}}{\left| \vec{r}_{\mathrm{P}} - \frac{a^2 \vec{r}_{\mathrm{Q}}}{b^2} \right|} \ [\mathrm{V/m}] \end{aligned} \tag{A.2.61}$$

となる．

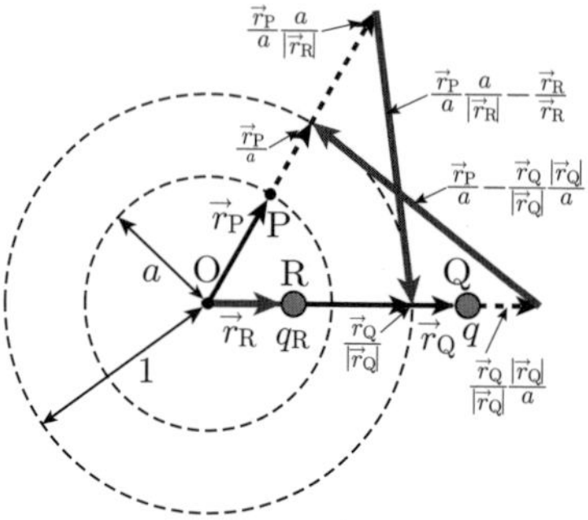

図 A.2.11

(2) (A.2.61) 式より，導体球表面における電界 $\vec{E}(|\vec{r}_{\mathrm{P}}| = a)$ は，$\frac{\vec{r}_{\mathrm{P}}}{a}$ が単位ベクトルであることを考慮して，

$$\vec{E}(|\vec{r}_{\mathrm{P}}| = a) = \frac{q}{4\pi\varepsilon_0 \left| a\frac{\vec{r}_{\mathrm{P}}}{a} - b\frac{\vec{r}_{\mathrm{Q}}}{b} \right|^2} \frac{a\frac{\vec{r}_{\mathrm{P}}}{a} - b\frac{\vec{r}_{\mathrm{Q}}}{b}}{\left| a\frac{\vec{r}_{\mathrm{P}}}{a} - b\frac{\vec{r}_{\mathrm{Q}}}{b} \right|} - \frac{q}{4\pi\varepsilon_0 \frac{b}{a} \left| \frac{b^2 a\frac{\vec{r}_{\mathrm{P}}}{a} - a^2 b\frac{\vec{r}_{\mathrm{Q}}}{b}}{b^2} \right|^2} \frac{\frac{b^2 a\frac{\vec{r}_{\mathrm{P}}}{a} - a^2 b\frac{\vec{r}_{\mathrm{Q}}}{b}}{b^2}}{\left| \frac{b^2 a\frac{\vec{r}_{\mathrm{P}}}{a} - a^2 b\frac{\vec{r}_{\mathrm{Q}}}{b}}{b^2} \right|}$$

$$= \frac{q}{4\pi\varepsilon_0 \left| a\frac{\vec{r}_{\mathrm{P}}}{a} - b\frac{\vec{r}_{\mathrm{Q}}}{b} \right|^2} \frac{a\frac{\vec{r}_{\mathrm{P}}}{a} - b\frac{\vec{r}_{\mathrm{Q}}}{b}}{\left| a\frac{\vec{r}_{\mathrm{P}}}{a} - b\frac{\vec{r}_{\mathrm{Q}}}{b} \right|} - \frac{q}{4\pi\varepsilon_0 \frac{b}{a} \left| \frac{a}{b}\left(b\frac{\vec{r}_{\mathrm{P}}}{a} - a\frac{\vec{r}_{\mathrm{Q}}}{b} \right) \right|^2} \frac{\frac{a}{b}\left(b\frac{\vec{r}_{\mathrm{P}}}{a} - a\frac{\vec{r}_{\mathrm{Q}}}{b} \right)}{\left| \frac{a}{b}\left(b\frac{\vec{r}_{\mathrm{P}}}{a} - a\frac{\vec{r}_{\mathrm{Q}}}{b} \right) \right|}$$

$$= \frac{q}{4\pi\varepsilon_0 \left| a\frac{\vec{r}_{\mathrm{P}}}{a} - b\frac{\vec{r}_{\mathrm{Q}}}{b} \right|^2} \frac{a\frac{\vec{r}_{\mathrm{P}}}{a} - b\frac{\vec{r}_{\mathrm{Q}}}{b}}{\left| a\frac{\vec{r}_{\mathrm{P}}}{a} - b\frac{\vec{r}_{\mathrm{Q}}}{b} \right|} - \frac{q}{4\pi\varepsilon_0 \frac{a}{b} \left| \left(b\frac{\vec{r}_{\mathrm{P}}}{a} - a\frac{\vec{r}_{\mathrm{Q}}}{b} \right) \right|^2} \frac{b\frac{\vec{r}_{\mathrm{P}}}{a} - a\frac{\vec{r}_{\mathrm{Q}}}{b}}{\left| b\frac{\vec{r}_{\mathrm{P}}}{a} - a\frac{\vec{r}_{\mathrm{Q}}}{b} \right|} \tag{A.2.62}$$

となる．ここで，

$$\left| a\frac{\vec{r}_{\mathrm{P}}}{a} - b\frac{\vec{r}_{\mathrm{Q}}}{b} \right| = |a - b| = |b - a| = \left| b\frac{\vec{r}_{\mathrm{P}}}{a} - a\frac{\vec{r}_{\mathrm{Q}}}{b} \right|$$

であるので，(A.2.62) 式は，

$$\begin{aligned} \vec{E}(|\vec{r}_{\mathrm{P}}| = a) &= \frac{q}{4\pi\varepsilon_0 \left| a\frac{\vec{r}_{\mathrm{P}}}{a} - b\frac{\vec{r}_{\mathrm{Q}}}{b} \right|^2} \left\{ \left(a\frac{\vec{r}_{\mathrm{P}}}{a} - b\frac{\vec{r}_{\mathrm{Q}}}{b} \right) - \frac{b}{a}\left(b\frac{\vec{r}_{\mathrm{P}}}{a} - a\frac{\vec{r}_{\mathrm{Q}}}{b} \right) \right\} \\ &= \frac{q}{4\pi\varepsilon_0 \left| a\frac{\vec{r}_{\mathrm{P}}}{a} - b\frac{\vec{r}_{\mathrm{Q}}}{b} \right|^2} \left\{ a\left(1 - \frac{b^2}{a^2} \right) \frac{\vec{r}_{\mathrm{P}}}{a} \right\} \end{aligned} \tag{A.2.63}$$

となり，$\vec{r}_{\mathrm{P}}$ と同じ方向となる，すなわち，導体球面に垂直である．したがって導体球面上の電荷密度 σ [C/m^2] は，(2.6.5), (A.2.63) 式より，

$$\sigma(|\vec{r}_\mathrm{P}|=a)=\varepsilon_0\vec{E}(|\vec{r}_\mathrm{P}|=a)\cdot\frac{\vec{r}_\mathrm{P}}{r_\mathrm{P}}=\frac{aq}{4\pi\left|a\frac{\vec{r}_\mathrm{P}}{a}-b\frac{\vec{r}_\mathrm{Q}}{b}\right|^3}\left(1-\frac{b^2}{a^2}\right)$$

$$=\frac{aq}{4\pi(a^2+b^2-2ab\cos\theta)^{\frac{3}{2}}}\left(1-\frac{b^2}{a^2}\right) \qquad \text{(A.2.64)}$$

となる．導体球面上の全電荷量は微小電荷 $\sigma\, dS$ [C] を球面上について足し合わせると，(A.2.64) 式より，

$$\iint_{\text{球面}}\sigma\, dS=\int_{\varphi=0}^{2\pi}\int_{\theta=0}^{\pi}\frac{aq}{4\pi(a^2+b^2-2ab\cos\theta)^{\frac{3}{2}}}\left(1-\frac{b^2}{a^2}\right)a^2\sin\theta\, d\varphi d\theta$$

$$=\frac{aq\left(1-\frac{b^2}{a^2}\right)}{4\pi}2\pi a^2\int_0^{\pi}\frac{\sin\theta}{(a^2+b^2-2ab\cos\theta)^{\frac{3}{2}}}\,d\theta$$

$$=\frac{aq\left(1-\frac{b^2}{a^2}\right)}{4\pi}2\pi a^2\left[\left(-\frac{1}{ab}\right)\frac{1}{(a^2+b^2-2ab\cos\theta)^{\frac{1}{2}}}\right]_{\theta=0}^{\pi}$$

$$=-\frac{q\left(1-\frac{b^2}{a^2}\right)}{2}\frac{a^2}{b}\left(\frac{1}{b+a}-\frac{1}{b-a}\right)=-\frac{a}{b}q\,[\mathrm{C}] \qquad \text{(A.2.65)}$$

となり，(A.2.60) 式の鏡像電荷量と一致する．

(3) 鏡像電荷により点電荷 q に働くクーロン力 $\vec{F}$ は，

$$\vec{F}=\frac{qq_\mathrm{R}}{4\pi\varepsilon_0|\vec{r}_\mathrm{Q}-\vec{r}_\mathrm{R}|^2}\frac{\vec{r}_\mathrm{Q}-\vec{r}_\mathrm{R}}{|\vec{r}_\mathrm{Q}-\vec{r}_\mathrm{R}|}=\frac{q\left(-\frac{aq}{b}\right)}{4\pi\varepsilon_0\left|\vec{r}_\mathrm{Q}-\frac{a^2\vec{r}_\mathrm{Q}}{b^2}\right|^3}\left(\vec{r}_\mathrm{Q}-\frac{a^2\vec{r}_\mathrm{Q}}{b^2}\right)$$

$$=\frac{q\left(-q\frac{a}{b}\right)}{4\pi\varepsilon_0|\vec{r}_\mathrm{Q}|^3\left(1-\frac{a^2}{b^2}\right)^3}\vec{r}_\mathrm{Q}\left(1-\frac{a^2}{b^2}\right)$$

$$=-\frac{q^2}{4\pi\varepsilon_0}\frac{ab}{(b^2-a^2)^2}\frac{\vec{r}_\mathrm{Q}}{b}\,[\mathrm{N}]$$

となり，引力である．

■ **2.13** (1) 導体球は非接地ではあるので，最初に導体球の全電荷が 0 C であれば，その後導体球に電荷を与えなければ，点電荷 q を近づけても，導体球の全電荷は 0 C のままである．しかも導体球は等電位であるので，**図 A.2.12** に示すように，鏡像電荷は例題 2.10 で求めた鏡像電荷 $q_\mathrm{R}=-\frac{a}{b}q$ [C] の他に導体球の中心に点電荷 $\frac{a}{b}q$ を置けば，導体球の全電荷は 0 C のままで，球の中心 O においた点電荷による球面上の電位は一定であるので導体球表面の電位は一定である．(A.2.61) 式を参考にすると，点 P ($\vec{r}_\mathrm{P}$) における電界 $\vec{E}$(P) は，

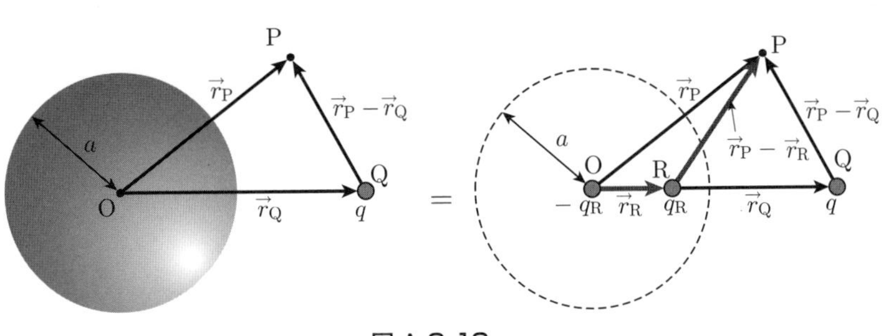

図 A.2.12

$$\vec{E}(\mathrm{P}) = \frac{q}{4\pi\varepsilon_0|\vec{r}_\mathrm{P}-\vec{r}_\mathrm{Q}|^2}\frac{\vec{r}_\mathrm{P}-\vec{r}_\mathrm{Q}}{|\vec{r}_\mathrm{P}-\vec{r}_\mathrm{Q}|} + \frac{-\frac{a}{b}q}{4\pi\varepsilon_0\left|\vec{r}_\mathrm{P}-\frac{a^2}{b^2}\vec{r}_\mathrm{Q}\right|^2}\frac{\vec{r}_\mathrm{P}-\frac{a^2}{b^2}\vec{r}_\mathrm{Q}}{\left|\vec{r}_\mathrm{P}-\frac{a^2}{b^2}\vec{r}_\mathrm{Q}\right|}$$

$$+\frac{\frac{a}{b}q}{4\pi\varepsilon_0|\vec{r}_\mathrm{P}|^2}\frac{\vec{r}_\mathrm{P}}{|\vec{r}_\mathrm{P}|}\,[\mathrm{V/m}] \qquad (\mathrm{A.2.66})$$

となる．このとき，導体球表面の電位 $V(|\vec{r}_\mathrm{P}|=a)$ は，

$$V(|\vec{r}_\mathrm{P}|=a) = \frac{\frac{a}{b}q}{4\pi\varepsilon_0 a} = \frac{q}{4\pi\varepsilon_0 b}\,[\mathrm{V}]$$

となる．

(2) 導体球表面における電界 $\vec{E}(|\vec{r}_\mathrm{P}|=a)$ は，(A.2.66) 式より，

$$\vec{E}(|\vec{r}_\mathrm{P}|=a) = \frac{q}{4\pi\varepsilon_0\left|a\frac{\vec{r}_\mathrm{P}}{a}-b\frac{\vec{r}_\mathrm{Q}}{b}\right|^3}\left\{a\left(1-\frac{b^2}{a^2}\right)\frac{\vec{r}_\mathrm{P}}{a}\right\} + \frac{\frac{a}{b}q}{4\pi\varepsilon_0 a^2}\frac{\vec{r}_\mathrm{P}}{a}$$

$$= \frac{aq}{4\pi\varepsilon_0}\left\{\frac{1}{\left|a\frac{\vec{r}_\mathrm{P}}{a}-b\frac{\vec{r}_\mathrm{Q}}{b}\right|^3}\left(1-\frac{b^2}{a^2}\right)+\frac{1}{a^2 b}\right\}\frac{\vec{r}_\mathrm{P}}{a}\,[\mathrm{V/m}] \qquad (\mathrm{A.2.67})$$

となり，$\vec{r}_\mathrm{P}$ と同じ方向となるので，導体球面に垂直である．したがって導体球面上の電荷密度 σ [C/m^2] は，(A.2.67) 式より，

$$\sigma(|\vec{r}_\mathrm{P}|=a) = \varepsilon_0\vec{E}(|\vec{r}_\mathrm{P}|=a)\cdot\frac{\vec{r}_\mathrm{P}}{r_\mathrm{P}} = \frac{aq}{4\pi}\left\{\frac{1}{\left|a\frac{\vec{r}_\mathrm{P}}{a}-b\frac{\vec{r}_\mathrm{Q}}{b}\right|^3}\left(1-\frac{b^2}{a^2}\right)+\frac{1}{a^2 b}\right\}$$

$$= \frac{aq}{4\pi}\left\{\frac{1}{(a^2+b^2-2ab\cos\theta)^{\frac{3}{2}}}\left(1-\frac{b^2}{a^2}\right)+\frac{1}{a^2 b}\right\}[\mathrm{C/m^2}] \qquad (\mathrm{A.2.68})$$

となる．導体球面上の電荷量は (A.2.68) 式の微小電荷 $\sigma\,dS$ を球面上について足し合わせて，(A.2.65) 式より，

$$\iint_{\text{球面}}\sigma\,dS = \iint_{\text{球面}}\frac{aq}{4\pi}\left\{\frac{1}{(a^2+b^2-2ab\cos\theta)^{\frac{3}{2}}}\left(1-\frac{b^2}{a^2}\right)+\frac{1}{a^2 b}\right\}dS$$

$$= -\frac{a}{b}q + \frac{aq}{4\pi}2\pi a^2\int_0^\pi\frac{\sin\theta}{a^2 b}\,d\theta$$

$$= -\frac{a}{b}q + \frac{a}{b}q = 0\,[\mathrm{C}]$$

となり，導体球の全電荷は 0 C であるという条件を満足する．

(3) 点電荷 q には鏡像電荷 q_R と，これを補償する電荷 $-q_\mathrm{R}$ の 2 つの点電荷によるクーロン力 $\vec{F}$ が働くので，$\vec{F}$ は，

$$\vec{F} = \frac{qq_\mathrm{R}}{4\pi\varepsilon_0|\vec{r}_\mathrm{Q}-\vec{r}_\mathrm{R}|^2}\frac{\vec{r}_\mathrm{Q}-\vec{r}_\mathrm{R}}{|\vec{r}_\mathrm{Q}-\vec{r}_\mathrm{R}|} + \frac{q(-q_\mathrm{R})}{4\pi\varepsilon_0|\vec{r}_\mathrm{Q}|^2}\frac{\vec{r}_\mathrm{Q}}{|\vec{r}_\mathrm{Q}|}$$

$$= -\frac{q^2}{4\pi\varepsilon_0}\frac{a}{b^3}\frac{1}{\left(1-\frac{a^2}{b^2}\right)}\frac{\vec{r}_\mathrm{Q}}{b} + \frac{q^2}{4\pi\varepsilon_0}\frac{a}{b^3}\frac{\vec{r}_\mathrm{Q}}{b}$$

$$= -\frac{q^2}{4\pi\varepsilon_0}\frac{a}{b^3}\left\{\frac{1}{\left(1-\frac{a^2}{b^2}\right)}-1\right\}\frac{\vec{r}_\mathrm{Q}}{b}\,[\mathrm{N}]$$

となり，引力である．

■ **2.14** (1) 導体球は非接地ではあるが，**図 A.2.13** に示すように，点 Q_1 および点 Q_2 に置かれたそれぞれの点電荷 q [C] および $-q$ の鏡像電荷は大きさが等しく異符号であるために，鏡像電荷の全電荷は 0 C のままである．しかも導体球は等電位であるので，すべての物理的に要請

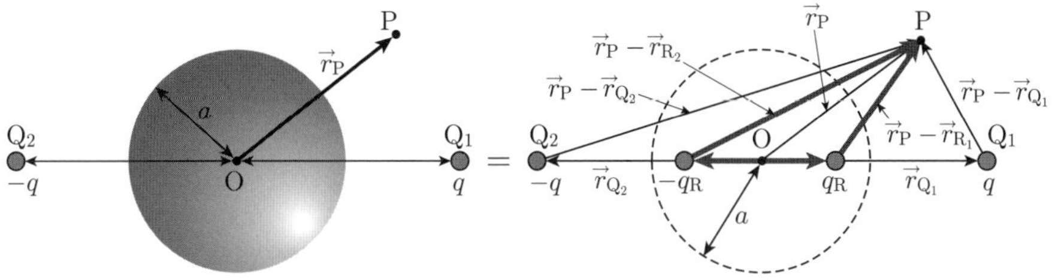

図 A.2.13

される条件を満足する．(A.2.61) 式を参考にすると，点 P ($\vec{r}_\mathrm{P}$) における電界 $\vec{E}(\mathrm{P})$ [V/m] は，

$$\vec{E}(\mathrm{P})=\vec{E}(\vec{r}_\mathrm{P})=\frac{q}{4\pi\varepsilon_0|\vec{r}_\mathrm{P}-\vec{r}_{\mathrm{Q}_1}|^2}\frac{\vec{r}_\mathrm{P}-\vec{r}_{\mathrm{Q}_1}}{|\vec{r}_\mathrm{P}-\vec{r}_{\mathrm{Q}_1}|}+\frac{-\frac{a}{b}q}{4\pi\varepsilon_0\left|\vec{r}_\mathrm{P}-\frac{a^2}{b^2}\vec{r}_{\mathrm{Q}_1}\right|^2}\frac{\vec{r}_\mathrm{P}-\frac{a^2}{b^2}\vec{r}_{\mathrm{Q}_1}}{\left|\vec{r}_\mathrm{P}-\frac{a^2}{b^2}\vec{r}_{\mathrm{Q}_1}\right|}$$

$$+\frac{-q}{4\pi\varepsilon_0|\vec{r}_\mathrm{P}-\vec{r}_{\mathrm{Q}_2}|^2}\frac{\vec{r}_\mathrm{P}-\vec{r}_{\mathrm{Q}_2}}{|\vec{r}_\mathrm{P}-\vec{r}_{\mathrm{Q}_2}|}+\frac{+\frac{a}{b}q}{4\pi\varepsilon_0\left|\vec{r}_\mathrm{P}-\frac{a^2}{b^2}\vec{r}_{\mathrm{Q}_2}\right|^2}\frac{\vec{r}_\mathrm{P}-\frac{a^2}{b^2}\vec{r}_{\mathrm{Q}_2}}{\left|\vec{r}_\mathrm{P}-\frac{a^2}{b^2}\vec{r}_{\mathrm{Q}_2}\right|} \qquad (\mathrm{A.2.69})$$

となる．このとき導体球表面の電位 $V(|\vec{r}_\mathrm{P}|=a)$ は 0 V である．

(2) $\vec{E}(\mathrm{P})$ は $|\vec{r}_\mathrm{P}|=a$ のとき，

$$\vec{E}(|\vec{r}_\mathrm{P}|=a)=\frac{q}{4\pi\varepsilon_0\left|a\frac{\vec{r}_\mathrm{P}}{a}-b\frac{\vec{r}_{\mathrm{Q}_1}}{b}\right|^2}\frac{a\frac{\vec{r}_\mathrm{P}}{a}-b\frac{\vec{r}_{\mathrm{Q}_1}}{b}}{\left|a\frac{\vec{r}_\mathrm{P}}{a}-b\frac{\vec{r}_{\mathrm{Q}_1}}{b}\right|}-\frac{q}{4\pi\varepsilon_0\frac{a}{b}\left|b\frac{\vec{r}_\mathrm{P}}{a}-a\frac{\vec{r}_{\mathrm{Q}_1}}{b}\right|^2}\frac{b\frac{\vec{r}_\mathrm{P}}{a}-a\frac{\vec{r}_{\mathrm{Q}_1}}{b}}{\left|b\frac{\vec{r}_\mathrm{P}}{a}-a\frac{\vec{r}_{\mathrm{Q}_1}}{b}\right|}$$

$$-\frac{q}{4\pi\varepsilon_0\left|a\frac{\vec{r}_\mathrm{P}}{a}-b\frac{\vec{r}_{\mathrm{Q}_2}}{b}\right|^2}\frac{a\frac{\vec{r}_\mathrm{P}}{a}-b\frac{\vec{r}_{\mathrm{Q}_2}}{b}}{\left|a\frac{\vec{r}_\mathrm{P}}{a}-b\frac{\vec{r}_{\mathrm{Q}_2}}{b}\right|}+\frac{q}{4\pi\varepsilon_0\frac{a}{b}\left|b\frac{\vec{r}_\mathrm{P}}{a}-a\frac{\vec{r}_{\mathrm{Q}_2}}{b}\right|^2}\frac{b\frac{\vec{r}_\mathrm{P}}{a}-a\frac{\vec{r}_{\mathrm{Q}_2}}{b}}{\left|b\frac{\vec{r}_\mathrm{P}}{a}-a\frac{\vec{r}_{\mathrm{Q}_2}}{b}\right|}$$

となり，**図 A.2.11** を参考にすると，

$$\left|a\frac{\vec{r}_\mathrm{P}}{a}-b\frac{\vec{r}_{\mathrm{Q}_1}}{b}\right|=\left|b\frac{\vec{r}_\mathrm{P}}{a}-a\frac{\vec{r}_{\mathrm{Q}_1}}{b}\right|,\quad \left|a\frac{\vec{r}_\mathrm{P}}{a}-b\frac{\vec{r}_{\mathrm{Q}_2}}{b}\right|=\left|b\frac{\vec{r}_\mathrm{P}}{a}-a\frac{\vec{r}_{\mathrm{Q}_2}}{b}\right|$$

であり，また $\vec{r}_{\mathrm{Q}_2}=-\vec{r}_{\mathrm{Q}_1}$ であるので，

$$\vec{E}(|\vec{r}_\mathrm{P}|=a)=\frac{q}{4\pi\varepsilon_0|\vec{r}_\mathrm{P}-\vec{r}_{\mathrm{Q}_1}|^3}\left\{\left(a\frac{\vec{r}_\mathrm{P}}{a}-b\frac{\vec{r}_{\mathrm{Q}_1}}{b}\right)-\frac{b}{a}\left(b\frac{\vec{r}_\mathrm{P}}{a}-a\frac{\vec{r}_{\mathrm{Q}_1}}{b}\right)\right\}$$

$$-\frac{q}{4\pi\varepsilon_0|\vec{r}_\mathrm{P}+\vec{r}_{\mathrm{Q}_1}|^3}\left\{\left(a\frac{\vec{r}_\mathrm{P}}{a}+b\frac{\vec{r}_{\mathrm{Q}_1}}{b}\right)-\frac{b}{a}\left(b\frac{\vec{r}_\mathrm{P}}{a}+a\frac{\vec{r}_{\mathrm{Q}_1}}{b}\right)\right\}$$

$$=\frac{q}{4\pi\varepsilon_0|\vec{r}_\mathrm{P}-\vec{r}_{\mathrm{Q}_1}|^3}\left\{a\left(1-\frac{b^2}{a^2}\right)\frac{\vec{r}_\mathrm{P}}{a}\right\}$$

$$-\frac{q}{4\pi\varepsilon_0|\vec{r}_\mathrm{P}+\vec{r}_{\mathrm{Q}_1}|^3}\left\{a\left(1-\frac{b^2}{a^2}\right)\frac{\vec{r}_\mathrm{P}}{a}\right\}\ [\mathrm{V/m}] \qquad (\mathrm{A.2.70})$$

となり，$\vec{r}_\mathrm{P}$ と同じ方向となる，すなわち導体球面に垂直である．したがって，導体球面上の電荷密度 σ は (2.6.5), (A.2.70) 式より，

$$\sigma(|\vec{r}_\mathrm{P}|=a)=\varepsilon_0\vec{E}(|\vec{r}_\mathrm{P}|=a)\cdot\frac{\vec{r}_\mathrm{P}}{r_\mathrm{P}}$$

$$=\left(1-\frac{b^2}{a^2}\right)aq\left(\frac{1}{4\pi|\vec{r}_\mathrm{P}-\vec{r}_{\mathrm{Q}_1}|^3}-\frac{1}{4\pi|\vec{r}_\mathrm{P}+\vec{r}_{\mathrm{Q}_1}|^3}\right)$$

$$= aq\left(1-\frac{b^2}{a^2}\right)\left\{\frac{1}{4\pi(a^2+b^2-2ab\cos\theta)^{\frac{3}{2}}}-\frac{1}{4\pi(a^2+b^2+2ab\cos\theta)^{\frac{3}{2}}}\right\}\ [\mathrm{C/m^2}] \qquad \text{(A.2.71)}$$

となる．導体球面上の電荷は $\sigma\, dS$ を球面上について足し合わせると，(A.2.65) 式を参考にして，(A.2.71) 式より $\displaystyle\iint_{導体球面上}\sigma\, dS = 0$ となる．

(3)　点 $\mathrm{Q_1}$ の点電荷 q に 2 個の鏡像電荷の他に点 $\mathrm{Q_2}$ の点電荷 $-q$ により働くクーロン力 $\vec{F}$ は

$$\vec{F} = \frac{qq_{\mathrm{R}}}{4\pi\varepsilon_0\left|\vec{r}_{\mathrm{Q_1}}-\vec{r}_{\mathrm{R_1}}\right|^2}\frac{\vec{r}_{\mathrm{Q_1}}-\vec{r}_{\mathrm{R_1}}}{\left|\vec{r}_{\mathrm{Q_1}}-\vec{r}_{\mathrm{R_1}}\right|}+\frac{q(-q_{\mathrm{R}})}{4\pi\varepsilon_0\left|\vec{r}_{\mathrm{Q_1}}-\vec{r}_{\mathrm{R_2}}\right|^2}\frac{\vec{r}_{\mathrm{Q_1}}-\vec{r}_{\mathrm{R_2}}}{\left|\vec{r}_{\mathrm{Q_1}}-\vec{r}_{\mathrm{R_2}}\right|}$$

$$+\frac{q(-q)}{4\pi\varepsilon_0\left|\vec{r}_{\mathrm{Q_1}}-\vec{r}_{\mathrm{Q_2}}\right|^2}\frac{\vec{r}_{\mathrm{Q_1}}-\vec{r}_{\mathrm{Q_2}}}{\left|\vec{r}_{\mathrm{Q_1}}-\vec{r}_{\mathrm{Q_2}}\right|}$$

$$=\frac{q\left(-\frac{a}{b}q\right)}{4\pi\varepsilon_0\left|\vec{r}_{\mathrm{Q_1}}-\frac{a^2}{b^2}\vec{r}_{\mathrm{Q_1}}\right|^3}\left(\vec{r}_{\mathrm{Q_1}}-\frac{a^2}{b^2}\vec{r}_{\mathrm{Q_1}}\right)+\frac{q\left(+\frac{a}{b}q\right)}{4\pi\varepsilon_0\left|\vec{r}_{\mathrm{Q_1}}-\frac{a^2}{b^2}\vec{r}_{\mathrm{Q_1}}\right|^3}\left(\vec{r}_{\mathrm{Q_1}}+\frac{a^2}{b^2}\vec{r}_{\mathrm{Q_1}}\right)$$

$$+\frac{q(-q)}{4\pi\varepsilon_0\left|2\vec{r}_{\mathrm{Q_1}}\right|^3}2\vec{r}_{\mathrm{Q_1}}$$

$$=-\frac{1}{4\pi\varepsilon_0}q^2\frac{1}{b^3}\left(\frac{4a^3b}{b^4-a^4}+\frac{1}{4}\right)\vec{r}_{\mathrm{Q}}\ [\mathrm{N}]$$

となり，引力である．

■ **2.15**　(1)　半無限平面導体は接地されているので電位は 0 V である．電荷が円柱導体表面上ではなく，導体中心軸上に分布している場合には，半無限平面導体を取り去って，その代わりに無限長円柱導体上の電荷の半無限平面導体に対して鏡像となる電荷を半無限平面導体の表面から導体側に h [m] の距離に置けばよい．**図 A.2.14** に示すように，平面導体に垂直な平面上で 2 次元的に円柱導体の中心軸の位置を点 C とし同一平面上の点 P からみた点 C の位置ベクトルを $\vec{r}_{\mathrm{C}}$，点 C の平面導体に対する同一平面上の鏡像位置を D とし，その位置ベクトルを同様に $\vec{r}_{\mathrm{D}}$ とする．ところで円柱導体面上に電荷が一様に分布している場合，導体外の任意の位置の電界は，中心軸にすべての電荷が集まっている場合と同じ結果を与える．しかし，今の場合，平面導体に対する鏡像電荷の符号は今までの経験より異符号になると予想される．したがって，円柱導体上に分布した電荷は鏡像電荷からクーロン引力を受けることが予想され，平面導体側に偏ることが予想される．以上より，ここでは円柱導体面上の電荷を線電荷とみなし，円柱導体の中心軸より平面導体側に d だけ偏った同一平面上の点 A を通り円柱導体の中心軸に平行な直線上に電荷が集まっていると考えることにする．**図 A.2.14** では点 A は円柱導体に設定されているが，現時点では点 A の位置は不明である．またこの線電荷の鏡像電荷を同一平面上の点 B を通る円柱導体の中心軸に平行な直線上に集まっているとする．このように仮定して矛盾のない解が得られれば，解の唯一性から正しい解となる．

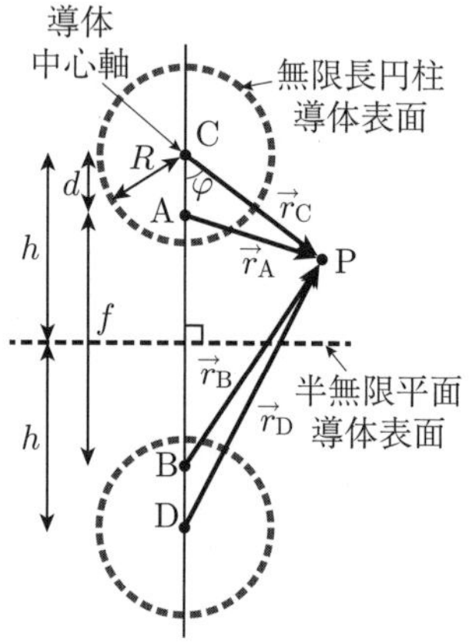

図 A.2.14

以上より点 A および B を通る直線上に線電荷密度がそれぞれ λ [C/m] および $-\lambda$ である 2 本の平行な太さが無視できる導線を考える．平面導体表面の電位は 0 V となる．今のところ点 D の取り方は点 D, A, B が同一直線上にあるようにとるだけであり，導体の中心軸を表す点では必ずしもない．ここで任意の点 P における電位は演習問題 2.4 の (A.2.28) 式を参考にして重ね合わ

せの原理より，

$$V(\mathrm{P}) = -\frac{\lambda}{2\pi\varepsilon_0}(\ln|\vec{r}_{\mathrm{A}}| - \ln|\vec{r}_{\mathrm{B}}|)$$

$$= -\frac{\lambda}{2\pi\varepsilon_0}\ln\frac{r_{\mathrm{A}}}{r_{\mathrm{B}}} \qquad \text{(A.2.72)}$$

となる．ただし，$r_{\mathrm{A}} \equiv |\vec{r}_{\mathrm{A}}|$, $r_{\mathrm{B}} \equiv |\vec{r}_{\mathrm{B}}|$ である．また余弦定理より，

$$r_{\mathrm{A}}^2 = r_{\mathrm{C}}^2 + d^2 - 2r_{\mathrm{C}}d\cos\varphi, \quad r_{\mathrm{B}}^2 = r_{\mathrm{C}}^2 + (f+d)^2 - 2r_{\mathrm{C}}(f+d)\cos\varphi$$

である．ただし $r_{\mathrm{C}} \equiv |\vec{r}_{\mathrm{C}}|$，$f$ は点 A, B 間の距離である．(A.2.72) 式の等電位面は，c を正の定数として $\frac{r_{\mathrm{B}}}{r_{\mathrm{A}}} = c$ で決まるので，等電位面の条件は，

$$\frac{r_{\mathrm{B}}^2}{r_{\mathrm{A}}^2} = \frac{r_{\mathrm{C}}^2 + (f+d)^2 - 2r_{\mathrm{C}}(f+d)\cos\varphi}{r_{\mathrm{C}}^2 + d^2 - 2r_{\mathrm{C}}d\cos\varphi} = c^2$$

より，

$$r_{\mathrm{C}}^2(1-c^2) - 2(f+d-c^2d)r_{\mathrm{C}}\cos\varphi = c^2d^2 - (f+d)^2 \qquad \text{(A.2.73)}$$

となる．(A.2.73) 式を変形すると，

$$-r_{\mathrm{C}}^2(c^2-1) + 2\left\{-f + d(c^2-1)\right\}r_{\mathrm{C}}\cos\varphi = -f^2 - 2fd + d^2(c^2-1) \qquad \text{(A.2.74)}$$

となるので，$\cos\varphi$ の係数が 0 となるように d を選ぶと $\cos\varphi$ に依存しない式となる．すなわち d を $d = \frac{f}{c^2-1}$ とおくと，(A.2.74) 式は，

$$-r_{\mathrm{C}}^2(c^2-1) = -f^2 - 2f\frac{f}{c^2-1} + \left(\frac{f}{c^2-1}\right)^2(c^2-1)$$

$$= -\frac{c^2f^2}{c^2-1}$$

となり，さらに整理すると，

$$r_{\mathrm{C}} = \frac{cf}{c^2-1}$$

が得られる．この式の右辺は c が与えられれば定数であるので，これは点 C を中心とする半径が $\frac{cf}{c^2-1}$ の円の方程式となる．すなわち r_{C} を $r_{\mathrm{C}} = \frac{cf}{c^2-1}$ を満足するように取ると点 P は等電位円上にある．以上より r_{C} が導体の半径 R に等しくなるように f を求め $d = \frac{f}{c^2-1}$ に代入して d を決めると導体表面は等電位となり点 A および点 B の位置が確定する．そうすると $+\lambda$ の線電荷を点 C より距離 d の位置に置けば，点 C を中心として半径 R の円筒面は，(A.2.72) 式より電位が

$$V(r_{\mathrm{C}} = R) = \frac{\lambda}{2\pi\varepsilon_0}\ln c \qquad \text{(A.2.75)}$$

となる等電位面となる．$d = \frac{f}{c^2-1}$ より，

$$d + f = \frac{f}{c^2-1} + f = \frac{f + c^2f - f}{c^2-1} = \frac{c^2f}{c^2-1} = r_{\mathrm{c}}c = Rc = b'$$

となる．$r_{\mathrm{C}} = \frac{cf}{c^2-1}$ より r_{C} が R に等しくなるように f を求めると，$R = \frac{cf}{c^2-1}$ より，$f = \frac{R(c^2-1)}{c}$ となる．したがって

$$d = \frac{f}{c^2-1} = \frac{R}{c} = \frac{R}{b'/R} = \frac{R^2}{b'}$$

となり鏡像電荷の位置は導体球の場合と同じである．円柱導体の表面の電位は (A.2.75) 式および $c = \frac{b'}{R}$ より，

$$V(r = R) = \frac{\lambda}{2\pi\varepsilon_0}\ln c = \frac{\lambda}{2\pi\varepsilon_0}\ln\left(\frac{b'}{R}\right)$$

となる．このとき，同様にして **図 A.2.14** に示すように点 D を中心とする半径 R の円上では等電位になることが分かる．この結果を $h = d + \frac{f}{2}$ として用いると，太さが有限な円柱状導体の場合に応用することができる．すなわち，地上の高さ h に張られた太さが有限な円柱状導体の導体外での電界は，地上の高さ $h - d$ の高さに張られた太さが無視できる直線状導線の場合と同一の電界を与えることになる．d を $d = \frac{R^2}{b'} = \frac{R^2}{d+f}$ および $h = d + \frac{f}{2}$ と連立させて求めることができ，

$$d = h - (h^2 - R^2)^{\frac{1}{2}}$$

となる．以上より，導体外の任意の点 P における電界 $\vec{E}(\mathrm{P})$ は，

$$\vec{E}(\mathrm{P}) = \frac{\lambda}{2\pi\varepsilon_0 r_{\mathrm{A}}}\frac{\vec{r}_{\mathrm{A}}}{r_{\mathrm{A}}} + \frac{-\lambda}{2\pi\varepsilon_0 r_{\mathrm{B}}}\frac{\vec{r}_{\mathrm{B}}}{r_{\mathrm{B}}}\ [\mathrm{V/m}] \qquad (\mathrm{A.2.76})$$

となる．このとき地上面の電位は 0 V となる．

(2)　**図 A.2.15** に示すように，$\vec{E}(\mathrm{P})$ は，点 P が平面導体表面上にあるとき，$r_{\mathrm{A}} = r_{\mathrm{B}} = \frac{h-d}{\cos\theta}$ であるので，(A.2.76) 式より，

$$\vec{E}(\mathrm{P}) = \frac{\lambda}{2\pi\varepsilon_0\left(\frac{h-d}{\cos\theta}\right)^2}(\vec{r}_{\mathrm{A}} - \vec{r}_{\mathrm{B}})$$

$$= -\frac{2\lambda(h-d)}{2\pi\varepsilon_0\left(\frac{h-d}{\cos\theta}\right)^2}\vec{n} = -\frac{\lambda\cos^2\theta}{\pi\varepsilon_0(h-d)}\vec{n} \qquad (\mathrm{A.2.77})$$

となる．ただし，$\vec{n}$ は平面導体の上向き単位法線ベクトルであり，θ は $\vec{r}_{\mathrm{A}}$ と $-\vec{n}$ のなす角度である．$\vec{E}(\mathrm{P})$ により平面導体上の点 P に誘起される面電荷密度 $\sigma(\mathrm{P})$ は，(2.6.5) 式より $\sigma(\mathrm{P}) = \varepsilon_0\vec{E}(\mathrm{P})\cdot\vec{n}$ であり，**図 A.2.16** に示す平面導体上の幅 1 m，無限長の帯状部に誘起される電荷は $\iint_{帯状部}\sigma(\mathrm{P})\,dS(\mathrm{P})$ である．dS は，

$$dS = 1\,[\mathrm{m}] \times \frac{h-d}{\cos\theta}\,d\theta\frac{1}{\cos\theta} = \frac{h-d}{\cos^2\theta}\,d\theta \qquad (\mathrm{A.2.78})$$

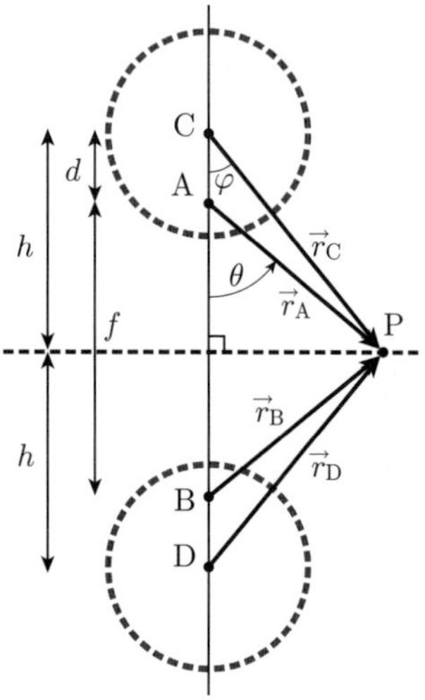

図 A.2.15

であるので，(A.2.77), (A.2.78) 式より，

$$\iint\sigma(\mathrm{P})\,dS(\mathrm{P}) = \iint_{帯状部}\varepsilon_0\vec{E}(\mathrm{P})\cdot\vec{n}\,dS(\mathrm{P}) = \int_{-\frac{\pi}{2}}^{\frac{\pi}{2}}\frac{\lambda\cos^2\theta}{\pi(h-d)}\vec{n}\cdot\vec{n}\,\frac{h-d}{\cos^2\theta}\,d\theta$$

$$= -\frac{\lambda}{\pi}\int_{-\frac{\pi}{2}}^{\frac{\pi}{2}}d\varphi = -\lambda$$

となり，線電荷密度の大きさに一致し，異符号となる．

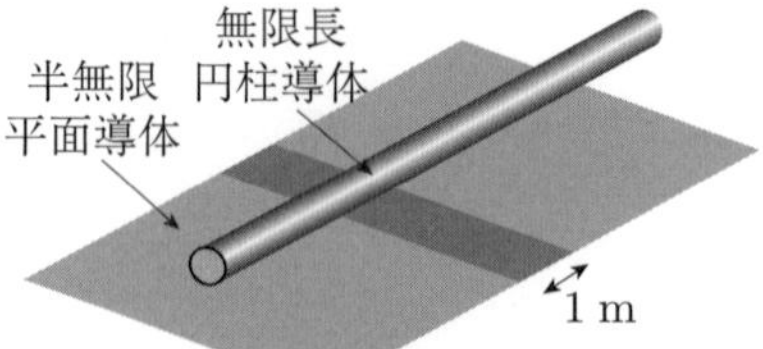

図 A.2.16

(3)　円柱導体 1 m 当たりに働くクーロン力 $\vec{F}$ は，鏡像電荷により形成される点 A を通る太さが無視できる導線上の電界 $\vec{E}(\mathrm{A})$ により電荷 λ [C] に働くクーロン力と同じと考えられるから，円柱導体 1 m 当たりに働く $\vec{F}$ は，

$$\vec{F} = \lambda \vec{E}_{鏡像}(\mathrm{A}) = \lambda \left\{ \frac{-\lambda}{2\pi\varepsilon_0 (2f)} \vec{n} \right\}$$

$$= -\frac{\lambda^2}{4\pi\varepsilon_0 (h-d)} \vec{n} \, [\mathrm{N}]$$

となる．

円柱導体の導線の半径 R が距離 h と比較して無視できる場合には，$r_{\mathrm{A}} \cong r_{\mathrm{C}}$, $r_{\mathrm{B}} \cong r_{\mathrm{D}}$ となるので，円柱導体の外部の任意の点 P における電位は，(A.2.72) 式より，

$$V(\mathrm{P}) \cong -\frac{\lambda}{2\pi\varepsilon_0} \ln \frac{r_{\mathrm{C}}}{r_{\mathrm{D}}} \, [\mathrm{V}]$$

となる．

■ **2.16**　(1)　**図 A.2.17** に示すように，空間座標を設定する．接地された導体の代わりに電荷を置く方法は経験に頼らざる得ないが，この場合には，点 Q $(a, b, 0)$ にある点電荷 q [C] の他に**図 A.2.18** に示した $z = 0$ 面にある点 R に $-q$，点 S に q，点 T に $-q$ の点電荷を置くと xz 平面（$x \geq 0$）および yz 平面（$y \geq 0$）上では電位は $V = 0$ [V] となる．実際，点 P が xz 平面（$x \geq 0$）上にある（$\vec{r}_{\mathrm{P}} = (x, 0, z)$）とすると，点 P における電位 $V(\mathrm{P})$ は，

$$V(\mathrm{P}) = \frac{q}{4\pi\varepsilon_0} \left(\frac{1}{|\vec{r}_{\mathrm{P}} - \vec{r}_{\mathrm{Q}}|} - \frac{1}{|\vec{r}_{\mathrm{P}} - \vec{r}_{\mathrm{R}}|} + \frac{1}{|\vec{r}_{\mathrm{P}} - \vec{r}_{\mathrm{S}}|} - \frac{1}{|\vec{r}_{\mathrm{P}} - \vec{r}_{\mathrm{T}}|} \right)$$

$$= \frac{q}{4\pi\varepsilon_0} \left[\frac{1}{\{(x-a)^2+b^2+z^2\}^{\frac{1}{2}}} - \frac{1}{\{(x+a)^2+b^2+z^2\}^{\frac{1}{2}}} + \frac{1}{\{(x+a)^2+b^2+z^2\}^{\frac{1}{2}}} - \frac{1}{\{(x-a)^2+b^2+z^2\}^{\frac{1}{2}}} \right]$$

$$= 0$$

となり，同様にして，点 P が yz 平面（$y \geq 0$）上にある（$\vec{r}_{\mathrm{P}} = (0, y, z)$）とすると，点 P における電位 $V(\mathrm{P})$ は，

$$V(\mathrm{P}) = \frac{q}{4\pi\varepsilon_0} \left[\frac{1}{\{a^2+(y-b)^2+z^2\}^{\frac{1}{2}}} - \frac{1}{\{a^2+(y-b)^2+z^2\}^{\frac{1}{2}}} \right.$$

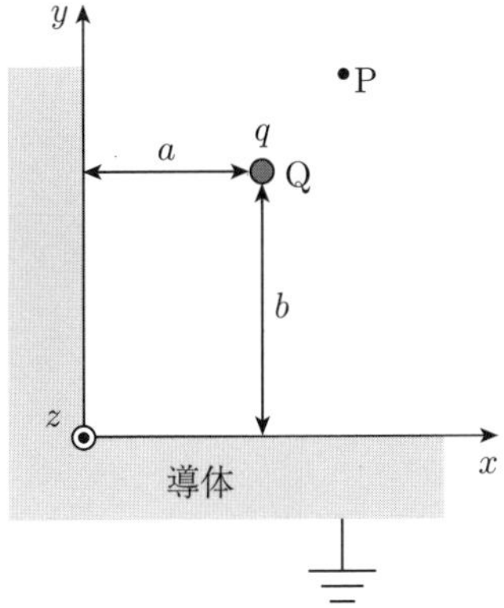

図 A.2.17

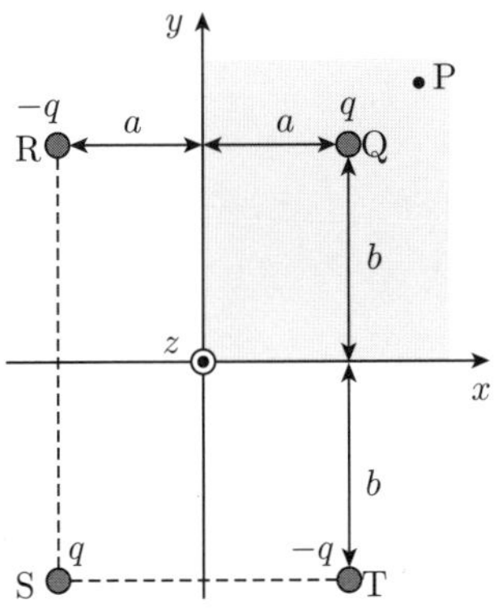

図 A.2.18

$$+\frac{1}{\{a^2+(y+b)^2+z^2\}^{\frac{1}{2}}}-\frac{1}{\{a^2+(y+b)^2+z^2\}^{\frac{1}{2}}}\Bigg]=0$$

となる．したがって，解の唯一性の定理より，この点電荷の置き方が唯一の置き方であり，これ以外にはない．したがって導体外の任意の点における電界 $\vec{E}(\mathrm{P})$ は，

$$\vec{E}(\mathrm{P})=\frac{q}{4\pi\varepsilon_0}\left(\frac{\vec{r}_{\mathrm{P}}-\vec{r}_{\mathrm{Q}}}{|\vec{r}_{\mathrm{P}}-\vec{r}_{\mathrm{Q}}|^3}-\frac{\vec{r}_{\mathrm{P}}-\vec{r}_{\mathrm{R}}}{|\vec{r}_{\mathrm{P}}-\vec{r}_{\mathrm{R}}|^3}+\frac{\vec{r}_{\mathrm{P}}-\vec{r}_{\mathrm{S}}}{|\vec{r}_{\mathrm{P}}-\vec{r}_{\mathrm{S}}|^3}-\frac{\vec{r}_{\mathrm{P}}-\vec{r}_{\mathrm{T}}}{|\vec{r}_{\mathrm{P}}-\vec{r}_{\mathrm{T}}|^3}\right)\ [\mathrm{V/m}] \qquad \text{(A.2.79)}$$

となる．ただし，

$$\begin{aligned}
\vec{r}_{\mathrm{P}}-\vec{r}_{\mathrm{Q}}&=(x-a,y-b,z),|\vec{r}_{\mathrm{P}}-\vec{r}_{\mathrm{Q}}|=\{(x-a)^2+(y-b)^2+z^2\}^{\frac{1}{2}}\\
\vec{r}_{\mathrm{P}}-\vec{r}_{\mathrm{R}}&=(x+a,y-b,z),|\vec{r}_{\mathrm{P}}-\vec{r}_{\mathrm{R}}|=\{(x+a)^2+(y-b)^2+z^2\}^{\frac{1}{2}}\\
\vec{r}_{\mathrm{P}}-\vec{r}_{\mathrm{S}}&=(x+a,y+b,z),|\vec{r}_{\mathrm{P}}-\vec{r}_{\mathrm{S}}|=\{(x+a)^2+(y+b)^2+z^2\}^{\frac{1}{2}}\\
\vec{r}_{\mathrm{P}}-\vec{r}_{\mathrm{T}}&=(x-a,y+b,z),|\vec{r}_{\mathrm{P}}-\vec{r}_{\mathrm{T}}|=\{(x-a)^2+(y+b)^2+z^2\}^{\frac{1}{2}}
\end{aligned} \qquad \text{(A.2.80)}$$

である．

(2)　$x=0,\ y\geq 0$ では，(A.2.79), (A.2.80) 式より

$$\vec{E}(x=0)=-\frac{aq}{2\pi\varepsilon_0}\left[\frac{1}{\{a^2+(y-b)^2+z^2\}^{\frac{3}{2}}}-\frac{1}{\{a^2+(y+b)^2+z^2\}^{\frac{3}{2}}}\right]\vec{i}$$

となる．同様にして，$x\geq 0,\ y=0$ では，

$$\vec{E}(y=0)=-\frac{aq}{2\pi\varepsilon_0}\left[\frac{1}{\{(x-a)^2+b^2+z^2\}^{\frac{3}{2}}}-\frac{1}{\{(x+a)^2+b^2+z^2\}^{\frac{3}{2}}}\right]\vec{j}$$

となる．したがって各面における表面電荷密度 $\sigma\ (x=0)$, $\sigma\ (y=0)$ は (2.6.5) 式よりそれぞれ，

$$\sigma(x=0)=\varepsilon_0\vec{E}(x=0)\cdot\vec{i}=-\frac{aq}{2\pi\varepsilon_0}\left[\frac{1}{\{a^2+(y-b)^2+z^2\}^{\frac{3}{2}}}-\frac{1}{\{a^2+(y+b)^2+z^2\}^{\frac{3}{2}}}\right]\ [\mathrm{C/m^2}]$$

$$\sigma(y=0)=\varepsilon_0\vec{E}(y=0)\cdot\vec{j}=-\frac{aq}{2\pi\varepsilon_0}\left[\frac{1}{\{(x-a)^2+b^2+z^2\}^{\frac{3}{2}}}-\frac{1}{\{(x+a)^2+b^2+z^2\}^{\frac{3}{2}}}\right]\ [\mathrm{C/m^2}]$$

となる．

(3)　点 Q にある点電荷に働くクーロン力 $\vec{F}(\mathrm{Q})$ は，(A.2.79) 式の右辺の 2–4 項の電界によるものであるので，

$$\begin{aligned}
\vec{F}(\mathrm{Q})&=\frac{q^2}{4\pi\varepsilon_0}\left(-\frac{\vec{r}_{\mathrm{Q}}-\vec{r}_{\mathrm{R}}}{|\vec{r}_{\mathrm{Q}}-\vec{r}_{\mathrm{R}}|^3}+\frac{\vec{r}_{\mathrm{Q}}-\vec{r}_{\mathrm{S}}}{|\vec{r}_{\mathrm{Q}}-\vec{r}_{\mathrm{S}}|^3}-\frac{\vec{r}_{\mathrm{Q}}-\vec{r}_{\mathrm{T}}}{|\vec{r}_{\mathrm{Q}}-\vec{r}_{\mathrm{T}}|^3}\right)\\
&=\frac{q^2}{4\pi\varepsilon_0}\left[-\frac{(2a,0,0)}{(2a)^3}+\frac{(2a,2b,0)}{\{(2a)^2+(2b)^2\}^{\frac{3}{2}}}-\frac{(0,2b,0)}{(2b)^3}\right]\\
&=\frac{q^2}{16\pi\varepsilon_0}\left(-\frac{1}{a^2}+\frac{a}{(a^2+b^2)^{\frac{3}{2}}},-\frac{1}{b^2}+\frac{b}{(a^2+b^2)^{\frac{3}{2}}},0\right)\ [\mathrm{N}]
\end{aligned}$$

となる．

(4)　水平導体面上の全電荷量 q_{h} は，

$$\begin{aligned}
q_{\mathrm{h}}&=\int_{x=0}^{\infty}\int_{z=-\infty}^{\infty}\sigma(y=0)\,dxdz\\
&=-\frac{bq}{2\pi}\int_0^{\infty}\int_{-\infty}^{\infty}\left[\frac{1}{\{(x-a)^2+b^2+z^2\}^{\frac{3}{2}}}-\frac{1}{\{(x+a)^2+b^2+z^2\}^{\frac{3}{2}}}\right]dxdz
\end{aligned}$$

$$= -\frac{bq}{2\pi}\int_0^{\infty}\left\{\frac{2}{(x-a)^2+b^2}-\frac{2}{(x+a)^2+b^2}\right\}dx$$

$$= -\frac{bq}{\pi}\frac{1}{b}\left[\tan^{-1}\left(\frac{x-a}{b}\right)-\tan^{-1}\left(\frac{x+a}{b}\right)\right]_{x=0}^{\infty}$$

$$= -\frac{q}{\pi}\left\{\frac{\pi}{2}+\tan^{-1}\left(\frac{a}{b}\right)-\frac{\pi}{2}+\tan^{-1}\left(\frac{a}{b}\right)\right\}$$

$$= -\frac{2q}{\pi}\tan^{-1}\left(\frac{a}{b}\right)\ [\mathrm{C}]$$

となる．同様にして，垂直導体面上の全電荷量 q_{v} は，

$$q_{\mathrm{v}} = -\frac{2q}{\pi}\tan^{-1}\left(\frac{a}{b}\right)\ [\mathrm{C}]$$

となり，全電荷は，

$$q_{\mathrm{h}}+q_{\mathrm{v}} = -\frac{2q}{\pi}\left\{\tan^{-1}\left(\frac{a}{b}\right)+\tan^{-1}\left(\frac{b}{a}\right)\right\} = -\frac{2q}{\pi}\frac{\pi}{2} = -q\,[\mathrm{C}]$$

となり，点 Q における点電荷 q と大きさが同じで異符号となる．この電荷は地面より供給される．

2.17　図 A.2.19 に示すように，空間座標を設定する．半無限平面導体面上に電荷を与えると表面電荷密度 σ [C/m^2] で導体表面上に一様に分布する．導体表面を xy 平面とする．半無限平面導体なので，対称性により点 P を原点 O においても一般性は失われない．点 P を中心とする微小面積 $dS(\mathrm{P})$ に存在する電荷は，$\sigma\,dS(\mathrm{P})$ [C] である．半無限平面導体の表面上の電荷による電界は導体表面に垂直であり，面上の任意の点で一定であり，z の正方向の無限遠点で終わる．向きは表面電荷の符号に依存し，正の場合には z の正の向きを向く．この場合，導体表面に平行に $z = a > 0$ の位置に表面が来るように，有限な厚さの非接地無限大平板導体を置いても半無限平面導体表面と平板導体間の空間の電界は変化しない．この場合，半無限平面導体表面に向かい合う平板導体の面（内面）上には $-\sigma$ の表面電荷が分布し，逆側には $+\sigma$ の表面電荷が分布する．この $-\sigma$ の表面電荷により点 P にある電荷 $\sigma\,dS(\mathrm{P})$ にクーロン引力が働く．したがって，$\sigma\,dS(\mathrm{P})$ には $dS(\mathrm{P})$ 以外の半無限平面導体の表面電荷および平板導体の内面上の電荷の合力が働く．ただし，$dS(\mathrm{P})$ にある電荷による力はない．

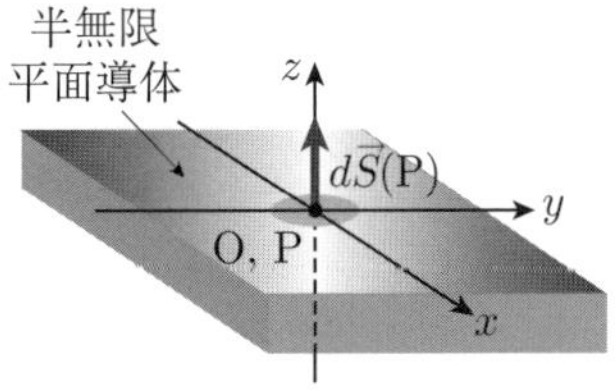

図 A.2.19

まず，平板導体内面の電荷による力を求める．点 P の位置を $\vec{r}_{\mathrm{P}} = (0,0,0)$，半無限平面導体内面の点 Q の位置を $\vec{r}_{\mathrm{Q}} = (x,y,a)$ とする．微小電荷 $\sigma\,dS(\mathrm{P})$ に働く力 $d\vec{F}_1(\mathrm{P})$ は，

$$d\vec{F}_1(\mathrm{P}) = \frac{1}{4\pi\varepsilon_0}\sigma\,dS(\mathrm{P})\int_{x=-\infty}^{+\infty}\int_{y=-\infty}^{+\infty}(-\sigma)\,dxdy\,\frac{\vec{r}_{\mathrm{P}}-\vec{r}_{\mathrm{Q}}}{|\vec{r}_{\mathrm{P}}-\vec{r}_{\mathrm{Q}}|^3}$$

$$= -\frac{1}{4\pi\varepsilon_0}\sigma^2\,dS(\mathrm{P})\int_{-\infty}^{+\infty}\int_{-\infty}^{+\infty}\frac{(-x,-y,-a)}{(x^2+y^2+a^2)^{\frac{3}{2}}}\,dxdy$$

$$= -\frac{1}{4\pi\varepsilon_0}\sigma^2\,dS(\mathrm{P})\int_{r=0}^{+\infty}\int_{\theta=0}^{2\pi}\frac{(-r\cos\theta,-r\sin\theta,-a)}{(r^2+a^2)^{\frac{3}{2}}}r\,d\theta dr$$

$$= -\frac{1}{4\pi\varepsilon_0}\sigma^2\,dS(\mathrm{P})(0,0,1)(-2\pi a)\left[-\frac{1}{(r^2+a^2)^{\frac{1}{2}}}\right]_0^{\infty} = \frac{1}{2\varepsilon_0}\sigma^2\,d\vec{S}(\mathrm{P})\,[\mathrm{N}]$$

となる．

次に，半無限平面導体表面上の電荷による力 $d\vec{F}_2(\mathrm{P})$ を求めよう．この場合，すべての表面電荷は同一平面上にあるので $\sigma\,dS(\mathrm{P})$ に働く力は xy 平面に平行であり，$\sigma\,dS(\mathrm{P})$ に対して等方的

に働くので，結果として $d\vec{F}_2(\mathrm{P}) = \vec{0}$ となる．まとめると，微小電荷 $\sigma\, dS(\mathrm{P})$ に働く力 $d\vec{F}(\mathrm{P})$ は，

$$d\vec{F}(\mathrm{P}) = d\vec{F}_1(\mathrm{P}) + d\vec{F}_2(\mathrm{P}) = \tfrac{1}{2\varepsilon_0}\sigma^2\, d\vec{S}(\mathrm{P})\,[\mathrm{N}]$$

となる．この力は，水滴の表面張力と似ていることから，**静電張力** (electrostatic surface tension) と呼ばれている．しかし静電張力は電荷をその符号によらず半無限平面導体表面から垂直な方向・向きに引き剥がそうとする力であり，表面張力とは異なる方向である．無限長円柱導体表面や球面上に分布した電荷についても，静電張力は半無限平面導体の場合と同じであるが，任意形状の導体表面上の微小電荷 $\sigma\, dS(\mathrm{P})$ に対して成立するか否かは不明である．

3章

■ **3.1** 半径 R [m] の一様な太さの無限長誘電体円柱について考えてみよう．**図 A.3.1** に示すように，円柱の中心軸が z 軸に一致するように空間座標を設定する．球は形状が等方的であったが，円柱は 1 方向（z 軸）に異方性がある．この方向は中心軸に平行である．そこで外部電界 $\vec{E}_{\mathrm{ext}}$ の印加方向として**図 A.3.1 (a)** に示すように，中心軸に平行な場合と，**図 A.3.1 (b)** に示すように，中心軸に対して垂直な方向の 2 つの場合に分けて考える．中心軸上にある点 P における反電界 $\vec{E}_1(\mathrm{P})$ を求めてみよう．円柱内で分極が一様であるので，$\vec{E}_1(\mathrm{P})$ は (3.1.24) 式より，

$$\vec{E}_1(\mathrm{P}) = \tfrac{1}{4\pi\varepsilon_0}\oiint_{\text{誘電体円柱表面}} \sigma(\mathrm{Q})\,\tfrac{(\vec{r}_{\mathrm{P}} - \vec{r}_{\mathrm{Q}})}{|\vec{r}_{\mathrm{P}} - \vec{r}_{\mathrm{Q}}|^3}\, dS(\mathrm{Q}) \qquad \text{(A.3.1)}$$

である．ただし $\sigma(\mathrm{Q})$ [C/m^2], $dS(\mathrm{Q})$ [m^2] は，それぞれ点 Q における表面電荷密度，微小面積要素である．円柱は無限長であるので，中心軸上の点 P の位置にかかわらず電界 $\vec{E}_1(\mathrm{P})$ は同じであるから，**図 A.3.2** に示すように，点 P を空間座標の原点（$\vec{r}_{\mathrm{P}} = (0, 0, 0)$）とする．

1. （$\vec{E}_{\mathrm{ext}}$ が中心軸に平行な場合） (A.3.1) 式の積分の領域は円柱側面と上下端面であり，$\sigma(\mathrm{Q}) = \vec{P}\cdot\vec{n}(\mathrm{Q})$ である．ただし $\vec{n}(\mathrm{Q})$ は点 Q における単位法線ベクトルである．誘電体円柱の上下端面では，

$$\begin{aligned}\sigma(\mathrm{Q}) &= \vec{P}\cdot\vec{n}(\mathrm{Q}) = (0, 0, P)\cdot(0, 0, \pm 1)\\ &= \pm P\end{aligned}$$

であるが，円柱は無限長であるので，半径が有限であれば (A.3.1) 式の上下端面での積分は 0 と

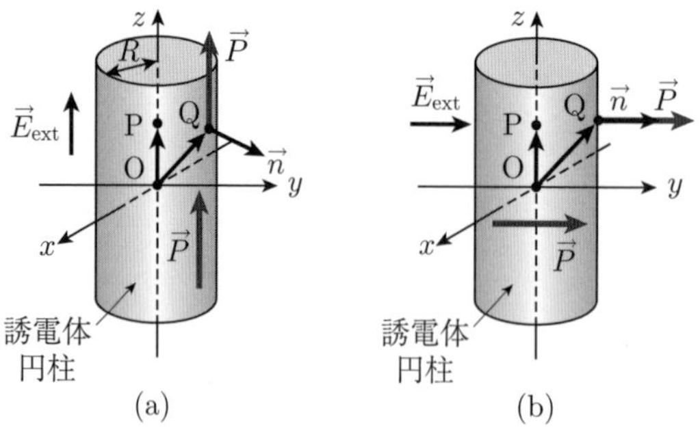

図 A.3.1

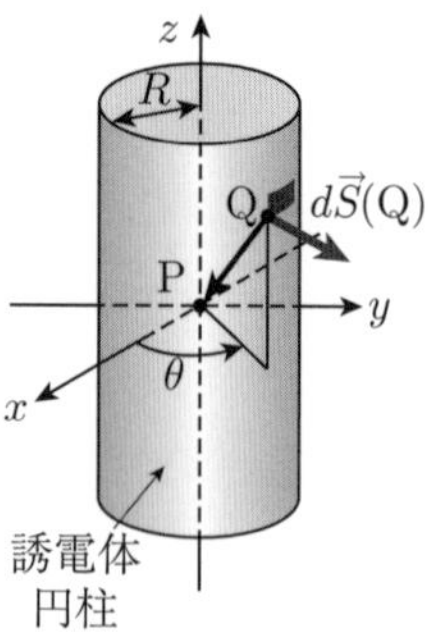

図 A.3.2

なる．円柱側面では，点 Q の座標を $\vec{r}_{\mathrm{Q}} = (R\cos\theta, R\sin\theta, z')$（$\theta$ は x 軸を起点とする方位角）とすると

$$\sigma(\mathrm{Q}) = (0, 0, P) \cdot (\cos\theta, \sin\theta, 0) = 0$$

となり，側面での積分は 0 となる．したがって，$\vec{E}_1(\mathrm{P}) = \vec{0}$ [V/m] となる．

2. （$\vec{E}_{\mathrm{ext}}$ が中心軸に垂直な場合） 円柱の対称性より，**図 A.3.1 (b)** に示すように，$\vec{E}_{\mathrm{ext}}$ を y 軸に平行に印加しても一般性は失われない．このとき $\vec{P}(\mathrm{Q}) = (0, P, 0)$（$P > 0$）であるので，

$$\sigma(\mathrm{Q}) = (0, P, 0) \cdot (\cos\theta, \sin\theta, 0) = P\sin\theta$$

であり，また $|\vec{r}_{\mathrm{P}} - \vec{r}_{\mathrm{Q}}| = (R^2 + z'^2)^{\frac{1}{2}}$ であり，$dS(\mathrm{Q}) = R\,d\theta dz'$ である．ただし積分領域は円柱側面であるので，

$$0 \leq \theta < 2\pi, \quad -\infty < z' < \infty$$

である．このとき，(A.3.1) 式は，

$$\vec{E}_1 = \frac{1}{4\pi\varepsilon_0}\int_{\theta=0}^{2\pi}\int_{z'=-\infty}^{+\infty} P\sin\theta \frac{(-R\cos\theta, -R\sin\theta, -z')}{(R^2+z'^2)^{\frac{3}{2}}} R\,d\theta dz'$$

となる．まず $\vec{E}_1$ の z 成分 E_{1z} は，z' に関する積分の被積分関数が z' の奇関数であり，また $-\infty < z' < \infty$ であるので $E_{1z} = 0$ である．x 成分 E_{1x} は

$$\begin{aligned} E_{1x} &= -PR^2 \frac{1}{4\pi\varepsilon_0}\int_0^{2\pi}\int_{-\infty}^{+\infty} \frac{\sin\theta\cos\theta}{(R^2+z'^2)^{\frac{3}{2}}}\,d\theta dz' \\ &= -PR^2 \frac{1}{2\pi\varepsilon_0}\int_0^{2\pi} \sin 2\theta\,d\theta \int_{-\infty}^{+\infty} \frac{1}{(R^2+z'^2)^{\frac{3}{2}}}\,dz' = 0 \end{aligned} \tag{A.3.2}$$

となる．y 成分 E_{1y} は，付録公式 3 を参考にして，

$$\begin{aligned} E_{1y} &= -PR^2 \frac{1}{4\pi\varepsilon_0}\int_0^{2\pi}\int_{-\infty}^{+\infty} \frac{\sin^2\theta}{(R^2+z'^2)^{\frac{3}{2}}}\,d\theta dz' \\ &= -PR^2 \frac{1}{8\pi\varepsilon_0}\int_0^{2\pi} (1 - \cos 2\theta)\,d\theta \int_{-\infty}^{+\infty} \frac{1}{(R^2+z'^2)^{\frac{3}{2}}}\,dz' \\ &= -PR^2 \frac{1}{8\pi\varepsilon_0} 2\pi \frac{2}{R^2} = -\frac{P}{2\varepsilon_0} \end{aligned} \tag{A.3.3}$$

となる．(A.3.2), (A.3.3) 式，$E_{1z} = 0$ [V/m] より，

$$\vec{E}_1 = \left(0, -\frac{P}{2\varepsilon_0}, 0\right) = -\frac{P}{2\varepsilon_0}(0, 1, 0) \tag{A.3.4}$$

となる．以上より，誘電体円柱内の中心軸上の任意の点における巨視電界 $\vec{E}(\mathrm{P})$ は，$\vec{E}_{\mathrm{ext}}$ が中心軸に平行な場合，

$$\vec{E}(\mathrm{P}) = \vec{E}_{\mathrm{ext}} + \vec{E}_1(\mathrm{P}) = \vec{E}_{\mathrm{ext}}\ [\mathrm{V/m}], \tag{A.3.5}$$

$\vec{E}_{\mathrm{ext}}$ が中心軸に垂直な場合，(A.3.4) 式より，

$$\vec{E}(\mathrm{P}) = \vec{E}_{\mathrm{ext}} + \vec{E}_1(\mathrm{P}) = \vec{E}_{\mathrm{ext}} - \frac{\vec{P}}{2\varepsilon_0}\ [\mathrm{V/m}] \tag{A.3.6}$$

となる．

■ **3.2**　**図 A.3.3** に示すように，xyz 座標の xy 平面が誘電体平板の厚さ方向の中央に一致するように空間座標を設定する．平板は円柱と同様に表面に垂直な方向（z 方向に平行）に異方性がある．外部電界 $\vec{E}_{\mathrm{ext}}$ [V/m] の印加方向として**図 A.3.3 (a)** に示すように，z 軸に平行な場合と，

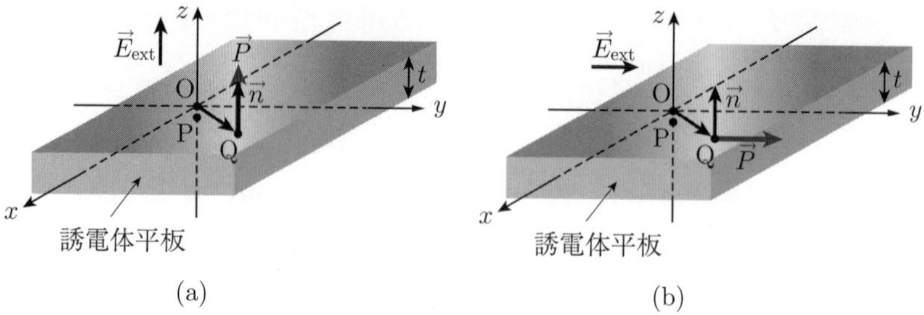

図 A.3.3

図 A.3.3 (b) に示すように，z 軸に垂直な方向の 2 つの場合に分けて考える必要がある．中心軸上にある点 P における反電界 $\vec{E}_1(\mathrm{P})$ を求めてみよう．

1. （$\vec{E}_{\rm ext}$ が z 軸に平行な場合） 平板内で分極が一様であるので $\vec{E}_1$ [V/m] は (3.1.24) 式より，

$$\vec{E}_1(\mathrm{P}) = \frac{1}{4\pi\varepsilon_0}\oiint_{\text{誘電体平板表面}} \sigma(\mathrm{Q})\frac{\left(\vec{r}_{\rm P} - \vec{r}_{\rm Q}\right)}{\left|\vec{r}_{\rm P} - \vec{r}_{\rm Q}\right|^3}\,dS(\mathrm{Q}) \tag{A.3.7}$$

である．積分の領域は平板の側面と上下面であるが，表面電荷は上下平面上にだけ現れる．まず点 P は z 座標が同じであれば $\vec{E}_1$ は x, y 座標に依存しないので，$\vec{r}_{\rm P} = (0, 0, z)$, $-\frac{t}{2} \leq z \leq \frac{t}{2}$ としても一般性は失われない．点 Q を $\vec{r}_{\text{Q 上面}} = \left(x', y', \frac{t}{2}\right)$, $\vec{r}_{\text{Q 下面}} = \left(x', y', -\frac{t}{2}\right)$ とすると，

$$\left|\vec{r}_{\rm P} - \vec{r}_{\text{Q 上面}}\right| = \left\{x'^2 + y'^2 + \left(z - \frac{t}{2}\right)^2\right\}^{\frac{1}{2}}$$

$$\left|\vec{r}_{\rm P} - \vec{r}_{\text{Q 下面}}\right| = \left\{x'^2 + y'^2 + \left(z + \frac{t}{2}\right)^2\right\}^{\frac{1}{2}}$$

となる．また，$\vec{P}(\mathrm{Q}) = (0, 0, P)$ （$P > 0$），$\vec{n}(\mathrm{Q}) = (0, 0, 1)$ である．したがって，

$$\sigma(\mathrm{Q})_{\text{上面}} = (0, 0, P) \cdot (0, 0, 1) = P$$

$$\sigma(\mathrm{Q})_{\text{下面}} = (0, 0, P) \cdot (0, 0, -1) = -P$$

となる．また，点 Q における微小面積要素 $dS(\mathrm{Q})$ [m^2] は $dS(\mathrm{Q}) = dx'dy'$ である．したがって (A.3.7) 式は，

$$\vec{E}_1(\mathrm{P}) = \frac{1}{4\pi\varepsilon_0}\int_{x'=-\infty}^{\infty}\int_{y'=-\infty}^{+\infty} P\frac{\left(-x', -y', z - \frac{t}{2}\right)}{\left\{x'^2 + y'^2 + \left(z - \frac{t}{2}\right)\right\}^{\frac{3}{2}}}\,dx'dy'$$
$$- \frac{1}{4\pi\varepsilon_0}\int_{x'=-\infty}^{\infty}\int_{y'=-\infty}^{+\infty} P\frac{\left(-x', -y', z + \frac{t}{2}\right)}{\left\{x'^2 + y'^2 + \left(z + \frac{t}{2}\right)\right\}^{\frac{3}{2}}}\,dx'dy' \tag{A.3.8}$$

となる．θ を x 軸を起点とする方位角とし，$x'^2 + y'^2 = r^2$ とすると，(A.3.8) 式は，

$$\vec{E}_1(\mathrm{P}) = \frac{1}{4\pi\varepsilon_0}\int_{r=0}^{\infty}\int_{\theta=0}^{2\pi} P\frac{\left(-r\cos\theta, -r\sin\theta, z - \frac{t}{2}\right)}{\left\{r^2 + \left(z - \frac{t}{2}\right)\right\}^{\frac{3}{2}}}\,r\,d\theta dr$$
$$- \frac{1}{4\pi\varepsilon_0}\int_{r=0}^{\infty}\int_{\theta=0}^{2\pi} P\frac{\left(-r\cos\theta, -r\sin\theta, z + \frac{t}{2}\right)}{\left\{r^2 + \left(z + \frac{t}{2}\right)\right\}^{\frac{3}{2}}}\,r\,d\theta dr \tag{A.3.9}$$

となる．$\vec{E}_1(\mathrm{P})$ の x, y 成分 $E_{1x}(\mathrm{P})$, $E_{1y}(\mathrm{P})$ は r に関する奇関数あるいは θ で積分した場合も，

積分範囲を考慮すると 0 V/m となる．また z 成分 $E_{1z}(\mathrm{P})$ に関しては，(A.3.9) 式の積分は，

$$\int_{r=0}^{\infty}\int_{\theta=0}^{2\pi} P \frac{z-\frac{t}{2}}{\left\{r^2+\left(z-\frac{t}{2}\right)\right\}^{\frac{3}{2}}} r\,d\theta dr$$

$$= P\left(z-\tfrac{t}{2}\right)\int_0^{\infty}\frac{r}{\left\{r^2+\left(z-\frac{t}{2}\right)\right\}^{\frac{3}{2}}}\,dr\int_0^{2\pi}d\theta$$

$$= P\left(z-\tfrac{t}{2}\right)2\pi\left[-\frac{1}{\left\{r^2+\left(z-\frac{t}{2}\right)^2\right\}^{\frac{1}{2}}}\right]_{r=0}^{\infty} = 2\pi P\left(z-\tfrac{t}{2}\right)\frac{1}{\left|z-\frac{t}{2}\right|}$$

$$\int_{r=0}^{\infty}\int_{\theta=0}^{2\pi} P \frac{z+\frac{t}{2}}{\left\{r^2+\left(z+\frac{t}{2}\right)\right\}^{\frac{3}{2}}} r d\theta dr = 2\pi P\left(z+\tfrac{t}{2}\right)\frac{1}{\left|z+\frac{t}{2}\right|}$$

となり，$-\frac{t}{2} \le z \le \frac{t}{2}$ の範囲では，

$$\frac{1}{\left|z-\frac{t}{2}\right|} = -\frac{1}{z-\frac{t}{2}}, \quad \frac{1}{\left|z+\frac{t}{2}\right|} = \frac{1}{z+\frac{t}{2}}$$

となるので，$E_{1z}(\mathrm{P})$ は，

$$E_{1z}(\mathrm{P}) = \frac{1}{2\varepsilon_0}P\left(z-\tfrac{t}{2}\right)\frac{1}{\left|z-\frac{t}{2}\right|} - \frac{1}{2\varepsilon_0}P\left(z+\tfrac{t}{2}\right)\frac{1}{\left|z+\frac{t}{2}\right|}$$

$$= -\frac{1}{2\varepsilon_0}P - \frac{1}{2\varepsilon_0}P = -\frac{P}{\varepsilon_0} \tag{A.3.10}$$

となる．したがって，$E_{1x}(\mathrm{P}) = E_{1y}(\mathrm{P}) = 0$ [V/m], (A.3.10) 式より，

$$\vec{E}_1(\mathrm{P}) = -\frac{P}{\varepsilon_0}(0,0,1)\,[\mathrm{V/m}] \tag{A.3.11}$$

となる．

2. （$\vec{E}_{\mathrm{ext}}$ が z 軸に垂直な場合） 誘電体円柱の場合と同様に平板表面上に表面電荷は存在しないので，$\vec{E}_1(\mathrm{P}) = \vec{0}$ [V/m] となる．

以上より，誘電体平板内の任意の点 P における巨視電界 $\vec{E}(\mathrm{P})$ は，$\vec{E}_{\mathrm{ext}}$ が表面に平行な場合，

$$\vec{E}(\mathrm{P}) = \vec{E}_{\mathrm{ext}} + \vec{E}_1(\mathrm{P}) = \vec{E}_{\mathrm{ext}}\,[\mathrm{V/m}]$$

となり，$\vec{E}_{\mathrm{ext}}$ が表面に垂直な場合，(A.3.11) 式より，

$$\vec{E}(\mathrm{P}) = \vec{E}_{\mathrm{ext}} + \vec{E}_1(\mathrm{P}) = \vec{E}_{\mathrm{ext}} - \frac{\vec{P}}{\varepsilon_0}\,[\mathrm{V/m}] \tag{A.3.12}$$

となる．

■ **3.3**　**図 A.3.4** に示すように，空間座標を設定する．中心軸を z 軸に一致させる．誘電体内で分極が一様であるので，$\vec{E}_1$ は (3.1.24) 式より，

$$\vec{E}_1(\mathrm{P}) = \frac{1}{4\pi\varepsilon_0}\oiint_{\text{誘電体円柱表面}} \sigma(\mathrm{Q})\frac{(\vec{r}_{\mathrm{P}}-\vec{r}_{\mathrm{Q}})}{|\vec{r}_{\mathrm{P}}-\vec{r}_{\mathrm{Q}}|^3}\,dS(\mathrm{Q})\,[\mathrm{V/m}] \tag{A.3.13}$$

である．**図 A.3.4 (a)** に示すように，$\vec{E}_{\mathrm{ext}}$ が中心軸に平行な場合は，問題 3.1 より $\vec{E}_1 = \vec{0}$ [V/m] であるので，$\vec{E}_{\mathrm{ext}}$ が中心軸に垂直な場合について考えてみよう．円柱が無限長であり，その対称性により $\vec{r}_{\mathrm{P}} = (x,0,0)$ $(0 \le x \le R)$ としても一般性は失われない．また，点 Q を $\vec{r}_{\mathrm{Q}} = (R\cos\theta, R\sin\theta, z')$ とする．これより，

$$|\vec{r}_{\mathrm{P}} - \vec{r}_{\mathrm{Q}}| = \left(R^2 + x^2 + z'^2 - 2Rx\cos\theta\right)^{\frac{1}{2}}$$

となる．$\vec{E}_{\mathrm{ext}}$ の印加の方向として**図 A.3.4 (b)** に示すように，y 軸に平行に印加する場合と，

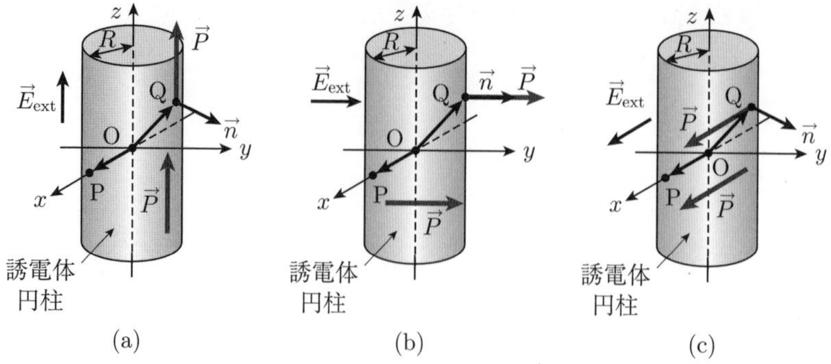

図 A.3.4

図 A.3.4 (c) に示すように，x 軸に平行に印加する場合の 2 種類がある．

1. （$\vec{E}_{\rm ext}$ が y 軸に平行な場合） $\vec{P}(\mathrm{Q}) = (0, P, 0)$（$P > 0$）となる．したがって，

$$\sigma(\mathrm{Q}) = (0, P, 0) \cdot (\cos\theta, \sin\theta, 0) = P\sin\theta$$

となる．また点 Q における微小面積要素 $dS(\mathrm{Q})$ は $dS(\mathrm{Q}) = R\,d\theta dz'$ となる．ただし積分領域は円柱側面であるので，$0 \leq \theta < 2\pi$, $-\infty < z' < \infty$ である．以上より (A.3.13) 式は，

$$E_1(\mathrm{P}) = \frac{1}{4\pi\varepsilon_0}\int_0^{2\pi}\int_{-\infty}^{+\infty} P\sin\theta\,\frac{(x - R\cos\theta, -R\sin\theta, -z')}{(R^2 + x^2 + z'^2 - 2Rx\cos\theta)^{\frac{3}{2}}}\,R\,d\theta dz' \tag{A.3.14}$$

となる．まず z 成分の z' に関する積分は，被積分関数が z' の奇関数であり，また $-\infty < z' < \infty$ であるので $E_{1z}(\mathrm{P}) = 0$ である．y 成分 E_{1y} はまず z' で積分すると，

$$E_{1y}(\mathrm{P}) = -PR^2\frac{1}{4\pi\varepsilon_0}2\int_0^{2\pi}\frac{\sin^2\theta}{R^2 + x^2 - 2Rx\cos\theta}\,d\theta \tag{A.3.15}$$

となる．(A.3.15) 式の積分は，

$$\int_0^{2\pi}\frac{\sin^2\theta}{R^2 + x^2 - 2Rx\cos\theta}\,d\theta = 2\int_0^{\pi}\frac{1 - \cos^2\theta}{R^2 + x^2 - 2Rx\cos\theta}\,d\theta$$

$$= 2\int_0^{\pi}\frac{1}{R^2 + x^2 - 2Rx\cos\theta}\,d\theta - 2\int_0^{\pi}\frac{\cos^2\theta}{R^2 + x^2 - 2Rx\cos\theta}\,d\theta \tag{A.3.16}$$

である．$0 \leq x \leq R$ としているので，(A.3.16) 式の右辺第 1 項目は，付録公式 8 を参考にすると，

$$\int_0^{\pi}\frac{1}{R^2 + x^2 - 2Rx\cos\theta}\,d\theta = \frac{\pi}{R^2 - x^2} \tag{A.3.17}$$

となり，右辺第 2 項目は，付録公式 10 を参考にすると，

$$\int_0^{\pi}\frac{\cos^2\theta}{R^2 + x^2 - 2Rx\cos\theta}\,d\theta = \frac{\pi}{2R^2}\frac{R^2 + x^2}{R^2 - x^2} \tag{A.3.18}$$

となるので，(A.3.16)–(A.3.18) 式より，

$$\int_0^{2\pi}\frac{\sin^2\theta}{R^2 + x^2 - 2Rx\cos\theta}\,d\theta = \frac{2\pi}{R^2 - x^2}\left(1 - \frac{R^2 + x^2}{2R^2}\right) = \frac{\pi}{R^2} \tag{A.3.19}$$

となる．(A.3.15), (A.3.19) 式より，

$$E_{1y}(\mathrm{P}) = -PR^2 \frac{1}{4\pi\varepsilon_0} 2 \frac{\pi}{R^2} = -\frac{P}{2\varepsilon_0} \tag{A.3.20}$$

となる．次に (A.3.14) 式の x 成分 $E_{1x}(\mathrm{P})$ の積分部分を z' で積分すると，

$$E_{1x}(\mathrm{P}) = PR^2 \frac{1}{4\pi\varepsilon_0} 2 \int_0^{2\pi} \frac{\sin\theta(x - R\cos\theta)}{R^2 + x^2 - 2Rx\cos\theta}\, d\theta \tag{A.3.21}$$

となるが，被積分関数が θ に関して奇関数であるので，$0 \leq \theta < 2\pi$ の積分範囲では 0 となり $E_{1x}(\mathrm{P}) = 0$ となるので，$E_{1z}(\mathrm{P}) = 0$ および (A.3.20) 式より，

$$\vec{E}_1(\mathrm{P}) = \left(0, -\frac{P}{2\varepsilon_0}, 0\right) = -\frac{P}{2\varepsilon_0}(0,1,0) = -\frac{\vec{P}}{2\varepsilon_0}\ [\mathrm{V/m}] \tag{A.3.22}$$

となる．

2. （$\vec{E}_{\mathrm{ext}}$ が x 軸に平行な場合） $\vec{P}(\mathrm{Q}) = (P, 0, 0)$（$P > 0$）であるので，

$$\sigma(\mathrm{Q}) = (P, 0, 0) \cdot (\cos\theta, \sin\theta, 0) = P\cos\theta$$

となる．したがって，(A.3.13) 式は，

$$E_1(\mathrm{P}) = \frac{1}{4\pi\varepsilon_0} \int_0^{2\pi} \int_{-\infty}^{+\infty} P\cos\theta \frac{(x - R\cos\theta, -R\sin\theta, -z')}{(R^2 + x^2 + z'^2 - 2Rx\cos\theta)^{\frac{3}{2}}} R\, d\theta dz' \tag{A.3.23}$$

となる．1. と同様に $E_{1z}(\mathrm{P}) = 0$ である．$E_{1y}(\mathrm{P})$ の積分部分を z' で積分すると，

$$E_{1y} = -Pa^2 \frac{1}{4\pi\varepsilon_0} 2 \int_0^{2\pi} \frac{\sin\theta\cos\theta}{R^2 + x^2 - 2Rx\cos\theta}\, d\theta \tag{A.3.24}$$

である．(A.3.24) 式の積分部分は被積分関数が θ に関して奇関数であるので，$0 \leq \theta < 2\pi$ の積分範囲では，$E_{1y}(\mathrm{P}) = 0$ となる．(A.3.23) 式の x 成分 $E_{1x}(\mathrm{P})$ の積分部分を z' で積分すると，

$$\begin{aligned} E_{1x}(\mathrm{P}) &= PR \frac{1}{4\pi\varepsilon_0} 2 \int_0^{2\pi} \cos\theta \frac{x - a\cos\theta}{R^2 + x^2 - 2Rx\cos\theta}\, d\theta \\ &= PR \frac{1}{4\pi\varepsilon_0} 4 \left(x \int_0^{\pi} \frac{\cos\theta}{R^2 + x^2 - 2Rx\cos\theta}\, d\theta - R \int_0^{\pi} \frac{\cos^2\theta}{R^2 + x^2 - 2Rx\cos\theta}\, d\theta \right) \end{aligned} \tag{A.3.25}$$

となり，$0 \leq x \leq R$ としているので，右辺の積分部分は付録公式 9, 10 を参考にすると，

$$\begin{aligned} & x \int_0^{\pi} \frac{\cos\theta}{R^2 + x^2 - 2Rx\cos\theta}\, d\theta - R \int_0^{\pi} \frac{\cos^2\theta}{R^2 + x^2 - 2Rx\cos\theta}\, d\theta \\ &= x \frac{\pi x}{R} \frac{1}{R^2 - x^2} - R \frac{R^2 + x^2}{2Rx} \frac{\pi x}{R} \frac{1}{R^2 - x^2} = \frac{\pi}{R(R^2 - x^2)} \left(x^2 - \frac{R^2 + x^2}{2} \right) \\ &= -\frac{\pi}{2R} \end{aligned} \tag{A.3.26}$$

となり，(A.3.25) 式より，

$$E_{1x}(\mathrm{P}) = PR \frac{1}{\pi\varepsilon_0} \left(-\frac{\pi}{2R} \right) = -\frac{P}{2\varepsilon_0} \tag{A.3.27}$$

となる．したがって，$E_{1y}(\mathrm{P}) = 0$, $E_{1z}(\mathrm{P}) = 0$, (A.3.27) 式より，

$$\vec{E}_1(\mathrm{P}) = \left(-\frac{P}{2\varepsilon_0}, 0, 0\right) = -\frac{P}{2\varepsilon_0}(1,0,0) = -\frac{\vec{P}}{2\varepsilon_0}\ [\mathrm{V/m}] \tag{A.3.28}$$

となる．

以上をまとめると，$\vec{E}_{\mathrm{ext}}$ が中心軸に平行な場合は $\vec{E}_1(\mathrm{P}) = 0$ [V/m] であり，垂直な場合には，点 P が x 軸上にある場合には $\vec{E}_{\mathrm{ext}}$ を y 軸に平行に印加した場合と x 軸に平行に印加した場合ともに $\vec{E}_1(\mathrm{P}) = -\frac{\vec{P}}{2\varepsilon_0}$ [V/m] となることが分かった．最後に $\vec{E}_{\mathrm{ext}}$ を z 軸に垂直な任意の方向に印加した場合，$\vec{P}(\mathrm{Q}) = (P_x, P_y, 0)$ であり，

$$\sigma(\mathrm{Q}) = (P_x, P_y, 0) \cdot (\cos\theta, \sin\theta, 0) = P_x \cos\theta + P_y \sin\theta$$

となる．このとき $\vec{E}_1(\mathrm{P})$ は，

$$\begin{aligned}\vec{E}_1(\mathrm{P}) &= \tfrac{1}{4\pi\varepsilon_0}\int_{\theta=0}^{2\pi}\int_{z'=-\infty}^{+\infty}(P_x\cos\theta + P_y\sin\theta)\tfrac{(x-R\cos\theta, -R\sin\theta, -z')}{(R^2+x^2+z'^2-2Rx\cos\theta)^{\frac{3}{2}}}R\,d\theta dz' \\ &= \tfrac{1}{4\pi\varepsilon_0}P_x\int_0^{2\pi}\int_{-\infty}^{+\infty}\cos\theta\tfrac{(x-R\cos\theta, -R\sin\theta, -z')}{(R^2+x^2+z'^2-2Rx\cos\theta)^{\frac{3}{2}}}R\,d\theta dz' \\ &\quad + \tfrac{1}{4\pi\varepsilon_0}P_y\int_0^{2\pi}\int_{-\infty}^{+\infty}\sin\theta\tfrac{(x-R\cos\theta, -R\sin\theta, -z')}{(R^2+x^2+z'^2-2Rx\cos\theta)^{\frac{3}{2}}}R\,d\theta dz' \qquad \text{(A.3.29)}\end{aligned}$$

となり，(A.3.22), (A.3.28) 式より，

$$\begin{aligned}\vec{E}_1(\mathrm{P}) &= -\tfrac{P_x}{2\varepsilon_0}(1,0,0) - \tfrac{P_y}{2\varepsilon_0}(0,1,0) = -\tfrac{1}{2\varepsilon_0}(P_x, P_y, 0) \\ &= -\tfrac{\vec{P}}{2\varepsilon_0}\,[\mathrm{V/m}] \qquad \text{(A.3.30)}\end{aligned}$$

となる．したがって，誘電体円柱に $\vec{E}_{\mathrm{ext}}$ を印加して誘電体が一様に $\vec{P}$ で分極するとき，$\vec{P}$ による誘電体内の任意の点 P において $\vec{E}_1(\mathrm{P}) = -\frac{\vec{P}}{2\varepsilon_0}$ [V/m] となることが分かった．以上より誘電体内の任意の点 P における電界は，$\vec{E}_{\mathrm{ext}}$ が中心軸に平行な場合には，

$$\vec{E}(\mathrm{P}) = \vec{E}_{\mathrm{ext}} + \vec{E}_1(\mathrm{P}) = \vec{E}_{\mathrm{ext}}\,[\mathrm{V/m}] \qquad \text{(A.3.31)}$$

であり，垂直な場合には，

$$\vec{E}(\mathrm{P}) = \vec{E}_{\mathrm{ext}} + \vec{E}_1(\mathrm{P}) = \vec{E}_{\mathrm{ext}} - \tfrac{\vec{P}}{2\varepsilon_0}\,[\mathrm{V/m}] \qquad \text{(A.3.32)}$$

となる．

例題 3.3 を参考にして近似的ではあるが $\vec{E}_1(\mathrm{P})$ を求めてみよう．**図 A.3.5 (a)** に示すように，電気双極子モーメント $\vec{p} = q\vec{d} = q(d, 0, 0)$ が円柱の長さ 1 m の部分内に N 個存在するとする．$\vec{E}_{\mathrm{ext}}$ が中心軸に垂直な場合には分極 $\vec{P}$ は z 軸に垂直であるので，**図 A.3.5 (b)** に示すように，正の点電荷 q [C] が N 個，等間隔で一様に分布した半径 R [m] の円柱と，**図 A.3.5 (c)** に示すように，負の電荷 $-q$ [C] が正の電荷と同じ位置に分布した半径 R の円柱の中心軸を z 軸に平行に保ったままそれぞれ点 $(\frac{d}{2}, 0, 0)$ および点 $(-\frac{d}{2}, 0, 0)$ を通るように配置して重ね合わせて分極 $\vec{P}$ を形成することにする．それぞれの電荷円柱が誘電体内の点 P（$\vec{r}_{\mathrm{P}} = (x, y, z)$）に形成する電界 $\vec{E}_+(\mathrm{P})$ および $\vec{E}_-(\mathrm{P})$ を求めて重ね合わせることにより $\vec{E}(\mathrm{P})$ が求められるが，実際に計算することは不可能なので近似を導入する．すなわち，$\vec{E}_+(\mathrm{P})$ は体積電荷密度 $\rho\,[\mathrm{C/m^3}] > 0$ で一様に分布した半径 R の電荷円柱によるものとし，$\vec{E}_-(\mathrm{P})$ は負の電荷が体積電荷密度 $-\rho\,[\mathrm{C/m^3}] < 0$ で一様に分布した半径 R の電荷円柱によるものとし，両者を重ね合わせて $\vec{E}(\mathrm{P})$ を求めることにする．$\vec{E}_+(\mathrm{P})$ は (A.2.44) 式より，

$$\vec{E}_+(\mathrm{P}) = \tfrac{\rho}{2\varepsilon_0}\vec{r}_{\mathrm{P}+}\,[\mathrm{V/m}] \qquad \text{(A.3.33)}$$

である．ただし $\vec{r}_{\mathrm{P}+}$ は正の電荷円柱の中心 O_+ からみた点 P の位置ベクトルである．また $\vec{E}_-(\mathrm{P})$ も (A.2.44) 式より，

$$\vec{E}_-(\mathrm{P}) = \tfrac{\rho}{2\varepsilon_0}\vec{r}_{\mathrm{P}-}\,[\mathrm{V/m}] \qquad \text{(A.3.34)}$$

となる．ただし $\vec{r}_{\mathrm{P}-}$ は負の電荷球の中心 O_- からみた点 P の位置ベクトルである．したがって，$\vec{E}(\mathrm{P})$ は (A.3.33), (A.3.34) 式より，

$$\vec{E}(\mathrm{P}) = \vec{E}_+(\mathrm{P}) + \vec{E}_-(\mathrm{P}) = \tfrac{\rho}{2\varepsilon_0}\vec{r}_{\mathrm{P}+} + \tfrac{-\rho}{2\varepsilon_0}\vec{r}_{\mathrm{P}-} = \tfrac{\rho}{2\varepsilon_0}(\vec{r}_{\mathrm{P}+} - \vec{r}_{\mathrm{P}-})$$

$$= \frac{\rho}{2\varepsilon_0}(-\vec{d}) = -\frac{\rho}{2\varepsilon_0}\vec{d} \tag{A.3.35}$$

となる．ただし $\rho = \frac{Nq}{\pi R^2}$ である．分極 $\vec{P}$ は，

$$\vec{P} = \frac{N\vec{p}}{\pi a^2} = \frac{Nq\vec{d}}{\pi a^2} = \rho\vec{d} \tag{A.3.36}$$

となるので，$\vec{E}(\mathrm{P})$ は (A.3.35), (A.3.36) 式より，

$$\vec{E}(\mathrm{P}) \cong -\frac{\vec{P}}{2\varepsilon_0}\ [\mathrm{V/m}] \tag{A.3.37}$$

となる．向きは $\vec{E}_{\mathrm{ext}}$ とは逆である．

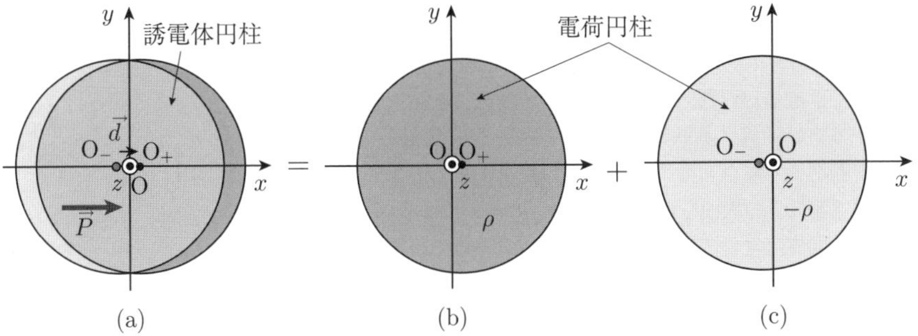

図 A.3.5

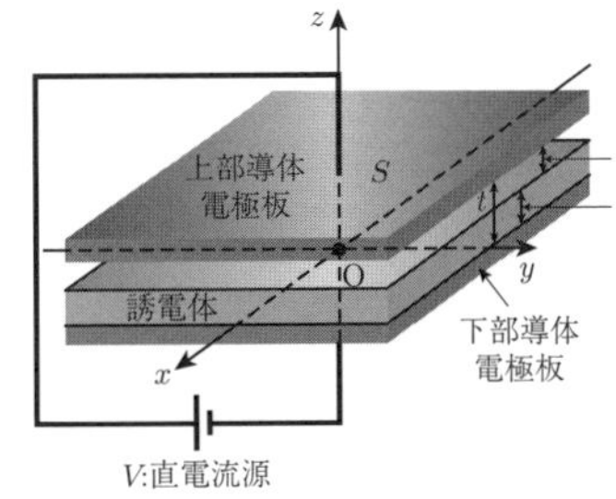

図 A.3.6

■ **3.4**　(1)　図 A.3.6 に示すように，空間座標を設定する．上間隙幅を t_{V} [m] とすると $t_{\mathrm{V}} = t - t_{\mathrm{D}}$ である．この問題を解くとき，最も優先される事項は電束密度に関する境界条件である．電極板間に直流電圧 V [V] を印加したとき，電極板上に現れる正味の表面自由電荷の電荷密度をそれぞれ $\sigma_{上\ \mathrm{F}}[\mathrm{C/m^2}] > 0$ および $-\sigma_{下\ \mathrm{F}} < 0$ とする．各電極板上の全自由電荷量 $Q_{上\ \mathrm{F}}$ [C] および $Q_{下\ \mathrm{F}}$ は，それぞれ $\sigma_{上\ \mathrm{F}}S$ [C] および $-\sigma_{下\ \mathrm{F}}S$ である．また上部電極の誘電体表面には表面電荷密度 $-\sigma_{\mathrm{P}} < 0$ の負の分極電荷が現れ，下部には表面電荷密度 $\sigma_{\mathrm{P}} > 0$ の正の分極電荷が現れるが，上部電極表面には分極電荷が存在せず，下部電極表面には分極電荷が存在する．上の間隙内の電界 $\vec{E}_{\mathrm{V}}$ および誘電体中の電界 $\vec{E}_{\mathrm{D}}$ は場所によらず一定であり，

$$\vec{E}_{\mathrm{V}} = \frac{\vec{D}_{\mathrm{V}}}{\varepsilon_0}\vec{k} = -\frac{\sigma_{上\ \mathrm{F}}}{\varepsilon_0}\vec{k} \tag{A.3.38}$$

$$\vec{E}_{\mathrm{D}} = \frac{\vec{D}_{\mathrm{D}}}{\varepsilon}\vec{k} = -\frac{\sigma_{下\ \mathrm{F}}}{\varepsilon}\vec{k} \tag{A.3.39}$$

である．ただし $\vec{D}_{\mathrm{V}}$, $\vec{D}_{\mathrm{D}}$ はそれぞれ間隙内，誘電体内の電束密度であり，電束密度に関する境界条件より，$\vec{D}_{\mathrm{V}} = \vec{D}_{\mathrm{D}}$ である．したがって，$\sigma_{上\ \mathrm{F}} = \sigma_{下\ \mathrm{F}} = \sigma_{\mathrm{F}}$ である．V と各領域の電界の関係は，

$$V = -\int_{下部電極板面}^{上部電極板面}\vec{E}\cdot d\vec{s} = -\int_{下部電極板面}^{誘電体上面}\vec{E}_{\mathrm{D}}\cdot d\vec{s} - \int_{誘電体上面}^{上部電極板面}\vec{E}_{上\ \mathrm{G}}\cdot d\vec{s}$$

$$= -E_{\mathrm{D}} t_{\mathrm{D}} - E_{\text{上 G}} t_{\mathrm{V}} \tag{A.3.40}$$

である．(??)–(??) 式より，

$$V = -\frac{D_{\mathrm{D}}}{\varepsilon} t_{\mathrm{D}} - \frac{D_{\mathrm{V}}}{\varepsilon_0} t_{\mathrm{V}} = -D\left(\frac{t_{\mathrm{D}}}{\varepsilon} + \frac{t_{\mathrm{V}}}{\varepsilon_0}\right) = \sigma_{\mathrm{F}}\left(\frac{t_{\mathrm{D}}}{\varepsilon} + \frac{t_{\mathrm{V}}}{\varepsilon_0}\right)$$

となるので，

$$\sigma_{\mathrm{F}} = \frac{V}{\frac{t_{\mathrm{D}}}{\varepsilon} + \frac{t_{\mathrm{V}}}{\varepsilon_0}} \tag{A.3.41}$$

となる．この表面自由電荷密度は (3.4.7) 式で表される上下に間隙があった場合と同じである．

(2) この上間隙付き誘電体コンデンサの静電容量 C_{DG} は (??), (A.3.41) 式より，

$$C_{\mathrm{DG}} = \frac{Q_{\text{上 G}}}{\mathrm{V}} = \frac{\sigma_{\mathrm{F}} S}{\mathrm{V}} = \frac{\left\{V\Big/\left(\frac{t_{\mathrm{D}}}{\varepsilon} + \frac{t_{\mathrm{V}}}{\varepsilon_0}\right)\right\} S}{V} = \frac{S}{\frac{t_{\mathrm{D}}}{\varepsilon} + \frac{t_{\mathrm{V}}}{\varepsilon_0}}\ [\mathrm{F}] \tag{A.3.42}$$

となる．上下電極部に間隙が存在する場合には，上下電極板上には大きさが等しい正負自由電荷がそれぞれ存在するが，上部電極のみに間隙が存在する場合にも上下電極部の自由電荷の大きさは等しいが，下部電極板上の表面電荷密度は $-\sigma_{\mathrm{F}} + \sigma_{\mathrm{P}}$ [C/m^2] となる．

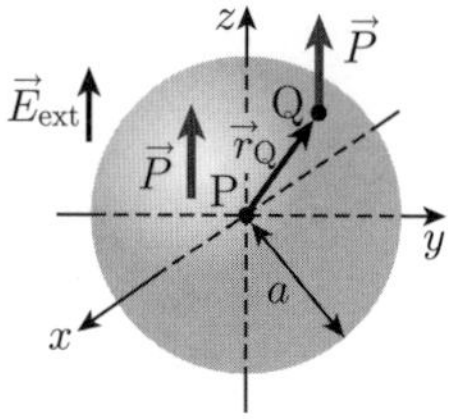

図 A.3.7

■ **3.5** 誘電体には自由電荷は含まれていないので誘電体自身の静電エネルギーは 0 J である．外部電界 $\vec{E}_{\mathrm{ext}}$ のある全空間と，そこに置かれた誘電体球を合わせて 1 つの系とする． **図 A.3.7** に示すように，空間座標を設定する．誘電体内の点 Q（$\vec{r}$, $|\vec{r}| = r < a$）における巨視電界 $\vec{E}(\mathrm{Q})$ は，(3.3.25) 式より，

$$\vec{E}(\mathrm{Q}) = \frac{3\varepsilon_0}{\varepsilon + 2\varepsilon_0} \vec{E}_{\mathrm{ext}} \tag{A.3.43}$$

であるので，電束密度 $\vec{D}(\mathrm{Q})$ は，

$$\vec{D}(\mathrm{Q}) = \varepsilon \vec{E}(\mathrm{Q}) = \frac{3\varepsilon_0 \varepsilon}{\varepsilon + 2\varepsilon_0} \vec{E}_{\mathrm{ext}} \tag{A.3.44}$$

となる．誘電体外の電界 $\vec{E}_{\mathrm{V}}(\mathrm{Q})$ は，(??)–(??) 式より，

$$\begin{aligned} E_{\mathrm{V}r}(\mathrm{Q}) &= E_{\mathrm{ext}} \cos\theta \left\{1 + \frac{2(\varepsilon - \varepsilon_0)}{\varepsilon + 2\varepsilon_0} \frac{a^3}{r^3}\right\}, \quad E_{\mathrm{V}\varphi}(\mathrm{Q}) = 0, \\ E_{\mathrm{V}\theta}(\mathrm{Q}) &= E_{\mathrm{ext}} \sin\theta \left\{1 - \frac{(\varepsilon - \varepsilon_0)}{\varepsilon + 2\varepsilon_0} \frac{a^3}{|\vec{r}_{\mathrm{P}}|^3}\right\} \end{aligned} \tag{A.3.45}$$

となり，電束密度 $\vec{D}_{\mathrm{V}}(\mathrm{Q})$ は，

$$\begin{aligned} D_{\mathrm{V}r}(\mathrm{Q}) &= E_{\mathrm{ext}} \varepsilon_0 \cos\theta \left\{1 + \frac{2(\varepsilon - \varepsilon_0)}{\varepsilon + 2\varepsilon_0} \frac{a^3}{r^3}\right\}, \quad D_{\mathrm{V}\varphi}(\mathrm{Q}) = 0, \\ D_{\mathrm{V}\theta}(\mathrm{Q}) &= E_{\mathrm{ext}} \varepsilon_0 \sin\theta \left\{1 - \frac{\varepsilon - \varepsilon_0}{\varepsilon + 2\varepsilon_0} \frac{a^3}{r^3}\right\} \end{aligned} \tag{A.3.46}$$

となる．静電エネルギー W は，(3.5.3) 式より，

$$\begin{aligned} W &= \frac{1}{2} \iiint_{\text{全空間}} \vec{E}(\mathrm{Q}) \cdot \vec{D}(\mathrm{Q})\, dv(\mathrm{Q}) \\ &= \frac{1}{2} \iiint_{\text{球内}} \vec{E}(\mathrm{Q}) \cdot \vec{D}(\mathrm{Q})\, dv(\mathrm{Q}) + \frac{1}{2} \iiint_{\text{球外}} \vec{E}(\mathrm{Q}) \cdot \vec{D}(\mathrm{Q})\, dv(\mathrm{Q}) \end{aligned} \tag{A.3.47}$$

である．球内外の領域の静電エネルギーを求めてみよう．誘電体球内の静電エネルギー $W_{\text{誘電体内}}$ は，(A.3.43), (A.3.44), (A.3.47) 式より，

$$
\begin{aligned}
W_{\text{誘電体内}} &= \frac{1}{2}\int_{r=0}^{a}\int_{\varphi=0}^{2\pi}\int_{\theta=0}^{\pi}\left(\frac{3\varepsilon_0}{\varepsilon+2\varepsilon_0}\right)\vec{E}_{\text{ext}}\cdot\varepsilon\left(\frac{3\varepsilon_0}{\varepsilon+2\varepsilon_0}\right)\vec{E}_{\text{ext}}r^2\sin\theta\,drd\varphi d\theta \\
&= \frac{1}{2}4\pi a^3E_{\text{ext}}^2\varepsilon\int_{r=0}^{a}r^2\,dr+\frac{1}{2}\frac{4\pi}{3}a^3E_{\text{ext}}^2\varepsilon\left\{\left(\frac{\varepsilon-\varepsilon_0}{\varepsilon+2\varepsilon_0}\right)^2-2\left(\frac{\varepsilon-\varepsilon_0}{\varepsilon+2\varepsilon_0}\right)\right\}
\end{aligned}
\tag{A.3.48}
$$

となる．誘電体球外では $W_{\text{誘電体外}}$ は，(A.3.45), (A.3.46), (A.3.47) 式より，

$$
\begin{aligned}
W_{\text{誘電体外}} &= \frac{1}{2}\int_{r=a}^{\infty}\int_{\varphi=0}^{2\pi}\int_{\theta=0}^{\pi}\left\langle\varepsilon_0\left[E_{\text{ext}}\cos\theta\left\{1+\frac{2(\varepsilon-\varepsilon_0)}{\varepsilon+2\varepsilon_0}\frac{a^3}{r^3}\right\}\right]^2\right. \\
&\qquad \left.+\varepsilon_0\left[E_{\text{ext}}\sin\theta\left\{1-\frac{\varepsilon-\varepsilon_0}{\varepsilon+2\varepsilon_0}\frac{a^3}{r^3}\right\}\right]^2\right\rangle r^2\sin\theta\,drd\varphi d\theta \\
&= \frac{1}{2}2\pi\varepsilon_0E_{\text{ext}}^2\int_{r=a}^{\infty}\int_{\theta=0}^{\pi}\left[\cos^2\theta\left\{1+\frac{4(\varepsilon-\varepsilon_0)}{\varepsilon+2\varepsilon_0}\frac{a^3}{r^3}+\frac{4(\varepsilon-\varepsilon_0)^2}{(\varepsilon+2\varepsilon_0)^2}\frac{a^6}{r^6}\right\}\right. \\
&\qquad \left.+\sin^2\theta\left\{1-\frac{2(\varepsilon-\varepsilon_0)}{\varepsilon+2\varepsilon_0}\frac{a^3}{r^3}+\frac{(\varepsilon-\varepsilon_0)^2}{(\varepsilon+2\varepsilon_0)^2}\frac{a^6}{r^6}\right\}\right]r^2\sin\theta\,drd\theta \\
&= \frac{1}{2}2\pi\varepsilon_0E_{\text{ext}}^2\int_{r=a}^{\infty}\int_{\theta=0}^{\pi}\left\{1+\frac{2(\varepsilon-\varepsilon_0)}{\varepsilon+2\varepsilon_0}\frac{a^3}{r^3}(2\cos^2\theta-\sin^2\theta)\right. \\
&\qquad \left.+\left(\frac{\varepsilon-\varepsilon_0}{\varepsilon+2\varepsilon_0}\right)^2\frac{a^6}{r^6}(4\cos^2\theta+\sin^2\theta)\right\}r^2\sin\theta\,drd\theta \\
&= \frac{1}{2}2\pi\varepsilon_0E_{\text{ext}}^2\int_{a}^{\infty}\left\{2+4\left(\frac{\varepsilon-\varepsilon_0}{\varepsilon+2\varepsilon_0}\right)^2\frac{a^6}{r^6}\right\}r^2\,dr \\
&= \frac{1}{2}4\pi\varepsilon_0E_{\text{ext}}^2\int_{a}^{\infty}r^2\,dr+\frac{1}{2}8\pi E_{\text{ext}}^2a^6\varepsilon_0\left(\frac{\varepsilon-\varepsilon_0}{\varepsilon+2\varepsilon_0}\right)^2\int_{a}^{\infty}\frac{1}{r^4}\,dr \\
&= \frac{1}{2}4\pi\varepsilon_0E_{\text{ext}}^2\int_{a}^{\infty}r^2\,dr+\frac{1}{2}\frac{8\pi}{3}a^3E_{\text{ext}}^2\varepsilon_0\left(\frac{\varepsilon-\varepsilon_0}{\varepsilon+2\varepsilon_0}\right)^2
\end{aligned}
\tag{A.3.49}
$$

となる．したがって，(A.3.48), (A.3.49) 式より，誘電体球のある場合の系の W は，

$$
\begin{aligned}
W &= W_{\text{誘電体内}}+W_{\text{誘電体外}} \\
&= \frac{1}{2}4\pi a^3E_{\text{ext}}^2\varepsilon\int_{0}^{a}r^2\,dr+\frac{1}{2}\frac{4\pi}{3}a^3E_{\text{ext}}^2\varepsilon\left\{\left(\frac{\varepsilon-\varepsilon_0}{\varepsilon+2\varepsilon_0}\right)^2-2\left(\frac{\varepsilon-\varepsilon_0}{\varepsilon+2\varepsilon_0}\right)\right\} \\
&\quad +\frac{1}{2}4\pi E_{\text{ext}}^2\varepsilon_0\int_{a}^{\infty}r^2\,dr+\frac{1}{2}\frac{8\pi}{3}E_{\text{ext}}^2a^3\varepsilon_0\frac{(\varepsilon-\varepsilon_0)^2}{(\varepsilon+2\varepsilon_0)^2} \\
&= \frac{1}{2}4\pi\varepsilon_0E_{\text{ext}}^2\int_{0}^{\infty}r^2\,dr+\frac{1}{2}4\pi(\varepsilon-\varepsilon_0)E_{\text{ext}}^2\int_{0}^{a}r^2\,dr \\
&\quad +\frac{1}{2}\frac{4\pi}{3}a^3E_{\text{ext}}^2\varepsilon\left\{\left(\frac{\varepsilon-\varepsilon_0}{\varepsilon+2\varepsilon_0}\right)^2-2\left(\frac{\varepsilon-\varepsilon_0}{\varepsilon+2\varepsilon_0}\right)\right\}+\frac{1}{2}8\pi E_{\text{ext}}^2a^3\varepsilon_0\left(\frac{\varepsilon-\varepsilon_0}{\varepsilon+2\varepsilon_0}\right)^2 \\
&= W_{\text{誘電体球無し}}+\frac{1}{2}\frac{4\pi}{3}a^3E_{\text{ext}}^2(\varepsilon-\varepsilon_0)+\frac{1}{2}4\pi a^3E_{\text{ext}}^2(\varepsilon+2\varepsilon_0)\left(\frac{\varepsilon-\varepsilon_0}{\varepsilon+2\varepsilon_0}\right)^2 \\
&\quad -\frac{1}{2}\frac{4\pi}{3}2a^3E_{\text{ext}}^2\varepsilon\left(\frac{\varepsilon-\varepsilon_0}{\varepsilon+2\varepsilon_0}\right) \\
&= W_{\text{誘電体球無し}}+\frac{1}{2}\frac{4\pi}{3}a^3E_{\text{ext}}^2\varepsilon_0\frac{\varepsilon-\varepsilon_0}{\varepsilon+2\varepsilon_0}
\end{aligned}
$$

となるので，誘電率が ε の誘電体球を置くとき，静電エネルギーの変化量 ΔW は，

$$
\Delta W = W_{\text{誘電体球無し}}+\frac{1}{2}\frac{4\pi}{3}a^3E_{\text{ext}}^2\varepsilon_0\frac{\varepsilon-\varepsilon_0}{\varepsilon+2\varepsilon_0}-W_{\text{誘電体球無し}}
$$

$$= \frac{1}{2}\frac{4\pi}{3}a^3 E_{\mathrm{ext}}^2 \varepsilon_0 \frac{\varepsilon-\varepsilon_0}{\varepsilon+2\varepsilon_0}$$

$$= \frac{1}{2}V_{\text{誘電体球}} E_{\mathrm{ext}}^2 \varepsilon_0 \frac{\varepsilon-\varepsilon_0}{\varepsilon+2\varepsilon_0}\ [\mathrm{J}] \tag{A.3.50}$$

となる．ただし $V_{\text{誘電体球}}$ は誘電体球の体積である．

誘電体球のポテンシャルエネルギー W_{P} は，分極 $\vec{P}$ が誘電体球内で一様であるので，(3.3.26), (A.3.43) 式より，

$$W_{\mathrm{P}} = -V_{\text{全体積}}\vec{P}\cdot\vec{E} = -V_{\text{全体積}}\frac{3\varepsilon_0(\varepsilon-\varepsilon_0)}{\varepsilon+2\varepsilon_0}\vec{E}_{\mathrm{ext}}\cdot\frac{3\varepsilon_0}{\varepsilon+2\varepsilon_0}\vec{E}_{\mathrm{ext}}$$

$$= -V_{\text{全体積}}(\varepsilon-\varepsilon_0)\left(\frac{3\varepsilon_0}{\varepsilon+2\varepsilon_0}\right)^2 E_{\mathrm{ext}}^2$$

となるので，一様な電界が $\vec{E}_{\mathrm{ext}}$ の中に誘電体球を置くとき，全エネルギーの変化量 $\Delta W_{\text{全}}$ は，

$$\Delta W_{\text{全}} = \frac{1}{2}V_{\text{誘電体球}}\varepsilon_0\frac{\varepsilon-\varepsilon_0}{\varepsilon+2\varepsilon_0}E_{\mathrm{ext}}^2 - V_{\text{誘電体球}}(\varepsilon-\varepsilon_0)\left(\frac{3\varepsilon_0}{\varepsilon+2\varepsilon_0}\right)^2 E_{\mathrm{ext}}^2$$

$$= \frac{1}{2}V_{\text{誘電体球}}\varepsilon_0\frac{\varepsilon-\varepsilon_0}{\varepsilon+2\varepsilon_0}\left(1-\frac{18\varepsilon_0}{\varepsilon+2\varepsilon_0}\right)E_{\mathrm{ext}}^2$$

$$= V_{\text{誘電体球}}\varepsilon_0\frac{(\varepsilon-\varepsilon_0)(\varepsilon-16\varepsilon_0)}{(\varepsilon+2\varepsilon_0)^2}E_{\mathrm{ext}}^2\ [\mathrm{J}] \tag{A.3.51}$$

となる．

■ **3.6** 例題 3.9 では，本問題の誘電体 1 に相当するのが真空で，誘電体 2 に相当するのが誘電率 ε の誘電体である．誘電体 1 のみを真空コンデンサに挿入する場合には真空は分極しないので誘電体 1 の左側面に働く力は (3.6.10) 式より，

$$\vec{F}_1 = \frac{1}{2}(\varepsilon_1-\varepsilon_0)\frac{b}{t}V^2\vec{j} = \frac{1}{2}(\varepsilon_1-\varepsilon_0)|\vec{E}|^2 tb\vec{j}\ [\mathrm{N}] \tag{A.3.52}$$

である．ただし $\vec{E}$ は電極板間の空間の電界であり，誘電体と電極板間に間隙がないので電極板間での外部電界は巨視電界と一致する．同様にして誘電体 2 のみを真空コンデンサに挿入する場合には誘電体 2 の右側面に働く力 $\vec{F}_2$ は，

$$\vec{F}_2 = -\frac{1}{2}(\varepsilon_2-\varepsilon_0)\frac{b}{t}V^2\vec{j} = -\frac{1}{2}(\varepsilon_2-\varepsilon_0)|\vec{E}|^2 tb\vec{j}\ [\mathrm{N}] \tag{A.3.53}$$

である．両者に働く力は互いに逆向きである．

次に **図 A.3.8** に示すように，誘電体 1, 2 の両方を真空コンデンサに互いに接触するまで挿入すると，真空部分はなくなるが，重ね合わせの原理が成立する場合には接触面において互いに押し合う向きに力が働き，その力 $\vec{F}_{12}$ は (A.3.52), (A.3.53) 式より，

$$\vec{F}_{12} = \vec{F}_1 + \vec{F}_2$$

$$= \frac{1}{2}(\varepsilon_1-\varepsilon_0)|\vec{E}|^2 tb\vec{j} + \frac{1}{2}\left\{-(\varepsilon_2-\varepsilon_0)|\vec{E}|^2 tb\vec{j}\right\}$$

$$= \frac{1}{2}(\varepsilon_1-\varepsilon_2)|\vec{E}|^2 tb\vec{j} = -\frac{1}{2}(\varepsilon_2-\varepsilon_1)\frac{b}{t}V^2\ [\mathrm{N}] \tag{A.3.54}$$

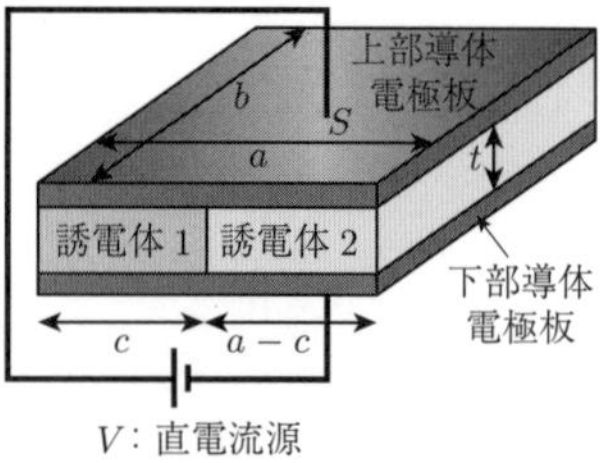

図 A.3.8

となる．以上の結果を拡張すると，誘電率がそれぞれ ε_1 および ε_2 の誘電体 1, 2 の接触面に平行に一様な巨視電界 $\vec{E}$ が存在しているとき誘電体 1, 2 の接触面上の点 P に働く単位面積当たりの力 $\vec{F}(\mathrm{P})$ は，(A.3.54) 式より，

$$\vec{F}(\mathrm{P}) = -\frac{1}{2}(\varepsilon_2-\varepsilon_1)|\vec{E}(\mathrm{P})|^2\vec{n}(\mathrm{P})\ [\mathrm{N/m^2}] \tag{A.3.55}$$

である．ただし $\vec{n}(\mathrm{P})$ は点 P における接触面に垂直な単位法線ベクトルであり，向きは誘電体 1 から 2 に向かっている．

■ **3.7** (1) この問題を解くとき，最も優先される事項は電束密度に関する境界条件である．**図 A.3.9 (b)** に示すように，電極板間に直流電圧 V [V] を印加したとき，上下電極板上に現れる正味の表面自由電荷密度をそれぞれ $\sigma_{上\ \mathrm{F}}$ [C/m^2] > 0 および $-\sigma_{下\ \mathrm{F}} < 0$ とする．各電極板上の全自由電荷量 $Q_{上\ \mathrm{F}}$ [C] および $Q_{下\ \mathrm{F}}$ はそれぞれ $\sigma_{上\ \mathrm{F}}S$ [C] および $-\sigma_{下\ \mathrm{F}}S$ である．電束密度ベクトルの向きは上部電極板から下部電極板に向かっている．上部電極板に接する誘電体 2 の上面には表面電荷密度 $-\sigma_{2\mathrm{P}} < 0$ の負の分極電荷が現れ，下面には $\sigma_{2\mathrm{P}} > 0$ の正の分極電荷が現れる．同様に下部電極板に接する誘電体 1 の上面には表面電荷密度 $-\sigma_{1\mathrm{P}} < 0$ の負の分極電荷が現れ，下面には $\sigma_{1\mathrm{P}} > 0$ の正の分極電荷が現れる．誘電体 2 中での電束密度を $\vec{D}_2 = \varepsilon_2 \vec{E}_2$ とし，誘電体中の電束密度を $\vec{D}_1 = \varepsilon_1 \vec{E}_1$ とする．誘電体 2 中の巨視電界 $\vec{E}_2$ および誘電体 1 中の電界 $\vec{E}_1$ はその場所によらず一定であり，

$$\vec{E}_2 = \frac{\vec{D}_2}{\varepsilon_2} = -\frac{\sigma_{\mathrm{F}\ 上}}{\varepsilon_2}\vec{k}, \quad \vec{E}_1 = \frac{\vec{D}_1}{\varepsilon_1} = -\frac{\sigma_{\mathrm{F}\ 下}}{\varepsilon_1}\vec{k} \qquad \text{(A.3.56)}$$

である．ただし，$\vec{k}$ は電極板に垂直な方向で上向きの単位ベクトルである．境界条件より誘電体 1, 2 の境界面で電束密度は連続であるので，(A.3.56) 式より $\sigma_{\mathrm{F}\ 上} = \sigma_{\mathrm{F}\ 下} = \sigma_{\mathrm{F}}$ となる．V と各領域の巨視電界の関係は，

$$\begin{aligned} V &= -\int_{下部電極板面}^{上部電極板面} \vec{E} \cdot d\vec{s} \\ &= -\int_{下部電極板面}^{誘電体\ 1\ 上面} \vec{E}_{\mathrm{D}} \cdot d\vec{s} - \int_{誘電体\ 2\ 上面}^{上部電極板面} \vec{E}_{上\ \mathrm{G}} \cdot d\vec{s} \\ &= -\vec{E}_1 \cdot \vec{k} t_1 - E_2 \cdot \vec{k} t_2 \end{aligned}$$

であるので，

$$V = \frac{\sigma_{\mathrm{F}}}{\varepsilon_1} t_1 + \frac{\sigma_{\mathrm{F}}}{\varepsilon_2} t_2 = \sigma_{\mathrm{F}} \left(\frac{t_1}{\varepsilon_1} + \frac{t_2}{\varepsilon_2} \right)$$

となり，

$$\sigma_{\mathrm{F}} = \frac{V}{\frac{t_1}{\varepsilon_1} + \frac{t_2}{\varepsilon_2}} \qquad \text{(A.3.57)}$$

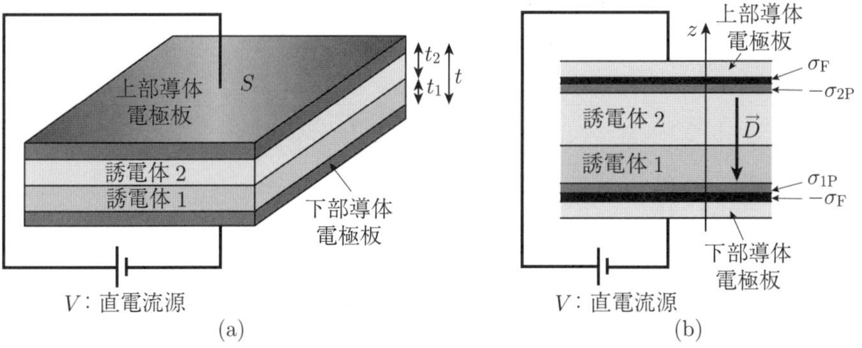

図 A.3.9

となる．次に分極電荷密度 $\sigma_{1\mathrm{P}}$ および $\sigma_{2\mathrm{P}}$ を求めてみよう．誘電体 1, 2 中の分極 $\vec{P}_1$, $\vec{P}_2$ は，

$$\vec{P}_1 = (\varepsilon_1 - \varepsilon_0)\vec{E}_1 = -\tfrac{(\varepsilon_1-\varepsilon_0)\sigma_\mathrm{F}}{\varepsilon_1}\vec{k}, \quad \vec{P}_2 = (\varepsilon_2 - \varepsilon_0)\vec{E}_2 = -\tfrac{(\varepsilon_2-\varepsilon_0)\sigma_\mathrm{F}}{\varepsilon_2}\vec{k} \qquad \text{(A.3.58)}$$

となるので，

$$\sigma_{1\mathrm{P}} = \tfrac{(\varepsilon_1-\varepsilon_0)\sigma_\mathrm{F}}{\varepsilon_1}, \quad \sigma_{2\mathrm{P}} = \tfrac{(\varepsilon_2-\varepsilon_0)\sigma_\mathrm{F}}{\varepsilon_2} \qquad \text{(A.3.59)}$$

となる．

誘電体入コンデンサの全静電エネルギー W は，(3.5.2) 式あるいは (3.5.3) 式より求められる．(3.5.3) 式は (3.5.2) 式から導出されたものであり，同じ結果を与えるのであるが，W は本来 (3.5.2) 式のように自由電荷から求められ，(3.5.3) 式ではその情報が失われている．2.1 節で説明したように電界から静電エネルギーを求めるとき，その電界がどの電荷により形成されるかを明確にする必要があることを述べた．すなわち自己静電エネルギーは除外しなければならないということである．

上下電極板上には大きさが等しい表面電荷が密度 $\pm\sigma_\mathrm{F}$ [C/m^2] で連続的に分布する．上部電極板上の点 Q における微小面積要素 $dS(\mathrm{Q})$ [m^2] 内の自由電荷は $\sigma_\mathrm{F}\,dS(\mathrm{Q})$ [C] である．したがって上部電極板上の全自由電荷による静電エネルギー $W_{\text{上部電極板}}$ は (3.5.2) 式より，

$$W_{\text{上部電極板}} = \tfrac{1}{2}\iint_{\text{上部電極板}} \sigma_\mathrm{F}\,dS(\mathrm{Q})V(\mathrm{Q}) = \tfrac{1}{2}\sigma_\mathrm{F}\iint_{\text{上部電極板}} V(\mathrm{Q})\,dS(\mathrm{Q})$$

となる．上部電極板の電位 $V(\mathrm{Q})$ は電極板の任意の位置で V [V] であるので $W_{\text{上部電極板}}$ は，

$$W_{\text{上部電極板}} = \tfrac{1}{2}\sigma_\mathrm{F} V\iint_{\text{上部電極板}} dS(\mathrm{Q}) = \tfrac{1}{2}V\sigma_\mathrm{F} S\,[\mathrm{J}] \qquad \text{(A.3.60)}$$

となる．下部電極板上の全自由電荷による静電エネルギー $W_{\text{下部電極板}}$ は，下部電極板の電位 $V(\mathrm{Q})$ が電極板の任意の位置で 0 V であるので，$W_{\text{下部電極板}} = 0$ [J] となり，このコンデンサの全静電エネルギー W は (A.3.57), (A.3.60) 式より，

$$\begin{aligned} W &= W_{\text{上部電極板}} + W_{\text{下部電極板}} = \tfrac{1}{2}V\sigma S + 0 = \tfrac{1}{2}V\sigma_\mathrm{F} S \\ &= \tfrac{1}{2}\tfrac{S}{\frac{t_1}{\varepsilon_1}+\frac{t_2}{\varepsilon_2}}V^2\,[\mathrm{J}] \qquad \text{(A.3.61)} \end{aligned}$$

となる．次に W を (3.5.3) 式を用いて求めてみよう．(A.3.56) 式より，

$$\begin{aligned} W &= \tfrac{1}{2}\iint_{\text{電極板}}\int_{z=0}^{t_1}\left(-\tfrac{\sigma_\mathrm{F}}{\varepsilon}\vec{k}\right)\cdot(-\sigma_\mathrm{F}\vec{k})\,dzdS + \tfrac{1}{2}\iint_{\text{電極板}}\int_{z=t_1}^{t}\left(-\tfrac{\sigma_\mathrm{F}}{\varepsilon_0}\vec{k}\right)\cdot(-\sigma_\mathrm{F}\vec{k})\,dzdS \\ &= \tfrac{1}{2}t_1 S\tfrac{\sigma_\mathrm{F}^2}{\varepsilon_1} + \tfrac{1}{2}t_2 S\tfrac{\sigma_\mathrm{F}^2}{\varepsilon_2} = \tfrac{1}{2}\left(\tfrac{t_1}{\varepsilon_1}+\tfrac{t_2}{\varepsilon_2}\right)S\sigma_\mathrm{F}^2 = \tfrac{1}{2}\tfrac{S}{\frac{t_1}{\varepsilon_1}+\frac{t_2}{\varepsilon_2}}V^2 \end{aligned}$$

となり，(A.3.61) 式の結果と一致する．ポテンシャルエネルギー W_P は，(3.2.1) 式を参考にすると，(A.3.56), (A.3.58), (A.3.59) 式より，

$$\begin{aligned} W_\mathrm{P} &= -St_1\vec{P}_1\cdot\vec{E}_1 - St_2\vec{P}_2\cdot\vec{E}_2 \\ &= -S\left(t_1\tfrac{\varepsilon_1-\varepsilon_0}{\varepsilon_1^2} + t_2\tfrac{\varepsilon_2-\varepsilon_0}{\varepsilon_2^2}\right)\sigma_\mathrm{F}^2 \\ &= -S\left\{\tfrac{t_1}{\varepsilon_1}+\tfrac{t_2}{\varepsilon_2} - \varepsilon_0\left(\tfrac{t_1}{\varepsilon_1^2}+\tfrac{t_2}{\varepsilon_2^2}\right)\right\}\left(\tfrac{V}{\frac{t_1}{\varepsilon_1}+\frac{t_2}{\varepsilon_2}}\right)^2 \end{aligned}$$

$$= -S\frac{V^2}{\frac{t_1}{\varepsilon_1}+\frac{t_2}{\varepsilon_2}} + S\varepsilon_0\left(\frac{t_1}{\varepsilon_1^2}+\frac{t_2}{\varepsilon_2^2}\right)\left(\frac{V}{\frac{t_1}{\varepsilon_1}+\frac{t_2}{\varepsilon_2}}\right)^2 \qquad \text{(A.3.62)}$$

となる．以上より，誘電体入コンデンサの全エネルギー $W_{全}$ は (A.3.61), (A.3.62) 式より，

$$W_{\mathrm{tot}} = W + W_{\mathrm{P}} = \frac{1}{2}S\frac{V^2}{\frac{t_1}{\varepsilon_1}+\frac{t_2}{\varepsilon_2}} - S\frac{V^2}{\frac{t_1}{\varepsilon_1}+\frac{t_2}{\varepsilon_2}} + S\varepsilon_0\left(\frac{t_1}{\varepsilon_1^2}+\frac{t_2}{\varepsilon_2^2}\right)\left(\frac{V}{\frac{t_1}{\varepsilon_1}+\frac{t_2}{\varepsilon_2}}\right)^2$$

$$= -\frac{1}{2}S\frac{V^2}{\frac{t_1}{\varepsilon_1}+\frac{t_2}{\varepsilon_2}} + S\varepsilon_0\left(\frac{t_1}{\varepsilon_1^2}+\frac{t_2}{\varepsilon_2^2}\right)\left(\frac{V}{\frac{t_1}{\varepsilon_1}+\frac{t_2}{\varepsilon_2}}\right)^2$$

$$= \frac{1}{2}S\left(\frac{V}{\frac{t_1}{\varepsilon_1}+\frac{t_2}{\varepsilon_2}}\right)^2\left(t_1\frac{2\varepsilon_0-\varepsilon_1}{\varepsilon_1^2} + t_2\frac{2\varepsilon_0-\varepsilon_2}{\varepsilon_2^2}\right)\ [\mathrm{J}] \qquad \text{(A.3.63)}$$

となる．

(2)　上下電極板間に働く力 $\vec{F}_{上}$, $\vec{F}_{下}$ はそれぞれ，

$$\vec{F}_{上} = \frac{1}{2}\sigma_{\mathrm{F}}S\vec{E}_2 = -\frac{1}{2}S\sigma_{\mathrm{F}}\frac{\sigma_{\mathrm{F}}}{\varepsilon_2}\vec{k} = -\frac{1}{2}S\frac{1}{\varepsilon_2}D^2\vec{k}, \quad \vec{F}_{下} = -\frac{1}{2}\sigma_{\mathrm{F}}S\vec{E}_1 = \frac{1}{2}S\frac{1}{\varepsilon_1}D^2\vec{k}$$

となる．上下電極板間に働く力が誘電体の境界面に働く力 $\vec{F}_{12}$ に等しいとすると $\vec{F}_{12} = \vec{F}_{下} + \vec{F}_{上}$ であり，

$$\vec{F}_{12} = \frac{1}{2}S\frac{D^2}{\varepsilon_1}\vec{k} - \frac{1}{2}S\frac{D^2}{\varepsilon_2}\vec{k} = \frac{1}{2}S\left(\frac{1}{\varepsilon_1}-\frac{1}{\varepsilon_2}\right)D^2\vec{k}$$

$$= \frac{1}{2}S\left(\frac{1}{\varepsilon_1}-\frac{1}{\varepsilon_2}\right)\left(\frac{V}{\frac{t_1}{\varepsilon_1}+\frac{t_2}{\varepsilon_2}}\right)^2\vec{k} \qquad \text{(A.3.64)}$$

となる．$\varepsilon_1 \neq \varepsilon_2$ であれば $\vec{F}_{12} \neq \vec{0}$ となり並進運動が起こる力となる．2つの誘電体の境界面に働く力は，電界により直接誘電体に働く力によるものではなく，電極板に働く力が，これらに接している誘電体を介して働く力である．したがって，**図 A.3.6** に示すように，片方が真空であれば誘電体には力は働かないことになる．従来の解法では，仮想変位の方法がよく用いられるが，そこでは片方の誘電体の体積が増加し，他方が減少することにより境界面が移動するモデルを用いているが，これでは各誘電体の厚さが変化するので，このモデルは適切であるか疑問が残る．

以上の結果を拡張すると，誘電率がそれぞれ ε_1 および ε_2 の誘電体 1, 2 の接触面に垂直に一様な電束密度 $\vec{D}$ が存在しているとき誘電体 1, 2 の接触面上の点 P に働く単位面積当たりの力 $\vec{F}(\mathrm{P})$ は，

$$\vec{F}(\mathrm{P}) = \frac{1}{2}\left(\frac{1}{\varepsilon_2}-\frac{1}{\varepsilon_1}\right)D^2(\mathrm{P})\vec{n}(\mathrm{P})\ [\mathrm{N/m^2}] \qquad \text{(A.3.65)}$$

である．ただし $\vec{n}(\mathrm{P})$ は点 P における接触面に垂直な単位法線ベクトルであり，向きは誘電体 1 から 2 に向かう．

■ 3.8　境界面に対して垂直に電束密度があるとき，2つの誘電体の境界面に働くクーロン力と境界面に対して平行な巨視電界が存在するときに働くクーロン力を重ね合わせたものが求める解となる．しかし**図 A.3.10** に示すように，電界は境界面に垂直な方向に対してその方向が傾いている．したがって電界あるいは電束密度を境界面に水平な成分と垂直な成分に分ける必要がある．したがって，まず点 P における誘電体 2 側の電界 $\vec{E}_2(\mathrm{P})$ を求める必要がある．境

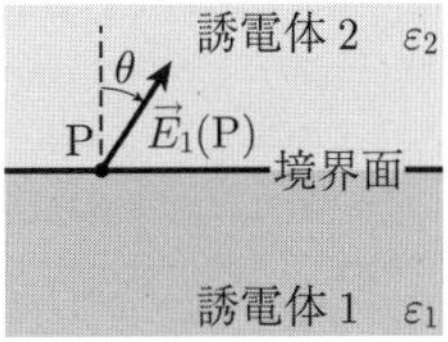

図 A.3.10

界面に自由電荷がないので，境界条件である電束密度の法線成分の連続性と電界の境界面に平行な成分，すなわち，接線成分の連続性を用いる．そこで，

$$\vec{E}_1(\mathrm{P}) = \vec{E}_{1\perp}(\mathrm{P}) + \vec{E}_{1//}(\mathrm{P}) = \frac{\vec{D}_{1\perp}(\mathrm{P})}{\varepsilon_1} + \vec{E}_{1//}(\mathrm{P})$$

$$\vec{E}_2(\mathrm{P}) = \vec{E}_{2\perp}(\mathrm{P}) + \vec{E}_{2//}(\mathrm{P}) = \frac{\vec{D}_{2\perp}(\mathrm{P})}{\varepsilon_2} + \vec{E}_{2//}(\mathrm{P})$$

とする．ただし，$\vec{E}_1(\mathrm{P})$ は誘電体 1 側の電界，$\vec{E}_{1\perp}(\mathrm{P})$, $\vec{E}_{1//}(\mathrm{P})$ はそれぞれ $\vec{E}_1(\mathrm{P})$ の法線成分，接線成分，$\vec{E}_{2\perp}(\mathrm{P})$, $\vec{E}_{2//}(\mathrm{P})$ はそれぞれ $\vec{E}_2(\mathrm{P})$ の法線成分，接線成分である．また，$\vec{D}_{1\perp}(\mathrm{P})$, $\vec{D}_{2\perp}(\mathrm{P})$ はそれぞれ誘電体 1, 2 の電束密度の法線成分である．電束密度および電界に関する境界条件より，

$$\vec{D}_{2\perp}(\mathrm{P}) = \vec{D}_{1\perp}(\mathrm{P}) \equiv \vec{D}_{\perp}(\mathrm{P}), \quad \vec{E}_{2//}(\mathrm{P}) = \vec{E}_{1//}(\mathrm{P}) \equiv \vec{E}_{//}(\mathrm{P})$$

である．章末問題 3.6 の解答の (A.3.55) 式より，誘電率がそれぞれ ε_1, ε_2 の誘電体 1, 2 の境界面に平行に一様な巨視電界 $\vec{E}_{//}$ が存在しているとき誘電体 1, 2 の境界面上の点 P に働く単位面積当たりの力 $\vec{F}_{//}(\mathrm{P})$ は，

$$\vec{F}_{//}(\mathrm{P}) = -\tfrac{1}{2}(\varepsilon_2 - \varepsilon_1)|\vec{E}_{//}(\mathrm{P})|^2 \vec{n}(\mathrm{P})\,[\mathrm{N/m^2}]$$

である．ただし $\vec{n}(\mathrm{P})$ は点 P における境界面に垂直な単位法線ベクトルであり，向きは誘電体 1 から 2 に向かっている．また境界面に垂直に一様な電束密度 $\vec{D}$ が存在しているとき誘電体 1, 2 の境界面上の点 P に働く単位面積当たりの力 $\vec{F}_{\perp}(\mathrm{P})$ は，

$$\vec{F}_{\perp}(\mathrm{P}) = \tfrac{1}{2}\left(\tfrac{1}{\varepsilon_2} - \tfrac{1}{\varepsilon_1}\right) D_{\perp}(\mathrm{P})^2 \vec{n}(\mathrm{P})\,[\mathrm{N/m^2}]$$

である．これより境界面に働く力 $\vec{F}(\mathrm{P})$ は，

$$\begin{aligned}\vec{F}(\mathrm{P}) &= \vec{F}_{//}(\mathrm{P}) + \vec{F}_{\perp}(\mathrm{P})\\ &= -\tfrac{1}{2}(\varepsilon_2 - \varepsilon_1)|\vec{E}_{//}(\mathrm{P})|^2 \vec{n}(\mathrm{P}) + \tfrac{1}{2}\left(\tfrac{1}{\varepsilon_2} - \tfrac{1}{\varepsilon_1}\right) D_{\perp}(\mathrm{P})^2 \vec{n}(\mathrm{P})\end{aligned}$$

となる．ただし，

$$|\vec{E}_{//}(\mathrm{P})| = |\vec{E}_1(\mathrm{P})|\sin\theta, \quad |\vec{D}_{\perp}(\mathrm{P})| = \varepsilon_1|\vec{E}_1(\mathrm{P})|\cos\theta$$

であるので，

$$\vec{F}(\mathrm{P}) = \tfrac{1}{2}|\vec{E}_1(\mathrm{P})|^2 \left\{-(\varepsilon_2 - \varepsilon_1)\sin^2\theta\,\vec{n}(\mathrm{P}) + \left(\tfrac{1}{\varepsilon_2} - \tfrac{1}{\varepsilon_1}\right)\varepsilon_1\cos^2\theta\right\}\vec{n}(\mathrm{P})\,[\mathrm{N/m^2}] \tag{A.3.66}$$

となる．

■ **3.9**　(1)　**図 A.3.11 (b)** に示すように，空間座標を設定する．導体 2 のみに q_2 [C] の自由電荷を与えると，その一部 q [C] は導体 2 の内側の表面に一様に分布し，その残り $q_2 - q$ は，外側の表面にも一様に分布する．何故なら，導体 1 の電位 V_1 は接地のために強制的に 0 V になっているが，導体 2 の電位 V_2 は 0 V ではなく，無限遠点との電位差が 0 V でないからである．導体 2 の内側の自由電荷の表面電荷密度 σ_{F2} [C/m^2] は，$\sigma_{\mathrm{F2}} = \frac{q}{4\pi c^2}$ である．導体は球対称であるので，導体 1 と導体 2 の間および導体 2 の外側では電界および電束密度の方向は導体に垂直であり，導体球の中心から無限遠に向かって放射状になっている．また誘電体 1, 2 の境界面で誘電体 1, 2 のそれぞれの電束密度 $\vec{D}_1$, $\vec{D}_2$ は境界条件により等しい．したがって導体 2 の内面の表面電荷からの電気力線はすべて導体 1 の表面電荷で終端される．したがって導体 1 の大地から供給される電荷 q_1 は $q_1 = -q$ であるので導体 1 の表面電荷密度 σ_{F1} は，

$$\sigma_{\mathrm{F1}} = \frac{q_1}{4\pi a^2} = -\frac{q}{4\pi a^2}$$

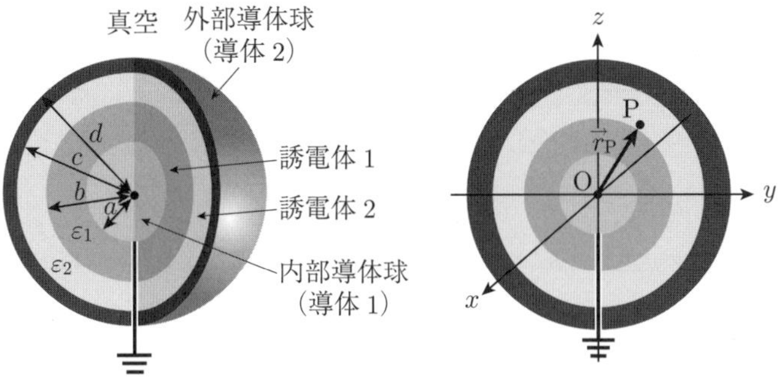

(a) (b)

図 A.3.11

となる．したがって誘電体 1, 2 の境界面上の点 P における電束密度 $\vec{D}_{12}(\mathrm{P})$ はその境界条件により誘電体の境界面で連続であるので，

$$\vec{D}_{12}(\mathrm{P}) = \sigma_{\mathrm{F}1}\frac{a^2}{|\vec{r}_{\mathrm{P}}|^2}\frac{\vec{r}_{\mathrm{P}}}{|\vec{r}_{\mathrm{P}}|} = -\frac{q}{4\pi a^2}\frac{a^2}{b^2}\frac{\vec{r}_{\mathrm{P}}}{b} = -\frac{q}{4\pi}\frac{\vec{r}_{\mathrm{P}}}{b^3}$$

となる．導体 2 の外側（$d < |\vec{r}_{\mathrm{P}}|$）の点 P における電束密度 $\vec{D}_{外側}(\mathrm{P})$ は向きに注意すると，

$$\vec{D}_{外側}(\mathrm{P}) = \frac{q_2 - q}{4\pi}\frac{\vec{r}_{\mathrm{P}}}{|\vec{r}_{\mathrm{P}}|^3}$$

となる．この段階では点電荷 q は不明であり，q を決定するためには導体 2 の電位 V_2 を求める必要があるので，まず誘電体各部および導体 2 の外側の電界を求めてみよう．誘電体 1（$a \leq |\vec{r}_{\mathrm{P}}| \leq b$）における電界 $\vec{E}_1(\mathrm{P})$ は，

$$\vec{E}_1(\mathrm{P}) = -\frac{q}{4\pi\varepsilon_1}\frac{\vec{r}_{\mathrm{P}}}{|\vec{r}_{\mathrm{P}}|^3} \tag{A.3.67}$$

であり，誘電体 2（$b < |\vec{r}_{\mathrm{P}}| \leq c$）における電界 $\vec{E}_2(\mathrm{P})$ は，

$$\vec{E}_2(\mathrm{P}) = -\frac{q}{4\pi\varepsilon_2}\frac{\vec{r}_{\mathrm{P}}}{|\vec{r}_{\mathrm{P}}|^3} \tag{A.3.68}$$

である．また導体 2 の外側（$d < |\vec{r}_{\mathrm{P}}|$）では電界 $\vec{E}_{外側}(\mathrm{P})$ は，

$$\vec{E}_{外側}(\mathrm{P}) = \frac{q_2 - q}{4\pi\varepsilon_0}\frac{\vec{r}_{\mathrm{P}}}{|\vec{r}_{\mathrm{P}}|^3} \tag{A.3.69}$$

である．以上より V_2 は $V_1 = 0$ [V] を基準として，(A.3.67), (A.3.68) 式より，

$$\begin{aligned} V_2 &= -\int_a^b \left(-\frac{q}{4\pi\varepsilon_1}\frac{\vec{r}_{\mathrm{P}}}{|\vec{r}_{\mathrm{P}}|^3}\right)\cdot d\vec{r}_{\mathrm{P}} - \int_b^c -\frac{q}{4\pi\varepsilon_2}\frac{\vec{r}_{\mathrm{P}}}{|\vec{r}_{\mathrm{P}}|^3}\cdot d\vec{r}_{\mathrm{P}} \\ &= \frac{q}{4\pi\varepsilon_1}\left[-\frac{1}{|\vec{r}_{\mathrm{P}}|}\right]_{|\vec{r}_{\mathrm{P}}|=a}^{b} + \frac{q}{4\pi\varepsilon_2}\left[-\frac{1}{|\vec{r}_{\mathrm{P}}|}\right]_{|\vec{r}_{\mathrm{P}}|=b}^{c} \\ &= \frac{q}{4\pi\varepsilon_1}\left(\frac{1}{a} - \frac{1}{b}\right) + \frac{q}{4\pi\varepsilon_2}\left(\frac{1}{b} - \frac{1}{c}\right) \end{aligned} \tag{A.3.70}$$

となる．また (A.3.69) 式より，

$$V_2 = -\int_\infty^d \left(\frac{q_2 - q}{4\pi\varepsilon_0}\frac{\vec{r}_{\mathrm{P}}}{|\vec{r}_{\mathrm{P}}|^3}\right)\cdot d\vec{r}_{\mathrm{P}} = -\frac{q_2 - q}{4\pi\varepsilon_0}\left[-\frac{1}{|\vec{r}_{\mathrm{P}}|}\right]_{|\vec{r}_{\mathrm{P}}|=\infty}^{d} = \frac{q_2 - q}{4\pi\varepsilon_0}\frac{1}{d} \tag{A.3.71}$$

であるので，(A.3.70), (A.3.71) 式より，

$$\frac{q}{4\pi\varepsilon_1}\left(\frac{1}{a}-\frac{1}{b}\right)+\frac{q}{4\pi\varepsilon_2}\left(\frac{1}{b}-\frac{1}{c}\right)=\frac{q_2-q}{4\pi\varepsilon_0}\frac{1}{d}$$

となり，

$$q=\frac{q_2}{\frac{\varepsilon_0}{\varepsilon_1}d\left(\frac{1}{a}-\frac{1}{b}\right)+\frac{\varepsilon_0}{\varepsilon_2}d\left(\frac{1}{b}-\frac{1}{c}\right)+1} \tag{A.3.72}$$

$$q_2-q=\frac{\frac{\varepsilon_0}{\varepsilon_1}d\left(\frac{1}{a}-\frac{1}{b}\right)+\frac{\varepsilon_0}{\varepsilon_2}d\left(\frac{1}{b}-\frac{1}{c}\right)}{\frac{\varepsilon_0}{\varepsilon_1}d\left(\frac{1}{a}-\frac{1}{b}\right)+\frac{\varepsilon_0}{\varepsilon_2}d\left(\frac{1}{b}-\frac{1}{c}\right)+1}q_2 \tag{A.3.73}$$

となる．誘電体 1（$a \leq |\vec{r}_{\mathrm{P}}| \leq b$）では (A.3.67), (A.3.72) 式より $\vec{E}_1(\mathrm{P})$, $\vec{D}_1(\mathrm{P})$ はそれぞれ，

$$\vec{E}_1(\mathrm{P})=-\frac{1}{4\pi\varepsilon_1}\frac{q_2}{\frac{\varepsilon_0}{\varepsilon_1}d\left(\frac{1}{a}-\frac{1}{b}\right)+\frac{\varepsilon_0}{\varepsilon_2}d\left(\frac{1}{b}-\frac{1}{c}\right)+1}\frac{\vec{r}_{\mathrm{P}}}{|\vec{r}_{\mathrm{P}}|^3}\,[\mathrm{V/m}] \tag{A.3.74}$$

$$\vec{D}_1(\mathrm{P})=-\frac{1}{4\pi}\frac{q_2}{\frac{\varepsilon_0}{\varepsilon_1}d\left(\frac{1}{a}-\frac{1}{b}\right)+\frac{\varepsilon_0}{\varepsilon_2}d\left(\frac{1}{b}-\frac{1}{c}\right)+1}\frac{\vec{r}_{\mathrm{P}}}{|\vec{r}_{\mathrm{P}}|^3}\,[\mathrm{C/m^2}] \tag{A.3.75}$$

となり，誘電体 2（$b < |\vec{r}_{\mathrm{P}}| \leq c$）では (A.3.68), (A.3.72) 式より $\vec{E}_2(\mathrm{P})$, $\vec{D}_2(\mathrm{P})$ はそれぞれ，

$$\vec{E}_2(\mathrm{P})=-\frac{1}{4\pi\varepsilon_2}\frac{q_2}{\frac{\varepsilon_0}{\varepsilon_1}d\left(\frac{1}{a}-\frac{1}{b}\right)+\frac{\varepsilon_0}{\varepsilon_2}d\left(\frac{1}{b}-\frac{1}{c}\right)+1}\frac{\vec{r}_{\mathrm{P}}}{|\vec{r}_{\mathrm{P}}|^3} \tag{A.3.76}$$

$$\vec{D}_2(\mathrm{P})=-\frac{1}{4\pi}\frac{q_2}{\frac{\varepsilon_0}{\varepsilon_1}d\left(\frac{1}{a}-\frac{1}{b}\right)+\frac{\varepsilon_0}{\varepsilon_2}d\left(\frac{1}{b}-\frac{1}{c}\right)+1}\frac{\vec{r}_{\mathrm{P}}}{|\vec{r}_{\mathrm{P}}|^3} \tag{A.3.77}$$

となり，導体 2 の外側（$d < |\vec{r}_{\mathrm{P}}|$）では (A.3.69), (A.3.73) 式より $\vec{E}_{\text{外側}}(\mathrm{P})$, $\vec{D}_{\text{外側}}(\mathrm{P})$ は，

$$\vec{D}_{\text{外側}}(\mathrm{P})=\frac{1}{4\pi}d\frac{\frac{\varepsilon_0}{\varepsilon_1}\left(\frac{1}{a}-\frac{1}{b}\right)+\frac{\varepsilon_0}{\varepsilon_2}\left(\frac{1}{b}-\frac{1}{c}\right)}{\frac{\varepsilon_0}{\varepsilon_1}d\left(\frac{1}{a}-\frac{1}{b}\right)+\frac{\varepsilon_0}{\varepsilon_2}d\left(\frac{1}{b}-\frac{1}{c}\right)+1}q_2\frac{\vec{r}_{\mathrm{P}}}{|\vec{r}_{\mathrm{P}}|^3}$$

となる．導体内部では電界, 電束密度はともに 0 であるが, 導体 2 の電位 V_2 は (A.3.71), (A.3.73) 式より，

$$V_2=\frac{1}{4\pi}\frac{\frac{1}{\varepsilon_1}\left(\frac{1}{a}-\frac{1}{b}\right)+\frac{1}{\varepsilon_2}\left(\frac{1}{b}-\frac{1}{c}\right)}{\frac{\varepsilon_0}{\varepsilon_1}d\left(\frac{1}{a}-\frac{1}{b}\right)+\frac{\varepsilon_0}{\varepsilon_2}d\left(\frac{1}{b}-\frac{1}{c}\right)+1}q_2\,[\mathrm{V}] \tag{A.3.78}$$

となる．

(2) 導体 2 の静電容量 C は導体 1 との静電容量 C_{12} と無限遠との静電容量 $C_{\infty 2}$ の並列接続であるので (A.3.72), (A.3.73), (A.3.78) 式より，

$$C=C_{12}+C_{\infty 2}=\frac{q}{V_2}+\frac{q_2-q}{V_2}=\frac{q_2}{V_2}$$

$$=4\pi\left\{\frac{1+\frac{\varepsilon_0}{\varepsilon_1}d\left(\frac{1}{a}-\frac{1}{b}\right)+\frac{\varepsilon_0}{\varepsilon_2}d\left(\frac{1}{b}-\frac{1}{c}\right)}{\frac{1}{\varepsilon_1}\left(\frac{1}{a}-\frac{1}{b}\right)+\frac{1}{\varepsilon_2}\left(\frac{1}{b}-\frac{1}{c}\right)}\right\}\,[\mathrm{F}]$$

となる．

(3) 電荷は導体表面のみに存在するので，この導体系の静電エネルギー W は (2.3.4) 式より，

$$W=\frac{1}{2}\iiint_{\text{全空間}}V(\vec{r})\rho(\vec{r})\,dv(\vec{r})=\frac{1}{2}\oiint_{\text{導体表面}}V(\vec{r})\sigma(\vec{r})\,dS(\vec{r})$$

である．また導体 1 の電位は 0 V であるので W に寄与しない．また導体 2 の電位は内面も外面も等電位で V_2 であり，そこに全量 q_2 [C] の電荷が存在するので W は (A.3.78) 式より，

$$W=\frac{1}{2}V_2\oiint_{\text{導体表面}}\sigma(\vec{r})\,dS(\vec{r})=\frac{1}{2}V_2q_2=\frac{1}{8\pi}\frac{\frac{1}{\varepsilon_1}\left(\frac{1}{a}-\frac{1}{b}\right)+\frac{1}{\varepsilon_2}\left(\frac{1}{b}-\frac{1}{c}\right)}{\frac{\varepsilon_0}{\varepsilon_1}d\left(\frac{1}{a}-\frac{1}{b}\right)+\frac{\varepsilon_0}{\varepsilon_2}d\left(\frac{1}{b}-\frac{1}{c}\right)+1}q_2^2\,[\mathrm{J}]$$

となる．ところで，誘電体は導体 1, 2 の電荷による電界により分極するので，そのポテンシャルエネルギー W_{P} を考慮する必要がある．W_{P} は，

$$W_{\mathrm{P}} = -\iiint_{\text{誘電体}} \vec{P}(\mathrm{P}) \cdot \vec{E}(\mathrm{P})\, dv(\mathrm{P})$$

$$= -\iiint_{\text{誘電体 1}} \vec{P}_1(\mathrm{P}) \cdot \vec{E}_1(\mathrm{P})\, dv(\mathrm{P}) - \iiint_{\text{誘電体 2}} \vec{P}_2(\mathrm{P}) \cdot \vec{E}_2(\mathrm{P})\, dv(\mathrm{P})$$

である．各誘電体の分極 $\vec{P}_1(\mathrm{P})$, $\vec{P}_2(\mathrm{P})$ はそれぞれ (A.3.74), (A.3.76) 式より，

$$\vec{P}_1(\mathrm{P}) = (\varepsilon_1 - \varepsilon_0)\vec{E}_1(\mathrm{P}) = -(\varepsilon_1 - \varepsilon_0)\frac{1}{4\pi\varepsilon_1}\frac{q_2}{\frac{\varepsilon_0}{\varepsilon_1}d\left(\frac{1}{a}-\frac{1}{b}\right)+\frac{\varepsilon_0}{\varepsilon_2}d\left(\frac{1}{b}-\frac{1}{c}\right)+1}\frac{\vec{r}_{\mathrm{P}}}{|\vec{r}_{\mathrm{P}}|^3}$$

$$\vec{P}_2(\mathrm{P}) = (\varepsilon_2 - \varepsilon_0)\vec{E}_2(\mathrm{P}) = -(\varepsilon_2 - \varepsilon_0)\frac{1}{4\pi\varepsilon_2}\frac{q_2}{\frac{\varepsilon_0}{\varepsilon_1}d\left(\frac{1}{a}-\frac{1}{b}\right)+\frac{\varepsilon_0}{\varepsilon_2}d\left(\frac{1}{b}-\frac{1}{c}\right)+1}\frac{\vec{r}_{\mathrm{P}}}{|\vec{r}_{\mathrm{P}}|^3}$$

となるので，

$$W_{\mathrm{P}} = -(\varepsilon_1 - \varepsilon_0)\left\{\frac{1}{4\pi\varepsilon_1}\frac{q_2}{\frac{\varepsilon_0}{\varepsilon_1}d\left(\frac{1}{a}-\frac{1}{b}\right)+\frac{\varepsilon_0}{\varepsilon_2}d\left(\frac{1}{b}-\frac{1}{c}\right)+1}\right\}^2 \int_{r=a}^{b}\frac{1}{r^4}\int_{\varphi=0}^{2\pi}\int_{\theta=0}^{\pi} r^2 \sin\theta\, dr d\varphi d\theta$$

$$-(\varepsilon_2 - \varepsilon_0)\left\{\frac{1}{4\pi\varepsilon_2}\frac{q_2}{\frac{\varepsilon_0}{\varepsilon_1}d\left(\frac{1}{a}-\frac{1}{b}\right)+\frac{\varepsilon_0}{\varepsilon_2}d\left(\frac{1}{b}-\frac{1}{c}\right)+1}\right\}^2 \int_{r=b}^{c}\frac{1}{r^4}\int_{\varphi=0}^{2\pi}\int_{\theta=0}^{\pi} r^2 \sin\theta\, dr d\varphi d\theta$$

$$-4\pi\left(\frac{1}{b}-\frac{1}{a}\right)(\varepsilon_1 \quad \varepsilon_0)\left\{\frac{1}{4\pi\varepsilon_1}\frac{q_2}{\frac{\varepsilon_0}{\varepsilon_1}d\left(\frac{1}{a}-\frac{1}{b}\right)+\frac{\varepsilon_0}{\varepsilon_2}d\left(\frac{1}{b}-\frac{1}{c}\right)+1}\right\}^2$$

$$+4\pi\left(\frac{1}{c}-\frac{1}{b}\right)(\varepsilon_2 - \varepsilon_0)\left\{\frac{1}{4\pi\varepsilon_2}\frac{q_2}{\frac{\varepsilon_0}{\varepsilon_1}d\left(\frac{1}{a}-\frac{1}{b}\right)+\frac{\varepsilon_0}{\varepsilon_2}d\left(\frac{1}{b}-\frac{1}{c}\right)+1}\right\}^2$$

$$= \frac{1}{4\pi}\left\{\frac{q_2}{\frac{\varepsilon_0}{\varepsilon_1}d\left(\frac{1}{a}-\frac{1}{b}\right)+\frac{\varepsilon_0}{\varepsilon_2}d\left(\frac{1}{b}-\frac{1}{c}\right)+1}\right\}^2\left\{\left(\frac{1}{b}-\frac{1}{a}\right)\frac{\varepsilon_1-\varepsilon_0}{\varepsilon_1^2}+\left(\frac{1}{c}-\frac{1}{b}\right)\frac{\varepsilon_2-\varepsilon_0}{\varepsilon_2^2}\right\} < 0$$

となる．したがって，この導体系の全エネルギー $W_{全}$ は，

$$W_{全} = W + W_{\mathrm{P}} = \frac{1}{8\pi}\frac{\frac{1}{\varepsilon_1}\left(\frac{1}{a}-\frac{1}{b}\right)+\frac{1}{\varepsilon_2}\left(\frac{1}{b}-\frac{1}{c}\right)}{\frac{\varepsilon_0}{\varepsilon_1}d\left(\frac{1}{a}-\frac{1}{b}\right)+\frac{\varepsilon_0}{\varepsilon_2}d\left(\frac{1}{b}-\frac{1}{c}\right)+1}q_2^2$$

$$-\frac{1}{4\pi}\left\{\frac{q_2}{\frac{\varepsilon_0}{\varepsilon_1}d\left(\frac{1}{a}-\frac{1}{b}\right)+\frac{\varepsilon_0}{\varepsilon_2}d\left(\frac{1}{b}-\frac{1}{c}\right)+1}\right\}^2\left\{\left(\frac{1}{a}-\frac{1}{b}\right)\frac{\varepsilon_1-\varepsilon_0}{\varepsilon_1^2}+\left(\frac{1}{b}-\frac{1}{c}\right)\frac{\varepsilon_2-\varepsilon_0}{\varepsilon_2^2}\right\}\ [\mathrm{J}]$$

となる．

(4) (A.3.64) 式より，誘電率がそれぞれ ε_1, ε_2 の誘電体 1, 2 の接触面に垂直に一様な電束密度 $\vec{D}$ が存在しているとき誘電体 1, 2 の接触面上の点 P に働く単位面積当たりの力 $\vec{F}(\mathrm{P})$ は，

$$\vec{F}(\mathrm{P}) = \frac{1}{2}\left(\frac{1}{\varepsilon_2}-\frac{1}{\varepsilon_1}\right)D^2(\mathrm{P})\frac{\vec{r}_{\mathrm{P}}}{|\vec{r}_{\mathrm{P}}|}\ [\mathrm{N/m^2}]$$

である．本問題の場合，誘電体 1, 2 の接触面に電束密度 $\vec{D}$ が垂直である．境界面上の点 P における電束密度 $\vec{D}(\mathrm{P})$ は，(A.3.75), (A.3.77) 式より $|\vec{r}_{\mathrm{P}}| = b$ として，

$$\vec{D}(\mathrm{P}) = -\frac{q}{4\pi}\frac{\vec{r}_{\mathrm{P}}}{b^3} = -\frac{1}{4\pi}\frac{q_2}{\frac{\varepsilon_0}{\varepsilon_1}d\left(\frac{1}{a}-\frac{1}{b}\right)+\frac{\varepsilon_0}{\varepsilon_2}d\left(\frac{1}{b}-\frac{1}{c}\right)+1}\frac{\vec{r}_{\mathrm{P}}}{b^3}$$

となる．したがって，誘電体 1, 2 の境界面に働く力 $\vec{F}$ は，

$$\vec{F} = \frac{1}{2}4\pi b^2\left(\frac{1}{\varepsilon_2}-\frac{1}{\varepsilon_1}\right)D^2(\mathrm{P})\frac{\vec{r}_{\mathrm{P}}}{|\vec{r}_{\mathrm{P}}|}$$

$$= \frac{1}{2}4\pi b^2\left(\frac{1}{\varepsilon_2}-\frac{1}{\varepsilon_1}\right)\left\{\frac{1}{4\pi}\frac{q_2}{\frac{\varepsilon_0}{\varepsilon_1}d\left(\frac{1}{a}-\frac{1}{b}\right)+\frac{\varepsilon_0}{\varepsilon_2}d\left(\frac{1}{b}-\frac{1}{c}\right)+1}\frac{1}{b^2}\right\}^2\frac{\vec{r}_{\mathrm{P}}}{b}$$

$$= \frac{1}{8\pi b^2}\left(\frac{1}{\varepsilon_2}-\frac{1}{\varepsilon_1}\right)\left\{\frac{1}{\frac{\varepsilon_0}{\varepsilon_1}d\left(\frac{1}{a}-\frac{1}{b}\right)+\frac{\varepsilon_0}{\varepsilon_2}d\left(\frac{1}{b}-\frac{1}{c}\right)+1}\right\}^2 q_2^2\frac{\vec{r}_{\mathrm{P}}}{b}\ [\mathrm{N}]$$

となる．

■ **3.10**　(1)　重ね合わせの原理を用いた解法について述べる．**図 A.3.12** に示すように，2 つの点電荷 q_1 [C] および q_2 による電界は，点電荷 q_1 のみが誘電体 1 中にある場合の電界と，点電荷 q_2 のみが誘電体 2 中にある場合の電界を重ね合わせたものとなる．例題 3.10 の結果を用いると，まず点電荷 q_1 のみが誘電体 1 中にある場合の電界 $\vec{E}_{1q_1}(\mathrm{P})$ は，**図 A.3.13 (a)** に示すように，観測点 P が誘電体 1 中にある場合には，点 Q_1 の点電荷 q_1 および，誘電体 2 を取り去って誘電体 1 に置き換え，その代わりに点 Q_1' に置いた点電荷 $q_1\frac{\varepsilon_1-\varepsilon_2}{\varepsilon_1+\varepsilon_2}$ による電界となり，(3.7.12) 式より，

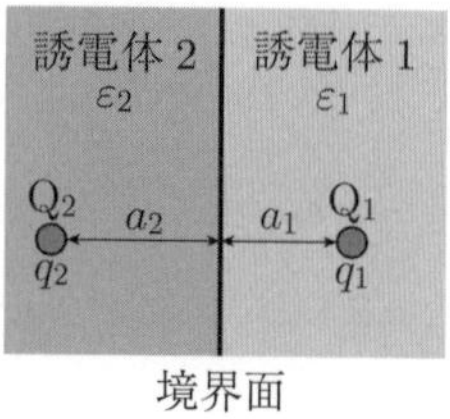

図 A.3.12

$$\vec{E}_{1q_1}(\mathrm{P}) = \frac{1}{4\pi\varepsilon_1(\varepsilon_1+\varepsilon_2)}q_1\left[\frac{(\varepsilon_1+\varepsilon_2)(x-a_1,y,z)}{\{(x-a_1)^2+y^2+z^2\}^{\frac{3}{2}}}+\frac{(\varepsilon_1-\varepsilon_2)(x+a_1,y,z)}{\{(x+a_1)^2+y^2+z^2\}^{\frac{3}{2}}}\right] \quad \text{(A.3.79)}$$

である．**図 A.3.13 (b)** に示すように，観測点 P が誘電体 2 中にある場合には，誘電体 1 を取り去って誘電体 2 に置き換え，その代わりに点 Q_1 に置いた点電荷 $\frac{2q_1\varepsilon_2}{\varepsilon_1+\varepsilon_2}$ による電界となり，(3.7.13) 式より，

$$\vec{E}_{2q_1}(\mathrm{P}) = \frac{1}{4\pi\varepsilon_2(\varepsilon_1+\varepsilon_2)}q_1\frac{2\varepsilon_2(x-a_1,y,z)}{\{(x-a_1)^2+y^2+z^2\}^{\frac{3}{2}}} \quad \text{(A.3.80)}$$

となる．次に，**図 A.3.14 (a)** に示すように，点電荷 q_2 のみが誘電体 2 にある場合の電界は，観測点 P が誘電体 2 中にある場合には，点 Q_2 の点電荷 q_2 および誘電体 1 を取り去って誘電体 2 に置き換え，その代わりに点 Q_2' に置いた点電荷 $q_2\frac{\varepsilon_2-\varepsilon_1}{\varepsilon_2+\varepsilon_1}$ による電界となり，誘電体 2 中では (3.7.12) 式より，

$$\vec{E}_{2q_2}(\mathrm{P}) = \frac{1}{4\pi\varepsilon_2(\varepsilon_2+\varepsilon_1)}q_2\left[\frac{(\varepsilon_2+\varepsilon_1)(x+a_2,y,z)}{\{(x+a_2)^2+y^2+z^2\}^{\frac{3}{2}}}+\frac{(\varepsilon_2-\varepsilon_1)(x-a_2,y,z)}{\{(x-a_2)^2+y^2+z^2\}^{\frac{3}{2}}}\right] \quad \text{(A.3.81)}$$

である．**図 A.3.14 (b)** に示すように，観測点 P が誘電体 1 中にある場合には，点 Q_2 の点電荷

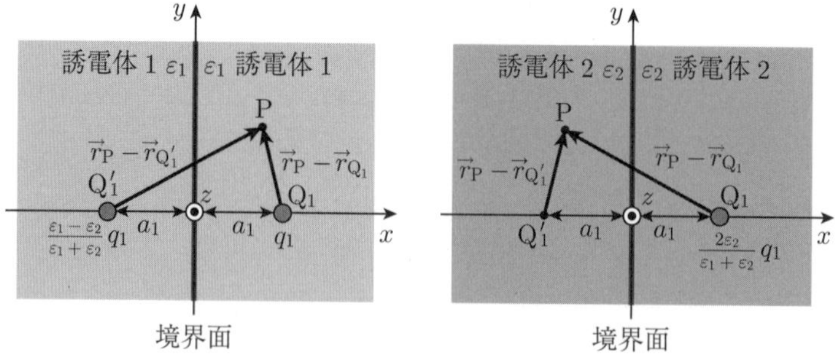

(a)　(b)

図 A.3.13

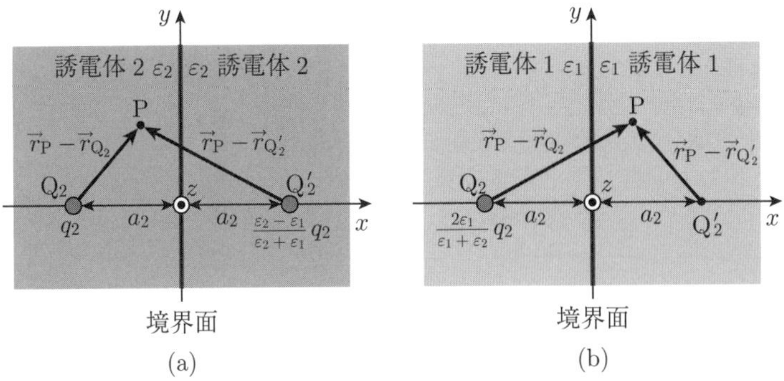

図 A.3.14

q_2 および誘電体 2 を取り去って誘電体 1 に置き換え，その代わりに点 $\rm Q_2$ に置いた点電荷 $\frac{2q_2\varepsilon_1}{\varepsilon_1+\varepsilon_2}$ による電界となり，誘電体 1 中では (3.7.13) 式より，

$$\vec{E}_{1q_2}(\mathrm{P}) = \frac{1}{4\pi\varepsilon_1(\varepsilon_2+\varepsilon_1)}q_2\frac{2\varepsilon_1(x+a_2,y,z)}{\{(x+a_2)^2+y^2+z^2\}^{\frac{3}{2}}} \tag{A.3.82}$$

となるので，誘電体 1 中で電界 $\vec{E}_1(\mathrm{P})$ は (A.3.79), (A.3.82) 式より，

$$\begin{aligned}\vec{E}_1(\mathrm{P}) &= \vec{E}_{1q_1}(\mathrm{P}) + \vec{E}_{1q_2}(\mathrm{P})\\ &= \frac{1}{4\pi\varepsilon_1(\varepsilon_1+\varepsilon_2)}q_1\left[\frac{(\varepsilon_1+\varepsilon_2)(x-a_1,y,z)}{\{(x-a_1)^2+y^2+z^2\}^{\frac{3}{2}}} + \frac{(\varepsilon_1-\varepsilon_2)(x+a_2,y,z)}{\{(x+a_2)^2+y^2+z^2\}^{\frac{3}{2}}}\right]\\ &\quad + \frac{1}{4\pi\varepsilon_1(\varepsilon_2+\varepsilon_1)}q_2\frac{2\varepsilon_1(x+a_2,y,z)}{\{(x+a_2)^2+y^2+z^2\}^{\frac{3}{2}}}\ [\mathrm{V/m}]\end{aligned}$$

となり，誘電体 2 中で電界 $\vec{E}_2(\mathrm{P})$ は，(A.3.80), (A.3.81) 式より，

$$\begin{aligned}\vec{E}_2(\mathrm{P}) &= \vec{E}_{2q_1}(\mathrm{P}) + \vec{E}_{2q_2}(\mathrm{P})\\ &= \frac{1}{4\pi\varepsilon_2(\varepsilon_2+\varepsilon_1)}q_2\left[\frac{(\varepsilon_2+\varepsilon_1)(x+a_2,y,z)}{\{(x+a_2)^2+y^2+z^2\}^{\frac{3}{2}}} + \frac{(\varepsilon_2-\varepsilon_1)(x-a_1,y,z)}{\{(x-a_1)^2+y^2+z^2\}^{\frac{3}{2}}}\right]\\ &\quad + \frac{1}{4\pi\varepsilon_2(\varepsilon_1+\varepsilon_2)}q_1\frac{2\varepsilon_2(x-a_1,y,z)}{\{(x-a_1)^2+y^2+z^2\}^{\frac{3}{2}}}\ [\mathrm{V/m}]\end{aligned}$$

となる．

(2)　点 $\rm Q_1$ の点電荷 q_1 に作用する電界 $\vec{E}_{q_1}(\mathrm{Q}_1)$ は (A.3.79) 式の右辺第 2 項目と (A.3.82) 式の右辺の電界の和に対して $x=a_1$, $y=z=0$ としたものとなるので，

$$\begin{aligned}\vec{E}_{q_1}(\mathrm{Q}_1) &= \frac{1}{4\pi\varepsilon_1(\varepsilon_1+\varepsilon_2)}q_1\frac{(\varepsilon_1-\varepsilon_2)(a_1,0,0)}{4a_1^3} + \frac{1}{4\pi\varepsilon_1(\varepsilon_1+\varepsilon_2)}q_2\frac{2\varepsilon_1(a_1+a_2,0,0)}{(a_1+a_2)^3}\\ &= \frac{1}{4\pi\varepsilon_1(\varepsilon_1+\varepsilon_2)}\left\{q_1\frac{(\varepsilon_1-\varepsilon_2)}{4a_1^2} + q_2\frac{2\varepsilon_1}{(a_1+a_2)^2}\right\}(1,0,0)\end{aligned}$$

となり，点電荷 q_1 に働くクーロン力 $\vec{F}_{q_1}(\mathrm{Q}_1)$ は，

$$\vec{F}_{q_1}(\mathrm{Q}_1) = q_1\vec{E}_{q_1}(\mathrm{Q}_1) = \frac{1}{4\pi\varepsilon_1(\varepsilon_1+\varepsilon_2)}q_1\left\{q_1\frac{(\varepsilon_1-\varepsilon_2)}{4a_1^2} + q_2\frac{2\varepsilon_1}{(a_1+a_2)^2}\right\}(1,0,0)\ [\mathrm{N}] \tag{A.3.83}$$

となる．検算として誘電体 2 の誘電率 ε_2 が誘電体 1 の誘電率 ε_1 と等しいときクーロン力は誘電体 1 中で 2 個の点電荷が距離 a_1+a_2 [m] 離れている場合に点電荷 q_1 に等しくなっていることを確認することが重要である．(A.3.83) 式の結果はそのようになっている．

4章

■ **4.1**　図 A.4.1 に示すように, xyz 座標の xy 平面上にコイルがあり, その各辺が x あるいは y 軸に平行になるように空間座標を設定する．例題 4.2 の結果を利用する．真空中において, z 軸上にある太さを無視できる無限長直線導線に電流 I [A] が流れているとき，この導体の長さ a [m] に流れている電流による任意の点 P (x, y, z) における磁束密度ベクトル $\vec{B}(\mathrm{P})$ は (4.1.13) 式より,

$$\vec{B}(\mathrm{P}) = \frac{\mu_0 I}{4\pi(x^2+y^2)} \times \left[\frac{\frac{a}{2}-z}{\left\{x^2+y^2+\left(\frac{a}{2}-z\right)^2\right\}^{\frac{1}{2}}} + \frac{\frac{a}{2}+z}{\left\{x^2+y^2+\left(\frac{a}{2}+z\right)^2\right\}^{\frac{1}{2}}} \right] (-y, x, 0) \qquad \text{(A.4.1)}$$

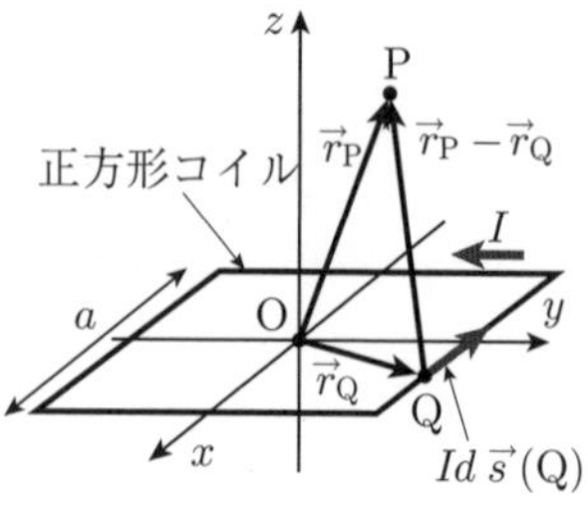

図 A.4.1

である．ここでは (A.4.1) 式を元に 4 つの辺に流れる電流による磁束密度を求めて重ね合わせの原理を用いて正方形コイルに流れる電流による $\vec{B}(\mathrm{P})$ を求めることにする．今，xy 平面上の正方形コイルの内，x 軸に平行な長さ a [m] の 2 本の直線状導線を考える．$y = \frac{a}{2}$ の導線には x 軸の負の方向に電流が流れているので，これによる磁束密度 $\vec{B}_1(\mathrm{P})$ は x 成分を持たず，(A.4.1) 式において z を x，x を y，y を z と置き換えて，さらに y を $y - \frac{a}{2}$ と置き換えて，

$$\vec{B}_1(\mathrm{P}) = \frac{\mu_0(-I)}{4\pi\left\{\left(y-\frac{a}{2}\right)^2+z^2\right\}} \times \left[\frac{\frac{a}{2}-x}{\left\{\left(\frac{a}{2}-x\right)^2+\left(y-\frac{a}{2}\right)^2+z^2\right\}^{\frac{1}{2}}} + \frac{\frac{a}{2}+x}{\left\{\left(\frac{a}{2}+x\right)^2+\left(y-\frac{a}{2}\right)^2+z^2\right\}^{\frac{1}{2}}} \right] \left(0, -z, y - \frac{a}{2}\right) \ [\mathrm{T}] \qquad \text{(A.4.2)}$$

となる．同様にして $y = -\frac{a}{2}$ の導線に流れる電流による磁束密度 $\vec{B}_2(\mathrm{P})$ は,

$$\vec{B}_2(\mathrm{P}) = \frac{\mu_0(+I)}{4\pi\left\{\left(y+\frac{a}{2}\right)^2+z^2\right\}} \times \left[\frac{\frac{a}{2}-x}{\left\{\left(\frac{a}{2}-x\right)^2+\left(y+\frac{a}{2}\right)^2+z^2\right\}^{\frac{1}{2}}} + \frac{\frac{a}{2}+x}{\left\{\left(\frac{a}{2}+x\right)^2+\left(y+\frac{a}{2}\right)^2+z^2\right\}^{\frac{1}{2}}} \right] \left(0, -z, y + \frac{a}{2}\right) \ [\mathrm{T}] \qquad \text{(A.4.3)}$$

となる．次に $x = \frac{a}{2}$ の導線による磁束密度 $\vec{B}_3(\mathrm{P})$ および $x = -\frac{a}{2}$ の導線による磁束密度 $\vec{B}_4(\mathrm{P})$ はそれぞれ,

$$\vec{B}_3(\mathrm{P}) = \frac{\mu_0(+I)}{4\pi\left\{\left(x-\frac{a}{2}\right)^2+z^2\right\}} \times \left[\frac{\frac{a}{2}-y}{\left\{\left(x-\frac{a}{2}\right)^2+\left(\frac{a}{2}-y\right)^2+z^2\right\}^{\frac{1}{2}}} + \frac{\frac{a}{2}+y}{\left\{\left(x-\frac{a}{2}\right)^2+\left(\frac{a}{2}+y\right)^2+z^2\right\}^{\frac{1}{2}}} \right] \left(-z, 0, x - \frac{a}{2}\right) \ [\mathrm{T}] \qquad \text{(A.4.4)}$$

$$\vec{B}_4(\mathrm{P}) = \frac{\mu_0(-I)}{4\pi\left\{\left(x+\frac{a}{2}\right)^2+z^2\right\}} \times \left[\frac{\frac{a}{2}-y}{\left\{\left(x+\frac{a}{2}\right)^2+\left(\frac{a}{2}-y\right)^2+z^2\right\}^{\frac{1}{2}}} + \frac{\frac{a}{2}+y}{\left\{\left(x+\frac{a}{2}\right)^2+\left(\frac{a}{2}+y\right)^2+z^2\right\}^{\frac{1}{2}}} \right] \left(-z, 0, x + \frac{a}{2}\right) \ [\mathrm{T}] \qquad \text{(A.4.5)}$$

となる．(A.4.2)–(A.4.5) 式より，正方形コイルに流れる電流による点 P における磁束密度 $\vec{B}(\mathrm{P})$ は重ね合わせの原理より，

$$\vec{B}(\mathrm{P}) = \vec{B}_1(\mathrm{P}) + \vec{B}_2(\mathrm{P}) + \vec{B}_3(\mathrm{P}) + \vec{B}_4(\mathrm{P})\ [\mathrm{T}] \tag{A.4.6}$$

となる．点 P が z 軸上にあるときは $x = y = 0$ として，

$$\vec{B}(\mathrm{P}) = \frac{\mu_0 I a^2}{2\pi\left(\frac{a^2}{4}+z^2\right)\left(\frac{a^2}{2}+z^2\right)^{\frac{1}{2}}}(0,0,1)\ [\mathrm{T}] \tag{A.4.7}$$

となる．

■ **4.2**　半円形コイル上の点 Q における微小線素ベクトル $d\vec{s}(\mathrm{Q})$ とするとビオ–サバールの法則より半円形コイルに流れる電流全体が点 P に形成する磁束密度 $\vec{B}(\mathrm{P})$ は，

$$\vec{B}(\mathrm{P}) = \frac{\mu_0}{4\pi}\int_{\text{半円形コイル}} \frac{I\,d\vec{s}(\mathrm{Q})\times(\vec{r}_{\mathrm{P}}-\vec{r}_{\mathrm{Q}})}{|\vec{r}_{\mathrm{P}}-\vec{r}_{\mathrm{Q}}|^3} \tag{A.4.8}$$

となる．半円形コイルは半径 R [m] の半円弧導線と長さ $2R$ の有限長直線状導線（弦）に分けることができる．すなわち

$$\vec{B}(\mathrm{P}) = \frac{\mu_0}{4\pi}\int_{\text{半円弧}} \frac{I\,d\vec{s}(\mathrm{Q})\times(\vec{r}_{\mathrm{P}}-\vec{r}_{\mathrm{Q}})}{|\vec{r}_{\mathrm{P}}-\vec{r}|^3} + \frac{\mu_0}{4\pi}\int_{\text{弦}} \frac{I\,d\vec{s}(\mathrm{Q})\times(\vec{r}_{\mathrm{P}}-\vec{r}_{\mathrm{Q}})}{|\vec{r}_{\mathrm{P}}-\vec{r}|^3} \tag{A.4.9}$$

となる．

半円弧：**図 A.4.2 (a)** に示すように，半円弧導線上の点 Q（$\vec{r}_{\mathrm{Q}} = (R\cos\theta, R\sin\theta, 0)$）における微小電流要素は $I\,d\vec{s}(\mathrm{Q}) = I(-\sin\theta, \cos\theta, 0)R\,d\theta$, $0 \le \theta \le \pi$ である．

$$\vec{r}_{\mathrm{P}} - \vec{r}_{\mathrm{Q}} = (0,0,z) - (R\cos\theta, R\sin\theta, 0) = (-R\cos\theta, -R\sin\theta, z)$$

$$|\vec{r}_{\mathrm{P}} - \vec{r}_{\mathrm{Q}}| = \left\{(-R\cos\theta)^2 + (R\sin\theta)^2 + z^2\right\}^{\frac{1}{2}}$$

であるので，(A.4.9) 式より，

$$\vec{B}_{\text{半円弧}}(\mathrm{P}) = \frac{\mu_0 I}{4\pi}\int_0^{\pi} \frac{(-\sin\theta,\cos\theta,0)R\,d\theta\times(-R\cos\theta,-R\sin\theta,z)}{(R^2+z^2)^{\frac{3}{2}}} \tag{A.4.10}$$

となる．ここで，

$$(-\sin\theta, \cos\theta, 0)R\,d\theta \times (-R\cos\theta, -R\sin\theta, z) = (z\cos\theta, z\sin\theta, R)R\,d\theta$$

であるので，(A.4.10) 式より，

$$\begin{aligned}\vec{B}_{\text{半円弧}}(\mathrm{P}) &= \frac{\mu_0 I}{4\pi}\frac{R}{(R^2+z^2)^{\frac{3}{2}}}\int_0^{\pi}(z\cos\theta, z\sin\theta, R)\,d\theta \\ &= \frac{\mu_0 I}{4\pi}\frac{R}{(R^2+z^2)^{\frac{3}{2}}}\left(z\int_0^{\pi}\cos\theta\,d\theta, z\int_0^{\pi}\sin\theta\,d\theta, R\int_0^{\pi}d\theta\right)\end{aligned} \tag{A.4.11}$$

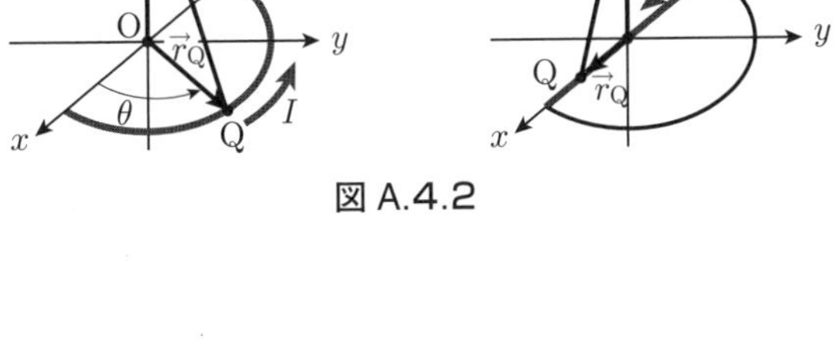

図 A.4.2

となる．$\int_0^{\pi} \cos\theta\, d\theta = 0$ であるので，x 成分は 0 である．$\int_0^{\pi} \sin\theta\, d\theta = 2$ であるので，y 成分は，

$$B_{半円弧\ y}(\mathrm{P}) = \frac{\mu_0 I}{4\pi} \frac{R}{(R^2+z^2)^{\frac{3}{2}}} 2z = \frac{\mu_0 I}{2\pi} \frac{zR}{(R^2+z^2)^{\frac{3}{2}}} \tag{A.4.12}$$

となる．また $R\int_0^{\pi} d\theta = \pi R$ であるので，z 成分は，

$$B_{半円弧\ z}(\mathrm{P}) = \frac{\mu_0 I}{4\pi} \frac{R}{(R^2+z^2)^{\frac{3}{2}}} \pi R = \frac{\mu_0 I}{4} \frac{R^2}{(R^2+z^2)^{\frac{3}{2}}} \tag{A.4.13}$$

となる．したがって，(A.4.11)–(A.4.13) 式より

$$\vec{B}_{半円弧}(\mathrm{P}) = \frac{\mu_0 I}{4\pi} \frac{R}{(R^2+z^2)^{\frac{3}{2}}} (0, 2z, \pi R)\, [\mathrm{T}] \tag{A.4.14}$$

となる．

弦：**図 A.4.2 (b)** に示すように，

$$I\, d\vec{s}(\mathrm{Q}) = I(dx', 0, 0), \quad \vec{r}_{\mathrm{P}} - \vec{r}_{\mathrm{Q}} = (-x', 0, z)$$

$$|\vec{r}_{\mathrm{P}} - \vec{r}_{\mathrm{Q}}| = (x'^2 + z^2)^{\frac{1}{2}}$$

であるので，$\vec{B}_{弦}(\mathrm{P})$ は，

$$\vec{B}_{弦}(\mathrm{P}) = \frac{\mu_0 I}{4\pi} \int_{-R}^{+R} \frac{I(dx', 0, 0) \times (-x', 0, z)}{(x'^2+z^2)^{\frac{3}{2}}} \tag{A.4.15}$$

となる．また $(dx', 0, 0) \times (-x', 0, z) = -z(0, 1, 0)\, dx'$ であるので，(A.4.15) 式より，

$$\vec{B}_{弦}(\mathrm{P}) = -\frac{\mu_0 I z}{4\pi} (0, 1, 0) \int_{-R}^{+R} \frac{1}{(x'^2+z^2)^{\frac{3}{2}}}\, dx' \tag{A.4.16}$$

となる．(A.4.16) 式の右辺積分について，付録公式 3 を参考にすると，

$$\begin{aligned}\int_{-R}^{+R} \frac{1}{(x'^2+z^2)^{\frac{3}{2}}}\, dx' &= \frac{1}{z^2} \left\{ \frac{R}{(R^2+z^2)^{\frac{1}{2}}} - \frac{-R}{(R^2+z^2)^{\frac{1}{2}}} \right\} \\ &= \frac{1}{z^2} \frac{2R}{(R^2+z^2)^{\frac{1}{2}}} \end{aligned} \tag{A.4.17}$$

となる．したがって，(A.4.16), (A.4.17) 式より，

$$\vec{B}_{弦}(\mathrm{P}) = -\frac{\mu_0 I z}{4\pi} (0, 1, 0) \frac{1}{z^2} \frac{2R}{(R^2+z^2)^{\frac{1}{2}}}\, [\mathrm{T}] \tag{A.4.18}$$

となる．(A.4.14), (A.4.18) 式より (A.4.9) 式は，

$$\begin{aligned}\vec{B}(\mathrm{P}) &= \frac{\mu_0 I}{4\pi} \frac{R}{(R^2+z^2)^{\frac{3}{2}}} (0, 2z, \pi R) - \frac{\mu_0 I}{4\pi} \left(0, \frac{z}{z^2} \frac{2R}{(R^2+z^2)^{\frac{1}{2}}}, 0\right) \\ &= \frac{\mu_0 I}{4\pi} \frac{R}{(R^2+z^2)^{\frac{1}{2}}} \left(0, \frac{2z}{R^2+z^2} - \frac{2z}{z^2}, \frac{\pi R}{R^2+z^2}\right) \\ &= \frac{\mu_0 I}{4\pi} \frac{R^2}{(R^2+z^2)^{\frac{3}{2}}} \left(0, -\frac{2R}{z}, \pi\right)\, [\mathrm{T}]\end{aligned}$$

となる．

■ **4.3** 図 A.4.3 に示すように，xyz 座標の xy 平面上に導体があるように空間座標を設定する．表面電流密度 $\vec{J}$[A/m] が x 軸の正の方向・向きに流れているとすると $\vec{J} = J\vec{i}$ である．図 A.4.3 に示すように，この表面電流のうち無限小幅 dy' の領域部分に流れている電流が点 P（$\vec{r}_{\mathrm{P}} = (x, y, z)$）に形成する磁束密度 $d\vec{B}(\mathrm{P})$ は，(4.1.10) 式より，

$$d\vec{B}(\mathrm{P}) = \frac{\mu_0}{2\pi}\frac{J\,dy'}{(y-y')^2+z^2}(0, -z, y-y') \qquad \text{(A.4.19)}$$

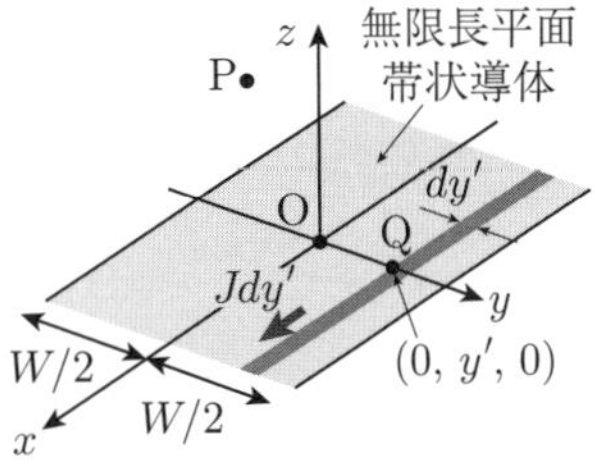

図 A.4.3

である．ただし y' は図 A.4.3 の dy' の部分の y 座標である．したがって電流全体が点 P に形成する磁束密度 $\vec{B}(\mathrm{P})$ は，(A.4.19) 式の $d\vec{B}(\mathrm{P})$ を重ね合わせることにより，

$$\vec{B}(\mathrm{P}) = \frac{\mu_0 J}{2\pi}\int_{-\frac{W}{2}}^{\frac{W}{2}}\frac{(0, -z, y-y')}{(y-y')^2+z^2}\,dy' \qquad \text{(A.4.20)}$$

となる．まず x 成分は 0 である．z 成分は

$$\begin{aligned}
B_z(\mathrm{P}) &= \frac{\mu_0 J}{2\pi}\int_{-\frac{W}{2}}^{\frac{W}{2}}\frac{y-y'}{(y-y')^2+z^2}\,dy' \\
&= -\frac{\mu_0 J}{4\pi}\left[\log_e\left\{(y-y')^2+z^2\right\}\right]_{-\frac{W}{2}}^{\frac{W}{2}} \\
&= -\frac{\mu_0 J}{4\pi}\left[\log_e\left\{\left(y-\frac{W}{2}\right)^2+z^2\right\} - \log_e\left\{\left(y+\frac{W}{2}\right)^2+z^2\right\}\right] \qquad \text{(A.4.21)}
\end{aligned}$$

となる．y 成分は

$$\begin{aligned}
B_y(\mathrm{P}) &= \frac{\mu_0 J}{2\pi}\int_{-\frac{W}{2}}^{\frac{W}{2}}\frac{-z}{(y-y')^2+z^2}\,dy' = \frac{\mu_0 J}{2\pi}z\frac{1}{|z|}\left[\tan^{-1}\left(\frac{y-y'}{|z|}\right)\right]_{-\frac{W}{2}}^{\frac{W}{2}} \\
&= \frac{\mu_0 J}{2\pi}\left[\tan^{-1}\left(\frac{y-y'}{z}\right)\right]_{-\frac{W}{2}}^{\frac{W}{2}} \\
&= \frac{\mu_0 J}{2\pi}\left\{\tan^{-1}\left(\frac{y-\frac{W}{2}}{z}\right) - \tan^{-1}\left(\frac{y+\frac{W}{2}}{z}\right)\right\} \qquad \text{(A.4.22)}
\end{aligned}$$

となり，$z > 0$ では y の負方向を向き，$z < 0$ では正方向を向いている．

幅 W を無限大にすると，(A.4.21) 式は，

$$B_z(\mathrm{P}) = \lim_{W\to\infty}\left[-\frac{\mu_0 J}{4\pi}\left\{\log_e\frac{\left(y-\frac{W}{2}\right)^2+z^2}{\left(y+\frac{W}{2}\right)^2+z^2}\right\}\right] = 0 \qquad \text{(A.4.23)}$$

となり，(A.4.22) 式は，

$$B_y(\mathrm{P}) = \lim_{W\to\infty}\frac{\mu_0 J}{2\pi}\left\{\tan^{-1}\left(\frac{y-\frac{W}{2}}{z}\right) - \tan^{-1}\left(\frac{y+\frac{W}{2}}{z}\right)\right\} = -\frac{\mu_0 J}{2\pi}\frac{z}{|z|}\pi = -\frac{\mu_0 J}{2}\frac{z}{|z|} \qquad \text{(A.4.24)}$$

となる．したがって，$\vec{B}(\mathrm{P})$ は (A.4.23), (A.4.24) 式より，

$$\vec{B}(\mathrm{P}) = \left(0, -\frac{\mu_0 J}{2}\frac{z}{|z|}, 0\right) = \frac{\mu_0}{2}(J, 0, 0)\times\left(0, 0, \frac{z}{|z|}\right)\ [\mathrm{T}]$$

となり，y 成分のみを持ち，$z > 0$, $z < 0$ ではそれぞれ y 方向の負，正の向きを向き，大きさはすべての方向に一様である．

■ **4.4** **図 A.4.4** に示すように，ソレノイドの中心軸が xyz 座標の z 軸に一致するように空間座標を設定する．磁束密度の観測点 P はソレノイドの内部あるいは外部にある．ソレノイドの断面が円対称であるので点 P が x 軸上にあるとしても一般性は失われない．点 P の座標を $\vec{r}_{\mathrm{P}} = (x, 0, 0)$ $(x \geq 0)$ とする．$z = z'$ の位置にある無限長ソレノイドの点 Q $(\vec{r}_{\mathrm{Q}} = (R\cos\theta, R\sin\theta, z'))$ における微小長さ dz' の部分を考えると，これは電流が $NI\,dz'$ が流れている半径 R [m] の $N\,dz'$ 個の円形コイルと考えられる．これが点 P に形成する磁束密度 $d\vec{B}(\mathrm{P})$ はビオ–サバールの法則により，

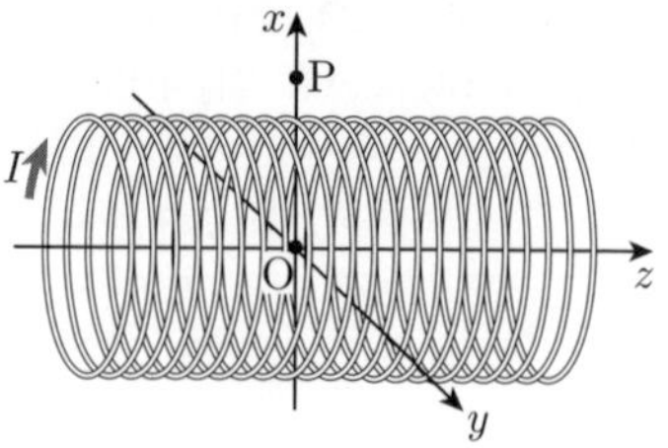

図 A.4.4

$$d\vec{B}(\mathrm{P}, \mathrm{Q}) = \frac{\mu_0}{4\pi}\oint_{\text{コイル}} \frac{NI\,dz(\mathrm{Q})\,d\vec{s}\times(\vec{r}_{\mathrm{P}} - \vec{r}_{\mathrm{Q}})}{|\vec{r}_{\mathrm{P}} - \vec{r}_{\mathrm{Q}}|^3} \qquad \text{(A.4.25)}$$

である．ただし，$d\vec{s} = R(-\sin\theta, \cos\theta, 0)\,d\theta$，$\vec{r}_{\mathrm{P}} - \vec{r}_{\mathrm{Q}} = (x - R\cos\theta, -R\sin\theta, -z')$，$|\vec{r}_{\mathrm{P}} - \vec{r}_{\mathrm{Q}}| = (R^2 + x^2 - 2Rx\cos\theta + z'^2)^{\frac{1}{2}}$，$d\vec{s} \times (\vec{r}_{\mathrm{P}} - \vec{r}_{\mathrm{Q}}) = -R(z'\cos\theta,\ z'\sin\theta,\ x\cos\theta - R)\,d\theta$ であるので，無限長ソレノイドの $\vec{B}(\mathrm{P})$ は，(A.4.25) 式の $d\vec{B}(\mathrm{P})$ を重ね合わせることにより，

$$\vec{B}(\mathrm{P}) = -\frac{\mu_0 RNI}{4\pi}\int_{z=-\infty}^{+\infty}\int_{\theta=0}^{2\pi} \frac{(z\cos\theta, z\sin\theta, x\cos\theta - R)}{(R^2+x^2-2Rx\cos\theta+z^2)^{\frac{3}{2}}}\,d\theta dz \qquad \text{(A.4.26)}$$

となる．$\vec{B}(\mathrm{P})$ の x, y 成分は z に関する被積分関数が奇関数であるので，ともに 0 である．z 成分は付録公式 4 より，

$$\int_{-\infty}^{+\infty} \frac{1}{(R^2+x^2-2Rx\cos\theta+z'^2)^{\frac{3}{2}}}\,dz' = \frac{2}{R^2+x^2-2Rx\cos\theta} \quad (R^2 + x^2 - 2Rx\cos\theta > 0)$$

となるので，(A.4.26) 式より，

$$\begin{aligned} B_z(\mathrm{P}) &= -\frac{\mu_0 NIR}{2\pi}\left(x\int_0^{2\pi} \frac{\cos\theta}{R^2+x^2-2Rx\cos\theta}\,d\theta - R\int_0^{2\pi} \frac{1}{R^2+x^2-2Rx\cos\theta}\,d\theta\right) \\ &= -\frac{\mu_0 NIR}{\pi}\left(x\int_0^{\pi} \frac{\cos\theta}{R^2+x^2-2Rx\cos\theta}\,d\theta - R\int_0^{\pi} \frac{1}{R^2+x^2-2Rx\cos\theta}\,d\theta\right) \qquad \text{(A.4.27)} \end{aligned}$$

となる．付録公式 8, 9 より，

$$\begin{aligned} &x\int_0^{\pi} \frac{\cos\theta}{R^2+x^2-2Rx\cos\theta}\,d\theta - R\int_0^{\pi} \frac{1}{R^2+x^2-2Rx\cos\theta}\,d\theta \\ &= -\frac{1}{2R}\pi\left\{\frac{|R^2-x^2|-(R^2+x^2)}{|R^2-x^2|}\right\} - R\frac{\pi}{|R^2-x^2|} \qquad \text{(A.4.28)} \end{aligned}$$

となる．ソレノイド内，外で場合分けをすると，(A.4.27), (A.4.28) 式より，

1. $x < R$（ソレノイド内）では，

$$\begin{aligned} B_z(\mathrm{P}) &= -\mu_0 NIR\left(\frac{1}{R}\frac{x^2}{R^2-x^2} - \frac{R}{R^2-x^2}\right) \\ &= -\mu_0 NI\frac{x^2-R^2}{R^2-x^2} = \mu_0 NI\,[\mathrm{T}], \qquad \text{(A.4.29)} \end{aligned}$$

2. $x > R$（ソレノイド外）では，

$$B_z(\mathrm{P}) = -\mu_0 NIR\left(\frac{R}{x^2-R^2} - \frac{R}{x^2-R^2}\right) = 0\,[\mathrm{T}] \qquad \text{(A.4.30)}$$

となる．

■ **4.5** **図 A.4.5** に示すように，円柱の中心軸が xyz 座標の z 軸に一致するように空間座標を設定する．ここで注意が必要なのは，導体内部でも磁束密度はゼロではないことである．特に銅やアルミニウムは静磁界では真空とほぼ同じ媒質である．**図 A.4.5** では点 P が導体中にあるとしているが外部でも同じように考えられる．無限長円柱導体を扱っているので，点 P の座標は $\vec{r}_{\rm P} = (x, 0, 0)$ $(x > 0)$ として一般性は失われない．点 P における磁束密度ベクトル $\vec{B}({\rm P})$ [T] は，導体を微小太さの無限長直線状導線の集合であると考え，それぞれの導体のつくる磁束密度ベクトル $d\vec{B}_{\rm Q}({\rm P})$ を導体断面全体にわたって重ね合わせて求められる．導体内の点 Q（$\vec{r}_{\rm Q} = (r\cos\varphi, r\sin\varphi, 0)$）を通る断面積 $r\,d\varphi dr$ の無限長直線状導線がつくる磁束密度ベクトルを $d\vec{B}_{\rm Q}({\rm P})$ とし，$\overrightarrow{\rm OP}$ に関して点 Q の対称な位置にある点 R（$\vec{r}_{\rm R} = (r\cos(-\varphi),\ r\sin(-\varphi),\ 0)$）にある同様の無限長直線状導線がつくる磁束密度ベクトルを $d\vec{B}_{\rm R}({\rm P})$ とする．2 本の無限長直線状導線に流れる電流により形成される磁束密度ベクトルを $d\vec{B}({\rm P})$ とすると $d\vec{B}({\rm P}) = d\vec{B}_{\rm Q}({\rm P}) + d\vec{B}_{\rm R}({\rm P})$ である．**図 A.4.6** に示すように，$d\vec{B}({\rm P})$ の方向は $\vec{r}_{\rm P}$ に対して垂直，すなわち O を中心とする半径 $x > 0$ の円の点 P における接線方向であり，向きは右ねじの進む回転の向きである．例題 4.1 より，

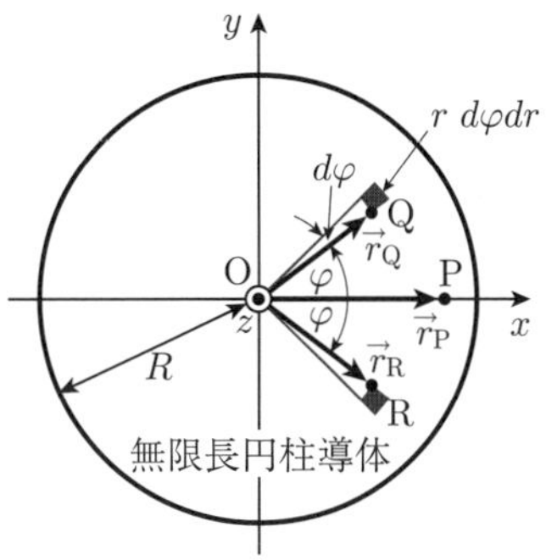

図 A.4.5

$$d\vec{B}_{\rm Q}({\rm P}) = \frac{\mu_0}{2\pi}\frac{dI({\rm Q})\,\vec{\hat{\varphi}}_{\rm Q}({\rm P})}{|\overrightarrow{\rm QP}|}, \quad d\vec{B}_{\rm R}({\rm P}) = \frac{\mu_0}{2\pi}\frac{dI({\rm R})\,\vec{\hat{\varphi}}_{\rm R}({\rm P})}{|\overrightarrow{\rm RP}|} \tag{A.4.31}$$

となる．$\overrightarrow{\rm OP} = (x\cos\theta, x\sin\theta, 0)$, $\overrightarrow{\rm OQ} = (r\cos\varphi, r\sin\varphi, 0)$, $\overrightarrow{\rm OR} = (r\cos\varphi, -r\sin\varphi, 0)$ であるので，$\overrightarrow{\rm QP} = (x - r\cos\varphi, -r\sin\varphi, 0)$, $\overrightarrow{\rm RP} = (x - r\cos\varphi, r\sin\varphi, 0)$, $|\overrightarrow{\rm QP}| = |\overrightarrow{\rm RP}| = (x^2 + r^2 - 2xr\cos\varphi)^{\frac{1}{2}}$, $dI({\rm Q}) = dI({\rm R})$, $J = \frac{I}{\pi R^2}$ である．また **図 A.4.6** に示すように，$\vec{\hat{\varphi}}_{\rm Q}({\rm P})$ および $\vec{\hat{\varphi}}_{\rm R}({\rm P})$ はそれぞれ点 Q および点 R を中心とし，半径がそれぞれ $|\overrightarrow{\rm QP}|$ および $|\overrightarrow{\rm RP}|$ の円の交点である点 P におけるそれぞれの円の単位接線ベクトルであり，

$$\vec{\hat{\varphi}}_{\rm Q}({\rm P}) = \frac{(-(-r\sin\varphi), x - r\cos\varphi, 0)}{(x^2 + r^2 - 2xr\cos\varphi)^{\frac{1}{2}}}, \quad \vec{\hat{\varphi}}_{\rm R}({\rm P}) = \frac{(-(r\sin\varphi), x - r\cos\varphi, 0)}{(x^2 + r^2 - 2xr\cos\varphi)^{\frac{1}{2}}} \tag{A.4.32}$$

である．(A.4.31), (A.4.32) 式より，

$$d\vec{B}_{\rm Q}({\rm P}) = \frac{\mu_0}{2\pi}J\frac{(r\sin\varphi, x - r\cos\varphi, 0)}{x^2 + r^2 - 2xr\cos\varphi}r\,d\varphi dr \tag{A.4.33}$$

$$d\vec{B}_{\rm R}({\rm P}) = \frac{\mu_0}{2\pi}J\frac{(-r\sin\varphi, x - r\cos\varphi, 0)}{x^2 + r^2 - 2xr\cos\varphi}r\,d\varphi dr \tag{A.4.34}$$

となる．(A.4.33), (A.4.34) 式より $d\vec{B}({\rm P})$ は，

$$d\vec{B}({\rm P}) = d\vec{B}_{\rm Q}({\rm P}) + d\vec{B}_{\rm R}({\rm P})$$

$$= \frac{\mu_0}{\pi^2 R^2}I\,\vec{j}\,\frac{r(x - r\cos\varphi)}{x^2 + r^2 - 2xr\cos\varphi}\,d\varphi dr \tag{A.4.35}$$

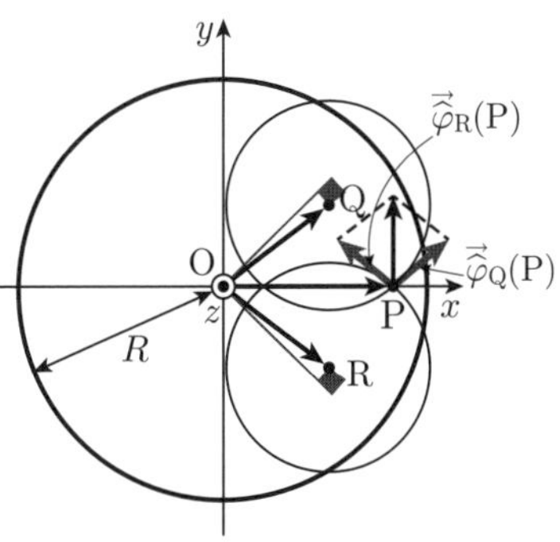

図 A.4.6

となり，$d\vec{B}({\rm P})$ の方向は点 O を中心とする半径 r

の円の点 P における接線方向であることが分かる．したがって求める磁束密度ベクトル $\vec{B}(\mathrm{P})$ は (A.4.35) 式の $d\vec{B}(\mathrm{P})$ を重ね合わせることにより，

$$\vec{B}(\mathrm{P}) = \frac{\mu_0}{\pi^2 R^2} I\, \vec{j} \int_{r=0}^{R} \int_{\varphi=0}^{\pi} \frac{r(x-r\cos\varphi)}{x^2+r^2-2xr\cos\varphi}\, d\varphi dr \qquad \text{(A.4.36)}$$

となる．点 P が導体の内部および外部にある場合に分けて (A.4.34) 式中の積分を計算してみよう．

A.（点 P が導体内部にある場合） すなわち $0 \leq r \leq R$ のとき (A.4.36) 式の右辺の積分は，

$$\int_0^R \int_0^\pi \frac{r(x-r\cos\varphi)}{x^2+r^2-2xr\cos\varphi}\, d\varphi dr$$

$$= \int_0^x \int_0^\pi \frac{r(x-r\cos\varphi)}{x^2+r^2-2xr\cos\varphi}\, d\varphi dr + \int_x^R \int_0^\pi \frac{r(x-r\cos\varphi)}{x^2+r^2-2xr\cos\varphi}\, d\varphi dr \qquad \text{(A.4.37)}$$

となり，付録公式 8, 9 より，

$$\int_0^\pi \frac{x-r\cos\varphi}{x^2+r^2-2xr\cos\varphi}\, d\varphi = x\frac{\pi}{|x^2-r^2|} + \frac{1}{2x}\pi\left\{\frac{|x^2-r^2|-(x^2+r^2)}{|x^2-r^2|}\right\}$$

$$= \frac{r}{x}\pi\,(r < x), \quad 0\,(r > x) \qquad \text{(A.4.38)}$$

となる．したがって，(A.4.36)–(A.4.38) 式より，

$$\vec{B}(\mathrm{P}) = \frac{\mu_0}{\pi^2 R^2} I\, \vec{j} \int_0^x \pi\frac{r}{x}\, dr = \frac{\mu_0}{2\pi R^2} Ix\, \vec{j}\ [\mathrm{T}] \qquad \text{(A.4.39)}$$

となる．

B.（点 P が導体外部にある場合） すなわち $|\vec{r}_\mathrm{P}| > R$ のとき前記導出過程で明らかなように，(A.4.39) 式において積分範囲の上限を R とすればよいので，

$$\vec{B}(\mathrm{P}) = \frac{\mu_0}{\pi^2 R^2} I\, \vec{j} \int_0^R \pi\frac{r}{x}\, dr = \frac{\mu_0}{2\pi x} I\, \vec{j}\ [\mathrm{T}] \qquad \text{(A.4.40)}$$

となる．

以上をまとめて，点 P の座標を $\vec{r}_\mathrm{P} = (x, y, z)$ として一般化すると，(A.4.39), (A.4.40) 式より，点 P が導体内部にある場合，

$$\vec{B}(\mathrm{P}) = \frac{\mu_0 I}{2\pi R^2}(-y, x, 0) = \frac{\mu_0 I (x^2+y^2)^{\frac{1}{2}}}{2\pi R^2}\vec{\varphi}(\mathrm{P})\ [\mathrm{T}] \qquad \text{(A.4.41)}$$

となり，点 P が導体外部にある場合，

$$\vec{B}(\mathrm{P}) = \frac{\mu_0 I}{2\pi(x^2+y^2)}(-y, x, 0) = \frac{\mu_0 I}{2\pi(x^2+y^2)^{\frac{1}{2}}}\vec{\varphi}(\mathrm{P})\ [\mathrm{T}] \qquad \text{(A.4.42)}$$

となる．点 P が導体内部にある場合には $\vec{B}(\mathrm{P})$ の大きさは導体表面まで $(x^2+y^2)^{\frac{1}{2}}$ に比例して増加し，導体外に出ると太さが無視できる無限長導線の $\vec{B}(\mathrm{P})$ と同様に $(x^2+y^2)^{\frac{1}{2}}$ に反比例する静電界の場合とよく似た結果が得られる．

■ **4.6** 図 A.4.3 に示すように，空間座標を設定する．表面電流が電流密度 $\vec{J}$ [A/m] で x 軸の方向に流れているとすると $\vec{J} = J\,\vec{i}$ である．この表面電流のうち無限小幅 dy' の無限長部分が点 P (x, y, z) に形成するベクトルポテンシャル $d\vec{A}(\mathrm{P})$ は無限小幅 dy' の部分電流が無限長直線状導線と等価であるとみなして，例題 4.6 の (4.3.19) 式より，

$$d\vec{A}(\mathrm{P}) = -\frac{\mu_0 J\, dy'}{2\pi}\vec{i}\,\log_e(y'^2+z^2)^{\frac{1}{2}} \qquad \text{(A.4.43)}$$

となる．したがって，面電流の全体が点 P に形成する $\vec{A}(\mathrm{P})$ は，(A.4.43) 式の $d\vec{A}(\mathrm{P})$ を重ね合わせることにより，

$$\vec{A}(\mathrm{P}) = -\tfrac{\mu_0 J}{2\pi}\,\vec{i}\int_{-W}^{+W} \log_e(y'^2+z^2)^{\frac{1}{2}}\,dy' \tag{A.4.44}$$

である．(A.4.44) 式の積分部分は，

$$\begin{aligned}
\int_{-W}^{+W} \log_e(y'^2+z^2)^{\frac{1}{2}}\,dy' &= \int_{0}^{+W} \log_e(y'^2+z^2)\,dy' \\
&= \Big[y'\log_e(y'^2+z^2)\Big]_0^W - \int_0^W \tfrac{2y'^2}{y'^2+z^2}\,dy' \\
&= W\log_e(W^2+z^2) - 2\int_0^W \Big(1-\tfrac{z^2}{y'^2+z^2}\Big)\,dy' \\
&= W\log_e(W^2+z^2) - 2W + 2z^2\int_0^W \tfrac{1}{y'^2+z^2}\,dy' \\
&= W\log_e(W^2+z^2) - 2W + 2\tfrac{z^2}{|z|}\tan^{-1}\frac{W}{|z|} \qquad \text{(A.4.45)}
\end{aligned}$$

となる．したがって，(A.4.44), (A.4.45) 式より，

$$\begin{aligned}
\vec{A}(\mathrm{P}) &= -\vec{i}\,\tfrac{\mu_0 J}{2\pi}\left\{W\log_e(W^2+z^2) - 2W + 2|z|\tan^{-1}\tfrac{W}{|z|}\right\} \\
&= -\vec{i}\,\tfrac{\mu_0 J}{2\pi}\left\{W\log_e(W^2+z^2) - 2W + 2z\tan^{-1}\tfrac{W}{z}\right\}\ [\mathrm{T{\cdot}m}]
\end{aligned}$$

となる．幅 W を無限大にすると $\vec{A}(\mathrm{P})$ は，

$$\vec{A}(\mathrm{P}) = \lim_{W\to\infty}\left[-\vec{i}\,\tfrac{\mu_0 J}{2\pi}\left\{W\log_e(W^2+z^2) - 2W + 2z\tan^{-1}\tfrac{W}{z}\right\}\right] \tag{A.4.46}$$

となるが，このままでは発散し，z 依存性が不明となる．そこで，発散項と z 依存の項を分離する．まず，$W \gg |z|$ に対して，

$$\begin{aligned}
\log_e(W^2+z^2) &= \log_e W^2\left\{1+\left(\tfrac{z}{W}\right)^2\right\} = \log_e W^2 + \log_e\left\{1+\left(\tfrac{z}{W}\right)^2\right\} \\
&\cong \log_e W^2 + \left(\tfrac{z}{W}\right)^2 + \cdots \qquad \text{(A.4.47)}
\end{aligned}$$

である．ここで，$\frac{W}{z} = t$ とおく．まず $z > 0$ とすると，$W \to \infty$ で $t \to +\infty$ である．このとき $\tan^{-1} t = u$ とすると u は近似的に $\frac{\pi}{2}$ であるが，さらに精度を高くして u を求めてみる．u は $\frac{\pi}{2}$ より若干小さいであろう．そこで u を $u = \frac{\pi}{2} - f(u)$ とおく（$f(u) \ll 1$ である）．ところで，

$$\begin{aligned}
\tan u = t = \tan\left(\tfrac{\pi}{2} - f(u)\right) &= \frac{\tan\left(\frac{\pi}{2}\right) - \tan f(u)}{1+\tan\left(\frac{\pi}{2}\right)\tan f(u)} = \frac{1-\frac{\tan f(u)}{\tan\left(\frac{\pi}{2}\right)}}{\frac{1}{\tan\left(\frac{\pi}{2}\right)}+\tan f(u)} \\
&\cong \frac{1}{\tan f(u)} \cong \frac{1}{f(u)}
\end{aligned}$$

となるので，$t = \frac{W}{z} \approx \frac{1}{f(u)}$ となる．したがって，$f(u) \approx \frac{z}{W}$ となり，

$$\tan u \approx \tan\left(\frac{\pi}{2} - \frac{z}{W}\right) \approx \frac{W}{z}$$

となる．したがって $\tan^{-1}\frac{W}{z} \approx \frac{\pi}{2} - \frac{z}{W}$ となる．同様にして，$z < 0$ に対して $\tan^{-1}\frac{W}{z} \approx -\frac{\pi}{2} - \frac{z}{W}$ となる．ところで $W \to \infty$ では $\frac{z}{W}$ およびその高次の項は 0 に収束するから，$z > 0$ のとき，(A.4.46), (A.4.47) 式より，

$$\begin{aligned}\vec{A}(\mathrm{P}) &= \lim_{W\to\infty}\left\langle -\vec{i}\,\frac{\mu_0 J}{2\pi}\left[W\left\{\log_e(W^2) + \left(\frac{z}{W}\right)^2\right\} - 2W + 2z\left(\frac{\pi}{2} - \frac{z}{W}\right)\right]\right\rangle \\ &= \lim_{W\to\infty}\left[-\vec{i}\,\frac{\mu_0 J}{2\pi}\left\{2W\log_e(W) - \frac{z^2}{W} - 2W + \pi z\right\}\right] \\ &= \lim_{W\to\infty}\left[-\vec{i}\,\frac{\mu_0 J}{2\pi}\{2W\log_e(W) - 2W + \pi z\}\right] \\ &= \lim_{W\to\infty}\left(-\vec{i}\,\frac{\mu_0 J}{\pi}W\log_e(W) + \vec{i}\,\frac{\mu_0 J}{\pi}W\right) - \vec{i}\,\frac{\mu_0 J}{2}z \qquad \text{(A.4.48)}\end{aligned}$$

となる．同様にして $z < 0$ に対して，

$$\vec{A}(\mathrm{P}) = \lim_{W\to\infty}\left(-\vec{i}\,\frac{\mu_0 J}{\pi}W\log_e(W) + \vec{i}\,\frac{\mu_0 J}{\pi}W\right) + \vec{i}\,\frac{\mu_0 J}{2}z \qquad \text{(A.4.49)}$$

となる．ベクトルポテンシャルに関しては定数に関して不定性があるので，$\vec{A}(\mathrm{P})$ の表式中の変数のみを含む項のみで $\vec{A}(\mathrm{P})$ を表すことができるので，(A.4.49) 式より，

$$\vec{A}(\mathrm{P}) = -\vec{i}\,\frac{\mu_0 J}{2}z\,[\mathrm{T{\cdot}m}] \quad (z > 0),\quad \vec{A}(\mathrm{P}) = \vec{i}\,\frac{\mu_0 J}{2}z\,[\mathrm{T{\cdot}m}] \quad (z < 0)$$

となる．$\vec{A}(\mathrm{P})$ の向きは z の正負に関係なく，電流の流れる向きのみに依存する．

■ **4.7**　**図 A.4.4** に示すように，ソレノイドの中心軸が xyz 座標の z 軸に一致するように空間座標を設定する．観測点 P はソレノイドの内部あるいは外部にある．点 P が x 軸上にあるとし，その座標を $\vec{r}_\mathrm{P} = (x, 0, 0)$（$x \geq 0$）とする．$z = z'$ にある無限長ソレノイドの点 Q（$r_\mathrm{Q} = (R\cos\theta, R\sin\theta, z')$）における微小長さ dz' の部分を考えると，これは電流 $NI\,dz'$ が流れている半径 R [m] の円形コイルと考えられ，これによる点 P におけるベクトルポテンシャル $d\vec{A}(\mathrm{P})$ は

$$d\vec{A}(\mathrm{P}) = \frac{\mu_0}{4\pi}\oint_{\text{コイル}}\frac{NI\,dz'}{|\vec{r}_\mathrm{P} - \vec{r}_\mathrm{Q}|}\,d\vec{s} \qquad \text{(A.4.50)}$$

である．ただし，

$$d\vec{s} = R(-\sin\theta, \cos\theta, 0)\,d\theta, \quad \vec{r}_\mathrm{P} - \vec{r}_\mathrm{Q} = (x - R\cos\theta, -R\sin\theta, -z')$$

$$|\vec{r}_\mathrm{P} - \vec{r}_\mathrm{Q}| = (R^2 + x^2 - 2xR\cos\theta + z'^2)^{\frac{1}{2}}$$

であるので，無限長ソレノイドの $\vec{A}(\mathrm{P})$ は (A.4.50) 式より，

$$\vec{A}(\mathrm{P}) = \frac{\mu_0 RNI}{4\pi}\int_{z'=-\infty}^{\infty}\int_{\theta=0}^{2\pi}\frac{(-\sin\theta, \cos\theta, 0)}{(R^2+x^2-2xR\cos\theta+z'^2)^{\frac{1}{2}}}\,d\theta dz' \qquad \text{(A.4.51)}$$

となる．$\vec{A}(\mathrm{P})$ の z 成分は 0 である．x 成分 $A_x(\mathrm{P})$ は，

$$\begin{aligned}A_x(\mathrm{P}) &= \frac{\mu_0 RNI}{4\pi}\int_{-\infty}^{\infty}\int_0^{2\pi}\frac{-\sin\theta}{(R^2+x^2-2xR\cos\theta+z'^2)^{\frac{1}{2}}}\,d\theta dz' \\ &= \frac{\mu_0 RNI}{4\pi}\int_{-\infty}^{\infty}\left[\frac{-(R^2+x^2-2xR\cos\theta+z'^2)^{\frac{1}{2}}}{Rx}\right]_{\theta=0}^{2\pi}dz' = 0\end{aligned}$$

となる．y 成分 $A_y(\mathrm{P})$（円形コイルの接線方向の成分という意味）は，

$$A_y(\mathrm{P}) = \frac{\mu_0 RNI}{4\pi}\int_{-\infty}^{\infty}\int_0^{2\pi}\frac{\cos\theta}{(R^2+x^2-2xR\cos\theta+z'^2)^{\frac{1}{2}}}\,d\theta dz' \qquad \text{(A.4.52)}$$

であり，右辺の z' に関する積分は，付録公式 1 を参考にすると，

$$\int_{-\infty}^{\infty}\frac{1}{(R^2+x^2-2xR\cos\theta+z'^2)^{\frac{1}{2}}}\,dz' = \lim_{L\to\infty}\log_e\left\{\frac{L+(R^2+x^2-2xR\cos\theta+L^2)^{\frac{1}{2}}}{-L+(R^2+x^2-2xR\cos\theta+L^2)^{\frac{1}{2}}}\right\}$$

$$= \lim_{L\to\infty}\left\{\log_e(4L^2)+\log_e\left(1+\frac{R^2+x^2-2xR\cos\theta}{4L^2}\right)\right\} - \log_e(R^2+x^2-2xR\cos\theta) \qquad \text{(A.4.53)}$$

となる．(A.4.53) 式の最右辺の第 1 項目の括弧内の第 1 項目は発散項であるが，点 P の座標に無依存であり，省略してもよい．また第 2 項目は 0 に収束するので，$A_y(\mathrm{P})$ は，(A.4.52) 式より，

$$A_y(\mathrm{P}) = -\frac{\mu_0 RNI}{4\pi}\int_0^{2\pi}\cos\theta\log_e(R^2+x^2-2xR\cos\theta)\,d\theta$$

$$= -\frac{\mu_0 RNI}{4\pi}\left(\Big[\sin\theta\log_e(R^2+x^2-2xR\cos\theta)\Big]_{\theta=0}^{2\pi} - \int_0^{2\pi}\sin\theta\frac{2xR\sin\theta}{R^2+x^2-2xR\cos\theta}\,d\theta\right)$$

$$= \frac{\mu_0 R^2 NIx}{2\pi}\int_0^{2\pi}\frac{\sin^2\theta}{R^2+x^2-2xR\cos\theta}\,d\theta$$

となる．右辺の積分項は付録公式 8–10 を参考にすると，

$$\int_0^{2\pi}\frac{\sin^2\theta}{R^2+x^2-2xR\cos\theta}\,d\theta = 2\int_0^{\pi}\frac{1-\cos^2\theta}{R^2+x^2-2xR\cos\theta}\,d\theta$$

$$= 2\frac{\pi}{|R^2-x^2|} + 2\left(\frac{1}{2Rx}\right)^2\pi(R^2+x^2)\left\{\frac{|R^2-x^2|-(R^2+x^2)}{|R^2-x^2|}\right\}$$

$$= \frac{\pi}{R^2}\ (x<R),\quad \frac{\pi}{x^2}\ (x>R) \qquad \text{(A.4.54)}$$

となるので，$A_y(\mathrm{P})$ は，(A.4.52), (A.4.54) 式より，

$$A_y(\mathrm{P}) = \frac{\mu_0 NIx}{2}\,[\mathrm{T\cdot m}]\ (x<R),\quad A_y(\mathrm{P}) = \frac{\mu_0 R^2 NI}{2x}\,[\mathrm{T\cdot m}]\ (x>R) \qquad \text{(A.4.55)}$$

となる．点 P の座標をさらに一般化して $\rho\varphi z$ 円柱座標で表して $(\rho\cos\varphi, \rho\sin\varphi, z)$ とすると，点 P における $\vec{A}(\mathrm{P})$ は，(A.4.55) 式より，

$$\vec{A}(\mathrm{P}) = \frac{\mu_0 NI\rho}{2}\vec{\varphi}(\mathrm{P})\,[\mathrm{T\cdot m}]\ (\rho<R),\quad \vec{A}(\mathrm{P}) = \frac{\mu_0 NIR^2}{2\rho}\vec{\varphi}(\mathrm{P})\,[\mathrm{T\cdot m}]\ (\rho>R) \qquad \text{(A.4.56)}$$

となる．ただし $\vec{\varphi}(\mathrm{P}) = (-\sin\varphi, \cos\varphi, 0)$ は $(0, 0, z)$ を中心とする z 軸に垂直な面内の半径 ρ の円上の点 P における円の接線方向の単位ベクトルである．

■ 4.8 (1) **図 A.4.7** に示すように，円形コイルの中心 O を xyz 座標の原点に一致させて xy 平面上にあるように空間座標を設定する．点 P の座標を $\vec{r}_\mathrm{P} = (x, y, z)$，円形コイル上の点 Q の座標を $\vec{r}_\mathrm{Q} = (R\cos\theta, R\sin\theta, 0)$ する．ただし，θ は x 軸を起点とする方位角である．$\vec{r}_\mathrm{P} - \vec{r}_\mathrm{Q} = (x - R\cos\theta, y - R\sin\theta, z)$，$|\vec{r}_\mathrm{P} - \vec{r}_\mathrm{Q}| = (x^2 + y^2 + z^2 + R^2 - 2xR\cos\theta - 2yR\sin\theta)^{\frac{1}{2}}$ であるので，点 P におけるベクトルポテンシャル $\vec{A}(\mathrm{P})$ [T·m] は，

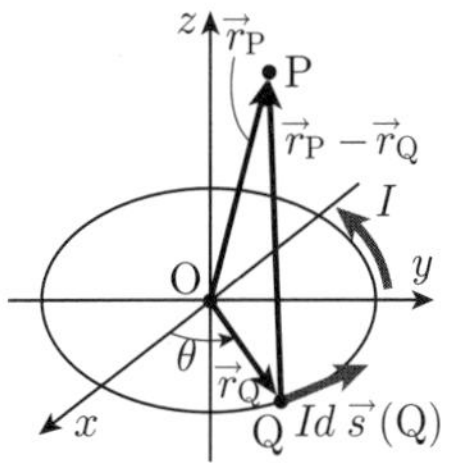

図 A.4.7

$$\vec{A}(\mathrm{P}) = \frac{\mu_0 I}{4\pi}\int_0^{2\pi}\frac{(-\sin\theta, \cos\theta, 0)R\,d\theta}{(x^2+y^2+z^2+R^2-2xR\cos\theta-2yR\sin\theta)^{\frac{1}{2}}}$$

となるが，積分は解析的には実行不可能である．そこで題意の条件を用いて近似計算を行う．$|x|$，$|y| \ll R$ および $|z|$ については条件がないので，$x^2+y^2 \ll z^2+R^2$ である．したがって，

$$\frac{1}{(x^2+y^2+z^2+R^2-2xR\cos\theta-2yR\sin\theta)^{\frac{1}{2}}} = \frac{1}{(z^2+R^2)^{\frac{1}{2}}\left(1+\frac{x^2+y^2-2xR\cos\theta-2yR\sin\theta}{z^2+R^2}\right)^{\frac{1}{2}}}$$

$$\cong \frac{1}{(z^2+R^2)^{\frac{1}{2}}\left(1+\frac{1}{2}\frac{-2xR\cos\theta-2yR\sin\theta}{z^2+R^2}\right)} \cong \frac{1}{(z^2+R^2)^{\frac{1}{2}}}\left(1+\frac{xR\cos\theta+yR\sin\theta}{z^2+R^2}\right) \qquad \text{(A.4.57)}$$

となるので，$\vec{A}(\mathrm{P})$ は，

$$\vec{A}(\mathrm{P}) \cong \frac{\mu_0 I}{4\pi}R\int_0^{2\pi}(-\sin\theta,\cos\theta,0)\frac{1}{(z^2+R^2)^{\frac{1}{2}}}\left(1+\frac{xR\cos\theta+yR\sin\theta}{z^2+R^2}\right)d\theta$$

$$= \frac{\mu_0 I}{4\pi}R\left\{\frac{1}{(z^2+R^2)^{\frac{1}{2}}}\int_0^{2\pi}(-\sin\theta,\cos\theta,0)\,d\theta\right.$$

$$\left.+\frac{R}{(z^2+R^2)^{\frac{3}{2}}}\int_0^{2\pi}(-\sin\theta,\cos\theta,0)(x\cos\theta+y\sin\theta)\,d\theta\right\}$$

$$= \frac{\mu_0 I}{4\pi}R\left\{\vec{0}+\frac{R}{(z^2+R^2)^{\frac{3}{2}}}\int_0^{2\pi}\left(-x\sin\theta\cos\theta-y\sin^2\theta, x\cos^2\theta+y\cos\theta\sin\theta,0\right)d\theta\right\}$$

$$= \frac{\mu_0 I}{4\pi}\frac{R^2}{(z^2+R^2)^{\frac{3}{2}}}(-y\pi,x\pi,0) = \frac{\mu_0 I}{4}\frac{R^2}{(z^2+R^2)^{\frac{3}{2}}}(-y,x,0)\,[\mathrm{T{\cdot}m}]$$

となり，$(0,0,z)$ を中心とする xy 平面に平行な面内の半径が $(x^2+y^2)^{\frac{1}{2}}$ の円上の点 P における接線方向を向いている．

(2) $\vec{B}(\mathrm{P})$ は (4.3.12) 式より，

$$\vec{B}(\mathrm{P}) = \left(\nabla\times\vec{A}(x,y,z)\right)(\mathrm{P}) = \left(\nabla\times\vec{A}(x,y,z)\right)_{x=y=0,z=z}$$

である．$\vec{A}(\mathrm{P})$ の z 成分は $0\,\mathrm{T{\cdot}m}$ であるので，

$$\vec{B}(\mathrm{P}) = \left(\frac{\partial A_z}{\partial y}-\frac{\partial A_y}{\partial z}, \frac{\partial A_x}{\partial z}-\frac{\partial A_z}{\partial x}, \frac{\partial A_y}{\partial x}-\frac{\partial A_x}{\partial y}\right)(\mathrm{P}) = \left(-\frac{\partial A_y}{\partial z}, \frac{\partial A_x}{\partial z}, \frac{\partial A_y}{\partial x}-\frac{\partial A_x}{\partial y}\right)(\mathrm{P})$$

であり，

$$-\frac{\partial A_y}{\partial z}\Big|_{\substack{x=0\\y=0\\z=z}} = -\frac{\partial}{\partial z}\left\{\frac{\mu_0 I}{4}\frac{R^2}{(z^2+R^2)^{\frac{3}{2}}}(-y)\right\}_{\substack{x=0\\y=0\\z=z}} = 0$$

$$\frac{\partial A_x}{\partial z}\Big|_{\substack{x=0\\y=0\\z=z}} = \frac{\partial}{\partial z}\left\{\frac{\mu_0 I}{4}\frac{R^2}{(z^2+R^2)^{\frac{3}{2}}}(x)\right\}_{\substack{x=0\\y=0\\z=z}} = 0$$

$$\left(\frac{\partial A_y}{\partial x}-\frac{\partial A_x}{\partial y}\right)_{\substack{x=0\\y=0\\z=z}} = \left[\frac{\partial}{\partial x}\left\{\frac{\mu_0 I}{4}\frac{R^2 x}{(z^2+R^2)^{\frac{3}{2}}}\right\}-\frac{\partial}{\partial y}\left\{\frac{\mu_0 I}{4}\frac{R^2(-y)}{(z^2+R^2)^{\frac{3}{2}}}\right\}\right]_{\substack{x=0\\y=0\\z=z}} = \frac{\mu_0 I}{2}\frac{R^2}{(z^2+R^2)^{\frac{3}{2}}}$$

となるので，

$$\vec{B}(\mathrm{P}) = \frac{\mu_0 I}{2}\frac{R^2}{(z^2+R^2)^{\frac{3}{2}}}(0,0,1)\,[\mathrm{T}] \qquad \text{(A.4.58)}$$

となる．(A.4.58) 式は例題 4.3 の (4.1.16) 式と一致する．ここで注意が必要なのは，まず空間の任意の位置で $\vec{A}(\mathrm{P})$ を求めた後，特定の位置の座標を代入して $\vec{B}(\mathrm{P})$ を求める必要があることである．

■ **4.9** (1) **図 A.4.8 (a)** に示すように，空間座標を設定する．空洞部の中心軸は円柱導体の空洞部がない場合の中心軸（z 軸）から y 軸の方向に $\vec{d}=(0,d,0)$（$d>0$）だけ変位しているとする．このようにしても一般性は失われない．空洞部の取り扱い方であるが，電流のみに着目す

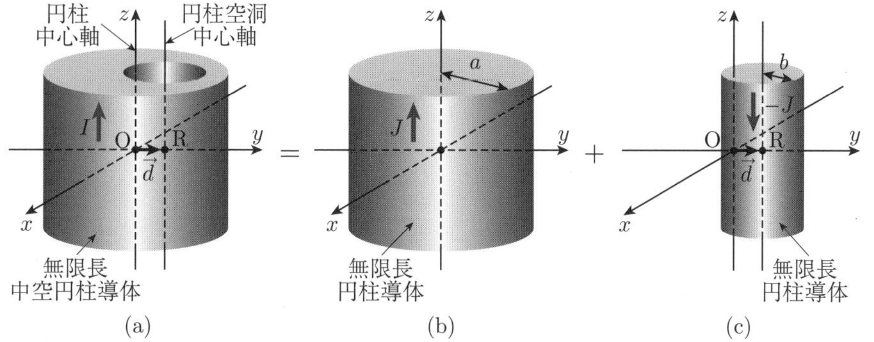

図 A.4.8

れば**図 A.4.8 (b)**，**(c)** に示すように，半径 a [m] の無限長円柱導体に流れる電流の電流密度 $\vec{J}$ [A/m^2] に，中心軸が y 軸の方向に $\vec{d}$ だけ半径 b [m] の無限長円柱導体に電流密度 $-\vec{J}$ で流れる電流を重ね合わせれば，導体は存在するが電流が流れていない空洞部を擬似的につくり出すことができる．まず電流密度 J は，断面の内，電流が流れている部分の面積が $\pi a^2 - \pi b^2$ であるので，$J = \frac{I}{\pi a^2 - \pi b^2} = \frac{I}{\pi(a^2-b^2)}$ である．$J = \frac{I}{\pi a^2}$ でないことに注意する必要がある．まず半径 a の無限長円柱導体に電流密度 J で流れる電流による任意の点 P（$\vec{r}_{\mathrm{P}} = (x, y, z)$）における磁束密度 $\vec{B}_a(\mathrm{P})$ は演習問題 4.5 の解答の (A.4.41), (A.4.42) 式より，

Aa.　点 P が半径 a の導体内部にある場合

$$\vec{B}_a(\mathrm{P}) = \frac{\mu_0 \pi a^2 J}{2\pi a^2}(-y, x, 0) = \frac{\mu_0 J}{2}(-y, x, 0)\ [\mathrm{T}] \tag{A.4.59}$$

Ba.　点 P が半径 a の導体外部にある場合

$$\vec{B}_a(\mathrm{P}) = \frac{\mu_0 \pi a^2 J}{2\pi(x^2+y^2)}(-y, x, 0) = \frac{\mu_0 a^2 J}{2(x^2+y^2)}(-y, x, 0)\ [\mathrm{T}] \tag{A.4.60}$$

である．また，半径 b の無限長円柱導体に電流密度 $-J$ で流れる電流による同じ点 P における磁束密度 $\vec{B}_b(\mathrm{P})$ は，

Ab.　点 P が半径 b の導体内部にある場合

$$\vec{B}_b(\mathrm{P}) = -\frac{\mu_0 J}{2}\left(-(y-d), x, 0\right)\ [\mathrm{T}] \tag{A.4.61}$$

Bb.　点 P が半径 b の導体外部にある場合

$$\vec{B}_b(\mathrm{P}) = -\frac{\mu_0 b^2 J}{2\{x^2+(y-d)^2\}}\left(-(y-d), x, 0\right)\ [\mathrm{T}] \tag{A.4.62}$$

である．空洞部は半径 a の無限長円柱導体の内部にあるので，空洞部にある点 P における磁束密度 $\vec{B}(\mathrm{P})$ は (A.4.59), (A.4.61) 式より，

$$\begin{aligned}\vec{B}(\mathrm{P}) &= \vec{B}_a(\mathrm{P}) + \vec{B}_b(\mathrm{P}) = \frac{\mu_0 J}{2}(-y, x, 0) + \left\{-\frac{\mu_0 J}{2}\left(-(y-d), x, 0\right)\right\} \\ &= -\frac{\mu_0 J}{2}(d, 0, 0) = -\frac{\mu_0 I}{2\pi(a^2-b^2)}(0, d, 0) \times (0, 0, 1) = -\frac{\mu_0 I}{2\pi(a^2-b^2)}\vec{d} \times \vec{k}\ [\mathrm{T}]\end{aligned} \tag{A.4.63}$$

となり，式中に空洞部の点 P の座標を含まないので，空洞部内で一様となる．また，点 P が半径 b の導体の外部にあり，半径 a の導体の内部にあるときは，$\vec{B}(\mathrm{P})$ は (A.4.59), (A.4.62) 式より

$$\vec{B}(\mathrm{P}) = \frac{\mu_0 J}{2}(-y, x, 0) + \left[-\frac{\mu_0 b^2 J}{2\{x^2+(y-d)^2\}}(-(y-d), x, 0)\right]\ [\mathrm{T}]$$

となり，点 P の座標を含むので一様とはならない．また，点 P が半径 b および a の導体の外部にあるときは，$\vec{B}(\mathrm{P})$ は (A.4.60), (A.4.62) 式より

$$\vec{B}(\mathrm{P}) = \frac{\mu_0 a^2 J}{2(x^2+y^2)}(-y, x, 0) + \left[-\frac{\mu_0 b^2 J}{2\{x^2+(y-d)^2\}}(-(y-d), x, 0)\right]\ [\mathrm{T}]$$

となり一様にならない．

導体の長さが十分長ければ，空洞部にほぼ一様な磁束密度を発生させることができる非常に興味深い方法である．静電界においても同様に，空洞部に一様な電界を発生させることができる．演習問題 2.6 では，円柱ではないが，電荷が球面内に一様な電荷密度で分布しているとき，この球内に球状の空洞部を形成すると，空洞部の電界は一様になることが示されている．

(2)　まず半径 R [m] の円柱導体に定常直流電流が電流密度 J [A/m^2] で流れている場合，任意の点 P におけるベクトルポテンシャル $\vec{A}(\mathrm{P})$ を求めてみよう．$\vec{B}(\mathrm{P})$ と同じように**図 A.4.8 (b)** に示すように，空間座標を設定する．無限長円柱導体を扱っているので，断面の円対称性により点 P の座標は $\vec{r}_\mathrm{P} = (x, 0, 0)$ としても一般性は失われない．点 P におけるベクトルポテンシャル $\vec{A}(\mathrm{P})$ は，導体を微小太さの無限長直線状導線の集合であると考え，それぞれの導体のつくるベクトルポテンシャル $d\vec{A}(\mathrm{P})$ を導体断面全体にわたって積分して求められる．導体内の点 Q, $\vec{r}_\mathrm{Q} = (\rho\cos\theta, \rho\sin\theta, z')$ を通り z 軸に平行な直線上の長さ $ds(\mathrm{Q})$，断面積 $\rho\, d\theta d\rho$ の無限小電流要素 $Jd\vec{s}(\mathrm{Q})\rho\, d\theta d\rho$ [A] が点 P に形成するベクトルポテンシャル $d\vec{A}(\mathrm{P})$ は，

$$d\vec{A}(\mathrm{P}) = \frac{\mu_0}{4\pi}\frac{Jd\vec{s}(\mathrm{Q})\rho\, d\theta d\rho}{|\vec{r}_\mathrm{P} - \vec{r}_\mathrm{Q}|}\ (0 \le \rho \le R,\ 0 \le \theta \le 2\pi,\ -\infty \le z' \le \infty) \tag{A.4.64}$$

であり，$\vec{A}(\mathrm{P})$ は，(A.4.64) 式の $d\vec{A}(\mathrm{P})$ を重ね合わせることにより，

$$\vec{A}(\mathrm{P}) = \int_{\text{直線}}\iint_{\text{断面}} d\vec{A}(\mathrm{P}) = \frac{\mu_0 J}{4\pi}\vec{k}\int_{z'=-\infty}^{\infty}\int_{\rho=0}^{R}\int_{\theta=0}^{2\pi}\frac{1}{(x^2+\rho^2+z'^2-2x\rho\cos\theta)^{\frac{1}{2}}}\rho\, d\theta d\rho dz' \tag{A.4.65}$$

となる．ただし，$\vec{k} = (0, 0, 1)$ である．(A.4.65) 式右辺の積分部分は 3 重積分であるが，どの変数から積分しても最終的な値が得られない．しかし，後に示すように，値は存在するのである．そこで，磁束密度 $\vec{B}(\mathrm{P})$ より，$\vec{B}(\mathrm{P})$ と $\vec{A}(\mathrm{P})$ の関係 $\vec{B}(\mathrm{P}) = (\vec{\nabla} \times \vec{A})(\mathrm{P})$ を用いて $\vec{A}(\mathrm{P})$ を求めてみよう．$\vec{A}(\mathrm{P})$ は電流が流れていない方向の成分を持たないので $A_x(\mathrm{P}) = A_y(\mathrm{P}) = 0$ であるので，

$$\vec{B} = (B_x, B_y, B_z) = \left(\frac{\partial A_z}{\partial y} - \frac{\partial A_y}{\partial z}, \frac{\partial A_x}{\partial z} - \frac{\partial A_z}{\partial x}, \frac{\partial A_y}{\partial x} - \frac{\partial A_x}{\partial y}\right) = \left(\frac{\partial A_z}{\partial y}, -\frac{\partial A_z}{\partial x}, 0\right) \tag{A.4.66}$$

となり，(A.4.59), (A.4.60), (A.4.66) 式より，

A.　点 P が導体内部にある場合，

$$B_x(\mathrm{P}) = \frac{\partial A_z}{\partial y}(\mathrm{P}) = -\frac{\mu_0 I}{2\pi R^2}y, \quad B_y(\mathrm{P}) = -\frac{\partial A_z}{\partial x}(\mathrm{P}) = \frac{\mu_0 I}{2\pi R^2}x \tag{A.4.67}$$

B.　点 P が導体外部にある場合，

$$B_x(\mathrm{P}) = \frac{\partial A_z}{\partial y}(\mathrm{P}) = -\frac{\mu_0 I}{2\pi}\frac{y}{x^2+y^2}, \quad B_y(\mathrm{P}) = -\frac{\partial A_z}{\partial x}(\mathrm{P}) = \frac{\mu_0 I}{2\pi}\frac{x}{x^2+y^2} \tag{A.4.68}$$

となる．

まず，点 P が導体内部にある場合，(A.4.67) 式の 2 式を満足する $A_z(\mathrm{P})$ は，

$$A_z(\mathrm{P}) = -\tfrac{\mu_0 I}{4\pi R^2}(x^2+y^2)+C_1 \tag{A.4.69}$$

である．ただし，C_1 は定数である．次に，点 P が導体外部にある場合，(A.4.68) 式の 2 式を満足する $A_z(\mathrm{P})$ は，

$$A_z(\mathrm{P}) = -\tfrac{\mu_0 I}{4\pi}\log_e(x^2+y^2)+C_2 \tag{A.4.70}$$

である．ただし，C_2 は定数である．定数 C_1, C_2 はベクトルポテンシャルの定数の不定性，すなわちポテンシャルの基準点の不定性によるものであり，1 つのベクトルポテンシャルについては基準点は同じでなければならないので，導体表面（$(x_2+y_2)^{\frac{1}{2}}=R$）で $A_z(\mathrm{P})$ が 0 T·m であるとすると，(A.4.70) 式より，

$$C_2 = \tfrac{\mu_0 I}{4\pi}\log_e R^2 \tag{A.4.71}$$

となる．また導体表面で $A_z(\mathrm{P})$ が連続であるとすると，(A.4.69) 式より，

$$C_1 = \tfrac{\mu_0 I}{4\pi}R^2 \tag{A.4.72}$$

となる．したがって，(A.4.70)–(A.4.72) 式より $\vec{A}(\mathrm{P})$ は，

A.　点 P が導体内部にある場合，

$$\vec{A}(\mathrm{P}) = -\tfrac{\mu_0 I}{4\pi R^2}(x^2+y^2-R^2)\vec{k} \tag{A.4.73}$$

B.　点 P が導体外部にある場合，

$$\vec{A}(\mathrm{P}) = -\tfrac{\mu_0 I}{4\pi}\vec{k}\log_e\left(\tfrac{x^2+y^2}{R^2}\right) \tag{A.4.74}$$

となる．以上結果を利用して問題を解いてみよう．

半径 a の無限長円柱導体に電流密度 J で流れる電流によるベクトルポテンシャル $\vec{A}_a(\mathrm{P})$ は，

Aa.　点 P が半径 a の無限長円柱導体内部にある場合，(A.4.73) 式より，

$$\vec{A}_a(\mathrm{P}) = -\tfrac{\mu_0 \pi a^2 J}{4\pi a^2}(x^2+y^2-a^2)\vec{k} = -\tfrac{\mu_0 J}{4}(x^2+y^2-a^2)\vec{k} \tag{A.4.75}$$

Ba.　点 P が半径 a の無限長円柱導体外部にある場合，(A.4.74) 式より，

$$\vec{A}_a(\mathrm{P}) = -\tfrac{\mu_0 \pi a^2 J}{4\pi}\vec{k}\log_e\left(\tfrac{x^2+y^2}{a^2}\right) = -\tfrac{\mu_0 a^2 J}{4}\vec{k}\log_e\left(\tfrac{x^2+y^2}{a^2}\right) \tag{A.4.76}$$

となる．同様にして，半径 b の無限長円柱導体に電流密度 $-J$ で流れる電流による同じ点 P におけるベクトルポテンシャル $\vec{A}_b(\mathrm{P})$ は，

Ab.　点 P が半径 b の無限長円柱導体内部にある場合，

$$\vec{A}_b(\mathrm{P}) = \tfrac{\mu_0 J}{4}(x^2+y^2-b^2)\vec{k} \tag{A.4.77}$$

Bb.　点 P が半径 b の無限長円柱導体外部にある場合，

$$\vec{A}_b(\mathrm{P}) = \tfrac{\mu_0 b^2 J}{4}\vec{k}\log_e\left(\tfrac{x^2+y^2}{b^2}\right) \tag{A.4.78}$$

である．空洞部は半径 a の無限長円柱導体の内部にあるので，空洞部にある点 P におけるベクトルポテンシャル $\vec{A}(\mathrm{P})$ は (A.4.75), (A.4.77) 式より，

$$\begin{aligned}\vec{A}(\mathrm{P}) &= \vec{A}_a(\mathrm{P})+\vec{A}_b(\mathrm{P}) = -\tfrac{\mu_0 J}{4}(x^2+y^2-a^2)\vec{k}+\tfrac{\mu_0 J}{4}\{x^2+(y-d)^2-b^2\}\vec{k}\\ &= \tfrac{\mu_0 J}{4}(-2yd+d^2+a^2-b^2)\vec{k}\ [\mathrm{T\cdot m}]\end{aligned} \tag{A.4.79}$$

となる．また，点 P が空洞部外で半径 a の無限長円柱導体内にあるときの $\vec{A}(\mathrm{P})$ は (A.4.75),

(A.4.78) 式より,

$$\vec{A}(\mathrm{P}) = -\frac{\mu_0 J}{4}(x^2+y^2-a^2)\vec{k} + \frac{\mu_0 b^2 J}{4}\vec{k}\log_e\left\{\frac{x^2+(y-d)^2}{b^2}\right\}\ [\mathrm{T{\cdot}m}]$$

となり, 点 P が無限長円柱導体外にあるときの $\vec{A}(\mathrm{P})$ は (A.4.76), (A.4.78) 式より,

$$\vec{A}(\mathrm{P}) = -\frac{\mu_0 a^2 J}{4}\vec{k}\log_e\left(\frac{x^2+y^2}{a^2}\right) + \frac{\mu_0 b^2 J}{4}\vec{k}\log_e\left\{\frac{x^2+(y-d)^2}{b^2}\right\}\ [\mathrm{T{\cdot}m}]$$

となる. 検算として空洞部の磁束密度 $\vec{B}(\mathrm{P})$ を求めてみよう. (A.4.66), (A.4.79) 式より,

$$B_x(\mathrm{P}) = \frac{\partial A_z}{\partial y}(\mathrm{P}) = \frac{\partial}{\partial y}\left\{\frac{\mu_0 J}{4}(-2yd+d^2+a^2-b^2)\right\} = -\frac{\mu_0 I}{2\pi(a^2-b^2)}d\ [\mathrm{T}]$$

$$B_y(\mathrm{P}) = -\frac{\partial A_z}{\partial x}(\mathrm{P}) = -\frac{\partial}{\partial x}\left\{\frac{\mu_0 J}{4}(-2yd+d^2+a^2-b^2)\right\} = 0\ [\mathrm{T}]$$

となり (A.4.63) 式の結果と一致する.

■ **4.10** (1) 【解法 1】 **図 A.4.9 (a)** に示すように, C_1 に定常直流電流 I_1 [A] を流すと, 2 つのコイルの間の相互インダクタンス M は (4.4.3) 式より,

$$M = \frac{\oint_{\mathrm{C}_2}\vec{A}_1(\mathrm{P})\cdot d\vec{s}_2(\mathrm{P})}{I_1} \qquad \text{(A.4.80)}$$

である. ただし, $\vec{A}_1(\mathrm{P})$ は, I_1 による C_2 上の点 P におけるベクトルポテンシャル, $d\vec{s}_2(\mathrm{P})$ は C_2 上の点 P における微小線素ベクトルである. (A.4.80) 式は,

$$M = \frac{\oint_{\mathrm{C}_2}\left(\frac{\mu_0}{4\pi}\oint_{\mathrm{C}_1}\frac{I_1\,d\vec{s}_1(\mathrm{Q})}{|\vec{r}_\mathrm{P}-\vec{r}_\mathrm{Q}|}\right)\cdot d\vec{s}_2(\mathrm{P})}{I_1} = \frac{\mu_0}{4\pi}\oint_{\mathrm{C}_2}\oint_{\mathrm{C}_1}\frac{I_1\,d\vec{s}_1(\mathrm{Q})\cdot d\vec{s}_2(\mathrm{P})}{|\vec{r}_\mathrm{P}-\vec{r}_\mathrm{Q}|}$$

と書くこともできるが, 2 重積分が現れるので, 例題 4.6 の (4.3.19) 式の $\vec{A}_1(\mathrm{P})$ を (A.4.80) 式に代入する方が計算が容易である. **図 A.4.9 (a)** に示すように, 空間座標を設定する. $\vec{A}_1(\mathrm{P})$ は, $\vec{r}_\mathrm{P} = (0, y, z)$ とすると,

$$\vec{A}_1(\mathrm{P}) = -\frac{\mu_0 I_1}{2\pi}\vec{k}\log_e y \qquad \text{(A.4.81)}$$

である. ここで y は点 P と C_1 の距離である. C_2 の各頂点を A, B, C とすると,

$$\vec{A}_1(\mathrm{P}) = -\frac{\mu_0 I_1}{2\pi}\vec{k}\log_e\left(a+b+\sqrt{3}\,z\right) \quad \left(\text{AB 上} \quad \left(-\frac{a}{\sqrt{3}} < z < 0\right)\right) \qquad \text{(A.4.82)}$$

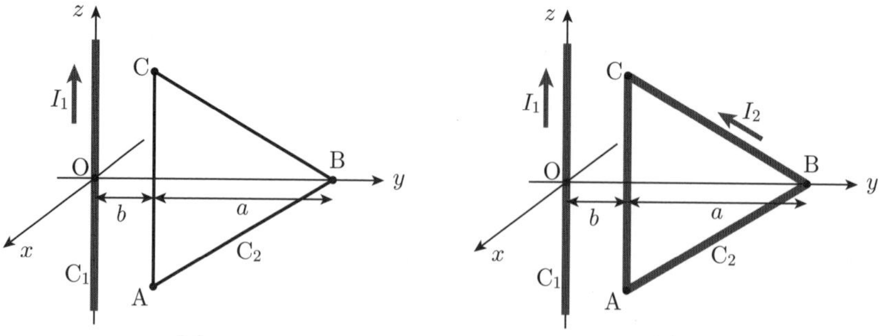

(a) (b)

図 A.4.9

$$\vec{A}_1(\mathrm{P}) = -\tfrac{\mu_0 I_1}{2\pi}\vec{k}\log_e\left(a+b-\sqrt{3}\,z\right) \quad (\text{BC 上}\ \ (0<z<\tfrac{a}{\sqrt{3}})) \tag{A.4.83}$$

$$\vec{A}_1(\mathrm{P}) = -\tfrac{\mu_0 I_1}{2\pi}\vec{k}\log_e b \quad (\text{CA 上}\ \ (-\tfrac{a}{\sqrt{3}}<z<\tfrac{a}{\sqrt{3}})) \tag{A.4.84}$$

である．ただし，$\vec{k}=(0,0,1)$ である．また，

$$\vec{k}\cdot d\vec{s}_2 = \vec{k}\cdot\left(0,\sqrt{3}\,dz,dz\right) = dz \quad (\text{AB 上}\ \ (-\tfrac{a}{\sqrt{3}}<z<0)) \tag{A.4.85}$$

$$\vec{k}\cdot d\vec{s}_2 = \vec{k}\cdot\left(0,-\sqrt{3}\,dz,dz\right) = dz, \quad (\text{BC 上}\ \ (0<z<\tfrac{a}{\sqrt{3}})) \tag{A.4.86}$$

$$\vec{k}\cdot d\vec{s}_2 = \vec{k}\cdot(0,0,-dz) = -dz, \quad (\text{CA 上}\ \ (-\tfrac{a}{\sqrt{3}}<z<\tfrac{a}{\sqrt{3}})) \tag{A.4.87}$$

である．したがって (A.4.81)–(A.4.87) 式より，

$$\begin{aligned}
M &= \oint_{\mathrm{C}_2}\tfrac{\vec{A}_1}{I_1}\cdot d\vec{s}_2\\
&= -\tfrac{\mu_0}{2\pi}\int_{-\frac{a}{\sqrt{3}}}^{0}\left\{\log_e\left(a+b+\sqrt{3}\,z\right)\right\}dz\\
&\quad -\tfrac{\mu_0}{2\pi}\int_{0}^{\frac{a}{\sqrt{3}}}\left\{\log_e\left(a+b-\sqrt{3}\,z\right)\right\}dz + \tfrac{\mu_0}{2\pi}\int_{-\frac{a}{\sqrt{3}}}^{\frac{a}{\sqrt{3}}}(\log_e b)\,dz\\
&= -2\tfrac{\mu_0}{2\pi}\left\{\tfrac{a}{\sqrt{3}}-\tfrac{a+b}{\sqrt{3}}\log_e(a+b)+\tfrac{a+b}{\sqrt{3}}\log_e b\right\}\\
&= -\tfrac{\mu_0}{\sqrt{3}\,\pi}\left\{a-(a+b)\log_e\left(\tfrac{a+b}{a}\right)\right\}\ [\mathrm{H}]
\end{aligned} \tag{A.4.88}$$

となる．

【解法 2】 C_1 に流れる電流 I より C_2 で囲まれた領域中の点 P（$\vec{r}_{\mathrm{P}}=(0,y,z)$）における磁束密度ベクトル $\vec{B}_1(\mathrm{P})$ は (4.1.10) 式より，

$$\vec{B}_1(\mathrm{P}) = \tfrac{\mu_0 I_1}{2\pi y}(-1,0,0)$$

である．$\vec{B}(\mathrm{P})$ により発生する磁束の内 C_2 と鎖交する磁束 Φ_{21} [Wb] は，

$$\Phi_{21} = \iint\vec{B}_1\cdot d\vec{S}_2 = -\int_b^{a+b}\tfrac{\mu_0 I_1}{2\pi y}\tfrac{2}{\sqrt{3}}(a+b-y)\,dy = \tfrac{\mu_0 I_1}{\sqrt{3}\,\pi}\left\{a-(a+b)\log_e\tfrac{a+b}{b}\right\}$$

となる．ただし，$d\vec{S}_2=\left(\tfrac{2}{\sqrt{3}}(a+b-y)\,dy,0,0\right)$ である．したがって相互インダクタンス M は，

$$M = \tfrac{\Phi}{I_1} = -\tfrac{\mu_0}{\sqrt{3}\,\pi}\left\{(a+b)\log_e\tfrac{a+b}{b}-a\right\}\ [\mathrm{H}]$$

となり，符号を除けば (A.4.88) 式の結果と一致する．

■ **4.11** **図 A.4.10 (a)** に示すように，C_2 の中心点を R とし，C_2 で囲まれた領域中の点 P と点 R の距離を ρ [m]，y 軸からの RP の角度を θ とすると，点 P の位置は $\vec{r}_{\mathrm{P}}=(-\rho\sin\theta\sin\alpha, b+\rho\cos\theta, \rho\sin\theta\cos\alpha)$ となる．また，**図 A.4.10 (b)** に示すように，z 軸上の点 Q を $(0,0,\rho\sin\theta\cos\alpha)$ とすると，$\vec{r}_{\mathrm{P}}-\vec{r}_{\mathrm{Q}}=(-\rho\sin\theta\sin\alpha, b+\rho\cos\theta, 0)$ である．このとき C_1 を流れる電流 I_1 による点 P における磁束密度 $\vec{B}(\mathrm{P})$ は，

$$\vec{B}(\mathrm{P}) = \tfrac{\mu_0 I_1}{2\pi}\tfrac{(-(b+\rho\cos\theta),-\rho\sin\theta\sin\alpha,0)}{(-\rho\cos\theta\sin\alpha)^2+(b+\rho\cos\theta)^2} \tag{A.4.89}$$

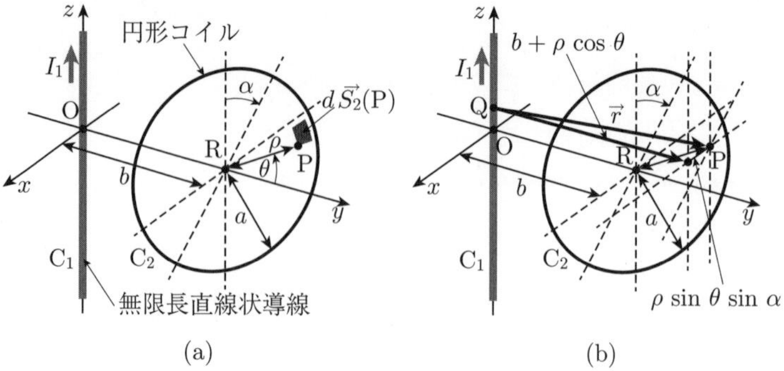

図 A.4.10

となる．電流 I_1 による磁束の内 C_2 と鎖交する磁束 $\varPhi_{21}$ [Wb] は，

$$\varPhi_{21} = \iint_{\text{コイル}} \vec{B}_1(\mathrm{P}) \cdot d\vec{S}_2(\mathrm{P}) \tag{A.4.90}$$

である．ただし $d\vec{S}_2(\mathrm{P})$ は，$d\vec{S}_2(\mathrm{P}) = \rho\, d\theta d\rho(-\cos\alpha, 0, -\sin\alpha)$ であるので (A.4.89) 式より，

$$\vec{B}_1 \cdot d\vec{S}_2(\mathrm{P}) = \frac{\mu_0 I_1}{2\pi} \frac{(-(b+\rho\cos\theta), -\rho\sin\theta\sin\alpha, 0)}{(-\rho\cos\theta\sin\alpha)^2+(b+\rho\cos\theta)^2} \cdot \rho\, d\theta d\rho(-\cos\alpha, 0, -\sin\alpha)$$

$$= \frac{\mu_0 I_1}{2\pi} \frac{\cos\alpha(b+\rho\cos\theta)}{(-\rho\cos\theta\sin\alpha)^2+(b+\rho\cos\theta)^2} \rho\, d\theta d\rho$$

となり，$\varPhi_{21}$ は (A.4.90) 式より，

$$\varPhi_{21} = \frac{\mu_0 I_1 \cos\alpha}{2\pi} \int_0^a d\rho \int_0^{2\pi} \frac{\rho(b+\rho\cos\theta)}{(\rho\sin\theta\sin\alpha)^2+(b+\rho\cos\theta)^2}\, d\theta \tag{A.4.91}$$

となる．ここで $\tan\frac{\theta}{2} = t$ とすると，

$$(\rho\sin\theta\sin\alpha)^2 + (b+\rho\cos\theta)^2$$

$$= b^2 + 2b\rho\cos\theta + \rho^2 - \rho^2\cos^2\alpha(1-\cos^2\theta)$$

$$= b^2 + 2b\rho\left(\frac{2}{1+\tan^2\frac{\theta}{2}} - 1\right) + \rho^2 - \rho^2\left\{1 - \left(\frac{2}{1+\tan^2\frac{\theta}{2}} - 1\right)^2\right\}\cos^2\alpha$$

$$= \frac{1}{(1+t^2)^2}\left\{t^4(b-\rho)^2 + 2t^2(b^2-\rho^2\cos 2\alpha) + (b+\rho)^2\right\} \tag{A.4.92}$$

となり，(A.4.91) 式の被積分関数の分子は，

$$\rho(b+\rho\cos\theta) = \rho\left(b + \rho\frac{1-t^2}{1+t^2}\right) = \frac{\rho}{1+t^2}\left\{b+\rho+t^2(b-\rho)\right\} \tag{A.4.93}$$

となる．また $d\theta = \frac{2}{1+t^2}\, dt$ である．したがって $\varPhi_{21}$ は (A.4.91)–(A.4.93) 式より，

$$\varPhi_{21} = \frac{\mu_0 I_1 \cos\alpha}{2\pi} \int_0^a \rho\, d\rho \int_0^\infty 2\frac{b+\rho+t^2(b-\rho)}{t^4(b-\rho)^2+2t^2(b^2-\rho^2\cos 2\alpha)+(b+\rho)^2}\, dt \tag{A.4.94}$$

となる．(A.4.94) 式の被積分関数の分母を，

$$t^4(b-\rho)^2 + 2t^2(b^2-\rho^2\cos 2\alpha) + (b+\rho)^2 = (b-\rho)^2(t^2+\beta)(t^2+\gamma)$$

とすると，

$$\beta+\gamma=\frac{2(b^2-\rho^2\cos 2\alpha)}{(b-\rho)^2},\quad \beta\gamma=\left(\frac{b+\rho}{b-\rho}\right)^2$$

であるので，(A.4.94) 式の被積分関数の t に関する積分は，

$$2\int_0^\infty \frac{(b+\rho)\left(1+\frac{b-\rho}{b+\rho}t^2\right)}{(b-\rho)^2(t^2+\beta)(t^2+\gamma)}\,dt=2\frac{(\beta\gamma)^{\frac{1}{2}}}{b-\rho}\int_0^\infty \frac{1+\frac{t^2}{(\beta\gamma)^{1/2}}}{(t^2+\beta)(t^2+\gamma)}\,dt$$

$$=2\frac{1}{(b-\rho)(\beta^{\frac{1}{2}}+\gamma^{\frac{1}{2}})}\int_0^\infty\left(\frac{\beta^{\frac{1}{2}}}{t^2+\beta}+\frac{\gamma^{\frac{1}{2}}}{t^2+\gamma}\right)dt$$

$$=\frac{2}{(b-\rho)(\beta^{\frac{1}{2}}+\gamma^{\frac{1}{2}})}\left(\frac{\pi}{2}+\frac{\pi}{2}\right)=\frac{2\pi}{(b-\rho)\left(\beta^{\frac{1}{2}}+\gamma^{\frac{1}{2}}\right)}$$

$$=\frac{2\pi}{(b-\rho)(\beta+\gamma+2\beta^{\frac{1}{2}}\gamma^{\frac{1}{2}})^{\frac{1}{2}}}=\frac{2\pi}{(b-\rho)\left\{\frac{2(b^2-\rho^2\cos 2\alpha)}{(b-\rho)^2}+2\frac{b+\rho}{b-\rho}\right\}^{\frac{1}{2}}}$$

$$=\frac{\pi}{(b^2-\rho^2\cos^2\alpha)^{\frac{1}{2}}} \tag{A.4.95}$$

となる．(A.4.95) 式の最右辺を (A.4.94) 式の t に関する被積分関数に代入して，ρ について積分すると，

$$\varPhi_{21}=\mu_0 I_1\cos\alpha\int_0^a\frac{\rho}{(b^2-\rho^2\cos^2\alpha)^{\frac{1}{2}}}\,d\rho$$

$$=-\left[\frac{\mu_0 I}{\cos\alpha}(b^2-\rho^2\cos^2\alpha)^{\frac{1}{2}}\right]_0^a$$

$$=\frac{\mu_0 I_1}{\cos\alpha}\left\{b-(b^2-a^2\cos^2\alpha)^{\frac{1}{2}}\right\}$$

となり，C_1 と C_2 の間の相互インダクタンス M は，

$$M=\frac{\mu_0}{\cos\alpha}\left\{b-(b^2-a^2\cos^2\alpha)^{\frac{1}{2}}\right\}\ [\mathrm{H}]$$

となる．

■ **4.12**　ソレノイドを除く任意の点 P における磁束密度 $\vec{B}(\mathrm{P})$ は，例題 4.4 の (A.4.29), (A.4.30) 式より，$\vec{B}(\mathrm{P})=(0,0,\mu_0 NI)$ [T]（ソレノイド内），$\vec{B}(\mathrm{P})=\vec{0}$ [T]（ソレノイド外）である．したがって，磁束はソレノイド内にのみに存在し，ソレノイドを貫く磁束は $\mu_0 NI\pi R^2$ [Wb] であり，この磁束が鎖交する電流は 1 m 当たり N 個あるので，ソレノイド 1 m 当たりの鎖交磁束 $\varPhi$ は，$\varPhi=\mu_0 NI\pi R^2\times N=LI$ となる．したがって，自己インダクタンス L は，$L=\mu_0 N\pi R^2 N$ [H] となる．

■ **4.13**　(1)　**図 A.4.11** に示すように，往復線路の中心軸が xyz 座標の z 軸に一致するように空間座標を設定する．点 P における磁束密度 $\vec{B}(\mathrm{P})$ を直接ビオ–サバールの法則を用いて求めることもできるが，ここではアンペールの法則を用いる．経路は，$\vec{B}(\mathrm{P})$ [T] の情報として往復線路の縦断面の円対称性より，同軸線路の中心軸上の任意点を中心 O とし中心軸に垂直な平面上にある点 P を通る半径 ρ の円とする．磁束密度の大きさは円周上で一定であり，その方向は円の接線方向，向きは右ネジの進む向きである．このとき $\vec{B}(\mathrm{P})$ は $\vec{B}(\mathrm{P})=B(\rho)\vec{\varphi}(\mathrm{P})$ と表せる．ただし $\vec{\varphi}(\mathrm{P})$ は点 P における円の接線方向の I について右ネジの向きの単位

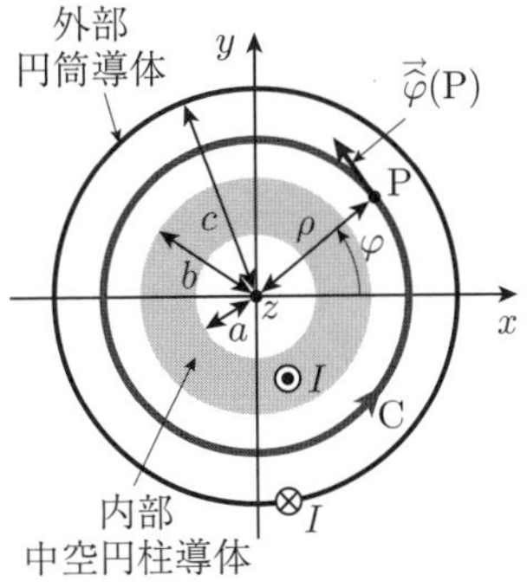

図 A.4.11

ベクトルである．このようにすると点 P における微小線素ベクトル $d\vec{s}(\mathrm{P})$ は $\vec{\hat{\varphi}}(\mathrm{P})$ と平行であり，周回積分を実行できる．

1.　$0 \leq \rho \leq a$：経路に鎖交する電流は 0 A であるので周回積分は，

$$\oint_{\mathrm{C}} \vec{B}(\mathrm{P}) \cdot d\vec{s}(\mathrm{P}) = \oint_{\mathrm{C}} B(\rho)\vec{\hat{\varphi}}(\mathrm{P}) \cdot d\vec{s}(\mathrm{P})$$

$$= \oint_{\mathrm{C}} B(\rho)\, ds(\mathrm{P}) = B(\rho)\oint_{\mathrm{C}} ds(\mathrm{P}) = 2\pi\rho B(\rho) = \mu_0 \times 0$$

となるので $\vec{B}(\mathrm{P}) = \vec{0}$ [T] となる．

2.　$a < \rho \leq b$：内部中空円柱導体に流れる電流 I の電流密度 J が $\frac{I}{\pi(b^2-a^2)}$ [A/m^2] であるので，経路に鎖交する電流は $J\pi(\rho^2 - a^2)$ [A] となるので周回積分は，1. と同様にして，

$$\oint_{\mathrm{C}} \vec{B}(\mathrm{P}) \cdot d\vec{s}(\mathrm{P}) = 2\pi\rho B(\rho) = \mu_0 J\pi(\rho^2 - a^2) = \mu_0 I \tfrac{\rho^2-a^2}{b^2-a^2}$$

となり，

$$\vec{B}(\mathrm{P}) = \tfrac{\mu_0}{2\pi\rho}\tfrac{\rho^2-a^2}{b^2-a^2} I\vec{\hat{\varphi}}(\mathrm{P}) = \tfrac{\mu_0 I}{2\pi(b^2-a^2)}\left(\rho - \tfrac{a^2}{\rho}\right)\vec{\hat{\varphi}}(\mathrm{P})\,[\mathrm{T}]$$

となる．

3.　$b < \rho \leq c$：経路に鎖交する電流は I [A] であるので，周回積分は，

$$\oint_{\mathrm{C}} \vec{B}(\mathrm{P}) \cdot d\vec{s}(\mathrm{P}) = 2\pi\rho B(\rho) = \mu_0 I$$

となるので，

$$\vec{B}(\mathrm{P}) = \tfrac{\mu_0}{2\pi\rho} I\vec{\hat{\varphi}}(\mathrm{P})\,[\mathrm{T}]$$

となる．

4.　$c < \rho$：経路に鎖交する電流は 0 A であるので周回積分は 0 となり，

$$\oint_{\mathrm{C}} \vec{B}(\mathrm{P}) \cdot d\vec{s}(\mathrm{P}) = 2\pi\rho B(\rho) = 0$$

となるので，$\vec{B}(\mathrm{P}) = \vec{0}$ [T] となる．以上をまとめると，

$$\vec{B}(\mathrm{P}) = \vec{0}\,[\mathrm{T}] \quad (0 \leq \rho \leq a)$$

$$\vec{B}(\mathrm{P}) = \tfrac{\mu_0}{2\pi r}\tfrac{\rho^2-a^2}{b^2-a^2} I\vec{\hat{\varphi}}(\mathrm{P}) = \tfrac{\mu_0 I}{2\pi(b^2-a^2)}\left(\rho - \tfrac{a^2}{\rho}\right)\vec{\hat{\varphi}}(\mathrm{P})\,[\mathrm{T}] \quad (a < \rho \leq b) \tag{A.4.96}$$

$$\vec{B}(\mathrm{P}) = \tfrac{\mu_0}{2\pi\rho} I\vec{\hat{\varphi}}(\mathrm{P})\,[\mathrm{T}] \quad (b < \rho \leq c) \tag{A.4.97}$$

$$\vec{B}(\mathrm{P}) = \vec{0}\,[\mathrm{T}] \quad (c < \rho)$$

である．

(2)　例題 4.7 の方法を用いることにする．(1) で示したように，それぞれの領域で自己インダクタンスに寄与する ΦI を求める必要がある．$0 \leq r \leq a, a < r \leq b, b < r \leq c, c < r$ の範囲での ΦI への寄与をそれぞれ $\Phi I_{0a}, \Phi I_{ab}, \Phi I_{bc}, \Phi I_{c\infty}$ とすると，$\Phi I = \Phi I_{0a} + \Phi I_{ab} + \Phi I_{bc} + \Phi I_{c\infty} = LI^2$ である．

1. $0 \leq r \leq a$ の範囲では電流は流れていないので電流と磁束の積は 0 である．したがってこの範囲は自己インダクタンスに寄与しない．したがって，$\varPhi I_{0a} = 0$ [Wb·A] であるので，

$$L_{0a} = 0\,[\mathrm{H}]$$

である．

2. $a < r \leq b$ の範囲では，電流と磁束が共存するので，**図 A.4.12** に示すように，内部中空円柱導体の電流を半径 r，厚さ dr の円筒電流 $dI(r)$ に分割する．このとき，

$$dI(r) = 2\pi r\,dr J = 2\pi r\,dr \frac{I}{\pi(b^2-a^2)} = \frac{2r\,dr}{b^2-a^2} I$$

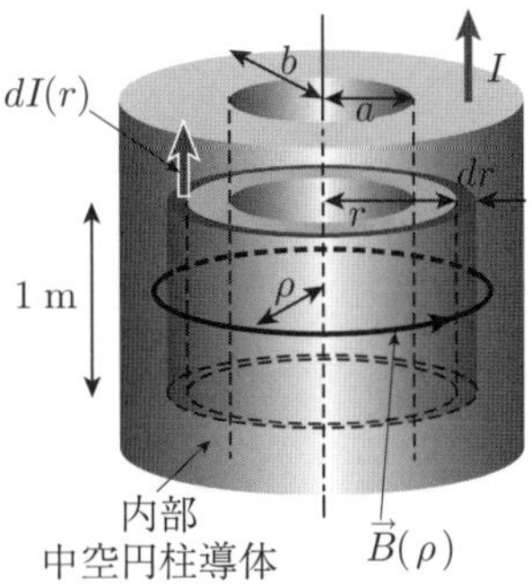

図 A.4.12

であり，これに鎖交する線路の 1 m 当たり磁束は半径が r 以上 b 以内の円筒内にある磁束であり，これを $\varPhi(r)$ [Wb] とすると，(A.4.96) 式より，

$$\begin{aligned}
\varPhi(r) &= \int_r^b B(\rho)\,d\rho \times 1\,[\mathrm{m}] = \int_r^b \frac{\mu_0 I}{2\pi(b^2-a^2)} \left(\rho - \frac{a^2}{\rho}\right) d\rho \\
&= \frac{\mu_0 I}{2\pi(b^2-a^2)} \left[\frac{1}{2}\rho^2 - a^2 \log_e \rho\right]_r^b \\
&= \frac{\mu_0 I}{2\pi(b^2-a^2)} \left\{\frac{1}{2}(b^2 - r^2) - a^2(\log_e b - \log_e r)\right\}
\end{aligned}$$

となる．したがって，$\varPhi I_{ab}$ は，

$$\begin{aligned}
\varPhi I_{ab} &= \int_a^b \varPhi(r)\,dI(r) \\
&= \frac{\mu_0 I}{2\pi(b^2-a^2)} \int_a^b \left\{\frac{1}{2}(b^2 - r^2) - a^2(\log_e b - \log_e r)\right\} \frac{2r\,dr}{b^2-a^2} I \\
&= \frac{\mu_0 I^2}{\pi(b^2-a^2)^2} \left(\left[\frac{1}{4}b^2r^2 - \frac{1}{8}r^4 - \frac{1}{2}r^2a^2\log_e b\right]_a^b + a^2\int_a^b r\log_e r\,dr\right) \\
&= \frac{\mu_0 I^2}{\pi(b^2-a^2)^2} \left\{\frac{1}{4}b^2(b^2-a^2) - \frac{1}{8}(b^4-a^4) - \frac{1}{2}(b^2-a^2)a^2\log_e b \right. \\
&\qquad \left. + a^2\left[\frac{1}{2}r^2\log_e r\right]_a^b - a^2\int_a^b \frac{1}{2}r^2\frac{1}{r}dr\right\} \\
&= \frac{\mu_0 I^2}{\pi(b^2-a^2)^2} \left\{\frac{1}{8}(b^2-a^2)(b^2-3a^2) + \frac{1}{2}a^4\log_e\left(\frac{b}{a}\right)\right\}
\end{aligned}$$

となる．$\varPhi I_{ab} = L_{ab} I^2$ とすると，

$$L_{ab} = \frac{\mu_0}{\pi(b^2-a^2)^2} \left\{\frac{1}{8}(b^2-a^2)(b^2-3a^2) + \frac{1}{2}a^4\log_e\left(\frac{b}{a}\right)\right\}\,[\mathrm{H}] \qquad \text{(A.4.98)}$$

となる．

3. $b < r \leq c$ の範囲では，磁束は電流 I に鎖交するので，$\varPhi I_{bc} = L_{bc} I^2$ とすると，$\varPhi$ は $b < r \leq c$ の範囲での線路の長さ 1 m 当たりの磁束となるので，(A.4.97) 式より，

$$\begin{aligned}
\varPhi I &= \int_b^c B(\rho)\,d\rho \times 1\,[\mathrm{m}] \times I = \int_b^c \frac{\mu_0 I}{2\pi\rho}\,d\rho\, I = \frac{\mu_0 I^2}{2\pi}\int_b^c \frac{1}{\rho}\,d\rho = \frac{\mu_0 I^2}{2\pi}\log_e\left(\frac{c}{b}\right) \\
&= L_{bc} I^2
\end{aligned}$$

となり，

$$L_{bc} = \frac{\mu_0}{2\pi}\log_e\left(\frac{c}{b}\right) \tag{A.4.99}$$

となる．

4. $c < r$ の範囲では磁束は存在しないので，$\Phi I_{c\infty} = L_{c\infty} I^2 = 0$ であり，$L_{c\infty} = 0$ となる．

以上より，この往復線路の 1 m 当たりの自己インダクタンス L は

$$\begin{aligned} L = L_{ab} + L_{bc} &= \frac{\mu_0}{\pi(b^2-a^2)^2}\left\{\frac{1}{8}(b^2-a^2)(b^2-3a^2) + \frac{1}{2}a^4\log_e\left(\frac{b}{a}\right)\right\} + \frac{\mu_0}{2\pi}\log_e\left(\frac{c}{b}\right) \\ &= \frac{\mu_0}{2\pi}\left\{\frac{1}{4}\frac{b^2-3a^2}{b^2-a^2} + \frac{a^4}{(b^2-a^2)^2}\log_e\left(\frac{b}{a}\right) + \log_e\left(\frac{c}{b}\right)\right\} \text{ [H]} \end{aligned} \tag{A.4.100}$$

となる．

4.14 電流密度は $J = \frac{I_1}{W}$ であるので，問題 4.3 の (A.4.20) 式より，帯状導体に流れる電流 I_1 による帯状導体を除く空間の任意の点 P（$\vec{r}_{\mathrm{P}} = (x, y, z)$）における磁束密度 $\vec{B}(\mathrm{P})$ [T] の x 成分は 0 T である．z 成分は

$$\begin{aligned} B_z(\mathrm{P}) &= \frac{\mu_0 I_1}{2\pi W}\int_{-\frac{W}{2}}^{\frac{W}{2}} \frac{y-y'}{(y-y')^2+z^2}\,dy' \\ &= -\frac{\mu_0 I_1}{4\pi W}\left[\log_e\left\{(y-y')^2+z^2\right\}\right]_{-\frac{W}{2}}^{\frac{W}{2}} \\ &= -\frac{\mu_0 I_1}{4\pi W}\left[\log_e\left\{\left(y-\frac{W}{2}\right)^2+z^2\right\} - \log_e\left\{\left(y+\frac{W}{2}\right)^2+z^2\right\}\right] \end{aligned}$$

となる．一方 y 成分は

$$\begin{aligned} B_y(\mathrm{P}) &= \frac{\mu_0 I_1}{2\pi W}\int_{-\frac{W}{2}}^{\frac{W}{2}} \frac{-z}{(y-y')^2+z^2}\,dy' = \frac{\mu_0 I_1}{2\pi W} z \frac{1}{|z|}\tan^{-1}\left[\frac{y-y'}{|z|}\right]_{y'=-\frac{W}{2}}^{\frac{W}{2}} \\ &= \frac{\mu_0 I_1}{2\pi W}\frac{z}{|z|}\left\{\tan^{-1}\left(\frac{y-\frac{W}{2}}{|z|}\right) - \tan^{-1}\left(\frac{y+\frac{W}{2}}{|z|}\right)\right\} \end{aligned}$$

となる．無限長直線状導線 C_2 上では $y = 0$, $z = a > 0$ で $B_y(\mathrm{P}) = -\frac{\mu_0 I_1}{\pi W}\tan^{-1}\frac{W}{a}$ および $B_z(\mathrm{P}) = 0$ であるので $\vec{B}(\mathrm{P})$ は y 軸方向の負の向きである．以上より，C_2 の 1 m 当たりに働く力 $\vec{F}_2$ は，

$$\begin{aligned} \vec{F}_2 &= -I_2\int_{\mathrm{C}_2\text{の 1 m の部分}} \vec{B}\times d\vec{s} \\ &= -I_2\int_0^1 (0, B_y, 0)\times(1, 0, 0)\,dx = I_2(0, 0, B_y) \\ &= -\frac{\mu_0 I_1 I_2}{\pi W}\vec{k}\tan^{-1}\frac{W}{a} \text{ [N]} \end{aligned}$$

となり，$\tan^{-1}\frac{W}{a} > 0$ であるので，$\vec{F}_2$ は z 軸方向の負の向きである．

4.15 (1) **図 A.4.13** に示すように，C_1 に定常直流電流 I_1 [A] を流すと，C_2 で囲まれた領域内の点 P における磁束密度ベクトル $\vec{B}_1(\mathrm{P})$ は，(4.1.10) 式より，

$$\vec{B}_1(\mathrm{P}) = \frac{\mu_0 I_1}{2\pi(b + r\cos\theta)}(-1, 0, 0) \tag{A.4.101}$$

である．ただし，$r = |\vec{r}|$ であり $\vec{r}$ は点 R（$0, b, 0$）からみた点 P（$0, b + r\cos\theta, r\sin\theta$）の位置であり，$\vec{r} = (0, r\cos\theta, r\sin\theta)$ である．したがって，I_1 による磁束の内，C_2 と鎖交する磁

束 $\varPhi_{21}$ [Wb] は

$$\varPhi_{21} = \iint_{\mathrm{C}_2} \vec{B}_1(\mathrm{P}) \cdot d\vec{S}_2(\mathrm{P}) \tag{A.4.102}$$

である．ただし，$d\vec{S}_2(\mathrm{P}) = dr\, r\, d\theta(1,0,0)$ である．したがって (A.4.101) 式より，

$$\vec{B}_1(\mathrm{P}) \cdot d\vec{S}_2(\mathrm{P}) = -\tfrac{\mu_0 I_1}{2\pi(b+r\cos\theta)}\, dr\, r\, d\theta \tag{A.4.103}$$

であるので $\varPhi_{21}$ は (A.4.102), (A.4.103) 式より，

$$\varPhi_{21} = -\tfrac{\mu_0 I_1}{2\pi} \int_{r=0}^{a} \int_{\theta=-\frac{\pi}{2}}^{\frac{\pi}{2}} \tfrac{r}{b+r\cos\theta}\, dr d\theta \tag{A.4.104}$$

となる．(A.4.104) 式右辺の積分について，まず θ について積分を実行する．$\tan\left(\frac{\theta}{2}\right) = t$ $(-1 \le t \le 1)$ とおくと，$d\theta = \frac{2}{1+\tan^2\left(\frac{\theta}{2}\right)}\, dt = \frac{1}{1+t^2}$ であるので，付録公式 2 より，

$$\int_{-\frac{\pi}{2}}^{\frac{\pi}{2}} \tfrac{1}{b+r\cos\theta}\, d\theta = 2\int_{-1}^{1} \tfrac{1}{b(1+t^2)+r(1-t^2)}\, dt = 2\int_{-1}^{1} \tfrac{1}{(b-r)t^2+(b+r)}\, dt$$

$$= \tfrac{2}{b-r} \int_{-1}^{1} \tfrac{1}{t^2+\left[\{(b+r)/(b-r)\}^{\frac{1}{2}}\right]^2}\, dt$$

$$= 4\left(\tfrac{1}{b^2-r^2}\right)^{\frac{1}{2}} \tan^{-1}\left(\tfrac{b-r}{b+r}\right)^{\frac{1}{2}} \tag{A.4.105}$$

となる．ただし $b > r$ である．したがって，(A.4.104), (A.4.105) 式より，

$$\varPhi_{21} = -\tfrac{2\mu_0 I_1}{\pi} \int_0^a r \left(\tfrac{1}{b^2-r^2}\right)^{\frac{1}{2}} \tan^{-1}\left(\tfrac{b-r}{b+r}\right)^{\frac{1}{2}}\, dr \tag{A.4.106}$$

となる．(A.4.106) 式の右辺の積分は，

$$\int_0^a r \left(\tfrac{1}{b^2-r^2}\right)^{\frac{1}{2}} \tan^{-1}\left(\tfrac{b-r}{b+r}\right)^{\frac{1}{2}}\, dr = \int_0^a -\tfrac{d(b^2-r^2)^{\frac{1}{2}}}{dr} \tan^{-1}\left(\tfrac{b-r}{b+r}\right)^{\frac{1}{2}}\, dr$$

$$= -\left[(b^2-r^2)^{\frac{1}{2}} \tan^{-1}\left(\tfrac{b-r}{b+r}\right)^{\frac{1}{2}}\right]_{r=0}^{a} + \int_0^a (b^2-r^2)^{\frac{1}{2}} \left\{\tfrac{d}{dr}\tan^{-1}\left(\tfrac{b-r}{b+r}\right)^{\frac{1}{2}}\right\} dr$$

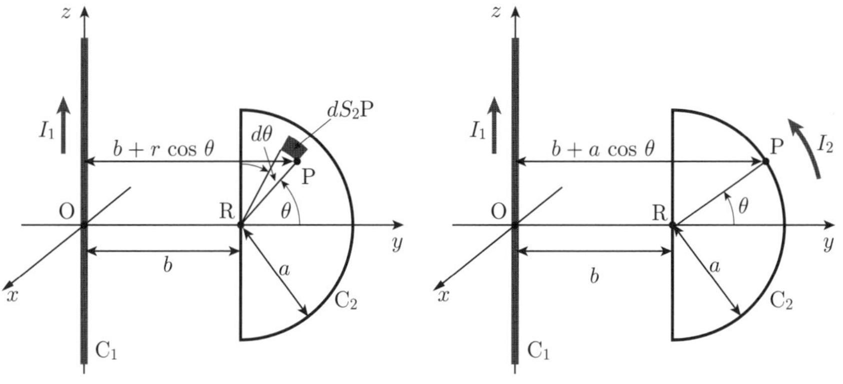

図 A.4.13

$$= -\left[(b^2-r^2)^{\frac{1}{2}}\tan^{-1}\left(\tfrac{b-r}{b+r}\right)^{\frac{1}{2}}\right]_{r=0}^{a} + \int_0^a (b^2-r^2)^{\frac{1}{2}}\left(-\tfrac{1}{2}\right)\tfrac{1}{(b^2-r^2)^{\frac{1}{2}}}\,dr$$

$$= -\left\{(b^2-a^2)^{\frac{1}{2}}\tan^{-1}\left(\tfrac{b-a}{b+a}\right)^{\frac{1}{2}} - b\tfrac{\pi}{4}\right\} - \tfrac{1}{2}a$$

$$= \tfrac{\pi}{4}b - \tfrac{1}{2}a - (b^2-a^2)^{\frac{1}{2}}\tan^{-1}\left(\tfrac{b-a}{b+a}\right)^{\frac{1}{2}} \qquad \text{(A.4.107)}$$

となるので，Φ_{21} は，(A.4.106), (A.4.107) 式より，

$$\Phi_{21} = -\tfrac{2\mu_0 I_1}{\pi}\left\{\tfrac{\pi}{4}b - \tfrac{1}{2}a - (b^2-a^2)^{\frac{1}{2}}\tan^{-1}\left(\tfrac{b-a}{b+a}\right)^{\frac{1}{2}}\right\} \qquad \text{(A.4.108)}$$

となる．したがって，C_1 と C_2 の間の相互インダクタンス M は，(A.4.108) 式より，

$$M = \tfrac{\Phi_{21}}{I_1}$$

$$= -\tfrac{2\mu_0}{\pi}\left\{\tfrac{\pi}{4}b - \tfrac{1}{2}a - (b^2-a^2)^{\frac{1}{2}}\tan^{-1}\left(\tfrac{b-a}{b+a}\right)^{\frac{1}{2}}\right\}\ [\mathrm{H}] \qquad \text{(A.4.109)}$$

となる．

ところで，**図A.4.14** に示すように **図4.33 (a)** の C_2 の円弧部分を左右逆にした場合には，相互インダクタンス M は，

$$M = -\tfrac{2\mu_0}{\pi}\left[-\tfrac{\pi}{2}\left\{(b^2-a^2)^{\frac{1}{2}} - b\right\} - \left\{\tfrac{\pi}{4}b - \tfrac{1}{2}a - (b^2-a^2)^{\frac{1}{2}}\tan^{-1}\left(\tfrac{b-a}{b+a}\right)^{\frac{1}{2}}\right\}\right]\ [\mathrm{H}] \qquad \text{(A.4.110)}$$

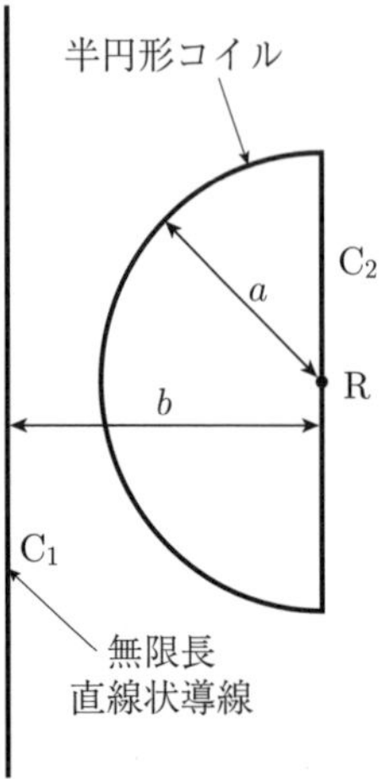

図A.4.14

となる．**図4.33 (a)** と **図A.4.14** の半円形コイルを重ね合わせると円になる．それぞれの相互インダクタンスの和 $M_{和}$ は，(A.4.109), (A.4.110) 式より，

$$M_{和} = -\tfrac{2\mu_0}{\pi}\left\{\tfrac{\pi}{4}b - \tfrac{1}{2}a - (b^2-a^2)^{\frac{1}{2}}\tan^{-1}\left(\tfrac{b-a}{b+a}\right)^{\frac{1}{2}}\right\}$$

$$- \tfrac{2\mu_0}{\pi}\left[-\tfrac{\pi}{2}\left\{(b^2-a^2)^{\frac{1}{2}} - b\right\} - \left\{\tfrac{\pi}{4}b - \tfrac{1}{2}a - (b^2-a^2)^{\frac{1}{2}}\tan^{-1}\left(\tfrac{b-a}{b+a}\right)^{\frac{1}{2}}\right\}\right]$$

$$= \mu_0\left\{(b^2-a^2)^{\frac{1}{2}} - b\right\}\ [\mathrm{H}]$$

となり，C_2 が円形コイルの場合の相互インダクタンスと一致する．

(2) 力の向きが明確な方法を用いる．C_1 に流れる電流 I_1 より C_2 全体に働く力 $\vec{F}_2$ は，(4.6.5) 式より，

$$\vec{F}_2 = -\oint_{C_2}\vec{B}_1(\mathrm{P})\times(I_2\,d\vec{s}_2(\mathrm{P}))$$

である．C_2 を円弧と弦部分に分ける．円弧上の点 P における磁束密度 $\vec{B}(\mathrm{P})$ は，

$$\vec{B}(\mathrm{P}) = \tfrac{\mu_0 I_1}{2\pi(b+a\cos\theta)}(-1,0,0)$$

であるので，円弧に流れる電流 I_2 に働く力 $\vec{F}_{円弧}$ は，

$$\vec{F}_{円弧} = -I_2\int_{円弧}\vec{B}(\mathrm{P})\times d\vec{s}$$

$$= -I_2\int_{-\frac{\pi}{2}}^{\frac{\pi}{2}} \frac{\mu_0 I_1}{2\pi(b+a\cos\theta)}(-1,0,0)\times(-a\,d\theta(0,-\sin\theta,\cos\theta))$$

$$= \frac{\mu_0 I_1 I_2 a}{2\pi}\int_{-\frac{\pi}{2}}^{\frac{\pi}{2}}\frac{1}{b+a\cos\theta}(0,\cos\theta,\sin\theta)\,d\theta$$

である．x 成分は 0 N である．z 成分は

$$\frac{\mu_0 I_1 I_2 a}{2\pi}\int_{-\frac{\pi}{2}}^{\frac{\pi}{2}}\frac{\sin\theta}{b+a\cos\theta}\,d\theta = -\frac{\mu_0 I_1 I_2 a}{2\pi}\frac{1}{a}\left[\log_e(b+a\cos\theta)\right]_{-\frac{\pi}{2}}^{\frac{\pi}{2}} = 0$$

となる．y 成分は，(A.4.105) 式より

$$\frac{\mu_0 I_1 I_2 a}{2\pi}\int_{-\frac{\pi}{2}}^{\frac{\pi}{2}}\frac{\cos\theta}{b+a\cos\theta}\,d\theta = \frac{\mu_0 I_1 I_2 a}{2\pi}\int_{-\frac{\pi}{2}}^{\frac{\pi}{2}}\frac{1}{a}\,\frac{b+a\cos\theta-b}{b+a\cos\theta}\,d\theta$$

$$= \frac{\mu_0 I_1 I_2}{2\pi}\int_{-\frac{\pi}{2}}^{\frac{\pi}{2}}\left(1-\frac{b}{b+a\cos\theta}\right)d\theta = \frac{\mu_0 I_1 I_2}{2\pi}\left(\pi - b\int_{-\frac{\pi}{2}}^{\frac{\pi}{2}}\frac{1}{b+a\cos\theta}\,d\theta\right)$$

$$= \frac{\mu_0 I_1 I_2}{2\pi}\left\{\pi - \frac{4b}{(b^2-a^2)^{\frac{1}{2}}}\tan^{-1}\left(\frac{b-a}{b+a}\right)^{\frac{1}{2}}\right\}(0,1,0) \tag{A.4.111}$$

となる．

次に，C_2 の弦に流れる電流 I_2 に働く力 $\vec{F}_{弦}$ は，

$$\vec{F}_{弦} = -I_2\int_{弦}\vec{B}_1(\mathrm{P})\times d\vec{s}_2(\mathrm{P})$$

$$= -I_2\int_{-a}^{a}\frac{\mu_0 I_1}{2\pi b}(-1,0,0)\times(dz(0,0,1)) = -\frac{\mu_0 I_1 I_2}{2\pi b}(0,1,0)\int_{-a}^{a}dz$$

$$= -\frac{\mu_0 I_1 I_2 a}{\pi b}\vec{j} \tag{A.4.112}$$

となる．したがって，C_2 全体に働く力 $\vec{F}_{\mathrm{C}_2}$ は，(A.4.111), (A.4.112) 式より，

$$\vec{F}_{\mathrm{C}_2} = \vec{F}_{円弧} + \vec{F}_{弦}$$

$$= \frac{\mu_0 I_1 I_2}{2\pi}\left\{\pi - \frac{4b}{(b^2-a^2)^{\frac{1}{2}}}\tan^{-1}\left(\frac{b-a}{b+a}\right)^{\frac{1}{2}} - \frac{2a}{b}\right\}\vec{j} \tag{A.4.113}$$

となる．ところで，$\vec{F}_{\mathrm{C}_1} + \vec{F}_{\mathrm{C}_2} = \vec{0}$ であるので，(A.4.113) 式より，

$$\vec{F}_{\mathrm{C}_1} = -\frac{\mu_0 I_1 I_2}{2\pi}\left\{\pi - \frac{4b}{(b^2-a^2)^{\frac{1}{2}}}\tan^{-1}\left(\frac{b-a}{b+a}\right)^{\frac{1}{2}} - \frac{2a}{b}\right\}\vec{j}\ [\mathrm{N}] \tag{A.4.114}$$

となる．(A.4.114) 式の右辺括弧内の符号判定は困難であるが，物理的には C_2 の弦の部分は円弧の部分よりも C_1 の近くにあり，電流の向きは互いに逆であるので $\vec{F}_{\mathrm{C}_2}$ は y の正の向きに働き $\vec{F}_{\mathrm{C}_1}$ は y の負の向きに働く．すなわち互いに斥力が働く．

(3) 【解法 1】 半円形コイルに発生する起電力 U [V] は，(4.7.9), (4.7.10) 式より，

$$U = -\frac{d\Phi_{21}}{dt} = -\int_{\mathrm{C}_2}\vec{B}\cdot(\vec{v}\times d\vec{s}) = \vec{v}\cdot\int_{\mathrm{C}_2}\vec{B}\times d\vec{s} \tag{A.4.115}$$

である．(A.4.108) 式，$\vec{v} = \left(0, \frac{db}{dt}, 0\right)$ より，

$$U = -\frac{d\Phi_{21}}{dt} = -\frac{d}{dt}\left[-\frac{2\mu_0 I_1}{\pi}\left\{\frac{\pi}{4}b - \frac{1}{2}a - (b^2-a^2)^{\frac{1}{2}}\tan^{-1}\left(\frac{b-a}{b+a}\right)^{\frac{1}{2}}\right\}\right]$$

$$= -\frac{\mu_0 I_1}{2\pi}v\left\{\pi - \frac{4b}{(b^2-a^2)^{\frac{1}{2}}}\tan^{-1}\left(\frac{b-a}{b+a}\right)^{\frac{1}{2}} - (b^2-a^2)^{\frac{1}{2}}\left(\frac{1}{2}\right)\frac{\frac{a}{b}}{(b^2-a^2)^{\frac{1}{2}}}\right\}$$

$$= -\frac{\mu_0 I_1}{2\pi}v\left\{\pi - \frac{4b}{(b^2-a^2)^{\frac{1}{2}}}\tan^{-1}\left(\frac{b-a}{b+a}\right)^{\frac{1}{2}} - \frac{2a}{b}\right\}\ [\mathrm{V}] \qquad (\mathrm{A.4.116})$$

となる．ただし，

$$\frac{d}{dt}\tan^{-1}\left(\frac{b-a}{b+a}\right)^{\frac{1}{2}} = \frac{d}{db}\tan^{-1}\left(\frac{b-a}{b+a}\right)^{\frac{1}{2}}\frac{db}{dt} = \frac{1}{2}\frac{\frac{a}{b}}{(b^2-a^2)^{\frac{1}{2}}}v$$

を用いた．

【解法 2】 (4.6.5), (A.4.115) 式より，

$$U = \vec{v}\cdot\left(-\frac{\vec{F}_{半円形コイル}}{I_2}\right)$$

であるので，(A.4.113) 式より，

$$U = -\vec{v}\cdot\frac{\mu_0 I_1}{2\pi}\left\{\pi - \frac{4b}{(b^2-a^2)^{\frac{1}{2}}}\tan^{-1}\left(\frac{b-a}{(b^2-a^2)^{\frac{1}{2}}}\right) - \frac{2a}{b}\right\}\vec{j}$$

$$= -\frac{\mu_0 I_1 v}{2\pi}\left\{\pi - \frac{4b}{(b^2-a^2)^{\frac{1}{2}}}\tan^{-1}\left(\frac{b-a}{(b^2-a^2)^{\frac{1}{2}}}\right) - \frac{2a}{b}\right\}\ [\mathrm{V}] \qquad (\mathrm{A.4.117})$$

となり，(A.4.116) 式と一致する．

半円形コイルが y 方向の正の向きに運動すると，鎖交する磁束は減少するので，その減少を妨げる向きに起電力が発生する．したがって，起電力の向きは x の負の方向に磁束を発生するような向きであるので，半径コイルの時計まわりの向きに電流が流れるように起電力が発生する．(A.4.116) あるいは (A.4.117) 式で表される U の符号は正である．

■ **4.16** 問題 4.4 の解答の **図 A.4.4** に示すように，空間座標を設定する．磁束密度の観測点 P はソレノイドの内部あるいは外部にある．問題 4.4 の解答の (A.4.29), (A.4.30) 式より，点 P における磁束密度 $\vec{B}(\mathrm{P})$ は，

$$\vec{B}(\mathrm{P}) = \vec{0}\ [\mathrm{T}]\ （ソレノイド外）,\quad \vec{B}(\mathrm{P}) = (0, 0, \mu_0 NI)\ [\mathrm{T}]\ （ソレノイド内） \qquad (\mathrm{A.4.118})$$

である．また，点 P におけるベクトルポテンシャル $\vec{A}(\mathrm{P})$ は (A.4.55) 式より，

$$\vec{A}(\mathrm{P}) = \frac{\mu_0 NIR^2}{2r}(-\sin\varphi, \cos\varphi, 0) = \frac{\mu_0 NIR^2}{2r}\vec{\vec{\varphi}}(\mathrm{P})\ [\mathrm{T\cdot m}]\ （ソレノイド外） \qquad (\mathrm{A.4.119})$$

$$\vec{A}(\mathrm{P}) = \frac{\mu_0 NIr}{2}\vec{\vec{\varphi}}(\mathrm{P})\ [\mathrm{T\cdot m}]\ （ソレノイド内） \qquad (\mathrm{A.4.120})$$

である．ただし，φ は x 軸を起点とする方位角であり，$\vec{\vec{\varphi}}(\mathrm{P})$ はソレノイドを構成する円形コイル上の点 P における単位接線ベクトルである．ソレノイドの 1 m 当たりの磁気エネルギー W_{m} を次に 2 通りの方法で求めてみよう．

1. (4.7.19) 式を用いると，W_{m} は，

$$W_{\mathrm{m}} = \frac{1}{2}\iiint_{\mathrm{V}}\vec{A}(\mathrm{P})\cdot\vec{J}(\mathrm{P})\,dv(\mathrm{P}) \qquad (\mathrm{A.4.121})$$

である．積分範囲は，電流が流れているのはコイルのみであるので，半径 R [m]，長さ 1 m の円筒側面（$0 \leq z \leq 1$）である．微小面積要素は $R\,d\varphi$, $0 \leq \varphi < 2\pi$ である．$\vec{J}(\mathrm{P})$ は，

$$\vec{J}(\mathrm{P}) = NI(-\sin\varphi, \cos\varphi, 0) = NI\vec{\vec{\varphi}}(\mathrm{P}) \qquad (\mathrm{A.4.122})$$

である．また $\overrightarrow{A}(\mathrm{P})$ は，(A.4.119) 式において，$r=R$ とした，

$$\overrightarrow{A}(\mathrm{P})=\tfrac{\mu_0 NIR}{2}(-\sin\varphi,\cos\varphi,0)=\tfrac{\mu_0 NIR}{2}\overrightarrow{\varphi}(\mathrm{P}) \qquad \text{(A.4.123)}$$

である．したがって，(A.4.121)–(A.4.123) 式より，W_{m} は，

$$\begin{aligned} W_{\mathrm{m}} &= \tfrac{1}{2}\int_{z=0}^{1}\int_{\varphi=0}^{2\pi}\tfrac{\mu_0 NIR}{2}\overrightarrow{\varphi}(\mathrm{P})\cdot NI\overrightarrow{\varphi}(\mathrm{P})\,dz\,R\,d\varphi \\ &= \tfrac{1}{2}\tfrac{\mu_0 N^2 I^2 R^2}{2}\int_{z=0}^{1}\int_{\varphi=0}^{2\pi} dzd\phi = \tfrac{1}{2}\tfrac{\mu_0 N^2 I^2 R^2}{2}2\pi \\ &= \tfrac{1}{2}\mu_0 N^2 \pi R^2 I^2\,[\mathrm{J}] \end{aligned} \qquad \text{(A.4.124)}$$

となる．

2.　(4.7.28) 式を用いると，W_{m} は，

$$W_{\mathrm{m}}=\tfrac{1}{2\mu_0}\iiint_{\mathrm{V}} B(\mathrm{P})^2 dv(\mathrm{P}) \qquad \text{(A.4.125)}$$

である．積分範囲は，1 m 幅の全空間であるが，$\overrightarrow{B}(\mathrm{P})$ は (A.4.118) 式よりソレノイド外では $\overrightarrow{B}(\mathrm{P})=\overrightarrow{0}$ であるので，(A.4.118), (A.4.125) 式より，

$$\begin{aligned} W_{\mathrm{m}} &= \tfrac{1}{2}\iiint_{\mathrm{V}} B(\mathrm{P})^2\,dv(\mathrm{P}) \\ &= \tfrac{1}{2}\left\{\int_{z=0}^{1}\int_{r=0}^{R}\int_{\varphi=0}^{2\pi}(\mu_0 NI)^2 r\,d\varphi dr\right\}+\tfrac{1}{2}\left(\int_{z=0}^{1}\int_{r=R}^{\infty}\int_{\varphi=0}^{2\pi}0\,r\,d\varphi dr\right) \\ &= \tfrac{1}{2\mu_0}(\mu_0 NI)^2\int_{z=0}^{1}\int_{r=0}^{R}\int_{\varphi=0}^{2\pi} r\,d\varphi dr = \tfrac{1}{2\mu_0}(\mu_0 NI)^2\pi R^2 \\ &= \tfrac{1}{2}\mu_0 N^2\pi R^2 I^2\,[\mathrm{J}] \end{aligned} \qquad \text{(A.4.126)}$$

となり，(A.4.124) 式の結果と一致する．

3.　(4.7.20) 式を用いると，W_{m} は，

$$W_{\mathrm{m}}=\tfrac{1}{2}LI^2 \qquad \text{(A.4.127)}$$

である．ただし，L はソレノイド 1 m 当たりの自己インダクタンスである．半径 R [m] の円形コイルがソレノイド 1 m 当たりに N 個あり，そこに流れる電流 NI と鎖交する磁束との積 ΦNI は，$\Phi NI=\pi R^2 BNI=\pi R^2\mu_0 NINI=\mu_0 N^2\pi R^2 I^2$ であるので，L は，

$$L=\tfrac{\Phi NI}{I^2}=\mu_0 N^2\pi R^2\,[\mathrm{H}] \qquad \text{(A.4.128)}$$

となり，W_{m} は，(A.4.127), (A.4.128) 式より，

$$W_{\mathrm{m}}=\tfrac{1}{2}LI^2=\tfrac{1}{2}\mu_0 N^2\pi R^2 I^2\,[\mathrm{J}]$$

となり，(A.4.124), (A.4.126) 式の結果と一致する．

5章

■ 5.1　**図 A.5.1** に示すように，回路上の点 Q の座標を $\overrightarrow{r}_{\mathrm{Q}}=(R\cos\theta,R\cos\theta,0)$ とすると，

$$\overrightarrow{r}_{\mathrm{P}}-\overrightarrow{r}_{\mathrm{Q}}=(x-R\cos\theta,y-R\sin\theta,z)$$

$$|\overrightarrow{r}_{\mathrm{P}}-\overrightarrow{r}_{\mathrm{Q}}|=(x^2+y^2+z^2+R^2-2xR\cos\theta-2yR\sin\theta)^{\frac{1}{2}}$$

$$I\,d\overrightarrow{s}(\mathrm{Q})=IR(-\sin\theta,\cos\theta,0)\,d\theta$$

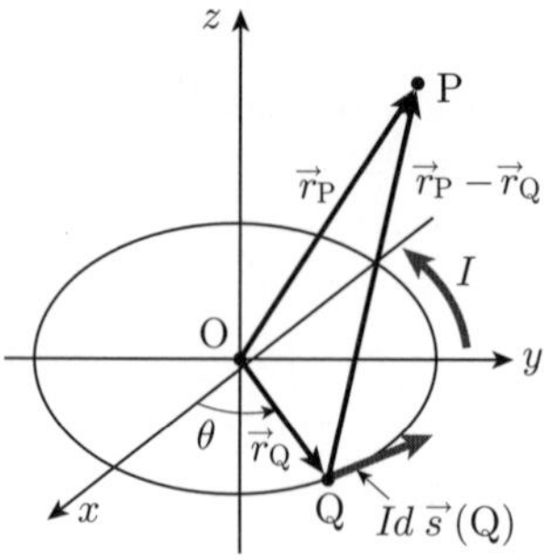

図 A.5.1

である．したがって，点 P に形成されるベクトルポテンシャル $\vec{A}(\mathrm{P})$ は，

$$\vec{A}(\mathrm{P}) = \frac{\mu_0 I}{4\pi} R \int_0^{2\pi} \frac{(-\sin\theta, \cos\theta, 0)\, d\theta}{(x^2+y^2+z^2+R^2-2xR\cos\theta-2yR\sin\theta)^{\frac{1}{2}}} \tag{A.5.1}$$

となる．この積分は解析的には実行不可能である．そこで，題意の条件 $R \ll x, y, z$ を用いて近似計算を行う．$x^2 + y^2 + z^2 = r^2$ として，

$$\begin{aligned} &\left(x^2 + y^2 + z^2 + R^2 - 2xR\cos\theta - 2yR\sin\theta\right)^{\frac{1}{2}} \\ &= r\left(1 + \frac{R^2 - 2xR\cos\theta - 2yR\sin\theta}{r^2}\right)^{\frac{1}{2}} \\ &\cong r\left(1 - R\frac{x\cos\theta + y\sin\theta}{r^2}\right) \end{aligned}$$

となるので，

$$\frac{1}{(x^2+y^2+z^2+R^2-2xR\cos\theta-2yR\sin\theta)^{\frac{1}{2}}} \cong \frac{1}{r}\left(1 + R\frac{x\cos\theta + y\sin\theta}{r^2}\right) \tag{A.5.2}$$

となる．(A.5.1), (A.5.2) 式より，

$$\begin{aligned} \vec{A}(\mathrm{P}) &\cong \frac{\mu_0 I}{4\pi}\frac{R}{r}\int_0^{2\pi}(-\sin\theta, \cos\theta, 0)\left(1 + R\frac{x\cos\theta + y\sin\theta}{r^2}\right)d\theta \\ &= \frac{\mu_0 I}{4\pi}\frac{R}{r}\int_0^{2\pi}(-\sin\theta, \cos\theta, 0)\, d\theta + \frac{\mu_0 I}{4\pi}\frac{R^2}{r^3}\int_0^{2\pi}(-\sin\theta, \cos\theta, 0)(x\cos\theta + y\sin\theta)\, d\theta \\ &= \vec{0} + \frac{\mu_0 I}{4\pi}\frac{R^2}{r^3}(-y\pi, x\pi, 0) = \frac{\mu_0}{4\pi}\frac{IS}{r^3}(-y, x, 0) \\ &= \frac{\mu_0}{4\pi}\frac{IS}{r^3}(0, 0, 1) \times (x, y, z) \\ &= \frac{\mu_0}{4\pi}\frac{\vec{m} \times \vec{r}}{r^3}\ [\mathrm{T{\cdot}m}] \end{aligned} \tag{A.5.3}$$

となる．

■ 5.2　**図 A.5.2** に示すように，xyz 座標により空間座標を設定する．磁性体平板は円柱と同様に板の表面に垂直な方向に構造的な異方性がある．そこで **図 A.5.2** に示すように，垂直な方向を z 軸に平行にし，平板が無限大の広さを持つので，便宜上表面上のいずれかの点を通る軸を z 軸に一致させる．磁化の方向は任意であるので，磁化 $\vec{M}$ の方向として，**図 A.5.2 (a)** に示すように z 軸に平行な場合と，**図 A.5.2 (b)** に示すように z 軸に対して垂直な方向の 2 つの場合に分け

て考える必要がある．まず，z 軸上にある点 P における反磁界の強さのベクトル $\vec{H}_1(\mathrm{P})$ を求めてみよう．原点 O の位置として，平板の厚さ方向の中央部にとる．平板表面上の点 Q の座標は，$\left(x, y, \pm\frac{t}{2}\right)$ である．

1.（$\vec{M}$ が z 軸に平行な場合） 平板内で磁化が一様であるので $\rho_{\mathrm{m}}(\mathrm{Q}) = 0$ であり，$\vec{H}_1(\mathrm{P})$ [A/m] は，(5.3.5) 式より，

$$\vec{H}_1(\mathrm{P}) = \frac{\mu_0}{4\pi} \iint_{\text{平板表面}} \sigma_{\mathrm{M}}(\mathrm{Q}) \frac{\vec{r}_{\mathrm{P}} - \vec{r}_{\mathrm{Q}}}{|\vec{r}_{\mathrm{P}} - \vec{r}_{\mathrm{Q}}|^3}\, dS(\mathrm{Q}) \qquad \text{(A.5.4)}$$

となる．(A.5.4) 式の積分の領域は平板の側面と上下面であるが，表面磁荷は上下面だけに現れる．まず点 P の z 座標が同じであれば，$\vec{H}_1(\mathrm{P})$ は x, y 座標に依存しないので，$\vec{r}_{\mathrm{P}} = (0, 0, z)$ $\left(-\frac{t}{2} \leq z \leq \frac{t}{2}\right)$ としても一般性は失われない．点 Q を

$$\vec{r}_{\mathrm{Q}\ \text{上面}} = \left(x', y', \tfrac{t}{2}\right)$$

$$\vec{r}_{\mathrm{Q}\ \text{下面}} = \left(x', y', -\tfrac{t}{2}\right)$$

とすると，

$$\begin{aligned} \vec{r}_{\mathrm{P}} - \vec{r}_{\mathrm{P}\ \text{上面}} &= \left(-x', -y', z - \tfrac{t}{2}\right) \\ \vec{r}_{\mathrm{P}} - \vec{r}_{\mathrm{Q}\ \text{下面}} &= \left(-x', -y', z + \tfrac{t}{2}\right) \end{aligned} \qquad \text{(A.5.5)}$$

であり，

$$\begin{aligned} |\vec{r}_{\mathrm{P}} - \vec{r}_{\mathrm{P}\ \text{上面}}| &= \left\{x'^2 + y'^2 + \left(z - \tfrac{t}{2}\right)^2\right\}^{\frac{1}{2}} \\ |\vec{r}_{\mathrm{P}} - \vec{r}_{\mathrm{Q}\ \text{下面}}| &= \left\{x'^2 + y'^2 + \left(z + \tfrac{t}{2}\right)^2\right\}^{\frac{1}{2}} \end{aligned} \qquad \text{(A.5.6)}$$

である．また，$\vec{M}(\mathrm{Q}) = (0, 0, M)$, $M > 0$, $\vec{n}(\mathrm{Q}) = (0, 0, 1)$ である．したがって，

$$\begin{aligned} \sigma_{\mathrm{M}}(\mathrm{Q})_{\text{上面}} &= (0, 0, M) \cdot (0, 0, 1) = M \\ \sigma_{\mathrm{M}}(\mathrm{Q})_{\text{下面}} &= (0, 0, M) \cdot (0, 0, -1) = -M \end{aligned} \qquad \text{(A.5.7)}$$

である．また，点 Q における微小面積要素 $dS(\mathrm{Q})$ は，$dS(\mathrm{Q}) = dx'dy'$ である．したがって，(A.5.4)–(A.5.7) 式より，

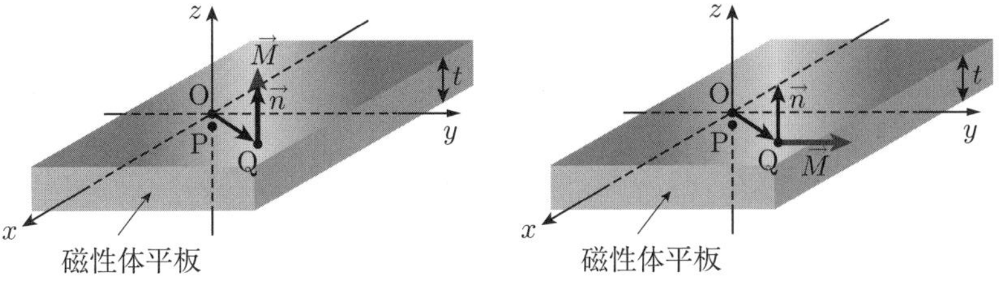

(a) (b)

図 A.5.2

$$\overrightarrow{H}_1(\mathrm{P}) = \frac{\mu_0}{4\pi}\iint_{\text{平板上下面}} \sigma_{\mathrm{M}}(\mathrm{Q})\frac{\overrightarrow{r}_{\mathrm{P}}-\overrightarrow{r}_{\mathrm{Q}}}{|\overrightarrow{r}_{\mathrm{P}}-\overrightarrow{r}_{\mathrm{Q}}|^3}\,dS(\mathrm{Q})$$

$$= \frac{\mu_0}{4\pi}\int_{x'=-\infty}^{\infty}\int_{y'=-\infty}^{+\infty} M\frac{\left(-x',-y',z-\frac{t}{2}\right)}{\left\{x'^2+y'^2+\left(z-\frac{t}{2}\right)^2\right\}^{\frac{3}{2}}}\,dx'dy'$$

$$- \frac{\mu_0}{4\pi}\int_{x'=-\infty}^{\infty}\int_{y'=-\infty}^{+\infty} M\frac{\left(-x',-y',z+\frac{t}{2}\right)}{\left\{x'^2+y'^2+\left(z+\frac{t}{2}\right)^2\right\}^{\frac{3}{2}}}\,dx'dy' \qquad \text{(A.5.8)}$$

となる．被積分関数の性質より，xy 平面上の極座標を導入するのが便利である．そこで，x 軸を起点として点 Q の方位角を θ とし，$(x'^2+y'^2)^{\frac{1}{2}} = r$ とすると，(A.5.8) 式は，

$$\overrightarrow{H}_1(\mathrm{P}) = \frac{\mu_0}{4\pi}\int_{r=0}^{\infty}\int_{\theta=0}^{2\pi} M\frac{\left(-r\cos\theta,-r\sin\theta,z-\frac{t}{2}\right)}{\left\{r^2+\left(z-\frac{t}{2}\right)^2\right\}^{\frac{3}{2}}}r\,d\theta dr$$

$$- \frac{\mu_0}{4\pi}\int_{r=0}^{\infty}\int_{\theta=0}^{2\pi} M\frac{\left(-r\cos\theta,-r\sin\theta,z+\frac{t}{2}\right)}{\left\{r^2+\left(z+\frac{t}{2}\right)^2\right\}^{\frac{3}{2}}}r\,d\theta dr \qquad \text{(A.5.9)}$$

となる．x, y 成分は r に関する奇関数あるいは θ で積分した場合も積分範囲を考慮すると 0 となる．z 成分については，(A.5.9) 式より，

$$\frac{\mu_0}{4\pi}\int_{r=0}^{\infty}\int_{\theta=0}^{2\pi} M\frac{z-\frac{t}{2}}{\left\{r^2+\left(z-\frac{t}{2}\right)^2\right\}^{\frac{3}{2}}}r\,d\theta dr$$

$$= \frac{\mu_0}{4\pi}M\left(z-\frac{t}{2}\right)\int_{r=0}^{\infty}\frac{r}{\left\{r^2+\left(z-\frac{t}{2}\right)^2\right\}^{\frac{3}{2}}}\,dr\int_0^{2\pi}d\theta$$

$$= \frac{\mu_0}{4\pi}M\left(z-\frac{t}{2}\right)2\pi\left[-\frac{1}{\left\{r^2+\left(z-\frac{t}{2}\right)^2\right\}^{\frac{1}{2}}}\right]_{r=0}^{\infty}$$

$$= \frac{1}{2\varepsilon_0}M\left(z-\frac{t}{2}\right)\frac{1}{\left|z-\frac{t}{2}\right|} \qquad \text{(A.5.10)}$$

となり，同様にして，

$$\frac{\mu_0}{4\pi}\int_{r=0}^{\infty}\int_{\theta=0}^{2\pi} M\frac{z+\frac{t}{2}}{\left\{r^2+\left(z+\frac{t}{2}\right)^2\right\}^{\frac{3}{2}}}r\,d\theta dr = \frac{1}{2\varepsilon_0}M\left(z+\frac{t}{2}\right)\frac{1}{\left|z+\frac{t}{2}\right|} \qquad \text{(A.5.11)}$$

となる．$-\frac{t}{2} \leq z \leq \frac{t}{2}$ の範囲では，

$$\frac{1}{\left|z-\frac{t}{2}\right|} = -\frac{1}{z-\frac{t}{2}}$$

$$\frac{1}{\left|z+\frac{t}{2}\right|} = \frac{1}{z+\frac{t}{2}}$$

であるので，z 成分 H_{1z} は，(A.5.9)–(A.5.11) 式より，

$$H_{1z} = \frac{1}{2\varepsilon_0}M\left(z-\frac{t}{2}\right)\frac{1}{\left|z-\frac{t}{2}\right|} - \frac{1}{2\varepsilon_0}M\left(z+\frac{t}{2}\right)\frac{1}{\left|z+\frac{t}{2}\right|} = -\frac{1}{2}M - \frac{1}{2}M$$

$$= -M \qquad \text{(A.5.12)}$$

となる．したがって $\overrightarrow{H}_1(\mathrm{P})$ は (A.5.9), (A.5.12) 式より，

$$\overrightarrow{H}_1(\mathrm{P}) = -M(0,0,1)\,[\mathrm{A/m}] \qquad \text{(A.5.13)}$$

となる．

2. ($\vec{M}$ が z 軸に垂直な場合)　円柱磁性体の場合と同様に平板表面の表面磁荷密度は 0 A/m であるので，

$$\vec{H}_1(\mathrm{P}) = \vec{0}\ [\mathrm{A/m}] \tag{A.5.14}$$

となる．

以上をまとめると $\vec{M}$ が z 軸に垂直なときは $\vec{H}_1(\mathrm{P}) = \vec{0}$ [A/m] であり，平行なときは，$\vec{H}_1(\mathrm{P}) = -\vec{M}$ [A/m] になることが分かった．この結果をもとに，$\vec{M}$ が任意の方向の場合を考える．$\vec{H}_1(\mathrm{P})$, $\vec{M}$ の z 軸に平行な成分をそれぞれ $\vec{H}_{1//}(\mathrm{P})$, $\vec{M}_{//}$ とし，垂直な成分をそれぞれ $\vec{H}_{1\perp}(\mathrm{P})$, $\vec{M}_{\perp}$ とする．それぞれの成分について，(A.5.13), (A.5.14) 式より，

$$\vec{H}_{1//}(\mathrm{P}) = -\vec{M}_{//}\ [\mathrm{A/m}] \tag{A.5.15}$$

$$\vec{H}_{1\perp}(\mathrm{P}) = \vec{0}\ [\mathrm{A/m}] \tag{A.5.16}$$

である．したがって，(A.5.15), (A.5.16) 式より，

$$\vec{H}_1(\mathrm{P}) = -\vec{M}_{//}\ [\mathrm{A/m}] \tag{A.5.17}$$

となる．

■ 5.3　**図 A.5.3** に示すように，円柱の中心軸を xyz 座標の z 軸に一致させるように空間座標を設定する．透磁率が与えられているので磁化 $\vec{M}$ は外部磁界 $\vec{H}_{\mathrm{ext}}$ に比例し，$\vec{H}_{\mathrm{ext}}$ と同じ方向・向きである．$\vec{H}_{\mathrm{ext}}$ の印加方向は任意であるので，**図 A.5.3 (a)** に示すように，$\vec{H}_{\mathrm{ext}}$ が中心軸に平行な場合と，**図 A.5.3 (b)**，**(c)** に示すように中心軸に対して垂直な方向の 2 つの場合に分けて考える必要がある．中心軸上にある点 P における反磁界 $\vec{H}_1(\mathrm{P})$ を求めよう．

1. ($\vec{H}_{\mathrm{ext}}$ が中心軸に平行な場合)　磁性体の形状が円柱であるので，**図 A.5.3** に示すように，円筒座標を導入するのが適切である．円筒面上の点 Q の座標は円筒座標で表すと，$x' = R\cos\theta$, $y' = R\sin\theta$, $z' = z'$ である．ここで θ は x 軸を起点とする方位角である．磁化が一様であるので，$\vec{H}_1(\mathrm{P})$ に寄与するのは表面磁荷のみであるので，(5.3.5) 式より，

$$\vec{H}_1(\mathrm{P}) = \frac{1}{4\pi}\iint_{\text{円柱表面}} \sigma_{\mathrm{M}}(\mathrm{Q})\,\frac{\vec{r}_{\mathrm{P}} - \vec{r}_{\mathrm{Q}}}{|\vec{r}_{\mathrm{P}} - \vec{r}_{\mathrm{Q}}|^3}\,dS(\mathrm{Q})\ [\mathrm{A/m}] \tag{A.5.18}$$

である．円柱は無限長で断面が円対称であるので，中心軸に平行な直線上の任意の点 P において

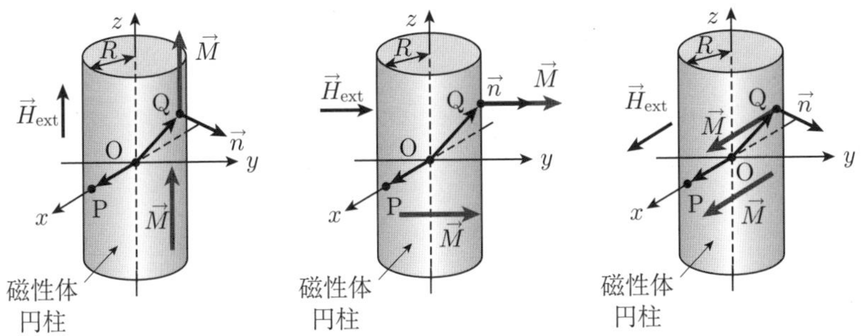

(a)　(b)　(c)

図 A.5.3

磁界 $\overrightarrow{H}_1(\mathrm{P})$ は一様であるので，点 P が x 軸上にあるとしても一般性を失わない．また，(A.5.18) 式の積分の領域は円筒側面と上下面であるが，円柱は無限長であるので，上限面の表面磁荷による $\overrightarrow{H}_1(\mathrm{P})$ への寄与はない．まず点 P, Q の座標は，$\overrightarrow{r}_\mathrm{P} = (x, 0, 0)$, $\overrightarrow{r}_\mathrm{Q} = (R\cos\theta, R\sin\theta, z')$ である．これより，

$$\overrightarrow{r}_\mathrm{P} - \overrightarrow{r}_\mathrm{Q} = (x - R\cos\theta, -R\sin\theta, -z')$$

$$|\overrightarrow{r}_\mathrm{P} - \overrightarrow{r}_\mathrm{Q}| = (R^2 + x^2 + z'^2 - 2Rx\cos\theta)^{\frac{1}{2}}$$

である．また円柱内で磁化が z 軸の正の向きであるので，

$$\sigma_\mathrm{M}(\mathrm{Q}) = (0, 0, M) \cdot (R\cos\theta, R\sin\theta, 0) = 0$$

である．したがって $\overrightarrow{H}_1 = \overrightarrow{0}$ [A/m] である．

2.（$\overrightarrow{H}_\mathrm{ext}$ が中心軸に垂直な場合）

A.（$\overrightarrow{H}_\mathrm{ext}$ が y 軸に平行な場合） **図 A.5.3 (b)** に示すように $\overrightarrow{H}_\mathrm{ext}$ を y 軸に平行に印加する．ここでも $\overrightarrow{r}_\mathrm{P} = (x, 0, 0)$ とする．このとき $\overrightarrow{M}(\mathrm{Q}) = (0, M, 0)$, $M > 0$ であるので，$\overrightarrow{r}_\mathrm{P}$ は $\overrightarrow{M}(\mathrm{Q})$ と直交し，

$$\sigma_\mathrm{M}(\mathrm{Q}) = (0, M, 0) \cdot (\cos\theta, \sin\theta, 0) = M\sin\theta$$

である．点 Q における微小面積要素 $dS(\mathrm{Q})$ は $dS(\mathrm{Q}) = R\,d\theta dz'$ である．積分領域は円柱側面であるので，$0 \leq \theta < 2\pi$, $-\infty < z' < \infty$ である．以上より (A.5.18) 式は，

$$\overrightarrow{H}_1(\mathrm{P}) = \tfrac{1}{4\pi}\int_{\theta=0}^{2\pi}\int_{z'=-\infty}^{+\infty} M\sin\theta \tfrac{(x-R\cos\theta, -R\sin\theta, -z')}{(R^2+x^2+z'^2-2Rx\cos\theta)^{\frac{3}{2}}} R\,d\theta dz' \qquad \text{(A.5.19)}$$

となる．z 成分 $H_{1z}(\mathrm{P})$ の z' に関する積分は，被積分関数が z' の奇関数であり，また $-\infty < z' < \infty$ であるので，$H_{1z}(\mathrm{P}) = 0$ である．y 成分 $H_{1y}(\mathrm{P})$ については，まず，z' で積分すると，付録公式 4 を参考にすると，

$$H_{1y}(\mathrm{P}) = -MR^2\tfrac{1}{4\pi}2\int_0^{2\pi}\tfrac{\sin^2\theta}{R^2+x^2-2Rx\cos\theta}\,d\theta \qquad \text{(A.5.20)}$$

となる．点 P が磁性体内にあるので，(A.5.20) 式の積分は (A.4.54) 式より，

$$\int_0^{2\pi}\tfrac{\sin^2\theta}{R^2+x^2-2Rx\cos\theta}\,d\theta = \tfrac{\pi}{R^2} \qquad \text{(A.5.21)}$$

となる．(A.5.20), (A.5.21) 式より，

$$\begin{aligned} H_{1y}(\mathrm{P}) &= -MR^2\tfrac{1}{4\pi}2\tfrac{\pi}{R^2} \\ &= -\tfrac{M}{2} \end{aligned} \qquad \text{(A.5.22)}$$

となる．次に (A.5.19) 式の x 成分 $H_{1x}(\mathrm{P})$ については，積分の被積分関数が θ に関して奇関数であり，$0 \leq \theta < 2\pi$ の積分範囲では 0 となるので，$H_{1x}(\mathrm{P}) = 0$ である．$H_{1x}(\mathrm{P}) = 0$, $H_{1z}(\mathrm{P}) = 0$, (A.5.22) 式より，

$$\begin{aligned} \overrightarrow{H}_1(\mathrm{P}) &= \left(0, -\tfrac{M}{2}, 0\right) = -\tfrac{M}{2}(0, 1, 0) \\ &= -\tfrac{\overrightarrow{M}}{2}\ [\mathrm{A/m}] \end{aligned} \qquad \text{(A.5.23)}$$

となる．

B.（$\overrightarrow{H}_\mathrm{ext}$ が x 軸に平行な場合） ここでも $\overrightarrow{r}_\mathrm{P} = (x, 0, 0)$（$x \geq 0$）とする．このとき $\overrightarrow{M}(\mathrm{Q}) = (M, 0, 0)$, $M > 0$ であるので，$\overrightarrow{r}_\mathrm{P}$ と $\overrightarrow{M}(\mathrm{Q})$ は平行であり，

$$\sigma_{\mathrm{M}}(\mathrm{Q}) = (0, M, 0)\cdot(\cos\theta, \sin\theta, 0) = M\sin\theta$$

である．$dS(\mathrm{Q}) = R\,d\theta dz'$ であり，$0 \leq \theta < 2\pi$, $-\infty < z' < \infty$ である．以上より (A.5.18) 式は，

$$\vec{H}_1(\mathrm{P}) = \frac{1}{4\pi}\int_{\theta=0}^{2\pi}\int_{z'=-\infty}^{+\infty} M\cos\theta\,\frac{(x-R\cos\theta, -R\sin\theta, -z')}{(R^2+x^2+z'^2-2Rx\cos\theta)^{\frac{3}{2}}}\,R\,d\theta dz' \tag{A.5.24}$$

となる．A. と同様に z 成分は，$H_{1z}(\mathrm{P}) = 0$ である．y 成分については，積分部分は被積分関数が θ に関して奇関数であるので，$0 \leq \theta < 2\pi$ の積分範囲では 0 となる．したがって，$H_{1y}(\mathrm{P}) = 0$ である．次に，(A.5.24) 式の x 成分について，z' で積分すると，

$$\begin{aligned} H_{1x}(\mathrm{P}) &= MR\frac{1}{4\pi}2\int_0^{2\pi}\cos\theta\,\frac{x-R\cos\theta}{R^2+x^2-2Rx\cos\theta}\,d\theta \\ &= MR\frac{1}{4\pi}4\left(x\int_0^{\pi}\frac{\cos\theta}{R^2+x^2-2Rx\cos\theta}\,d\theta - R\int_0^{\pi}\frac{\cos^2\theta}{R^2+x^2-2Rx\cos\theta}\,d\theta\right) \end{aligned} \tag{A.5.25}$$

となる．(A.5.25) 式の右辺の積分は付録公式 9, 10 より，$0 \leq x < R$ を考慮して，

$$\begin{aligned} &x\int_0^{\pi}\frac{\cos\theta}{R^2+x^2-2Rx\cos\theta}\,d\theta - R\int_0^{\pi}\frac{\cos^2\theta}{R^2+x^2-2Rx\cos\theta}\,d\theta \\ &= x\frac{\pi x}{R}\frac{1}{R^2-x^2} - R\frac{\pi}{2R^2}\frac{R^2+x^2}{R^2-x^2} = \frac{\pi}{R(R^2-x^2)}\left(x^2-\frac{R^2+x^2}{2}\right) = -\frac{\pi}{2a} \end{aligned} \tag{A.5.26}$$

となる．(A.5.25), (A.5.26) 式より，

$$H_{1x}(\mathrm{P}) = MR\frac{1}{\pi}\left(-\frac{\pi}{2R}\right) = -\frac{M}{2} \tag{A.5.27}$$

となり，$H_{1y}(\mathrm{P}) = 0$, $H_{1z}(\mathrm{P}) = 0$,（A.5.27) 式より，

$$\vec{H}_1(\mathrm{P}) = \left(-\frac{M}{2}, 0, 0\right) = -\frac{M}{2}(1, 0, 0) = -\frac{\vec{M}}{2}\ [\mathrm{A/m}] \tag{A.5.28}$$

となる．

以上をまとめると $\vec{H}_{\mathrm{ext}}$ が中心軸に平行なときは $\vec{H}_1(\mathrm{P}) = \vec{0}$ [A/m] であり，垂直なときは，点 P が x 軸上にある場合，$\vec{H}_{\mathrm{ext}}$ を y 軸に平行に印加した場合と x 軸に平行に印加した場合，ともに $\vec{H}_1(\mathrm{P}) = -\frac{\vec{M}}{2}$ [A/m] になることが分かった．この結果をもとに，$\vec{H}_{\mathrm{ext}}$ が z 軸に垂直な任意の方向な場合を考える．そのとき磁化は $\vec{M}(\mathrm{Q}) = (M_x, M_y, 0)$ であるので

$$\sigma_{\mathrm{M}}(\mathrm{Q}) = (M_x, M_y, 0)\cdot(\cos\theta, \sin\theta, 0) = M_x\cos\theta + M_y\sin\theta$$

であり，$\vec{H}_1(\mathrm{P})$ は

$$\begin{aligned} \vec{H}_1(\mathrm{P}) &= \frac{1}{4\pi}\int_{\theta=0}^{2\pi}\int_{z'=-\infty}^{+\infty}(M_x\cos\theta + M_y\sin\theta)\,\frac{(x-R\cos\theta, -R\sin\theta, -z')}{(R^2+x^2+z'^2-2Rx\cos\theta)^{\frac{3}{2}}}\,R\,d\theta dz' \\ &= \frac{1}{4\pi}M_x\int_0^{2\pi}\int_{-\infty}^{+\infty}\cos\theta\,\frac{(x-R\cos\theta, -R\sin\theta, -z')}{(R^2+x^2+z'^2-2Rx\cos\theta)^{\frac{3}{2}}}\,R\,d\theta dz' \\ &\quad + \frac{1}{4\pi}M_y\int_0^{2\pi}\int_{-\infty}^{+\infty}\sin\theta\,\frac{(x-R\cos\theta, -R\sin\theta, -z')}{(R^2+x^2+z'^2-2Rx\cos\theta)^{\frac{3}{2}}}\,R\,d\theta dz' \end{aligned} \tag{A.5.29}$$

となる．(A.5.27) 式の積分の部分に (A.5.20), (A.5.25) 式の結果を適用すると，

$$\begin{aligned} \vec{H}_1(\mathrm{P}) &= -\frac{M_x}{2}(1, 0, 0) - \frac{M_y}{2}(0, 1, 0) = -\frac{1}{2}(M_x, M_y, 0) \\ &= -\frac{\vec{M}}{2}\ [\mathrm{A/m}] \end{aligned} \tag{A.5.30}$$

となる．したがって，円柱磁性体に $\vec{H}_{\mathrm{ext}}$ を中心軸に垂直に印加して磁性体が一様に $\vec{M}$ で磁化す

るとき，$\vec{M}$ による磁性体内の任意の点 P における $\vec{H}_1(\mathrm{P})$ は $\vec{H}_1(\mathrm{P}) = -\frac{\vec{M}}{2}$ [A/m] となる．

以上より，磁性体内の任意の点 P における巨視磁界 $\vec{H}(\mathrm{P})$ は，$\vec{H}_{\mathrm{ext}}$ が中心軸に平行な場合，

$$\vec{H}(\mathrm{P}) = \vec{H}_{\mathrm{ext}} + \vec{H}_1(\mathrm{P}) = \vec{H}_{\mathrm{ext}}\ [\mathrm{A/m}] \tag{A.5.31}$$

となり，垂直な場合，

$$\vec{H}(\mathrm{P}) = \vec{H}_{\mathrm{ext}} + \vec{H}_1(\mathrm{P}) = \vec{H}_{\mathrm{ext}} - \frac{\vec{M}}{2}\ [\mathrm{A/m}] \tag{A.5.32}$$

となる．

これら結果をもとに，$\vec{H}_{\mathrm{ext}}$ が任意の方向の場合を考える．$\vec{H}_{\mathrm{ext}}$, $\vec{H}(\mathrm{P})$, $\vec{M}$ の中心軸に平行な成分をそれぞれ $\vec{H}_{\mathrm{ext}//}$, $\vec{H}_{//}(\mathrm{P})$, $\vec{M}_{//}$ とし，垂直な成分をそれぞれ $\vec{H}_{\mathrm{ext}\perp}$, $\vec{H}_{\perp}(\mathrm{P})$, $\vec{M}_{\perp}$ とする．それぞれの成分について，(A.5.31), (A.5.32) 式より，

$$\vec{H}_{//}(\mathrm{P}) = \vec{H}_{\mathrm{ext}//} \tag{A.5.33}$$

$$\vec{H}_{\perp}(\mathrm{P}) = \vec{H}_{\mathrm{ext}\perp} - \frac{\vec{M}_{\perp}}{2} \tag{A.5.34}$$

である．したがって，(A.5.33), (A.5.34) 式より，

$$\vec{H}(\mathrm{P}) = \vec{H}_{\mathrm{ext}} - \frac{\vec{M}_{\perp}}{2} \tag{A.5.35}$$

となる．題意により透磁率が与えられているので，$\vec{M}_{\perp}$ は (5.4.1), (5.4.2) 式より，

$$\vec{M}_{\perp} = \frac{\mu-\mu_0}{\mu_0}\vec{H}_{\perp}(\mathrm{P}) \tag{A.5.36}$$

であるため，(A.5.35), (A.5.36) 式より，

$$\vec{H}(\mathrm{P}) = \vec{H}_{\mathrm{ext}} - \frac{\mu-\mu_0}{2\mu_0}\vec{H}_{\perp}(\mathrm{P})\ [\mathrm{A/m}] \tag{A.5.37}$$

となる．したがって，$\vec{H}(\mathrm{P})$ は $\vec{H}_{\mathrm{ext}}$ と方向が異なることが分かる．$\vec{H}(\mathrm{P})$ をそれぞれの成分で表せば，(A.5.37) 式より，

$$\vec{H}_{//}(\mathrm{P}) = \vec{H}_{\mathrm{ext}//}\ [\mathrm{A/m}]$$

$$\vec{H}_{\perp}(\mathrm{P}) = \frac{2\mu_0}{\mu+\mu_0}\vec{H}_{\mathrm{ext}\perp}\ [\mathrm{A/m}]$$

となる．

■ **5.4** 問題 5.2 と同様にして，**図 A.5.4** に示すように，xyz 座標により空間座標を設定する．外部磁界 $\vec{H}_{\mathrm{ext}}$ [A/m] が **図 A.5.4 (a)** に示すように z 軸に平行な場合と，**(b)** に示すように z 軸に対して垂直な方向の 2 つの場合に分けて考える必要がある．いずれの場合にも，平板内で磁化 $\vec{M}$ が一様であり $\vec{H}_{\mathrm{ext}}$ と同じ方向である．問題 5.2 の結果を参考にすると，平板内の任意の点

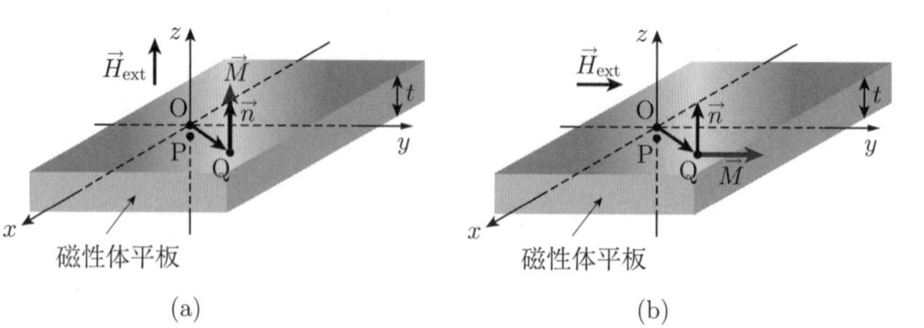

図 A.5.4

P における反磁界 $\vec{H}_1(\mathrm{P})$ [A/m] は，$\vec{H}_{\mathrm{ext}}$ が z 軸に平行な場合，(A.5.13) 式より，

$$\vec{H}_1(\mathrm{P}) = -M(0,0,1) \tag{A.5.38}$$

であり，$\vec{H}_{\mathrm{ext}}$ が z 軸に垂直な場合，(A.5.14) 式より，

$$\vec{H}_1(\mathrm{P}) = \vec{0} \tag{A.5.39}$$

である．以上より，磁性体平板内の任意の点における巨視磁界の強さ $\vec{H}(\mathrm{P})$ [A/m] は，$\vec{H}_{\mathrm{ext}}$ が z 軸に平行な場合，(A.5.38) 式より，

$$\vec{H}(\mathrm{P}) = \vec{H}_{\mathrm{ext}} + \vec{H}_1(\mathrm{P}) = \vec{H}_{\mathrm{ext}} - \vec{M} \tag{A.5.40}$$

となり，$\vec{H}_{\mathrm{ext}}$ が z 軸に垂直な場合，(A.5.39) 式より，

$$\vec{H}(\mathrm{P}) = \vec{H}_{\mathrm{ext}} + \vec{H}_1(\mathrm{P}) = \vec{H}_{\mathrm{ext}} \tag{A.5.41}$$

となる．

これら結果をもとに，$\vec{H}_{\mathrm{ext}}$ が任意の方向の場合を考える．$\vec{H}_{\mathrm{ext}}$, $\vec{H}(\mathrm{P})$, $\vec{M}$ の z 軸に平行な成分をそれぞれ $\vec{H}_{\mathrm{ext}//}$, $\vec{H}_{//}(\mathrm{P})$, $\vec{M}_{//}$ とし，z 軸に垂直な成分をそれぞれ $\vec{H}_{\mathrm{ext}\perp}$, $\vec{H}_{\perp}(\mathrm{P})$, $\vec{M}_{\perp}$ とする．それぞれの成分について，(A.5.40), (A.5.41) 式より，

$$\vec{H}_{//}(\mathrm{P}) = \vec{H}_{\mathrm{ext}//} - \vec{M}_{//}$$

$$\vec{H}_{\perp}(\mathrm{P}) = \vec{H}_{\mathrm{ext}\perp}$$

であるため，

$$\vec{H}(\mathrm{P}) = \vec{H}_{\mathrm{ext}} - \vec{M}_{//} \tag{A.5.42}$$

となる．題意により透磁率が与えられているので，$\vec{M}_{//}$ は (5.4.1), (5.4.2) 式より，

$$\vec{M}_{//} = \tfrac{\mu-\mu_0}{\mu_0}\vec{H}_{//}(\mathrm{P})$$

であるため，$\vec{H}(\mathrm{P})$ は (5.4.2) 式より，

$$\vec{H}(\mathrm{P}) = \vec{H}_{\mathrm{ext}} - \tfrac{\mu-\mu_0}{\mu_0}\vec{H}_{//}(\mathrm{P}) \tag{A.5.43}$$

となる．$\vec{H}(\mathrm{P})$ をそれぞれの成分で表せば，(A.5.43) 式より，

$$\vec{H}_{//}(\mathrm{P}) = \tfrac{\mu_0}{\mu}\vec{H}_{\mathrm{ext}//}, \quad \vec{H}_{\perp}(\mathrm{P}) = \vec{H}_{\mathrm{ext}\perp}$$

となる．したがって，$\vec{H}(\mathrm{P})$ は磁性体円柱の場合と同様に，$\vec{H}_{\mathrm{ext}}$ と方向が異なることが分かる．

■ **5.5** **図5.15** に示すように，空間座標を設定する．磁性体内の表面を含む点における磁化 $\vec{M}$ は，(5.4.14) 式より，

$$\vec{M} = \tfrac{3(\mu-\mu_0)}{\mu+2\mu_0}\vec{H}_{\mathrm{ext}} \tag{A.5.44}$$

である．したがって磁性体の表面の点 Q に現れる磁荷密度 $\sigma_{\mathrm{M}}(\mathrm{Q})$ [A/m] は，$\sigma_{\mathrm{M}}(\mathrm{Q}) = \vec{M}\cdot\vec{n}(\mathrm{Q}) = \vec{M}\cdot(\sin\theta\cos\varphi, \sin\theta\sin\varphi, \cos\theta)$ である．したがって磁性体球に働く力 $\vec{F}$ は，(A.5.44) 式より，

$$\begin{aligned}\vec{F} &= -\tfrac{1}{2}\oiint_{\text{磁性体表面}} \mu_0\vec{H}_{\mathrm{ext}}\sigma_{\mathrm{M}}\,dS(\mathrm{Q}) \\ &= \oiint_{\text{磁性体表面}} \mu_0\vec{H}_{\mathrm{ext}}\vec{M}\cdot d\vec{S}(\mathrm{Q}) \\ &= -\tfrac{3}{2}\tfrac{\mu_0(\mu-\mu_0)}{\mu+2\mu_0}\vec{H}_{\mathrm{ext}}\int_{\varphi=0}^{2\pi}\int_{\theta=0}^{\pi}|\vec{H}_{\mathrm{ext}}|(0,0,1)\cdot a^2\sin\theta\,d\varphi d\theta(\sin\theta\cos\varphi, \sin\theta\sin\varphi, \cos\theta)\end{aligned}$$

$$= -\tfrac{3}{2}\tfrac{\mu_0(\mu-\mu_0)}{\mu+2\mu_0}\vec{H}_{\rm ext}2\pi|\vec{H}_{\rm ext}|a^2\int_0^{\pi}\sin\theta\cos\theta\,d\theta$$

$$= \vec{0}\ [\mathrm{N}]$$

となる．この結果は磁気エネルギーを用いても求められる．一様な $\vec{H}_{\rm ext}$ 中の任意の位置に磁性体球を置くと例題 5.8 に示したように磁気エネルギーは変化する．しかし，置いた後は磁性体を $\vec{H}_{\rm ext}$ 中で移動させても磁気エネルギーは変化しないので，磁性体を移動させるのに力を必要としない．あるいは，$\vec{H}_{\rm ext}$ に向かい合わせになる球の半面と反対側の球の半面に働く力は大きさが等しく向きが逆なので，重ね合わせることにより力は全体としては働かない．もし $\vec{H}_{\rm ext}$ が一様でなければ，$\vec{F}$ は一般的には $\vec{0}$ N にはならず，磁性体を移動させるために仕事が必要となる．

■ **5.6** **図 A.5.5** に示すように，xyz 座標の xy 平面上に 2 つの磁性体の境界面があるように空間座標を設定する．磁性体は外部磁界 $\vec{H}_{\rm ext}$ [A/m] によりそれぞれ $\vec{M}_1$ [A/m], $\vec{M}_2$ で磁化され，上下面それぞれに磁荷が密度 $-\sigma_{\rm 1M}$, $\sigma_{\rm 1M}$, $-\sigma_{\rm 2M}$, $\sigma_{\rm 2M}$ [A/m] で現れる．ここで重ね合わせの原理を用いる．例題 5.9 で述べたように 2 通りの解釈が考えられる．

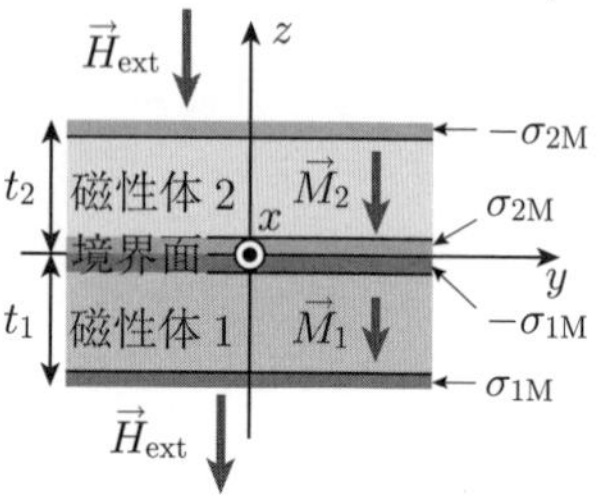

図 A.5.5

解釈 1．磁性体 1 の上面の単位面積当たりの磁荷に働く力 $\vec{F}_{1-}$ は (5.6.16) 式より，

$$\vec{F}_{1-} = \tfrac{1}{2}\mu_0\tfrac{\mu_0^2-\mu_1^2}{\mu_1^2}H_{\rm ext}\vec{H}_{\rm ext} \qquad (\mathrm{A.5.45})$$

である．磁性体 2 の下面の単位面積の磁荷 $\sigma_{\rm 2M}$ に働く力 $\vec{F}_{2+}$ は (A.5.45) 式を参考にして，

$$\vec{F}_{2+} = -\tfrac{1}{2}\mu_0\tfrac{\mu_0^2-\mu_2^2}{\mu_2^2}H_{\rm ext}\vec{H}_{\rm ext} \qquad (\mathrm{A.5.46})$$

となる．磁性体 1，磁性体 2 の境界面に働く単位面積当たりの力 $\vec{F}_{\text{境界面}}$ [N/m^2] は $\vec{F}_{1-}$, $\vec{F}_{2+}$ を重ね合わせたものになり，(A.5.45), (A.5.46) 式より，

$$\begin{aligned}\vec{F}_{\text{境界面}} &= \vec{F}_{1-} + \vec{F}_{2+}\\ &= \tfrac{1}{2}\mu_0\tfrac{\mu_0^2-\mu_1^2}{\mu_1^2}H_{\rm ext}\vec{H}_{\rm ext} - \tfrac{1}{2}\mu_0\tfrac{\mu_0^2-\mu_2^2}{\mu_2^2}H_{\rm ext}\vec{H}_{\rm ext}\\ &= \tfrac{1}{2}\mu_0^3\left(\tfrac{1}{\mu_1^2}-\tfrac{1}{\mu_2^2}\right)H_{\rm ext}\vec{H}_{\rm ext} \qquad (\mathrm{A.5.47})\end{aligned}$$

となる．磁束密度は磁性体平板の面に垂直な方向で境界条件を満たしており，任意の場所で一定である．これを B として (A.5.47) 式を書き換えると，

$$\vec{F}_{\text{境界面}} = \tfrac{1}{2}\mu_0\left(\tfrac{1}{\mu_1^2}-\tfrac{1}{\mu_2^2}\right)B^2\vec{k} = \tfrac{1}{2}\mu_0\left(H_1^2-H_2^2\right)\vec{k} \qquad (\mathrm{A.5.48})$$

となる．磁性体 1 の下面および磁性体 2 の上面に働く力は，境界面で磁性体 1 および磁性体 2 に働く力と大きさが同じで逆向きであるので，結局，磁性体全体には力が働かない．さらに境界面にも力が働いていないことになる．得られた解 (A.5.48) 式は，一般的な教科書・演習書で示されている磁気エネルギーと仮想変位法により導出された解である，

$$\vec{F} = \tfrac{1}{2}\left(\tfrac{1}{\mu_1}-\tfrac{1}{\mu_2}\right)B^2\vec{k}\ [\mathrm{N/m^2}] \qquad (\mathrm{A.5.49})$$

とは異なる．それは (5.6.21) 式では 2 つの磁極による力と磁性体の上下面間に働く力の寄与を考慮しているからである．逆に，(A.5.49) 式が正しい力の式であるとすると，磁気エネルギーと仮想変位法を用いないで磁化に働く力の方法で (A.5.49) 式の解釈を以下に示そう．

解釈 2.　磁性体 1 の上面の単位面積の磁荷 $\sigma_{1\mathrm{M}}$ に働く力 $\vec{F}_1$ [N] は，$\sigma_{1\mathrm{M}}$ に接している磁性体 2 の内部の磁界 $\vec{H}_2$ によるものであり，上の方に引かれるので，(5.6.18) 式より，

$$\begin{aligned}\vec{F}_1 &= \tfrac{1}{2}\mu_0\sigma_{1\mathrm{M}}\vec{H}_2 = \tfrac{1}{2}\mu_0\tfrac{\mu_1-\mu_0}{\mu_1}H_{\mathrm{ext}}\tfrac{\mu_0}{\mu_2}\vec{H}_{\mathrm{ext}} \\ &= \tfrac{1}{2}\mu_0^2\tfrac{\mu_1-\mu_0}{\mu_1\mu_2}H_{\mathrm{ext}}^2(0,0,1) = \tfrac{1}{2}\mu_0^2\tfrac{\mu_1-\mu_0}{\mu_1\mu_2}H_{\mathrm{ext}}^2\vec{k} \qquad \text{(A.5.50)}\end{aligned}$$

となる．同様にして，磁性体 2 の下面の単位面積の磁荷 $-\sigma_{2\mathrm{M}}$ に働く力 $\vec{F}_2$ [N] は，磁性体 1 の内部の磁界 $\vec{H}_1$ によるものであり，下の方に引かれるので，

$$\vec{F}_2 = \tfrac{1}{2}\mu_0(-\sigma_{2M})\vec{H}_1 = -\tfrac{1}{2}\mu_0^2\tfrac{\mu_2-\mu_0}{\mu_2\mu_1}H_{\mathrm{ext}}^2\vec{k} \qquad \text{(A.5.51)}$$

となる．(A.5.50), (A.5.51) 式より，磁性体 1 と磁性体 2 の境界面の単位面積に働く力 $\vec{F}$ は，

$$\begin{aligned}\vec{F} &= \vec{F}_1 + \vec{F}_2 \\ &= \tfrac{1}{2}\mu_0\tfrac{\mu_1-\mu_0}{\mu_1\mu_2}H_{\mathrm{ext}}^2 - \tfrac{1}{2}\mu_0\tfrac{\mu_2-\mu_0}{\mu_2\mu_1}H_{\mathrm{ext}}^2\vec{k} \\ &= \tfrac{1}{2}\mu_0^2\tfrac{\mu_1}{\mu_1\mu_2}H_{\mathrm{ext}}^2 - \tfrac{1}{2}\mu_0^2\tfrac{\mu_2}{\mu_2\mu_1}H_{\mathrm{ext}}^2\vec{k} \\ &= \tfrac{1}{2}\mu_0^2H_{\mathrm{ext}}^2\left(\tfrac{1}{\mu_2}-\tfrac{1}{\mu_1}\right) \\ &= \tfrac{1}{2}B_{\mathrm{ext}}^2\left(\tfrac{1}{\mu_2}-\tfrac{1}{\mu_1}\right)\ [\mathrm{N}] \qquad \text{(A.5.52)}\end{aligned}$$

となり (A.5.49) 式と一致する．

(A.5.52) 式は厚さが有限な 2 層の平板磁性体についての解であるが，$\vec{H}_{\mathrm{ext}}$ が境界面に垂直な場合には，磁束密度の境界面の法線成分が連続であるので，2 層平板磁性体に限る必要はなく多層の場合においても磁束密度が既知であれば使用することができる一般的な式である．

■ **5.7**　まず，この問題を厳密に解くことは不可能であり，以下に示すのは近似解である．**図 A.5.6 (a)** に示すように，ソレノイドに電流を流すことによりソレノイド内に発生する磁束密度 $\vec{B}$ により磁性体円柱が磁化され，その結果円柱端面に生じる磁荷にソレノイドの真空部分の磁界 $\vec{H}$ によ

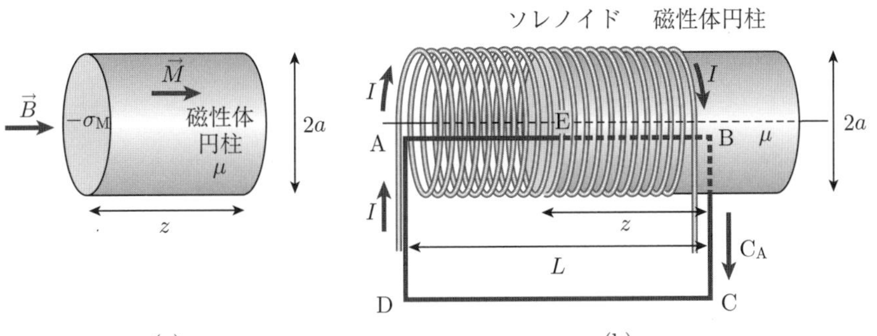

(a)　　(b)

図 A.5.6

り力 $\vec{F}$ が働く．

まず，無限長ソレノイドに電流 I [A] を流すことにより発生する任意の点の磁界および磁束密度を求めてみよう．**図 A.5.6 (b)** に示すように，アンペールの周回積分を行う経路 $\mathrm{C_A}$ として，全ソレノイドに鎖交する長方形 ABCD の経路を設定する．このとき，磁界が 0 A/m でないのは区間 AB であると仮定し，区間 AB では $\vec{H} \,/\!/\, d\vec{s}$，区間 BC, DA では $\vec{H} \perp d\vec{s}$ と近似し，区間 AE は真空，区間 EB は磁性体であるとすると，周回積分は，

$$\begin{aligned}
\oint_{\mathrm{C_A}} \vec{H}\cdot d\vec{s} &= \int_{\mathrm{A}}^{\mathrm{B}} \vec{H}\cdot d\vec{s} + \int_{\mathrm{B}}^{\mathrm{C}} \vec{H}\cdot d\vec{s} + \int_{\mathrm{C}}^{\mathrm{D}} \vec{H}\cdot d\vec{s} + \int_{\mathrm{D}}^{\mathrm{A}} \vec{H}\cdot d\vec{s} \\
&= \int_{\mathrm{A}}^{\mathrm{B}} \vec{H}\cdot d\vec{s} = \int_{\mathrm{A}}^{\mathrm{E}} H\,ds + \int_{\mathrm{E}}^{\mathrm{B}} H\,ds = H_{\text{真空}}\int_{\mathrm{A}}^{\mathrm{E}} ds + H_{\text{磁性体}}\int_{\mathrm{E}}^{\mathrm{B}} ds \\
&= H_{\text{真空}}(L-z) + H_{\text{磁性体}}z \\
&= nI \qquad \text{(A.5.53)}
\end{aligned}$$

となる．境界条件より，磁束密度はソレノイド内で常に連続であるので，$B_{\text{真空}} = B_{\text{磁性体}} = B$ として，(A.5.53) 式より，

$$\frac{B_{\text{真空}}}{\mu_0}(L-z) + \frac{B_{\text{磁性体}}}{\mu}z = B\left(\frac{L-z}{\mu_0} + \frac{z}{\mu}\right) = nI$$

となり，

$$\vec{B} = \frac{nI}{\frac{L-z}{\mu_0} + \frac{z}{\mu}}\vec{k}\ [\mathrm{T}] \qquad \text{(A.5.54)}$$

となる．これより，

$$\vec{H}_{\text{真空}} = \frac{nI}{L-z+\frac{\mu_0}{\mu}z}\vec{k}\ [\mathrm{A/m}], \quad \vec{H}_{\text{磁性体}} = \frac{nI}{\frac{\mu}{\mu_0}(L-z)+z}\vec{k}\ [\mathrm{A/m}] \qquad \text{(A.5.55)}$$

となる．(A.5.55) 式より，磁化 $\vec{M}$ は，

$$\vec{M} = \frac{\mu-\mu_0}{\mu_0}\vec{H}_{\text{磁性体}} = \frac{\mu-\mu_0}{\mu(L-z)+\mu_0 z}nI\vec{k}\ [\mathrm{A/m}] \qquad \text{(A.5.56)}$$

となる．したがって，磁性体端面に現れる磁荷密度 σ_{M} は，(A.5.56) 式より，

$$\sigma_{\mathrm{M}} = \vec{M}\cdot\vec{k} = \frac{\mu-\mu_0}{\mu(L-z)+\mu_0 z}nI\ [\mathrm{A/m}] \qquad \text{(A.5.57)}$$

となる．磁性体のもう一つの端面では磁界はゼロであるので，磁性体端面の全磁荷に働く力 $\vec{F}$ は，(A.5.57) 式より，

$$\begin{aligned}
\vec{F} &= -\frac{1}{2}\mu_0\vec{H}_{\text{真空}}\sigma_{\mathrm{M}}\pi a^2 \\
&= -\frac{1}{2}\mu_0\pi a^2\frac{1}{L-z+\frac{\mu_0}{\mu}z}nI\frac{\mu-\mu_0}{\mu(L-z)+\mu_0 z}nI\vec{k} \\
&= -\frac{\mu_0\mu\pi a^2(\mu-\mu_0)n^2I^2}{2\{\mu(L-z)+\mu_0 z\}^2}\vec{k}\ [\mathrm{N}] \qquad \text{(A.5.58)}
\end{aligned}$$

となる．

■ **5.8** (1) **図 A.5.7** に示すように，空間座標を設定する．解法は例題 5.11 と同様であるが，異なるのは環状磁性体に間隙があることである．**図 A.5.7** に示すようにアンペールの周回積分経路 C を設定すると，

$$\oint_{\mathrm{C}} \vec{H}\cdot d\vec{s} = \int_{\text{磁性体}}\vec{H}\cdot d\vec{s} + \int_{\text{間隙}}\vec{H}\cdot d\vec{s} = H_{\text{磁性体}}\int_{\text{磁性体}} \mathrm{d}s + H_{\text{間隙}}\int_{\text{間隙}} \mathrm{d}s$$
$$= NI \qquad \text{(A.5.59)}$$

となる．間隙部の磁性体端面が磁性体の中心軸に垂直であるとすると，磁束密度に関する境界条件により，磁性体中と間隙部の磁束密度は等しい．これを $\vec{B}$ とすると (A.5.59) 式より，

$$\frac{B_{\text{磁性体}}}{\mu}\left\{2\pi(b+r\cos\theta)-\frac{b+r\cos\theta}{b}\delta\right\}+\frac{B_{\text{間隙}}}{\mu_0}\frac{b+r\cos\theta}{b}\delta$$
$$= B(b+r\cos\theta)\left\{\frac{1}{\mu}\left(2\pi-\frac{\delta}{b}\right)+\frac{1}{\mu_0}\frac{\delta}{b}\right\} = NI \qquad \text{(A.5.60)}$$

となるので，

$$\vec{B}(\mathrm{P}) = \frac{NI}{(b+r\cos\theta)\left\{\frac{1}{\mu}\left(2\pi-\frac{\delta}{b}\right)+\frac{1}{\mu_0}\frac{\delta}{b}\right\}}\vec{\varphi}(\mathrm{P}) \qquad \text{(A.5.61)}$$

となる．ただし，$\vec{\varphi}(\mathrm{P})$ は積分経路上の点 P における単位接線ベクトルである．したがって，ソレノイドに鎖交する鎖交磁束 Φ [Wb] は (5.7.5) 式を参考にして，(A.5.61) 式より，

$$\Phi = \frac{N^2 I}{\frac{1}{\mu}\left(2\pi-\frac{\delta}{b}\right)+\frac{1}{\mu_0}\frac{\delta}{b}}\int_{r=0}^{a}\int_{\theta=0}^{2\pi}\frac{1}{b+r\cos\theta}\,r\,drd\theta$$
$$= -\frac{2\pi N^2 I}{\frac{1}{\mu}\left(2\pi-\frac{\delta}{b}\right)+\frac{1}{\mu_0}\frac{\delta}{b}}\left[(b^2-r^2)^{\frac{1}{2}}\right]_0^a$$
$$= \frac{2\pi N^2 I}{\frac{1}{\mu}\left(2\pi-\frac{\delta}{b}\right)+\frac{1}{\mu_0}\frac{\delta}{b}}\left\{b-(b^2-a^2)^{\frac{1}{2}}\right\} \qquad \text{(A.5.62)}$$

となる．したがって，環状ソレノイドの自己インダクタンス L は，(A.5.62) 式より，

$$L = \frac{\Phi}{I} = \frac{N^2}{\frac{1}{\mu}\left(2\pi-\frac{\delta}{b}\right)+\frac{1}{\mu_0}\frac{\delta}{b}}\left\{b-(b^2-a^2)^{\frac{1}{2}}\right\}\ [\mathrm{H}] \qquad \text{(A.5.63)}$$

となる．$b \gg a$ のとき，L は (A.5.63) 式より，

$$L = \frac{N^2 S}{\frac{1}{\mu}(\ell-\delta)+\frac{1}{\mu_0}\delta}\ [\mathrm{H}] \qquad \text{(A.5.64)}$$

となる．ただし S は磁性体の断面積であり，ℓ はソレノイドの中心軸の長さである．このときソ

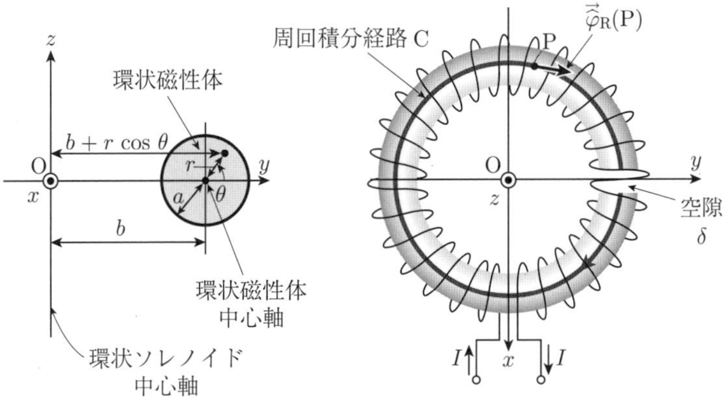

図 A.5.7

レノイド内の磁束密度 $\vec{B}(\mathrm{P})$ は，磁性体内および間隙部の点 P において (A.5.61) 式より，

$$\vec{B}(\mathrm{P}) \cong \frac{NI}{\frac{1}{\mu}(\ell-\delta)+\frac{1}{\mu_0}\delta}\vec{\varphi}(\mathrm{P})\ [\mathrm{T}] \tag{A.5.65}$$

となる．また磁界 $\vec{H}(\mathrm{P})$ は，(A.5.65) 式より，

$$\vec{H}(\mathrm{P}) \cong \frac{NI}{(\ell-\delta)+\frac{\mu}{\mu_0}\delta}\vec{\varphi}(\mathrm{P})\ [\mathrm{A/m}] \quad \text{（磁性体内）}$$

$$\vec{H}(\mathrm{P}) \cong \frac{NI}{\frac{\mu_0}{\mu}(\ell-\delta)+\delta}\vec{\varphi}(\mathrm{P})\ [\mathrm{A/m}] \quad \text{（間隙部）}$$

となる．

■ **5.9**　コイル 1 のみに電流 I_1 [A] を流すと，(5.7.5) 式よりコイル 1 に鎖交する鎖交磁束 $\varPhi_1$ [Wb] は，

$$\varPhi_1 = \mu N_1^2 I_1 \left\{ b - (b^2 - a^2)^{\frac{1}{2}} \right\} \tag{A.5.66}$$

となり，コイル 2 に鎖交する鎖交磁束 $\varPhi_{21}$ は，

$$\varPhi_{21} = \mu N_1 N_2 I_1 \left\{ b - (b^2 - a^2)^{\frac{1}{2}} \right\} \tag{A.5.67}$$

となる．同様にして，コイル 2 のみに電流 I_2 [A] を流すと，コイル 2 に鎖交する鎖交磁束 $\varPhi_2$ は，

$$\varPhi_2 = \mu N_2^2 I_2 \left\{ b - (b^2 - a^2)^{\frac{1}{2}} \right\} \tag{A.5.68}$$

となり，コイル 1 に鎖交する鎖交磁束 $\varPhi_{12}$ は，

$$\varPhi_{21} = \mu N_1 N_2 I_1 \left\{ b - (b^2 - a^2)^{\frac{1}{2}} \right\} \tag{A.5.69}$$

となり，コイル 1 の自己インダクタンス L_1 は (A.5.66) 式より，

$$L_1 = \frac{\varPhi_1}{I_1} = \mu N_1^2 \left\{ b - (b^2 - a^2)^{\frac{1}{2}} \right\}\ [\mathrm{H}]$$

となる．コイル 2 の自己インダクタンス L_2 は (A.5.68) 式より，

$$L_2 = \frac{\varPhi_2}{I_2} = \mu N_2^2 \left\{ b - (b^2 - a^2)^{\frac{1}{2}} \right\}\ [\mathrm{H}]$$

となる．コイル 1, 2 間の相互インダクタンス M は (A.5.67) あるいは (A.5.69) 式より，

$$M = \frac{\varPhi_{21}}{I_1} = \frac{\varPhi_{12}}{I_2} = \mu N_1 N_2 I_1 \left\{ b - (b^2 - a^2)^{\frac{1}{2}} \right\}\ [\mathrm{H}]$$

となり，符号は正となる．なぜならば，**図 A.5.8** に示すような巻き方をしている場合，コイル 1 に電流 I_1 のみを流すと磁束密度 $\vec{B}_1$ は，図に示すように時計回りの向きとなり，磁束も時計回りに流れる．電磁誘導の法則により，コイル 2 には鎖交する磁束を減ずる向きに起電力が発生する．例えばコイル 2 に抵抗を接続すれば，コイル 2 の図に示す巻き方の場合には図に示す I_2 の向きと同じ向きに電流が流れる．したがって，定義により相互インダクタンスは正になる．

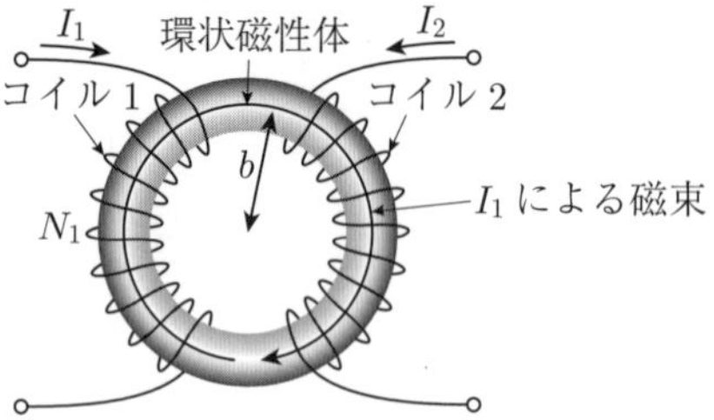

図 A.5.8

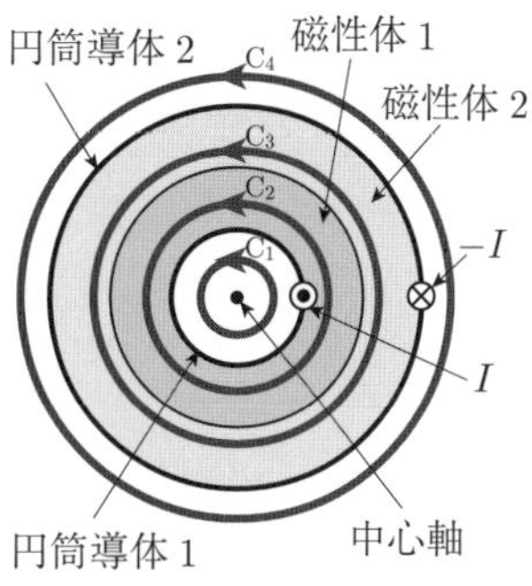

図 A.5.9

5.10 (1) アンペールの法則を用いてまず磁界 $\vec{H}(\mathrm{P})$ を求め，続いて $\vec{B}(\mathrm{P})$ を求める．周回積分経路として $\vec{H}(\mathrm{P})$ の情報として往復線路の断面の円対称性より，**図 A.5.9** に示すように，同軸線路の中心軸上の任意点を中心 O とし中心軸に垂直な平面上にある半径 ρ の円とする．$\vec{H}(\mathrm{P})$ の大きさは円周上で一定であり，その方向は円の接線方向，向きは右ネジの進む向きである．このようにすると周回積分を実行できる．

1. 経路 C_1 $(0 \leq \rho \leq a)$：C_1 に鎖交する電流は 0 A であるので周回積分は，

$$\oint_{\mathrm{C}_1} \vec{H}(\mathrm{P}) \cdot d\vec{s}(\mathrm{P}) = \oint_{\mathrm{C}_1} H(\mathrm{P})\, ds(\mathrm{P})$$
$$= H(\rho) \oint_{\mathrm{C}_1} ds(\mathrm{P}) = 2\pi\rho H$$
$$= \mu_0 \times 0 = 0$$

となるので $H = 0$ [A/m] であり，$\vec{H}(\mathrm{P}) = \vec{0}$ [A/m] となる．

2. 経路 C_2 $(a < \rho \leq b)$：C_2 に鎖交する電流は I [A] であるので周回積分は，

$$\oint_{\mathrm{C}} \vec{H}(\mathrm{P}) \cdot d\vec{s}(\mathrm{P}) = 2\pi\rho H(\rho) = I$$

となり，$\vec{H}(\mathrm{P}) = \frac{1}{2\pi\rho} I \vec{\varphi}(\mathrm{P})$ [A/m] となる．

3. 経路 C_3 $(b < \rho \leq c)$：C_3 に鎖交する電流は I [A] であるので周回積分は，

$$\oint_{\mathrm{C}} \vec{H}(\mathrm{P}) \cdot d\vec{s}(\mathrm{P}) = 2\pi\rho H(\rho) = I$$

となり，$\vec{H}(\mathrm{P}) = \frac{1}{2\pi\rho} I \vec{\varphi}(\mathrm{P})$ [A/m] となる．

4. 経路 C_4 $(c < \rho)$：C_4 に鎖交する電流は 0 A であるので周回積分は 0 となり，$\vec{H}(\mathrm{P}) = \vec{0}$ [A/m] となる．ただし，$\vec{\varphi}(\mathrm{P})$ は積分経路上の点 P における単位接線ベクトルである．2., 3. より $\rho = 0$ で磁性体 1 と磁性体 2 が接しているが，その境界面で磁界は連続であることが分かる．

以上より，各部の磁束密度は，

1. $\vec{B}(\mathrm{P}) = \vec{0}$ [T] $(0 \leq \rho \leq a)$ (A.5.70)

2. $\vec{B}(\mathrm{P}) = \frac{\mu_1}{2\pi\rho} I \vec{\varphi}(\mathrm{P})$ [T] $(a < \rho \leq b)$ (A.5.71)

3. $\vec{B}(\mathrm{P}) = \frac{\mu_2}{2\pi\rho} I \vec{\varphi}(\mathrm{P})$ [T] $(b < \rho \leq c)$ (A.5.72)

4. $\vec{B}(\mathrm{P}) = \vec{0}$ [T] $(c < \rho)$ (A.5.73)

となる．

(2) 1. $0 \leq \rho \leq a$：電流および (A.5.70) 式より磁束も流れていないので電流と磁束の積は 0 であり，自己インダクタンス $L_{0a} = 0$ [H] である．

2. $a < \rho \leq b$：磁束は電流 I に鎖交するため $d\Phi(r)$ と I の積を $a \leq \rho \leq b$ の範囲で積分すれば

よいので，(A.5.71) 式より，

$$\int_{\rho=a}^{b} I\,d\Phi(\rho) \times 1\,[\mathrm{m}] = I\int_{a}^{b} B(\rho)\,d\rho = I\int_{b}^{c} \tfrac{\mu_1 I}{2\pi\rho} I\,d\rho = \tfrac{\mu_1 I^2}{2\pi}\log_e\left(\tfrac{b}{a}\right)$$

$$\equiv L_{ab} I^2$$

となり，自己インダクタンス L_{ab} は，

$$L_{ab} = \tfrac{\mu_1}{2\pi}\log_e\left(\tfrac{b}{a}\right)\ [\mathrm{H}] \qquad \text{(A.5.74)}$$

となる．

3. $b < \rho \leq c$：磁束は電流 I に鎖交するので 2. と同様にして，(A.5.72) 式より，

$$\int_{\rho=b}^{c} I\,d\Phi(\rho) \times 1\,[\mathrm{m}] = \tfrac{\mu_2 I^2}{2\pi}\log_e\left(\tfrac{c}{b}\right)$$

$$\equiv L_{bc} I^2$$

となり，自己インダクタンス L_{bc} は，

$$L_{bc} = \tfrac{\mu_2}{2\pi}\log_e\left(\tfrac{c}{b}\right)\ [\mathrm{H}] \qquad \text{(A.5.75)}$$

となる．

4. $c < \rho$：電流および (A.5.73) 式より磁束も流れていないので，自己インダクタンス $L_{c\infty} = 0$ [H] である．

以上より，往復線路の 1 m 当たりの自己インダクタンス L は，(A.5.74), (A.5.75) 式より，

$$L = L_{0a} + L_{ab} + L_{bc} + L_{c\infty} = \tfrac{\mu_1}{2\pi}\log_e\left(\tfrac{b}{a}\right) + \tfrac{\mu_2}{2\pi}\log_e\left(\tfrac{c}{b}\right)\ [\mathrm{H}]$$

となる．

■ **5.11**　例題 5.12 と同様に，この問題を解析的な手順で解くことは不可能であるので，解を仮定して，矛盾がなければ，解の唯一性により正しい解となる．問題を解く最も重要なものは磁束密度と磁界に関する境界条件である．

図 A.5.10 に示すように，空間座標を設定する．例題 5.12 にしたがって解いてみよう．まず，**図 A.5.10 (a)** に示すように，観測点 P が磁性体 1 中にある場合を考える．このとき磁性体 2 を磁性体 1 に置き換えて，代わりに境界面を挟んで対称な位置にある点 Q_1'（$(-a, 0, 0)$（$a > 0$））

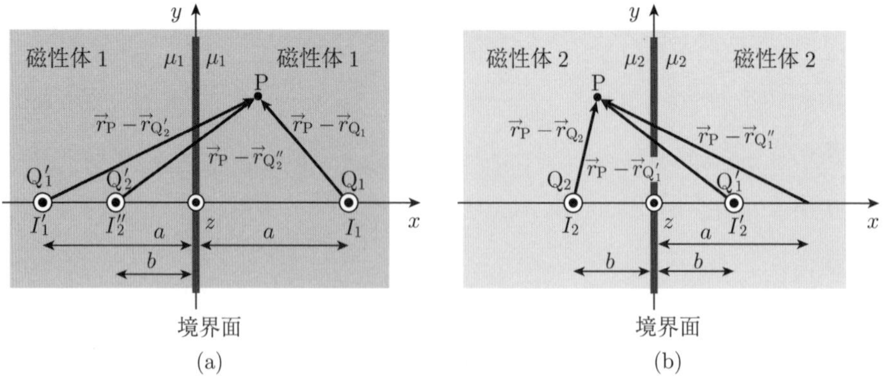

図 A.5.10

を通るように I_1 に平行に I_1' を置く．さらに磁性体 2 中に流れている電流 I_2 を点 P からみると，その位置にある点 Q_2'' は点 Q_2（$(-b, 0, 0)$（$b > 0$））と同じであるが，I_2 の大きさは違って見えると予想されるので I_2'' とする．したがって観測点 P が磁性体 1 中にある場合は I_1, I_1', I_2'' の 3 つの電流が磁束密度と磁界に寄与する．点 P の位置を $\vec{r}_{\mathrm{P}} = (x, y, z)$ とする．3 つの電流による点 P における磁束密度 $\vec{B}_1(\mathrm{P})$ [T] は (4.1.10) 式より，

$$\vec{B}_1(\mathrm{P}) = \tfrac{\mu_1}{2\pi} I_1 \tfrac{(-y, x-a, 0)}{(x-a)^2+y^2} + \tfrac{\mu_1}{2\pi} I_1' \tfrac{(-y, x+a, 0)}{(x+a)^2+y^2} + \tfrac{\mu_1}{2\pi} I_2'' \tfrac{(-y, x+b, 0)}{(x+b)^2+y^2} \tag{A.5.76}$$

となる．また磁界 $\vec{H}_1(\mathrm{P})$ [A/m] は，

$$\vec{H}_1(\mathrm{P}) = \tfrac{\vec{B}_1(\mathrm{P})}{\mu_1} = \tfrac{1}{2\pi} I_1 \tfrac{(-y, x-a, 0)}{(x-a)^2+y^2} + \tfrac{1}{2\pi} I_1' \tfrac{(-y, x+a, 0)}{(x+a)^2+y^2} + \tfrac{1}{2\pi} I_2'' \tfrac{(-y, x+b, 0)}{(x+b)^2+y^2} \tag{A.5.77}$$

となる．次に，磁性体 2 中に観測点 P を置いた場合，**図 A.5.10 (b)** に示すように，磁性体 1 を磁性体 2 に置き換えて，代わりに点 Q_2'（$(b, 0, 0)$）を通り I_2 に平行になるように I_2' [A] を置く．さらに磁性体 1 中に流れている電流 I_1 の代わりに同じ位置に I_1'' [A] を置く．したがって観測点 P が磁性体 2 中にある場合は，I_2, I_2', I_1'' の 3 つの電流が磁束密度と磁界に寄与する．3 つの電流による点 P における磁束密度 $\vec{B}_2(\mathrm{P})$ は，

$$\vec{B}_2(\mathrm{P}) = \mu_2 \vec{H}_2(\mathrm{P}) \tfrac{\mu_2}{2\pi} I_2 \tfrac{(-y, x+b, 0)}{(x+b)^2+y^2} + \tfrac{\mu_2}{2\pi} I_2' \tfrac{(-y, x-b, 0)}{(x-b)^2+y^2} + \tfrac{\mu_2}{2\pi} I_1'' \tfrac{(-y, x-a, 0)}{(x-a)^2+y^2} \tag{A.5.78}$$

となる．また磁界 $\vec{H}_2(\mathrm{P})$ は，

$$\vec{H}_2(\mathrm{P}) = \tfrac{1}{2\pi} I_2 \tfrac{(-y, x+b, 0)}{(x+b)^2+y^2} + \tfrac{1}{2\pi} I_2' \tfrac{(-y, x-b, 0)}{(x-b)^2+y^2} + \tfrac{1}{2\pi} I_1'' \tfrac{(-y, x-a, 0)}{(x-a)^2+y^2} \tag{A.5.79}$$

となる．境界部では $x = 0$ であるので (A.5.76)–(A.5.79) 式は，

$$\vec{B}_1(\mathrm{P}) = \tfrac{\mu_1}{2\pi} I_1 \tfrac{(-y, -a, 0)}{a^2+y^2} + \tfrac{\mu_1}{2\pi} I_1' \tfrac{(-y, a, 0)}{a^2+y^2} + \tfrac{\mu_1}{2\pi} I_2'' \tfrac{(-y, b, 0)}{b^2+y^2} \tag{A.5.80}$$

$$\vec{H}_1(\mathrm{P}) = \tfrac{1}{2\pi} I_1 \tfrac{(-y, -a, 0)}{a^2+y^2} + \tfrac{1}{2\pi} I_1' \tfrac{(-y, a, 0)}{a^2+y^2} + \tfrac{1}{2\pi} I_2'' \tfrac{(-y, b, 0)}{b^2+y^2} \tag{A.5.81}$$

$$\vec{B}_2(\mathrm{P}) = \tfrac{\mu_2}{2\pi} I_2 \tfrac{(-y, b, 0)}{b^2+y^2} + \tfrac{\mu_2}{2\pi} I_2' \tfrac{(-y, -b, 0)}{b^2+y^2} + \tfrac{\mu_2}{2\pi} I_1'' \tfrac{(-y, -a, 0)}{a^2+y^2} \tag{A.5.82}$$

$$\vec{H}_2(\mathrm{P}) = \tfrac{1}{2\pi} I_2 \tfrac{(-y, b, 0)}{b^2+y^2} + \tfrac{1}{2\pi} I_2' \tfrac{(-y, -b, 0)}{b^2+y^2} + \tfrac{1}{2\pi} I_1'' \tfrac{(-y, -a, 0)}{a^2+y^2} \tag{A.5.83}$$

となる．

まず，磁界 $\vec{H}_1(\mathrm{P})$ の接線成分 $H_1(\mathrm{P})_{\mathrm{t}}$ については，磁界は z 成分が 0 A/m であるので境界条件を xy 平面上で考えればよく，y 軸に平行な成分を求めればよい．(A.5.81) 式より，

$$\begin{aligned} H_1(\mathrm{P})_{\mathrm{t}} &= \vec{H}_1(\mathrm{P}) \cdot (0, 1, 0) \\ &= \left(\tfrac{1}{2\pi} I_1 \tfrac{(-y, -a, 0)}{a^2+y^2} + \tfrac{1}{2\pi} I_1' \tfrac{(-y, a, 0)}{a^2+y^2} + \tfrac{1}{2\pi} I_2'' \tfrac{(-y, b, 0)}{b^2+y^2} \right) \cdot (0, 1, 0) \\ &= \tfrac{1}{2\pi} I_1 \tfrac{-a}{a^2+y^2} + \tfrac{1}{2\pi} I_1' \tfrac{a}{a^2+y^2} + \tfrac{1}{2\pi} I_2'' \tfrac{b}{b^2+y^2} \end{aligned} \tag{A.5.84}$$

となる．同様にして $\vec{H}_2(\mathrm{P})$ の接線成分 $H_2(\mathrm{P})_{\mathrm{t}}$ は (A.5.83) 式より，

$$\begin{aligned} H_2(\mathrm{P})_{\mathrm{t}} &= \vec{H}_2(\mathrm{P}) \cdot (0, 1, 0) \\ &= \tfrac{1}{2\pi} I_2 \tfrac{b}{b^2+y^2} + \tfrac{1}{2\pi} I_2' \tfrac{-b}{b^2+y^2} + \tfrac{1}{2\pi} I_1'' \tfrac{-a}{a^2+y^2} \end{aligned} \tag{A.5.85}$$

となる．境界条件より $H_1(\mathrm{P})_{\mathrm{t}} = H_2(\mathrm{P})_{\mathrm{t}}$ であるので (A.5.84), (A.5.85) 式より，

$$\tfrac{1}{2\pi} I_1 \tfrac{-a}{a^2+y^2} + \tfrac{1}{2\pi} I_1' \tfrac{a}{a^2+y^2} + \tfrac{1}{2\pi} I_2'' \tfrac{b}{b^2+y^2} = \tfrac{1}{2\pi} I_2 \tfrac{b}{b^2+y^2} + \tfrac{1}{2\pi} I_2' \tfrac{-b}{b^2+y^2} + \tfrac{1}{2\pi} I_1'' \tfrac{-a}{a^2+y^2}$$

となり，整理すると，

$$\frac{a}{a^2+y^2}\left(-I_1+I_1'+I_1''\right)+\frac{b}{b^2+y^2}\left(I_2''-I_2+I_2'\right)=0 \tag{A.5.86}$$

となる．$a \neq b$ であるので，(A.5.86) 式が任意の y について成立するためには，

$$-I_1+I_1'=-I_1'', \quad -I_2+I_2'=-I_2'' \tag{A.5.87}$$

となる必要がある．次に，磁束密度 $\vec{B}_1(\mathrm{P})$ の法線成分 $B_1(\mathrm{P})_\mathrm{n}$ については，x 軸に平行な成分を求めればよい．(A.5.80) 式より，

$$\vec{B}_1(\mathrm{P})_\mathrm{n}=\vec{B}_1(\mathrm{P})\cdot(1,0,0)=\frac{\mu_1}{2\pi}I_1\frac{-y}{a^2+y^2}+\frac{\mu_1}{2\pi}I_1'\frac{-y}{a^2+y^2}+\frac{\mu_1}{2\pi}I_2''\frac{-y}{b^2+y^2} \tag{A.5.88}$$

となる．同様にして $\vec{B}_2(\mathrm{P})$ の法線成分 $B_2(\mathrm{P})_\mathrm{n}$ は，(A.5.82) 式より，

$$\vec{B}_2(\mathrm{P})_\mathrm{n}=\vec{B}_2(\mathrm{P})\cdot(1,0,0)=\frac{\mu_2}{2\pi}I_2\frac{-y}{b^2+y^2}+\frac{\mu_2}{2\pi}I_2'\frac{-y}{b^2+y^2}+\frac{\mu_2}{2\pi}I_1''\frac{-y}{a^2+y^2} \tag{A.5.89}$$

となる．境界条件より $B_1(\mathrm{P})_\mathrm{n}=B_2(\mathrm{P})_\mathrm{n}$ であるので，(A.5.88), (A.5.89) 式より，

$$\frac{\mu_1}{2\pi}I_1\frac{-y}{a^2+y^2}+\frac{\mu_1}{2\pi}I_1'\frac{-y}{a^2+y^2}+\frac{\mu_1}{2\pi}I_2''\frac{-y}{b^2+y^2}=\frac{\mu_2}{2\pi}I_2\frac{-y}{b^2+y^2}+\frac{\mu_2}{2\pi}I_2'\frac{-y}{b^2+y^2}+\frac{\mu_2}{2\pi}I_1''\frac{-y}{a^2+y^2}$$

となり，整理すると，

$$\frac{-y}{a^2+y^2}(\mu_1I_1+\mu_1I_1'-\mu_2I_1'')+\frac{-y}{b^2+y^2}(\mu_1I_2''-\mu_2I_2-\mu_2I_2')=0 \tag{A.5.90}$$

となる．$a \neq b$ であるので，(A.5.90) 式が任意の y について成立するためには，

$$\mu_1I_1+\mu_1I_1'-\mu_2I_1''=0, \quad \mu_1I_2''-\mu_2I_2-\mu_2I_2'=0 \tag{A.5.91}$$

となる必要がある．(A.5.87), (A.5.91) 式より，

$$I_1'=\frac{\mu_2-\mu_1}{\mu_2+\mu_1}I_1, \quad I_1''=\frac{2\mu_1}{\mu_2+\mu_1}I_1, \quad I_2'=\frac{\mu_1-\mu_2}{\mu_1+\mu_2}I_2, \quad I_2''=\frac{2\mu_2}{\mu_1+\mu_2}I_2 \tag{A.5.92}$$

となる．

以上より，磁性体 1 中の任意の点 P_1 における磁束密度 $\vec{B}_1$ および磁界 $\vec{H}_1$，磁性体 2 中の任意の点 P_2 における磁束密度 $\vec{B}_2$ および磁界 $\vec{H}_2$ は (A.5.80)–(A.5.83), (A.5.92) 式よりそれぞれ，

$$\vec{B}_1(P_1)=\frac{\mu_1}{2\pi}\left\{I_1\frac{(-y,x-a,0)}{(x-a)^2+y^2}+\frac{\mu_2-\mu_1}{\mu_2+\mu_1}I_1\frac{(-y,x+a,0)}{(x+a)^2+y^2}+\frac{2\mu_2}{\mu_1+\mu_2}I_2\frac{(-y,x+b,0)}{(x+b)^2+y^2}\right\} \tag{A.5.93}$$

$$\vec{H}_1(P_1)=\frac{1}{2\pi}\left\{I_1\frac{(-y,x-a,0)}{(x-a)^2+y^2}+\frac{\mu_2-\mu_1}{\mu_2+\mu_1}I_1\frac{(-y,x+a,0)}{(x+a)^2+y^2}+\frac{2\mu_2}{\mu_1+\mu_2}I_2\frac{(-y,x+b,0)}{(x+b)^2+y^2}\right\} \tag{A.5.94}$$

$$\vec{B}_2(P_2)=\frac{\mu_2}{2\pi}\left\{\frac{(-y,x+b,0)}{(x+b)^2+y^2}+\frac{\mu_1-\mu_2}{\mu_1+\mu_2}I_2\frac{(-y,x-b,0)}{(x-b)^2+y^2}+\frac{2\mu_1}{\mu_2+\mu_1}I_1\frac{(-y,x-a,0)}{(x-a)^2+y^2}\right\} \tag{A.5.95}$$

$$\vec{H}_2(P_2)=\frac{1}{2\pi}\left\{I_2\frac{(-y,x+b,0)}{(x+b)^2+y^2}+\frac{\mu_1-\mu_2}{\mu_1+\mu_2}I_2\frac{(-y,x-b,0)}{(x-b)^2+y^2}+\frac{2\mu_1}{\mu_2+\mu_1}I_1\frac{(-y,x-a,0)}{(x-a)^2+y^2}\right\} \tag{A.5.96}$$

となる．

(A.5.87), (A.5.91) 式は電流について重ね合わせの原理が成立していることを表し，電流が今の場合 2 つであるが，3 つ以上となっても同じ位置にない限り独立に考えることができることを示している．

ところで $a=b$ はどうなるであろうか．(A.5.86) 式より，

$$\begin{aligned}&\frac{a}{a^2+y^2}\left(-I_1+I_1'+I_1''\right)+\frac{b}{b^2+y^2}\left(I_2''-I_2+I_2'\right)\\&=\frac{a}{a^2+y^2}\left\{-\left(I_1+I_2\right)+\left(I_1'+I_2'\right)+\left(I_1''+I_2''\right)\right\}=0\end{aligned}$$

となり，

$$-(I_1+I_2)+(I_1'+I_2')+(I_1''+I_2'')=0 \tag{A.5.97}$$

となる．同様にして，(A.5.90) 式より，

$$\begin{aligned}&\tfrac{-y}{a^2+y^2}\left(\mu_1 I_1+\mu_1 I_1'-\mu_2 I_1''\right)+\tfrac{-y}{b^2+y^2}\left(\mu_1 I_2''-\mu_2 I_2-\mu_2 I_2'\right)\\&=\tfrac{-y}{a^2+y^2}\left\{(\mu_1 I_1-\mu_2 I_2)+(\mu_1 I_1'-\mu_2 I_2')-(\mu_2 I_1''-\mu_1 I_2'')\right\}=0\end{aligned}$$

となり，

$$(\mu_1 I_1-\mu_2 I_2)+(\mu_1 I_1'-\mu_2 I_2')-(\mu_2 I_1''-\mu_1 I_2'')=0 \tag{A.5.98}$$

となる．未知数が 4 個で決定方程式が 2 つであるのでそれぞれの電流を数学的に決定することができないが，重ね合わせの原理が成立するのであれば 2 つの電流は独立であるので (A.5.87), (A.5.91) 式が成立し，電流の値が決定される．

(2) 電流 I_1 に働く 1 m 当たりの力 $\vec{F}_1$ は電流 I_1', I_2'' によるものである．**図 A.5.10 (a)** を参照して，I_1', I_2'' による C_1 上の点 P $(a,0,z)$ における磁束密度 $\vec{B}_1(\mathrm{P})$ は，(A.5.93) 式より，

$$\begin{aligned}\vec{B}_1(\mathrm{P})&=\tfrac{\mu_1}{2\pi}\tfrac{\mu_2-\mu_1}{\mu_2+\mu_1}I_1\tfrac{(0,2a,0)}{4a^2}+\tfrac{\mu_1}{2\pi}\tfrac{2\mu_2}{\mu_1+\mu_2}I_2\tfrac{(0,a+b,0)}{(a+b)^2}\\&=\tfrac{\mu_1}{2\pi}\left(\tfrac{\mu_2-\mu_1}{\mu_2+\mu_1}I_1\tfrac{1}{2a}+\tfrac{2\mu_2}{\mu_1+\mu_2}I_2\tfrac{1}{a+b}\right)\vec{j}\ [\mathrm{T}]\end{aligned} \tag{A.5.99}$$

となる．したがって $\vec{F}_1$ は (4.6.5), (A.5.99) 式より，

$$\begin{aligned}\vec{F}_1&=I_1\int_0^1\vec{B}_1(\mathrm{P})\times dz(0,0,1)\\&=\tfrac{\mu_1}{2\pi}\left(\tfrac{\mu_2-\mu_1}{\mu_2+\mu_1}I_1^2\tfrac{1}{2a}+\tfrac{2\mu_2}{\mu_1+\mu_2}I_1 I_2\tfrac{1}{a+b}\right)\vec{i}\ [\mathrm{N}]\end{aligned}$$

となる．

付　録　電気磁気学に現れる積分・微分公式

次の 1–5 までの被積分関数の分母には共通して $x^2 + a^2$ $(a > 0)$ のように 3 平方の定理のような形が現れる．この場合には $x = a\tan\theta$ とおくと積分が容易になる場合が多い．問題に現れる変数の範囲では $\tan^{-1}\left(\frac{x_1}{a}\right) \leq \theta \leq \tan^{-1}\left(\frac{x_2}{a}\right)$ である．

$$\theta_1 = \tan^{-1}\left(\frac{x_1}{a}\right), \quad \theta_2 = \tan^{-1}\left(\frac{x_2}{a}\right)$$

とする．また,

$$dx = \frac{a}{\cos^2\theta}\, d\theta, \quad x^2 + a^2 = a^2(\tan^2\theta + 1) = \frac{a^2}{\cos^2\theta}$$

である．

1. $\displaystyle\int_{x_1}^{x_2} \frac{1}{(x^2+a^2)^{\frac{1}{2}}}\, dx = \int_{\theta_1}^{\theta_2} \frac{1}{\cos\theta}\, d\theta = \int_{\theta_1}^{\theta_2} \frac{\cos\theta}{\cos^2\theta}\, d\theta$

$$= \int_{\sin\theta_1}^{\sin\theta_2} \frac{1}{1-\sin^2\theta}\, d(\sin\theta) \qquad \text{(Ap.1)}$$

となる．$\sin\theta = t$ とおくと $\sin\theta_1 \leq t \leq \sin\theta_2$ であり，(Ap.1) より，

$$\int_{t_1}^{t_2} \frac{1}{1-t^2}\, dt = \frac{1}{2}\int_{t_1}^{t_2} \left(\frac{1}{1-t} + \frac{1}{1+t}\right) dt = \frac{1}{2}\left[-\log_e(1-t) + \log_e(1+t)\right]_{t_1}^{t_2}$$

$$= \frac{1}{2}\left[\log_e \frac{(x^2+a^2)^{\frac{1}{2}}+x}{(x^2+a^2)^{\frac{1}{2}}-x}\right]_{x_1}^{x_2} = \left[\log_e \frac{(x^2+a^2)^{\frac{1}{2}}+x}{a}\right]_{x_1}^{x_2}$$

$$= \left[\log_e\left\{x + (x^2+a^2)^{\frac{1}{2}}\right\}\right]_{x_1}^{x_2} \qquad \text{(Ap.2)}$$

となる．ただし，$t_1 = \sin\theta_1$, $t_2 = \sin\theta_2$ である．

2. $\displaystyle\int_{x_1}^{x_2} \frac{1}{x^2+a^2}\, dx = \frac{1}{a}\int_{\theta_1}^{\theta_2} d\theta = \frac{1}{a}\left[\tan^{-1} x\right]_{x_1}^{x_2} = \frac{1}{a}\left(\tan^{-1}\frac{x_2}{a} - \tan^{-1}\frac{x_1}{a}\right)$

となる．

3. $\displaystyle\int_{x_1}^{x_2} \frac{1}{(x^2+a^2)^{\frac{3}{2}}}\, dx = \frac{1}{a^2}\int_{\theta_1}^{\theta_2} \cos\theta\, d\theta = \frac{1}{a^2}\left[\sin\theta\right]_{\theta_1}^{\theta_2} = \frac{1}{a^2}(\sin\theta_2 - \sin\theta_1)$

となる．あるいは

$$\int_{x_1}^{x_2} \frac{1}{(x^2+a^2)^{\frac{3}{2}}}\, dx = -\frac{1}{a}\frac{\partial}{\partial a}\int_{x_1}^{x_2} \frac{1}{(x^2+a^2)^{\frac{1}{2}}}\, dx$$

であるので，(Ap.1), (Ap.2) 式より

$$\int_{x_1}^{x_2} \frac{1}{(x^2+a^2)^{\frac{3}{2}}}\,dx = -\frac{1}{a}\frac{\partial}{\partial a}\left\{\left[\log_e\left\{x+(x^2+a^2)^{\frac{1}{2}}\right\}\right]_{x_1}^{x_2}\right\}$$

$$= -\frac{1}{a}\left[\frac{a/(x^2+a^2)^{\frac{1}{2}}}{x+(x^2+a^2)^{\frac{1}{2}}}\right]_{x_1}^{x_2} = \frac{1}{a^2}\left[\frac{x-(x^2+a^2)^{\frac{1}{2}}}{(x^2+a^2)^{\frac{1}{2}}}\right]_{x_1}^{x_2}$$

$$= \frac{1}{a^2}\left[\frac{x}{(x^2+a^2)^{\frac{1}{2}}}-1\right]_{x_1}^{x_2} = \frac{1}{a^2}(\sin\theta_2 - \sin\theta_1)$$

となり，同じ結果が得られる．

4. $\dfrac{x}{(x^2+a^2)^{\frac{3}{2}}} = \dfrac{1}{a^3}\dfrac{a\tan\theta}{(\tan^2\theta+1)^{\frac{3}{2}}} = \dfrac{\cos^2\theta\sin\theta}{a^2}$

であるので，

$$\int_{x_1}^{x_2} \frac{x}{(x^2+a^2)^{\frac{3}{2}}}\,dx = \frac{1}{a}\int_{\theta_1}^{\theta_2}\sin\theta\,d\theta = \frac{1}{a}\left[-\cos\theta\right]_{\theta_1}^{\theta_2} = \frac{1}{a}(\cos\theta_1 - \cos\theta_2)$$

となる．あるいは，

$$\int_{x_1}^{x_2} \frac{x}{(x^2+a^2)^{\frac{3}{2}}}\,dx$$

$$= \int_{x_1}^{x_2} -\frac{d}{dx}\frac{1}{(x^2+a^2)^{\frac{1}{2}}}\,dx = -\frac{1}{a}\left[\frac{a}{(x^2+a^2)^{\frac{1}{2}}}\right]_{x_1}^{x_2} = \frac{1}{a}(\cos\theta_1 - \cos\theta_2)$$

としても，同じ結果が得られる．

5. $\displaystyle\int_{\theta_1}^{\theta_2} \frac{\sin\theta}{(a^2+x^2-2ax\cos\theta)^{\frac{3}{2}}}\,d\theta$

$$= \int_{\theta_1}^{\theta_2} -\frac{1}{ax}\frac{d}{d\theta}\left\{\frac{1}{(a^2+x^2-2ax\cos\theta)^{\frac{1}{2}}}\right\}d\theta$$

$$= \frac{1}{ax}\left\{\frac{1}{(a^2+x^2-2ax\cos\theta_1)^{\frac{1}{2}}} - \frac{1}{(a^2+x^2-2ax\cos\theta_2)^{\frac{1}{2}}}\right\}$$

である．ここで特に $\theta_2 = \pi$, $\theta_1 = 0$ のとき，

$$\int_0^{\pi} \frac{\sin\theta}{(a^2+x^2-2ax\cos\theta)^{\frac{3}{2}}}\,d\theta = \frac{1}{ax}\left(\frac{1}{|a-x|} - \frac{1}{|a+x|}\right) > 0 \qquad \text{(Ap.3)}$$

となる．(Ap.3) 式は，$|x| < a$ のとき，

$$\frac{1}{ax}\left(\frac{1}{|a-x|} - \frac{1}{|a+x|}\right) = \frac{1}{ax}\left(\frac{1}{a-x} - \frac{1}{a+x}\right) = \frac{1}{a}\frac{2}{a^2-x^2}$$

となり，$|x| > a$ のとき，

$$\frac{1}{ax}\left(\frac{1}{|a-x|} - \frac{1}{|a+x|}\right) = \frac{1}{ax}\frac{x}{|x|}\left(\frac{1}{x-a} - \frac{1}{a+x}\right) = \frac{1}{|x|}\frac{2}{x^2-a^2}$$

となる．

6. $\displaystyle\int_0^{\pi} \frac{\sin\theta\cos\theta}{(a^2+x^2-2ax\cos\theta)^{\frac{3}{2}}}\,d\theta$

部分積分を行うと，

$$\int_0^{\pi} \cos\theta \frac{\sin\theta}{(a^2+x^2-2ax\cos\theta)^{\frac{3}{2}}}\,d\theta$$

$$= -\frac{1}{ax}\left[\cos\theta\frac{1}{(a^2+x^2-2ax\cos\theta)^{\frac{1}{2}}}\right]_0^{\pi} - \frac{1}{ax}\int_0^{\pi}\sin\theta\frac{1}{(a^2+x^2-2ax\cos\theta)^{\frac{1}{2}}}\,d\theta$$

$$= \frac{1}{ax}\left[\frac{1}{\{(a+x)^2\}^{\frac{1}{2}}} + \frac{1}{\{(a-x)^2\}^{\frac{1}{2}}}\right] - \frac{1}{ax}\int_0^{\pi}\frac{\sin\theta}{(a^2+x^2-2ax\cos\theta)^{\frac{1}{2}}}\,d\theta$$

$$= \frac{1}{ax}\left(\frac{1}{|a+x|} + \frac{1}{|a-x|}\right) - \left(\frac{1}{ax}\right)^2\left[(a^2+x^2-2ax\cos\theta)^{\frac{1}{2}}\right]_0^{\pi}$$

$$= \frac{1}{ax}\left(\frac{1}{|a+x|} + \frac{1}{|a-x|}\right) - \left(\frac{1}{ax}\right)^2(|a+x| - |a-x|) \tag{Ap.4}$$

となる．$|x| < a|$ のとき，(Ap.4) 式は，

$$\int_0^{\pi}\frac{\sin\theta\cos\theta}{(a^2+x^2-2ax\cos\theta)^{\frac{3}{2}}}\,d\theta$$

$$= \frac{1}{ax}\left(\frac{1}{a+x} + \frac{1}{a-x}\right) - \left(\frac{1}{ax}\right)^2\{a+x-(a-x)\} = \frac{2}{x}\frac{1}{a^2-x^2} - \frac{2}{a^2x}$$

となり，$|x| > a$ のとき，

$$\int_0^{\pi}\frac{\sin\theta\cos\theta}{(a^2+x^2-2ax\cos\theta)^{\frac{3}{2}}}\,d\theta = \frac{1}{ax}\frac{x}{|x|}\left(\frac{1}{x+a} + \frac{1}{x-a}\right) - \left(\frac{1}{ax}\right)^2\frac{x}{|x|}\{x+a-(x-a)\}$$

$$= \frac{x}{|x|}\left(\frac{2}{a}\frac{1}{x^2-a^2} - \frac{2}{ax^2}\right)$$

となる．

7. $\displaystyle\int_0^{\pi}\frac{\cos^2\theta\sin\theta}{(a^2+x^2-2ax\cos\theta)^{\frac{3}{2}}}\,d\theta = -\int_1^{-1}\frac{t^2}{(a^2+x^2-2axt)^{\frac{3}{2}}}\,dt$

$$= \left[-t^2\frac{1}{ax}\frac{1}{(a^2+x^2-2axt)^{\frac{1}{2}}}\right]_{t=1}^{-1} + \frac{1}{ax}\int_1^{-1}2t\frac{1}{(a^2+x^2-2axt)^{\frac{1}{2}}}\,dt$$

$$= \frac{1}{xa}\left(\frac{1}{|a-x|} - \frac{1}{|a+x|}\right) + 2\frac{1}{ax}\int_1^{-1}\frac{t}{(a^2+x^2-2axt)^{\frac{1}{2}}}\,dt \tag{Ap.5}$$

となり，

$$\int_1^{-1}\frac{t}{(a^2+x^2-2axt)^{\frac{1}{2}}}\,dt$$

$$= -\frac{1}{ax}\left[t(a^2+x^2-2axt)^{\frac{1}{2}}\right]_{t=1}^{-1} + \frac{1}{ax}\int_1^{-1}(a^2+x^2-2axt)^{\frac{1}{2}}\,dt$$

$$= \frac{1}{ax}(|a+x| + |a-x|) - \frac{1}{3}\left(\frac{1}{ax}\right)^2\left[(a^2+x^2-2axt)^{\frac{3}{2}}\right]_{t=1}^{-1}$$

$$= \frac{1}{ax}(|a+x| + |a-x|) - \frac{1}{3}\left(\frac{1}{ax}\right)^2(|a+x|^3 - |a-x|^3) \tag{Ap.6}$$

となるので，(Ap.5), (Ap.6) 式より，

$$\int_0^\pi \frac{\cos^2\theta\sin\theta}{(a^2+x^2-2ax\cos\theta)^{\frac{3}{2}}}\,d\theta$$

$$= \frac{1}{ax}\left(\frac{1}{|a-x|}-\frac{1}{|a+x|}\right)+2\left(\frac{1}{ax}\right)^2(|x+a|+|x-a|)-\frac{2}{3}\left(\frac{1}{xa}\right)^3\left(|x+a|^3-|x-a|^3\right)$$

$$= \frac{1}{a}\frac{2}{a^2-x^2}-\frac{4}{3}\frac{1}{a^3}\,(|x|<a|),\quad \frac{x}{|x|}\left(\frac{1}{x}\frac{2}{x^2-a^2}-\frac{4}{3}\frac{1}{x^3}\right)(|x|>a|)$$

となる．

8. $\displaystyle\int_0^\pi \frac{1}{a^2+x^2-2ax\cos\theta}\,d\theta$

$\tan\left(\frac{\theta}{2}\right)=t$ とおくと，

$$dx=\frac{1}{2}a\frac{1}{\cos^2\left(\frac{\theta}{2}\right)}\,d\theta=\frac{1}{2}a\left(1+\tan^2\left(\frac{\theta}{2}\right)\right)d\theta=\frac{1}{2}a(1+t^2)\,d\theta,\quad \cos\theta=\frac{1-t^2}{1+t^2}$$

である．したがって，

$$\int_0^\pi \frac{1}{a^2+x^2-2ax\cos\theta}\,d\theta=\int_0^\infty \frac{1}{a^2+x^2-2ax\frac{1-t^2}{1+t^2}}\frac{2}{a}\frac{1}{1+t^2}\,dt=\frac{2}{a}\int_0^\infty \frac{1}{t^2(a+x)^2+(a-x)^2}\,dt$$

$$=\frac{2}{a(a+x)^2}\int_0^\infty \frac{1}{t^2+\left(\frac{a-x}{a+x}\right)^2}\,dt=\frac{2}{a(a+x)^2}\frac{1}{\left|\frac{a-x}{a+x}\right|}\frac{\pi}{2}=\frac{\pi}{|a^2-x^2|}$$

となる．したがって，

$$\int_0^\pi \frac{1}{a^2+x^2-2ax\cos\theta}\,d\theta=\frac{\pi}{a^2-x^2}\,(|x|<a|),\quad \frac{\pi}{x^2-a^2}\,(|x|>a|) \qquad \text{(Ap.7)}$$

となる．

9. $\displaystyle\int_0^\pi \frac{\cos\theta}{a^2+x^2-2ax\cos\theta}\,d\theta$

(Ap.7) 式より，

$$\int_0^\pi \frac{\cos\theta}{a^2+x^2-2ax\cos\theta}\,d\theta=\int_0^\pi\left(-\frac{1}{2ax}\right)\frac{a^2+x^2-2ax\cos\theta-(a^2+x^2)}{a^2+x^2-2ax\cos\theta}\,d\theta$$

$$=\left(-\frac{1}{2ax}\right)\int_0^\pi\left(1-\frac{a^2+x^2}{a^2+x^2-2ax\cos\theta}\right)d\theta$$

$$=\left(-\frac{1}{2ax}\right)\left\{\int_0^\pi d\theta-(a^2+x^2)\int_0^\pi \frac{1}{a^2+x^2-2ax\cos\theta}\,d\theta\right\}$$

$$=-\frac{1}{2ax}\left(\pi-\pi\frac{a^2+x^2}{|a^2-x^2|}\right)=\frac{1}{2ax}\pi\left(\frac{a^2+x^2-|a^2-x^2|}{|a^2-x^2|}\right)$$

であるので，

$$\int_0^\pi \frac{\cos\theta}{a^2+x^2-2ax\cos\theta}\,d\theta=\frac{\pi x}{a}\frac{1}{a^2-x^2}\,(|x|<a|),\quad \frac{\pi a}{x}\frac{1}{x^2-a^2}\,(|x|>a|) \qquad \text{(Ap.8)}$$

となる．

10. $\int_0^\pi \frac{\cos^2\theta}{a^2+x^2-2ax\cos\theta}\,d\theta$

(Ap.8) 式より，

$$\begin{aligned}\int_0^\pi \frac{\cos^2\theta}{a^2+x^2-2ax\cos\theta}\,d\theta &= \left(-\frac{1}{2ax}\right)\int_0^\pi \cos\theta\left(1-\frac{a^2+x^2}{a^2+x^2-2ax\cos\theta}\right)d\theta \\ &= \left(-\frac{1}{2ax}\right)\left\{\int_0^\pi \cos\theta\,d\theta-(a^2+x^2)\int_0^\pi \frac{\cos\theta}{a^2+x^2-2ax\cos\theta}\,d\theta\right\} \\ &= -\left(\frac{1}{2ax}\right)^2\pi(a^2+x^2)\left\{\frac{|a^2-x^2|-(a^2+x^2)}{|a^2-x^2|}\right\} \\ &= \frac{\pi}{2a^2}\frac{a^2+x^2}{a^2-x^2}\,(|x|<a|),\quad \frac{\pi}{2x^2}\frac{x^2+a^2}{x^2-a^2}\,(|x|>a|)\end{aligned}$$

となる．

11. $\frac{d}{dx}\tan^{-1}f(x)$

$\tan^{-1}f(x)\equiv g(x)$ とすると $f(x)=\tan g(x)$ である．一方，

$$\begin{aligned}\frac{d}{dx}\tan g(x) &= \frac{1}{\cos^2 g(x)}\frac{d}{dx}g(x) \\ &= (1+\tan^2 g(x))\frac{d}{dx}g(x) \\ &= (1+f(x)^2)\frac{d}{dx}\tan^{-1}f(x)\end{aligned}$$

であるので，

$$\frac{d}{dx}\tan^{-1}f(x)=\frac{1}{1+f(x)^2}\frac{d}{dx}f(x)$$

となる．

索　　　引

や　行

ら　行

わ　行

著者略歴

吉《よし》 門《かど》 進《しん》 三《ぞう》

1978年　電気通信大学大学院電気通信学研究科
　　　　修士課程修了
1994年3月　博士（工学）（同志社大学）
現　在　同志社大学理工学部電子工学科　教授

主要著書

電気電子材料（オーム社，共著）
固体物性工学（オーム社，共著）

電気・電子工学テキストライブラリ＝USE-ex.2
演習で学ぶ 電気磁気学
—詳細な解説と解答による—

2022年 7 月25日©　　初 版 発 行

著者　吉 門 進 三　　発行者　矢 沢 和 俊
　　　　　　　　　　印刷者　小宮山恒敏

【発行】　株式会社 **数理工学社**
〒151–0051　東京都渋谷区千駄ヶ谷1丁目3番25号
編 集 ☎（03）5474–8661（代）　サイエンスビル

【発売】　株式会社 **サイエンス社**
〒151–0051　東京都渋谷区千駄ヶ谷1丁目3番25号
営 業 ☎（03）5474–8500（代）　振替 00170–7–2387
FAX ☎（03）5474–8900

印刷・製本　小宮山印刷工業（株）

≪検印省略≫

ISBN978–4–86481–087–6

PRINTED IN JAPAN

サイエンス社・数理工学社の
ホームページのご案内
https://www.saiensu.co.jp
ご意見・ご要望は
suuri@saiensu.co.jp まで．